Marc 非线性有限元分析标准教程

赵建才 陈火红 白长安 编著

人民邮电出版社
北京

图书在版编目（CIP）数据

Marc非线性有限元分析标准教程 / 赵建才，陈火红，白长安编著. -- 北京 : 人民邮电出版社，2024.4
ISBN 978-7-115-59399-3

Ⅰ. ①M… Ⅱ. ①赵… ②陈… ③白… Ⅲ. ①有限元分析—应用软件 Ⅳ. ①O241.82-39

中国版本图书馆CIP数据核字(2022)第097194号

内 容 提 要

本书介绍 Marc 2020 的基本操作方法和应用技巧。全书共 9 章，分别为 Marc 入门、几何导入与网格划分、结果后处理、结构接触非线性分析、Marc 分析综合应用实例、橡胶密封件大变形特性分析实例、玻璃导槽密封件的结构设计仿真实例、网格重划分与橡胶结构分析实例、Marc 2020 与 Actran 2020 联合仿真。本书中所有实例的操作步骤都有详细的文字和图例说明，以便读者学习。

本书适合作为高等院校研究生的计算机辅助有限元分析软件自学用书，也可以作为各科研院所研究人员的参考资料。

◆ 编　　著　赵建才　陈火红　白长安
责任编辑　蒋　艳
责任印制　王　郁　胡　南

◆ 人民邮电出版社出版发行　　北京市丰台区成寿寺路 11 号
邮编　100164　　电子邮件　315@ptpress.com.cn
网址　https://www.ptpress.com.cn
北京隆昌伟业印刷有限公司印刷

◆ 开本：787×1092　1/16
印张：22　　2024 年 4 月第 1 版
字数：586 千字　　2024 年 4 月北京第 1 次印刷

定价：119.80 元

读者服务热线：(010)81055410　印装质量热线：(010)81055316
反盗版热线：(010)81055315
广告经营许可证：京东市监广登字 20170147 号

前 言

PREFACE

随着市场竞争日益激烈，制造厂商们越来越清楚 CAE（计算机辅助工程）技术在产品设计制造过程中的重要作用。CAD（计算机辅助设计）技术着重解决的是产品的设计质量问题（如造型、装配、出图等），CAM（计算机辅助制造）技术着重解决的是产品的加工质量问题，而 CAE 技术着重解决的是产品的性能问题。一方面由于 CAD/CAM 系统各具特色，另一方面由于产品性能仿真所涉及的内容及学科的多样性、合作对象的多元化，因此设计师和制造厂商对能够将各种设计、分析、制造、测试软件紧密有效地集成为一个易学易用的完整框架系统的需求变得更加迫切，这样可以最大限度地降低开发成本，加快产品投放到市场的步伐，缩短设计周期。

Marc 是海克斯康公司旗下的产品。海克斯康公司是一家全球较领先的信息技术提供商，致力于提高地理空间和工业企业应用程序的生产率和质量。

Marc（包括求解器和前后处理器）是功能齐全的高级非线性有限元分析软件，已有 50 多年的工程应用历史。Marc 具有极强的结构和多物理场能力，可以处理各种线性和非线性结构分析，包括线性 / 非线性静力分析、模态分析、简谐响应分析、频谱分析、随机振动分析、动力响应分析、接触分析、屈曲 / 失稳分析、失效和破坏分析等。它提供了丰富的结构单元、连续单元和特殊单元的单元库，几乎每种单元都具有处理大变形几何非线性、材料非线性、包括接触在内的边界条件非线性，以及组合的高度非线性的超强能力。

Marc 的结构分析材料库包含模拟金属、非金属、聚合物、岩土、复合材料等多种线性和非线性复杂材料行为的材料模型，分析采用具有高数值稳定性、高精度和快速收敛的高度非线性问题求解技术。为了进一步提高计算精度和分析效率，Marc 提供了多种功能强大的加载步长自适应控制技术，可以自动确定分析屈曲、蠕变、热弹塑性和动力响应的加载步长。Marc 卓越的网格自适应技术能够以多种误差准则自动调节网格疏密，不仅可提高大型线性结构分析精度，而且能对局部非线性应变集中、移动边界和接触分析提供优化的网格密度。这样在保证计算精度的同时能大大提高非线性分析的计算效率。

此外，Marc 支持全自动二维网格和三维网格重划分，用以纠正过度变形后产生的网格畸变，确保大变形分析能继续进行。对于非结构的场问题，如包含对流、辐射、相变潜热等复杂边界条件的非线性传热问题的温度场，以及流场、电场、磁场，Marc 具有相应的分析求解能力。此外，Marc 还具有模拟流 - 热 - 固、土壤渗流、声 - 结构、电 - 磁、电 - 热、电 - 热 - 结构、热 - 结构等多种耦合场的分析能力。

本书附赠的多媒体网盘包含全书所有实例源文件和操作视频文件，可以帮助读者更加直观地学习本书内容。

本书由海克斯康提供技术顾问，并推荐为官方培训指导教材。本书具体由海克斯康技术专家陈火红、声学业务拓展经理周泽、建新赵氏集团有限公司赵建才、西安交通大学能源与动力学院的周霜梅和声学专家白长安博士编写。

本书在编写过程中得到了众多同事、朋友的支持和协助，编者在此对他们表示衷心的感谢。

由于编者水平有限，书中不足在所难免，恳请各位读者和专家批评指正。欢迎广大读者加入QQ群（335199635）或者联系 714491436@qq.com 进行指导和交流。

编者

2023 年 7 月

资源与支持

RESOURCES AND SUPPORT

资源获取

本书提供如下资源：

- 本书源文件
- 操作视频文件
- 本书思维导图

要获得以上资源，扫描下方二维码，根据指引领取。

提交勘误

作者和编辑尽最大努力来确保书中内容的准确性，但难免会存在疏漏。欢迎您将发现的问题反馈给我们，帮助我们提升图书的质量。

当您发现错误时，请登录异步社区（https://www.epubit.com/），按书名搜索，进入本书页面，点击“发表勘误”，输入错误相关信息，点击“提交勘误”按钮即可（见下图）。本书的作者和编辑会对您提交的意见进行审核，确认并接受后，您将获赠异步社区的 100 积分。积分可用于在异步社区兑换优惠券、样书或奖品。

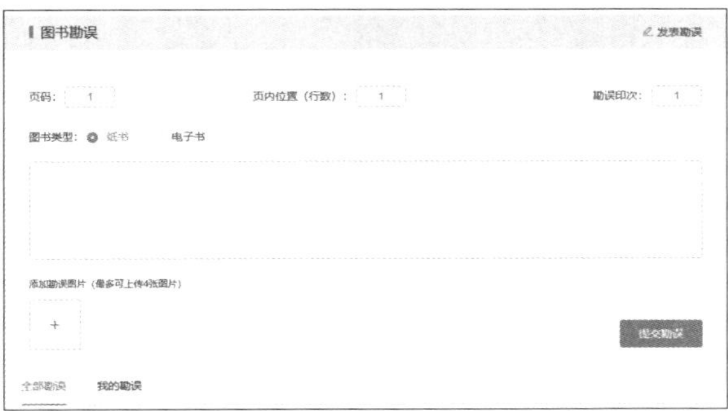

与我们联系

我们的联系邮箱是 contact@epubit.com.cn。

如果您对本书有任何疑问或建议，请您发邮件给我们，并请在邮件标题中注明本书书名，以便我们更高效地做出反馈。

如果您有兴趣出版图书、录制教学视频，或者参与图书翻译、技术审校等工作，可以发邮件给我们。

如果您所在的学校、培训机构或企业，想批量购买本书或异步社区出版的其他图书，也可以发邮件给我们。

如果您在网上发现有针对异步社区出品图书的各种形式的盗版行为，包括对图书全部或部分内容的非授权传播，请您将怀疑有侵权行为的链接发邮件给我们。您的这一举动是对作者权益的保护，也是我们持续为您提供有价值的内容的动力之源。

关于异步社区和异步图书

“异步社区”（www.epubit.com）是由人民邮电出版社创办的 IT 专业图书社区，于 2015 年 8 月上线运营，致力于优质内容的出版和分享，为读者提供高品质的学习内容，为作译者提供专业的出版服务，实现作者与读者在线交流互动，以及传统出版与数字出版的融合发展。

“异步图书”是异步社区策划出版的精品 IT 图书的品牌，依托于人民邮电出版社在计算机图书领域 30 余年的发展与积淀。异步图书面向 IT 行业以及各行业使用 IT 技术的用户。

目录
CONTENTS

第 3 章 结果后处理 67

第 4 章 结构接触非线性分析 88

第 1 章 Marc 入门

本章主要介绍海克斯康公司的重要产品——Marc，简要讲解 Marc 的安装与运行，以及前后处理器 Mentat 的常用功能。通过对本章的学习，读者可以对 Marc 的功能有基本的了解，为后面使用 Marc 进行分析打好基础。

本章重点

- Marc 概述
- Marc 的安装与运行
- Mentat 的常用功能

1.1 Marc 概述

本节简要介绍 Marc 的主要功能及其前后处理器 Mentat 与 Marc 求解器的功能和特点。

1.1.1 Marc 简介

Marc 是国际上通用的非线性有限元分析软件，由美国 Marc 公司研发。Marc 公司（Marc Analysis Research Corporation）是全球首家非线性有限元软件公司，始创于 1971 年，并在同年发布 Marc 的第一个版本。Marc 公司独具慧眼，在创立之初便认定非线性分析是未来分析发展的必然趋势，致力于非线性有限元技术的研究及非线性有限元分析软件的开发、销售和售后服务，主要产品是 Marc。该软件包括前后处理器 Mentat 和 Marc 求解器，两者的作用及关系如图 1-1 所示。

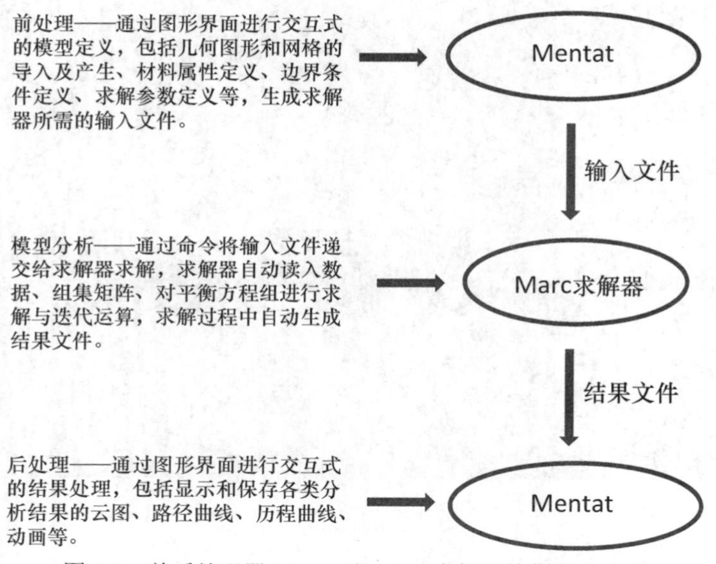

图 1-1　前后处理器 Mentat 和 Marc 求解器的作用及关系

Marc 软件的应用领域从开发初期的核电行业扩展到航空、航天、汽车、造船、铁道、能源、机械制造、材料工程、土木建筑、医疗器材等领域，是许多知名公司和研究机构研发新产品和新技术的必备工具。

1.1.2　前后处理器 Mentat 简介

Mentat 是功能完备的非线性分析前后处理器，用于准备 Marc 求解器所需要的模型数据，以及对分析结果进行后处理。它是一个交互式计算机程序，可以显著减少准备分析模型所需的人力。模型数据的图形显示可以提供一种有效的检查大量数据的手段。Mentat 能够检查输入文件的内容，如果发现可疑之处，就会自动生成相关的警告信息。

Mentat 具有中文、英文、日文 3 种菜单界面，用户可以按照需要选用。Mentat 具有三维建模能力，并提供灵活的 CAD 图形接口及 CAE 数据接口，可以实现不同分析软件之间的数据转换。Marc 支持多种平台（如 Windows、Linux）和网络浮动的许可证配置方式，与各种硬件平台数据库兼容、功能一致、界面统一。

Mentat 在前处理方面的主要功能有：生成和导入 CAD 几何模型、划分网格、定义初始条件、定义边界条件、定义接触、定义单元材料属性、定义单元几何属性、定义网格自适应准则、定义连接关系、定义分析工况、定义分析作业参数等。

Mentat 的后处理支持多种结果显示方式，包括：动画、等值线、云图、切片图、等值面显示、矢量显示、张量显示、路径显示、梁剪力图、梁弯矩图、流线图、曲线、表格和文件等。

1.1.3　Marc 求解器的 4 个库

Marc 求解器的求解领域广、求解能力强，它具有的单元类型库、求解功能库、分析类型库、材料类型库可以充分体现这些特点。用 Marc 分析任何实际问题都会采用这 4 个库的元素，用户根据具体的分析进行适当的选择即可。下面简要介绍一下这 4 个库。

1. 单元类型库

Marc 的单元类型库包含 246 种单元，除了少部分单元外，其他单元均可用于线性和非线性分析。分析时单元数和单元类型可自由选择，不同类型的单元可组合使用。如出现连接不协调的情况，可用 Marc 提供的多种标准连接约束来保证单元间的一致性。四边形单元可以退化成三角形单元，六面体单元可以退化成五面体、四面体单元。

2. 求解功能库

Marc 的求解功能库包含对分析目标进行准确模拟、快速生成输入数据、准确高效地分析及输出多种结果的众多功能，例如复杂约束条件的定义、各类载荷条件的定义、载荷增量的控制、矩阵带宽优化、用户子程序的集成、外存的利用、重启动功能、网格局部自适应、网格重划分、单元死活、多种大型方程组求解。

3. 分析类型库

Marc 的分析类型库包含许多分析类型，用户需根据具体问题做合适的选择。其中，结构力学分析类型包括线性分析、弹塑性分析、蠕变分析、热应力分析、粘弹性分析、大变形分析、有限塑性应变分析、有限应变弹性分析、断裂分析、裂纹扩展、模态分析、瞬态动力响应分析、谱响应分析、谐响应分析。另外，还包括热学分析、电磁场分析、流体力学分析等其他物理场分析，同时还可以实现多物理场的耦合分析。

4. 材料类型库

Marc 的材料类型库包含 50 多种材料本构模型，可以考虑材料的线性和多种非线性材料特性的温度相关性、各向异性等，主要包括弹性材料、塑性材料、蠕变材料、超弹性材料、粘弹性材料、复合材料、形状记忆材料等模型。

1.2　Marc 的安装与运行

本节简要介绍 Marc 的安装步骤、运行方法与帮助文档。

1.2.1　软件安装

2020 年 7 月正式发布的 Marc 2020 提供了适用于 Red Hat 7.3、Red Hat 7.5、SUSE 12 SP1、SUSE 12 SP2、Windows 64 位操作系统的安装包。适用于 Windows 操作系统的安装包分为两个部分：软件部分和帮助文档部分。软件部分名称为 marc_2020_windows64.exe；帮助文档作为单独的安装包提供，名称为 marc_2020_windows_doc.exe。Marc 2020 的安装过程并不复杂，有英文版本的电子安装手册供参考，对应安装步骤如表 1-1 所示。

表 1-1　Marc 2020 在 Windows 操作系统中的安装步骤

步骤说明	图例
（1）双击安装文件 marc_2020_windows64.exe，开始安装	marc_2020_windows_doc.exe marc_2020_windows64.exe

续表

<table>
<tr><th>步骤说明</th><th>图例</th></tr>
<tr><td>（2）选择语言，这里选择“English”单选项，单击“Next”按钮进入下一步。

在安装完成后，Mentat 默认启动中文操作界面，用户可以通过设置将其转换为英文或日文操作界面</td><td>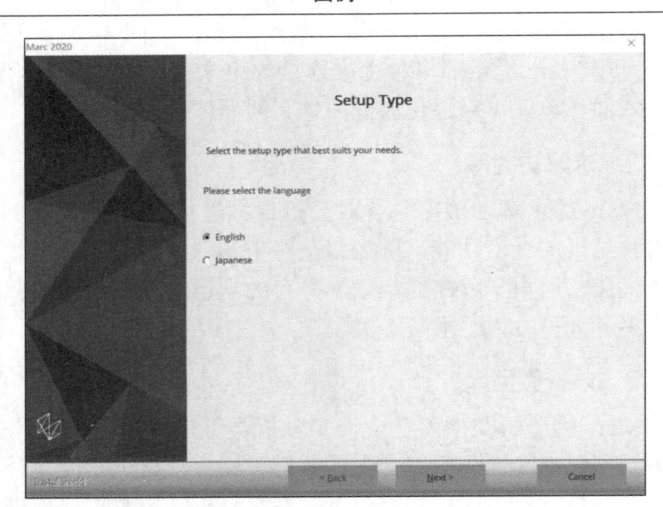
</td></tr>
<tr><td>（3）进入欢迎界面，单击“Acknowledged”按钮，进入下一步</td><td>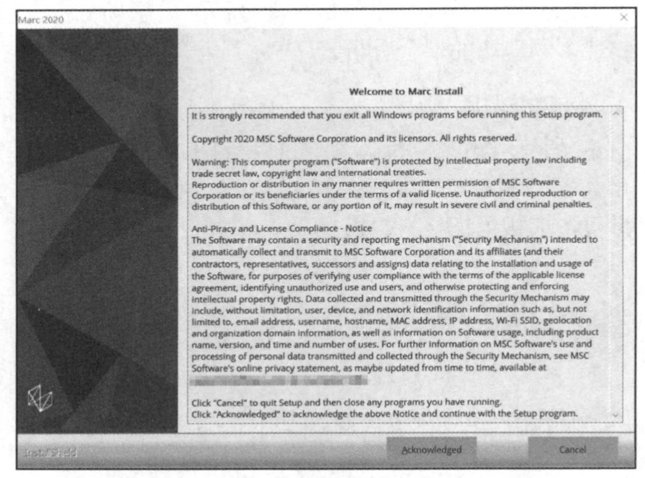
</td></tr>
<tr><td>（4）输入用户名和公司名称，单击“Next”按钮，进入下一步。

这里默认显示登录本机的用户名和公司名称，如需更改请重新输入</td><td>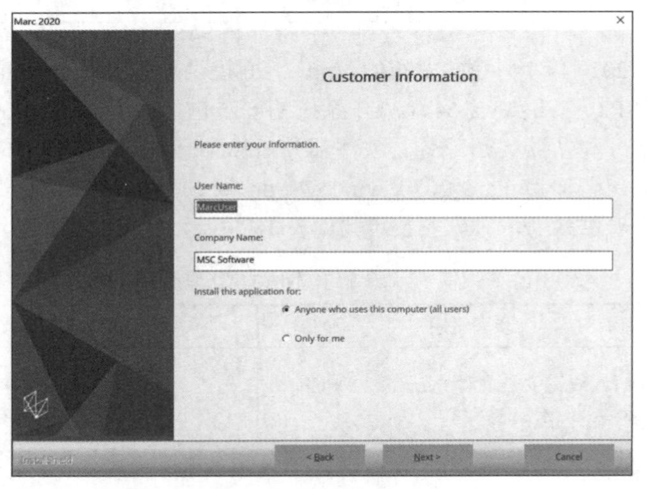
</td></tr>
</table>

续表

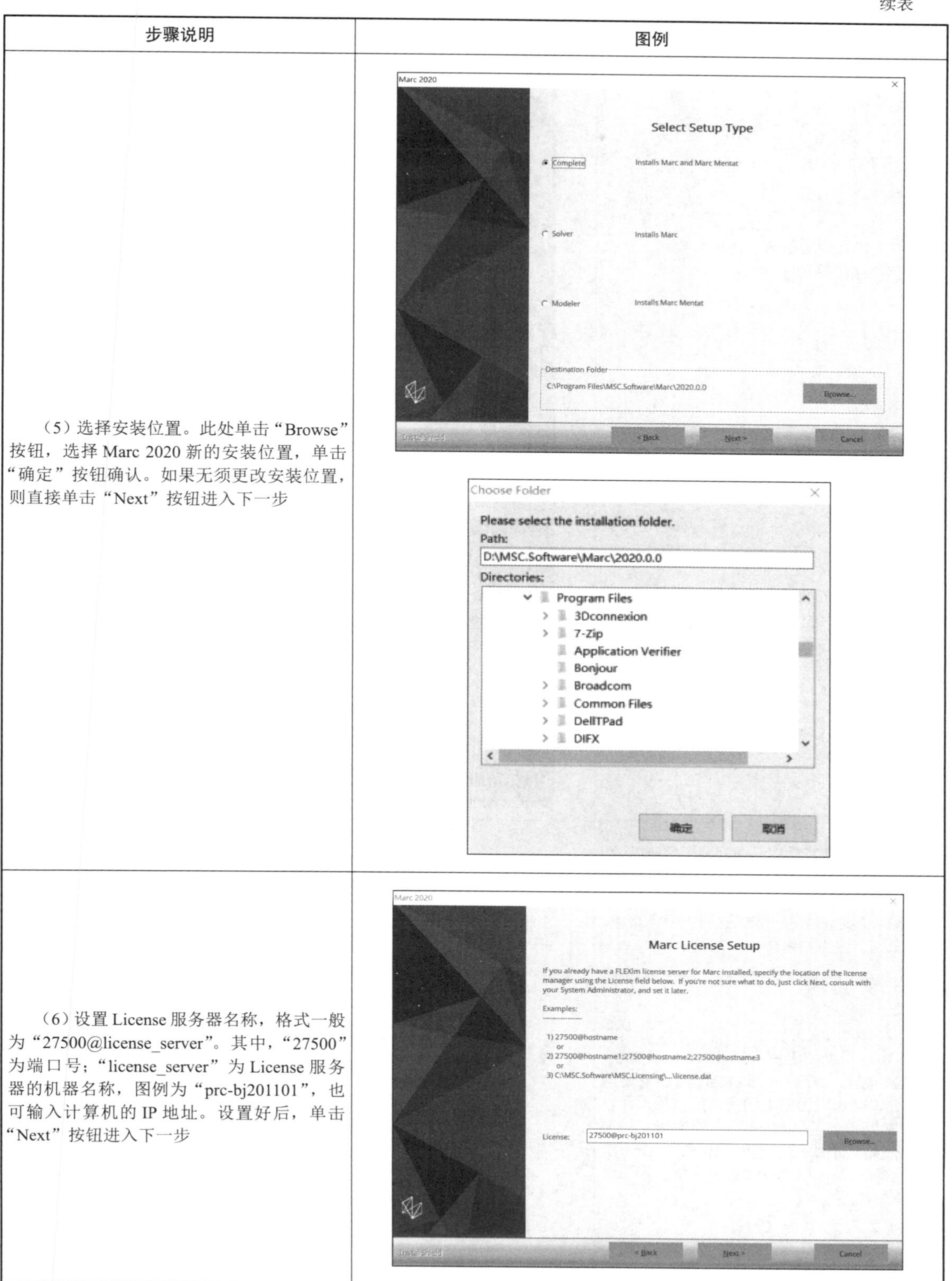

步骤说明	图例
（5）选择安装位置。此处单击“Browse”按钮，选择 Marc 2020 新的安装位置，单击“确定”按钮确认。如果无须更改安装位置，则直接单击“Next”按钮进入下一步	
（6）设置 License 服务器名称，格式一般为“27500@license_server”。其中，“27500”为端口号；“license_server”为 License 服务器的机器名称，图例为“prc-bj201101”，也可输入计算机的 IP 地址。设置好后，单击“Next”按钮进入下一步	

续表

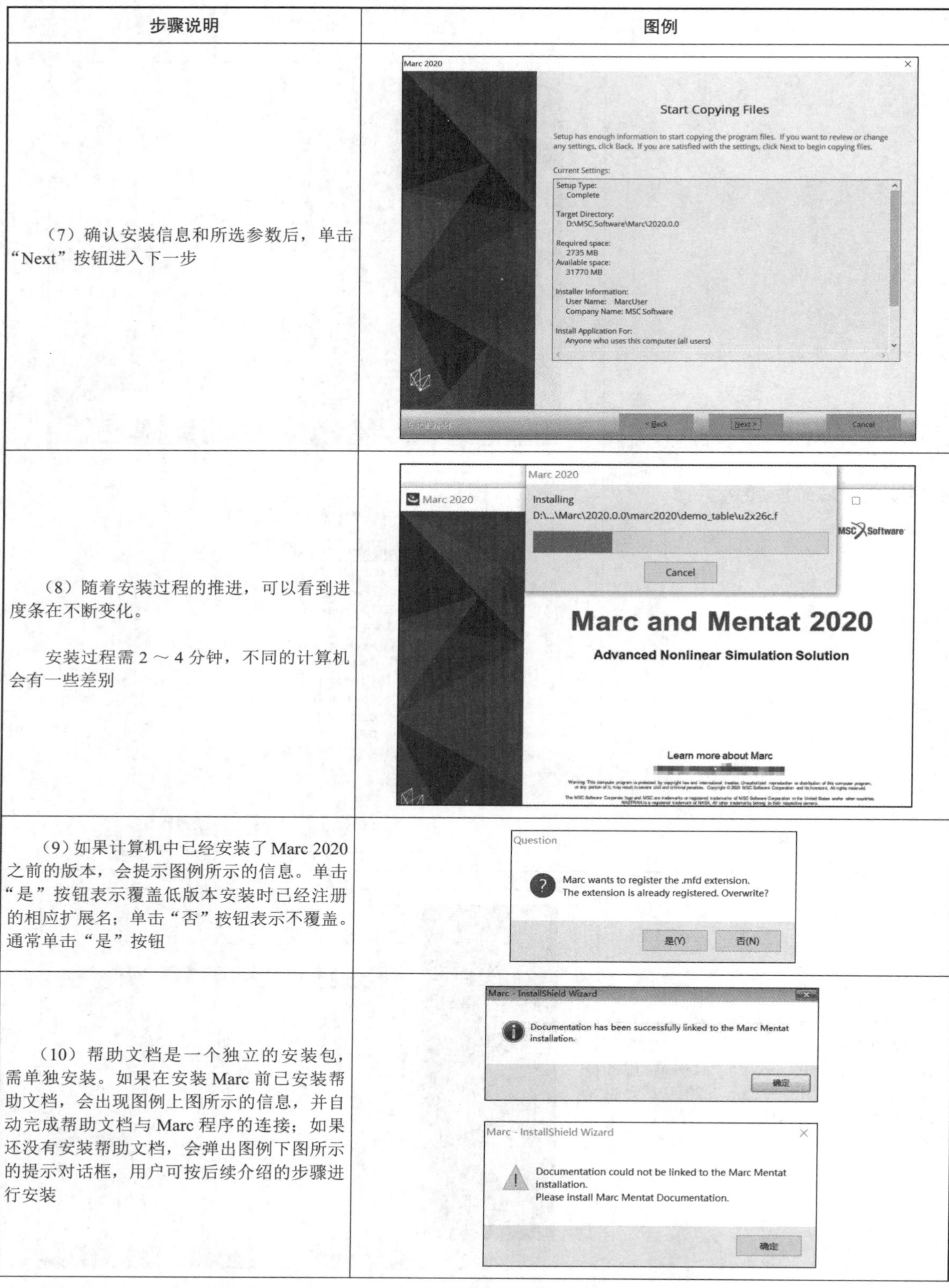

步骤说明	图例
（7）确认安装信息和所选参数后，单击“Next”按钮进入下一步	
（8）随着安装过程的推进，可以看到进度条在不断变化。 安装过程需 2 ～ 4 分钟，不同的计算机会有一些差别	
（9）如果计算机中已经安装了 Marc 2020 之前的版本，会提示图例所示的信息。单击“是”按钮表示覆盖低版本安装时已经注册的相应扩展名；单击“否”按钮表示不覆盖。通常单击“是”按钮	
（10）帮助文档是一个独立的安装包，需单独安装。如果在安装 Marc 前已安装帮助文档，会出现图例上图所示的信息，并自动完成帮助文档与 Marc 程序的连接；如果还没有安装帮助文档，会弹出图例下图所示的提示对话框，用户可按后续介绍的步骤进行安装	

续表

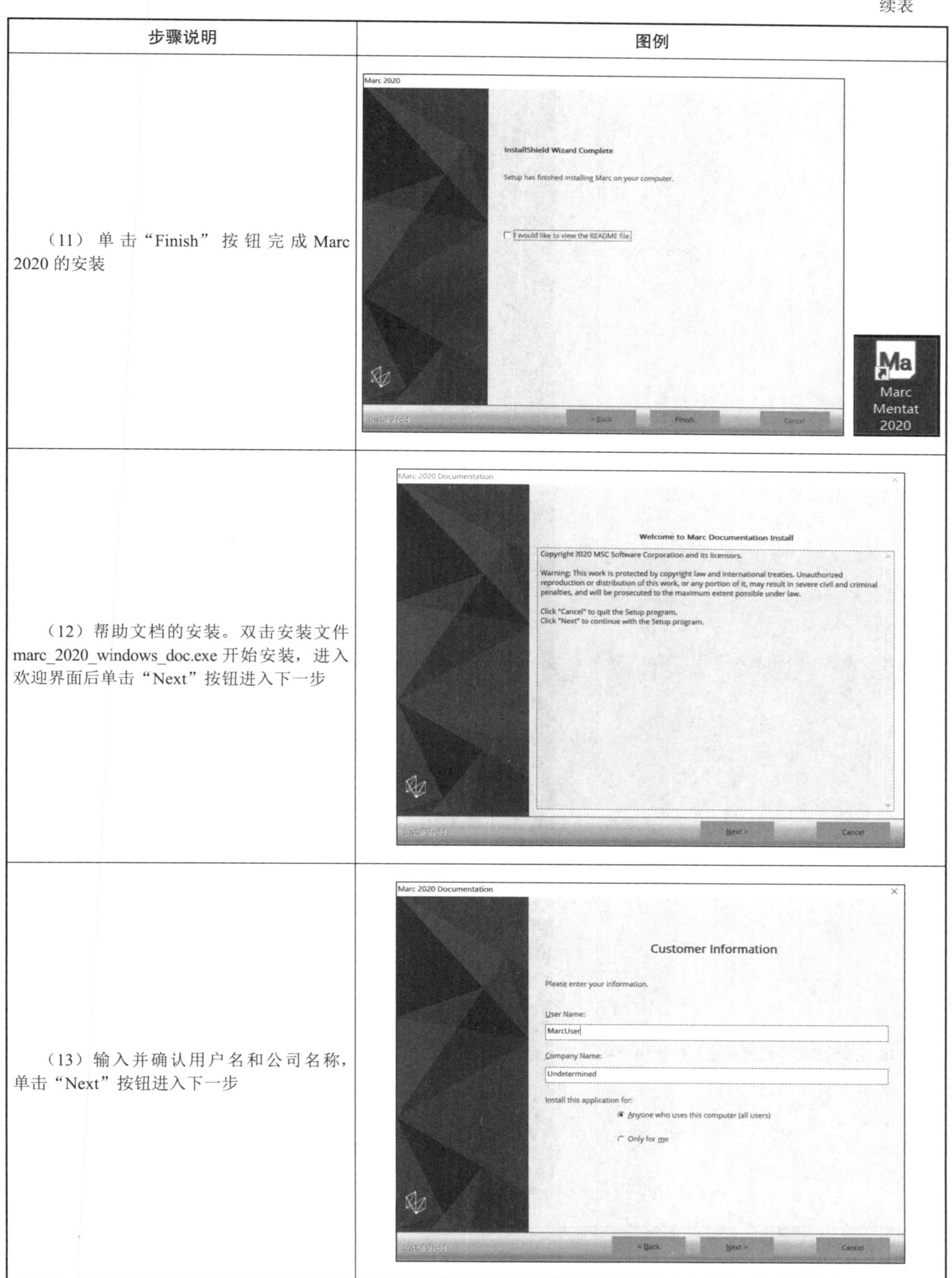

步骤说明	图例
（11）单击“Finish”按钮完成 Marc 2020 的安装	
（12）帮助文档的安装。双击安装文件 marc_2020_windows_doc.exe 开始安装，进入欢迎界面后单击“Next”按钮进入下一步	
（13）输入并确认用户名和公司名称，单击“Next”按钮进入下一步	

续表

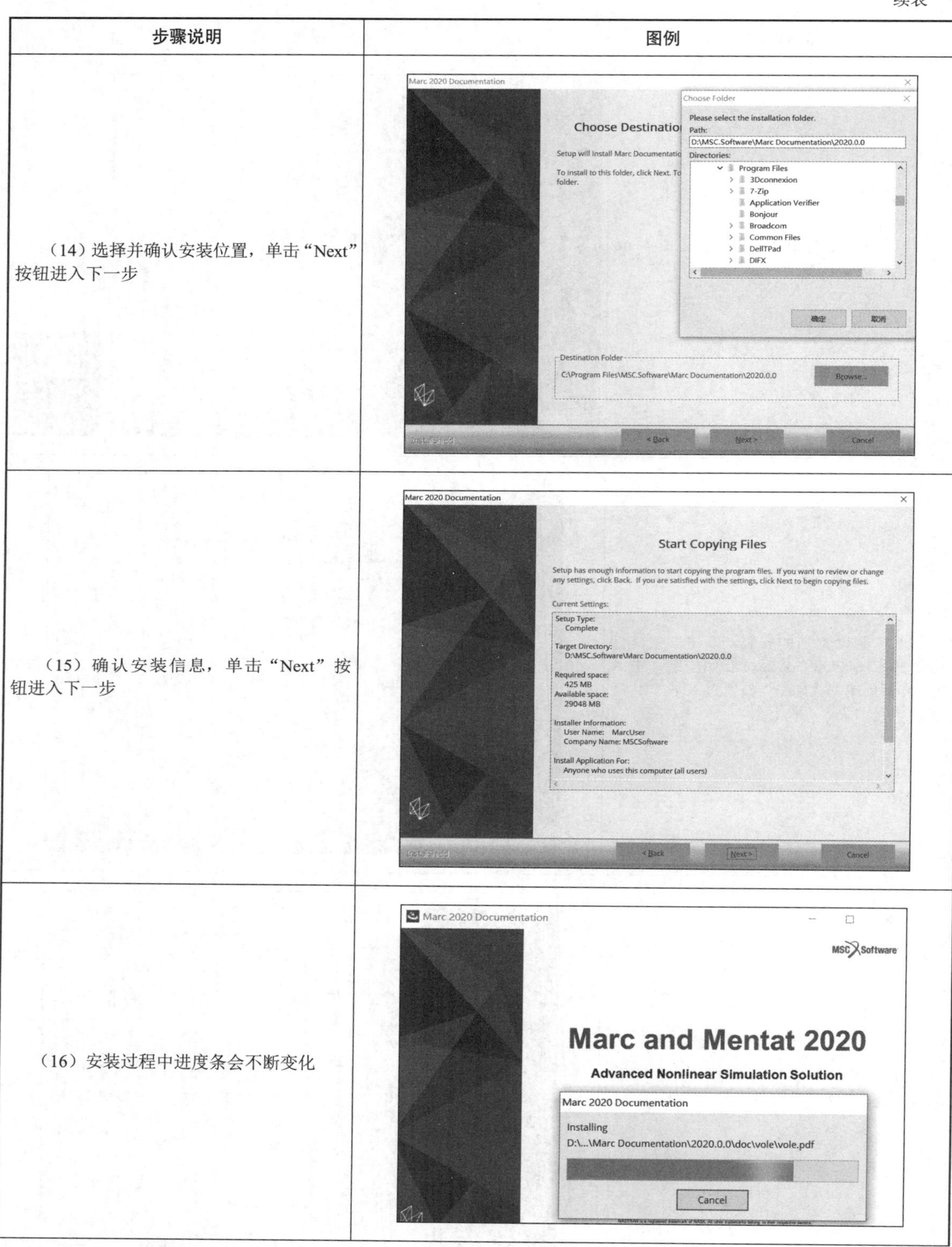

步骤说明	图例
（14）选择并确认安装位置，单击“Next”按钮进入下一步	
（15）确认安装信息，单击“Next”按钮进入下一步	
（16）安装过程中进度条会不断变化	

续表

步骤说明	图例
（17）安装完成后单击提示对话框中的“确定”按钮，再单击“Finish”按钮关闭安装界面	Marc Documentation - InstallShield Wizard Documentation has been successfully linked to the Marc Mentat installation. 确定

1.2.2 Marc 程序常用文件

分析问题的过程通常由前处理、求解、结果后处理三大步骤组成。Mentat 在进行模型前处理时，会生成扩展名为“.mud”或“.mfd”的模型文件，建模完成并递交分析后会自动生成 Marc 的数据文件（.dat），Marc 求解器在后台完成分析任务的计算后会自动生成可供 Mentat 进行后处理的扩展名为“.t16”或“.t19”的结果文件。此外，Marc 在求解过程中还会生成其他相关的文件，具体见表 1-2。

表 1-2 Marc 文件的相关说明

类型	说明
.dat	Marc 输入数据文件，包含模型信息、参数信息、分析控制参数等，可由 Mentat 生成，也可按照 Marc 用户手册 C 卷（卡片数据说明）直接编写
.out	输出文件，用于存储模型参数、迭代信息、计算结果等
.sts	状态文件，显示各增量步对应的迭代次数、分离次数、回退次数、时间步长和最大位移等
.log	日志文件，记录各个增量步的迭代、收敛、耗费时间等信息
.t08	重启动文件，在激活重启动功能时将必要信息根据设置写入此文件，以备后续使用
.t16/.t19	可在 Mentat 中进行结果后处理的文件类型
.mat	材料数据库文件，用户可自行编写并将其保存到安装路径下，以备后续使用，例如 X:\MSC Software\Marc\20xx\marc20xx\AF_flow.mat
.vfs	视角系数文件，用于进行辐射分析计算

另外，计算时还会产生一些其他的临时文件或结果文件，具体类型及相关说明请参考 Marc 用户手册 A 卷程序初始化部分的说明。

1.2.3 Mentat 的启动与 Marc 求解器的运行

Mentat 的启动可以通过多种途径实现，不同的操作系统启动的方式有所不同。对于 Windows 操作系统，比较常用的方法是双击桌面的 Mentat 快捷方式图标，图 1-2 所示为 Mentat 2020 启动后的界面。启动 Mentat 之后，用户就可以进行模型创建工作。

模型创建结束后即可将模型提交给求解器进行求解运算。对于不同的计算资源，提交的方式有所不同。如果在本机计算，则可以在 Mentat 中直接提交运算，Marc 求解器会在后台被自动调用；如果需要提交给其他机器（如高性能计算服务器）进行计算，则可以在 Mentat 中采用生成模型文件命令生成模型数据文件（.dat），然后调用“run_marc”命令进行计算分析，其基本形式为“run_ marc –jid jobname.dat”或“run_marc –j jobname”。

其中，“–jid”后指定要分析的数据文件名称，数据文件的扩展名可以省略，例如“jobname. dat”或“jobname”均可。“run_marc”命令根据不同的分析需要和问题类型，还有很多其他选项，读者可参考 Marc 软件安装手册。

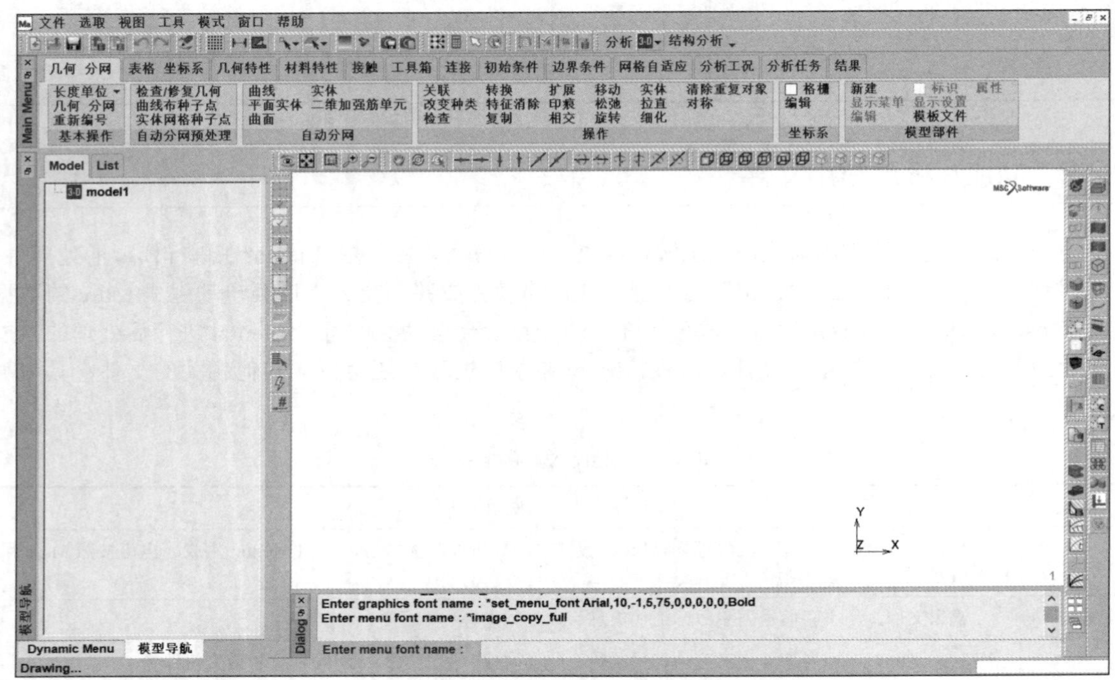

图 1-2　Mentat 2020 启动后的界面

1.2.4　Marc 帮助文档

Marc 为用户提供了丰富的帮助文档，如图 1-3 所示。其中包括与 Marc 基本功能相关的“用户指南”文档，方便初学者掌握 Marc 的“使用说明”，介绍 Marc 非线性有限元分析相关理论知识的手册“A 卷：理论和用户信息”，介绍 Marc 单元使用方法的手册“B 卷：单元库”，介绍 Marc 卡片的含义和参数定义方法的手册“C 卷：程序输入”，为中、高级用户提供的用于进行功能扩展的用户子程序说明文档手册“D 卷：用户子程序”，包含大量应用实例的手册“E 卷：示范问题”。读者可以在 Mentat 界面的“帮助”菜单中查找帮助文档，也可以直接打开 Marc 安装路径查找帮助文档。例如，对于 2020 版本，手册 A 卷～ E 卷在以下位置保存有 PDF 文档：

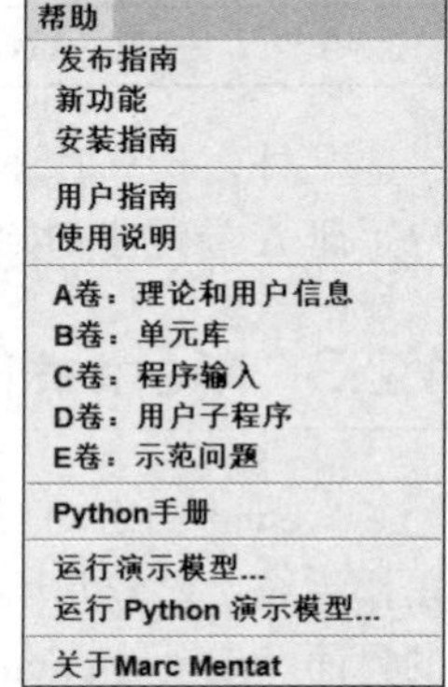

图 1-3　帮助文档

X:\MSC.Software\Marc Documentation\2020.0.0\doc

Marc 2020 的用户指南以 HTML 文件格式储存，如图 1-4 所示。用户可以通过“过滤器”及“Search”功能方便地查找需要的功能介绍，单击链接查看相应例题；也可以根据分析类型或功能类型进行例题的检索。

为了方便用户使用，Marc 的安装路径下按照章节存放了可以直接使用 Mentat 打开的模型文件，文件扩展名通常为“.mud”或“.mfd”。用户可以根据用户指南的描述，利用这里提供的数据文件进行模型创建、分析和学习。另外，有些章节的实例还提供了记录整个建模、分析、结果后处理过程的命令流文件（.proc），用户可以选择“工具”→“命令流”命令直接载入，并可以连续或逐步播放，非常方便。用户指南各个章节实例的存放位置如下：

X:\MSC.Software\Marc Documentation\20XX\examples\ug

关于手册 E 卷中涉及的各个章节的实例，用户可以在如下位置找到相关的数据文件：

X:\MSC.Software\Marc\20XX\marc20XX\demo

X:\MSC.Software\Marc\20XX\marc20XX\demo_table

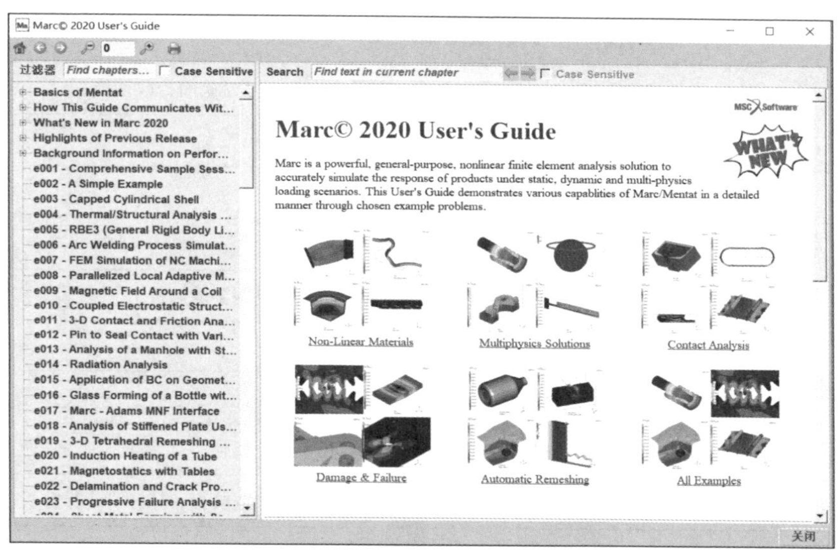

图 1-4 Mentat 2020 的用户指南

与用户指南中的实例不同，E 卷中的实例仅给出了 Marc 的数据文件（.dat）。用户可以在 Mentat 中导入 Marc 的数据文件，但一部分卡片无法被重新导入 Mentat 中，例如有些随时间变化的载荷、分析工况的参数。因此，建议用户直接通过命令行递交数据文件进行计算。

1.3 Mentat 的常用功能

本节将简要介绍 Mentat 的常用功能。

1.3.1 Mentat 常用快捷功能图标简介

Mentat 2020 菜单栏的下方、图形区的上方和右侧都有常用快捷功能图标。鼠标指针悬停在图标上时，会出现该图标功能的简单描述信息。这些图标及其功能描述如表 1-3、表 1-4、表 1-5 所示。

表 1-3 菜单栏下方的快捷功能图标及其功能描述

图标	功能描述
	新建模型文件

续表

图标	功能描述
	打开模型文件
	保存模型文件
	分别为打开和关闭后处理结果文件
	分别为撤销操作和重新执行操作（次数可以设置）
	图形区域模型刷新
	切换栅格显示
	分别为标准节点 / 螺栓控制节点拾取切换和顶面 / 底面拾取切换
	分别为距离测量和角度测量
	背景色切换
	灯光切换
	分别为保存当前快照文件、将当前快照文件复制到剪贴板上
	打开创建和编辑几何和网格的对话框
	打开“计算”对话框
	分别为打开“选取控制”对话框、打开“集合控制”对话框
	分别为打开“分析任务特性”对话框、任务参数检查、打开“运行分析任务”对话框
	列出 Marc 运算所用的分析数据文件

表 1-4　图形区上方的快捷功能图标及其功能描述

图标	功能描述
	回到默认视图
	使模型充满屏幕
	进入动态交互视图操作模式（按住鼠标左键不放并拖动可平移、按住鼠标中键不放并拖动可旋转、按住鼠标右键不放并拖动可缩放）
	放大框选区域
	分别为放大和缩小
	分别为切换在视图空间中是否以模型位置为中心来旋转 / 缩放模型、在视图中设置一个模型位置作为旋转 / 缩放模型的中心
	使视图沿 $+X$ 轴、$-X$ 轴、$+Y$ 轴、$-Y$ 轴、$+Z$ 轴、$-Z$ 轴移动
	使视图绕 $+X$ 轴、$-X$ 轴、$+Y$ 轴、$-Y$ 轴、$+Z$ 轴、$-Z$ 轴逆时针旋转
	显示不同的平面视图
	显示不同的轴测图

表 1-5 图形区右侧的快捷功能图标及其功能描述

图标	功能描述
	打开“显示控制”对话框
	打开“模型剪裁”对话框
	切换是否显示各类几何实体
	切换曲线、曲面的显示精度
	分别为切换几何点、曲线、曲面、实体和顶点是否显示
	分别为切换曲面渲染 / 线框显示、切换曲线渲染显示时是否带有线条、切换实体渲染 / 线框显示、切换单元渲染 / 线框显示
	切换是否显示网格轮廓线
	切换是否显示网格
	分别为切换是否显示节点和单元
	切换是否显示连接、rb2、rb3 等标号
	切换是否显示边界条件
	打开模型显示窗口（视图 1）
	打开“表格”对话框
	打开“梁截面属性”对话框
	打开复合材料窗口
	打开材料参数拟合相关的对话框
	分别为打开路径曲线窗口、打开历程曲线窗口
	切换是否进行梁单元、壳单元的扩展显示
	切换箭头实体 / 线框显示
	切换是否进行接触体的背面识别
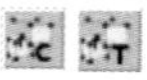	分别为切换是否进行单元几何类别和物理类型识别
	分别为切换是否进行几何属性、材料属性、接触体、边界条件、集合的识别
	打开优化设计显示窗口
	打开广义 *XY* 曲线显示窗口
	分别为平铺各视图、折叠各视图
	分别为显示、仅显示
	分别为打开标量图、矢量图、张量图显示窗口
	关闭结果显示窗口

1.3.2 Mentat 2020 主要菜单简介

Mentat 2020 的主要菜单由有限元建模、作业提交和结果查看等功能模块组成，也就是图 1-7 左图中所示的“Main Menu”，包括“几何 分网”“表格 坐标系”“几何特性”“材料特性”“接触”“工具箱”“连接”“初始条件”“边界条件”“网格自适应”“分析工况”“分析任务”“结果”等功能模块。每一个功能模块对应一个选项卡，如图 1-5 所示。这些选项卡对应工程问题分析的主要过程和环节。使用时可以随时从一个选项卡切换到另一个选项卡。当某个功能模块的选项卡处于打开状态时，主要菜单区域会出现与该功能模块相对应的选项组。

几何 分网	表格 坐标系	几何特性	材料特性	接触	工具箱	连接	初始条件	边界条件	网格自适应	分析工况	分析任务	结果

图 1-5 Mentat 2020 的主要菜单

1.3.3 模型浏览器简介

Mentat 2013.1 增加的模型浏览器功能可让用户快速地查看内容和确定模型的完整性。模型浏览器不仅提供模型的树状表示，还让用户可以快速打开菜单。所有的菜单既可以通过主要菜单打开，也可以通过模型浏览器打开。

注意，可以在软件启动时隐藏主要菜单和对话区（将启动图标“属性”中“目标”选项的参数设为 -hide_main_menu、-hide_dynamic_menu 和 -hide_dialog 即可）。隐藏主要菜单和对话区，可以增大图形区的显示范围。在运行 Mentat 的过程中，将鼠标指针悬停在 Mentat 界面下方的菜单条上，单击鼠标右键进行操作，也可以随时进行主要菜单和对话区的隐藏和取消隐藏。

打开帮助文档中的“用户指南”，找到“Background Information on Performing a Finite Element Analysis”中的“e004 Summary Thermal/Structural Analysis of Cylinder Head Joint with Quadratic Contact”小节，阅读该小节对应的柱塞头热机耦合接触分析的模型，可以进一步了解模型浏览器的使用方法。运行脚本文件“thermogask.proc”，得到图 1-6 所示的模型，其中单元以实体形式显示、接触体以标识形式显示、模型浏览器以默认的形式显示。

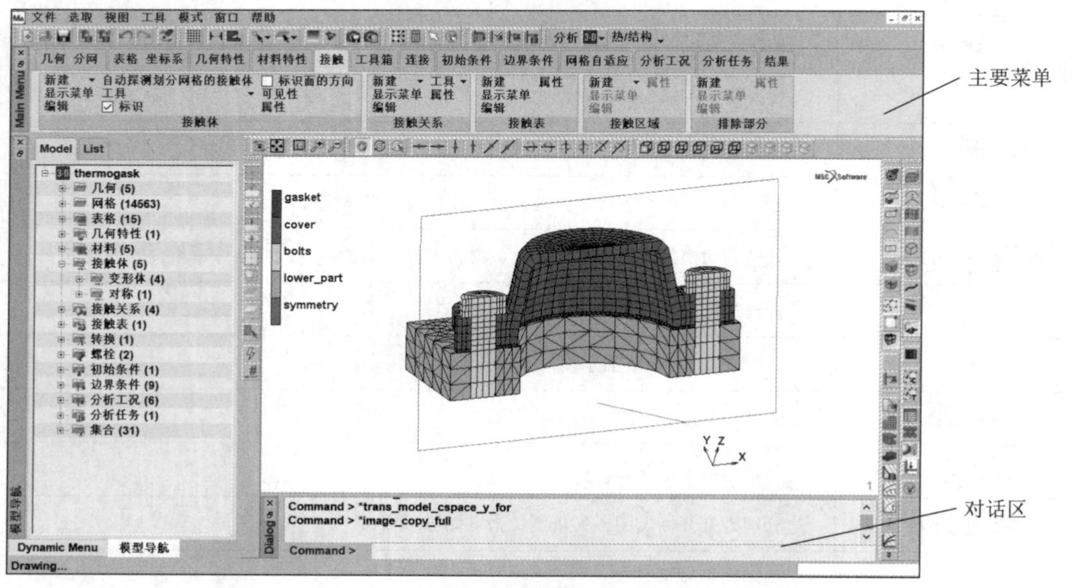

图 1-6 模型示例

如果完全隐藏动态菜单，通过拆分出模型浏览器可以更好地利用显示区。图 1-7 为模型浏览器被拆分出来后的显示效果，此时用户可以在任意位置放置模型浏览器。

模型浏览器的顶部显示的是模型名，本例的模型名为“thermogask”。模型浏览器中显示了模型的各项内容。

有几个选项可用于扩展和折叠模型浏览器中的各个条目。

- 在模型浏览器顶部显示的“Model”和“List”菜单条处，或在模型名处，或在模型浏览器最后一项下面单击鼠标右键，在弹出的快捷菜单中选择“展开全部文件夹”或“收起全部文件夹”命令。
- 在模型浏览器的各条目上单击鼠标右键，在弹出的快捷菜单中选择“展开文件夹”命令。
- 单击各条目左侧的 ⊞ 或 ⊟ 图标来展开或折叠单个条目。

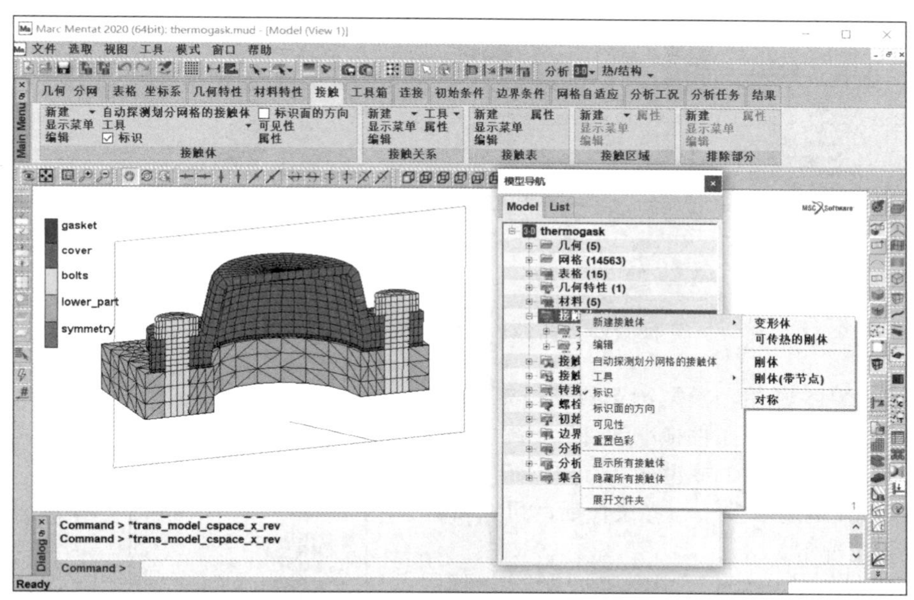

图 1-7　模型浏览器被拆分出来后的显示效果

展开“接触体”折叠项，可以发现模型浏览器中各个接触体标识的颜色与图形区对应接触体的颜色是匹配的。使用模型浏览器可以很方便地进行拾取操作。单击各个接触体左侧的复选框，显示的物体被隐藏；再次单击，随着复选框被勾选，隐藏的物体也会显示在图形区中。

同理，可以用鼠标右键单击“边界条件”折叠项，增加一个新的边界条件、编辑已有的边界条件、合并重复的边界条件（利用“工具”子菜单）、定义显示设置、切换是否用标识来显示边界条件和打开边界条件折叠项。

如果选择“新建边界条件”命令，可以选择合适的边界条件项，然后在弹出的对话框中具体定义参数并选择作用区域。图 1-8 所示为创建新的单元面分布力边界条件示例。另外，双击某项内容，如某个边界条件，也可以对已有内容进行编辑。

模型浏览器有两种显示模式，分别为“Model”和“List”模式，其中“Model”模式为默认模式。如果切换到“List”模式，则可以在浏览器中增加过滤工具。继续在边界条件菜单中操作，可以得到图 1-9 所示的效果。

第一层（First Level）过滤器用于选择模型浏览器中的主折叠项，本例中只有“边界条件”折叠项被选择。第二层（Second Level）过滤器用于选择子折叠项；而名称（Name）过滤器用于基于实体的开头字母来选择。图 1-9 中的右图显示了第一层过滤器为“边界条件”、名称过滤器仅列出以字母“p”开头的边界条件。

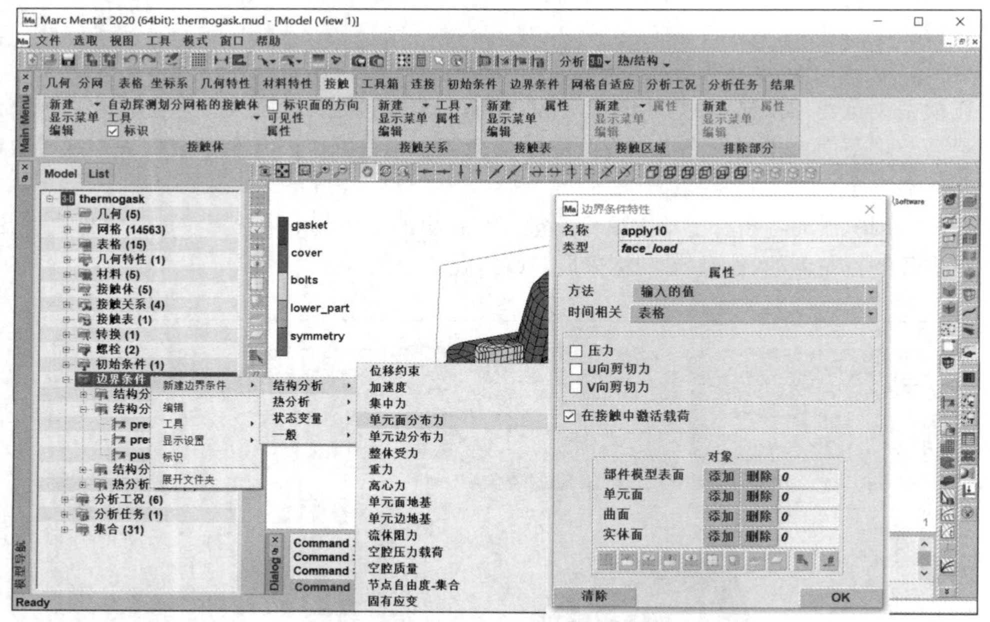

图 1-8　创建新的单元面分布力边界条件示例

从 Mentat 2015 开始，模型浏览器支持拖曳功能，例如可以将已定义的边界条件拖曳到目标工况中。这一功能对存在大量边界条件的模型非常有用。利用鼠标左键和 Shift 或 Ctrl 键选取多个边界条件后，可以将其一起拖曳到目标工况下。

拖曳功能可用于以下操作。

- ◆ 拖曳边界条件到分析工况。
- ◆ 拖曳边界条件到分析任务的初始载荷。
- ◆ 拖曳初始条件到分析任务。
- ◆ 拖曳接触表到分析工况。
- ◆ 拖曳接触表到分析任务。
- ◆ 拖曳分析工况到分析任务。
- ◆ 拖曳网格自适应到分析工况。

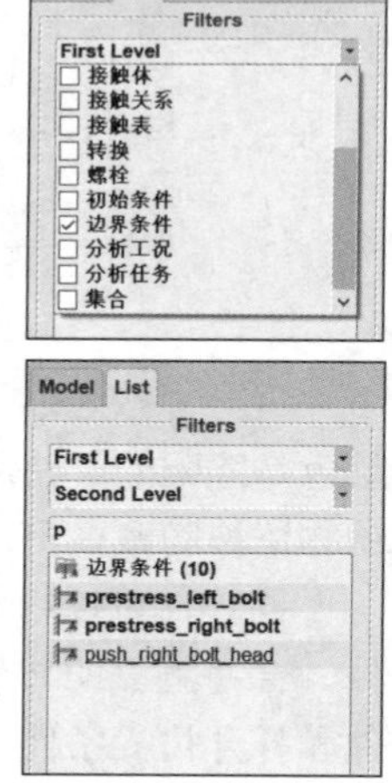

图 1-9　“List”模式

复制分析工况到分析任务时，分析工况的选取顺序决定了分析任务执行时的先后顺序。该顺序可以与分析工况的定义顺序不同。

运行命令流文件（.proc）会产生大量与模型浏览器相关的命令语句，用户可以发现程序运行速度明显减慢。这个问题可以通过编辑命令流文件来避免，用户只需在命令流文件的开始处添加命令“*model_navigator_update off”，程序就不会更新模型浏览器。此操作也可以通过 Mentat“工具”菜单中的一些命令来实现，如选择“命令流”或“程序设置”命令，在打开的对话框中更新模型导航。

1.3.4 “文件”菜单

Mentat 2020 的 GUI 采用了 Windows 应用软件的风格，即由菜单栏、功能图标、图形显示区和编辑区组成。菜单栏由“文件”“选取”“视图”“工具”“模式”“窗口”“帮助”菜单组成。“文件”菜单如图 1-10 所示。

（1）“新建”命令：创建新模型文件（.mud 或 .mfd），建立新模型数据库。

（2）“打开”命令：打开已有的模型文件（.mud 或 .mfd），并将其读入内存中。

（3）“合并”命令：打开一个已有的模型文件（.mud 或 .mfd）并将其与当前打开的文件进行合并，在创建复杂的模型时经常用到。

（4）“描述”命令：给模型文件添加描述文字。

（5）“保存”命令：存储文件为缺省版本格式，即当前版本的存储格式。

（6）“保存并退出”命令：存储文件为缺省版本格式，然后退出 Mentat。

（7）“另存为”命令：将文件另存为别的版本格式或别的名字。选择“另存为”命令时会弹出图 1-11 所示的对话框，要求输入另存文件的名称，选择文件的类型（“二进制模型文件”或“格式化模型文件”），在“缺省版本”下拉列表中选择保存的版本，默认为当前的版本。

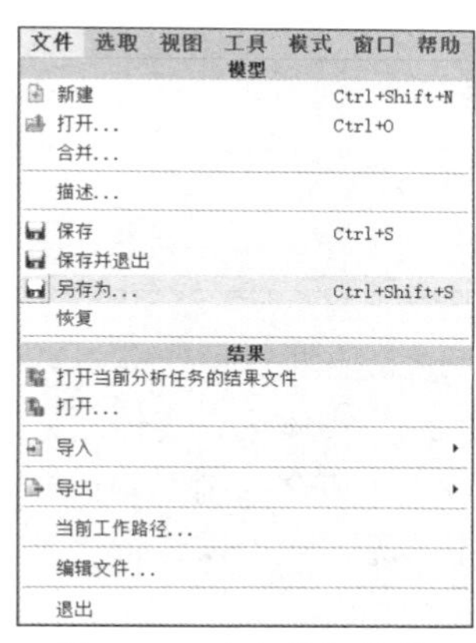

图 1-10 “文件”菜单

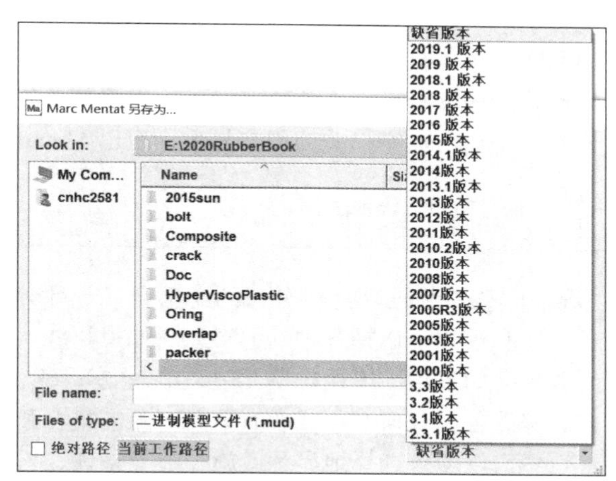

图 1-11 另存为对话框

（8）“恢复”命令：将最近一次保存的模型数据重新读入内存，所有在这次保存后对模型做的操作均被删除。若要取消上一步操作，单击撤销图标即可。

（9）“打开当前分析任务的结果文件”命令：打开当前模型在当前分析任务对应的结果文件（.t16 或 .t19），并将其读入内存中。

（10）“打开”命令：选择并打开已有的结果文件（.t16 或 .t19），并将其读入内存中。

（11）“导入”命令：读取外部数据的接口，能够输入 Mentat 的数据类型如图 1-12 所示。

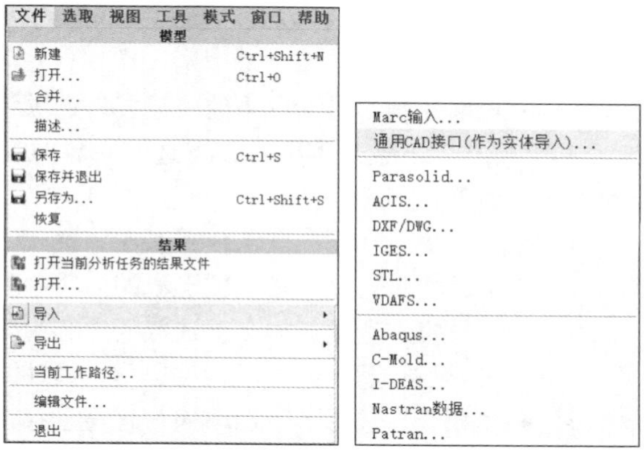

图 1-12 “导入”子菜单

◆ Marc 输入：读入 Marc 数据文件（.dat）。

◆ 通用 CAD 接口（作为实体导入）：导入的 CAD 模型可直接作为 Parasolid 几何实体存

在，可以直接读入 ACIS、CATIA V4、CATIA V5、IGES、Inventor、JT、Parasolid、Pro/ENGINEER、SolidWorks、STEP、Unigraphics 模型文件。在“CAD 作为实体导入”对话框中还可以进行“特征消除”“几何简化”“高级清理”等设置。

- Parasolid：读入 Parasolid 文件（.x_t/.x_b/.xmt_txt/.xmt_bin）。
- ACIS：读入 ACIS 文件（.sab/.sat）。
- DXF/DWG：读入 AutoCAD 文件（.dxf/.dwg）。
- IGES：读入 IGES 文件（.igs/.ige/.iges/.igs*）。
- STL：读入 STL 文件（.stl/.stla/.stlb/.asc）。
- VDAFS：读入 VDAFS 文件（.vda）。
- Abaqus：读入 Abaqus 文件（.inp）。
- C-Mold：读入 C-Mold 文件（.par/.fem/.mtl/.ppt）。
- I-DEAS：读入 I-DEAS 文件（.unv）。
- Nastran 数据：读入 Nastran 数据文件（.bdf/.nas/.dat）。
- Patran：读入 Patran 文件（.pat/.out）。

（12）“导出”命令：把模型输出成 Parasolid、DXF、IGES、STL、VDAFS、FIDAP 或 Nastran 文件。

（13）“当前工作路径”命令：设置当前工作目录的路径。

（14）“编辑文件”命令：打开文件，在系统的文本编辑器中编辑。

（15）“退出”命令：关闭用户界面，退出 Mentat。

1.3.5 “选取”菜单

“选取”菜单依据功能可分成两个部分：一部分是“选取”，在“选取控制”对话框中可以通过各种方式和模式来选择各种几何对象（如点、线、面、实体、实体顶点、实体边、实体面）或者有限元对象（如节点、单元、单元边、单元面）；另一部分是“集合”，在“集合控制”对话框中可以创建、修改各种几何对象或者有限元对象的集合和控制集合可见与不可见，还可以将特定对象指定到集合中，以便有选择地显示或施加边界条件、材料特性等。

1. “选取控制”对话框

该对话框提供了各种方式和模式来选择几何对象或有限元对象。“选取控制”对话框如图 1-13 所示。

（1）“选取控制”对话框中的“设置”选项组用于设置选取对象时的模式、方法和过滤方式。

- “模态”下拉列表框：设置选取对象时的模式，其下拉列表如图 1-14 所示，各选项及其含义如下。
  - “并集”选项：默认模式，在该模式下，新选取的内容将被加在已选取的内容中。
  - “差集”选项：在已被选取的内容中删除新选取的内容。
  - “补集”选项：如果新选取的内容尚未存在，则新选取的内容将被加在已选取的内容中；如果新选取的内容已存在，新选取的内容则被删除。
  - “相交”选项：新选取的内容与已存在的内容中相同的部分为被选取的内容。
- “方法”下拉列表框：设置拾取方法，其下拉列表如图 1-14 所示，各选项及其含义如下。
  - “单一”选项：默认选取方法，允许逐一选取对象。
  - “路径”选项：根据起止节点或几何点确定的路径进行内容的选取。

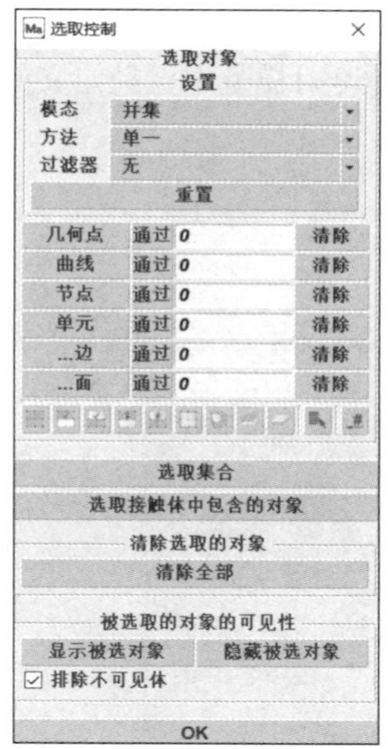

图 1-13　“选取控制”对话框

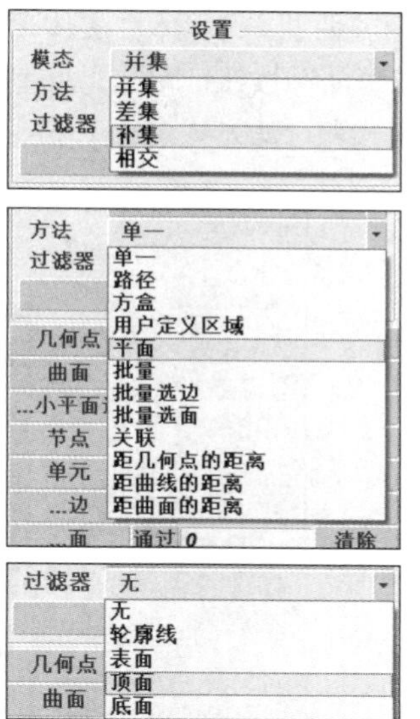

图 1-14　选取模式、方法和过滤方式

- “方盒”选项：用户根据在整体坐标系下由 X、Y、Z 的最大值、最小值构成的空间进行选取。
- “用户定义区域”选项：与“方盒”类似，只不过此方法是在用户坐标系下进行选取。
- “平面”选项：用一个单元面来指定一个平面，该平面上的节点、单元等均可被选取。
- “批量”选项：成批选取，使用该方法时，所选节点所在的单元，以及与该单元通过节点连接的所有单元（并以此类推）、单元边、单元面及单元上的节点都会被选取。
- “批量选边”选项：选取一条外边界处的单元边，凡与该边的夹角满足设定值的单元边上的节点或单元边均可被选取。可以设置角度界限、过滤器等来控制选取范围，角度界限中的角度指相邻两个单元之间一个单元边与另一个单元边延长线的夹角，默认为 60°。
- “批量选面”选项：单击一个单元的表面，凡与该面的夹角满足设定值的单元面内的节点、单元边或单元面均属于可以被选取的对象；可以设置角度界限、过滤器等来控制选取范围，角度界限中的角度是指相邻两个单元面的法线的夹角，默认为 60°；在“选取控制”对话框中单击节点后，单击外圆柱面上的任意一个单元的表面，则外圆柱面上的节点（节点所在单元面与点选单元面法线间的夹角满足设定角度）都会被选取。
- “关联”选项：用户选择某些项目时，与这些项目有关联关系的项目也会被选取。
- “距几何点的距离”选项：选取与几何点的距离小于指定容差值的对象。
- “距曲线的距离”选项：选取与曲线的距离小于指定容差值的对象。
- “距曲面的距离”选项：选取与曲面的距离小于指定容差值的对象。

◆ “过滤器”下拉列表框：设置过滤方式，其下拉列表如图 1-14 所示，各选项及其含义如下。

- “无”选项：没有过滤器用于对象选取。
- “轮廓线”选项：仅允许选取模型轮廓线上的元素。
- “表面”选项：仅允许选取模型表面的元素。
- “顶面”选项：选取位于壳体顶面的元素。
- “底面”选项：选取位于壳体底面的元素。

可供选择和存于集合中的几何对象和有限元对象有：几何点、线（曲线）、节点、单元、单元边、单元面、面（曲面）、实体、实体顶点、实体边、实体面。

（2）“选取集合”按钮：单击此按钮，在打开的对话框中，可对模型中已经定义的集合中的对象按照指定的模式和过滤方式进行选取，如图 1-15 所示。

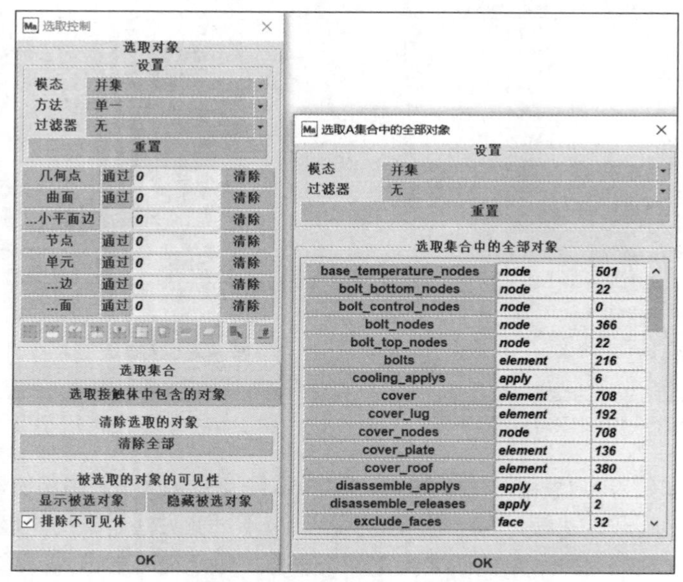

图 1-15　选取集合中的对象

（3）“选取接触体中包含的对象”按钮：单击此按钮，在打开的对话框中，可对模型中定义的接触体所包含的对象按照指定的模式和过滤方式进行选取，如图 1-16 所示。

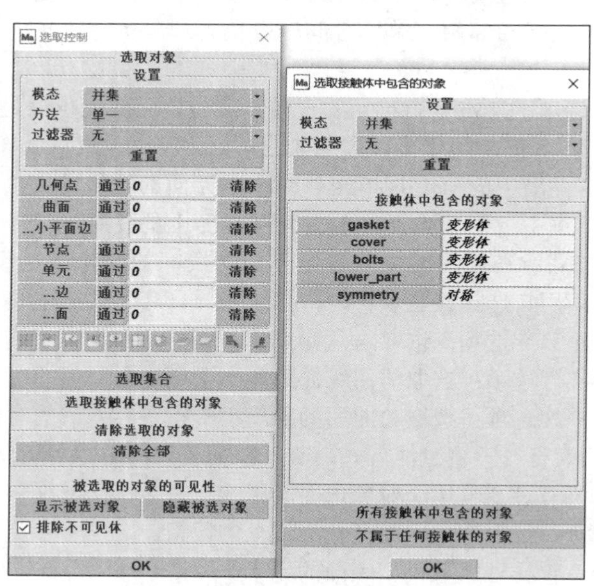

图 1-16　选取接触体所包含的对象

（4）“清除全部”按钮：单击此按钮，可将已被选取的对象全部从列表中清除。

（5）“被选取的对象的可见性”选项组：控制被选取元素的可见性。

◆ “显示被选对象”按钮：使所有已被选取的对象可见，未被选取的对象不可见；如果此时没有任何对象被选取，那么单击该按钮会将模型中的全部对象隐藏。

◆ “隐藏被选对象”按钮：使所有没有被选取的对象可见，已被选取的对象不可见；如果此时没有任何对象被选取，那么单击该按钮会将模型中的全部对象显示出来。

（6）“排除不可见体”复选框：勾选此复选框，会将模型中不可见的部分从选取集合中去除，例如模型内部的节点、单元等元素，因此在进行对象选取时要注意此处的设置。

要定义一个选择集，例如定义一个节点集，需先单击节点，选择要加入节点集的节点序列（可用“单一”拾取法、“方盒”拾取法），然后单击结束选择图标或在图形区单击鼠标右键结束选择。

2. “集合控制”对话框

在Mentat中，集合是非常方便和好用的工具。用户可根据需要定义集合，能够定义成集合的对象包括几何点、线、面、实体、实体顶点、实体边、实体面、节点、单元、单元边、单元面。“集合控制”对话框提供了创建、编辑和控制集合可见性的各种选项（按钮），如图1-17所示，常用选项（按钮）及其含义如下。

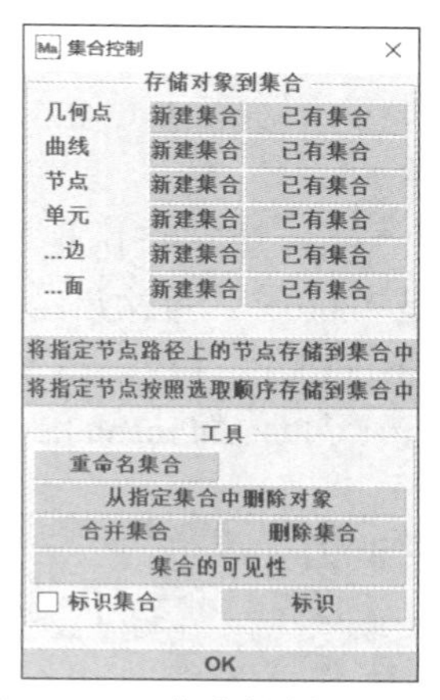

图1-17 “集合控制”对话框

◆ “新建集合”按钮：创建一个集合，Mentat需要用户给定集合的名字，然后选择要存储到此集合中的对象；对象既可以在图形区直接选取，也可以通过“选取控制”对话框中的模式和方法事先选好，然后单击所有存在的图标完成集合对象的存储。

◆ “将指定节点路径上的节点存储到集合中”按钮：用于结果后处理的显示，可将指定节点路径上的节点存储到集合中。

◆ “将指定节点按照选取顺序存储到集合中”按钮：可将指定节点按照选取顺序存储到集合中。

◆ “标识集合”复选框：用不同的颜色显示不同的集合。

1.3.6 “视图”菜单

“视图”菜单用来控制与模型显示相关的各个方面，其中的命令如下。

（1）“模型对象类型”命令：控制哪些对象或项目在图形区显示。

（2）“线框显示和实体渲染”命令：控制对象显示的方式。

（3）“标识”命令：用不同的颜色显示各类对象。

（4）“显示控制”命令：控制哪些对象在图形区显示（功能同“模型对象类型”命令），同时可以控制显示的方式（线框显示或实体渲染）及更多显示特性（如标签、显示精度、颜色等）。

（5）“可见性”命令：控制选择的各类对象的可见性。

（6）“半透明”命令：控制对象的透明性。

（7）“模型剪裁”命令：对模型和分析结果进行剪裁显示。

（8）“坐标轴显示设置”命令：控制坐标系3个轴的显示。

（9）“标识控制”命令：用不同的颜色显示各类对象，与“标识”命令的功能类似。

（10）“视图控制”命令：控制显示模型的视图。

（11）“开 / 关”命令：打开或者关闭光照和视角。

（12）“灯光控制”命令：光照显示的更多控制选项。

（13）“图形颜色”命令：控制模型的颜色和后处理的颜色。

（14）“主题”命令：控制是采用传统的主题模式还是新增加的暗黑主题模式。

（15）“图形区字体”命令：设置图形区的字体。

（16）“菜单字体”命令：设置菜单的字体。

（17）“窗口 / 弹出设置”命令：设置弹出窗口位置等参数。

1.3.7 “工具”菜单

“工具”菜单包括“命令流”“Python”“参数”“动画”“距离”“角度”等很多有用的命令，如图 1-18 所示。本小节对部分常用的命令进行介绍。

（1）“命令流”命令：可以帮助用户实现参数化建模，并且可以减少相似结构的重复性建模工作。

“工具”菜单中的第一个命令是“命令流”。Mentat 命令流文件也称为过程文件，它的扩展名是“.proc”。每次启动 Mentat 后，用户执行的所有操作命令都会自动保存在当前工作路径下的 mentat.proc 文件中。在 Mentat 2020 及之前的版本中，如果关闭 Mentat 后又在相同工作路径下打开 Mentat，以前的 mentat.proc 文件会被覆盖和重写。“命令流文件”对话框如图 1-19 所示。

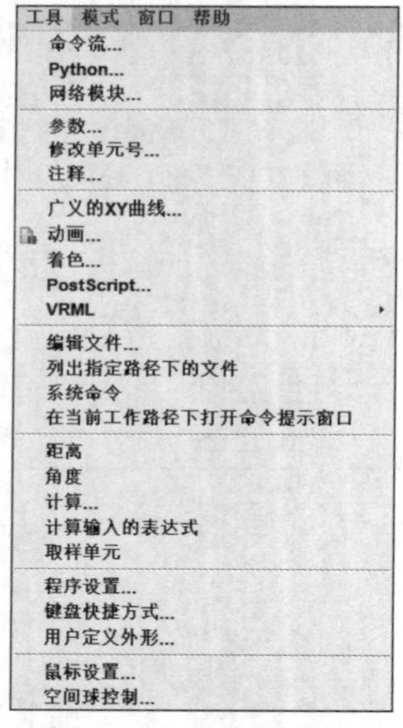

图 1-18 “工具”菜单

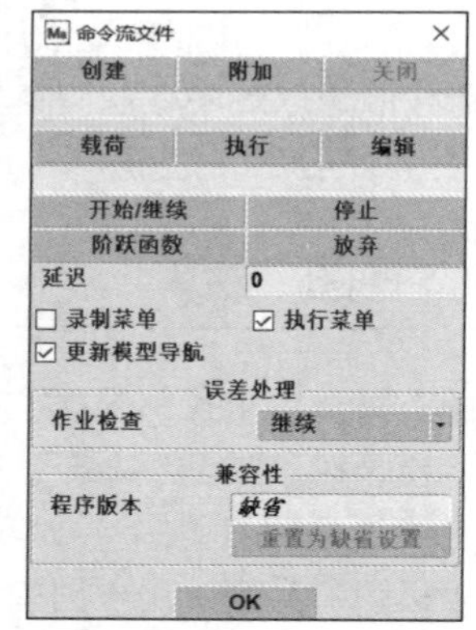

图 1-19 “命令流文件”对话框

“命令流文件”对话框中各选项的功能说明如表 1-6 所示。

表 1-6 “命令流文件”对话框中各选项的功能说明

名称	功能说明
创建	创建一个新的命令流文件
附加	在一个已有的命令流文件后面继续添加命令流
关闭	关闭当前命令流文件

续表

名称	功能说明
载荷	加载一个命令流文件但不执行
执行	执行加载的命令流文件
开始 / 继续、停止、阶跃函数、放弃	控制命令流文件的执行
编辑	用 Notepad（记事本）打开载入的命令流文件进行编辑
录制菜单	记录命令流文件时菜单的操作，菜单弹出动作也被记录
执行菜单	执行命令流文件时是否执行菜单的操作
更新模型导航	执行命令流文件时是否同步更新模型浏览器
作业检查	设置命令流文件在执行过程中模型出错时的处理方式，包括“继续”“停止”“退出当前”3 个选项
程序版本	设置兼容的程序版本，一般无须修改

（2）“Python”命令：用于运行 Python 脚本。在“Python”对话框中，“编辑”按钮用于打开一个 Python 脚本进行编辑。如果勾选“分开运行脚本”复选框，则可以单独运行一个 Python 脚本，并且在 Mentat 图形区实时显示运行的结果；还可以进行端口设置，端口是 Mentat 和 Python 脚本的连接通道，该通道需要和 Python 脚本中主程序的通道号一致才能建立通信。单击“初始化连接”按钮可以初始化一个新的通信端口；单击“关闭”按钮可以关闭 Python 与 Mentat 已经建立的通信。如果勾选“本地运行”复选框，则可以在本地运行脚本。Python 脚本的创建和编写的详细信息可以参考“帮助”菜单中的 Python 手册。

（3）“网络模块”命令：用于打开“网络模块”对话框来运行 .NET 脚本。其详细使用方法和编程信息可以参考“帮助”菜单中 Python 手册下的 Mentat DCOM: Connecting to Mentat using a .NET Module。

（4）“参数”命令：在“参数”对话框中可以设置参数名称和参数表达式。参数表达式可以是一个函数，也可以是一个数值。如果选择了“延迟”单选项，则只有在计算作业运行到使用该参数时，参数设置才起作用；如果选择了“立即”单选项，则参数设置立刻起作用，即参数在建模阶段生效，无须等到计算作业运行。“参数”和“命令流”命令可以配合完成多参数的参数化建模工作。

（5）“修改单元号”命令：用于打开“单元号修改”对话框来对一些单元的类型号进行修改。

（6）“注释”命令：用于打开“注释”对话框以在图形区添加、删除、显示、移动、复制、编辑和清除注释。

（7）“广义的 XY 曲线”命令：用于生成广义 *XY* 曲线图，对多条曲线进行对比。例如，将相同模型采用不同材料时获得的变形曲线复制到同一张 *XY* 曲线图中进行对比。

（8）“动画”命令：用于在 Mentat 中创建和演示动画，可以将创建的动画保存为多种格式，如 MPEG 格式、AVI 格式和 GIF。

（9）“着色”命令：用于设置图形渲染的控制参数。

（10）“编辑文件”命令：与“文件”菜单中的“编辑文件”命令的功能类似，可以打开文件并通过程序中的文本编辑器进行内容编辑。

（11）“列出指定路径下的文件”命令：可用于列出指定路径下的文件名称，选择此命令后，会在 Mentat 的“Dialog”窗口中提示输入路径名称，输入路径名称并确定后窗口中会列出指定路径下的所有文件名称。

（12）“系统命令”命令：用于输入系统命令，选择此命令后会在“Dialog”窗口中提示输入命令。

（13）“在当前工作路径下打开命令提示窗口”命令：用于在当前工作路径下打开命令提示窗口（cmd）。

（14）“距离”命令：用于测量给定两点之间的距离（直线距离及沿着全局 X、Y、Z 坐标轴的分量距离）和两点连线与 X、Y、Z 三个坐标轴的夹角。被测量点可以通过坐标指定，也可以在图形区选择已有的几何点或者节点。

（15）“角度”命令：用于测量两条线的夹角，依次单击 3 点（第一点和第二点的连线及第二点和第三点的连线分别对应两条相交的线）得到两条线的夹角，分别以角度和弧度显示。

（16）“计算”命令：用于打开“计算”对话框来计算单元边的长度、单元面的面积、单元的体积、单元的质量、实体的表面积、实体的体积等，还可以计算选定单元边长度的最小值、最大值。“计算”对话框如图 1-20 所示。

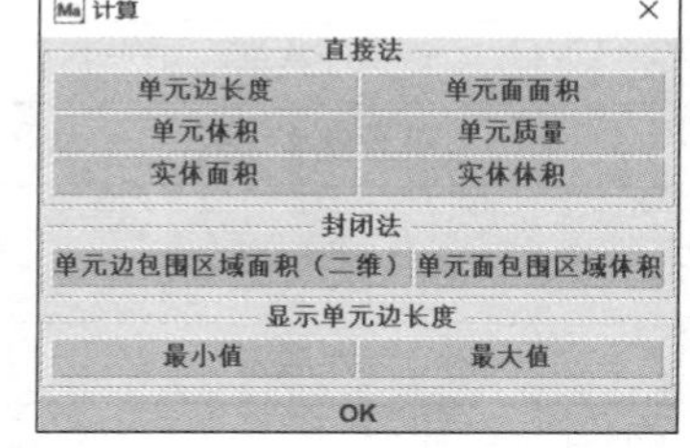

图 1-20 “计算”对话框

（17）“计算输入的表达式”命令：可用于计算输入的表达式，相当于简易的计算器。

（18）“取样单元”命令：可进行取样单元的设置，选择该命令可以对指定单元的节点数值进行取样。

（19）“程序设置”命令：可进行程序的设置，包括工作路径设置、模型导入和合并时是否重新编号、打开 / 合并 / 导入模型时的长度单位设置、对象拾取模式（拾取部分或是全部）设置等。

（20）“键盘快捷方式”命令：可以设置键盘的快捷方式，默认有 9 种快捷方式，可以增加、删除快捷方式。

（21）“鼠标设置”命令：可以进行鼠标偏好设置。

（22）“空间球控制”命令：用于控制空间球（或三维鼠标）的个性化特性（运动、敏感度、快捷方式等）。

1.3.8 “模式”菜单

“模式”菜单的功能主要是控制 Mentat 的主题、鼠标键方案及拾取模式，“模式”菜单和“模式设置”对话框如图 1-21 所示。用户可以采用黑暗的主题，此时界面的风格与 MSC Apex 的默认风格一致。对于鼠标键方案和拾取模式，用户可以按照自己的喜好进行选择。

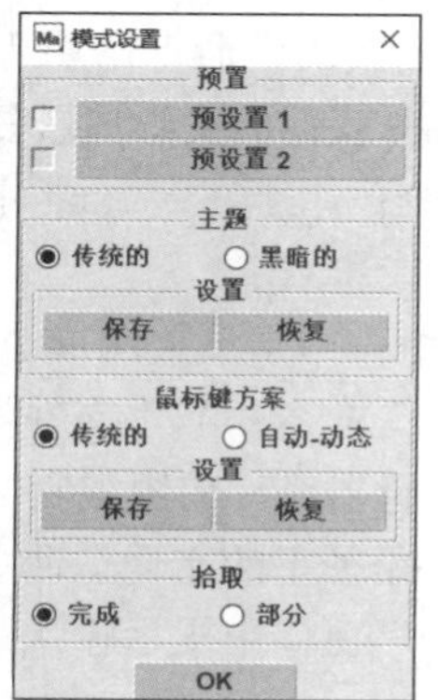

图 1-21 “模式”菜单和“模式设置”对话框

1.3.9 “窗口”菜单

“窗口”菜单的功能主要是控制图形区的显示，以及对 Mentat 菜单及图形区进行截图并复制或存储图片文件，“窗口”菜单和“图形窗口控制”对话框如图 1-22 所示。

Mentat 2020 支持图形区同时显示多个窗口。当图形区显示模型状态时，可以同时显示以下 4 个视图。

- 模型（视图 1）：*XOY* 平面视图。
- 模型（视图 2）：*XOZ* 平面视图。
- 模型（视图 3）：*YOZ* 平面视图。
- 模型（视图 4）：等轴测视图。

各视图可以是正常大小，也可以最大化显示。

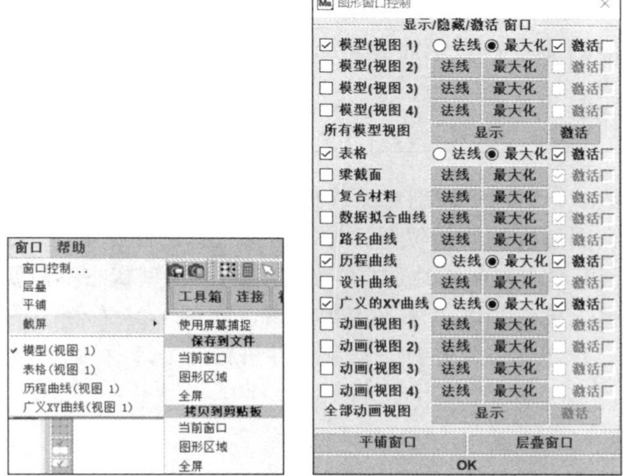

图 1-22 “窗口”菜单和“图形窗口控制”对话框

窗口的布局有两种方式：层叠式和平铺式。

“截屏”子菜单提供了截屏和将界面局部或全部存储为图片等功能，具体如表 1-7 所示。

表 1-7 截屏的功能一览表

使用屏幕捕捉		功能
保存到文件	当前窗口	将当前窗口显示的内容保存为图片文件
	图形区域	将图形区显示的内容保存为图片文件
	全屏	将整个 Mentat 界面显示的内容保存为图片文件
拷贝到剪贴板	当前窗口	将当前窗口显示的内容复制到剪贴板
	图形区域	将图形区显示的内容复制到剪贴板
	全屏	将整个 Mentat 界面显示的内容复制到剪贴板

1.3.10 “帮助”菜单

“帮助”菜单如 1.2.4 节中图 1-3 所示，用于打开 Marc 和 Mentat 的各个帮助文档。

- “发布指南”文档：介绍软件新功能和对已有功能的改进内容。
- “新功能”文档：介绍软件新版本信息。
- “安装指南”文档：介绍软件的安装步骤、运行命令参数设置、注意事项等。
- “用户指南”文档：提供详细的例题供用户学习和参考。
- “使用说明”文档：方便初学者掌握的软件菜单使用说明。
- “A 卷：理论和用户信息”手册。
- “B 卷：单元库”手册。
- “C 卷：程序输入”手册。
- “D 卷：用户子程序”手册。
- “E 卷：示范问题”手册。
- “Python 手册”手册：Python 脚本语言手册。
- “运行演示模型”命令：例题演示。
- “运行 Python 演示模型”命令：演示分析过程用 Python 脚本语言编写的例题。
- “关于 Marc Mentat”命令：显示当前 Mentat 的版本信息。

1.3.11 辅助功能图标

辅助功能图标有两组：一组用于控制对象选择；另一组用于控制后处理文件的显示进度。

这些图标可以布置在图形区的其他位置。控制对象选择的图标如图 1-23 所示。图 1-23 左侧的图标处于高亮状态，表示可用于控制实体选择。如果当前的模型状态不需要进行实体选择，控制对象选择的这组图标为灰色，表示当前处于不可用状态，如图 1-23 右侧的图标所示。控制后处理显示的图标如图 1-24 所示，这组图标只在打开结果文件进行后处理时才会出现。

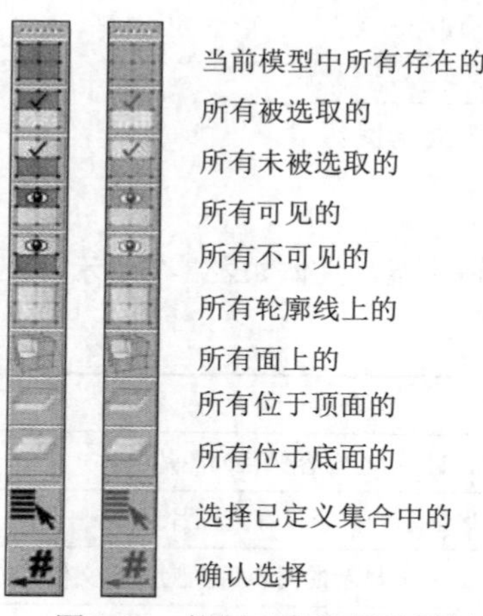

图 1-23　控制对象选择的图标

显示起始增量步的结果（通常为 0 增量步）
显示前一个增量步的结果
连续显示后续结果
显示下一个增量步的结果
显示最后一个增量步的结果
显示指定增量步的结果
显示跳过指定增量步数后的结果
浏览结果
结果文件导航设置

图 1-24　控制后处理显示的图标

1.3.12 Mentat 的常用快捷方式

Mentat 的常用快捷方式如下。

- 鼠标指针位于图形区时：单击鼠标左键表示选择（对象），单击鼠标中键表示取消前一次的选择，单击鼠标右键表示确认并结束选择，类似于单击结束选择图标。

◆ 鼠标指针位于菜单区时：单击鼠标左键表示点选菜单或条目，单击鼠标中键表示打开对应按钮的功能说明文档，单击鼠标右键表示回到上一级菜单。

建议随时保存当前的模型文件，方法为：选择“文件”菜单中的“另存为”或“保存”命令。

对话区在图形区的下方，对话区显示当前的操作命令并且提示需要输入的信息。在进行有限元建模时，用户必须时时查看对话区的提示，以判断是否需要进行输入操作或当前的输入是否正确。

单击图标，可以激活动态显示功能，可以实时动态调整图形区中模型的观看视角。激活动态显示功能后，在图形区域按住鼠标左键可以平移模型，按住鼠标右键可以缩小 / 放大模型，按住鼠标中键并拖动可以旋转模型。通过单击图标可以回到默认的视角，单击图标可以进行全屏显示。切记当需要在图形区域进行对象选择时，一定要再次单击图标退出动态显示状态。

第 2 章 几何导入与网格划分

本章介绍在 Mentat 中进行几何建模和网格生成的相关知识和方法。主要内容包括几何模型的外部导入方法，以及几何清理、特征识别、特征删除、特征修改的方法，几何模型在 Mentat 中的创建和修改方法，有限元网格生成方法和对已有网格进行加工、处理的功能及使用方法，以及一个应用自动分网方法的实例。

本章重点

- 几何模型导入
- Mentat 中的几何建模和网格生成
- 自动分网预处理
- 自动分网
- 转换法生成网格
- 几何和网格处理操作

2.1 几何模型导入

建立几何模型对有限元分析来说是非常重要的，有限元分析工作的第一步就是建立几何模型。建立良好的几何模型的目的是为建立有限元模型提供便利（便于有限元网格的划分、材料和物理特性的定义、边界条件的施加），使建立有限元模型的过程能顺利进行。Mentat 本身具有一定的几何建模功能，用户可以从无到有建立几何模型（包括简单的和复杂的模型）；Mentat 也提供了多种格式的 CAD 模型接口，方便用户从其他 CAD 系统直接导入几何模型，并根据需要对模型进行各种编辑操作，以满足有限元模型的建立要求。

下面介绍一下与有限元对象相关的常用词（见表 2-1）及与几何对象相关的常用词（见表 2-2）。

表 2-1　与有限元对象相关的常用词

常用词	含义
单元	由多个节点定义的、用于分析的最基本区域
节点	用于定义单元的点，具体位置由坐标确定

表 2-2　与几何对象相关的常用词

常用词	含义
点	描述曲线、曲面的控制点
曲线	线段、圆弧、样条等曲线的统称
面	四边形面、球面、圆柱面等曲面的统称
体	长方体、球体、圆柱体、圆环体等的统称

2.1.1　Mentat 的通用 CAD 接口（作为实体导入）功能

从 2014 版开始，Mentat 引入了全新的 CAD 导入功能——通用 CAD 接口（作为实体导入），导入的 CAD 模型可直接作为 Parasolid 几何实体存在。这一功能的引入进一步增强了 Mentat 在网格清理、布尔运算等方面的能力，能够确保在更短的时间内导入质量更高的模型，同时大大减少创建有限元网格的时间，尤其是对 CAD 装配结构进行网格划分所需的时间。

该功能支持导入的 CAD 模型类型包括 ACIS、CATIA V4、CATIA V5、IGES、Inventor、JT、Parasolid、Pro/ENGINEER、SolidWorks、STEP、Unigraphics，如图 2-1 所示。“CAD 作为实体导入”对话框中提供了两种读取 CAD 模型的方法：直接法和间接法（默认方法）。使用直接法导入模型时，CAD 模型被直接导入 Mentat 中并以 Parasolid 几何实体存在，在导入过程中没有进行几何清理，导入后实体的个数保持不变，因此被导入的 CAD 模型名称可以与 Mentat 的 Parasolid 几何实体的名称关联。这种方法的缺点是用户可能需要对个别部件进行额外的特征识别和抑制。而使用间接法导入模型时，CAD 模型将先被转换为内部几何，接下来程序内部会自动进行一系列的几何清理操作，最终程序将清理后的几何实体保存为 Mentat 的 Parasolid 几何实体。

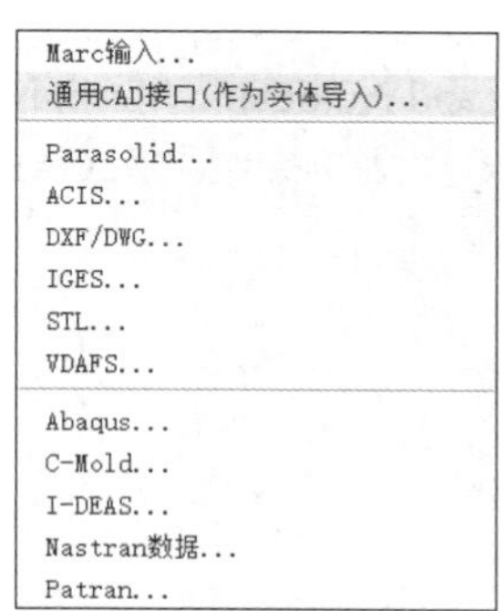

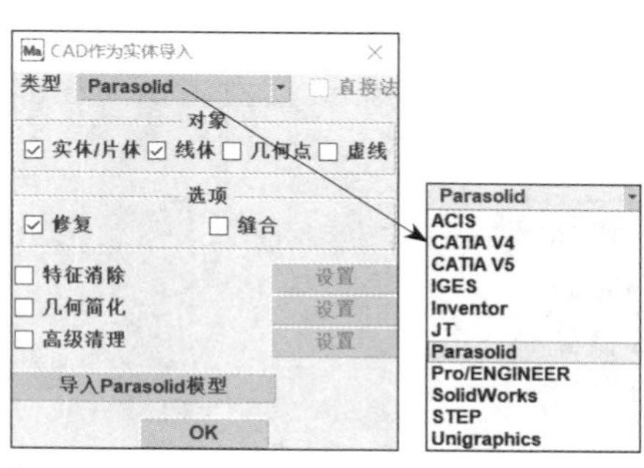

图 2-1　Mentat 2020 中的“CAD 作为实体导入”对话框

在“CAD 作为实体导入”对话框中，“对象”选项组用于指定将被导入 Mentat 中的体的类型。需要注意的是：CAD 模型中可能存在不具有具体截面尺寸参数的电线、水管、胶皮管等，因此 Mentat 中默认的设置是导入线体。当然在许多情况下，这些不具有具体截面尺寸参数的线体可能需要被忽略，这时可以在导入时直接抑制或在导入后删除。

若勾选“修复”复选框，则可实现在CAD模型导入时进行第一阶段的错误修正。由于导入的其他CAD系统下的数据的精度可能不如Parasolid格式（Mentat的几何内核）。因此通常建议勾选这一复选框，尤其是导入IGES格式的模型时，修复工作必须被执行，否则可能会导致导入后的模型与原模型存在严重的形状差异。

若勾选“缝合”复选框，则闭合一些曲面间的间隙，从而获得更为连续的曲面，缝合的目的之一是使几何结构更为柔顺，以便后续能够创建内部实体网格。

在导入CAD模型的过程中，用户可以通过几何清理功能删除一些小的几何细节，如小的圆孔、凹槽、倒角、小面、小体等。“特征消除”功能可以基于给定的尺寸信息自动完成清除，不需要用户干预。例如在导入模型时自动删除半径在给定尺寸范围内的孔。

当然，Mentat也提供了另外的“特征消除”功能，供用户在导入CAD模型后进行类似的特征识别和删除。在导入CAD模型后使用“特征消除”功能，用户能够对比出哪些特征在导入时被删除掉了。

在导入CAD模型时可以设置特征删除参数，通常最小值保持为默认的“0”，最大值会与当前模型相对应。注意，这里的“删除小面”仅适用于片体，“删除小体”仅适用于实体。

当采用直接法时，所有CAD模型会被直接导入，与初始模型没有差别，即没有任何转换、简化发生。如果需要，可以在导入时对CAD模型进行几何转换或简化，此时需要勾选“几何简化”复选框，进行不同几何间的转换或简化设置，包括“转换解析曲面到非均匀有理B样条曲面”“转换B曲线到解析曲线”“转换有理B几何到无理B几何”“转换扫掠/旋转曲面到解析面”“简化B-几何”等。设置“简化容差”和“修复模型”的“容差”，可进一步控制简化过程中一些几何对象的偏移、删除或合并等。

对于复杂几何模型，在导入时可以勾选“高级清理”复选框再进行几何清理，包括“清除实体”“清除片体”“删除面-面自相交部分”“删除G1不连续”“删除尖状物”“清理同时进行简化”等设置。“实体构建方法”有两种：“编织接合”和“修复和缝合”。大部分情况下，“修复和缝合”优于“编织接合”。

另外，Mentat提供了其他两种导入CAD实体模型的方式。

- 导入Parasolid模型可以选择“文件”→“导入”→“Parasolid”命令。
- 导入ACIS模型可以选择“文件”→“导入”→“ACIS”命令。

以上3种方式都可以将CAD几何模型导入Mentat中，并以一定数量的实体、片体、线体存在。图2-2所示为从Marc用户指南第39个实例“CAD Import and Automatic Meshing”中导入的球轴承模型。下面以该球轴承模型（Parasolid模型文件：bearing.x_t）为例介绍导入CAD模型的基本方法。具体操作的命令流如下：

```
文件→导入→通用CAD接口（作为实体导入）
  类型：Parasolid
  导入Parasolid 模型
    bearing.x_t
  Open
```

导入的模型包括17个部件：轴承外圈（1个）、轴承两侧的内圈（2个）、滚珠（12个）、滚珠保持架（1个）及轴（1个），如图2-2所示。默认情况下，导入的实体采用同种颜色显示，可以通过下述操作用不同颜色显示实体，并以实体渲染的方式显示。

- 选择“视图”→“标识”→“实体”命令。
- 选择“视图”→“线框显示和实体渲染”→“全部采用实体渲染显示”命令。

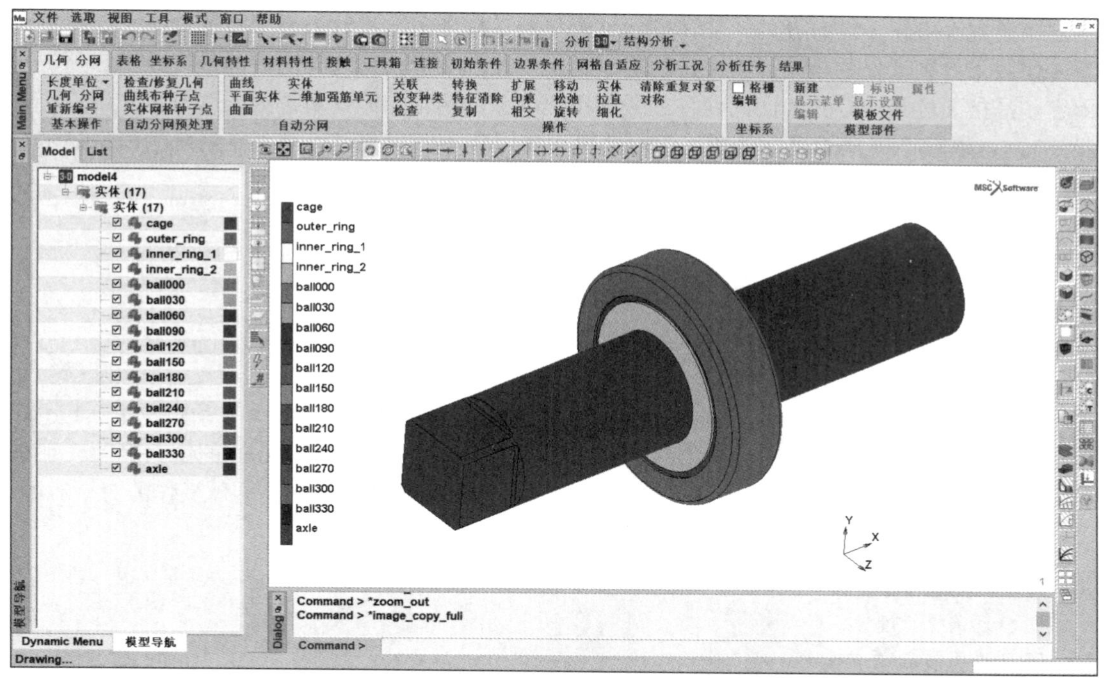

图 2-2　导入的球轴承模型

用户也可以使用鼠标右键单击目录树中的“实体（17）”并选择“标识”选项来完成用不同颜色显示实体的操作。

在模型浏览器中可以看到 17 个实体，单击实体左侧的复选框可以控制其可见性，例如，图 2-3 中只显示滚珠、滚珠保持架和一侧的内圈。

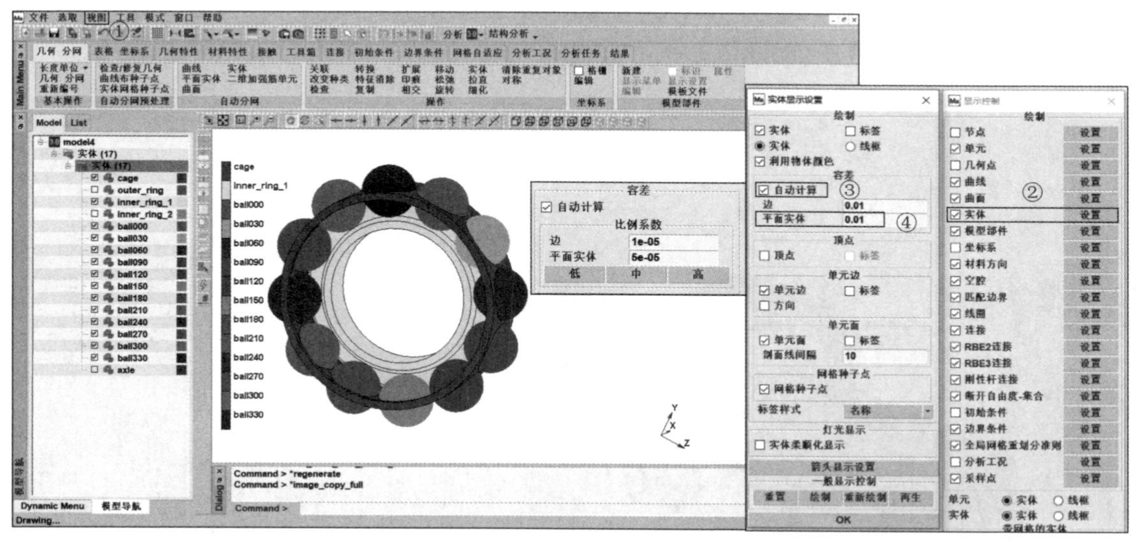

图 2-3　只显示滚珠、滚珠保持架和一侧的内圈

图形区中的实体、片体、线体等是通过采用一定数量的线段或面段（实体渲染显示时）近似实体表面的方式来完成显示的。选择“视图”→“显示控制”命令，在打开的对话框中单击“实体”

右侧的“设置”按钮，在打开的“实体显示设置”对话框中可以进行显示参数的修改，这里提供了两个参数用于控制近似的精度。其中，边容差是指线段和实际几何边间允许的最大距离容差，平面实体容差是指面段和实际几何面间允许的最大距离容差。两个容差的单位为长度单位（用户可以自己确定），可以根据模型的尺寸设置，一般情况下使用较小的容差可以得到更精确的模型显示。图2-3中的参数设置命令流如下：

视图→显示控制
☑ 实体：设置
☑ 自动计算
平面实体：0.01
绘制

在导入CAD模型的过程中，Mentat提供了“几何简化”“特征消除”等功能。对于上述球轴承模型，如果在导入时勾选“特征消除”复选框，并将所有半径在0～1mm的倒角删除，那么重新导入后的模型如图2-4所示，可以看到，轴端部及外圈上的倒角被删除。具体操作的命令流如下：

文件→导入→通用CAD接口（作为实体导入）
类型：Parasolid
☑ 特征消除：设置
☑ 删除倒圆角/桥接曲面
最大半径：1
OK
导入Parasolid模型
bearing.x_t
Open

通过上述方式可以在导入CAD模型的过程中将指定范围内的特征删除，但由于用户往往需要对比才能发现哪些特征被删除掉了，因此Mentat提供了单独的特征删除工具，方便用户在导入模型后进行有选择的特征识别和删除操作。

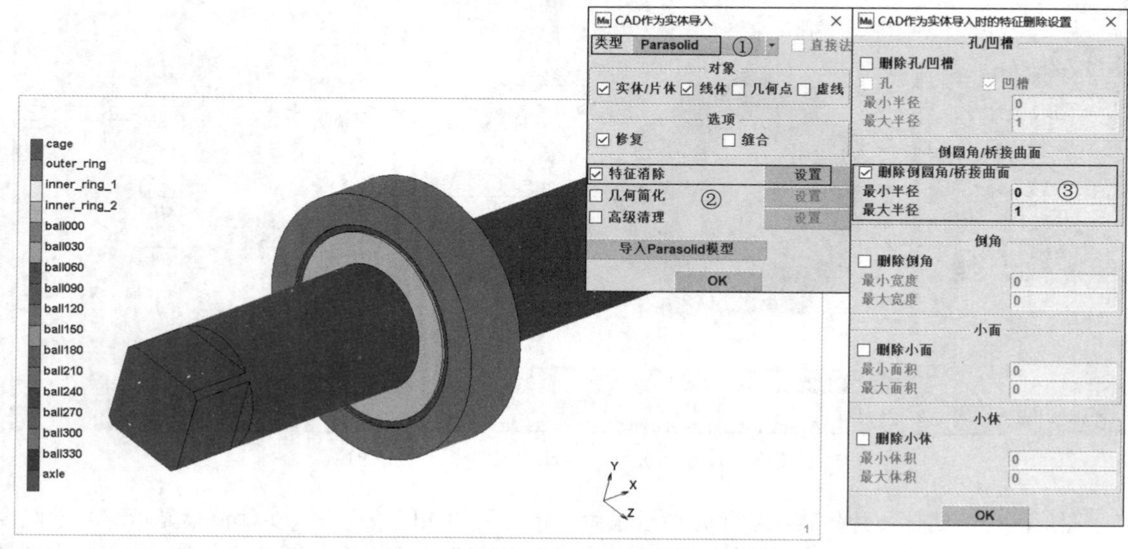

图2-4　删除部分倒角后的球轴承模型

2.1.2　CAD 模型的特征识别和特征编辑

在划分网格时，如果先将一些不重要的小特征删除，则会大大提高划分网格的速度和质量。在试验设计中，研究人员往往希望比较不同几何尺寸对结果的影响，例如比较不同尺寸的孔对整个模型应力分布的影响等。

如前所述，通过选择“文件”→“导入”→“通用 CAD 接口（作为实体导入）”命令导入 CAD 模型时，用户可以使用 Marc 提供的依据用户设定的准则和参数自动删除特征的工具。另外一个用于删除特征的工具可以在主要菜单“几何 分网”选项卡中的“操作”选项组中找到，该工具可以对已经导入 Mentat 中的 CAD 模型进行特征删除和修改。一般建议使用该工具进行特征识别和删除，而不在 CAD 模型的导入过程中进行相应操作。

当 CAD 模型导入 Mentat 中后，在“特征消除”对话框中可以进一步实现清理操作，如图 2-5 所示。该功能支持的特征类型包括：孔 / 凹槽、倒圆角 / 桥接曲面、倒角、小面、小体、缺陷。与前述类似，用户可以指定几何对象的范围，以便程序进行特定特征的查找。可以通过输入尺寸控制特征的搜索和识别。例如，输入半径的大小识别倒角，单击“寻找”按钮，可以按照输入的尺寸进行特征搜索。当提示进行搜索对象选取时，可以在图形区直接点选或框选，也可以借助快捷图标选择所有存在的、所有可见的或所有可以被选择的对象等。

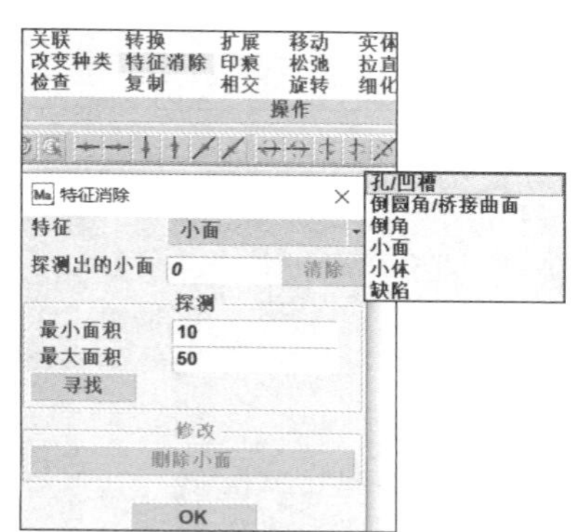

图 2-5　“特征消除”对话框

识别出的特征会在模型中高亮显示，并显示在目录树上，同时被包含在选取列表中。当识别出特征后，根据特征类型的不同，用户可以进行的主要操作有偏置和移动。

- 偏置：沿着现有几何特征的法向对其进行移动。对于曲面上的一个通孔，正向偏置会沿着曲面向内，使得孔变浅；而负向偏置会增加孔的深度。
- 移动：另外一个可以由用户确定特征移动方向的选项。

2.2　Mentat 中的几何建模和网格生成

上一节介绍了从外部导入几何模型的相关功能。Mentat 本身也具有一定的几何建模功能，在 Mentat 中创建几何和网格，以及对其进行加工和处理的对话框为“几何 & 分网”对话框，如图 2-6 所示，在这里可以进行几何点、曲线、曲面、实体及有限元节点、单元等的创建。Mentat 针对几何点、曲线、曲面和实体等分别提供了多种几何类型供用户选择。

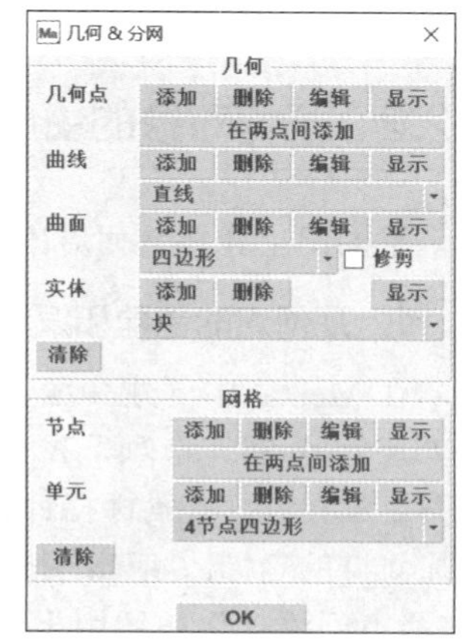

图 2-6　“几何 & 分网”对话框

2.2.1　格栅的使用

定义格栅时，在“几何 分网”选项卡的“坐标系”选项组中勾选“格栅”复选框，图形区将显示一个田字形的格栅，格栅横向和纵向坐标范围均为 -1 ～ +1，格栅点的间隔为 0.1。

选择“坐标系”选项组中的“编辑”选项，打开“坐标系”对话框，如图 2-7 所示，可以进行格栅大小和间隔的设置。

格栅大小的设置分为 U（横向）和 V（纵向）两个方向，分别输入显示范围的最小值和最大值，以及格栅点的间隔。

“类型”选项组下有 3 种坐标系，分别为直角坐标系、圆柱坐标系和球坐标系。

“设置原点”选项组用来设置格栅的中心点在全局坐标系下的位置，默认是（0，0，0）。可以通过“设置原点”“对齐工具”“旋转”等工具按钮设置格栅的局部坐标系的 U、V 位置和方向，此处设定的局部坐标系可以用于一些其他几何和网格的操作。局部坐标系使用结束后，需要单击“重置”按钮，使其恢复到原始坐标系。注意，此处设定的局部坐标系不能用于定义边界条件。用于定义边界条件的局部坐标系需要通过“表格 坐标系”选项卡“坐标系”选项组中的有关选项进行设置。

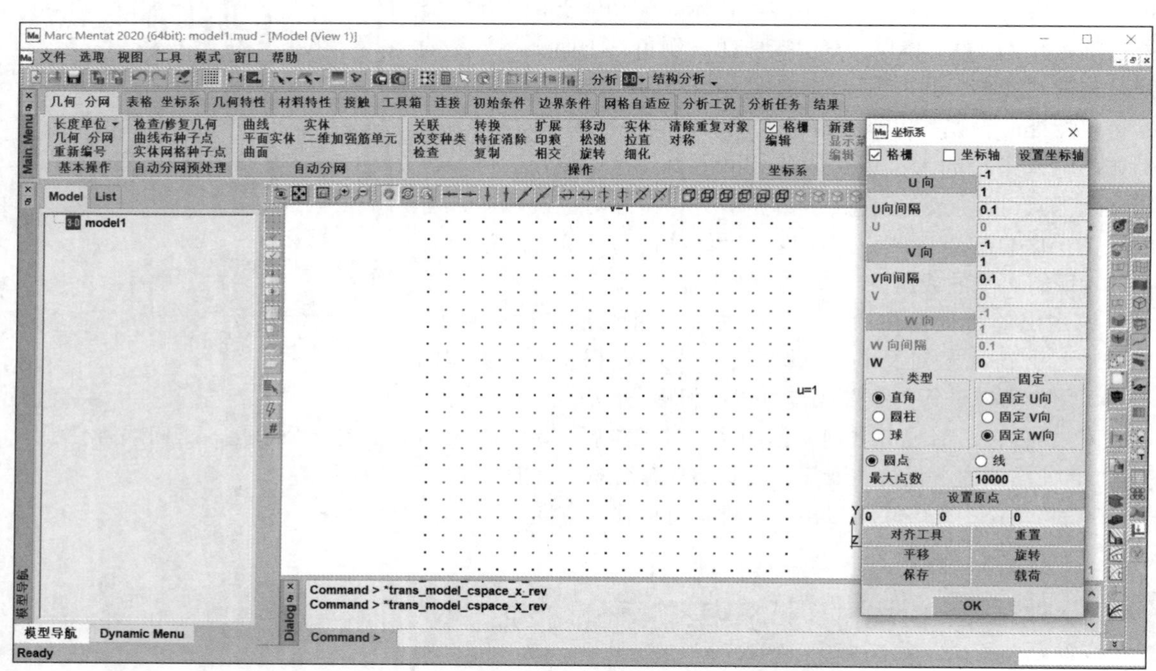

图 2-7 “坐标系”对话框及格栅显示的设置

2.2.2 几何对象的生成和编辑

下面简单介绍几何对象的生成和编辑方法。

1. 几何点的创建和编辑

在 Mentat 中创建和编辑几何点的操作为：在“几何 分网”选项卡的“基本操作”选项组中选择“几何 分网”选项，在打开的“几何 & 分网”对话框中单击“几何点”右侧的“添加”按钮，如图 2-8 所示。将鼠标指针移至合适的光栅点，单击生成几何点，或者直接在“Dialog”窗口中输入几何点的坐标。“编辑”按钮用于编辑点，“删除”按钮用于删除点，“显示”按钮用于显示点。另外，“在两点间添加”按钮用于创建两点连线的中点；单击该按钮后，分别输入第一点和第二点，系统将自动生成这两点连线的中点。

2. 曲线的创建和编辑

曲线的创建需要先选择曲线类型。单击“几何 & 分网”对话框中“曲线”右侧的“直线 ▼”按钮，出现下拉列表，如图 2-8 所示。Mentat 支持创建的曲线类型如下。

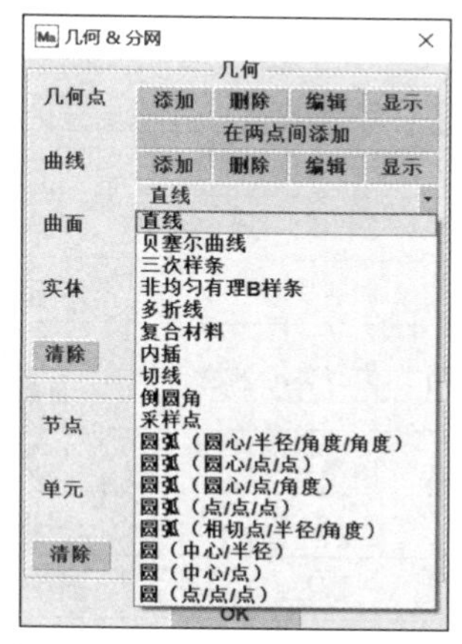

图 2-8　“几何 & 分网”对话框

- ◆ 直线：依次点选已生成的两个点，即可生成一条直线；也可以直接在格栅上选取构成直线的点（与单元生成时节点的指定方法相类似）。曲线的默认类型为直线。
- ◆ 贝塞尔曲线：要产生贝塞尔曲线，必须先指定两个以上控制点，然后将鼠标指针移至图形区，单击鼠标右键确认，表示控制点指定结束。
- ◆ 三次样条：三次样条是很重要的曲线类型，它以多段三次样条曲线逼近用户指定的点，并且各段曲线之间光滑连接。产生三次样条曲线选择点的方式同贝塞尔曲线。
- ◆ 非均匀有理 B 样条（NURBS）：绘制非均匀有理 B 样条曲线必须定义点数、曲线的阶次、非均匀有理 B 样条点的数据、节点、齐次坐标、节点向量等。
- ◆ 多折线：多折线与三次样条曲线一样，要指定两个以上控制点才能生成（控制点的指定方法与三次样条曲线相同）。
- ◆ 复合材料（复合曲线）：若干条曲线合成一条曲线。
- ◆ 内插（插值曲线）：指定若干个点，插值曲线经过所有指定的点。
- ◆ 切线：需要给定切线的端点和切线的长度。
- ◆ 倒圆角：需要指定倒圆角的两条直线和设置圆角半径。
- ◆ 采样点（样条曲线）：需要指定起点、起点处曲线的方向和创建曲线的其他点。
- ◆ 圆弧：有以下 5 种创建方法。
    - 输入中心点坐标、半径、起点角度、终点角度。
    - 输入中心点坐标、起点坐标、终点坐标。
    - 输入中心点坐标、起点坐标、圆弧角度。
    - 输入圆弧上 3 个点的坐标。
    - 输入圆弧的相切点、正切半径、圆弧角度。
- ◆ 圆：有以下 3 种定义方法。
    - 输入中心点坐标及半径。
    - 输入中心点的坐标和圆周上一个点的坐标。
    - 输入圆上 3 个点的坐标。

用户可根据具体情况选择合适的曲线类型。

3. 曲面的创建和编辑

与曲线类似，曲面也有多种类型，单击“几何 & 分网”对话框中“曲面”右侧的“四边形 ▼”按钮，出现下拉列表，如图 2-9 所示。曲面的类型及其输入要求如表 2-3 所示。

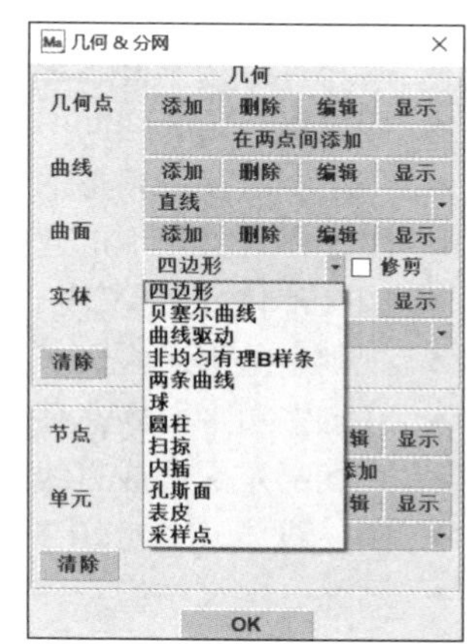

图 2-9　Mentat 支持的曲面类型

表 2-3　Mentat 支持创建的曲面类型

曲面类型	所需输入或指定的数据
四边形	4 个角点
贝塞尔曲线	输入 *U*、*V* 两个方向上的控制点个数及控制点列
曲线驱动	指定被驱动的曲线（Driven）及驱动曲线（Drive）
非均匀有理 B 样条	*U* 方向、*V* 方向的 NURBS 点数；*U* 方向、*V* 方向曲线的阶次；NURBS 的点列；节点的坐标；节点向量
两条曲线	两条曲线
球	球心和半径
圆柱	轴两端的中心点坐标及半径
扫掠	扫描线、轨线和扫描的步数
内插	*U*、*V* 两个方向上的控制点个数及控制点列
孔斯面	四条首尾依次连接的闭环曲线
表皮	一组曲线
采样点	原点、第一方向上的点、第二方向上的点，面上其他点列

4. 实体的创建和编辑

Mentat 可生成 3-D 空间，包括块（长方体）、圆柱（包括圆锥体）、棱柱、球、圆环；可以生成 3-D 空间的四边形片体；可以生成平行于 *XY* 平面的片体，包括三角、矩形、圆、规则多边形、任意多边形；可以生成 3-D 空间直线体；可以生成平行于 *XY* 平面的线体，包括圆、圆弧，如图 2-10 所示。生成方法比较简单，下面做简要介绍。

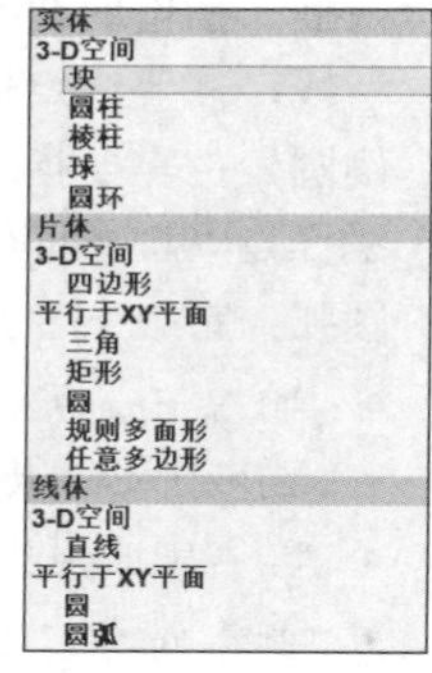

图 2-10　Mentat 支持的实体类型

- 块：定义起点和 *X*、*Y*、*Z* 方向的长度。
- 圆柱：定义两个端面中心点坐标及半径。
- 球：定义中心点坐标及半径。
- 棱柱：定义两个端面中心坐标、半径及棱边数。
- 圆环：定义中心点坐标及大、小两个半径。
- 四边形：定义空间的 4 个端点。
- 三角：定义三角形的 3 个端点。
- 矩形：定义矩形的起点、长度和高度。
- 圆（片体）：定义中心点和半径。
- 规则多边形：定义多边形中心坐标、中心点与端点的距离、边数。
- 任意多边形：定义任意多边形的全部端点，要求封闭。
- 直线：定义构成直线的两个端点。
- 圆（线体）：定义中心点和半径。
- 圆弧：定义中心点、半径、起始角度、终止角度。

2.2.3　网格对象的生成和编辑

在“几何 & 分网”对话框的“网格”选项组中，可以设置网格对象的相关参数，下面做简要介绍。

1. 节点的创建和操作

操作节点的按钮如图 2-11 所示，具体含义如下。

- “添加”按钮：在指定的点或者格栅点处创建节点，也可以通过输入坐标创建节点。
- “删除”按钮：删除节点时，需要在图形区选择要删除的节点，或者在对话区输入要删除的节点号。
- “编辑”按钮：在对话区输入节点的新坐标来改变节点的位置。
- “显示”按钮：显示节点的 X、Y、Z 坐标。
- “在两点间添加”按钮：在指定的两个节点的中间位置创建新节点。

注意

节点的自由度与节点所属的单元类型相关。

2. 单元的创建和操作

节点、单元及其几何类型如图 2-11 所示。

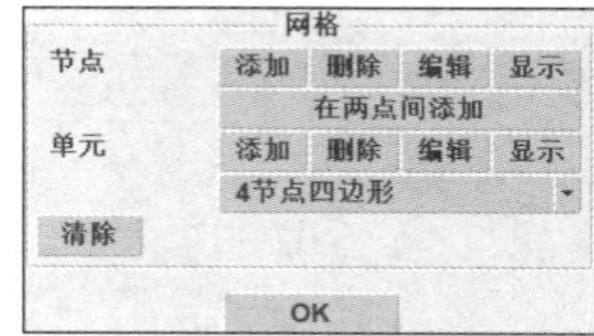

图 2-11　节点、单元及其几何类型

- “添加”按钮：添加单元。单元几何拓扑类型在下拉列表中选择，默认为“4 节点四边形”。

在 Marc 中，单元具有两种类型属性：由几何形状表征的单元几何拓扑类别；按分析问题类型和数值积分方案区分的单元类型。在未指明单元类型时，不同单元仅具有几何形状上的差异。例如，几何形状为 4 节点的单元，可以是平面应力 / 应变单元、三维板壳单元或轴对称实体单元等。仅就单元的几何形状来讲，Mentat 支持表 2-4 所示的单元种类，各单元种类的几何拓扑示意图如图 2-12 所示。

表 2-4　Mentat 支持的单元种类

单元几何形状	单元种类
线单元	2 节点线单元、3 节点线单元
三角形单元	3 节点三角形、6 节点三角形
四边形单元	4 节点四边形、6 节点四边形、8 节点四边形、9 节点四边形
四面体单元	4 节点四面体、10 节点四面体
五面体单元	6 节点五面体、15 节点五面体
六面体单元	8 节点六面体、12 节点六面体、20 节点六面体、27 节点六面体
金字塔单元	Pyra(5)、Pyra(13)

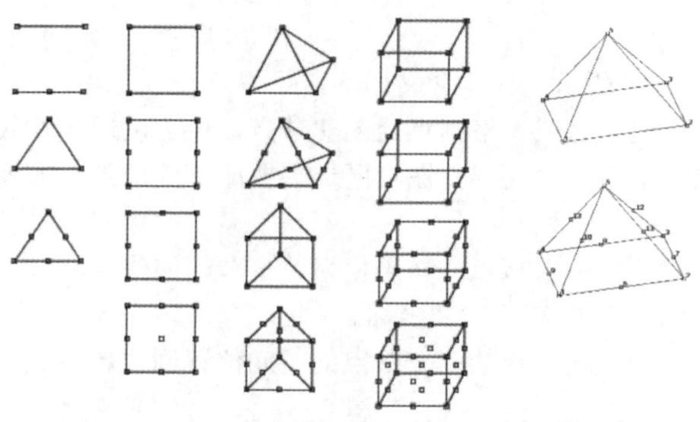

图 2-12　各单元种类的几何拓扑示意图

在 Mentat 中，单元种类是指单元的拓扑类型，单元类型是指单元的物理和积分类型。在提交分析任务前需要指定单元类型。如果不指定单元类型，在提交分析任务时，Marc 会赋予单元默认的单元类型，通常按照单元的几何拓扑类型选择第一行单元类型。例如对于六面体单元，在结构分析中如果不指定其单元类型，Marc 就会自动赋予 7 号全积分单元给对应单元，但默认赋予的单元类型有时与实际模型不符。因此在提交分析任务前，需要指定和确认单元类型。指定单元类型的操作为：在“分析任务”选项卡中选择“单元类型”选项，然后在打开的对话框中进行设置，如图 2-13 所示。

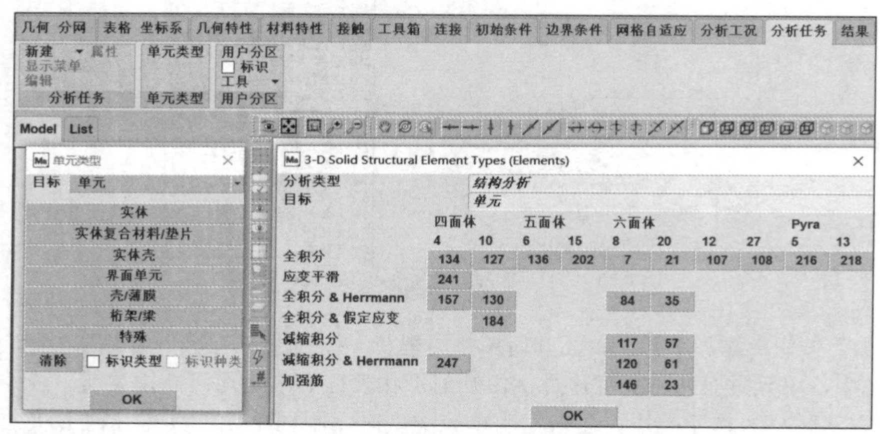

图 2-13　指定单元类型

3. 清除

- 在“几何 & 分网”对话框中单击“几何”选项组中的“清除”按钮，将删除当前模型中所有的点、线、面和体等几何信息。
- 在“几何 & 分网”对话框中单击“网格”选项组中的“清除”按钮，将删除当前模型中所有的节点和单元。

4. 重新编号

在“几何 分网”选项卡的“基本操作”选项组中选择“重新编号”选项后，将出现“重新编号”对话框，在其中可以对节点、单元、几何点、线、面和体进行重新编号。“开始”参数控制编号的起始号；“增量步”参数控制编号的增加间隔；“指定方向”参数控制编号的方向，可以针对节点和单元进行指定方向的编号。通常仅对某些对象进行重新编号，若单击“所有几何和网格”按钮，则可以对当前模型数据库中的所有单元和几何信息进行重新编号。

2.2.4　模型长度单位的设置

自 2014 版开始，Mentat 中的“长度单位”选项用于为当前模型进行长度单位的设置，如图 2-14 所示。节点和几何点的坐标及所有其他的几何数据都以这一长度单位存储在模型中，并在提交分析任务时将长度单位写入 Marc 的输入文件（.dat）。如果模型以默认格式保存，则该长度单位的设置会被存储在 Mentat 的模型文件中（.mud 或 .mfd）。

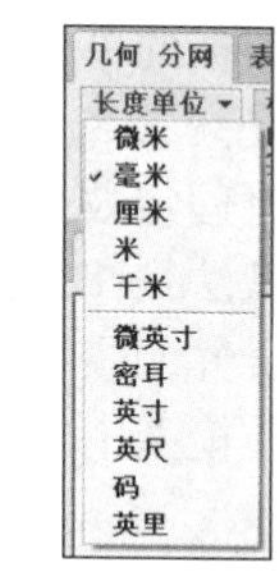

图 2-14　“长度单位”下拉列表

在建立新模型之前，应该先进行长度单位的设置，在 Mentat 中建立新模型时默认的长度单位为毫米。

如果模型的长度单位发生变化（例如从毫米改为米），那么模型中所有与几何相关的几何数据和网格的长度单位均会被转换为新的长度单位。模型中的其他数据，例如材料特性、几何特性、边界条件、接触数据等，不会被自动转换为新的长度单位，需要手动修改。特别指出，只有以下数据的长度单位将被自动转换。

- ◆ 节点、几何点及实体顶点的坐标。
- ◆ 应用到曲线上的曲线分段数（目标长度、最小和最大长度，以及偏置种子点的 L1 和 L2 长度）。
- ◆ 实体网格种子点的目标长度。

使用 Mentat 2014 之前版本创建和存储的模型，其长度单位是未知的。这些模型被建立在特定的单位系统中，并且所采用的单位系统没有被存储到模型文件中。因此，在 Mentat 2014 或后续版本中打开、合并或导入此类模型时，需要注意长度单位的转换设置。

1. 打开模型

如果在 Mentat 2014 或后续版本中打开在 Mentat 2014 之前版本中创建和存储的模型，那么必须要指定该模型采用的长度单位。默认情况下，长度单位会被设置为毫米。然而，如果模型是在不同的单位制下创建的，那么可以选择“工具”→“程序设置”命令，在打开的对话框中进行正确的单位制设置，但这一设置必须在打开模型文件之前完成。另外，这是一次性的操作，如果模型以默认格式存储，那么相应的长度单位也会被存储在模型文件中。

2. 导入模型

在导入 CAD 模型时，Mentat 会将模型创建时采用的长度单位转换为模型当前设置的长度单位，通过“文件”→“导入”子菜单中的下列命令导入的模型适用。

- ◆ 通过“Parasolid”“ACIS”“IGES”命令导入的 Parasolid、ACIS、IGES 格式的模型。
- ◆ 通过“通用 CAD 接口（作为实体导入）”命令导入的一般 CAD 模型。

通过“文件”→“导入”子菜单中其他命令导入的模型的长度单位是未知的。当这些模型文件导入时，程序假定它们与当前模型具有相同的长度单位。如果这样的长度单位与实际不符，就应该在模型导入之前，在“程序设置”对话框中的“长度单位”选项组中对“导入”进行正确的设置。设置正确后再导入模型，导入的模型的长度单位就会被转换为与实际模型（同时也是当前模型）一致的长度单位。

3. 合并模型

通过“文件”菜单中的“合并”命令，可以将在 Mentat 2014 及后续版本中生成的模型文件合并到当前模型中。当模型文件中的长度单位与当前模型的长度单位不同时，在合并的过程中，模型文件中所有与几何相关的数据的长度单位会转换为当前模型所使用的长度单位，并且转换长度单位后的模型会被添加到当前模型中。所有模型中的其他数据，例如材料特性、几何特性、边界条件或接触数据的单位不会被转换。

使用 Mentat 2014 之前版本创建的模型，其长度单位是未知的，如果将其合并到当前模型中，程序将假定被合并的模型文件采用了与当前模型相同的长度单位。如果实际情况不是这样，那么正确的做法是在合并之前，通过“程序设置”对话框的“长度单位”选项组中的“合并”选项，设置将被合并的模型文件采用的长度单位。这样模型文件中所有与几何和网格相关的几何数据在被添加到当前模型中之前，会被转换为当前模型的长度单位。

2.3 自动分网预处理

在“几何 分网”选项卡的“自动分网预处理”选项组中有一些为自动分网做准备工作的选项，主要用于进行模型几何的检查 / 修复和生成控制网格密度的种子点。预处理分为两步：检查 / 修复几何、曲线布种子点。

2.3.1 检查 /修复几何

在 CAD 系统中进行几何造型时，难免会做局部修改，因此可能产生很小的几何元素。CAD 系统在处理相交或倒角时，容易产生很小的几何元素，这些几何元素称为碎片。采用自动单元划分时，会在这些小碎片附近产生不必要的高密度单元。此外，几何模型中还可能存在重复几何点、线、面或者不封闭的表面和不匹配的曲线等瑕疵。利用 Mentat 提供的几何修复工具，可以清除这些不必要的数据，修复不完整的曲面和曲线，保证网格自动划分的正常进行，生成高质量的网格。

1. “检查几何”选项组

(1)“检查曲线”按钮：检查指定曲线的拓扑。系统会给出外环曲线的段数、闭合曲线的环数、开环曲线的数目、曲线的最小和最大边长。如果曲线依附于曲面，则曲线在曲面参数空间的长度也会给出。在检查曲线时，“容差”应该尽量设置为比较小的值，如 0.001，这样就可以把很小的间隙或者交叉检查出来。检查出来的闭合曲线以红色显示、开环曲线以蓝色显示。

(2)“检查曲面”按钮：检查裁剪面的拓扑。系统会给出曲面上外环曲线的段数、闭合曲线的环数、开环曲线的数目、曲线的最小和最大边长。

(3)“容差”选项：设置曲线交叉检查时允许的误差。

2. “修复几何”选项组

(1)“清除二维曲线回路”按钮：单击此按钮，可以删除长度小于给定误差的曲线并闭合小间隙。注意，此时需要调整“容差”，保证有问题的曲线可以被合并、清除。

(2)“清除曲面回路”按钮：单击此按钮，可以删除曲面上长度小于给定最小误差和参数误差（在曲面的参数空间定义的值）的曲线，增加裁剪曲线，连接距离小于给定的最大误差的两个几何点。

（3）单击“选项”按钮，打开的对话框中有以下清除曲面回路的选项。

- “裁剪裸表面”：裁剪独立曲面。
- “删除自由曲线”：删除不依附于任何曲面的自由曲线。
- “断开曲线”：当两条曲线相交时，在交点处将曲线打断。
- “匹配曲线”：匹配相邻曲线。
- “容差”：设置以上操作允许的误差。

（4）单击“手动”按钮，打开的对话框中有以下修复几何的手动设置选项。

- “剪裁曲面”：在曲面的边界上添加 4 条裁剪曲线。
- “删除自由曲线”：删除不依附于任何曲面的自由曲线。
- “分割曲线”：将具有尖点的曲线在尖点处打断，并在尖点处增加顶点，保证种子点落在尖点处，有利于提高用离散网格描述连续几何的精度。
- “断开曲线”：保证多个曲面相交时，交线处的裁剪线一致。断开曲线能够保证相交面的交线共端点，有利于在划分网格时保证相交线处网格的匹配。在执行匹配时，必须先执行断开曲线的操作。
- “不匹配修剪曲线的映射”：取消修剪曲线与其关联的曲面之间的关联。
- “匹配修剪曲线”：将修剪曲线映射到选定的曲面上。

2.3.2 曲线布种子点

当确定了平面或裁剪曲面的完整性后，接下来设置所需的网格密度。

指定代表平面或曲面边界的曲线种子点数来控制网格密度。边界上生成的种子点即为边界上的单元节点。Mentat 提供了 4 种定义种子点的选项，如图 2-15 所示，下面介绍一下各选项的具体含义。

1. “均匀”选项

定义给定分段数或者目标长度来定义曲线分割的份数。

2. “曲率相关”选项

种子点的疏密程度与曲线的曲率有关，此选项包括如下参数。

（1）最小长度：单元最小边长。

（2）最大长度：单元最大边长。

（3）“容差”：单元边和曲线之间的误差。

（4）“相对” / “绝对”：定义容差是相对容差还是绝对误差。

“曲率相关”选项通过以上 4 个参数的设置来控制网格划分与曲线之间的容差及单元的疏密程度。

3. “变化的 L1->L2”选项

在指定的曲线、曲面或实体的边上，以长度等比递增或递减的方式，根据给定的单元总数和长度比，或根据曲线的实际长度和长度比，生成边的种子点。这里的长度比指曲线种子点将曲线分割成的曲线段之中相邻两线段之间的长度比。“变化的 L1->L2”选项的参数如图 2-16 所示。

4. “变化的 L1->L2->L1”选项

此选项与“变化的 L1->L2”选项类似，只是从曲线的两头开始，生成的种子点将按长度对称分布。

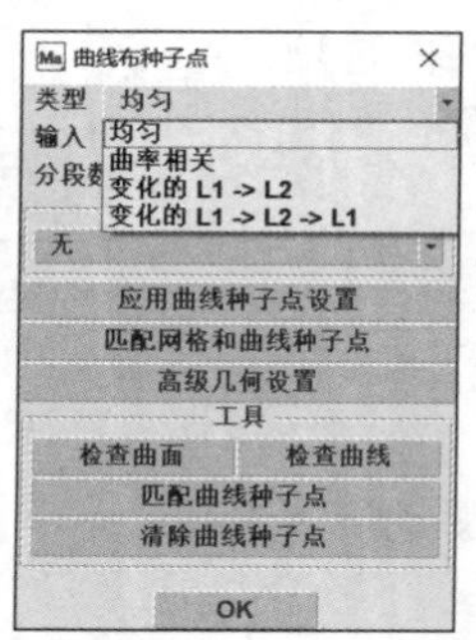

图 2-15　4 种定义种子点的选项

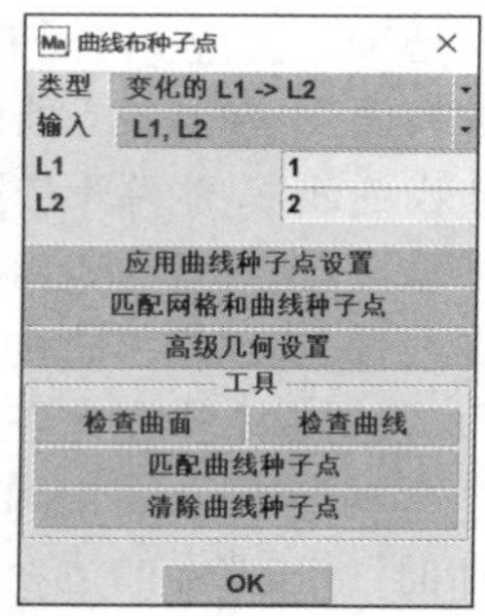

图 2-16　“变化的 L1->L2”选项的参数

另外，Mentat 还提供了其他常用的选项组，下面对其中两个做一些介绍。

1. “约束”选项组

如果对一个封闭的面进行四面体网格划分时不能生成全部都是四边形的单元，就需要改变一条边的种子点数的奇偶。利用该选项组可以保证分布种子点的奇偶。只要整环的种子点数为偶数，就可以保证生成的单元都为四边形单元。

2. “工具”选项组

（1）“检查曲面”：作用同“检查 / 修复几何”对话框中的相应按钮。

（2）“检查曲线”：作用同“检查 / 修复几何”对话框中的相应按钮。

（3）“匹配曲线种子点”：使相交曲面交线处的种子点匹配，进而保证交线处网格一致。

（4）“清除曲线种子点”：删除已经生成的种子点。

设置完成后，单击“应用曲线种子点设置”按钮，输入曲线列表并确认，即可把所定义的种子点设置方法赋给指定的曲线。

2.3.3　实体网格种子点

从 2014 版开始，Mentat 增加了实体网格种子点的布置功能，种子点可定义在实体的面、边或顶点上，实现对这些对象的网格密度的局部控制。具体支持两种类型的种子点。

（1）分段数：可定义在部件的边上，用于指定在对应边上必须生成的单元边的数量。

（2）目标长度：可定义在实体的面、边或顶点上，指定在对象上（或在对象附近）生成的单元的尺寸。

2.4　自动分网

使用 CAD 导入工具导入 Mentat 中的 CAD 模型以实体、片体、线体存在，这些模型可以通过实体、曲面、曲线自动分网功能直接进行体网格、面网格、一维网格的划分。实体可以划分为四面体单元或六面体单元，片体可以划分为三角形单元或四边形单元，线体可以划分为梁（桁架或杆）单元。所有对象的分网，既可以选择低阶单元，也可以选择高阶单元。

Mentat 的自动分网是对基于几何的曲线、平面、曲面、实体和二维加强筋结构通用的自动网格生成工具。自动分网包括曲线自动分网、二维平面自动分网、曲面自动分网、体自动分网和二维加强筋分网。

2.4.1　曲线自动分网

曲线自动分网使曲线按照种子点的信息生成一维线单元，“曲线自动分网”对话框如图 2-17 所示。在此对话框中，可以针对各种曲线和线体进行一维网格的划分。将“描述”设置为“线体”后，会弹出对应选项，可以将线体转换为有限元梁单元或杆单元。

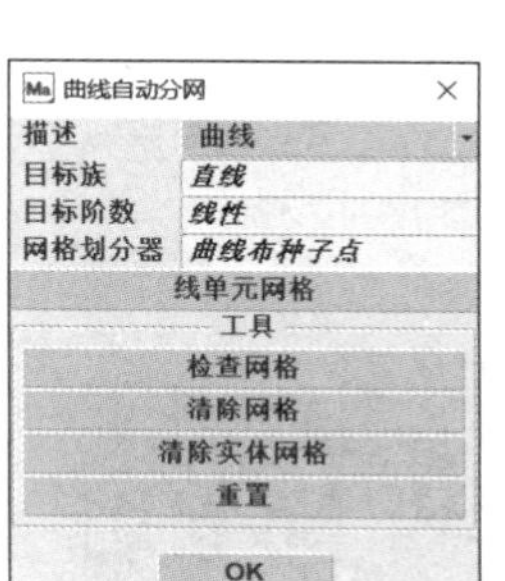

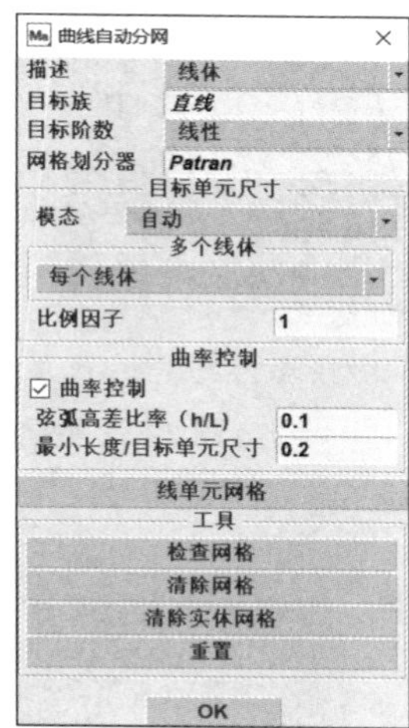

图 2-17　“曲线自动分网”对话框

可以一次只对一条线体分网，也可以同时对一组线体分网。可选的单元类型为低阶 2 节点线单元或高阶 3 节点单元。这里可以让 Mentat 自动控制沿着线体的单元长度，也可以自定义目标长度。当使用高阶单元时，中间节点会分布在线体上。

2.4.2　二维平面自动分网

二维平面自动分网可以对平面的一个区域进行网格划分，构成平面区域的边界曲线必须是闭合的，“二维平面自动分网”对话框如图 2-18 所示。

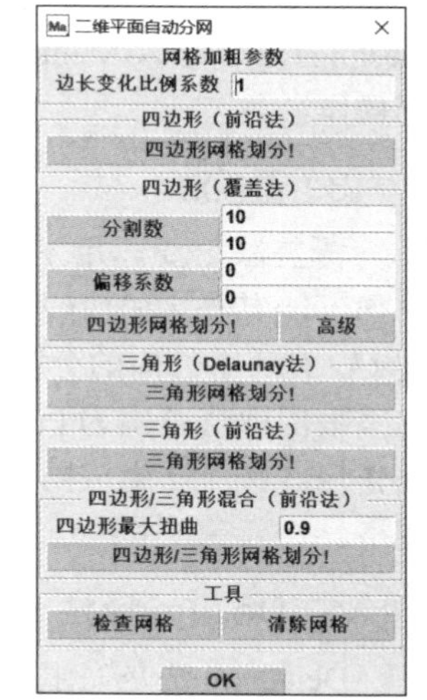

图 2-18　“二维平面自动分网”对话框

1. “网格加粗参数”选项组

“网格加粗参数”选项组中的“边长变化比例系数”选项用来控制平面单元划分时内部单元尺寸的增长或者减小，参数小于 1 表示内部单元的尺寸减小，参数大于 1 表示内部单元的尺寸增大，如图 2-19 所示。本参数的设置只在采用前沿法进行网格划分时有效。

2. 前沿法

采用前沿法，在图 2-18 所示的对话框中进行不同的设置，可以生成四边形网格、三角形网格和四边形 / 三角形混合网格。这种自动划分网格的方法是从区域的边界向内部逐个生成单元，最后形成全域网格。用这种方法生成的网格同样有着很好的疏密过渡、几何尺寸和形状。当网格疏密过渡较剧烈时，能够生成高质量的网格。如果要求网格全部划分为四边形单元，则需要区域边界的种子点数为偶数，否则可能出现三角形单元。平面的闭合区域可以有孔洞或者曲线，如图 2-20 所示。闭合区域的曲线可以作为分网的硬线控制区域内部的网格疏密或者该曲线上的节点分布。

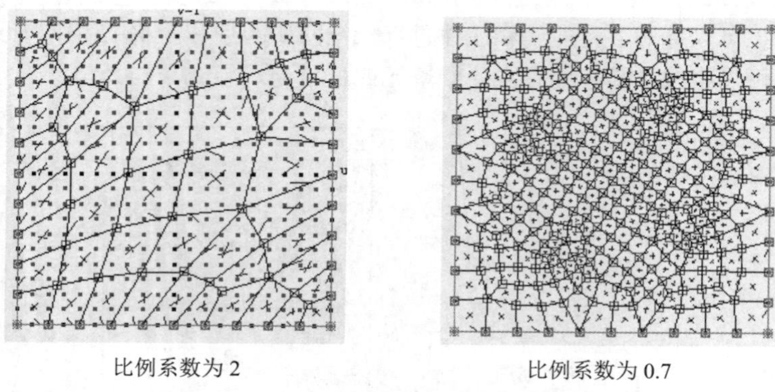

比例系数为 2　　比例系数为 0.7

图 2-19　网格加粗参数的影响

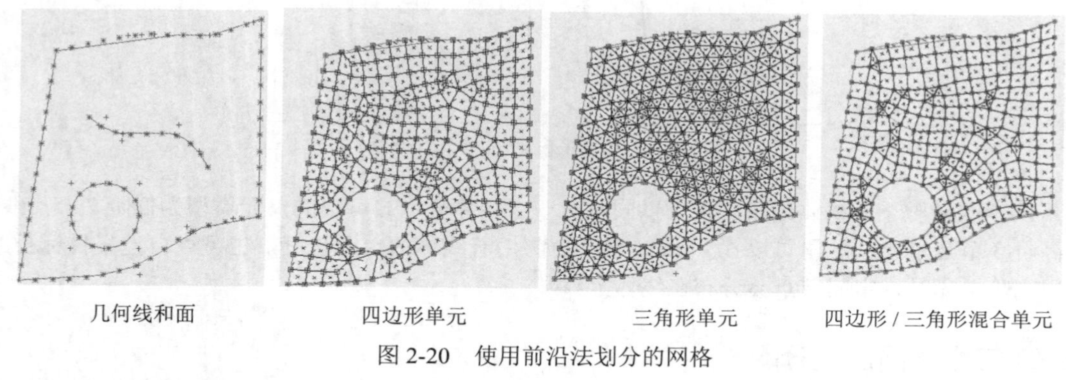

几何线和面　　四边形单元　　三角形单元　　四边形 / 三角形混合单元

图 2-20　使用前沿法划分的网格

图 2-20 所示模型可在随书附赠的电子资源中找到。读者可以将电子资源中的 2D planar mesh.igs 文件导入 Mentat，设置种子点的目标长度为 2.4，然后分别采用不同的网格划分器进行分网操作。

3. 覆盖法

覆盖法主要适用于由封闭曲线围成的平面单连通域或多连通域内的四边形网格生成，区域内部不能有开环的曲线。在裁剪曲面上同样可以用覆盖网格技术生成质量较好的四边形。用户给定 U、V 两个方向的分割数控制单元数量。另外，给定偏移系数可以控制生成网格的疏密度，偏移系数的取值范围为 [−0.5，0.5]。此方法分网无须事先设置种子点，即使设置了种子点，也不会起作用。覆盖法生成网格的效率很高，只要给出足够的 U、V 方向的分割数，就能保证顺利生成网格。

4. Delaunay 法

Delaunay 法是先生成覆盖区域的稀疏三角形单元，然后进行局部加密，从而生成所需密度的三角形网格。此方法要求边界上的曲线在分网前必须设置了种子点。

Delaunay 法充分考虑了几何形状中存在的微小几何特征，在不需要密网格处采用稀疏单元；在微小几何特征处划分较细的单元，而且网格的疏密过渡十分平滑。

2.4.3　曲面自动分网

“曲面自动分网”对话框如图 2-21 所示，这里可以针对非均匀有理 B 样条曲面、片体、实体表面、小面构成的曲面、曲面网格进行网格划分。选择“非均匀有理 B 样条曲面”作为划分对象时，曲面自动分网与上一小节介绍的二维平面自动分网类似，此处不赘述。

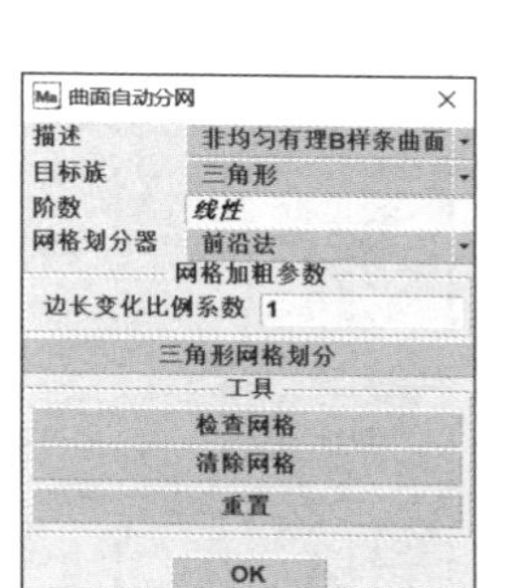

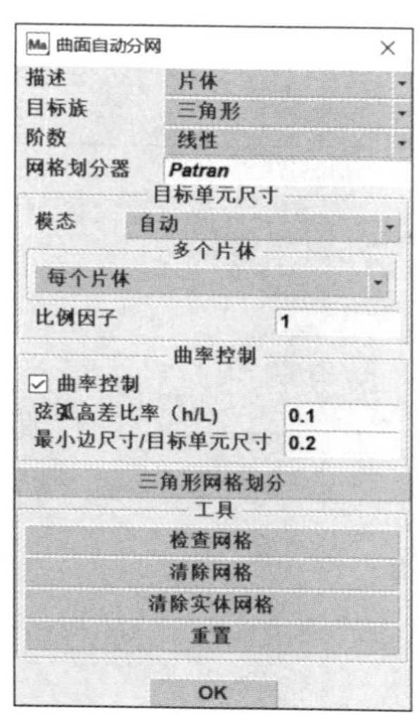

图 2-21　“曲面自动分网”对话框

将“描述”设置为“片体”后，可以针对片体进行壳单元或膜片单元网格的划分，可以一次只对一块片体划分网格，也可以同时选择一组片体进行分网。可选的单元为低阶 3 节点三角形或 4 节点四边形单元、高阶 6 节点三角形或 8 节点四边形单元。可以由 Mentat 自动控制有限单元长度，也可以自定义目标单元长度。对于划分得到的高阶单元，各边的中间节点均位于片体表面。注意，曲率控制对捕捉片体几何非常重要。

当选择“实体表面”为对象进行网格划分时，程序默认采用 Patran 网格划分器，与片体分网类似，可以一次只对一个曲面划分网格，也可以同时选择一组曲面进行分网。可选的单元为低阶 3 节点三角形或 4 节点四边形单元、高阶 6 节点三角形或 8 节点四边形单元。同样，可以由 Mentat 自动控制单元长度或自定义目标单元长度。

当选择“小面构成的曲面”或“曲面网格”为对象进行自动分网时，使用的是 Patran 中的曲面单元网格划分器，它在曲面上已经划分好单元网格的基础上，对曲面网格重新进行单元网格再划分。使用此方法划分的单元网格质量较高。Patran 曲面单元网格划分器的控制参数有以下 3 个。

（1）“单元尺寸”：单元尺寸可以由软件自动计算，也可以手动设置重新划分生成单元的目标尺寸。如果手动输入的值为 0，则使用输入单元的平均尺寸。

（2）“边角度”：设置 Patran 曲面单元网格划分器的特征边角度，如果一条边的两个相邻曲面的法线夹角比这个角度大，则认为该边是软特征边，单元网格重新生成后该边仍然保留，但在此边上要放置新的节点。

（3）“顶点角度”：通过与顶点相连的两条特征边延伸矢量的夹角大小，决定该顶点是否是硬点。如果夹角小于给定值，那么该顶点是一个硬点，网格划分后，该硬点作为单元节点保留。

“曲率控制”选项用于控制曲线划分精度，输入的参数为弦弧高差比率。

2.4.4 体自动分网

直接对导入的实体进行网格划分的“体自动分网”对话框如图2-22所示。网格划分之前，需要在几何描述处正确选择对象的类型（实体、曲面网格或小面构成的曲面），以及要采用的单元类型和阶数。另外，可由程序自动计算或用户自定义目标单元尺寸（边长大小）。当“描述”为“实体”时，“目标族（体积）”的类型可以选用“四面体”或“混合”选项。选择前者，得到的全部是四面体网格；选择后者，则得到由六面体、四面体和金字塔单元组成的混合网格。

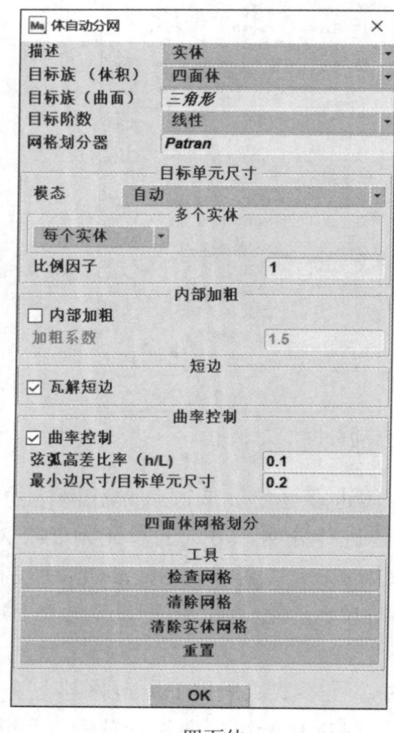

四面体

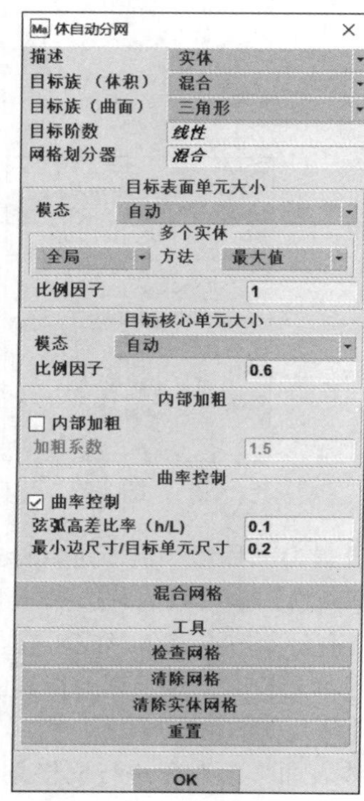

混合

图2-22 “体自动分网”对话框

“目标单元尺寸”选项组中提供了多个选项用于单元尺寸的设置。如果“模态”为“自动”（默认设置），那么程序会对每个部件计算其单元尺寸并进行分网。自动计算的单元尺寸是根据部件的体积和面积得到的。如果分网时只有一个部件，那么该部件直接应用计算得到的单元尺寸进行分网。但如果是针对多个部件同时分网，那么这里提供了以下两个选项。

（1）“每个实体”选项：每个部件采用自动计算得到的单元尺寸划分网格。

（2）“全局”选项：每个部件采用相同的（全局）单元尺寸进行网格划分，该尺寸根据各个部件的目标单元尺寸推导而来，具体的推导方法如下。

- 最小值方法：选取各个部件计算得到的目标单元尺寸的最小值。
- 最大值方法：选取各个部件计算得到的目标单元尺寸的最大值。
- 平均值方法：选取各个部件计算得到的目标单元尺寸的平均值。
- 中值方法：选取各个部件计算得到的目标单元尺寸的中间值（如果所有部件计算得到的目

标单元尺寸按照从小到大的顺序排列，那么取中间的那个数值或中间两个数值的平均值）。

比例因子是目标单元尺寸的缩放因子，比例因子越大，网格越稀疏。在产生的网格过于稀疏或者过于细密的情况下，比例因子可用于自动计算目标单元尺寸。

对于混合网格，还需要设置目标核心单元大小及比例因子，这两个参数越大，内部的六面体单元越稀疏。

如果将“模态”设置为“手动”，那么目标单元尺寸可在“单元尺寸”栏中由用户自定义。此时的目标单元尺寸是一个全局尺寸，所有的部件同时以相同的尺寸进行网格划分。“计算”按钮用于对一组部件计算目标单元尺寸，此时采用与自动 / 全局选项提供的相同的算法可获得目标单元尺寸的预估值，该按钮可以帮助用户在正式划分网格前进行目标单元尺寸的调整。

如果一次对多个部件进行网格划分，并且其中两个部件的曲面存在部分重合，那么这部分曲面将采用相同的单元尺寸（两个曲面单元尺寸中最小的值）进行网格划分。结果是两个面的网格不会完全相同，但具有相似的网格密度。这种处理对具有一定程度小滑移的接触问题非常有用，有利于在两个部件间获得更为准确的接触条件描述。

另外还有一些关于目标单元尺寸的选项会影响部件的网格划分。

（1）“内部加粗”选项：可以在部件内部获得合理的稀疏网格。

（2）“曲率控制”选项：在高曲率区域创建较小的单元，从而更好地捕捉曲面中的曲率变化。弦偏差是单元边和实际曲面间允许的最大距离（相对边的长度）。较小的数值会在高曲率区域产生较小的单元，同时能够更准确地描述实体的实际曲面形状。

（3）种子点可定义在实体的面、边或顶点上，实现对这些对象网格密度的局部控制。

对于 2.1.1 小节提到的用户指南里的实例，图 2-23（a）所示为对所有部件采用默认设置进行同时分网的结果，此时每个部件采用各自自动计算出的目标单元尺寸进行网格划分，并且使用曲率检查。这里在网格划分完成后使用自动探测功能来创建接触体。具体操作的命令流如下：

```
几何 分网 → 自动分网 → 实体
描述： 实体 ▼
目标阶数：线性 ▼
四面体网格划分
选取所有存在的体
接触 → 接触体
自动探测划分网格的接触体
☑ 标识
```

完成上述操作后，为了方便查看，可以将内圈 2 的网格隐藏，此时可以得到图 2-23（b）所示内容。如果只关注滚珠、内圈 1 及滚珠保持架的网格，则还可以再隐藏一些部件的网格，效果如图 2-23（c）所示。从图 2-23 可以得出以下结论。

（1）每个部件的单元尺寸与自身尺寸相适应。

（2）轴的单元尺寸在安装轴承的部位更为精细。这是由于内圈刚好与轴的这一部位贴合，导致两个部件这部分的面采用了相同的单元尺寸和相似的网格密度分布，而且内圈的更小的单元尺寸反映在了轴的这段网格上。

（3）在外圈的倒角部位，为了获取更好的曲率捕捉效果，这里采用了较为细密的网格分布。

如果采用不同的目标单元尺寸，则会得到不同的分网结果，读者可以自行尝试。

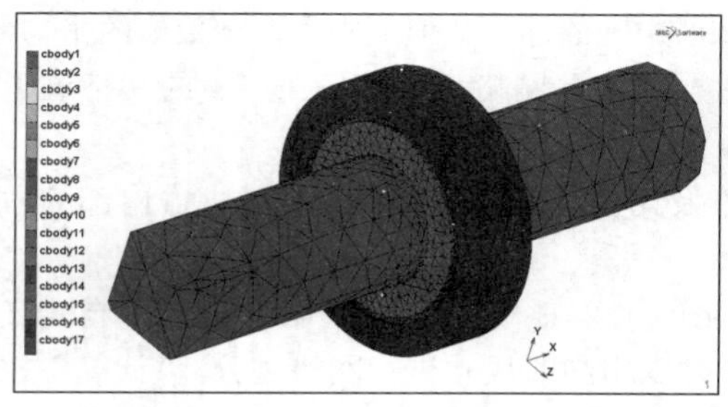

（a）显示全部网格

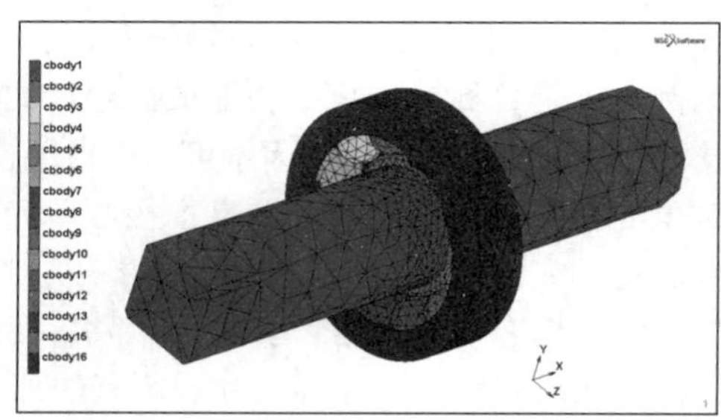

（b）隐藏内圈 2 的网格

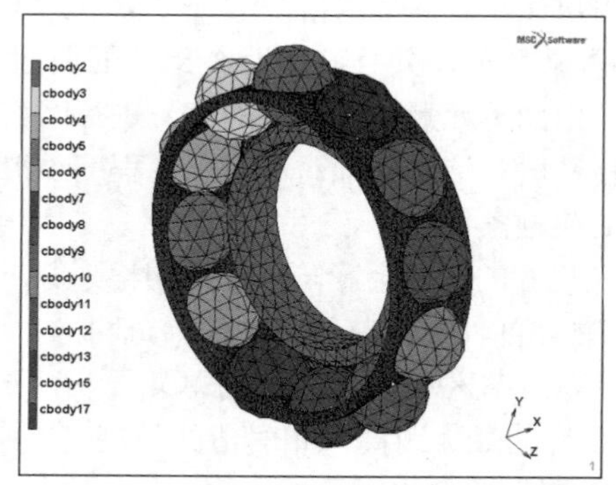

（c）显示滚珠、内圈和滚珠保持架的网格

图 2-23　采用默认参数进行实体自动分网

当选择对由曲面网格构成的空间域进行实体分网时，可以采用图 2-24 所示的设置，网格类型可以选择四面体、六面体或混合，网格的目标阶数与已有的曲面网格保持一致。当采用四面体网格划分时，“网格划分器”包括“Patran”和“Delaunay”两种选项。当选择对小面构成的曲面进行实体分网时，可以采用图 2-25 所示的设置，网格类型可以选择四面体或混合。

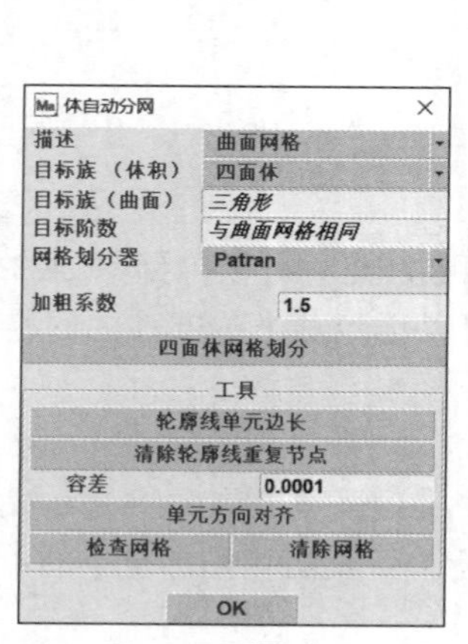

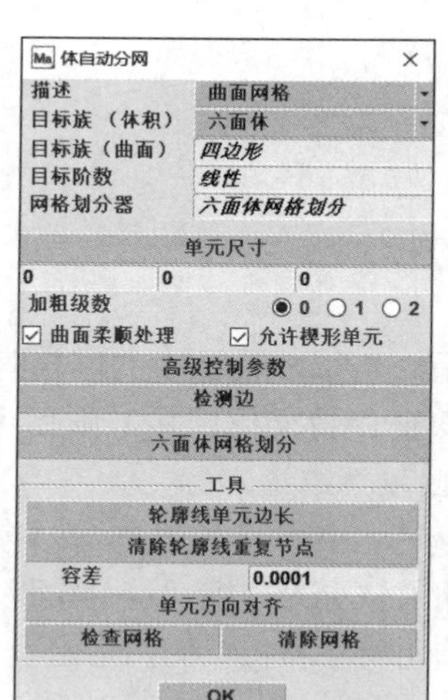

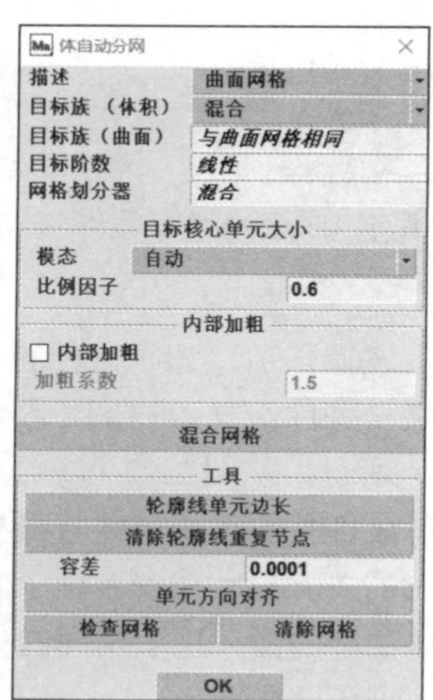

图 2-24　对由曲面网格构成的空间域进行实体分网的设置

四面体网格划分和混合网格划分与前面介绍的网格划分类似，可以通过设置“加粗系数”“目标核心单元大小”“比例因子”等参数来得到不同疏密程度的网格。

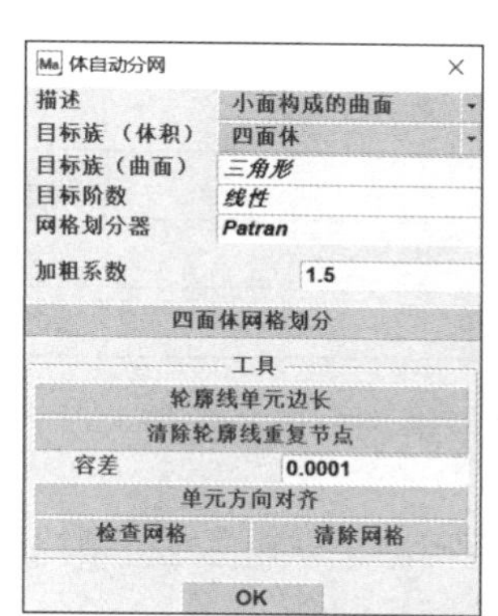

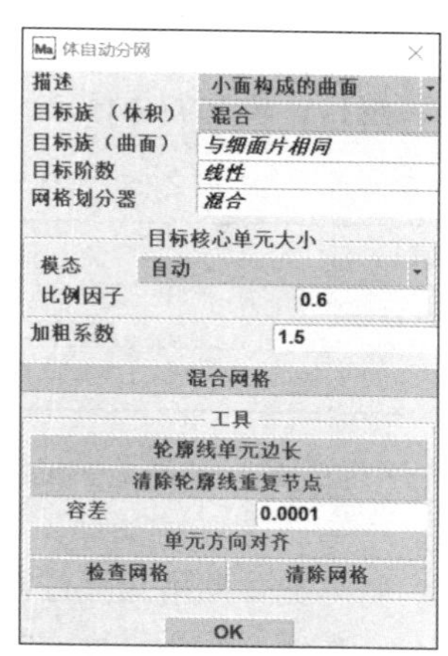

图 2-25　对由小面构成的曲面进行实体分网的设置

当采用六面体网格划分时，需要设置以下参数和选项。

（1）“单元尺寸”参数：单元在 X、Y、Z 方向的尺寸。

（2）“加粗级数”选项：选“0”表示内外单元等大小，选“1”表示内部单元边长是外周单元边长的 2 倍，选“2”表示内部单元边长可达外周单元边长的 4 倍。

（3）“曲面柔顺处理”复选框：勾选该复选框，网格表面会更加顺滑，与原始几何更接近。

（4）“允许楔形单元”复选框：勾选该复选框，表示允许生成五面体单元。

（5）单击“高级控制参数”后，还有以下六面体网格划分高级控制参数可以设置。

- “单元边敏感度”参数：在六面体网格划分过程中识别边界几何时，用边界敏感度指标来探测，使一些表面单元的公共边代表几何实体的真实边界。划分网格时，生成的六面体网格的节点必须落在这些被探测出的单元边上，以保证六面体网格的几何精度。该参数的取值区间为 [0，1]，取“1”时表示不在同一平面的两个单元的公共边被认为是硬边（边界）；取“0”时，表示不探测真实边界，如图 2-26 所示。

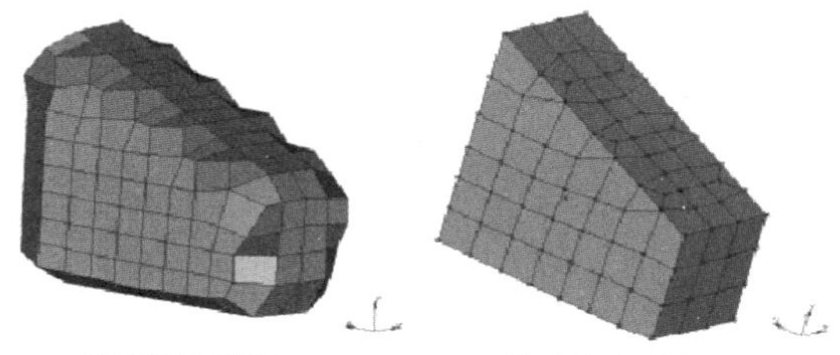

单元边敏感度＝0　　单元边敏感度＝1

图 2-26　单元边敏感度不同取值的效果

- “间隙”参数：指定在初始内部六面体单元边界与表面单元之间的预留间隙。当用 Overlay 栅格生成六面体单元后，会根据指定的间隙值，将离初始内部六面体单元太近或超出外表面太多的那些单元删除，然后划分剩余间隙区域的六面体单元。该参数的取值区间为 [-1，1]。间隙值为负表明预留小间隙，有时甚至会导致网格穿透。不同的间隙值对六面体网格划分的影响如图 2-27 所示。

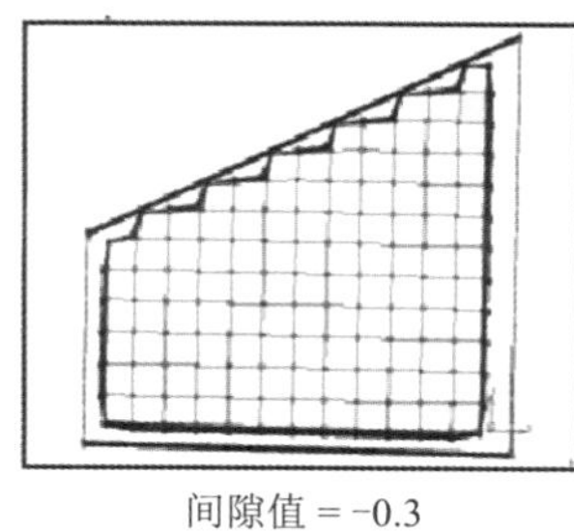

间隙值 = -0.3

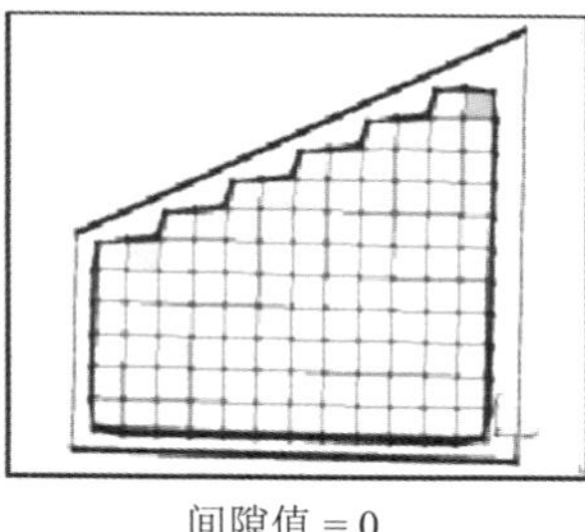

间隙值 = 0

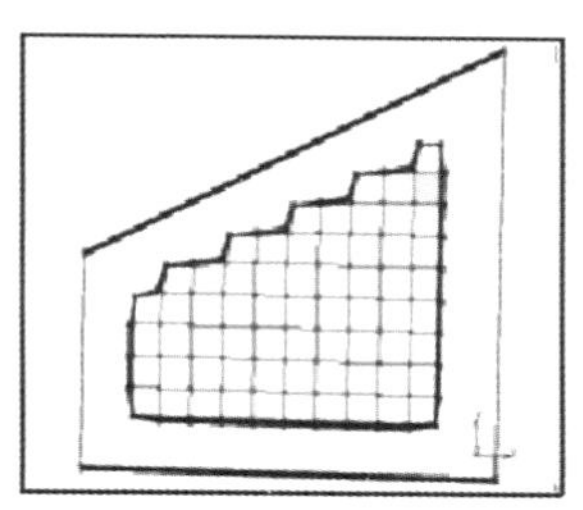

间隙值 = 1

图 2-27　不同的间隙值对六面体网格划分的影响

◆ “网格摆动次数”参数：总体单元松弛处理的次数，可以提高单元质量。次数越多，计算时间越长，单元质量越高。建议的总体单元松弛处理次数如表 2-5 所示。

表 2-5　总体单元松弛处理次数

情形	建议取值
试探分网	10
最终分网	100

◆ “网格划分器最大运行次数”参数：六面体网格划分运行的最大次数。如果划分失败，则将该值改大。

（6）“检测边”按钮：在六面体网格划分过程中探测边界几何时，根据边界敏感度指标探测。

（7）“六面体网格划分”按钮：开始进行六面体网格划分。

（8）“轮廓线单元边长”按钮：程序可计算出外轮廓上的单元边长总和。如果不为 0，需要进一步处理使其为 0。

（9）“清除轮廓线重复节点”按钮：合并较近的在误差范围内的节点。

（10）“单元方向对齐”按钮：选择任意一个单元，Mentat 会自动使其他单元的法线方向与这个单元一致。

（11）“检查网格”按钮：检查几何和网格，详见 2.4.6 小节。

（12）“清除网格”按钮：把所有网格清除。

2.4.5　二维加强筋分网

“二维加强筋分网”对话框如图 2-28 所示，其中部分按钮及其含义如下。

（1）“曲线分网！”按钮：在已生成的二维网格上按照给定的曲线生成一维单元。

（2）“嵌入”按钮：将上一步生成的加强筋单元插入二维单元中。本单元类型主要用于局部纤维加强的材料，如复合材料、钢筋混凝土等。

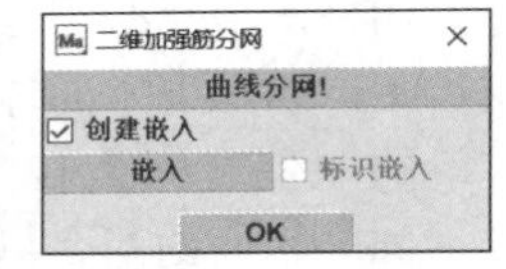

图 2-28　“二维加强筋分网”对话框

2.4.6　“检查网格”功能

在自动分网对话框的下方，有一个“工具”选项组，其中有一个“检查网格”按钮。

单击“检查网格”按钮，打开“检查”对话框，其中的选项（按钮）用于检查网格模型的质量，帮助用户获取网格的质量信息，如图 2-29 所示。

（1）“检查单元”选项组：检查单元节点的编号顺序、单元是否奇异。

◆ “单元反向（二维）”按钮：检查二维平面及轴对称单元雅可比是否为负、是否按逆时针编节点号。单击此按钮后，所有单元节点编号错误的单元会被选取出来，这些单元可用“单元方向反转”按钮结合所有“被选择的图标”按钮更正被选取出的单元节点编号顺序。

◆ “Inside Out（3-D）”按钮：检查三维单元雅可比是否为负。雅可

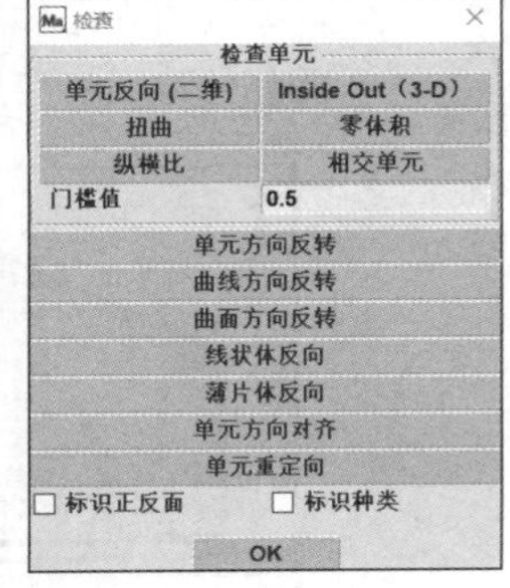

图 2-29　“检查”对话框

比为负通常是由单元节点编号错误引起的。单击此按钮后，所有雅可比为负的单元均会被选取出来，可用“单元方向反转”按钮结合“所有被选择的图标”按钮更正被选取出的单元节点编号顺序。

- “扭曲”按钮：检查每个单元是否存在角度畸形（内角小于 60° 或大于 120° 均被视作畸形）。单击此按钮后，所有畸形单元均会被选取出来。转到结果菜单并打开云图或以数字形式显示单元的扭曲程度。
- “零体积”按钮：计算单元体积，检查是否有折叠的单元。单击此按钮后，所有折叠的单元均会被选取出来。
- “纵横比”按钮：检查网格中每个单元的纵横比，并根据单位尺寸对相应构件进行归一化。纵横比是指二维构件的周长与面积之比，以及三维构件的总表面积与体积之比。等边三角形、正方形、立方体等都有一个完美的纵横比 1。如果与这些完美形状有偏差，则会导致更高的纵横比。单击此按钮后，选择纵横比大于 1+9t 的所有单元，其中 t 是设置的阈值，阈值默认为 5.0。转到结果菜单并打开云图或以数字形式显示单元纵横比，图 2-30 所示为网格质量检查结果云图。

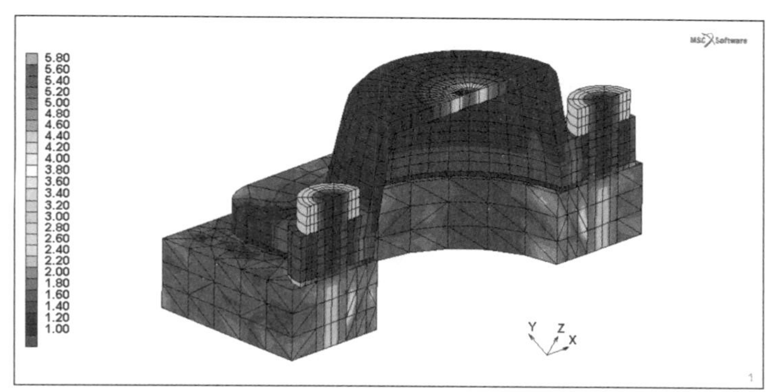

图 2-30　网格质量检查结果云图

- “相交单元”按钮：检查壳单元相邻边是否存在交叠。
- “门槛值”参数：设置单元畸形门槛值。

（2）“单元方向反转”按钮：用户必须提供单元列表，如果执行了前面所述的“单元反向（二维）”“Inside Out（3-D）”操作，软件会自动把需要反向的单元挑选出来，此时单击“所有被选择的图标”按钮即可对挑选出来的单元进行反向。

（3）“曲线方向反转”按钮：将曲线方向反向。

（4）“曲面方向反转”按钮：将曲面法线方向反向。

（5）“线状体反向”按钮：将线状方向反向。

（6）“薄片体反向”按钮：将薄片体法线方向反向。

（7）“单元方向对齐”按钮：用于调整单元法线方向，使所选单元与参考单元具有相同的法线方向。

（8）“单元重定向”按钮：提供了针对四面体、五面体、六面体、三角形、四边形单元重新定向的功能。确定单元旋转的轴线方向、设定绕轴线正方向或负方向旋转，以及指定旋转的次数，可以对指定单元进行第一边（二维单元中带有斜线的单元边为第一边）的重新定向，“单元重定向”对话框如图 2-31 所示。

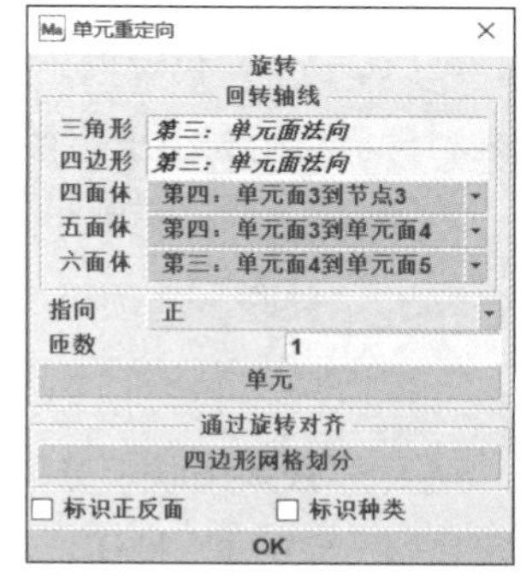

图 2-31　“单元重定向”对话框

2.5 转换法生成网格

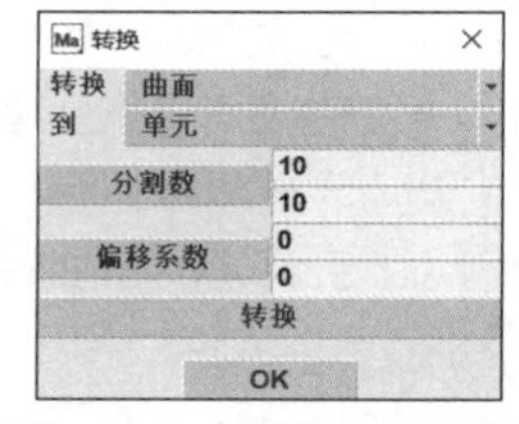

图 2-32 “转换”对话框

几何点、曲线、曲面等的生成定义方法在前面已经介绍，下面介绍将它们转换为网格的转换工具。在此仅涉及转换处理功能中的几何实体转换为网格部分。在“几何 分网”选项卡的“操作”选项组中选择“转换”选项，会弹出图 2-32 所示的“转换”对话框，默认设置是将曲面转换成单元，还有很多其他的转换选项。

“转换”对话框中提供了以下参数。

（1）“分割数”参数：定义在取面的第一、二方向上的单元的划分数目。

（2）“偏移系数”参数：指定在取面的第一、二方向上的单元偏移系数。

具体操作：先选择要转换的类型，再选择转换的目标，然后设置转换参数，最后单击“转换”按钮，选择对象并确认。

2.6 几何和网格处理操作

“几何 分网”选项卡的“操作”选项组包含各种对几何和网格进行编辑、修改、加工和处理的功能，如关联、扩展、移动等，如图 2-33 所示。

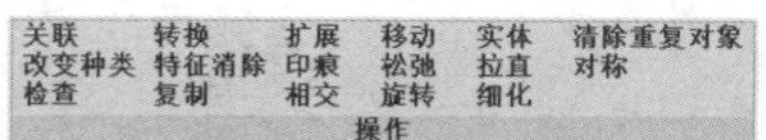

图 2-33 “几何 分网”选项卡中的“操作”选项组

2.6.1 关联 / 附着

“关联”对话框用于建立单元元素与相应的几何元素间的从属关系。Mentat 的关联 / 附着功能有：将单元节点附着在几何点上，将单元边附着在曲线上，将单元面附着在曲面上，将单元附着在曲线或曲面上。“关联”对话框如图 2-34 所示。

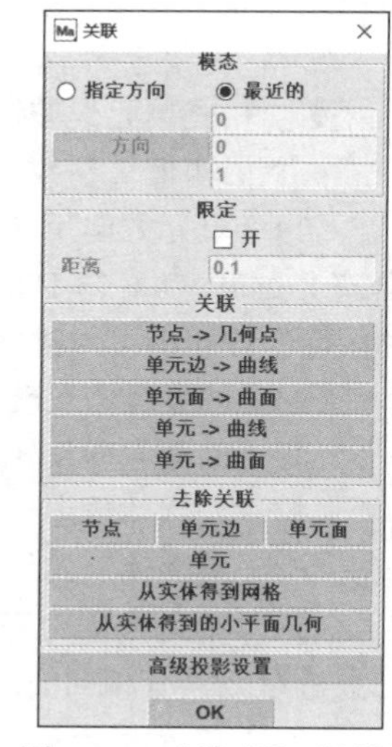

图 2-34 “关联”对话框

1. “模态”选项组

（1）“指定方向”单选项：选择该单选项，可按照指定的矢量方向关联。

（2）“方向”参数：指定关联的矢量方向。

（3）“最近的”单选项：选择该单选项，可按照最短距离关联。

2. “限定”选项组

（1）“开”复选框：设置关联操作是否检测距离门槛值。勾选此复选框，表示当距离小于门槛值时执行关联操作。

（2）“距离”参数：设置门槛值的大小。

3. “关联”选项组

按需要单击 5 个不同的按钮，执行各种类型的关联。

4. “去除关联”选项组

（1）“节点”按钮：去除节点和几何点的关联。

（2）“单元边”按钮：去除单元边和曲线的关联。

（3）“单元面”按钮：去除单元面和曲面的关联。

（4）“单元”按钮：去除关联的单元列表。选中的单元将执行选定的操作。

（5）“从实体得到网格”按钮：去除实体网格要素与几何实体间的关联。

（6）“从实体得到的小平面几何”按钮：去除小平面要素与几何实体间的关联。

5. “高级投影设置”按钮

单击该按钮后，会弹出“高级投影设置”对话框，在其中可以设置关联的算法和容差。

2.6.2 单元几何拓扑种类更改

单元几何拓扑种类的更改主要在图 2-35 所示的“改变种类”对话框中完成。在该对话框中可以进行低阶和高阶单元间的转换，例如，把 3 节点线单元转换成 2 节点线单元，把 4 节点四边形单元转换成 8 节点四边形单元。用户选择合适的转换目标种类，再选择当前要转换的单元，即可将选择的单元从当前种类转换到目标种类。

（1）“变为高阶单元”按钮：将低阶单元转换成高阶单元。

（2）“变为低阶单元”按钮：将高阶单元转换成低阶单元。

（3）“单元”按钮：指定要改变单元种类的单元。

（4）“改变退化单元”按钮：将退化的单元转换为正常单元。例如，将退化的 4 节点四边形单元转换为 3 节点三角形单元或将退化的六面体单元转换为五面体单元。

（5）“重新使用单元标识号“复选框：勾选此复选框，可使被转换种类的单元使用原来的单元编号。

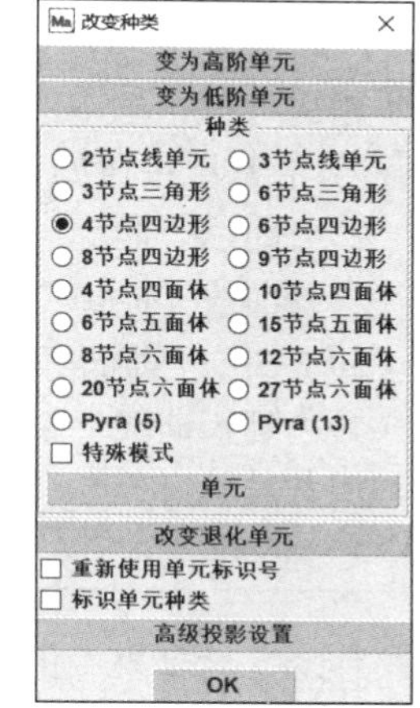

图 2-35　“改变种类”对话框

（6）“标识单元种类”复选框：勾选此复选框，可采用色带显示单元种类。

2.6.3 单元检查

在“检查”对话框中可以进行单元检查，此部分功能同“自动分网”选项组里各类分网工具中的网络检查功能。

2.6.4 转换

在“转换”对话框中可进行几何与单元、几何与几何、单元与单元之间的转换。“转换”功能在前处理过程中被频繁使用。实质上，“转换”对话框具有简单的网格划分功能和在高阶的几何元素或单元元素上提取低阶元素的功能。

2.6.5 特征消除

在“特征消除”对话框中可以对导入 Mentat 的或在 Mentat 中创建的几何实体进行特征识别、删除、编辑等操作。

2.6.6 复制

在“复制”对话框中可以实现网格对象或几何对象的复制，复制方式包括平移、旋转和缩放 3 种。

2.6.7 扩展

“扩展”对话框中的扩展功能可实现单元对象或几何对象由一维向二维、二维向三维的升级转换。扩展包括平移、旋转和缩放 3 种方式。用户给出扩展的次数便可完成对单元或几何元素的连续升级转换。“高级扩展”对话框中还提供了轴对称模型向三维模型的扩展、平面模型向三维模型的扩展、非平均间隔旋转角度扩展、非平均间隔平移量扩展、壳单元或线单元扩展及单元沿着曲线扩展等功能。

2.6.8 相交

“相交”对话框中的功能主要用于计算几何元素的交点或交线，另外还具备一些剪裁功能。该对话框中的常用按钮如下。

（1）“曲线 / 曲线”按钮：计算并生成两条相交曲线的交点。

（2）“曲线 / 曲面”按钮：计算并生成曲线与曲面的交点。

（3）“曲面 / 曲面”按钮：计算并生成两个相交曲面的交线。

（4）“延长曲线”按钮：延伸两条线至相交，并在交点处截断。

2.6.9 移动

“移动”对话框中的功能为手动调整局部网格和几何提供了很多便利。该对话框中的调整网格和几何的功能主要包括平移、旋转、缩放 3 种方式。除此以外，还可通过输入解析公式来定量控制移动。该对话框还具备将几何点移动到指定曲线、曲面或相交曲面，以及移动节点到指定几何点、曲线、曲面或相交曲面等功能。

2.6.10 松弛

在“松弛”对话框中可对平面或曲面上已经生成的网格节点重新定位，最大限度地减小单元形状的扭曲程度，提高网格质量。在松弛节点的过程中，可以固定指定曲面或轮廓线上的节点。

2.6.11 旋转

利用“旋转”对话框，可以基于几何曲线生成旋转面，也可以基于线体、根据实际情况片体生成旋转实体。当要旋转曲线时，旋转轴为 Y 轴，可以设定旋转用的局部坐标系。在“旋转”对话框中，“角度”参数用于指定旋转的起始角度和终止角度，“旋转曲线”按钮用于指定要旋转的曲线，“重置”按钮用于将旋转角度重设为默认值。当要旋转实体时，可以指定旋转的中心和旋转轴的方向。

2.6.12 实体的操作

利用“实体运算”对话框可以完成实体的布尔运算、重命名、倒角，实体几何元素的提取和转换，实体面的分割、旋转、扩展、检查，以及对象的清除等操作。

2.6.13　拉直

利用“拉直”对话框可对一条节点路径上的全部节点进行重新定位，重新定位后的节点分布在节点路径起点和终点的连线上。

2.6.14　网格细化加密

利用“细化”对话框可对已有的一、二、三维单元网格进行多种方式的加密。对于普通的加密方式，用户只需给出单元各个方向的细化分割数。另外，可通过设置偏移系数来调整单元的疏密过渡。由于网格重划分后会产生重复的节点并影响单元的编号，因此应使用清除重复对象和重新编号功能进行处理，去除重复节点，重新进行节点和单元的编号。

在其他加密方式中，加密表面的功能比较有特色。该功能是在不改变模型几何和体积的情况下，在模型外表面生成若干层细密的单元，对获取表面上或紧靠表面的内部结构的更准确的应力分布、温度分布等很有帮助。

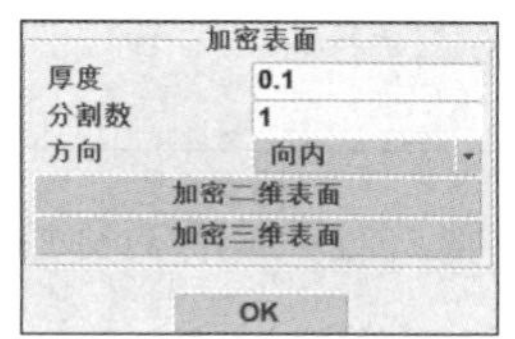

图 2-36　“加密表面”选项组

“加密表面”选项组如图 2-36 所示。用户首先要确定加密的规则，也就是加密的厚度、分割数和方向，然后选择要加密的表面单元边（二维）或单元面（三维），Mentat 会沿表面的法向向内或者向外生成指定层数和厚度的表面单元。

在确定方向时，“向内”是系统默认的方式，在加密操作时系统会将已有表面单元沿法向向内部收缩，以保证表面增加加密单元后模型的体积保持不变。当采用“向外”设置时，已有单元不会收缩，只有外表面的单元沿法向向外部按照指定厚度和指定的分割数拉伸，因而模型的体积会增大。

“加密二维表面”按钮，用于二维实体单元和三维壳单元的表面单元细分；“加密三维表面”按钮，用于三维实体单元的表面单元细分。

图 2-37 所示的实例为三维实体单元外表面单元的加密。选择“选取”菜单里的“选取控制”命令，在打开的对话框中将“方法”设置为“批量选面”，选取要加密外表面的单元，如图 2-37（a）所示；单击“细化”对话框中的“加密三维表面”按钮，然后选择上一步操作选中的单元作为加密对象，就会得到图 2-37（b）所示的加密结果。

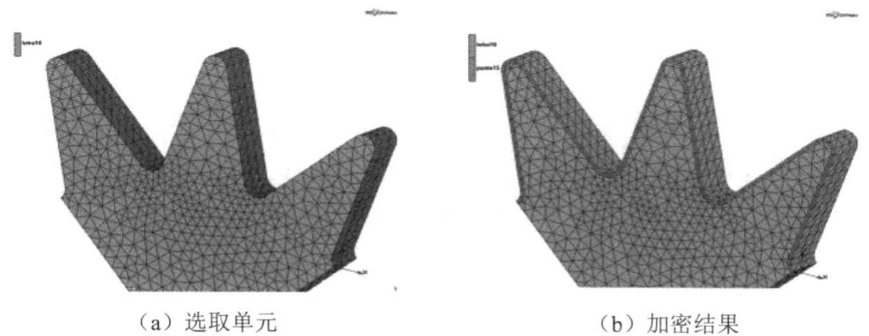

（a）选取单元　　　　（b）加密结果

图 2-37　三维实体单元外表面单元的加密

2.6.15　消除重复对象

利用“清除重复对象”对话框，既可以消除重复的几何、网格对象，也可以消除一些未被使用的节点和几何点。

（1）“清除重复对象”选项组中的常用参数和按钮如下。

◆ “容差”参数：用于判断各类实体之间是否重合的容差设置。

◆ “节点”按钮：消除重合节点。

◆ “单元”按钮：消除重合单元。

◆ “几何点”按钮：消除重合几何点。

◆ “曲线”按钮：消除重合曲线。

◆ “曲面”按钮：消除重合曲面。

◆ “全部”按钮：消除所有重合的几何点、曲线、曲面、节点、单元。

（2）“删除未被使用的”选项组中的按钮如下。

◆ “节点”按钮：从模型中消除未被使用的节点。

◆ “几何点”按钮：从模型中消除未被使用的几何点。

另外，对于有接触体的模型，“保持接触体完整性”复选框也很重要。如果勾选该复选框，则在消除重复节点、单元等对象时，将不消除不同接触体之间相交部位的对象。

2.6.16 对称

利用“对称”对话框可以将网格或几何对象相对于某一镜射平面做对称复制。对于具有对称性的模型结构，利用对称功能可生成全模型。镜像面的设置选项如下。

（1）“几何点”按钮：指定镜射面上任意某个点。

（2）“法线”按钮：镜射面法线方向的指定。

（3）“从 / 到”按钮：输入两点构成矢量，以确定镜射面的法线方向。

单击具体的“节点”“单元”“曲线”“曲面”等按钮后可以对指定类型对象进行镜像对称。

其他的常用设置选项如下。

（1）“创建新的匹配边界”复选框：勾选该复选框后，如果被对称的对象中包含匹配边界设置，那么可以在对称出的模型中对匹配边界同时进行复制和对称处理。

（2）“对称”按钮：可以将勾选的多种网格、几何实体类型一起相对某一镜射平面做对称复制。

2.7 实例——臂型结构线弹性分析

本例介绍一个线弹性问题的前处理，主要讲解导入由 CAD 创建的臂型结构的几何模型、网格划分、材料特性定义、边界条件定义和分析任务参数定义并提交运算任务的过程，使读者对 Marc 的计算模型的前处理有大概的了解并掌握基本的操作流程。

1. 模型描述

臂型结构的几何模型如图 2-38所示，将要产生的四面体网格、需要施加的位移约束、压力载荷边界条件如图 2-39 所示。结构所用材料为钢材，采用线弹性材料模型，弹性模量为 200GPa，泊松比为 0.3。

2. 导入几何模型

把本书所附电子资源相关文件夹中的 arm.xmt_txt 文件复制到工作目录中，然后双击桌面上的

Mentat 2020 快捷方式图标，启动 Marc 2020 的前处理软件 Mentat 2020，出现的界面如图 2-40 所示。单击界面左上角的“文件”菜单，选择“导入”子菜单中的“通用 CAD 接口（作为实体导入）”命令（见图 2-41），会弹出图 2-42 所示的“CAD 作为实体导入”对话框，采用默认设置，单击“导入 Parasolid 模型”按钮，会弹出文件选择对话框，双击 arm_y.x_t 文件，然后单击“OK”按钮，即可导入模型。导入的模型如图 2-43 所示。具体操作命令流如下：

```
文件 → 导入 → 通用CAD接口（作为实体导入）
  导入Parasolid模型
  选择arm_y.x_t
  OK
```

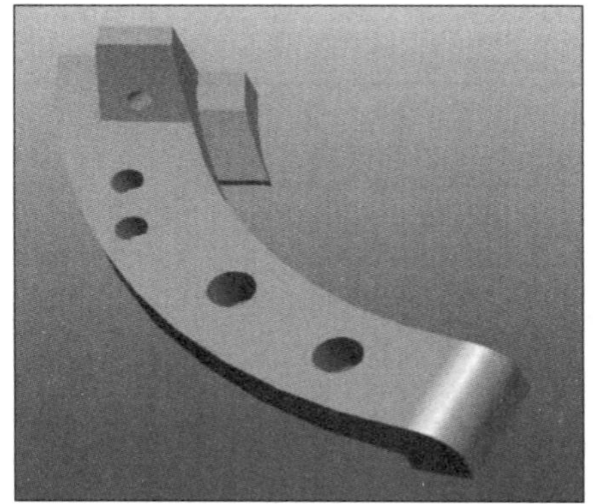

图 2-38　几何模型

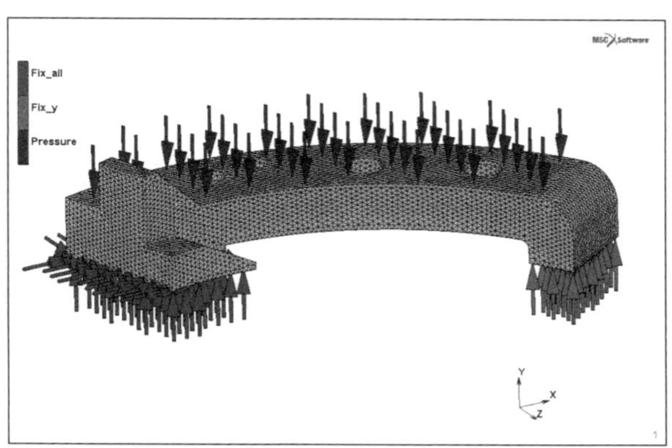

图 2-39　网格、约束与边界条件

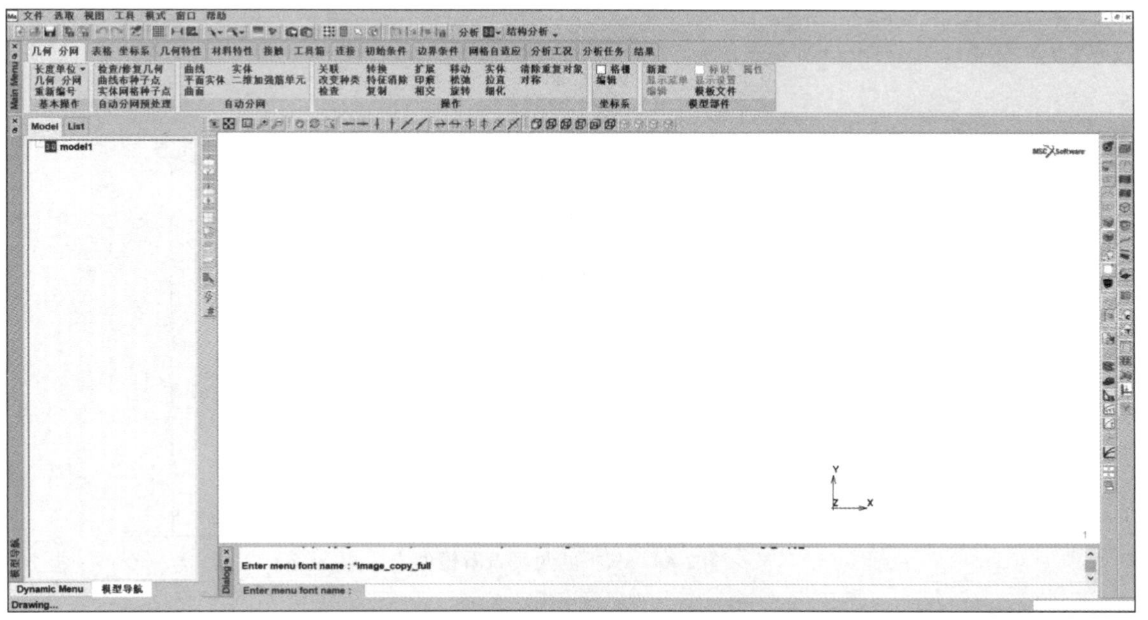

图 2-40　Mentat 2020 启动后的界面

在打开动态鼠标控制后，按住鼠标中键并拖曳模型，可以从不同角度查看模型，如图 2-44 所示。

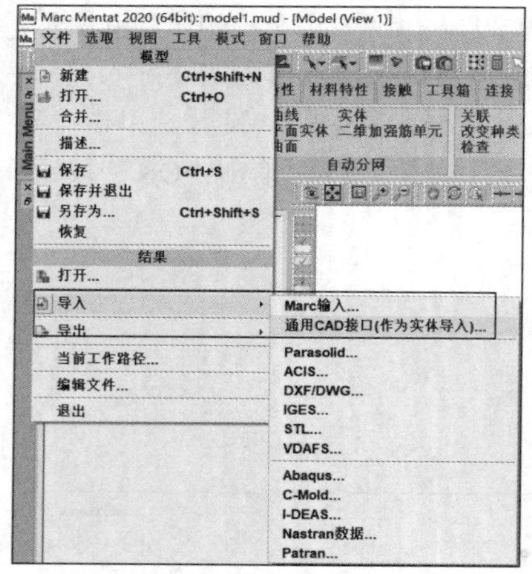

图 2-41 选择导入方式

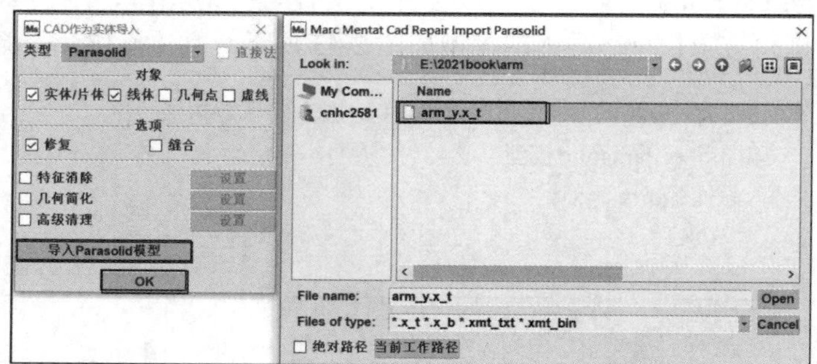

图 2-42 选择要导入的文件

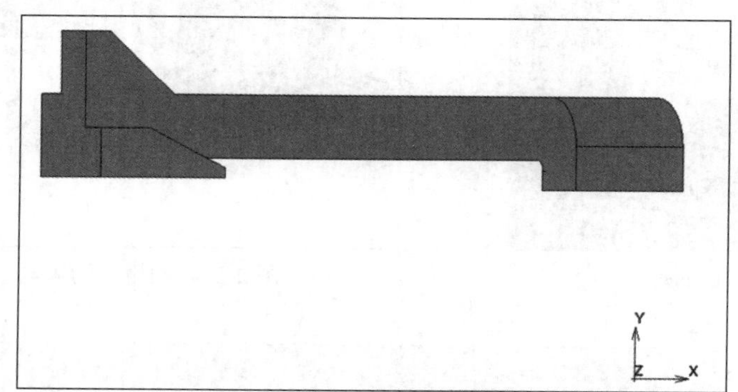

图 2-43 模型在图形区中的显示

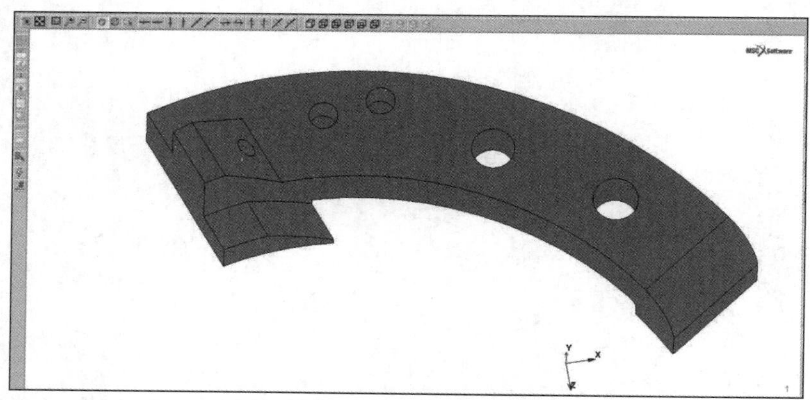

图 2-44 从不同角度查看模型

3. 网格划分

本实例采用 4 节点四面体单元划分网格，单元边长设为 0.2mm。打开“几何 分网”选项卡，在“自动分网”选项组中选择“实体”选项，会弹出“体自动分网”对话框；“描述”“目标族（体积）”“目标阶数”均采用默认的“实体”“四面体”“线性”选项，将“目标单元尺寸”选项组中的“模态”从默认的“自动”改成“手动”，设置“单元尺寸”为 0.2，然后单击“四面体网格划分”按钮，单击▦（全部存在的）图标，即可划分得到网格，如图 2-45 所示。具体操作的命令流如下：

```
自动分网→实体
  ---目标单元尺寸---
  模态：手动
  单元尺寸：0.2
  四面体网格划分
```

选择导入的几何体即可得到划分后的网格，单元数和节点数分别为 152466、29712。

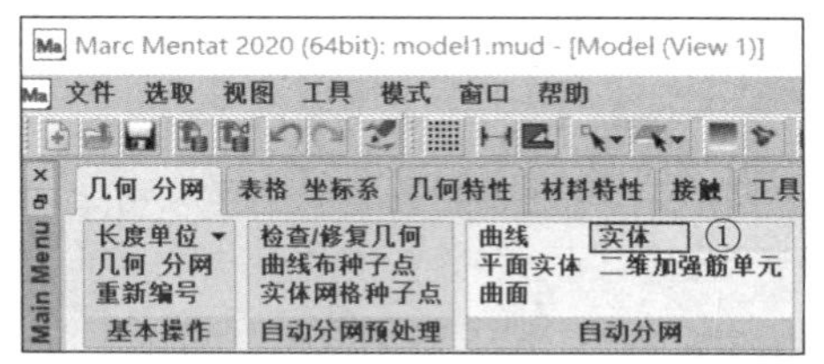

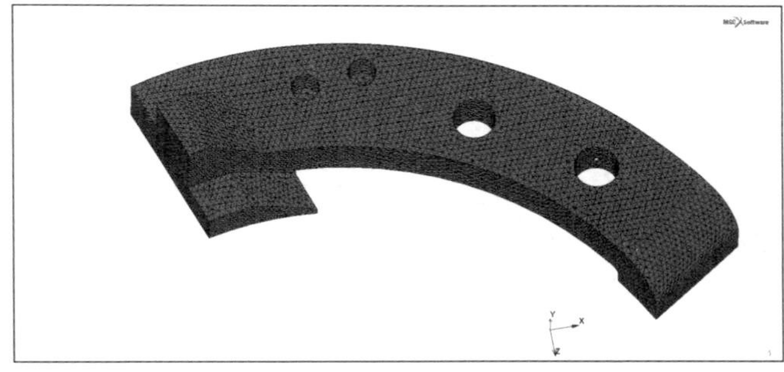

图 2-45　网格划分

4. 材料特性定义

对于线弹性静力学分析，材料特性通常只需要定义杨氏选项组模量和泊松比。打开“材料特性”选项卡，在“材料特性”选项组中单击“新建 ▼ ”按钮，然后选择“有限刚度区域”选项，再选择“标准”选项，会弹出“材料特性”对话框，在“杨氏模量”和“泊松比”右侧的文本框中分别输入“200000”和“0.3”，单击“实体 / 薄片 / 线状体”右侧的“添加”按钮，如图 2-46 所示。选取实体（被选中的实体的颜色会变成黄色），并在图形区中单击鼠标右键确定，材料特性施加完毕（确定选取后，实体的颜色会恢复为原有颜色）。对于本例，可以将材料特性施加到所有的实体或单元上。具体操作的命令流如下：

```
材料特性→ 新建 ▼ →有限刚度区域 ▶→标准
  --- 其他特性 ---
  杨氏模量： 200000
```

泊松比：0.3
实体/薄片/线状体：添加
在图形区拾取几何实体并单击鼠标右键确定
OK

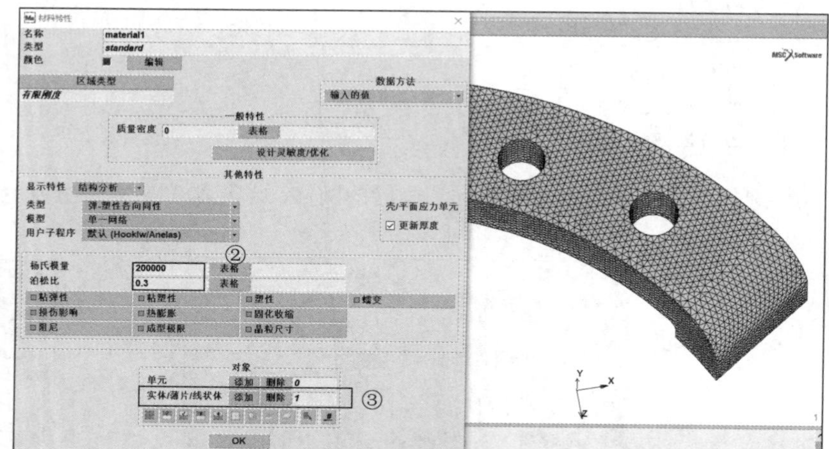

图 2-46　材料特性定义

5. 边界条件定义

本例的边界条件有 3 个，分别为顶面施加 10MPa 的压力载荷、左侧底面施加固定载荷、右侧底面施加 *Y* 方向约束载荷。

打开“边界条件”选项卡，在“边界条件”选项组中单击“新建（结构分析）▼”按钮，选择“单元面分布力”选项，如图 2-47 所示。此时会弹出图 2-48 所示的“边界条件特性”对话框。勾选“压力”复选框，并在其右侧的文本框中输入“10”；单击“实体面”右侧的“添加”按钮，选取实体中的顶面，然后单击鼠标右键确认，图形区会出现图 2-49 所示的效果，表示压力载荷已经施加到顶面。此时在模型浏览器中的“边界条件”条目下就有名称为“apply1”的压力载荷边界条件。在创建边界条件时，系统会自动给定名称。用户可以在定义时就对边界条件名称进行修改，也可以在定义结束后变更边界条件名称。使用鼠标右键单击“apply1”，在弹出的快捷菜单中选择“重命名”命令，在对话区输入“Pressure”，然后按 Enter 键，边界条件名称就会变成“Pressure”，如图 2-50 所示。模型浏览器会将该名称显示为“压力”，这是因为软件在安装时带有一些英文名词和中文名词一一对应关系的词库。具体操作的命令流如下：

边界条件 → 新建（结构分析）▼→单元面分布力
压力：10
实体面：添加
选择实体顶面
OK
重命名
在对话区输入“Pressure”，然后按Enter键

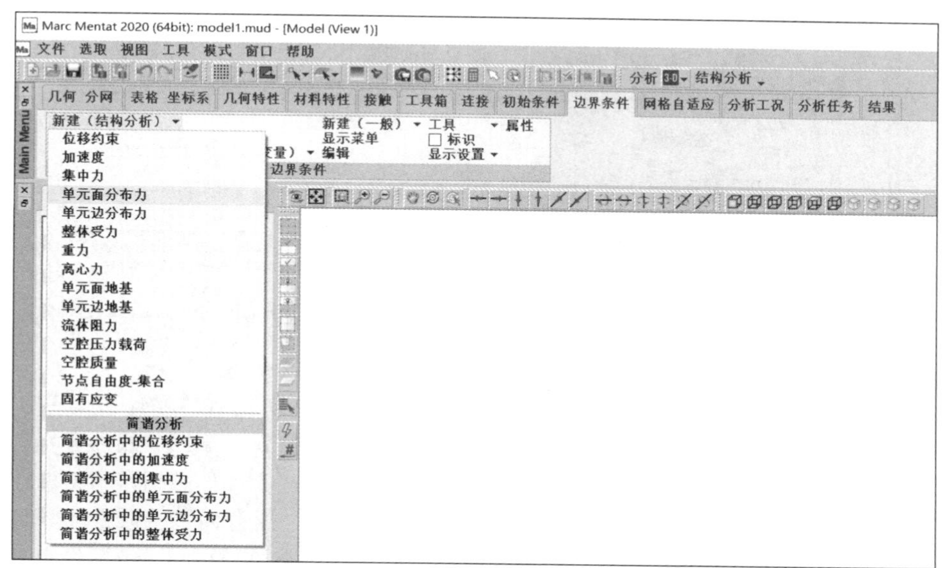

图 2-47　选择“单元面分布力”选项

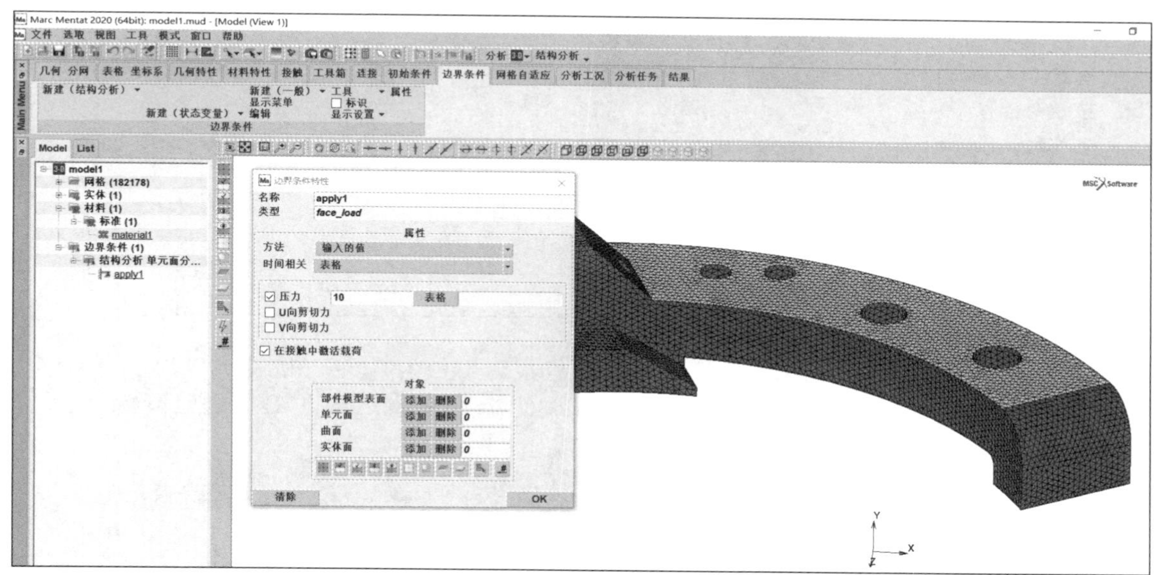

图 2-48　“边界条件特性”对话框

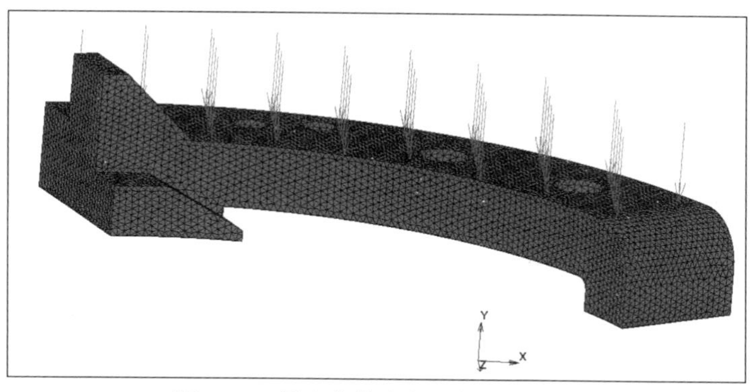

图 2-49　压力载荷定义后的显示效果

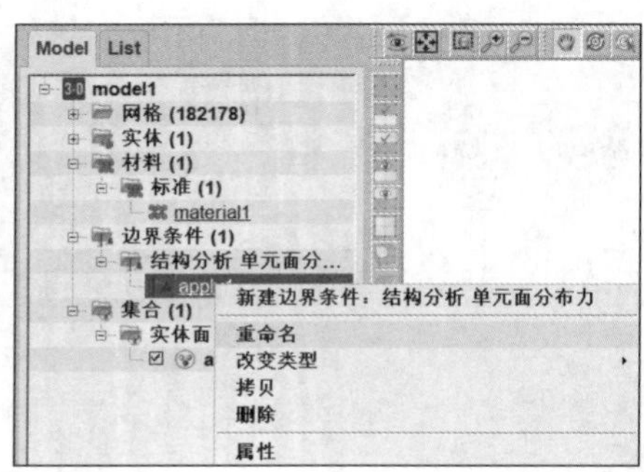

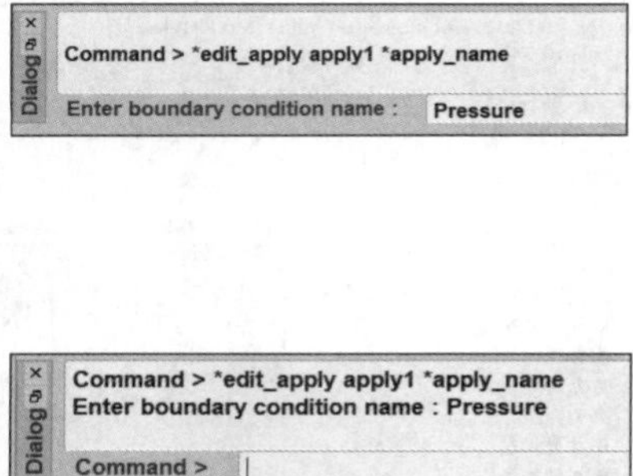

图 2-50　修改边界条件名

在“边界条件”选项组中单击“新建（结构分析）▼”按钮，选择“位移约束”选项，如图 2-51 所示。此时会弹出“边界条件特性”对话框，将“名称”改为“Fixed_all”，然后分别勾选“X 向位移”“Y 向位移”“Z 向位移”复选框，单击“实体面”右侧的“添加”按钮，再拾取左侧顶面并单击鼠标右键确认，完成固定位移约束的定义，如图 2-52 所示。注意为了拾取方便，可以打开动态鼠标控制，然后利用鼠标对模型进行转动、平动等操作，调整模型视图，调整结束后，需关闭动态鼠标控制。具体操作的命令流如下：

边界条件 → 新建（结构分析）▼ → 位移约束
名称：Fixed_all
☑ X向位移：0
☑ Y向位移：0
☑ Z向位移：0
实体面：添加
选择左侧顶面
OK

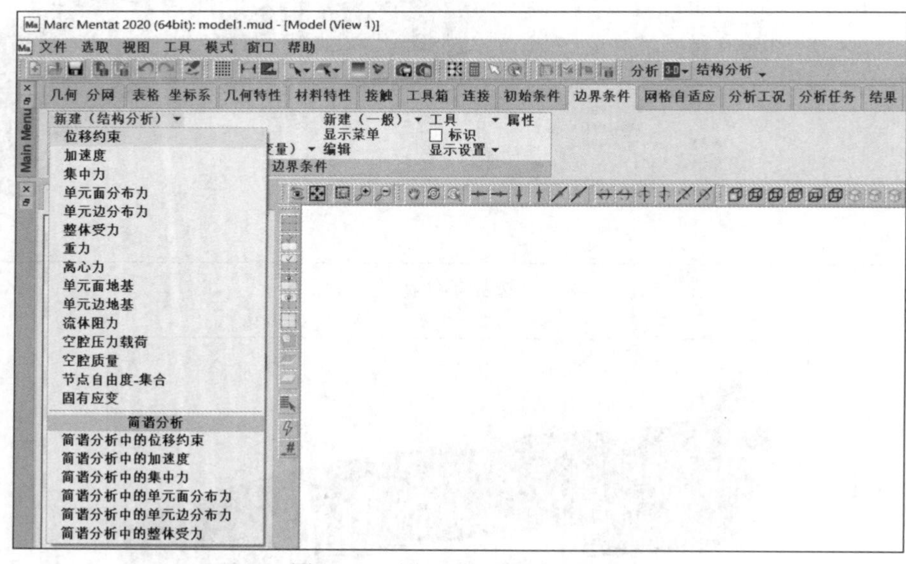

图 2-51　选择“位移约束”选项

在“边界条件”选项组中单击“新建（结构分析）▼”按钮，并选择“位移约束”选项，弹出“边界条件特性”对话框，将“名称”改为“Fixed_y”，勾选“Y 向位移”复选框，单击“实体面”右侧的“添加”按钮，再拾取右侧顶面，然后单击鼠标右键，完成 *Y* 方向位移约束的定义，如图 2-53 所示。具体操作的命令流如下：

边界条件 → 新建（结构分析）▼→ 位移约束
名称：Fixed_y
☑ Y向位移：0
　实体面：添加
　选择右侧顶面
　OK

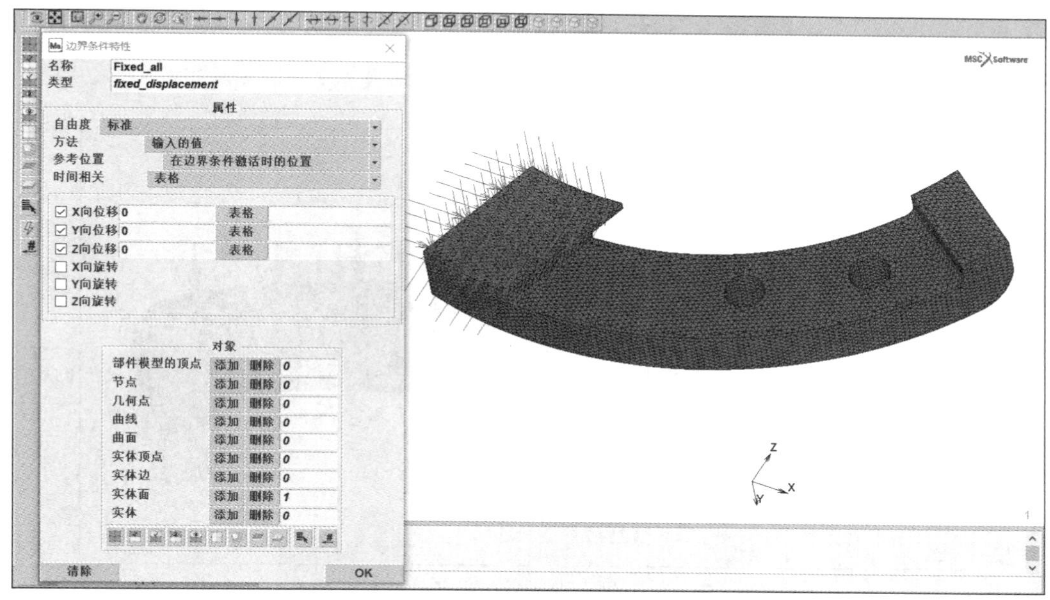

图 2-52　定义固定位移约束

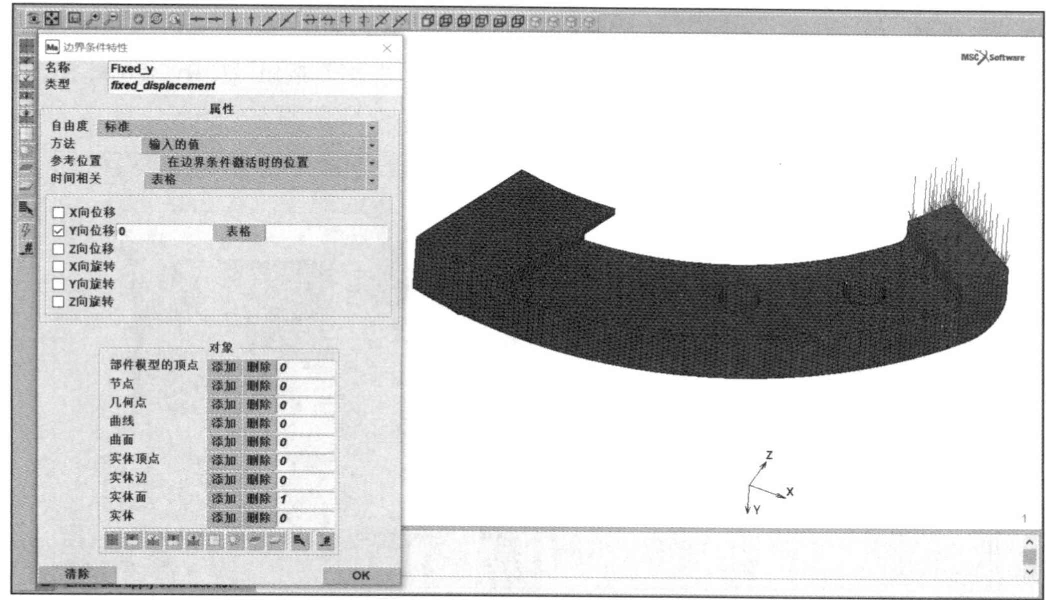

图 2-53　定义 *Y* 方向位移约束

为了得到所需的不同显示效果，可以对边界条件显示设置进行修改。勾选“边界条件”选项组中的“标识”复选框，使所有边界条件都显示出来；在“显示设置”下拉列表中选择“箭头显示设置”选项；弹出“箭头显示设置”对话框，单击“线框”下拉按钮，改选“实体”选项；将“分段数”从 8 改成 3，单击“重新绘制”按钮，如图 2-54 所示。边界条件的显示效果如图 2-55 所示。

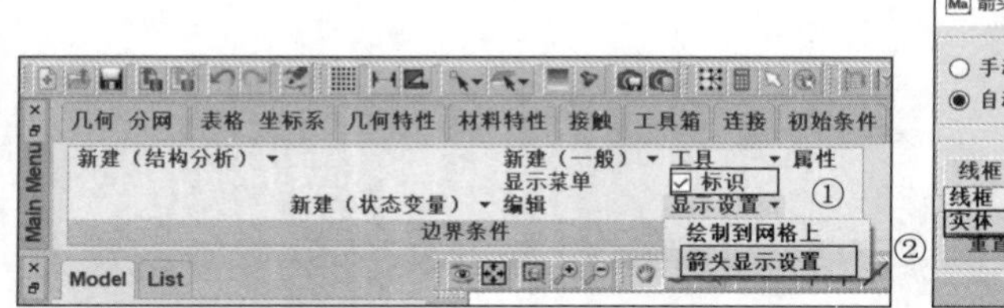
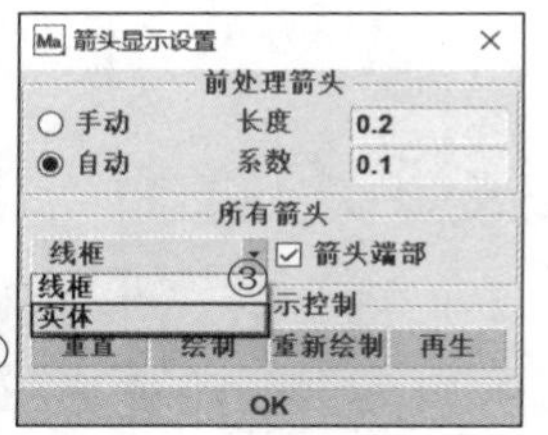
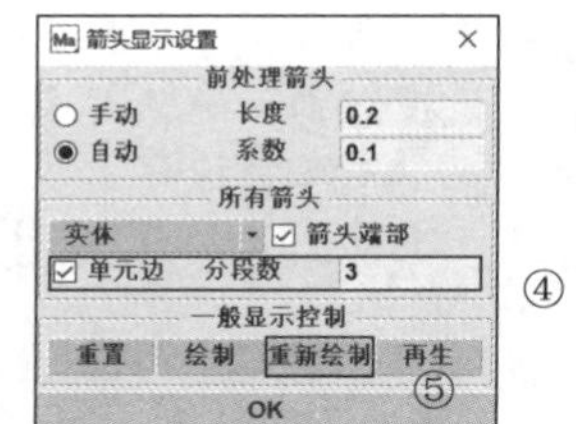

图 2-54　修改边界条件显示设置

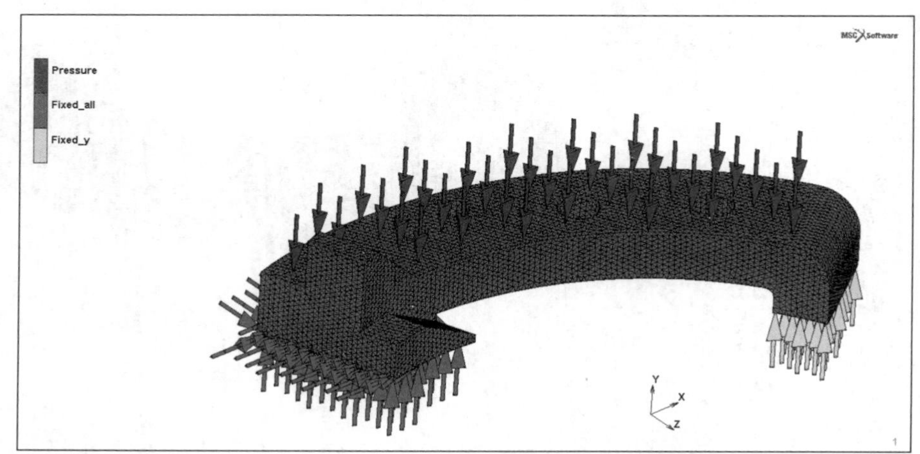

图 2-55　修改显示设置后边界条件的显示效果

从图 2-55 中可以看出，“Fixed_all”边界条件的箭头颜色与网格模型的颜色比较接近，不太容易区分，因此可以进行边界条件显示颜色的修改。单击模型浏览器中“Fixed_all”右侧的颜色方框，会弹出“Select Color”对话框，选取想要的颜色，然后单击“OK”按钮，如图 2-56 所示，即可完成边界条件显示颜色的修改，效果如图 2-57 所示。

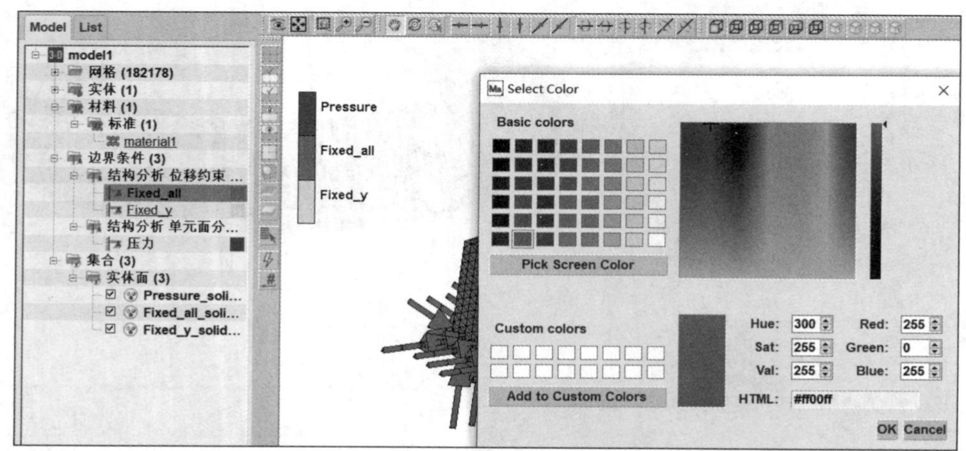

图 2-56　修改边界条件的显示颜色

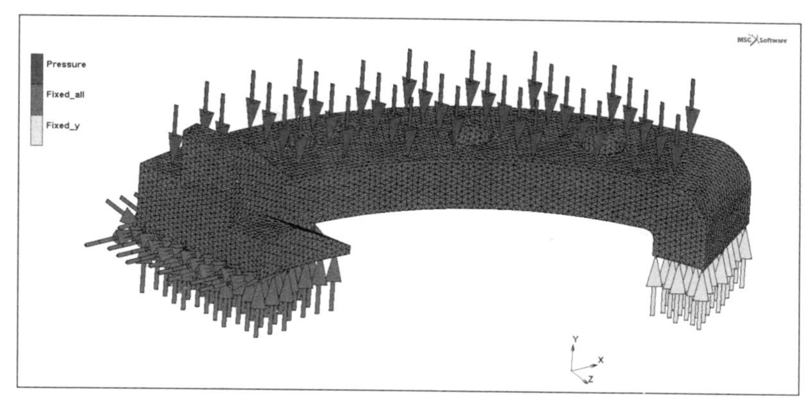

图 2-57　修改颜色后边界条件的显示效果

6. 分析任务参数定义并提交运算任务

由于本例是线弹性分析，因此可以不定义分析工况，分析任务参数的定义也比较简单，主要是设置一些结果输出选项。

打开“分析任务”选项卡，在“分析任务”选项组中单击“新建▼”按钮，选择“结构分析”选项，弹出“分析任务特性”对话框，如图 2-58 所示。在该对话框中单击“分析任务结果”按钮，弹出图 2-59 所示的“分析任务结果”对话框，在“可选的单元张量”选项组中勾选“Stress”（应力）复选框，在“可选的单元标量”选项组中勾选“Equivalent Von Mises Stress”复选框，此时在对话框的左侧会显示出应力和等效米塞斯应力，注意只有少量结果会自动显示为中文。具体操作的命令流如下：

分析任务 → 新建▼ → 结构分析
　分析任务结果
　☑ Stress
　☑ Equivalent Von Mises Stress
　OK

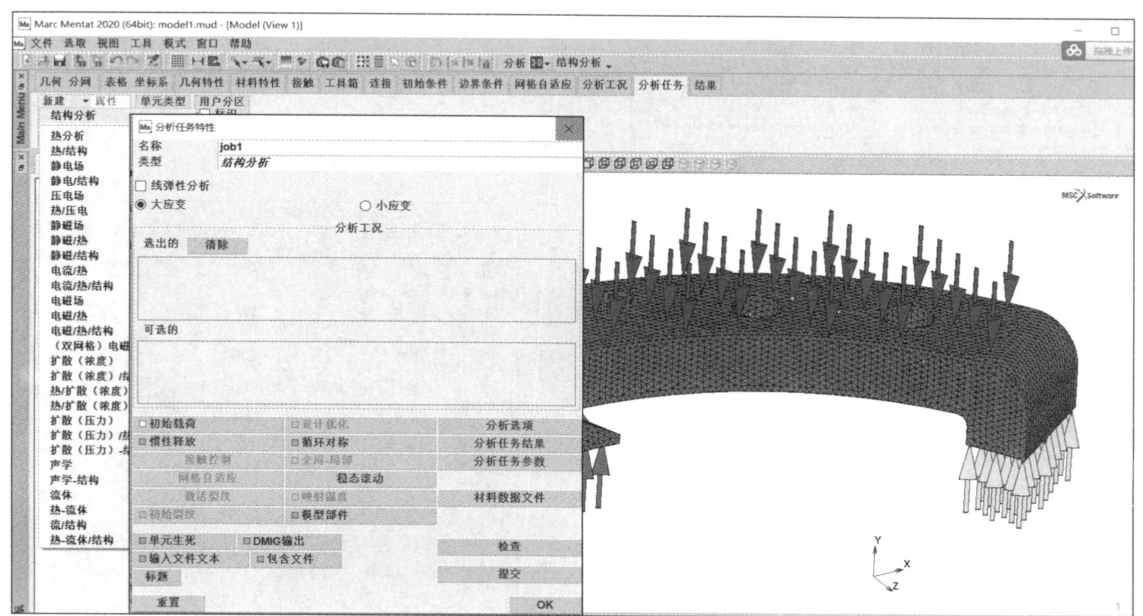

图 2-58　“分析任务特性”对话框

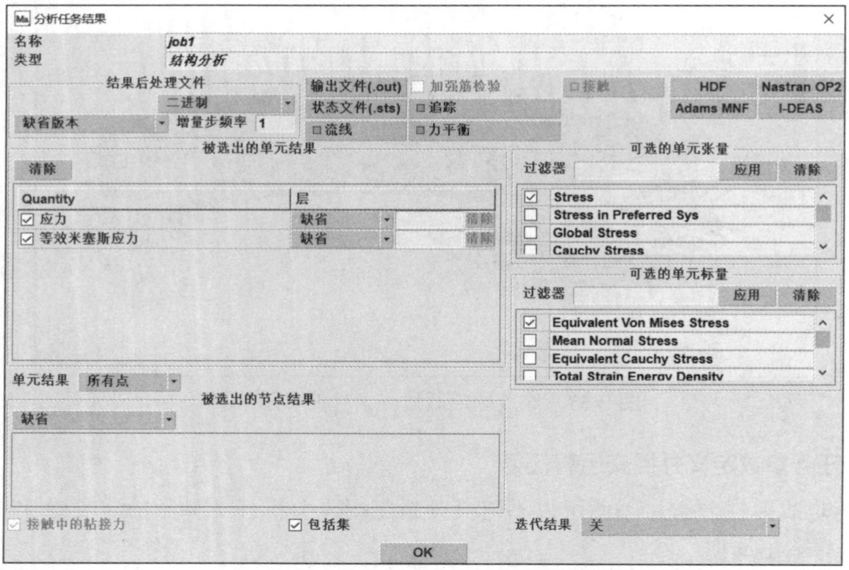

图 2-59 “分析任务结果”对话框

单击“分析任务特性”对话框中的“提交”按钮，会弹出图 2-60 所示的“运行分析任务”对话框。先单击“提交任务（1）”按钮，再单击“监控运行”按钮,“状态”右侧显示软件处于“Runing”状态，大约 20 秒后，分析完成，运行信息如图 2-61 所示。具体操作的命令流如下：

提交
提交任务（1）
监控运行

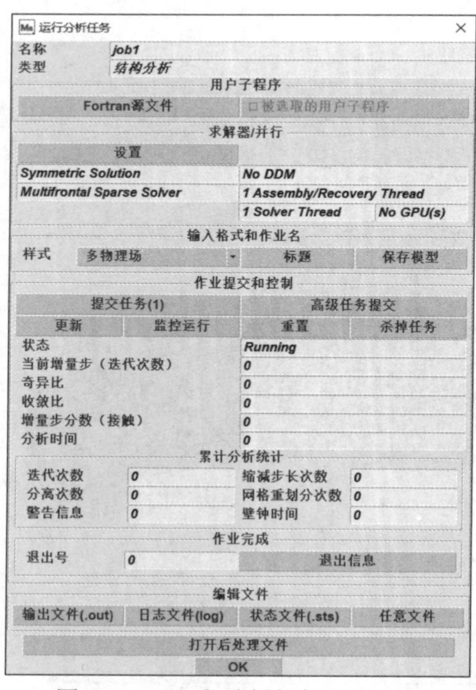

图 2-60 “运行分析任务”对话框

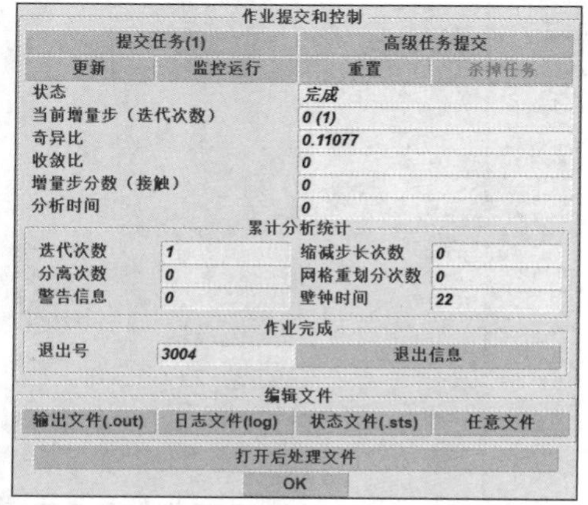

图 2-61 运行信息

第 3 章 结果后处理

Marc 结果常用的后处理文件的扩展名为“.t16”或“.t19”，这种文件主要用于在 Mentat 后处理模块中查看分析结果。

本章主要介绍 Marc 结果后处理模块的基本功能和操作方法。

本章重点

- 模型图
- 路径上的结果显示
- 变量历程图
- 图片的显示和存储
- 生成动画文件与结果动画
- 求解中的常见问题及处理方法

3.1 模型图

在模型的任务提交计算过程中或计算结束后，通常单击图 3-1 所示的“运行分析任务”对话框中的“打开后处理文件”按钮，打开后处理文件，进入结果后处理界面。

另外，也可以通过“文件”菜单中的命令打开结果文件。

要注意，如果要修改模型，不能在打开的后处理文件中修改，而应该回到模型文件中修改。对于已打开的后处理文件，可以在“文件”菜单中选择“关闭”命令进行关闭。

打开后处理文件后，Mentat 的后处理界面如图 3-2 所示。查看结果最常用的为模型图，模型图可显示模型变形，并以不同方式显示各种结果的变化和分布。

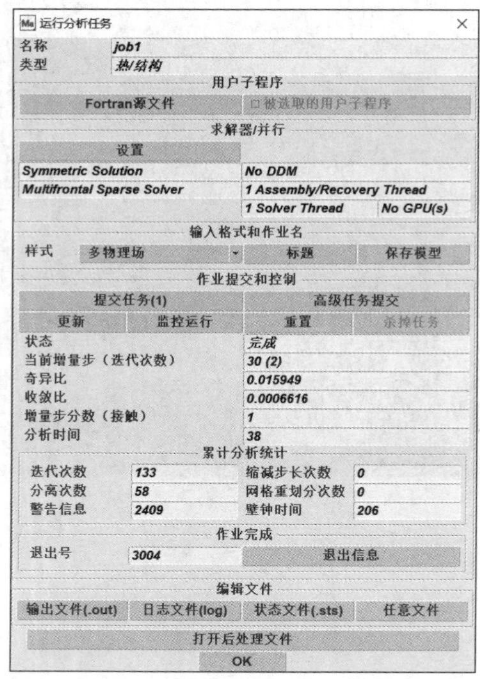

图 3-1　在“运行分析任务”对话框中单击相应按钮打开后处理文件

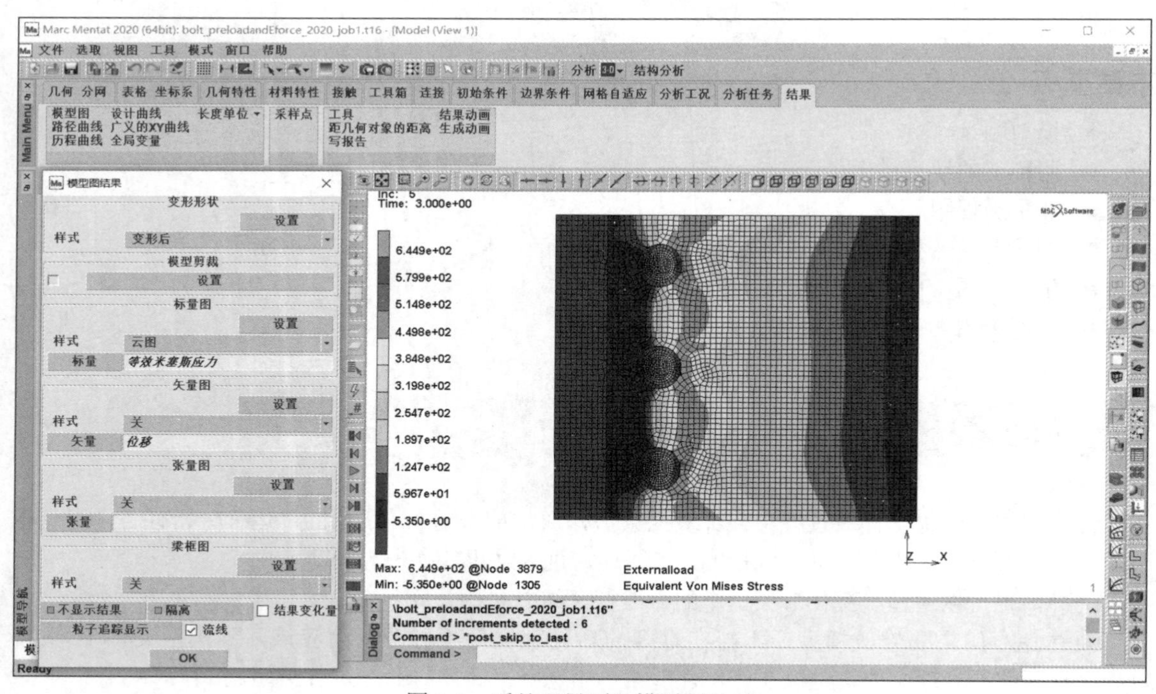

图 3-2　后处理界面及模型图显示

模型图显示变形形状、标量结果、矢量结果、张量结果、模型剪裁、流线、粒子追踪等结果，各种结果的显示都需要先进行一些设置。

3.1.1 变形形状

变形形状的显示控制需要做以下两方面的定义。

1. 样式

“样式”下拉列表如图 3-3 所示，其中各选项的含义如下。

（1）“初始”选项：显示原始网格，或者显示最后一次网格重划分后的模型网格。

（2）“变形后”选项：只显示变形后的网格。

（3）“变形后 & 初始”选项：显示变形前、变形后的网格。

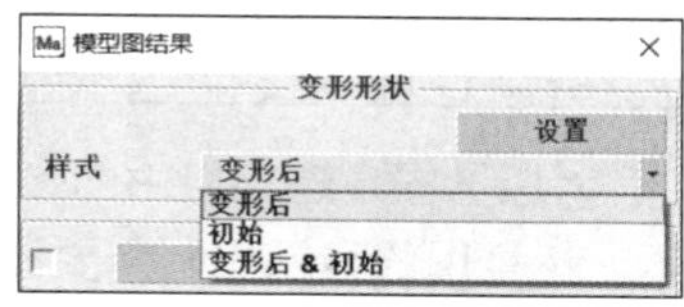

图 3-3 “样式”下拉列表

2. 设置

“设置”按钮用于控制变形量的缩放比例。单击“变形形状”选项组中的“设置”按钮，出现图 3-4 所示的对话框，其中部分选项的含义如下。

（1）“手动”单选项：手动输入变形量的缩放系数。这里提供了以下两种方式。

- “均匀”选项：均匀设置 3 个方向的缩放系数，如图 3-4（a）所示。
- “非均匀”选项：可以对不同方向设置不同的缩放系数，如图 3-4（b）所示；除了采用全局坐标系来确定方向外，还可以采用结果参考坐标系来确定方向以设置不同的缩放系数，如图 3-4（c）所示。

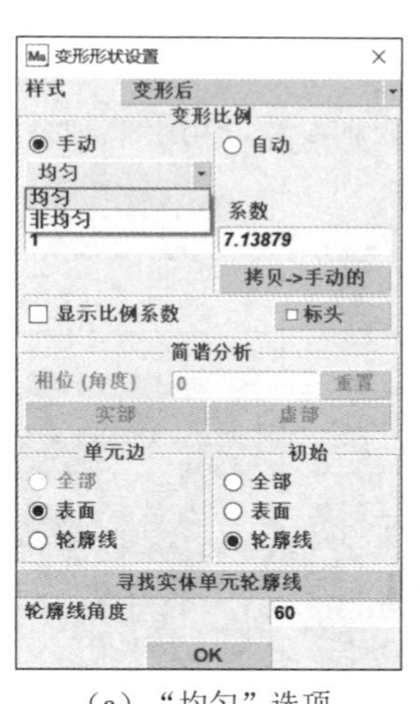

（a）“均匀”选项

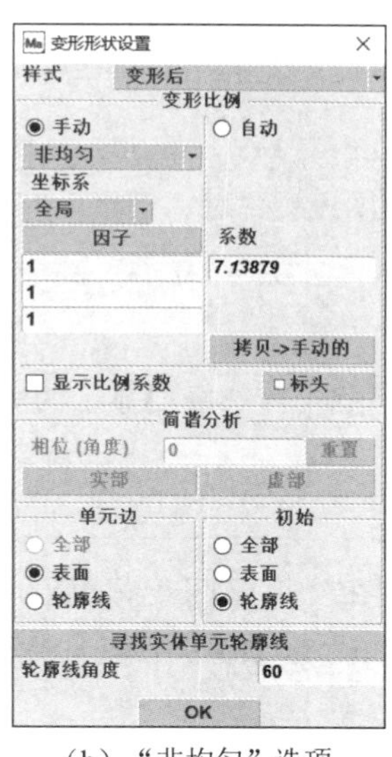

（b）“非均匀”选项

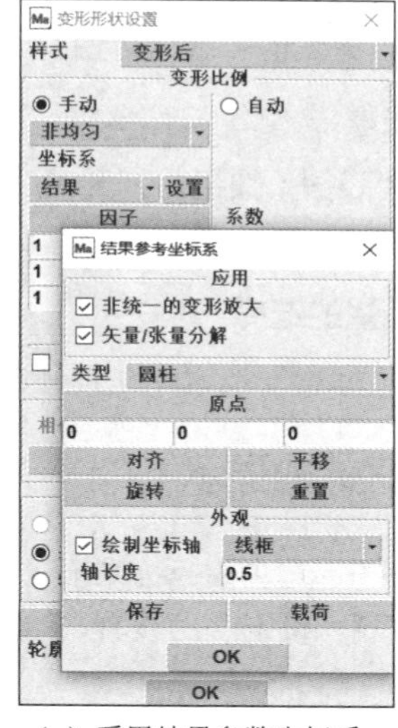

（c）采用结果参数坐标系

图 3-4 “变形形状设置”对话框

（2）“自动”单选项：Mentat 根据变形量的大小和模型变形的图形视觉效果自动给出缩放系数。给定的缩放系数显示在菜单中。

（3）“拷贝→手动的”按钮：单击此按钮，可以很方便地将自动给出的缩放系数复制到“系数”文本框中。

（4）“显示比例系数”复选框：勾选此复选框后，在模型显示的对话框中显示缩放系数。

（5）“单元边”和“初始”选项组中的单选项可以对单元边和变形前的模型进行显示设置。

- “全部”单选项：网格的单元边都显示。

◆ “表面”单选项：只显示表面的单元边。

◆ “轮廓线”单选项：显示轮廓上的单元边。

（6）“寻找实体单元轮廓线”按钮：用于 3D 分析的结果显示，显示轮廓边。

（7）“轮廓线角度”参数：设置寻找实体单元轮廓线操作的轮廓边角度的最小值。

3.1.2 标量显示

“标量图”选项组中的参数用于设置标量显示方式，如图 3-5 所示。标量图的显示控制需要做以下 3 方面的定义。

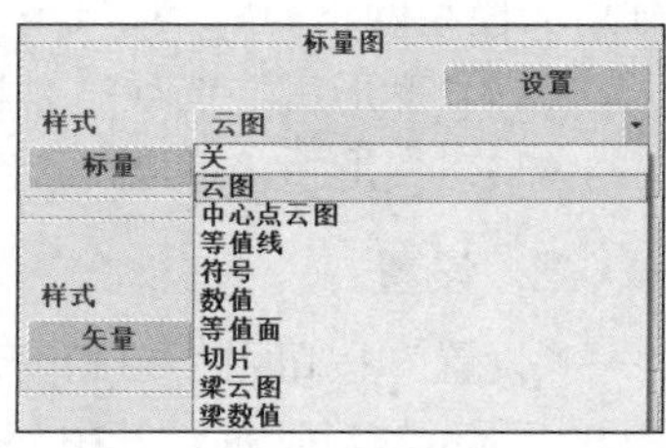

图 3-5 “标量图”选项组

1. 样式

（1）“关”选项：仅显示网格。

（2）“云图”选项：用带状云图显示。

（3）“中心点云图”选项：用单元中心点云图显示。

（4）“等值线”选项：用等值线显示。

（5）“符号”选项：用符号显示结果。

（6）“数值”选项：用数值显示节点的结果。

（7）“等值面”选项：用等值面显示。

（8）“切片”选项：用切片显示。

（9）“梁云图”选项：用色彩显示结果沿线单元的变化。

（10）“梁数值”选项：用符号显示线单元的结果。

2. 设置

单击“设置”按钮，打开的“标量图设置”对话框里面有很多控制参数，用于控制结果的显示，如云图的范围、等级数目等。

3. 标量的选择

单击“标量”按钮，在打开的对话框中可选择要显示的标量。

3.1.3 其他的显示

“标量图”选项组下方还有“矢量图”“张量图”“梁框图”选项组，其中“样式”“设置”的设置与“标量图”选项组类似，此处不赘述。

3.2 路径上的结果显示

路径曲线可以显示结果变量沿指定节点或点路径的分布和变化。先确定节点或采样点路径，再选择添加曲线。“路径曲线”对话框如图 3-6 所示。确定点路径时可以采用以下两种方式。

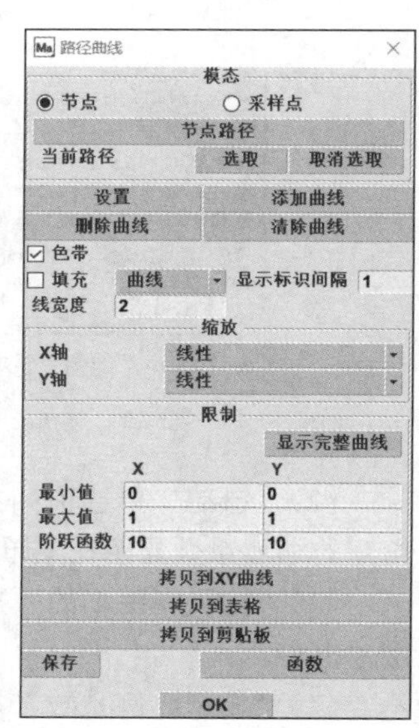

图 3-6 “路径曲线”对话框

（1）“节点”单选项：点选模型中的节点来确定路径。

（2）“采样点”单选项：使用采样点方式来确定路径，有以下几种选项。

◆ “从 / 到”选项：分别输入起始点和终止点，然后输入构成曲线的分段数来确定采样点的位置。

- “列表”选项：输入采样点列表。
- “曲线”选项：输入曲线来确定采样点的位置。
- “位置”选项：直接输入采样点的位置。

3.3　变量历程图

历程曲线允许用户用曲线显示某个变量在整个加载时间历程的变化。“历程曲线”对话框如图 3-7 所示。

通常首先单击“设置位置”按钮，选择节点；再单击“所有增量步”或者“指定增量步”按钮，收集指定节点的结果数据；最后单击“添加曲线”按钮，添加节点加载历程的结果曲线。单击右上角的“设置”按钮，在打开的对话框中可以进行一些参数设置，例如是否要随机打开文件（默认随机打开文件，对于增量步多的大模型可以明显加快数据收集速度）、结果外插方式的设置、坐标系的设置等。

“添加历程曲线”对话框如图 3-8 所示，在其中可以对 *X* 轴和 *Y* 轴数据的类型和变量进行选择。“数据载体类型”包括“全局”“位置（节点 / 样点）”“接触体”“接触对”。全局类型的变量包括增量步、子增量步（在模态分析、频响分析、屈曲分析等分析类型中使用）、时间、频率、能量等。对于位置（节点 / 样点）类型，可以通过单一或者两种模式选择生成哪些节点历程曲线。如果选择了单一模式，则前面步骤所选的具体位置点会显示在“已收集数据（节点 / 样点）的位置”列表框中以供选择，变量类型包括分析得到的结果量。对于接触体类型，变量主要是接触体转动中心的位移、速度、接触力等。对于接触对类型，变量主要是接触对之间的各种接触力、接触面积等。

在图 3-8 中，选用“全局”类型中的时间变量“Time”作为 *X* 轴数据，*Y* 轴采用“位置（节点 / 样点）”类型，“模态”设置为“全部”（已收集数据的节点 / 样点），具体结果变量选用等效的米塞斯应力。选好变量类型和具体变量后单击“添加曲线”按钮，即可得到历程曲线。通常情况下，再单击一下“显示完整曲线”按钮，显示效果会更好。

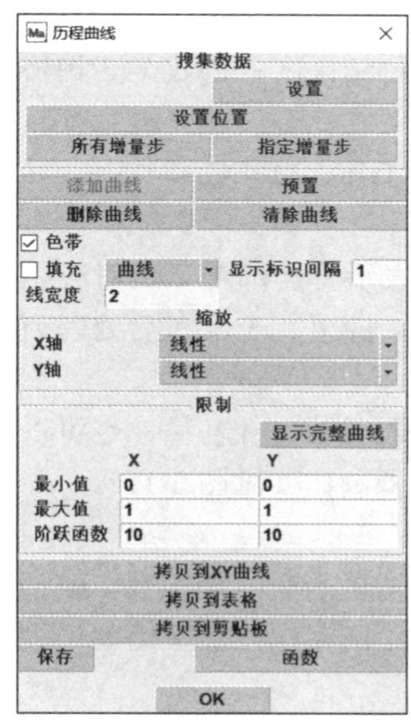

图 3-7　“历程曲线”对话框

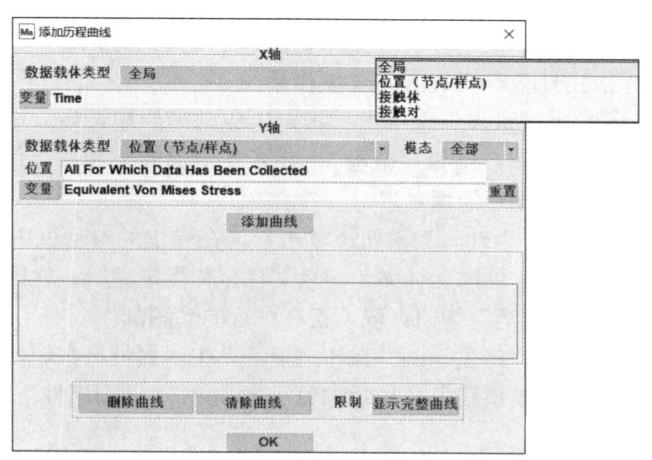

图 3-8　“添加历程曲线”对话框

3.4　图片的显示和存储

在 Mentat 中，可以将前处理和后处理的当前图形窗口、图形区或整个屏幕，通过“窗口”菜单“截屏”子菜单中的命令，输出为多种格式（PNG、JPEG、BMP、PPM、XBM、XPM、GIF、PS、RGB、TIFF）的图像文件。为方便用户使用，Mentat 还提供了将前处理和后处理的当前图形窗口、图形区或整个屏幕复制到剪贴板的功能（操作方法为：“窗口”菜单→“截屏”子菜单→“拷贝到剪贴板”命令）。图 3-9 所示为对当前图形窗口截屏的示例，图 3-10 所示为对含有 4 个窗口的图形区截屏的示例。

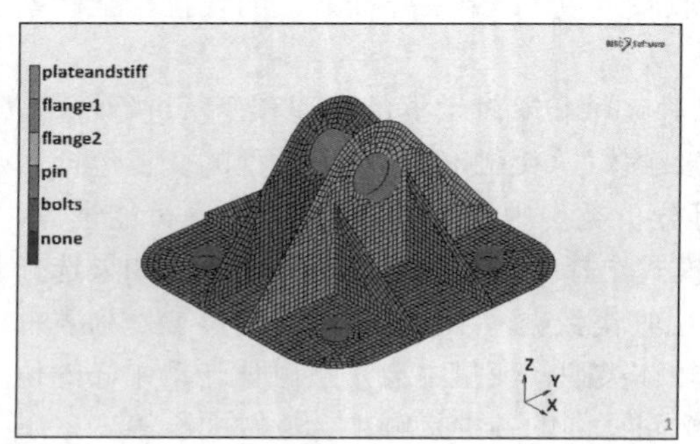

图 3-9　当前图形窗口截屏示例

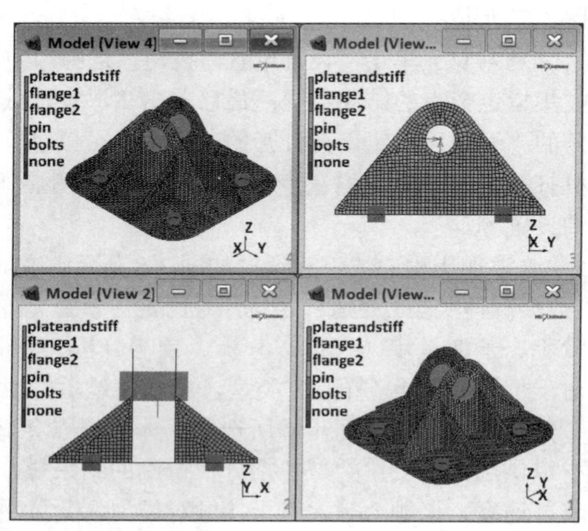

图 3-10　含有 4 个窗口的图形区截屏示例

3.5　生成动画文件与结果动画

在 Mentat 中，单击“结果”选项卡中的“生成动画”按钮，可以将结果文件创建为 3 种格式的动画文件，如图 3-11 所示。

（1）“格式”选项：选择要创建的动画的格式，可选格式分别为 GIF、MPEG 和 AVI。其中 AVI 格式只能用于 Windows 操作系统。

（2）“增量步”选项组：指定生成动画的增量步。选择“全部”，表示将全部增量步对应结果选取生成动画；选择“范围”，表示指定第一个和最后增量步；选择“列表”，表示在后处理列表中指定绘制动画的增量步。

（3）“产生动画”按钮：单击后，在弹出的对话框中，用户需要输入动画文件名称，也可以更改存放动画文件的文件夹，一旦文件名称指定完毕，软件将立即进行动画制作（见图 3-11）。

（4）“取消”按钮：取消正在进行的动画制作。

在单击“产生动画”按钮之前，单击“属性”按钮，可以对动画生成的背景、坐标系、模型的图例说明和模型线条及显示颜色进行设置。“动画属性”对话框如图 3-12 所示，一般采用默认设置即可。

“结果”选项卡中还有一个“结果动画”选项，用来打开“结果动画”对话框，该对话框目前主要用于模态分析结果动画播放。另外，该对话框中的“结果文件名称”选项会自动显示当前后处理文件的存储路径及名称。

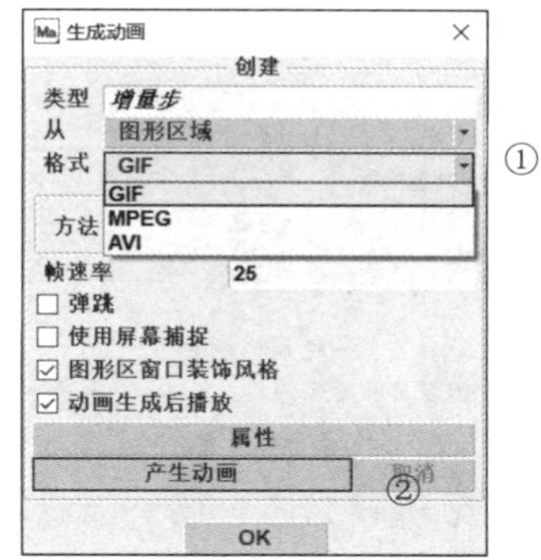

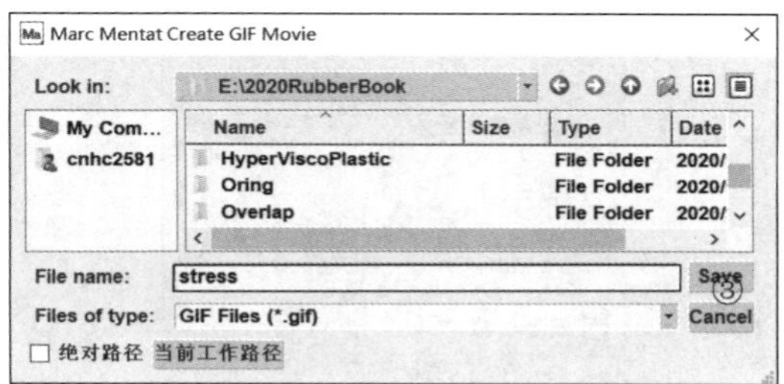

图 3-11　创建动画

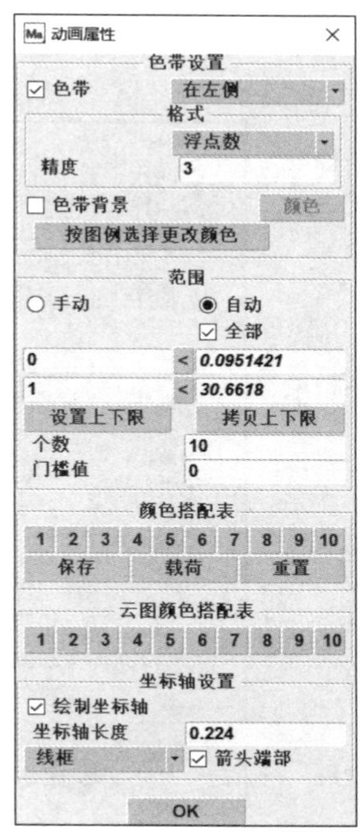

图 3-12　“动画属性”对话框

3.6　后处理中的模型剪裁功能

在观察三维实体结构内部的特性方面，使用模型剪裁功能，可以同时将某个面上和一侧的实体有限元网格显示出来，该功能支持低阶和高阶三维实体单元类型，并且在前处理和后处理中都可以使用。因此，Mentat 2020 在已有的等值面和切片两种方式的基础上增加了模型剪裁功能，便于用户进行有效的结果后处理。

Mentat 2020 提供了两种模型剪裁的方法：一种是“平面”方法，可以基于后续参数进行切片平面的定义，如图 3-13 所示；另一种是“结果标量”方法，能够基于分析结果的数值进行切面区域的定义，如图 3-14 所示。

在使用“平面”方法时，可以基于指定的基础位置并结合给定的法向指定切片平面，同时可以使用“平移总量”参数指定切片平面的距离并结合“平移水平”选项右侧的“+”“-”按钮进行平面位置的控制。“实际位置”选项组中显示的为考虑“平移总量”参数和“平移水平”（倍数）参数后的实际切片平面通过的位置。“剪裁准则”选项组提供了“模态”和“门槛值”参数控制切片平面准则，如果“模态”选择“以上”选项，那么所有的在“门槛值”定义距离（包含正负号）以上的区域将关闭切片；如果选择“以下”选项，那么所有的在“门槛值”定义距离（包含正负号）以下的区域将关闭切片。

勾选“模型剪裁”复选框后，软件就会执行模型剪裁操作。

“单元交叉”选项组中的“内部边”复选框用于控制是否绘制内部单元面的边（例如不在模型外表面的单元边）。注意，如果设置了只绘制单元外轮廓（操作方法为：“视图”菜单→“显示控制”对话框→“单元”右侧的“设置”按钮→“单元边”选项组中的“轮廓线”单选项），那么不管是否勾选“内部边”复选框，都不会显示模型内部的单元边。

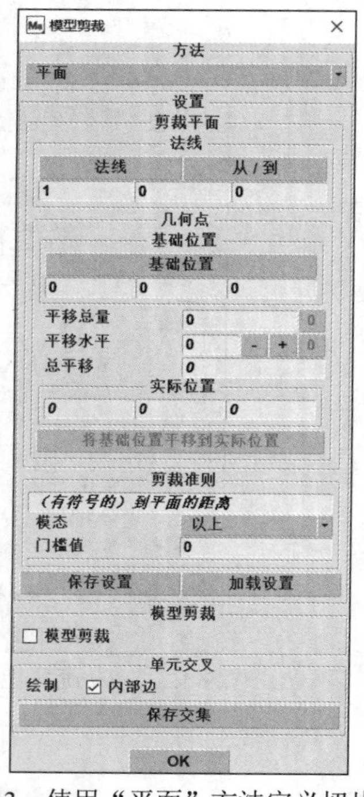

图 3-13　使用“平面”方法定义切片平面

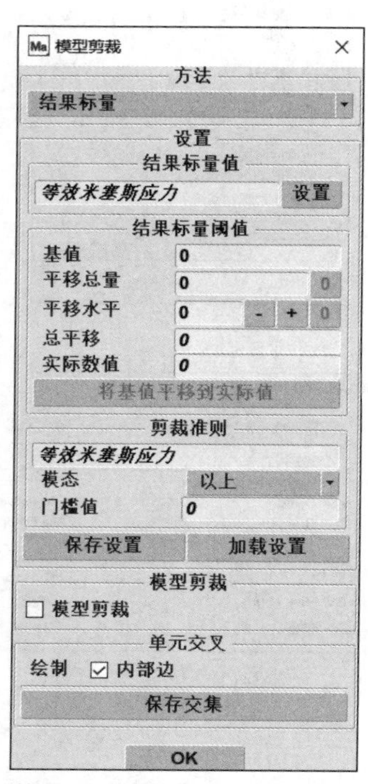

图 3-14　使用“结果标量”方法定义切面区域

“保存交集”按钮可以用于保存模型与切片平面相交得到的曲面模型文件（.mud 或 .mfd）。相交曲面可以是三角形或四边形，并可以以 3 节点三角形单元和 4 节点四边形单元的形式存储，每个单元都有各自的节点。

另外，还可以基于分析结果的数值进行切面区域的定义。在剪裁方法中选择“结果标量”，例如等效米塞斯应力，然后通过设置“基值”“平移总量”“平移水平”等参数来调整剪裁的显示效果。

3.7　全局变量

Mentat 后处理提供了在任何增量步的情况下查看全局变量的功能。这些输出量在 Mentat 2013 以前的版本中也存在，但需要执行一些额外的操作来提取它们。Mentat 2020 提供的处理方法仅需单击菜单就可以快速提取任何增量步的结果。根据分析类型的不同，Mentat 提供了多种类型的全局变量，如图 3-15 所示，包括分析变量、能量和功、边界条件幅值、与裂纹相关的变量、模态响应变量、特殊变量等。

全局结果变量

增量步 30　　格式 自动
时间 38
类别 分析变量

变量	数值
迭代次数	11
分离	58
Cutback	0
Splitting	0
Loadcase Percentage Completion	0

OK

类别 螺栓变量

变量	数值
Axial Force Bolt left_bolt	-0.000147396
Axial Force Bolt right_bolt	-5.15264e-05
Shear Force Bolt left_bolt	72.2271
Shear Force Bolt right_bolt	82.1491
Control Node Disp. Bolt left_bolt	0.062571
Control Node Disp. Bolt right_bolt	0.0598273

OK

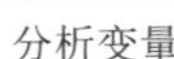

分析变量

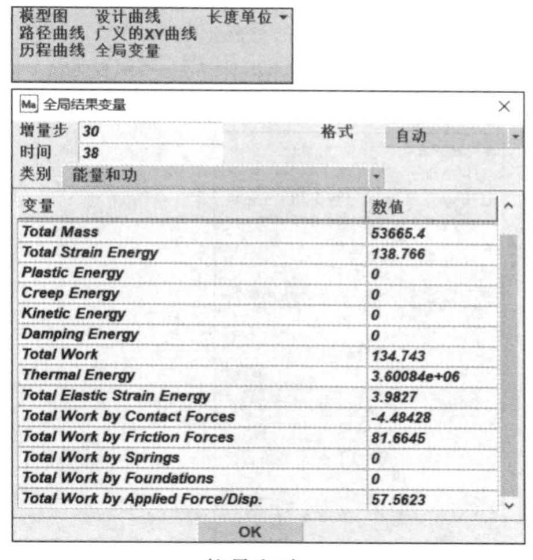

模型图　设计曲线　长度单位
路径曲线　广义的XY曲线
历程曲线　全局变量

全局结果变量

增量步 30　　格式 自动
时间 38
类别 能量和功

变量	数值
Total Mass	53665.4
Total Strain Energy	138.766
Plastic Energy	0
Creep Energy	0
Kinetic Energy	0
Damping Energy	0
Total Work	134.743
Thermal Energy	3.60084e+06
Total Elastic Strain Energy	3.9827
Total Work by Contact Forces	-4.48428
Total Work by Friction Forces	81.6645
Total Work by Springs	0
Total Work by Foundations	0
Total Work by Applied Force/Disp.	57.5623

OK

能量和功

图 3-15　“全局变量结果”对话框

3.8 局部坐标系的变换

在查看分析结果时，可以使用 Mentat 提供的结果坐标系功能来定义和指定在局部直角、圆柱、球坐标系下的结果显示。图 3-16 所示的四分之一圆环结构在内孔处定义固定位移约束，在外表面定义沿着径向的强迫位移，在对称面处定义对称边界条件，当采用默认的参数进行结果后处理时（见图 3-17），如果显示 X 方向的位移量，系统会默认采用全局坐标系进行结果的显示。那么对本例而言，结果的处理就不直观，采用圆柱坐标系会合适一些。

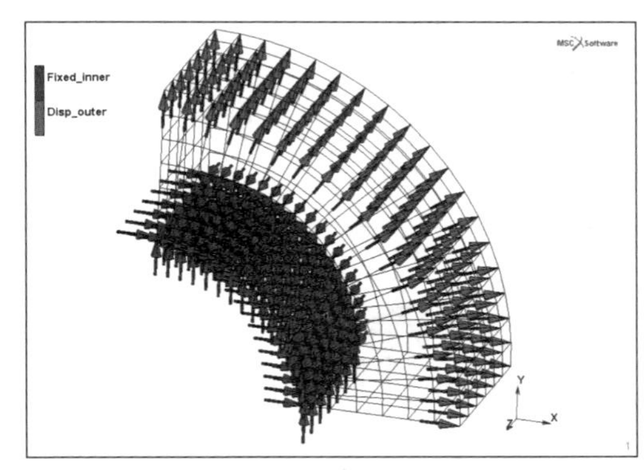

图 3-16　模型边界条件

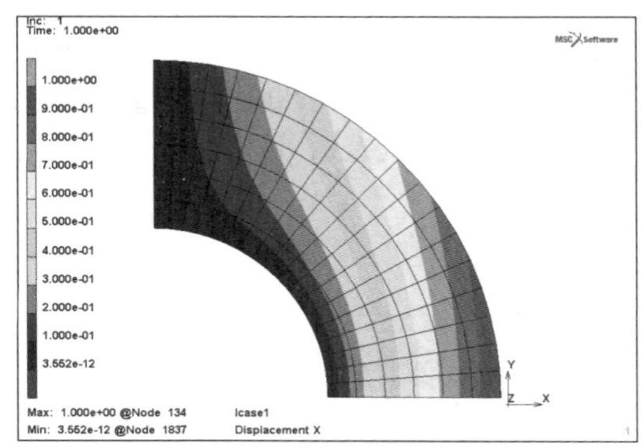

图 3-17　X 方向位移云图

选择“结果”选项卡中的“模型图”选项，在打开的对话框中单击“标量图”选项组中的“设置”按钮，在打开的对话框中勾选“结果参考坐标系”复选框，软件会弹出相应的对话框用于激活局部圆柱坐标系下的结果显示，如图 3-18 和图 3-19 所示。

在图 3-19 所示的对话框中，勾选“矢量 / 张量分解”复选框，并在“类型”下拉列表中选择“圆柱”选项，即采用圆柱坐标系来显示结果。如果局部圆柱坐标系的中心点不在全局坐标系的原点，则可以通过“原点”按钮进行设置。同样，利用“对齐”“平移”“旋转”按钮可以对坐标系进行对齐、平移、旋转操作。如果需要恢复默认设置，单击“重置”按钮即可。

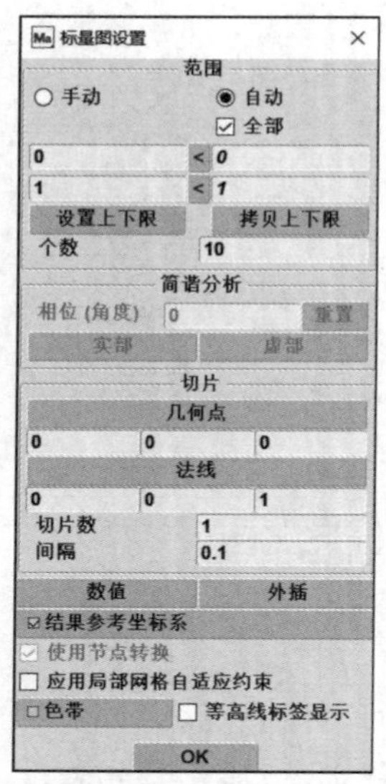

图 3-18 “标量图设置”对话框

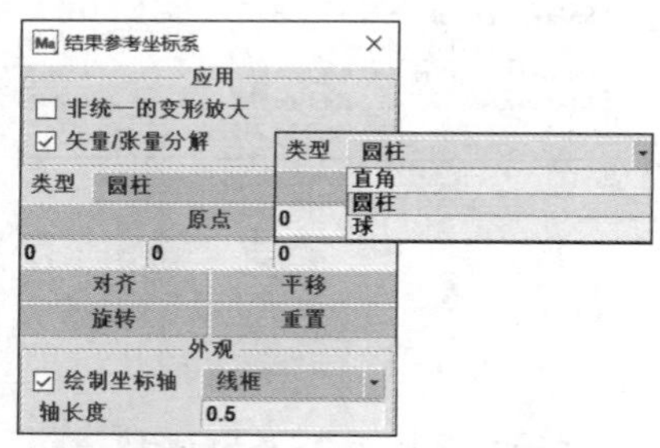

图 3-19 “结果参考坐标系”对话框

这时在“模型图结果”对话框中选择“标量图”选项组中的“云图”选项，单击“标量”按钮，将看到图 3-20 所示的带有注释的结果项，即当激活结果局部坐标系后，在每个标准的结果输出项后面会以括号形式显示当前参考的结果坐标系类型，例如“Cylindrical”。这里选择显示 X 方向位移量“Displacement X（Cylindrical）”。

此时查看沿着 X 方向的位移结果可以发现，图形区（见图 3-21）显示的云图参考了局部圆柱坐标系，输出的是沿着局部圆柱坐标系 X 方向的结果，即径向的位移量，这与边界条件设置的一致。另外，图形区还同时显示了前面指定的局部圆柱坐标系的坐标轴方向和中心点位置，这些显示内容可以在“结果参考坐标系”对话框的“外观”选项组中进行设置和调整。例如，坐标轴的显示长度默认为 0.5；显示模式默认为线框形式，可改为实体渲染模式，箭头采用实体显示时，其显示组成面的分段数默认为 8，可以调整分段数，也可选择是否显示单元边。

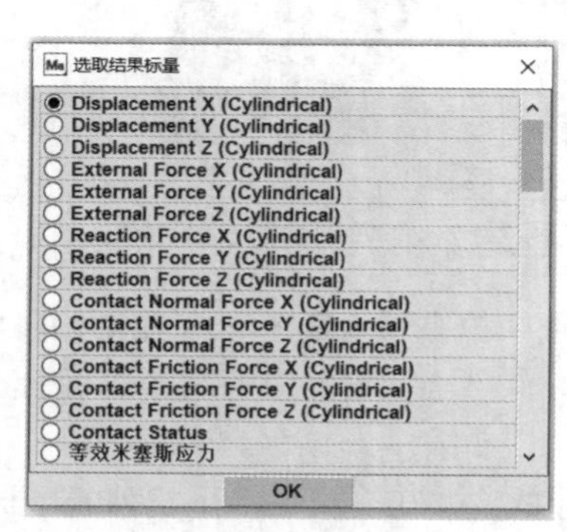

图 3-20 结果局部坐标系激活状态下的结果项

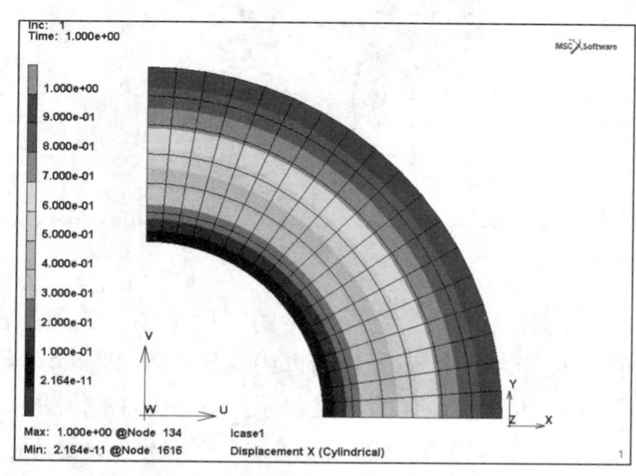

图 3-21 局部圆柱坐标系下的结果显示

3.9　结果文件的保存

在某些工艺仿真分析中，用户往往需要将加工成型后的结果与目标样件进行对比，以确定在使用当前成型工艺的情况下，通过软件分析得到的结果与实际的需求存在哪些差异，以便后续调整加工工艺和分析参数，从而达到使加工结果与目标样件一致的目的。这种对比需要用户提供目标样件（通常是反映设计图纸要求的几何模型）和分析软件模拟得到的变形后的结果。Mentat 提供了网格重新定位功能，可以输出变形后的有限元网格模型。在完成分析后进行结果后处理，显示最终的变形结果。

打开“结果”选项卡，在其中选择“工具”选项，在弹出的对话框中单击“网格重新定位”按钮，会获得具有两倍当前变形量的变形结果，如图 3-22、图 3-23 和图 3-24 所示。

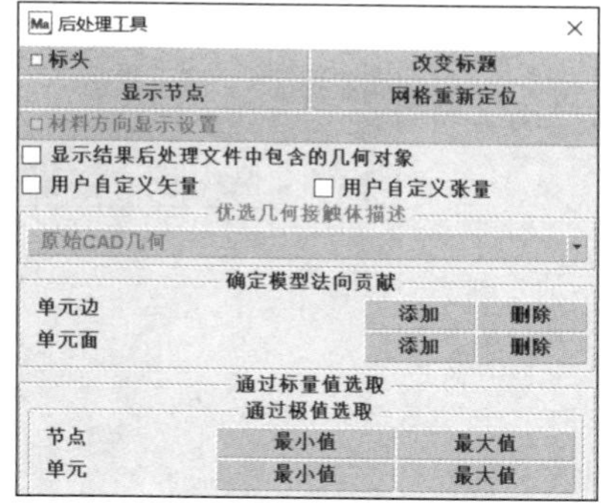

图 3-22　“后处理工具”对话框

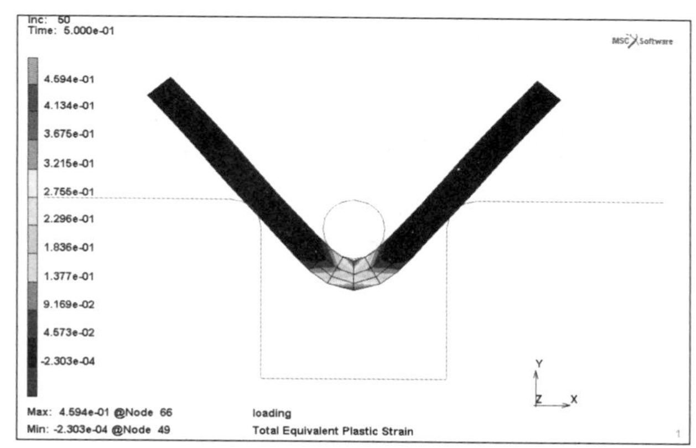

图 3-23　后处理变形图

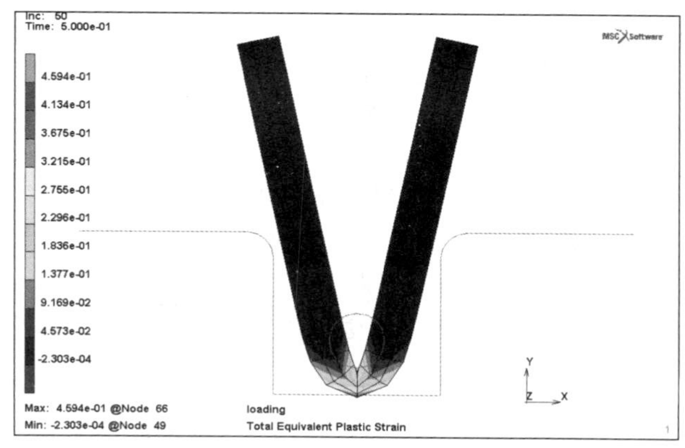

图 3-24　网格重新定位后的变形结果

用户通常不需要两倍当前变形量的变形结果，而是需要把当前变形后的网格存储成一个模型文件，此时需要在后处理的“模型图结果”对话框中将“变形形状”选项组中的“样式”设为“初始”，再单击“网格重新定位”按钮。选择“文件”菜单中的“另存为”命令，将该结果对应的网格保存，并设置名字，例如 Rezonemesh.mud，然后关闭当前的结果文件。选择“文件”菜单中的“打开”命令，选中刚刚保存的 Rezonemesh.mud 文件，可以看到图 3-25 所示的变形后的网格模型。然后选择“文件”菜单中的“合并”命令，导入目标模型，进行模型对比。

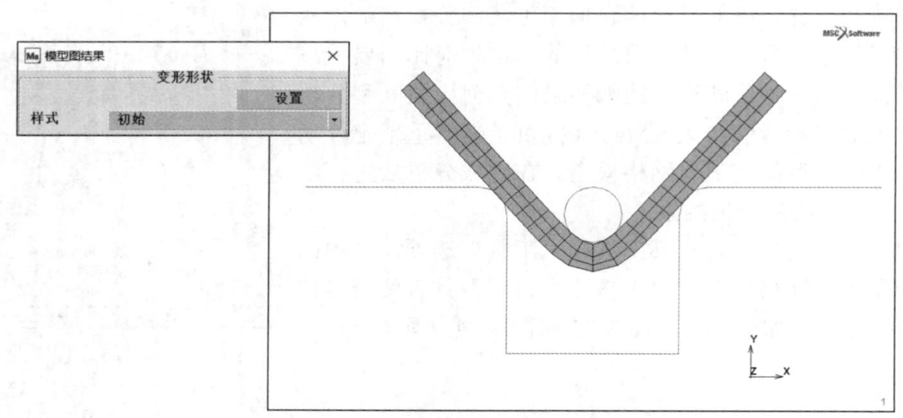

图 3-25　重新定位后对应的变形后网格模型

3.10　求解中的常见问题及处理方法

在求解过程中，会出现各种问题，本节将介绍其中的一些常见问题及对应的处理方法。

3.10.1　监控分析作业运行状态

模型递交后可以通过监视器实时查看作业的运行状态，“运行分析任务”对话框如图 3-26 所示。“状态”参数显示当前的运行状态，包括“Running”“Killed”“完成”3 种状态，分别表示运行中、分析被强制中断、分析完成。“当前增量步（迭代次数）”参数显示当前的增量步数和迭代次数。“奇异比”参数是数值分析的内容之一，用来衡量矩阵求解的稳定性，该值如果明显大于 0（大于 1e-8），则表明模型系统矩阵是正定的，计算得到的解是稳定的、可靠的；如果该值太小，则表明系统不够稳定。“收敛比”参数显示当前迭代的收敛情况，具体信息可以查看日志文件中的内容。接触分析中可能会因发生穿透而需要细分步长，“增量步分数（接触）”参数显示在当前增量步完成分析的时间系数。“分析时间”参数显示完成分析任务的时间，单位通常为“秒”，但不绝对，有时是个伪时间（只是为加载方便），单位也可以是毫秒等。“迭代次数”参数显示截至当前增量步 / 迭代程序已经完成的迭代次数。“分离次数”参数显示截至当前增量步 /

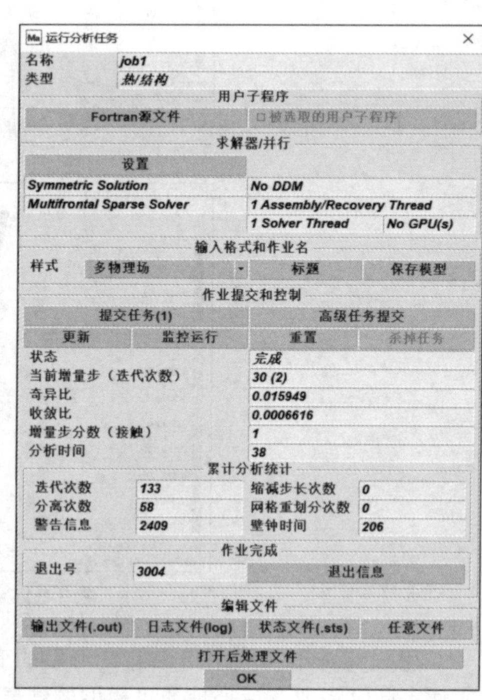

图 3-26　“运行分析任务”对话框

迭代程序已经完成的接触分离次数。“警告信息”参数显示警告信息的次数。“缩减步长次数”参数显示截至当前增量步 / 迭代程序已经完成的回退次数。“网格重划分次数”参数显示截至当前增量步 / 迭代程序已经完成的网格重划分次数。“壁钟时间”参数显示截至当前增量步 / 迭代程序运行已经耗费的时间，单位为秒。单击“输出文件（.out）”“日志文件（.log）”“状态文件（.sts）”按钮，可以分别打开当前的输出文件、日志文件、状态文件；单击“任意文件”按钮会弹出对话框，在其中可以打开各类文本文件，例如数据文件（.dat）等。单击“监控运行”按钮可以刷新当前的运行信息，单击“杀掉任务”按钮可以强制停止当前分析任务。

3.10.2　查看分析诊断信息

1. 状态文件（.sts）

Marc 在运行过程中会生成多种文件，分别记录程序运行过程中的运行状态、日志、结果输出情况。其中，扩展名为“.sts“的文件为状态文件，该文件记录了模型运行的一些重要状态参数，图 3-27 所示为用户指南中 e004 实例运行完成后的状态文件。

```
style=1
information summary of job:  thermogask_job1
version:  Marc 2020
date:     Sun Oct 18 07:02:06 2020

   case   inc  cycl  sepa cut    cycl    separ    cut  rmesh time step    total time       displ-mag                  temperature
     #     #     #     #   #      #       #        #     #      of           of          min          max          min          max
                |—of the inc—|------of the analysis------| the inc      the job

     0     0     0     0   0      0       0        0     0  0.0000E+00  0.0000E+00  0.0000E+00  0.0000E+00  0.0000E+00  2.0000E+01
     1     1     9     4   0      9       4        0     0  2.0000E-01  2.0000E-01  6.6226E-06  1.2341E-01  2.0000E+01  2.0000E+01
     1     2     4     0   0     13       4        0     0  2.0000E-01  4.0000E-01  5.7600E-06  1.6262E-01  2.0000E+01  2.0000E+01
     1     3     4     1   0     17       5        0     0  2.0000E-01  6.0000E-01  1.6467E-05  1.8883E-01  2.0000E+01  2.0000E+01
     1     4     3     1   0     20       6        0     0  2.0000E-01  8.0000E-01  2.8345E-05  2.1061E-01  2.0000E+01  2.0000E+01
     1     5     5     2   0     25       8        0     0  2.0000E-01  1.0000E+00  3.4431E-05  2.3008E-01  2.0000E+01  2.0000E+01
     2     6     4     2   0     29      10        0     0  2.0000E-01  1.2000E+00  2.1168E-05  2.2026E-01  2.0000E+01  2.0000E+01
     2     7     5     2   0     34      12        0     0  2.0000E-01  1.4000E+00  3.3129E-05  2.1675E-01  2.0000E+01  2.0000E+01
     2     8     3     1   0     37      13        0     0  2.0000E-01  1.6000E+00  5.9168E-05  2.1525E-01  2.0000E+01  2.0000E+01
     2     9     3     1   0     40      14        0     0  2.0000E-01  1.8000E+00  7.8399E-05  2.1443E-01  2.0000E+01  2.0000E+01
     2    10     3     1   0     43      15        0     0  2.0000E-01  2.0000E+00  9.6135E-05  2.1372E-01  2.0000E+01  2.0000E+01
     3    11     3     1   0     46      16        0     0  1.0000E+00  3.0000E+00  1.4819E-03  2.0480E-01  1.5920E+01  5.6000E+01
     3    12     2     0   0     48      16        0     0  1.0000E+00  4.0000E+00  1.1275E-02  2.0229E-01  1.4849E+01  9.2000E+01
     3    13     3     1   0     51      17        0     0  1.0000E+00  5.0000E+00  2.2057E-02  2.0229E-01  1.8816E+01  1.2800E+02
     3    14     3     1   0     54      18        0     0  1.0000E+00  6.0000E+00  3.3249E-02  2.0229E-01  2.0000E+01  1.6400E+02
     3    15     3     1   0     57      19        0     0  1.0000E+00  7.0000E+00  4.4715E-02  2.0229E-01  2.0000E+01  2.0000E+02
     4    16     5     1   0     62      20        0     0  5.0000E+00  1.2000E+01  3.3709E-02  2.0229E-01  2.0000E+01  1.5740E+02
     4    17     4     2   0     66      22        0     0  5.0000E+00  1.7000E+01  2.8163E-02  2.0229E-01  2.0000E+01  1.1901E+02
     4    18     7     5   0     73      27        0     0  5.0000E+00  2.2000E+01  1.4675E-02  2.0495E-01  2.0000E+01  1.0143E+02
     4    19    10     8   0     83      35        0     0  5.0000E+00  2.7000E+01  3.6173E-05  2.1737E-01  2.0000E+01  7.6419E+01
     4    20     4     2   0     87      37        0     0  5.0000E+00  3.2000E+01  8.0376E-03  2.3144E-01 -2.0000E+01  4.3874E+01
     5    21     3     1   0     90      38        0     0  1.0000E+00  3.3000E+01  6.5014E-03  2.2961E-01 -1.2617E+01  3.7135E+01
     5    22     3     1   0     93      39        0     0  1.0000E+00  3.4000E+01  3.8647E-03  2.2631E-01 -6.5076E+00  3.1575E+01
     5    23     4     2   0     97      41        0     0  1.0000E+00  3.5000E+01  9.3059E-04  2.2261E-01  7.8536E-01  2.6938E+01
     5    24     3     1   0    100      42        0     0  1.0000E+00  3.6000E+01  7.1397E-04  2.1886E-01  7.2089E+00  2.3412E+01
     5    25     3     1   0    103      43        0     0  1.0000E+00  3.7000E+01  5.6606E-04  2.1510E-01  1.1286E+01  2.1051E+01
     6    26     4     1   0    107      44        0     0  2.0000E-01  3.7200E+01  3.4799E-04  1.9524E-01  1.2130E+01  2.0626E+01
     6    27     4     1   0    111      45        0     0  2.0000E-01  3.7400E+01  2.1472E-04  1.7305E-01  1.2961E+01  2.0246E+01
     6    28     6     3   0    117      48        0     0  2.0000E-01  3.7600E+01  1.3156E-04  1.4671E-01  1.3747E+01  2.0000E+01
     6    29     5     2   0    122      50        0     0  2.0000E-01  3.7800E+01  1.2479E-04  1.1151E-01  1.4471E+01  2.0000E+01
     6    30    11     8   0    133      58        0     0  2.0000E-01  3.8000E+01  5.5622E-05  1.1760E-01  1.5125E+01  2.0000E+01

  Job ends with exit number :     3004
             total wall time:          205.91
             total cpu  time:          204.80
```

图 3-27　状态文件

从图中可以看出，文件开头显示了任务的名称，然后显示了递交时采用的 Marc 的版本信息和递交时间等。后续列表中根据模型的定义，按照工况 / 增量步顺序显示不同时刻的运行情况，从左至右依次为当前所处的工况号（case）、当前所处的增量步数（inc）、当前增量步（of the inc）的迭代次数（cycl）、当前增量步的分离次数（sepa）、当前增量步的回退次数（cut）、截至当前时刻（of the analysis）总的迭代次数（cycl）、截至当前时刻总的分离次数（separ）、截至当前时刻总的回退次数（cut）、截至当前时刻总的网格重划分次数（rmesh）、当前增量步的时间步长（time step of the inc）、截至当前时刻完成的总的分析时间（total time of the job）、当前增量步中的最小位移量（displ-mag min）、当前增量步中的最大位移量（displ-mag max）。对于热机耦合分析，还有当前增量步中的最小温度（temperature min）和当前增量步中的最大温度（temperature max）。

文件的末端会显示当前任务的退出号码（Job ends with exit number）、消耗掉的总物理时间（total wall time）和总的 CPU 时间（total cpu time）。

任务运行过程中，用户可以通过实时查看状态文件来比较不同增量步中迭代次数的跳跃，结合模型的定义判断在该时刻发生了什么特别的突变；观察在涉及物体之间或一个物体自身会有接触的分析问题中某一时刻分离次数的增加，判断是否在该时刻接触关系丢失或者接触导致局部失效，或是因为摩擦而导致迭代次数增多；对于某一时刻回退次数的大幅增加，可以查看是否是由载荷增量步长过大导致的。

2. 日志文件（.log）

日志文件用来记录Marc运行过程中汇总的运行日志，文件的开始部分会列出模型文件的名称、存储路径等信息；后面会显示正在运行的 Marc 版本信息和许可证文件等信息，并且会显示是否从许可证服务器上取得了许可证文件的信息。

在列出基本信息后，Marc 会按照模型的定义依次进行各个增量步的计算。在 0 增量步中会显示初始化内存设置和最大的可用内存等信息，并显示当前增量步结束时耗费的物理时间。在第一增量步中会开始进行刚度矩阵的集成、求解，并显示此状态下刚度矩阵的奇异比和各个阶段耗费的物理时间。开始迭代后，根据设置的收敛判据准则和收敛容差，列出模型中相应的最大值（残余力、位移等）和出现的位置，并计算此迭代步的收敛比。如果不能满足预先设置的容差，那么程序显示“failure to converge to tolerance”（见图 3-28）重新开始迭代“increment will be recycled”，状态文件中当前增量步的迭代次数会相应加 1。

```
maximum residual force  at node     10711 degree of freedom  1 is equal to    6.935E+01
maximum reaction force  at node     10549 degree of freedom  3 is equal to    2.945E+02
residual convergence ratio      2.355E-01

failure to converge to tolerance
```

图 3-28　日志文件（1）

直到满足收敛判据准则和收敛容差，迭代停止，完成当前增量步的计算，并返回该增量步完成时对应的总物理时间和内存信息，如图 3-29 所示。

```
maximum residual force  at node     10711 degree of freedom  1 is equal to    2.393E-02
maximum reaction force  at node     10549 degree of freedom  3 is equal to    3.045E+02
residual convergence ratio      7.859E-05

fraction of total increment reached (iterative penetration check)     1.000000

Number of warning messages is 177

total   memory =           470  MByte

e n d   o f   i n c r e m e n t       1
wall time =            17.00
```

图 3-29　日志文件（2）

上述过程持续推进，直到达到最后一个增量步，程序最后返回取得的许可证，结束当前任务的计算。在运行的过程中，用户可以实时查看各个增量步的迭代和收敛情况，查看某一时刻是否存在异常的现象（过大或过小的反作用力、位移），从而及时发现模型定义的问题。

日志文件的末端会列出当前任务结束后各个阶段耗费的内存、物理时间和 CPU 时间，以及当前任务结束时显示的退出号的详细信息，如图 3-30 所示。

```
general memory allocated:          255    66870918
general memory used:               255    66870914

peak memory usage:                 491   128615552

timing information:                          wall time      cpu time

  total time for input:                           0.73          0.73
  total time for stiffness matrix assembly:      41.97         41.77
  total time for mass matrix assembly:            2.02          2.05
  total time for stress recovery:                17.10         17.09
  total time for matrix solution:               120.41        120.03
  total time for contact:                         1.46          1.55
  total time for output:                         15.72         15.75
  total time for miscellaneous:                   6.21          5.81
  ------------------------------------------------------------------
  total time:                                   205.62        204.78

****************************************************************************

This is a successful completion to a Marc simulation,
indicating that no additional incremental data was
found and that the analysis is complete.

****************************************************************************

                         Marc 2020

                         Number of warning messages is 2409

                         Exit number 3004
```

图 3-30　日志文件（3）

3. 输出文件（.out）

输出文件中会列出模型定义的基本信息，例如 Marc 版本、模型规模（sizing）、节点坐标（coordinates）、单元信息（connectivity）、材料属性（material name）、边界条件（fixed disp）、接触体的信息（contact）、任务参数（parameters）等，与 .dat 文件的内容相对应。

部分信息可以通过指定 Job Result-Output File 中的对应选项写入输出文件。除了在日志文件中显示各个增量步 / 迭代的相关信息外，输出文件还进一步提供关于单元和节点的结果输出信息。另外，对于接触分析、网格重划分模型，输出文件还包含专门针对接触部分和网格重划分部分的相关信息，以及针对烧蚀分析的流线、网格重划分等结果信息。

与此同时，在模型报错时，在输出文件中搜索“***error”可以获得更多关于报错信息的详细说明。例如，在设置材料参数时将泊松比设置为 0.51，此时递交任务后，会提示退出号 13，在输出文件中搜索“***error”会看到提示“***error-Poisson’s ratio is less than -1.0 or greater than .5”，如图 3-31 所示。

```
material name is:       steel


    structural  property                           value        table id


*** error - Poisson's ratio is less than -1.0 or greater than .5
Youngs modulus                                 2.10000E+05          0
Poissons ratio                                 5.10000E-01          0
mass density                                   1.00000E+00          0
shear modulus                                  6.95364E+04          0
coefficient of thermal expansion               1.50000E-05          0
coefficient of diffusion expansion             0.00000E+00          0
Yield stress                                   1.00000E+20          0
cost per unit volume                           0.00000E+00          0
cost per unit mass                             0.00000E+00          0
```

图 3-31　输出文件

3.10.3 退出号

在 Mentat 中递交运算后，Marc 求解器可能会顺利完成计算，也可能会由于不同的因素提前终止计算，Marc 会依据不同情况给出不同的退出号。只有退出号为“3004”时才是正常结束，对于其他不同的退出号，用户可以在递交界面单击“退出信息”按钮，查看详细信息；也可打开日志文件或输出文件，查看文件末端的详细信息。另外，手册 C 卷的附录 A 中列出了所有的退出号信息。

但多数情况下，往往无法准确、快速地判断出错在何处。下面就一些常见的退出号信息给出一些建议和查错方法，如表 3-1 和表 3-2 所示。

表 3-1 退出号及其特征含义

退出号	特征含义
3 ～ 1000	在初始输入时检测到的简单的数据错误，.dat 文件中 END OPTION 前的部分
1003 ～ 2000	在刚度组集和载荷分布期间检测到的错误
2003 ～ 3000	在求解刚度矩阵或边界条件或约束作用中检测到的错误
3003 ～ 4000	在载荷增量控制和输出中的错误，多数在此范围内退出
4003 ～ 5000	系统 I/O 错误
5003 ～ 6000	在自适应网格划分中检测到的错误
6003 ～ 7001	程序中断
9003 ～ 10000	在接触分析中或表格中的错误

针对常见的退出号，表 3-2 给出了可能的问题描述和解决方案。

表 3-2 常见退出号的问题描述和解决方案

退出号	问题描述	解决方案
13	数据输入错误、输出定位错误、关键字拼写错误、格式错误、无效输入项	在 .out 文件中搜索“*** error”，找到相应的报错位置及错误提示，针对具体的错误修改模型或输入数据
1005	在刚度和质量矩阵生成中的错误。揭示单元有特殊问题。 如果是质量矩阵在初期组集，则可能是模型定义选项的坐标、几何或连接上的输入错误引起的。例如不同坐标系下的输入方式不同；几何有断开，不同实体之间共用节点；消除重复对象时容差太小或太大导致的节点问题等。 如果发生在随后的增量过程中，则可能是单元中的过大变形引起的；如果发生在迭代过程中，则需要配合检查材料参数和载荷增量幅度等来确定	如果载荷工况中没有激活步长回退选项，则可以激活此功能，并对日志文件中一些需要反复使用步长回退功能的增量步进行确认，查看该阶段的材料行为、载荷边界条件、增量步幅值等。另外需要注意单位的一致性
1009	应力恢复中遇到的错误，输出文件会显示单元有问题，错误通常归结于单元的较大变形，与 1005 类似，需要检查材料参数和载荷增量幅度等	参考 1005 的解决方案
2004	在求解过程中，高斯消元时的刚度矩阵为 0 或为负，即刚度矩阵非正定。 如果发生在刚开始（inc 0），则通常是由刚体模态引起的，也可能是由不正确的材料属性引起的。例如弹性模量定义不正确；结构发生屈曲或达到极限塑性荷载；在摩擦接触分析中，法向接触力没有数值导致摩擦失效等。 如果发生在运行过程中，则可能因载荷过大导致单元有类似刚体运动的过大变形	激活分析工况中的非正定继续求解选项，当明确的非正定行为发生时，要非常小心，数值求解结果可能不合理。 检查材料行为、载荷边界条件、增量步幅值等。另外需要注意单位的一致性

续表

退出号	问题描述	解决方案
3001	最大增量步数达到设置的上限，inc 0 也被计算在增量步中	增加最大增量步的上限值
3002	没有达到收敛容差，导致不收敛	调整收敛容差、更改收敛容差的类型
3009	时间步太小，难以继续分析，可能是因为在当前增量步中使用了太多的增量步回退次数	可以考虑增加增量步回退次数，但是在大部分情况下，建议检查材料行为、载荷边界条件、增量步幅值等。另外需要注意单位的一致性
3015	在最小值允许的情况下不能减少时间步	改变允许的最小时间步，或检查材料行为、载荷边界条件、增量步幅值等。另外需要注意单位的一致性

以上信息在大部分情况下作为纠错前的参考，帮助用户把握方向，具体的错误信息还需要查看日志文件和输出文件。

另外，也可以考虑激活分析工况中的不收敛继续计算选项，获取一定的分析结果，根据结果反向判断模型定义的问题。

3.11　实例——臂型结构线弹性分析结果后处理

2.7 节讲解了臂型结构的前处理和提交运算任务的整个过程，本节对该作业进行结果后处理讲解，包括显示位移云图和应力云图、外力矢量图和应力张量图等。

在图 3-32 所示的对话框中单击“打开后处理文件”按钮或者在图 3-33 所示的“文件”菜单中选择“打开当前分析任务的结果文件”命令，可以使程序自动打开计算得到的后处理文件并进入后处理界面，如图 3-34 所示。

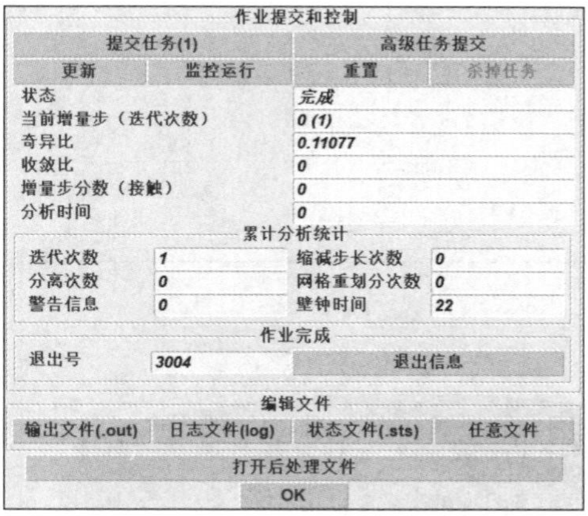

图 3-32　在“运算分析任务”对话框中打开后处理文件

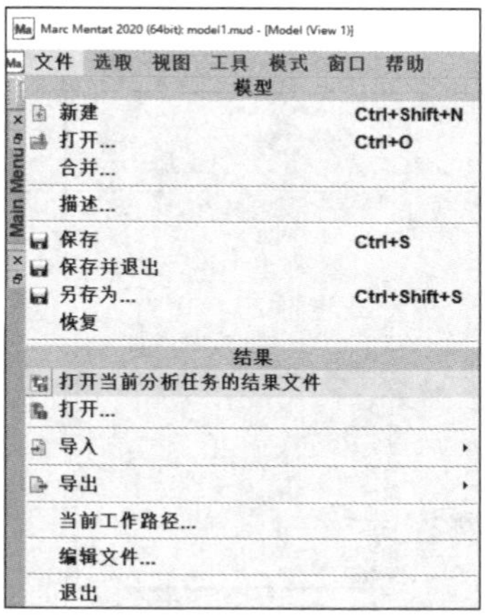

图 3-33　从“文件”菜单打开后处理文件

选择图 3-34 中左上角的“模型图”选项，会弹出图 3-35 所示的“模型图结果”对话框，把“标量图”的显示样式从默认的“关”改为“云图”，此时图形区会显示默认的 X 方向的位移分量云图，如图 3-36 所示。单击“标量”按钮，在弹出的“选取结果标量”对话框中选择“等效米塞斯应力”

单选项，单击“OK”按钮后，图形区会显示等效应力云图，如图 3-37 所示。具体操作的命令流如下：

结果 → 模型图
---*标量图* ---
样式：云图▼
标量: ⊙ 等效米塞斯应力
OK

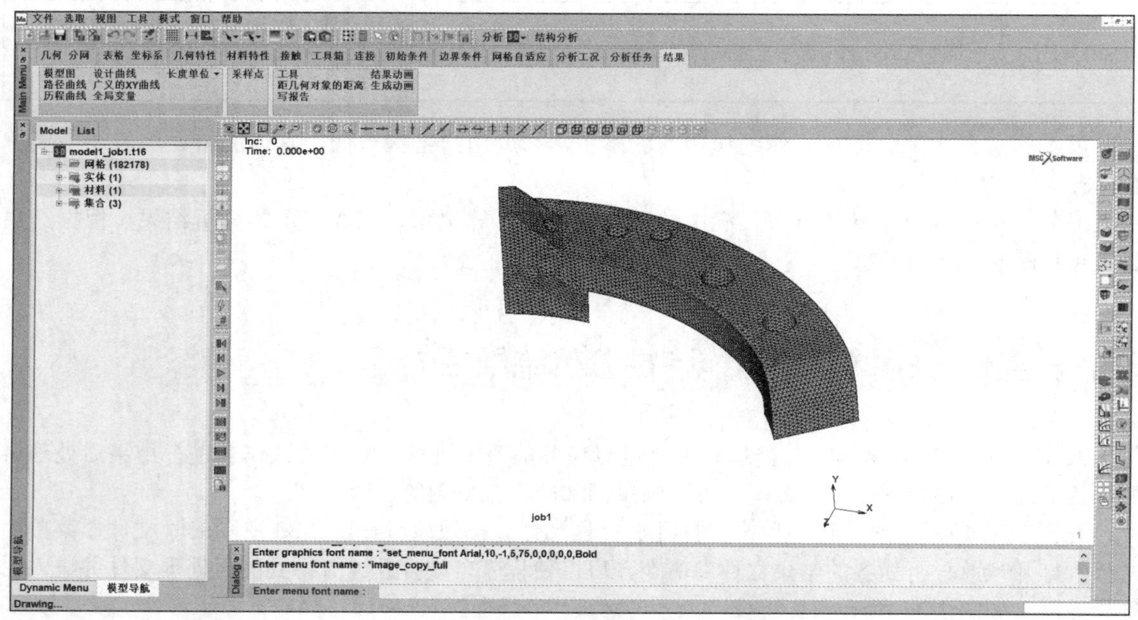

图 3-34　后处理界面

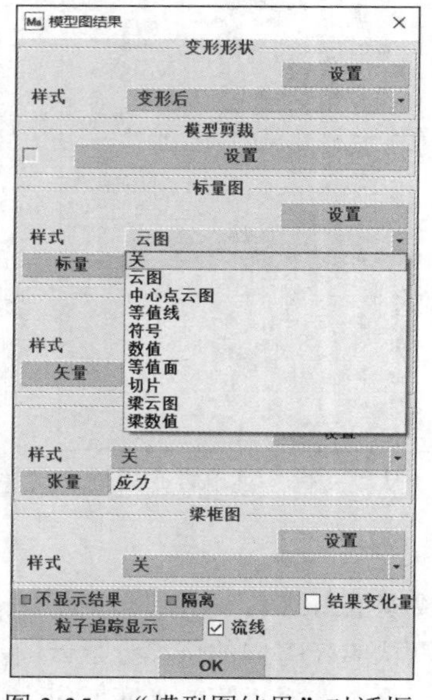

图 3-35　“模型图结果”对话框

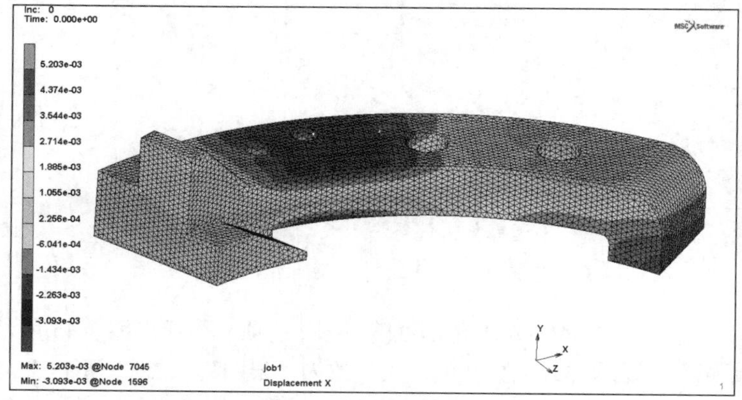

图 3-36　*X* 方向的位移分量云图

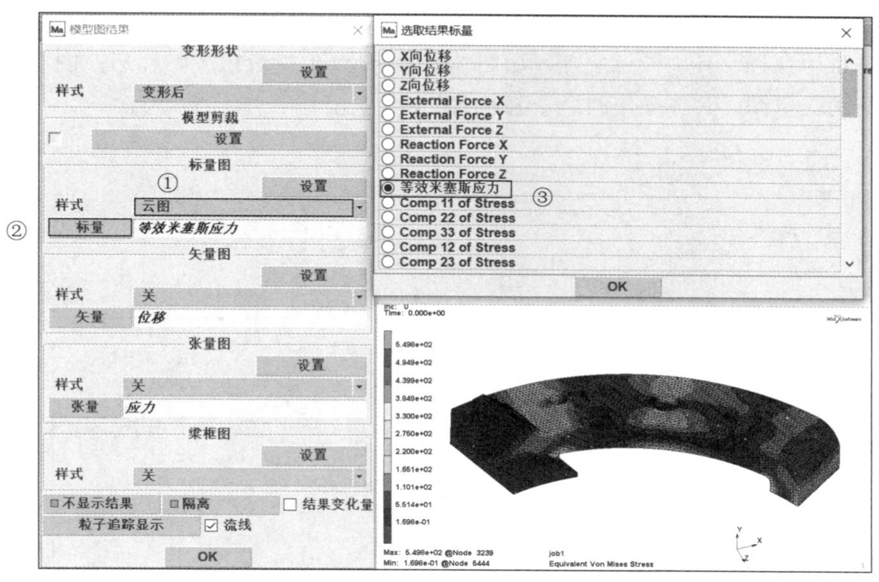

图 3-37　等效米塞斯应力云图的显示设置

可以修改变形图的显示设置，单击“变形后 ▼”按钮，将“样式”从默认的“变形后”改为“变形后 & 初始”，单击“变形形状”选项组中的“设置”按钮，在弹出的对话框中将变形比例设置方式从“手动”方式改成“自动”，软件会自动将变形比例调整为 40.2845，如图 3-38 所示。在图形区可以看到变形已经明显放大，并显示初始网格的轮廓线，如图 3-39 所示。具体操作的命令流如下：

---变形形状---

　样式：变形后 & 初始 ▼

　设置

---变形比例---

⊙ 自动

OK

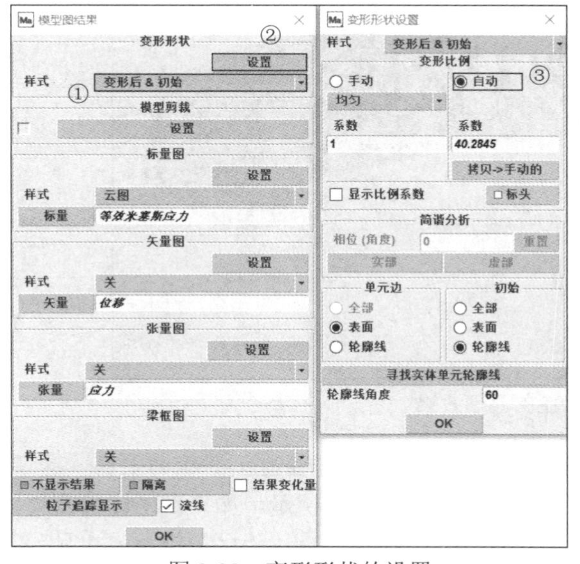

图 3-38　变形形状的设置

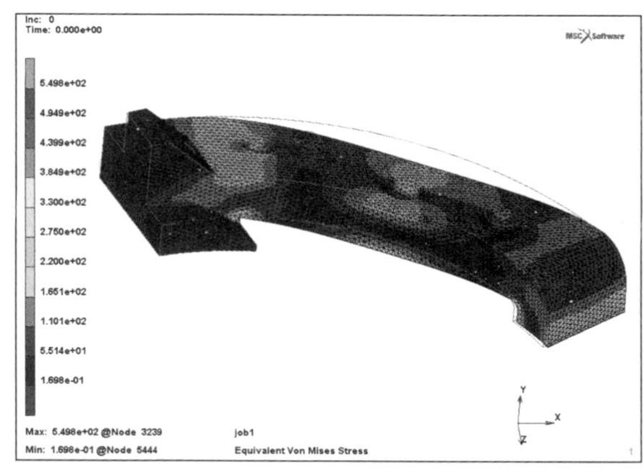

图 3-39　修改变形设置后图形区的显示效果

如果想显示外力矢量图，需要将矢量图的“样式”从“关”改为“开”，然后单击“矢量”按钮，在弹出的对话框中选择“外力”单选项，如图 3-40 所示。单击“OK”按钮后，图形区就会显示图 3-41 所示的外力矢量图。具体操作的命令流如下：

--矢量图---
样式：开 ▼
矢量：⊙ 外力
OK

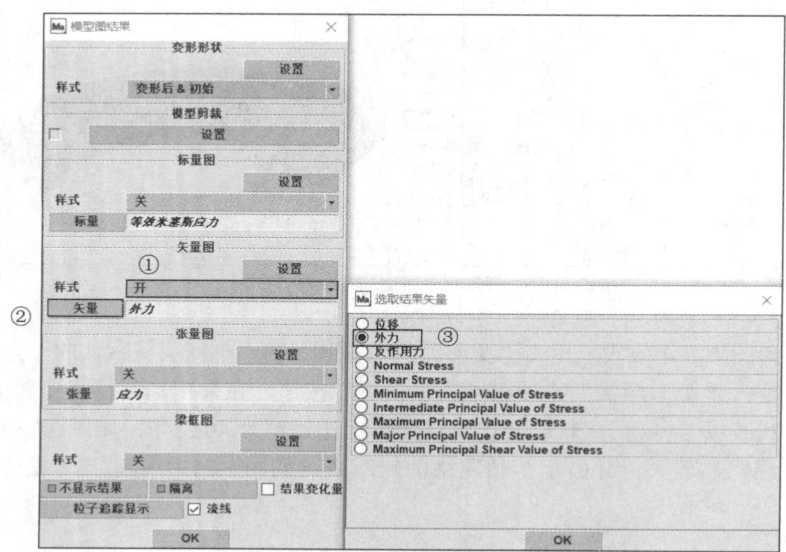

图 3-40　外力矢量图的显示设置

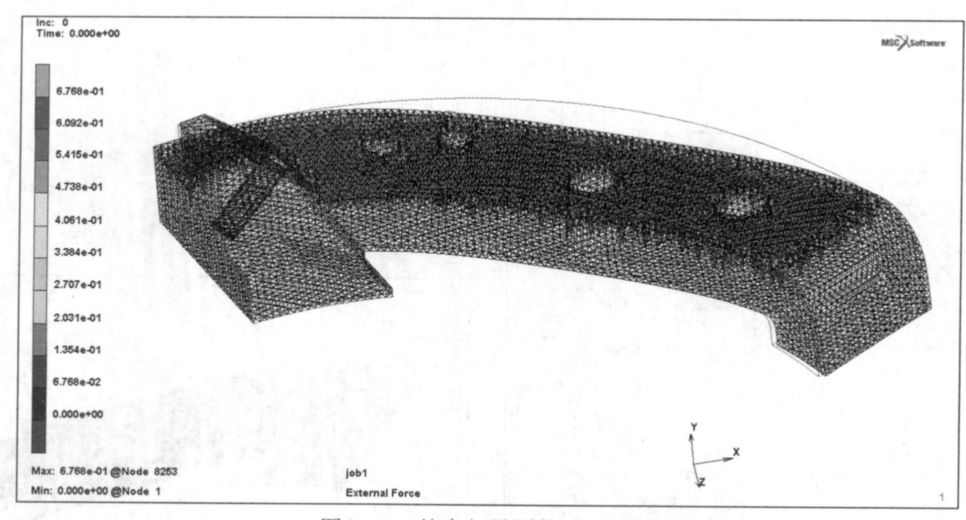

图 3-41　外力矢量图的显示效果

如果想显示应力张量图，需要将张量图的“样式”从“关”改为需要显示的应力主值，这里改为“第一主值”，图形区就会显示绝对值最大的主应力图，如图 3-42 所示。如果网格比较密集，张量主值的显示可能不够清晰，可以将局部放大显示，如将图 3-42 中圆圈附近区域进行放大显示，会得到图 3-43 所示的局部应力张量图。具体操作的命令流如下：

--张量图---
样式：第一主值

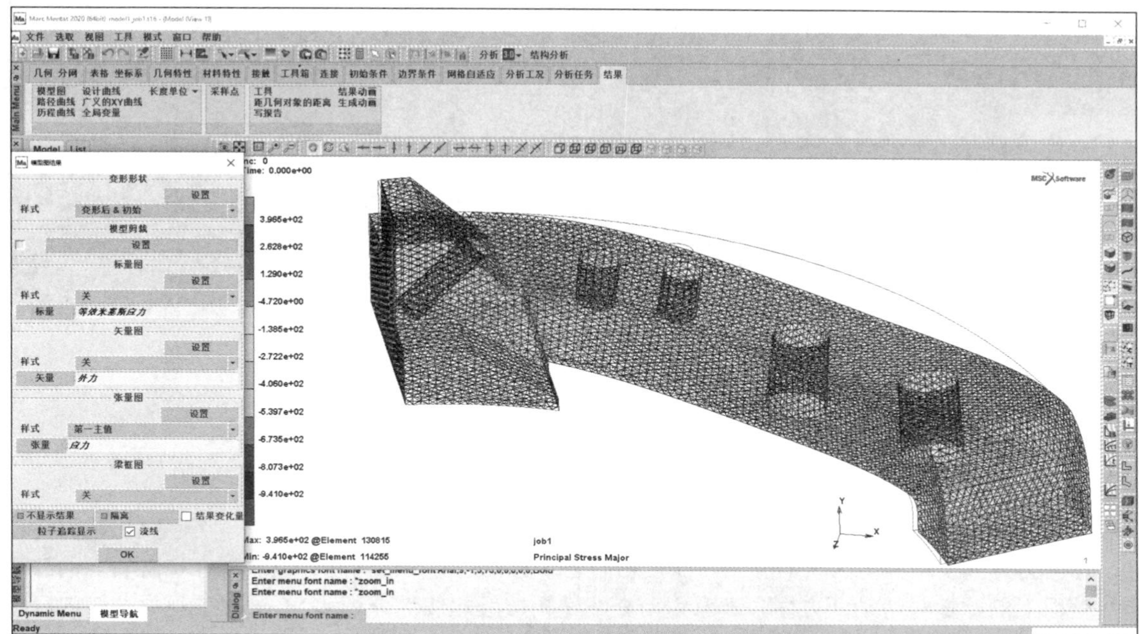

图 3-42　应力张量图的显示设置

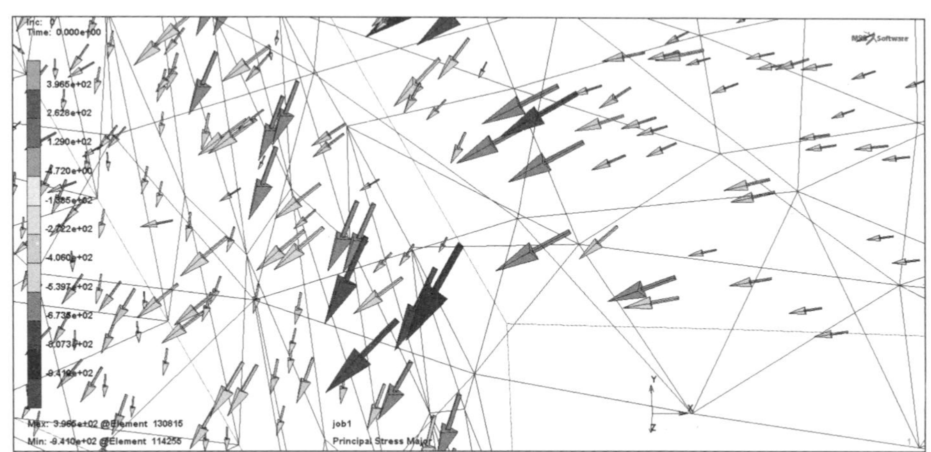

图 3-43　局部应力张量图

第 4 章 结构接触非线性分析

工程中的接触问题是非常复杂的问题，通常受接触物体双方的材料特性、几何变化、边界条件、作用力方式及摩擦等因素的影响。而接触问题本身就是非线性问题，它表现在接触表面的改变和接触面上的摩擦与滑动两方面。本章主要介绍结构接触非线性分析和 Marc 在工程中接触问题上的应用。

本章重点

- 求解接触问题的数学方法
- 摩擦模型的确定
- 接触体的定义和运动描述
- 接触关系的定义
- 接触表的定义

4.1 求解接触问题的数学方法

产生接触的两个物体必须满足无穿透约束条件：

$$\Delta \boldsymbol{u}_{\mathrm{A}} \cdot n \leqslant D$$

其中，$\Delta \boldsymbol{u}_{\mathrm{A}}$ 为 A 点增量位移向量，n 为单位法向量，D 为接触距离容限，如图 4-1 所示。

数学上施加无穿透接触约束的方法有拉格朗日乘子法、罚函数法，以及基于求解器的直接约束法。

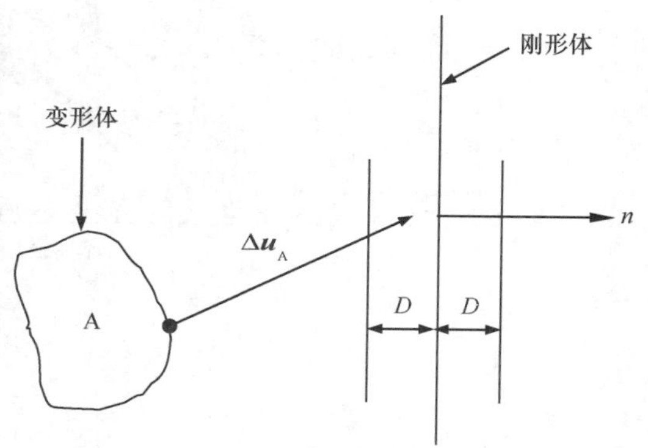

图 4-1　无穿透接触约束

4.1.1　拉格朗日乘子法

拉格朗日乘子法是通过拉格朗日乘子施加接触体，必须满足非穿透约束条件的带约束极值问题的描述方法。这种方法是把约束条件加在一个系统中最完美的数学描述。

在拉格朗日乘子法中，接触力是作为附加自由度来考虑的，其泛函形式除了包含能量部分外，还附加了拉格朗日乘子项：

$$\pi(\boldsymbol{u},\lambda)=\frac{1}{2}\boldsymbol{u}^{\mathrm{T}}\boldsymbol{K}\boldsymbol{u}-\boldsymbol{u}^{\mathrm{T}}\boldsymbol{F}+\lambda^{\mathrm{T}}\left(\boldsymbol{Q}\boldsymbol{u}+\mathring{\boldsymbol{D}}\right) \tag{4-1}$$

式中，$\boldsymbol{u}$ 是节点位移向量，$\boldsymbol{K}$ 为刚度矩阵，$\boldsymbol{F}$ 为节点力向量，λ 是拉格朗日乘子向量，$\boldsymbol{D}=\left(\boldsymbol{Q}\boldsymbol{u}+\mathring{\boldsymbol{D}}\right)$ 为接触点的穿透量向量，T 表示转置，$\boldsymbol{Q}$ 为约束方程的系数矩阵。

对能量泛函式（4-1）变分，建立有限元方程：

$$\begin{bmatrix}\boldsymbol{K} & \boldsymbol{Q}^{\mathrm{T}}\\ \boldsymbol{Q} & \boldsymbol{0}\end{bmatrix}\begin{bmatrix}\boldsymbol{u}\\ \lambda\end{bmatrix}=\begin{bmatrix}\boldsymbol{F}\\ -\mathring{\boldsymbol{D}}\end{bmatrix} \tag{4-2}$$

求解方程即可得到节点位移和拉格朗日乘子，拉格朗日乘子的分量就是接触点处的法向接触力。

拉格朗日乘子法是在能量泛函极小的意义上满足接触点互不穿透的边界条件，它增加了系统的自由度，需要采取迭代算法来求解方程，一般适用于静态隐式算法。

该方法增加了系统变量数目，并使系统矩阵主对角线元素为 0。这就需要在数值方案的贯彻中处理非正定系统，数学计算方面将比较困难，需实施额外的操作才能保证计算精度，从而使计算成本增加。另外，由于拉格朗日乘子与质量无关，因此这种由拉格朗日乘子描述的接触算法不能用于显示动力撞击问题分析。

拉格朗日乘子法经常用于采用特殊的界面单元描述接触问题分析。该方法限制了接触物体之间的相对运动量，并且需要预先知道接触发生的确切部位，以便施加界面单元。而撞击、压力加工等通常事先并不知道准确接触区域所在位置的一类物理问题难以满足这样的额外要求。

4.1.2　罚函数法

迪旺（Duvaut）和利翁（Lions）从变分不等式出发，建立了带有库伦摩擦的接触问题的罚有限元公式。该方法称为罚函数法，它是一种施加接触约束的数值方法。其原理是：一旦接触区域发生穿透，罚函数便夸大这种误差的影响，从而使系统的求解（满足力的平衡和位移的协调）无法正常实现。换言之，只有满足约束条件，才能求出有实际物理意义的结果。

在罚函数法中，位于一个接触面上的接触点允许穿透与之接触的另一个接触面，接触力的大小与穿透量成正比，即：

$$f_{\mathrm{n}}=-\alpha s \tag{4-3}$$

式中，α 是罚因子，s 是接触点的法向穿透量，负号表示接触力与穿透方向相反。由于罚因子过小会影响精度、过大会降低计算的稳定性，因此在实际计算时要合理选取罚因子。

用罚函数法施加接触约束，可以类比成在物体之间施加非线性弹簧。该方法不会增加未知量数目，但可以增加系统矩阵带宽。其优点是数值上实施比较容易，在显示动力分析中被广泛应用。这种方法既考虑了接触力，又不增加系统的自由度，计算效率较高。但不足之处在于罚因子选择不当将对系统的数值稳定性造成不良的影响。

4.1.3 直接约束法

Marc 早期版本提供的接触算法主要是基于直接约束的接触算法，这是解决接触问题的通用方法，程序能根据物体的运动约束和相互作用自动探测接触区域，施加接触约束。直接约束法采用的是节点对面段探测方法，顾名思义，是判断节点与面段（曲线、曲面或者单元的边、面等）的接触。此方法会追踪物体的运动轨迹，一旦探测到发生接触，便将接触所需的运动约束（如法向无相对运动、切向可滑动）和节点力（法向压力和切向摩擦力）作为边界条件直接施加在产生接触的节点上。用这种方法形成的方程带宽远小于拉格朗日乘子法，比罚函数法收敛性好，对接触的描述精度高，无须增加特殊的界面单元，也不涉及复杂的接触条件变化。对于大面积约束和事先无法预知接触发生区域的接触问题，程序能够根据问题的运动约束和相互作用自动探测接触区域，并施加接触约束。

4.1.4 面段对面段接触探测及分析的方法

Marc 早期版本提供的接触算法虽然已经非常成熟，并且成功地应用于大量的接触问题，但这种算法在接触体都为变形体时存在一些不足，具体如下。

（1）两个变形体的接触面上的应力分布不连续。

（2）当两个接触体都是变形体时，在判断接触时存在主从性，可能无法真实反映接触状况，尽管有不少方法可以进行优化，但有时还是得不到最佳的结果。

（3）在壳单元接触时，只用壳单元的节点来施加双向的多节点约束是无法实现的。当壳单元的边和其他单元的面发生接触时也有同样的问题。

（4）当变形体和刚体接触时，刚体表面为非平坦表面，变形体与刚体在接触过程中不断有节点离开接触区，也不断有新节点进入接触区。如果用节点对面段，会导致接触压力分布不连续。

为了解决以上不足，Marc 2010 提供了一种面段对面段接触探测方法。这种方法是加强的非穿透约束算法，读者可以查阅帮助文件 A 卷有关该接触方法的理论部分。

从 Marc 2014 开始，面段对面段接触探测方法可以激活不同选项来决定一些默认设置，该版本带来了以下程序内部默认设置的变化。

（1）面段对面段接触探测方法使用了罚函数方法来满足无穿透约束。用户可以自定义或由程序来计算罚因子。如果激活 Marc 默认设置，会导致以下动作。

◆ 对于变形体和变形体接触的模型，并且两个接触体具有相同的刚度，那么罚因子将采用一个较之前版本更小的数值。

◆ 对于变形体和变形体接触的模型，并且两个接触体具有不同的刚度，那么罚因子将基于较低刚度进行设置。

（2）为改善精度和收敛，Marc 也提供了增强方法。一旦激活增强方法，在达到最大迭代次数前，该方法会一直处于激活状态直到穿透达到一定的数值。

（3）在摩擦模型中，对于粘着摩擦，有一个增强拉格朗日乘子可使该数值随着法向压力变化。同时，可使在低应力（而非高的法向应力）时，接触体更倾向于滑动。

（4）如果发生分离，并且收敛判定仅基于位移控制，那么残余力检测会被激活，以确保满足平衡，容差采用默认值 0.1，会获得更稳定的求解结果，但会增加计算成本。

与节点对面段接触探测方法不同，面段对面段接触探测方法在求解不收敛时已经在分离上进行了检查，所以分离多折线点对求解的影响就会反映在全局平衡检查上。在某些情况下，如果一个增量步中存在许多点的分离，将导致不收敛。软件允许一旦发生分离，便将迭代重置为 1。默认情况下，在一个增量步中对迭代的重置允许最多进行 9999 次，该数值可以通过高级接触控制菜单进行自定义。

另外，滑移模型中提供了有限滑移和小滑移两种方式，其滑移阈值可以通过自动和用户自定义两种模式设置。在摩擦类型部分，针对面段对面段接触探测方法，可以使用库伦双线性和剪切双线性摩擦模型。

4.1.5　Marc 接触算法的基本流程

使用接触算法包括以下几个步骤：定义接触体；探测接触；施加接触约束；模拟摩擦；修改接触约束；检查约束的变化；判断分离和穿透等。

接触模型可以通过前后处理器 Mentat 中一些与接触相关的选项来定义。“接触”选项卡如图 4-2 所示，包括以下 5 个选项组。

（1）“接触体”选项组：定义接触体。

（2）“接触关系”选项组：定义接触关系。

（3）“接触表”选项组：定义接触表，指定哪些接触体之间会发生接触。

（4）“接触区域”选项组：定义接触区域，进一步明确会发生接触的接触体之间的接触节点。

（5）“排除部分”选项组：定义排除部分，此时接触体之间进行单向接触探测。

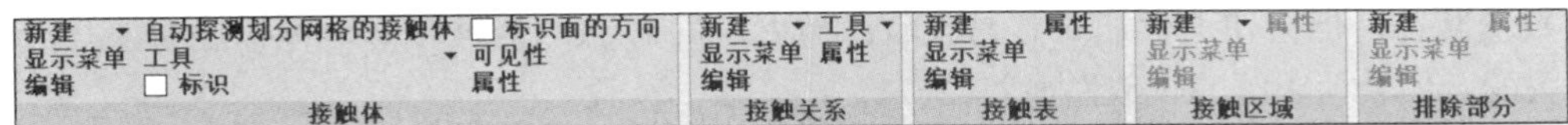

图 4-2　“接触”选项卡

探测接触是在每个载荷增量步开始时，检查每个可能接触的节点的空间位置，看其是否位于某一接触段 / 片附近。如果离该接触段 / 片足够近，就用接触容限判断接触。如果某一节点的空间位置位于接触距离容限之内，就会被当成与接触段 / 片接触。一旦探测出产生接触，程序会根据接触段 / 片建立局部坐标系，并施加相应的法向位移约束和切向摩擦力。

4.2　摩擦模型的确定

两个相对运动的物体接触时的摩擦是一种非常复杂的物理特性。摩擦系数不仅取决于接触体的材料，而且与接触表面的光滑度以及材料的加工过程、硬度、湿度、法向应力和相对滑动速度等有关。同时，载荷大小和滑移状态变化，摩擦系数也会变化。通常采用 3 种简化的理想模型来对摩擦进行数值模拟，这 3 种模型分别是库伦摩擦模型、剪切摩擦模型、粘 – 滑摩擦模型。

4.2.1　库伦摩擦模型

这种摩擦模型除了不用于块体锻造成型外，在许多加工工艺分析和一般的其他有摩擦的实际问题中被广泛应用。

库伦摩擦模型一般表示为：

$$\boldsymbol{\sigma}_{\mathrm{fr}} \leqslant -\mu\sigma_{\mathrm{n}}\boldsymbol{t} \tag{4-4}$$

式中，$\boldsymbol{\sigma}_{\mathrm{fr}}$ 是切向（摩擦）应力，$\boldsymbol{\sigma}_{\mathrm{n}}$ 是接触节点法向应力，μ 是摩擦系数，$\boldsymbol{t}$ 是相对滑动速度方向上的切向单位向量（$\boldsymbol{t}=\dfrac{\boldsymbol{v}_{\mathrm{r}}}{|v_{\mathrm{r}}|}$），$\boldsymbol{v}_{\mathrm{r}}$ 是相对滑动速度向量。

库伦摩擦模型又常写成节点合力的形式：

$$\boldsymbol{f}_{\mathrm{t}} \leqslant -\mu f_{\mathrm{n}}\boldsymbol{t} \tag{4-5}$$

式中，$\boldsymbol{f}_{\mathrm{t}}$ 是剪切力，f_{n} 是法向反作用力。

实际上经常可以看到当给定法向力后，摩擦力随 $\boldsymbol{v}_{\mathrm{r}}$ 的值产生阶梯函数状的变化，如图 4-3 所示。

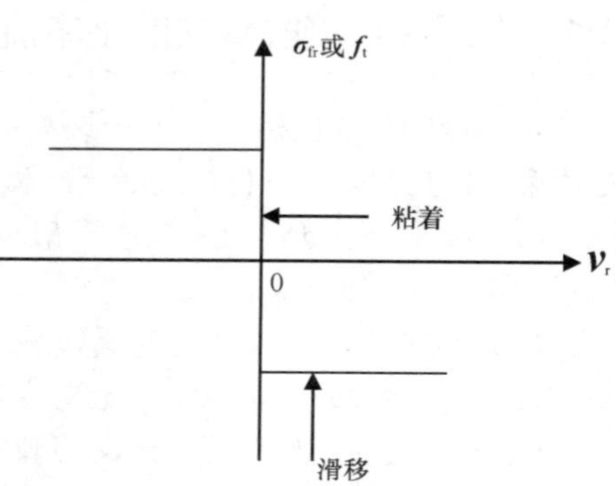

图 4-3　静摩擦力与滑动摩擦力之间的突变

如果在数值计算中引入这种不连续性，往往会导致数值计算困难，因此通常采用修正的库伦摩擦模型：

$$\boldsymbol{\sigma}_{\mathrm{fr}} \leqslant -\mu\sigma_{\mathrm{n}}\frac{2}{\pi}\arctan\left(\frac{|\boldsymbol{v}_{\mathrm{r}}|}{v_{\mathrm{c}}}\right)\boldsymbol{t} \tag{4-6}$$

经过平滑处理后，摩擦力的作用就等效于在节点接触面法向上作用了一个刚度连续的非线性弹簧。

v_{c} 在物理意义上是指发生滑动时接触体之间的临界相对速度。它的大小决定了这个数学模型与实际呈阶梯函数状变化的摩擦力的接近程度。太大的 v_{c} 会导致有效摩擦力数值减小，但会使迭代相对容易收敛；而太小的 v_{c} 虽然能够较好地模拟静摩擦与滑动摩擦之间的突变，但会使求解的收敛性很差。

由于壳单元必须满足法向应力 $\sigma_{\mathrm{n}}=0$ 的约束，因此基于法向节点力的摩擦定理不再适用，可以采用另一种基于节点合力的库伦定律描述：

$$\boldsymbol{f}_{\mathrm{t}} = -\mu f_{\mathrm{n}}\frac{2}{\pi}\arctan\left(\frac{|\boldsymbol{v}_{\mathrm{r}}|}{v_{\mathrm{c}}}\right)\boldsymbol{t} \tag{4-7}$$

摩擦系数呈非线性的实际情形不应采用这种基于节点合力的库伦定律。因为通常这种非线性与节点应力相关，而与合力无关。这时应采用基于应力表示的摩擦模型。当然，基于合力的摩擦模型也可用于连续单元中。

库伦摩擦是依赖于法向力和相对滑动速度的高度非线性现象，它是速度或位移增量的隐式函数，其数值包含两个部分：一个是对施加切向摩擦力的贡献；另一个是对系统刚度矩阵的贡献。刚度的计算公式为：

$$\boldsymbol{K}_{\mathrm{ij}} = \frac{\partial \boldsymbol{f}_{\mathrm{ti}}}{\partial v_{\mathrm{rj}}} \tag{4-8}$$

其中，$\boldsymbol{K}_{\mathrm{ij}}$ 为刚度矩阵，$\boldsymbol{f}_{\mathrm{ti}}$ 为切向摩擦力，v_{rj} 为相对滑动速度。如果完整地考虑这种摩擦对刚度的贡献，会导致系统系数矩阵出现非对称现象。这样一来，所需的计算机内存和 CPU 时间都会增加。从减少计算成本的角度出发，在考虑摩擦力对刚度矩阵的贡献时，可只保留对称部分的影响。

4.2.2　剪切摩擦模型

试验表明，当法向力或法向应力太大时，库伦摩擦模型常常与试验观察结果不一致。由库伦定律预测的摩擦应力会超过材料的流动应力或失效应力。此时，要么采用非线性摩擦系数的库伦定律加以修正，要么采用基于剪应力的摩擦模型。

基于剪应力的摩擦模型认为摩擦应力是材料等效应力的一部分：

$$\boldsymbol{\sigma}_{\mathrm{fr}} \leqslant -m\frac{\bar{\sigma}}{\sqrt{3}}\boldsymbol{t} \tag{4-9}$$

用反正切函数平滑粘－滑摩擦之间的突变：

$$\boldsymbol{\sigma}_{\mathrm{ft}} \leqslant -m\frac{\bar{\sigma}}{\sqrt{3}}\frac{2}{\pi}\arctan\left(\frac{|\boldsymbol{v}_{\mathrm{r}}|}{v_{\mathrm{c}}}\right)\boldsymbol{t} \tag{4-10}$$

式中，m 是摩擦因子，$\bar{\sigma}$ 是材料等效应力。

这种模型对所有能够处理分布载荷的应力分析单元都适用。

4.2.3　粘－滑摩擦模型

粘－滑摩擦模型能够模拟从黏性摩擦到滑动摩擦的摩擦力突变，如图 4-4 所示。

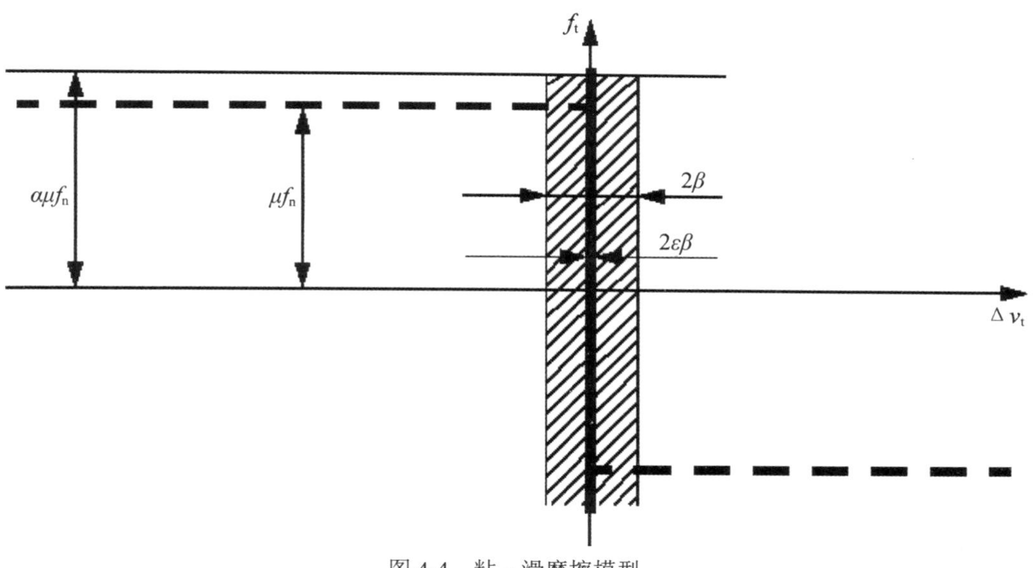

图 4-4　粘－滑摩擦模型

在图 4-4 中，$\Delta \boldsymbol{v}_t$ 为切向位移增量，α 为乘子；β 为滑动摩擦到黏性摩擦的相对位移过渡区域，ε 为小常数，因此 $\varepsilon\beta \approx 0$。

粘－滑摩擦模型的特点为：可精确描述滑动摩擦；可模拟真实的黏性摩擦。

4.2.4　双线性摩擦模型

双线性摩擦模型（见图 4-5）假定黏性摩擦和滑动摩擦分别对应可逆（弹性）和不可逆（塑性）相对位移，采用一个滑动面 ϕ 表示：

$$\phi = |\boldsymbol{f}_t| - \mu f_n \tag{4-11}$$

并给定黏性极限距离 δ，其默认值为 0.0025× 变形接触体的单元平均尺寸。

$$\begin{aligned}\Delta \boldsymbol{u}_{\mathrm{t}} < \delta,\ \phi < 0，黏性摩擦 \\ \Delta \boldsymbol{u}_{\mathrm{t}} > \delta,\ \phi > 0，滑动摩擦\end{aligned} \tag{4-12}$$

双线性模型要求进行额外的摩擦力收敛检查，要求满足下式：

$$\frac{|\boldsymbol{f}_{\mathrm{t}}| - |\boldsymbol{f}_{\mathrm{t}}^{P}|}{|\boldsymbol{F}_{\mathrm{t}}|} \leqslant e \tag{4-13}$$

式中：$\boldsymbol{f}_{\mathrm{t}}$ 是当前所有节点总的摩擦力向量；

$\boldsymbol{f}_{\mathrm{t}}^{P}$ 是前一迭代步所有节点总的摩擦力向量；

e 是容差，默认值为 0.05。

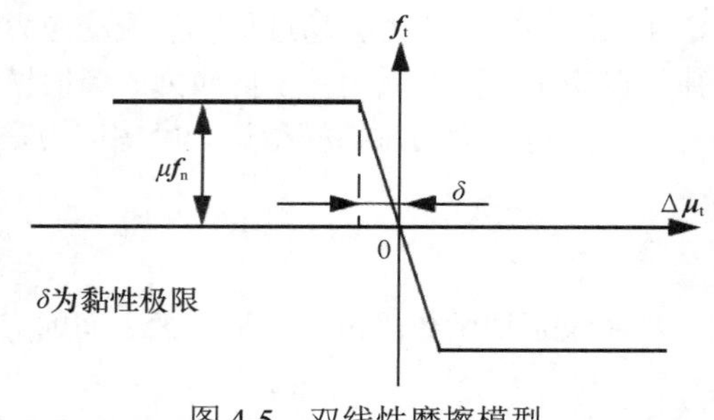

图 4-5　双线性摩擦模型

4.2.5　各向异性摩擦系数的定义

在某些分析问题中，接触体之间的摩擦系数在不同方向上的数值不同。例如，图 4-6 所示的块体在 X 和 Y 方向的摩擦系数不同。解决此类问题可根据摩擦的各向异性分别对变形体和刚体设置各向异性摩擦系数。

各向异性摩擦系数的算法示意图如图 4-7 所示，其计算公式如下：

$$[(\frac{\boldsymbol{f}_{\mathrm{t1}}}{\mu_1})^2 + (\frac{\boldsymbol{f}_{\mathrm{t2}}}{\mu_2})^2]^{\frac{1}{2}} - f_{\mathrm{n}} = 0 \tag{4-14}$$

式中，$\boldsymbol{f}_{\mathrm{t1}}$ 和 $\boldsymbol{f}_{\mathrm{t2}}$ 是不同方向的摩擦力，μ_1 和 μ_2 是不同方向的摩擦系数，f_{n} 是作用在接触节点的方向力。

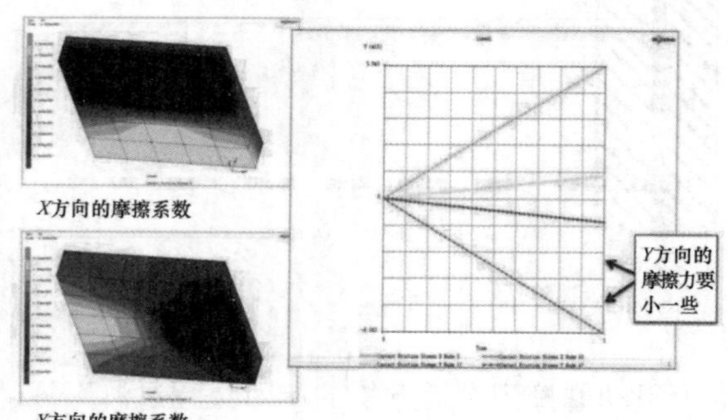

图 4-6　各向异性摩擦系数引起的摩擦应力差别

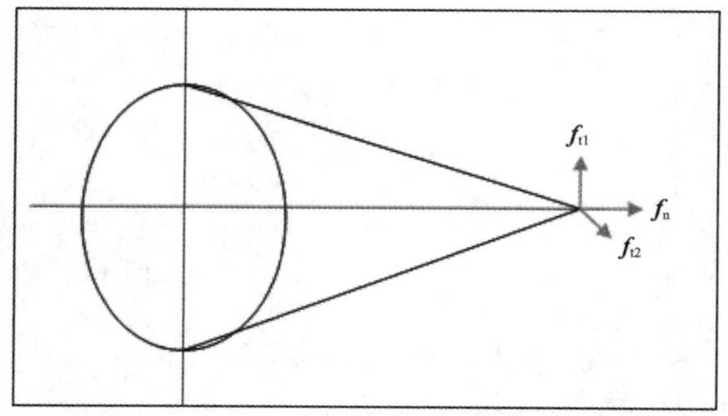

图 4-7　各向异性摩擦系数的算法示意图

图 4-8 所示为各向异性摩擦的应用实例，模型包含圆柱形套筒及其外部呈螺旋形环绕的带状结构，结构两端固定在刚性板上。在弯曲载荷的作用下，带状结构在横向和纵向存在大的滑移，如图 4-8 所示。由于套筒和带子在两个方向具有不同的摩擦特性，因此需要在模型中进行参数设置，关于模型的具体描述和参数设置方法请参见 Marc 用户手册 E 卷第 8 章的 8.115 例题。

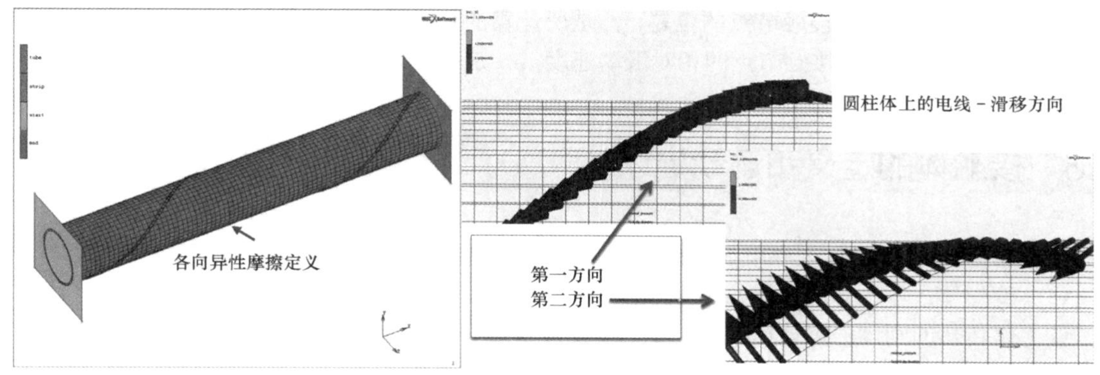

图 4-8　各向异性摩擦的应用实例

4.2.6　确定摩擦模型

以上介绍的几种摩擦模型各有特点，使用时要依据具体模型对分析效率、分析精度等要求进行综合考虑。在早期的版本中，Marc 主要提供前 3 种摩擦类型，当时一般认为：粘－滑摩擦模型能够近似模拟车门与密封件之间的接触摩擦特性，能够反映密封件与车门的摩擦规律。该结论是通过对密封件进行压缩受力分析，得到密封件的压缩载荷与位移之间的关系曲线，然后与 3 种摩擦模型的密封件结构性能分析计算结果相比得到的。

图 4-9 所示为几种摩擦模型的计算结果与试验结果的比较，可以看出，粘－滑摩擦模型的计算结果与试验结果最接近。同时可知，利用试验装置的大量密封件压缩性能的测试数据与各种摩擦模型的匹配和对比，可以近似解决这种复杂的摩擦模型的确定问题。

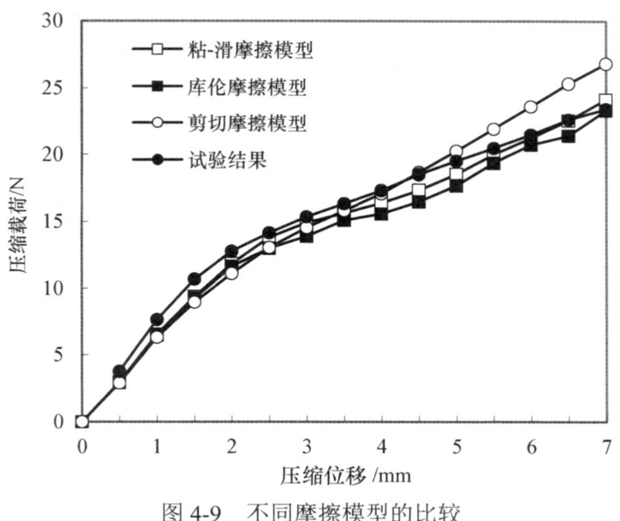

图 4-9　不同摩擦模型的比较

考虑到实际的摩擦描述很复杂，涉及表面条件、润滑条件、相对滑动速度、温度、表面几何等因素的影响，有时仅靠库伦摩擦或剪切摩擦并不能描述完全。Marc 提供了用户子程序 UFRIC 接口，允许用户自定义摩擦系数，用户定义的摩擦系数为：

$$\mu = \mu(x, f_n, T, \boldsymbol{v}_r, \sigma_y) \tag{4-15}$$

式中，x 是所计算的接触节点的位置，f_n 是所计算的接触节点的法向力，T 是所计算的接触节点的温度，v_r 是所计算的接触节点的相对滑动速度，σ_y 是材料流动应力。

4.3 接触体的定义和运动描述

Marc 的接触分析可处理以下 5 类接触体，每一类接触体都可在二维和三维问题中运用。

（1）变形体：可计算应力和 / 或温度分布。

（2）可传热的刚体：可计算温度分布，不计算变形和应力。

（3）刚体：不计算变形和应力，接触过程中温度保持常数。

（4）带控制节点的刚体：不计算变形和应力，接触过程中温度保持常数。此类刚体可以与其他刚体和对称接触体接触。

（5）对称体：将接触面当作对称面。此类接触体仅在结构分析中可用。

4.3.1 变形体的定义

下面对变形体的各种参数和特性进行定义和设置。

1. 定义变形体的单元

变形体是对接触过程中产生的变形加以考虑的接触体，它是一组常规有限单元的集合，如图 4-10 所示，其中有 14 个变形体。

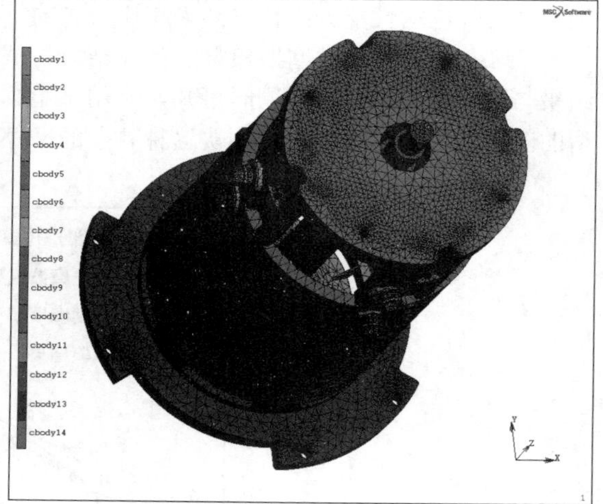

图 4-10 变形体的定义

变形体包含以下几方面的信息。

（1）变形体必须由组成实际变形体的常规单元描述。

- 二维连续体单元：三角形单元、四边形单元。
- 三维连续体单元：四面体单元、五面体单元、六面体单元。
- 壳和梁结构：板单元、壳单元、实体壳和梁单元。

（2）位于变形体外表面的单元节点如果在变形过程中可能与其他物体或自身产生接触，这些节点就会被处理成可能的接触节点。位于变形体外表面的所有节点都可被指定为可能的接触节点。

（3）定义变形体时没有必要把整个物理上的变形体都包含在内。多数情况下，可以确定某些表面节点永远没有可能与其他物体或自身所在的物体接触。对此情形，用接触区域中的可能的接触选项定义与接触有关的节点，以缩小接触检查的节点范围。这有助于减少接触分析的计算时间。

（4）不允许一个节点或单元同时属于一个以上的变形体。

（5）Marc 程序在其内部把变形体边界单元数据转换为接触段 / 片和接触点。

- 二维结构：用位于边界线上的单元边表示接触段。
- 三维结构：用位于边界面上的单元面表示接触片。

（6）单元必须是可以计算应力的单元。

2. 定义摩擦

定义摩擦的数学模型的操作为：选择“分析任务”选项卡中的“属性”选项，在打开的对话框中单击“接触控制”按钮，然后在打开的对话框的“摩擦”选项组中对“模型”进行定义，如图 4-11 所示。

图 4-11　选择摩擦的数学模型

摩擦行为可以是各向同性的，也可以是各向异性。对于各向同性摩擦，只需定义一个摩擦系数。而对各向异性的摩擦系数的定义如图 4-12 所示，需要分别定义不同方向的摩擦系数。图 4-12（a）为在接触体特性中激活各向异性摩擦，进行方向设置，图 4-12（b）为在接触关系定义中激活各向异性摩擦的参数设置。

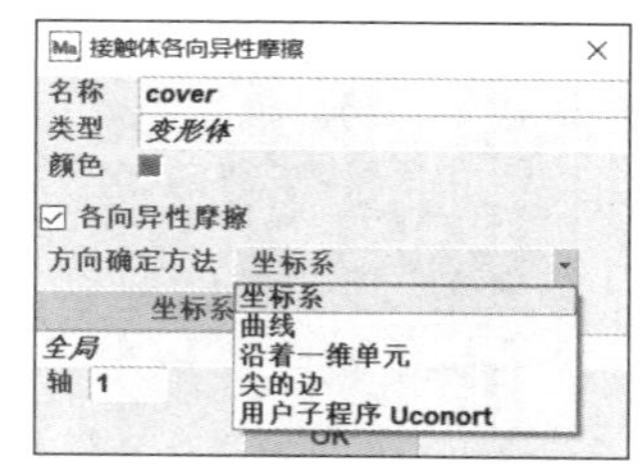

（a）在接触体特性中激活各向异性摩擦

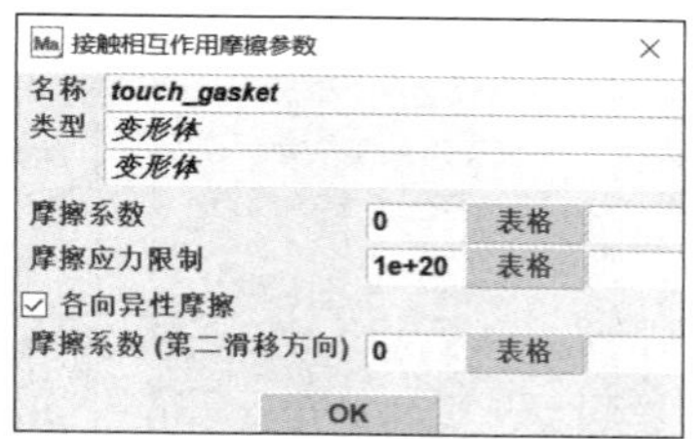

（b）在接触关系定义中激活各向异性摩擦

图 4-12　定义各向异性摩擦系数

3. 选择接触边界的描述方法

Marc 有两种方法把变形体外表面的边或表面处理成可能的接触段 / 片。一种是离散法，此方法用分段线性插值描述接触段 / 片的几何。另一种是解析法，此方法用三次样条曲线（2D）或孔斯曲面（3D）描述接触段 / 片的几何，如图 4-13 所示。采用接触体的解析描述可以有效提高接触表面计算的精度，因为通过解析描述接触表面来计算变形体表面的法线向量，变形体的法线在相关联的单元上为一个连续向量。

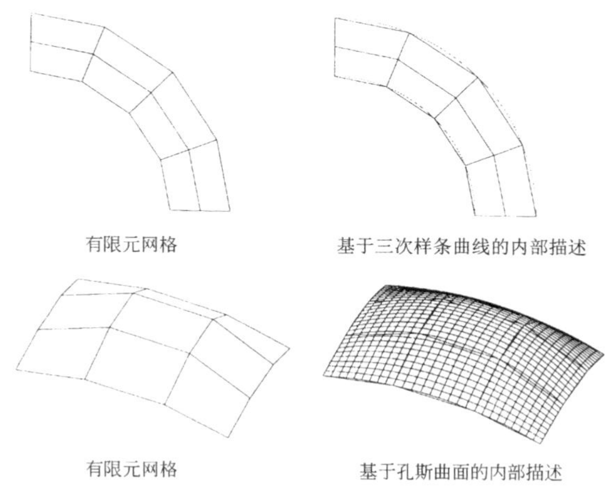

图 4-13　可变形接触体接触段 / 片的解析描述

在分析过程中由于变形，解析面是不断变化的。必须先勾选“光滑的”复选框，如图 4-14 所示。对于外表面法向不连续的部分，可通过自动（指定角度门槛值）或用户自定义的方式指定。

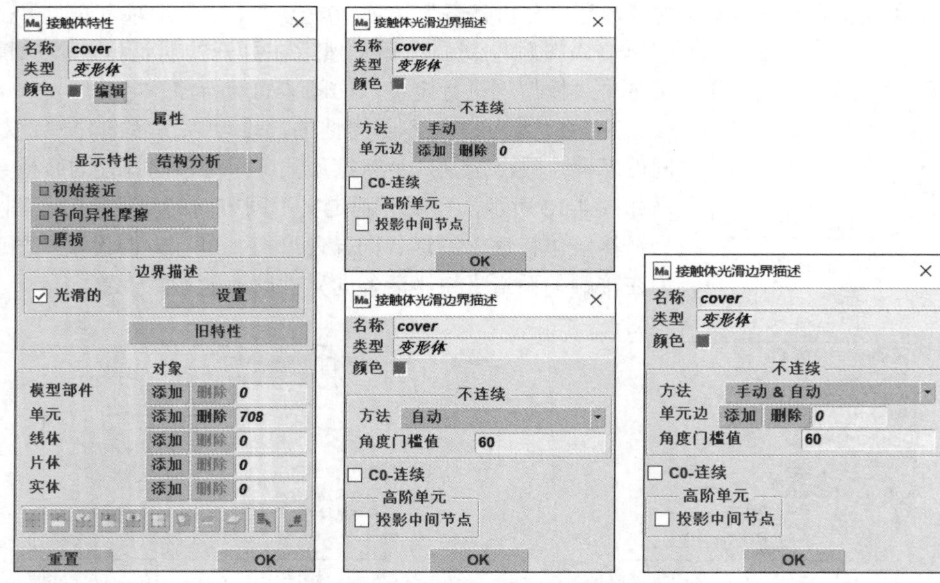

图 4-14　对接触体边界的设置

4. 接近速度

变形体可以设置接近速度，该速度用来控制在分析开始前变形体的刚体移动。当变形体中有任意单元与其他接触体发生接触时，那么定义了接近速度的变形体将停止刚体移动。这里允许沿着全局 X、Y、Z 方向分别设置接近速度，如图 4-15 所示。

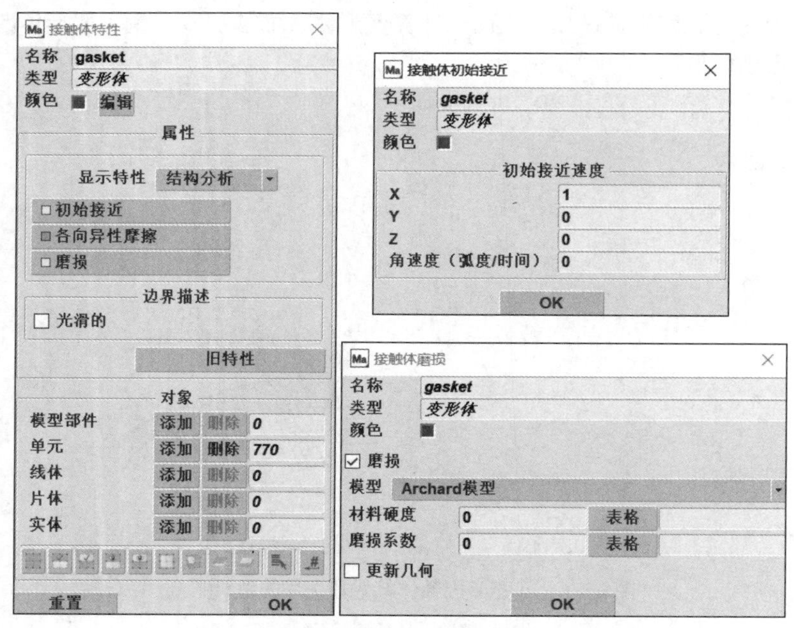

图 4-15　定义变形体参数

5. 磨损

对于承受反复载荷的结构，机械磨损是一个非常重要的物理现象。对于一些工程应用问题，知道磨损的总量和可能引起的几何变化是非常重要的。Marc 提供了磨损分析模型，可以指定变形体与磨损分析相关的参数。Marc 中的磨损模型基于 Archard 方程，该模型不能用于剧烈的磨损行为：

$$W=KF\frac{G_t}{H} \tag{4-16}$$

式中，K 是磨损系数，F 为法向力，G_t 为滑移距离，H 为硬度，W 为磨损量。

将上式转化为增量形式，并用法向应力替代法向力（梁单元例外，以后再讨论）。可以得到一系列模型：

$$\dot{w}=\frac{K}{H}\cdot\sigma\cdot V_{\text{rel}} \quad \text{（简化 Archard 方程）} \tag{4-17}$$

$$\dot{w}=\frac{K}{H}\cdot\sigma^{m}\cdot V_{\text{rel}}^{n} \quad \text{（Bayer 指数形式）} \tag{4-18}$$

$$\dot{w}=\frac{K}{H}\cdot\sigma^{m}\cdot V_{\text{rel}}^{n}\ \exp^{-T_0/T} \quad \text{（Bayer 指数形式并考虑激活温度）} \tag{4-19}$$

上式中，$\dot{w}$为垂直表面方向的磨损变化率，σ 为法向应力，V_{rel} 为相对滑动速度，T_0 为激活温度，T 为当前温度。

一个增量步中，磨损量为$\dot{w}\Delta t$。磨损后节点的坐标要做相应的调整。因此这也要求分析步长不能过大。另外如果磨损累积量很大，则需要做网格重划分。

磨损分析可以采用所有的实体单元、壳单元和梁单元。对于磨损的结果，Marc 和 Mentat 有专门的变量输出及显示，主要有累积磨损量 Wear Index 和当前磨损速率 Wear Rate。关于磨损分析，用户可以参考 Marc 用户手册 E 卷第 8 章的 8.28 和 8.29 例题。

在结构分析中，变形体的定义选择“变形体”类型；在声场、流体（液体、空气或真空）分析中，变形体的定义选择“流体（多物理场）接触体”类型即可。

4.3.2 刚体的定义

对于接触过程中产生的变形可以忽略的物体，可以用刚体来描述。

（1）刚体由描述刚体轮廓的几何实体组成。刚体轮廓的几何描述可直接按 Marc 输入文件中的格式输入所需数据，或在 Mentat 界面中生成，或导入由其他 CAD 系统生成的几何信息。通过各种 CAD 系统与 Mentat 接口可以传输各类刚体的轮廓线或轮廓面，也可用 Mentat 提供的生成曲线或曲面工具创建刚体的轮廓。

（2）Marc 提供了两种不同精度的刚体几何描述方法，如图 4-16 所示。

- 离散描述：直线、弧线、样条曲线、旋转面、Bezier 表面、直纹面、4 点表面、多折面。
- 解析描述：非均匀有理 B 样条曲线、非均匀有理 B 样条表面、孔斯（Coons）曲面、球面。

离散描述方法只有在分段数目足够多时才能达到所需的精度。但用解析的非均匀有理 B 样条曲面或孔斯曲面能提高描述精度，有利于更精确地计算曲面法线，对摩擦的描述更为准确，可使接触迭代的收敛性大大提高。Marc 默认采用解析描述方法描述刚体。

注意

如果一个变形体与多个刚体接触，要避免解析和离散的刚体混用，因为这可能会导致在刚体交叉点的测量精确度下降。

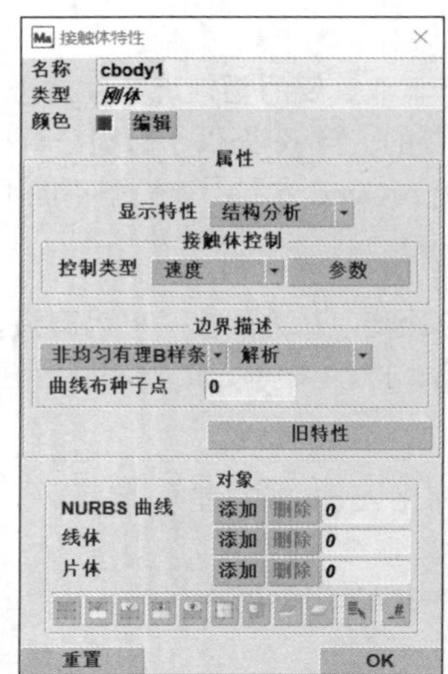

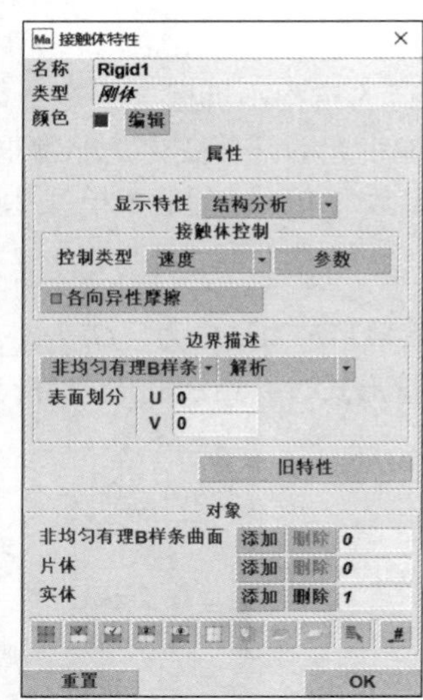

图 4-16 刚体的定义

（3）在 Marc 程序中，对离散描述或解析描述的几何实体都按线性分段来存储。

对解析描述的几何实体采用的细分数仅对屏幕可视化显示的精度有效，内部处理则完全用解析方法定义。采用解析描述的几何实体精度更高，可提供连续变化的法向。

（4）刚体的外轮廓足以描述刚体的几何。例如二维曲线或三维曲面。定义刚体时只需要定义参与接触的局部几何（外轮廓线或外轮廓表面），没有必要定义不可能产生接触的那部分刚体轮廓或内部几何。定义刚体最重要的是区分刚体的可接触表面（外表面）与不可接触表面（内部）。对于二维分析，在 Mentat 中勾选“接触”选项卡中的“标识”复选框进行接触体的识别即可，二维曲线上带有细小分割线的一侧为结构的内表面，不参与接触，而曲线的另一侧为可接触刚体表面。对于三维分析，勾选“接触”选项卡中的“标识面的方向”复选框进行面的内外侧识别即可，根据颜色或标识来判断，黄色表示外侧，紫红色表示内侧。

（5）虽然刚体的定义并不需要包括整个刚体外轮廓，只需定义可能与其他物体产生接触的局部边界，但应该注意必须定义足够长的边界，防止与刚体产生接触的变形体节点在运动过程中滑出刚体表面，如图 4-17 所示。

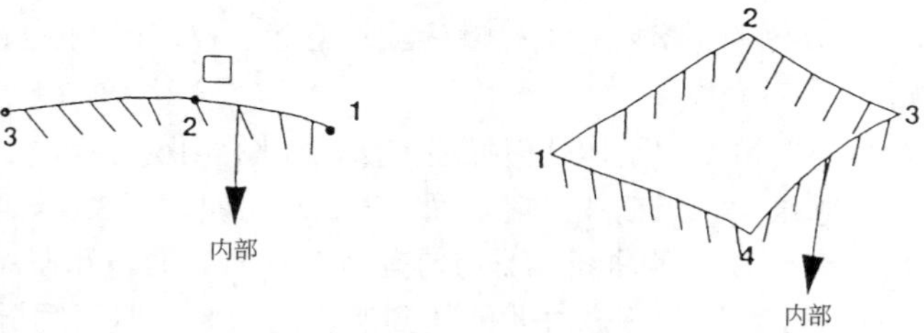

图 4-17 刚性接触体的定义

即便如此，有时也可能出现节点滑出刚体表面的情形。在 Marc 中，退出号“2400”表示中断运行。造成这种错误的原因除了上述刚体表面定义过小外，还有可能是材料局部失稳，使刚度矩阵出现非正定，出现较大的节点增量位移。此时用户可以勾选“接触关系特性”对话框“锐角”选项组中的“接触面段的切向扩展”复选框，系统会将接触面切向延长来解决这类在一个增量步内节点滑出了刚性接触体边界的情况，如图 4-18 所示。

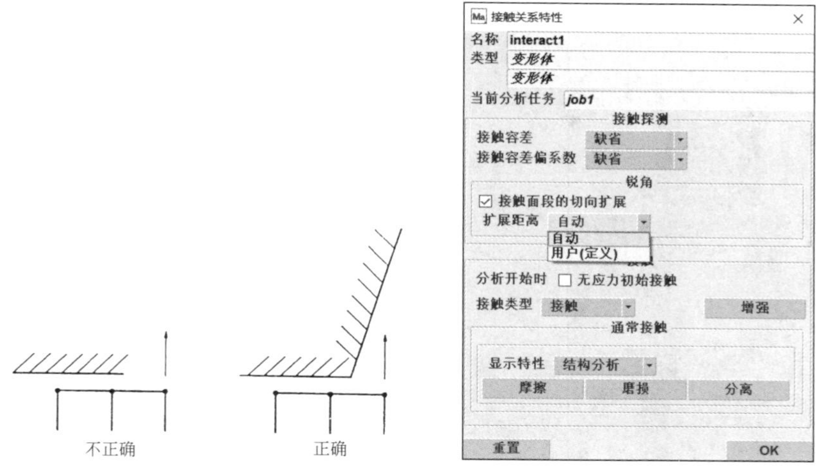

图 4-18 可变形接触体滑出刚性接触体

（6）在 Marc 中不仅可以分析刚体与变形体的接触，还可以分析刚体与刚体之间的接触。

Marc 2020 允许定义两种类型的刚体，分别是“刚体”和“刚体（带节点）”，前者与以往版本 Marc 中的刚体相同，后者在原有刚体基础上增加了关联节点的设置，指定的关联节点可以随着刚体一起运动。

4.3.3 可传热的刚体的定义

进行传热分析的有限单元可以用来描述刚性接触体在接触过程中的温度变化。没有必要把整个物理意义上的物体定义成允许传热的刚性接触体。如果物理意义上的刚性接解体具有非 0 速度，则必须把整个刚体上的所有单元全部包含在允许传热分析的刚性接触体的定义中。Marc 内部也把允许传热的刚性接触体边界节点和单元外边 / 表面转化为可接触节点和接触段 / 片。

4.3.4 刚体运动控制

在变形体与刚体的接触中，变形体的力和位移往往是通过与之接触的刚体的运动产生的。Marc 提供了 3 种方式描述刚体运动，分别为“速度”“位置”“载荷”，如图 4-19 所示。选择其中一种方式，然后定义 X、Y、Z 平动自由度和 X、Y、Z 转动自由度上的运动参数值。

需要说明的是，用给定位置和速度的方法描述刚体运动比给定刚体的载荷更为简单，计算效率更高，计算成本也更低。

在分析开始时，物体之间要么分离，要么处于接触状态，除非有意进行过盈配合分析，否则在整个接触分析过程中物体间不能有穿透发生。

由于刚体的轮廓可能很复杂，用户往往很难找到开始产生接触的确切位置，Marc 提供了自动探测初始接触的功能。对于有非 0 初速度（接近变形体的速度）的刚体，Marc 会自动找到恰好与变形体产生接触却又不使变形体产生运动和变形的刚体位置。

对于热 - 结构耦合分析，这一过程也没有传热发生。如果分析涉及多个具有非 0 初速度的刚体，则在第 0 个增量步，Marc 会使它们全都刚好与变形体接触。也就是说，增量步 0 的接触探测只是使物体刚好与变形体接触，而不在这一增量步对变形体施加任何力和给定非 0 位移，如图 4-20 所示。

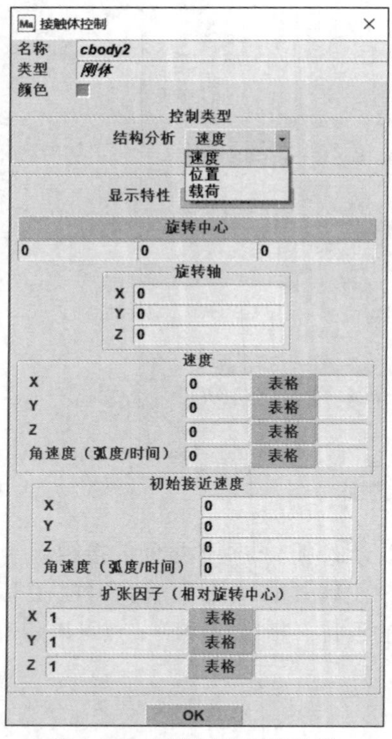

图 4-19　刚体运动控制类型

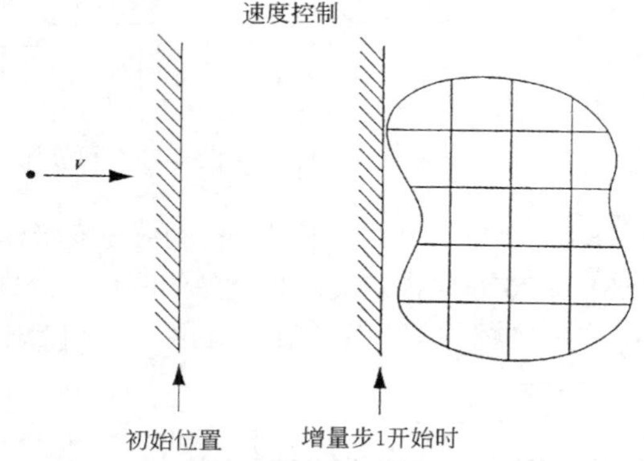

图 4-20　非 0 初始速度刚性接触体的自动接触

采用载荷控制刚体运动时的对话框如图 4-21 所示。注意，图 4-21（a）对应的是 Marc 2019，图 4-21（b）对应的是 Marc 2020。

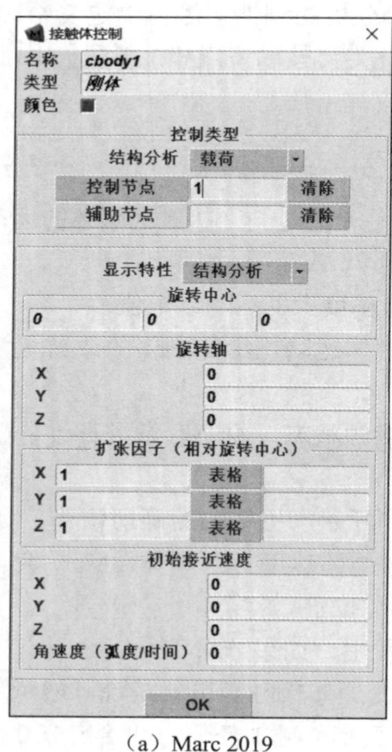

（a）Marc 2019

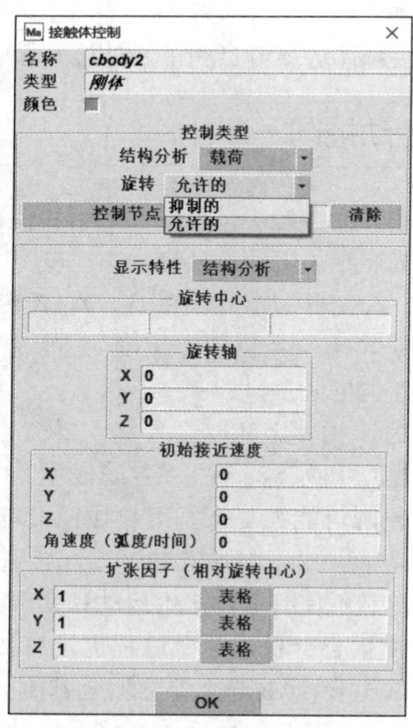

（b）Marc 2020

图 4-21　采用载荷控制刚体运动时的对话框

对于 Marc 2020，仅需要输入一个控制节点，另外需要选择是否允许旋转。如果不允许旋转，则控制节点只有平动自由度；如果允许旋转，则控制节点同时具备平动自由度和转动自由度。可以在控制节点上施加力和弯扭矩，也可以施加平动位移和转动位移。

对于较早版本的 Marc，需要先指定用来控制刚体平动自由度（对应于 X、Y 和 Z 向）的控制节点和控制转动自由度（对应于 X、Y 和 Z 向）的辅助节点。如果未指定辅助节点，刚体就不能旋转。第一控制节点的坐标定义了刚体的旋转中心；第二控制节点的坐标可以是任意的，该节点可以是结构中任意一个存在的节点。

控制节点和辅助节点可以是由用户创建的独立节点，这些节点的运动可以通过边界条件设置。当节点的运动通过边界条件指定时，需要注意以下几点。

（1）可以选择位移约束方式或集中力方式指定在控制节点或辅助节点上施加的位移、转动或力和力矩。

（2）对辅助节点施加的转动，以弧度为单位输入。如果已知转动的角度，则需要将其转换为弧度。

（3）对辅助节点定义转动或力矩时，需要在位移约束或集中力的前 3 个自由度下输入，输入的数值对应的单位分别为转动或力矩的单位。

（4）对于二维问题，控制节点具有两个自由度（X 和 Y 向），辅助节点具有一个自由度（Z 向），此时转动或力矩在位移约束或集中力的第一个自由度（X 向）下输入。

4.3.5　接触体定义技巧

从 Marc 2010 开始，新增的面段对面段接触探测方法对接触体的定义顺序没有要求。但如果采用传统接触探测方法，则定义接触体的理想顺序如下。

（1）先定义变形体，后定义刚体。

（2）在变形体中，应先定义较软的材料，后定义较硬的材料。

（3）两个网格疏密程度不一致的变形体接触时，先定义网格较密的，后定义网格较稀疏的。

（4）先定义几何形状凸起的接触体，后定义几何形状凹陷的接触体。

（5）先定义体积较小的接触体，后定义体积较大的接触体。

错误的接触体定义顺序将导致穿透的发生，如图 4-22 所示。

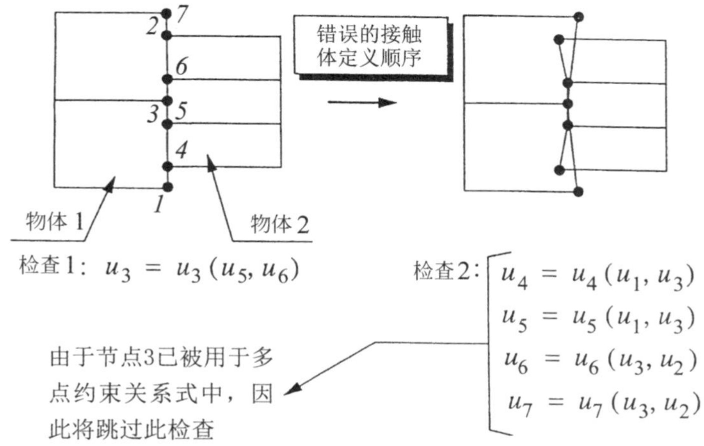

图 4-22　不正确的接触体定义顺序及其后果

在多点约束关系中，对已经被约束的节点，Marc 不会再将其用作保留节点去约束其他节点的位移，因此与节点 3 有关的检查（检查 2）全被跳过，从而产生穿透。正确的接触体定义顺序如图 4-23 所示。因为跳过的检查（检查 2）无关紧要，所以不会造成穿透发生。

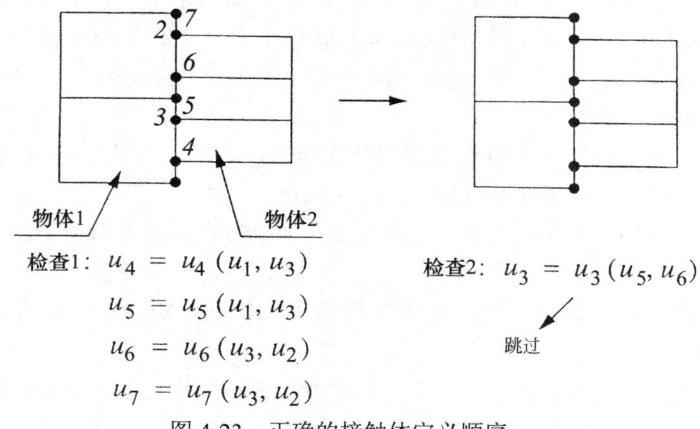

图 4-23　正确的接触体定义顺序

4.4　接触关系的定义

随着仿真对象日渐复杂，研究人员往往需要针对包含几十甚至上百个部件的装配结构进行分析和计算。例如，在航空航天、汽车行业要模拟的装配体机械结构中，经常需要多个部件之间相互作用；在电子工业中，需要多个部件安装在主板上。复杂的装配关系定义会大大增加前处理的工作量和难度。针对这一问题，从 Marc 2013 开始，Marc 增加了新的用于定义复杂接触关系的功能，如图 4-24 所示，从而节约模拟时间。用户可以自定义接触关系属性，如摩擦系数、分离应力、接触容差等，后续在接触表中设置指定接触对属性时可以重复使用，即具有相同接触关系和参数

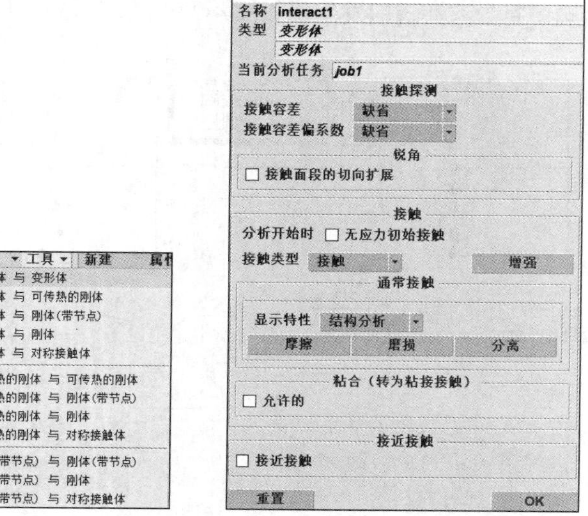

图 4-24　定义接触关系

设置的接触对无须进行重复性创建和参数设置，只需重复选用前一步定义好的接触关系。这样不仅可以大大减少重复性工作，而且在有大量的接触关系要定义时，还可以减少建模时间，节约模型创建和修改的时间可以通过减少需要修改的属性数目来实现。另外，定义接触关系还可以降低建模出错的可能性。

在定义接触关系时，可以按照以下步骤进行定义。

（1）选择接触关系的类型，例如变形体间的接触、变形体和可传热刚体间的接触、变形体和刚体间的接触、可传热刚体间的接触、可传热刚体和刚体间的接触以及刚体间的接触等。

（2）确定接触关系类型后，可以在弹出的对话框中指定以下内容。

- 接触类型：接触或粘接。
- 接触容差 / 偏移系数：默认值或自定义。
- 分离应力、摩擦系数、磨损等参数设置。
- 其他接触参数设置，例如初始应力释放、延迟滑出等。

设置完成后，关闭对话框即可。

4.4.1　粘接接触参数的设置

在许多仿真分析中，部件在数值分析层面被认为是粘接在一起的。这意味着在接触边界不存在法向和切向的相对运动。实际上，部件可以通过铆钉或螺栓、点焊或缝焊连接，通常对这些对象进行建模是比较费时费力的，因此在连接时可以采用粘接方法。将接触类型设为粘接以后，可以选择不同的粘接模型。如果选用默认的“标准”，还可以选择允许分离或者允许粘接打开，所对应的对话框如图 4-25 所示。如果选择了允许分离，用户可单击“参数”按钮，在打开的对话框中定义分离

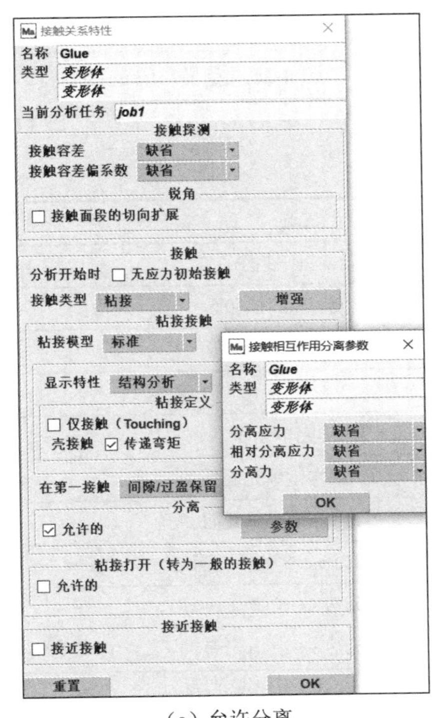

（a）允许分离

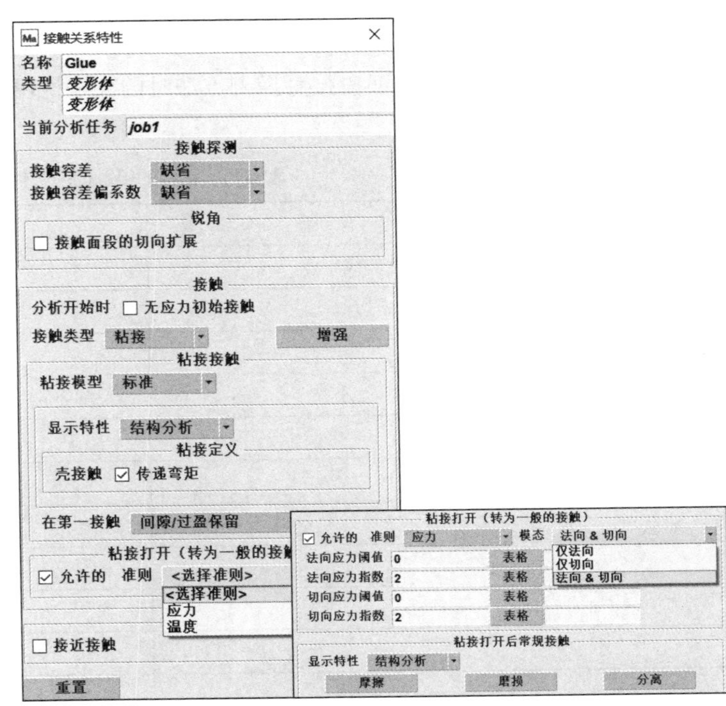

（b）允许粘接打开

图 4-25　粘接设置

的阈值或选择默认值，如图 4-25（a）所示；如果选择了允许粘接打开，用户可以选择打开的准则并定义相应的参数，如图 4-25（b）所示。例如选择了“法向 & 切向”应力准则，软件将根据设定的法向应力阈值和切向应力阈值，使用下列公式判定粘接是否失效：

$$\left(\frac{\sigma_n}{S_n}\right)^m+\left(\frac{\sigma_t}{S_t}\right)^n>1 \tag{4-20}$$

式中，σ_n 为接触法向应力；σ_t 为接触切向应力；S_n 和 S_t 分别为法向应力阈值和切向应力阈值；m 和 n 分别为法向应力指数和切向应力指数，默认值均为 2，用户也可以自定义。另外，这些参数都可以使用表格功能。

对于标准的粘接模型，可以勾选“传递弯矩”复选框，用于壳结构对应的变形体与其他接触体（变形体或刚体）之间的可传弯矩粘接设置。当壳结构与刚体完全刚性粘接时，勾选该复选框可以对变形体产生类似固支约束，而不仅是使平动位移保持一致。

通过粘接设置进行连接件建模相当于刚性连接，结果会表现出过于刚硬的特性。因此增加了“粘着的”（或称为粘合）粘接模型，以避免在某些模型中采用“标准”粘接模型导致的过于刚硬的问题。对于面段对面段接触准则，此处对粘接接触特性粘接接触特性时，允许用户在法向和切向采用单独的有限刚度，这个刚度可以结合表格定义。用户可以通过以下两种方式定义粘着的接触，如图 4-26 所示。

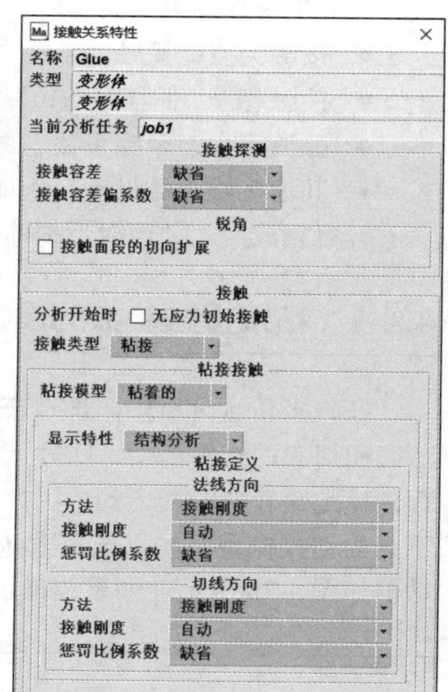

图 4-26　定义粘着的接触

（1）定义单位长度下的刚度。

（2）定义单位长度下的接触应力。

上述两种方式可以用于法向和切向。此外，可以采用用户子程序 UGLUESTIF_STS 定义更为复杂的模型。

该功能仅在采用面段对面段接触探测方法时的某些情况下使用，具体如表 4-1 所示。

表 4-1　粘着的接触使用条件

二维	三维
单元边 vs. 刚性曲线	梁 vs. 刚性面
单元边 vs. 单元边	壳单元面 vs. 刚性面
—	实体单元面 vs. 刚性面
—	梁 vs. 梁
—	梁 vs. 壳单元面
—	梁 vs. 实体单元面
—	壳单元面 vs. 壳单元面
—	壳单元面 vs. 实体单元面
—	壳单元边 vs. 壳单元边
—	壳单元边 vs. 壳单元面
—	壳单元边 vs.. 实体单元面
—	实体单元面 vs. 实体单元面

4.4.2　接触参数的设置

相比前一小节介绍的粘接接触，常规的接触更常见，其接触关系特性定义对话框如图 4-27 所示。下面对其中的一些常用选项做说明，以便读者更好地理解它们的功能和使用方法。

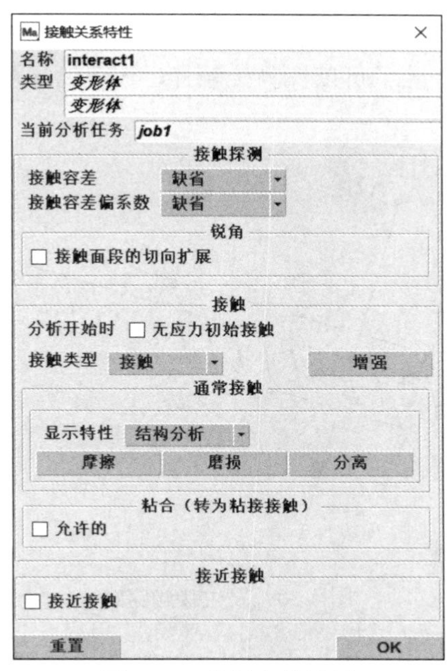

图 4-27　接触参数设置

1. 接触容差

理论上，节点恰好位于某个接触段 / 片上时即认为发生接触，但在数值计算接触过程中，要精确描述节点恰好在一个接触段 / 片是比较困难的。因此，引入接触段 / 片上的接触距离容差来解决这个问题，如图 4-28 和图 4-29 所示。

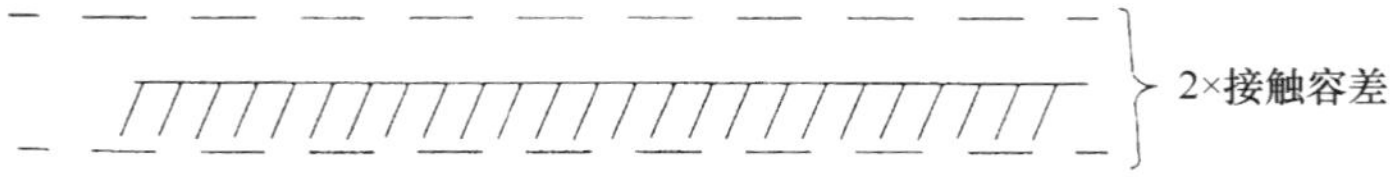

图 4-28　接触面附近的接触距离容差

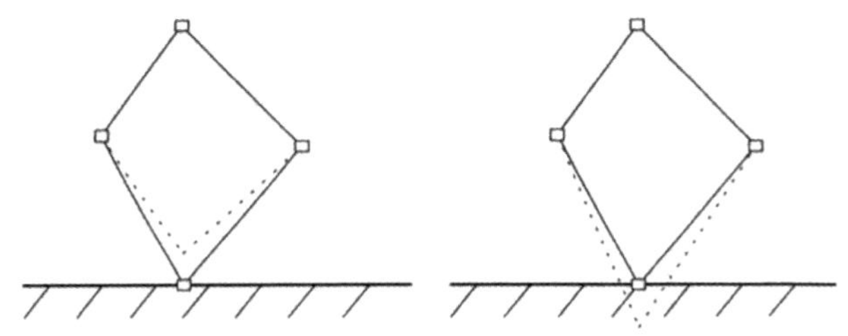

图 4-29　位于接触距离容差内的节点被认为发生接触

如果某一节点的空间位置位于接触距离容差之内，就被当成与接触段 / 片接触。Marc 提供了接触距离容差的默认值，对于实体单元，它是系统最小单元尺寸的 1/20；对于壳单元，它是最小单元厚度的 1/4。一般情形中，采用这种默认的接触距离容差就足以解决接触问题。特殊情况下，用户可以重新定义接触距离容差。

关于最小单元尺寸需要强调的是，在由连续单元组成的结构的接触分析中，要求单元最小边长不小于 10^{-5}。这个值会影响默认接触距离容差的数值，用户应尽量选用较小的单位制，避免出现小于 10^{-5} 的单元边长。设置接触距离容差，接触体之间的距离在这个容差范围内，即被认为发生接触。使用接触距离容差，除了可以探测接触外，还可以探测接触穿透是否发生，如图 4-30 所示。

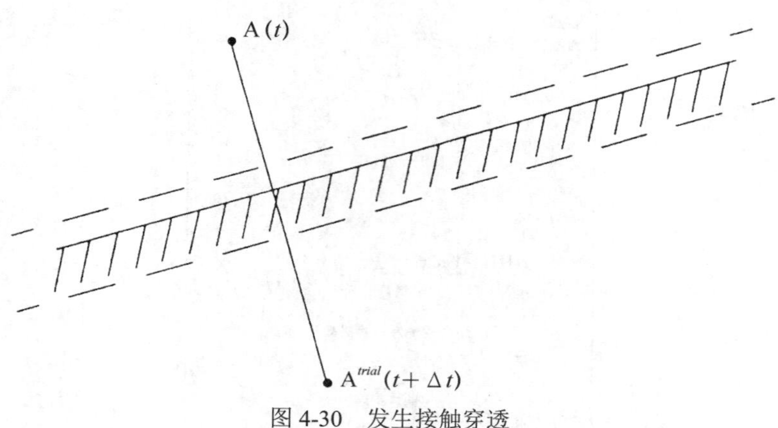

图 4-30　发生接触穿透

在某一时间增量步 t 到 $t+\Delta t$ 内，如果点 A 从 t 时的 A(t) 移动 $t+\Delta t$ 时的 $A^{trial}(t+\Delta t)$，$A^{trial}(t+\Delta t)$ 已经超出了接触段的接触距离容差，发生穿透。此时，Marc 可以自动地通过进一步细分该增量步，使得在细分后每个新的增量步内都不发生穿透，时间增量按如下规律进行线性细分：

$$\Delta t_{new} = \frac{d-D}{d}\Delta t_{old} \tag{4-21}$$

其中 Δt_{new} 为新的时间增量，Δt_{old} 为原来的时间增量，d 为节点沿接触面法线方向的原位移增量，D 为当前增量步开始时节点到接触面的距离。这种对时间步长的细分有时会降低计算效率。用户也可打开相应的开关，人工干预这种由于穿透引起的时间步细分。也就是说允许在当前增量步结束后发生穿透，只是将所发生的穿透放在下一个增量步开始时去处理。

为了避免这种穿透发生，用户可以在确定加载步长时直接选用较小的增量步长。

2. 偏移系数

数值实验表明，接触距离容差的大小对接触求解精度和计算效率的影响很大。接触距离容差越小，接触计算结果的精度就越高。但是，如果接触距离容差太小，就难于探测出节点与接触段 / 片接触，而且一旦时间步长稍大，就可能有很多节点易被处理成穿透。此时需要很细的时间分步，这样在提高计算精度的同时也增加了计算成本。

对此可以采用一个非常有效的折中方案，使接触距离的误差范围发生偏移，接触体外表面的接触距离误差比内表面的接触距离误差稍大。这种控制只需输入一个偏移系数，其取值在 0 到 1 之间。默认值为 0，表明无偏移发生，接触段 / 片内外的接触距离容差相等，引入接触距离的非 0 偏斜系数 B（$0 \leqslant B < 1$）后，可以改变这种情形。

选择 $B > 0$ 的优点有：由于允许节点穿透的接触距离增加，减少了增量步的进一步细分；同时，由于判断节点接触的距离误差减小，客观上提高了接触计算精度，如图 4-31 所示。

实践表明这种处理提高了计算结果精度，又使计算成本较为合理。

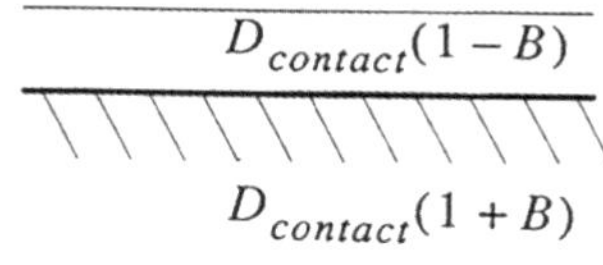

图 4-31 $B>0$ 接触距离容差设置

3. 无应力初始接触

在增量步为 0 时，变形体节点和接触刚体之间可能有小的间隙或者过盈关系，系统会自动探测变形体和刚体之间可能接触的节点，然后通过改变接触节点的坐标来消除刚体和变形体之间在初始增量步时的小的间隙或者重叠，并且将接触面上的初始应力消除。

4. 分离

已经与表面产生接触的接触节点在后续的迭代步或增量步中，可能会因外载荷作用或接触体之间的相互作用而与接触面分离。

当在与表面接触的节点上作用一个拉力时，该节点就必然与接触面分离。从理论上来说，接触节点的反力为 0 时恰好分离。但在实际处理数值时，由于各节点的力平衡方程不能精确消除误差，在发生分离时，节点上仍有一个小的力存在，因此需要设置一个引起接触节点发生分离的最小节点反力，以避免发生不必要的分离。也就是说，只有当接触反力大于最小分离力时，才发生分离。如果这个分离力取得太小，就会导致节点与接触面之间处于不断分离和不断接触的振荡，使接触迭代难于收敛；如果分离力取得太大，又会使真正需要分离的节点不易分离，产生不真实的接触行为。

Marc 将结构中所有无接触的节点残差的最大值作为分离力。在 Marc 中，默认将 10%的最大反力作为最大残差。需要小心的是，在局部高反作用力的区域，如果采用相对残差作为收敛判据，就可能使残差太大，导致在反作用力较低的区域，计算结果误差较大。此时最好减少相对残差容限，或改用位移作为收敛性判据。

用户也可自行指定分离力的大小以满足其特殊的需要。分离门槛值可以在图 4-32 所示的对话框中设置。

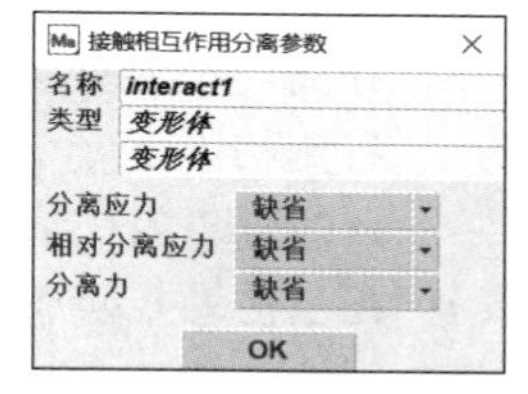

图 4-32 “接触相互作用分离参数”对话框

可以根据分析的类型和模型的特点选择分离应力或分离力进行门槛值的设置，这里支持默认设置和自定义两种方式。另外，在分析任务参数中也有一些关于分离的控制参数。

5. 分离后释放接触反力

当接触发生时，接触节点产生的反作用力应和与该点有关的附近单元内的应力相平衡。当分离发生时，这一接触反力就像残余力（作用于自由点上的外力为零）。原来在变形体中接触反力产生的内应力必须重新分布，以适应分离后的无外力边界条件。如果分离前反作用力幅值太大，则完成分离后常常需要好几次应力重分布的迭代。

值得注意的是，在静力分析中，如果变形体的约束只来自与之接触的其他物体，而无另外的边界约束，当物体与其他物体分离后，就会出现刚体移动。在静力分析中，这会导致系统刚度矩阵畸异或非正定发生，施加合适的边界条件就可以避免这一问题。例如，手动施加足以约束刚体运动的若干弹簧，且弹簧的刚度要选得足够小，不至于对变形体的变形产生太大影响，或采用 Mentat 提供的接触力渐渐删除功能自动释放，相关参数可以在“分析工况”→“属性”→“接触”中进行设置，如图 4-33 所示。

6. 控制节点分离的发生

在许多分析中，存在接触发生后接触力很小的情况，例如桌上的一页纸与桌子的接触。由于有限元处理的数值误差会对较小的数值计算产生较大的影响，导致数值上的波动，使得接触迭代时，接触后分离、分离后又接触的非真实现象频繁发生，增加计算成本。对此，Marc 提供了一些附加接触控制参数，利用这些控制参数可在接触计算时将接触迭代的数值波动减至最小。

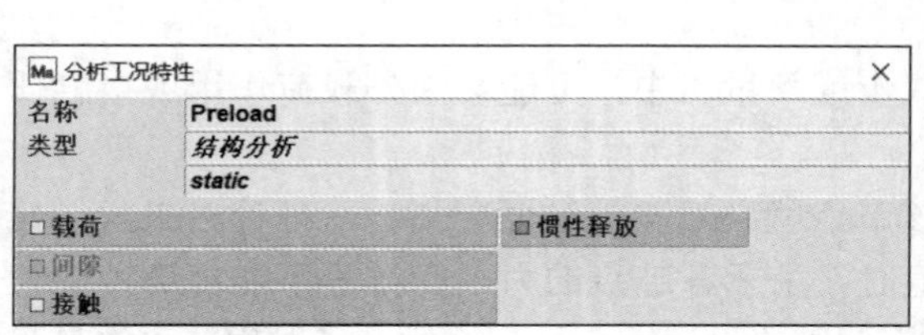

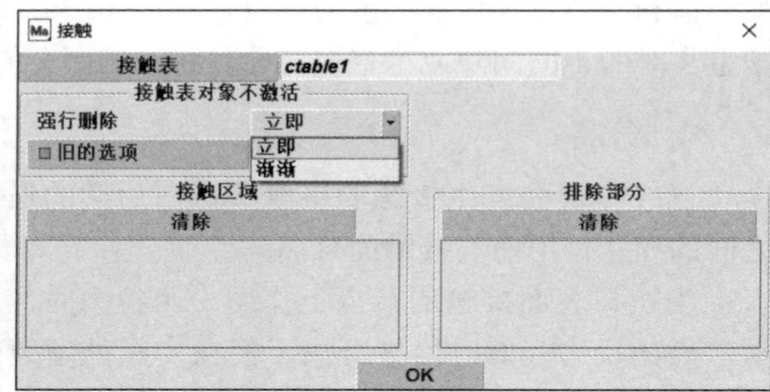

图 4-33　接触释放设置

Marc 提供了一些参数用于人工干预增量步内发生的分离，如图 4-34 所示。

- 给定允许在一个增量步的接触迭代中节点分离的最大次数（每个增量步允许的最大分离次数），以便减少计算时间。
- 在前一个增量步结束时，已处于接触的节点在当前增量步结束后的接触检查中被发现产生分离，理应重新回到当前增量步开始新的接触探测。如果打开相应开关（选择“增量步”右侧的“下一个”单选项），可以迫使程序认为当前增量步内该节点未产生分离，而将节点的分离放在下一增量步开始时处理。
- 在当前增量步中，如果发现新的节点产生接触，打开相应开关（选择“振荡”右侧的“抑制的”单选项），可迫使该点在当前增量步内不产生分离。这一措施是为了阻止在增量步内接触迭代出现多次接触与分离交替变化的振荡。

将这几种对分离的人工干预结合起来，可以使某些接触迭代特别难于收敛的增量步也能得到结果。实践表明，这些控制参数非常有效，可以通过“分析任务”→“属性”→“接触控制”→“高级接触控制”进行设置，如图 4-34 所示。

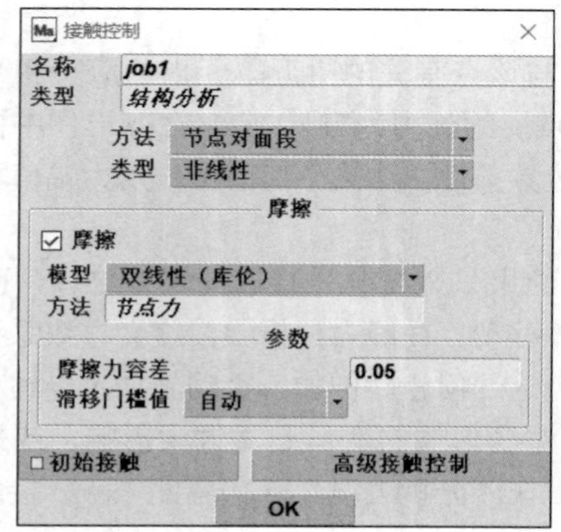

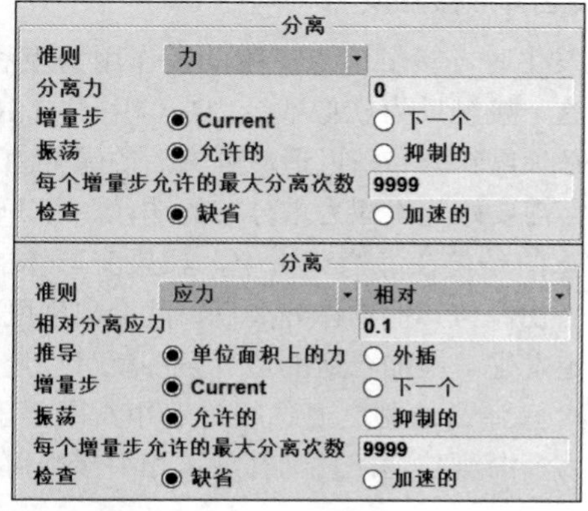

图 4-34　节点分离控制的参数设置

4.5 接触表的定义

接触表用于指定接触对之间的接触关系和接触定义的各种高级选项列表，如图 4-35 所示。

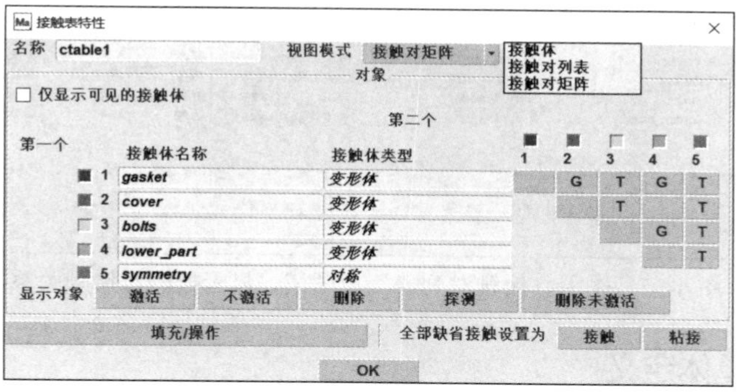

图 4-35 “接触表特性”对话框

图 4-35 所示的对话框提供了 3 种视图模式：“接触体”“接触对列表”“接触对矩阵”。“接触对矩阵”是默认的视图模式，也是 Marc 2013 前一直沿用的模式，而“接触体”和“接触对列表”视图模式为新增选项。

采用“接触体”视图模式显示时，需要单击“特征接触体”按钮，选择要定义或要查看的接触体名称，选择完成后会相应显示已定义的与该接触体存在接触关系的接触体名称、接触体类型、接触关系等，如图 4-36 所示。

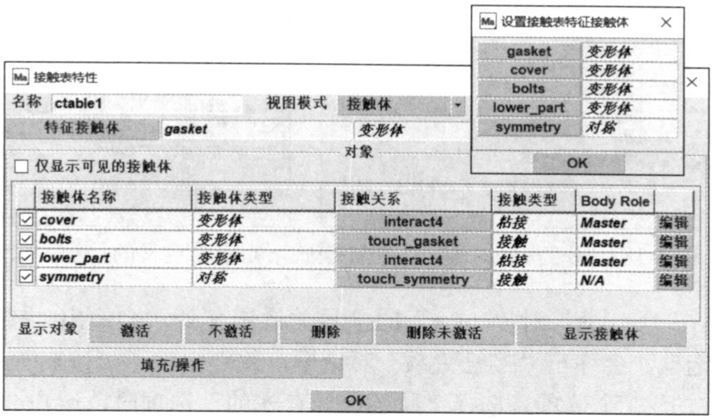

图 4-36 采用“接触体”视图模式显示接触对接触关系

采用“接触对列表”视图模式时，模型中定义的全部接触对的接触关系通过列表方式一一列出，可以单击“编辑”按钮或“接触关系”下方列出的名称打开相应对话框，然后进行对应接触关系和参数的查看和编辑。勾选“显示接触体类型”复选框，可以以不同的方式显示接触对列表，即在图 4-37 所示内容的基础上还可以显示各个接触体的类型。勾选“仅显示可见的接触体”复选框，可以在列表中只显示图形区显示的接触体相关的接触关系。对于接触体数目较多，接触表比较庞大的情况，可以通过这种方式进行接触表显示的简化，方便准确地选择和定义接触对之间的接触关系。

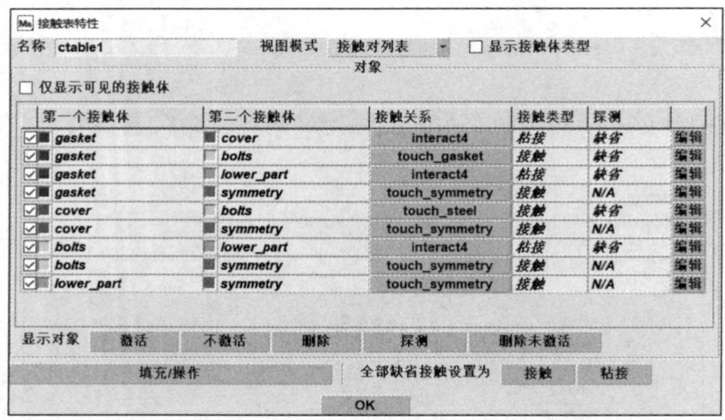

图 4-37 采用“接触对列表”视图模式显示接触对接触关系

4.5.1 接触表的具体定义

下面分别讲解采用“接触对矩阵”视图模式和“接触体”视图模式定义接触表的方法。

1. 采用“接触对矩阵”视图模式定义接触表

在 Mentat 2020 中进行接触表定义，可以先将两类接触关系定义完成，然后在接触表中一一指定对应的接触关系，如图 4-38 所示。

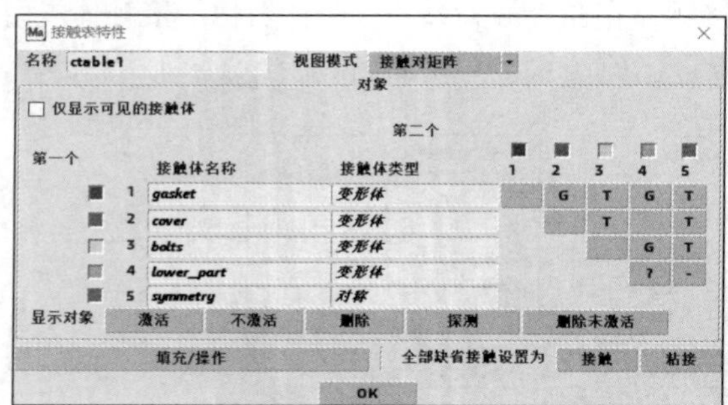

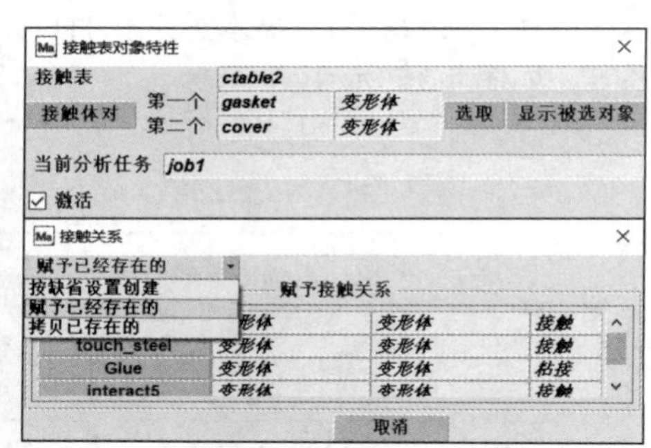

图 4-38 在“接触对矩阵”视图模式下指定已定义的接触关系

在图 4-38 中，单击“gasket”对“cover”的接触关系定义处，会弹出“接触表对象特性”对话框，勾选“激活”复选框，会弹出“接触关系”对话框，软件提供了“按缺省设置创建”“赋予已经存在的”“拷贝已存在的”3 个选项。选择“赋予已经存在的”选项时，用户会看到已经定义的接触关系列表，直接选择使用即可；选择“按缺省设置创建”选项时，软件会按照默认的设置（接触关系为变形体间的接触，其他参数采用默认值）自动创建一个接触关系；选择“拷贝已存在的”选项时，软件会将选定的（已定义的）接触关系按照相同参数但不同名称进行复制，从而创建新的接触关系。

在图 4-38 中，接触对（横向和纵向）相交处可能出现的符号有以下 5 种。

（1）空白：表示该接触对未激活且未指定任何接触关系，即没有激活，同时也没有指定任何接触关系。

（2）?：表示该接触对未指定任何接触关系，即已经激活，但没有指定任何接触关系。

（3）-：表示该接触对没有激活指定的接触关系，即没有激活，但已经指定接触关系。

（4）T：表示该接触对存在“接触”关系。

（5）G：表示该接触对存在“粘接”关系。

2. 采用“接触体”视图模式定义接触表

Mentat 可以让用户自定义接触关系属性，如摩擦系数、分离应力 / 力、接触容差等，这些属性可以在指定接触对属性时重用。当需要给大量接触体定义相互之间的接触关系时，如果采用“接触对矩阵”视图模式，则需要分多屏显示接触矩阵，操作起来会不方便，此时采用“接触体”视图模式更为方便。

“接触体”视图模式下接触表的定义如图 4-39 所示。

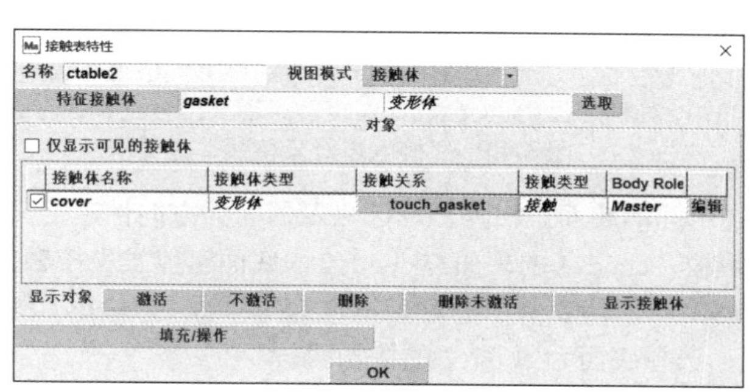

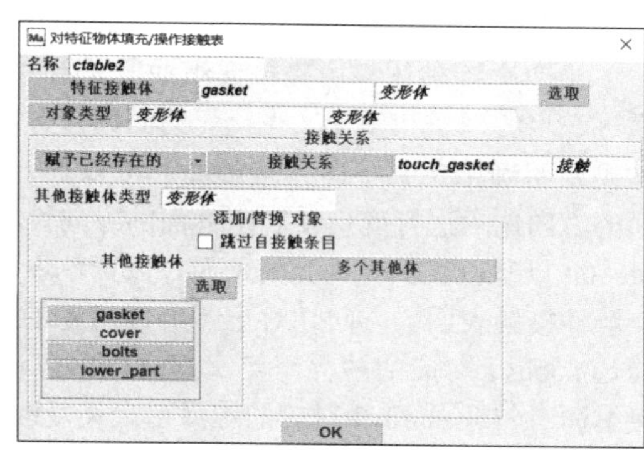

图 4-39　“接触体”视图模式下接触表的定义

新建接触表并把“视图模式”改为“接触体”，然后需要确定“特征接触体”，这里选择“gasket”，单击“填充 / 操作”按钮，会弹出“对特征物体填充 / 操作接触表”对话框。确定接触关系，例如选择已经设好的“touch_gasket”，然后选取与特征接触体相接触的接触体，如“cover”，再单击“OK”按钮，可以在“接触表特征”对话框中看到“gasket”与“cover”的接触关系。依次类推，可以定义其他接触对之间的接触关系。

“显示对象”选项后有 5 种编辑功能，可以针对（可设置为只对图形区可见的）接触体进行接触关系状态的修改。

（1）激活：激活所有接触列表中可见的接触关系。

（2）不激活：不激活所有接触列表中可见的接触关系。

（3）删除：删除所有接触列表中可见的接触关系。

（4）删除未激活：删除所有接触列表中可见的处于未激活状态的接触关系。

（5）显示接触体：显示所有接触列表中可见的接触体。

4.5.2　接触检查顺序

Marc 在对相互接触的两个物体进行接触检查时，对节点 - 面段接触探测方法提供了单边检查和双边检查两种模式。

单边接触检查只检查先定义的接触体上的节点是否穿透其本身或后定义的接触体的接触段 / 片。对变形体与刚体进行接触分析，采用单边接触检查。而对两个相互接触的变形体进行接触分析，采用双边接触检查，按接触体定义的先后顺序，依次检查所有接触体上的可能接触节点是否穿透其本身或所有定义的其他接触体的接触段 / 片。实施双边接触检查的时候，并无主节点和从节点之分。与单边接触检查相比，双边接触检查的计算精度较高，但计算时间较长，数据存储量也相应增加。

可选用指定接触节点的选项接触区域下的可能的接触菜单来指定节点，进一步减少接触数据存储和缩小接触检查范围，只对那些最可能与其他接触体产生接触关系的边界节点实施接触检查。

4.5.3 接触表参数的设置

下面讲解接触表参数的具体设置方法。

1. 边界重定义

在接触表中定义接触体之间的接触关系后，可进一步设定接触参数。接触的其他参数在图 4-40 所示的“接触表对象特性”对话框中定义。

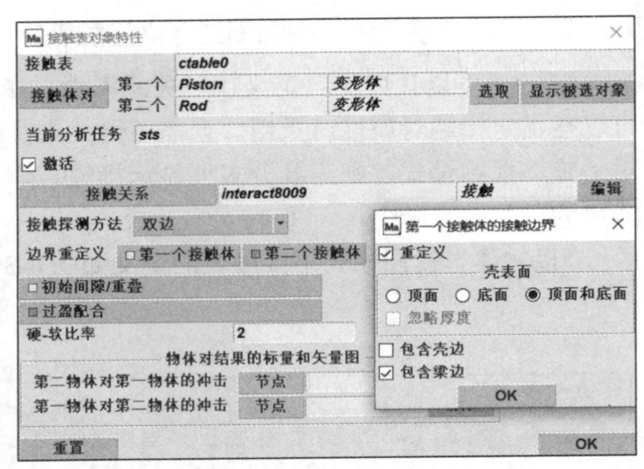

图 4-40 “接触表对象特性”对话框

当两个接触体都由壳单元组成时，有时需要做进一步的判断和设置。壳单元的面具有方向性，如果要明确指定某一面为接触面，可以打开标识面的方向选项进行变形体和刚体面的方向性检测。Mentat 以蓝色表示壳单元的顶面，以黄色表示壳单元的底面。根据图形区显示的面的方向性，定义接触体接触表面的方向。对于图 4-41 所示的两块板，cbody1 的顶面与 cbody2 的底面可能发生接触。勾选 cbody1 对应的边界重定义复选框，出现类似于图 4-40 所示的对话框，选择顶面为 cbody1 的接触面。勾选 cbody2 对应的边界重定义复选框，选择底面为 cbody2 的接触面。

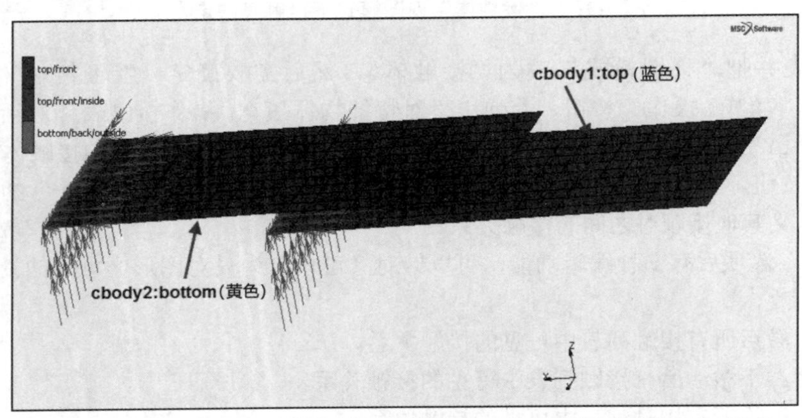

图 4-41 上下两块板的壳单元的方向性显示（蓝色为顶面，黄色为底面）

当两块板平行上下接触时，如果勾选“忽略厚度”复选框，那么在接触分析时根据中性面上节点位置进行接触探测。当两块板侧向或者垂直接触 / 粘接时，需要勾选“忽略厚度”复选框，否则计算结果会不准确。

勾选“包含壳边”复选框，在接触分析中进行接触探测时，还会包含对壳单元边的检查；勾选“包含梁边”复选框，在接触分析中进行接触探测时，还会包含对梁单元边的检查。

2. 初始间隙 / 重叠

当勾选图 4-42 所示的“初始间隙 / 重叠”复选框时，接触体的节点被投影到被接触体上与之距离最近的面段上，在接触节点上会产生一个距离向量。这个距离向量接下来按照用户定义的“间隙 / 重叠”值（在“间隙 / 重叠”右侧输入的数值）被修改，并用于调整对应接触体的表面，而不需要对节点进行重定位（通过初始应力释放选项对节点重新定位）。在分析过程中，距离向量基于关联节点的位移和转动被持续地更新。采用“初始间隙 / 重叠”的好处在于可使由偏置带来的应力分布更为均匀。

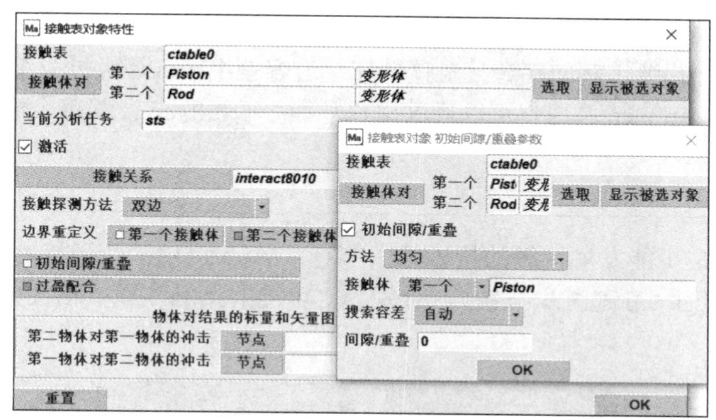

图 4-42　初始间隙 / 重叠参数设置

3. 过盈配合

在通用机械工程中，普遍采用过盈配合来传递扭矩和轴向力，例如轴承配合、轴瓦配合、铁道车辆的轮轴、制动盘等。过盈配合利用过盈量产生半径方向的接触面压力，并依靠由该面压力产生的摩擦力来传递扭矩和轴向力。在过盈配合中，由于两个相配合的接触面上不能粘贴应变片，因此难以对其应力状态进行测定，更难以对整个组装过程的应力状态进行跟踪研究。此外，这种配合方式往往承受着交变载荷的作用，配合面间可能发生相对滑动，这一滑动是随着应力变化而变化的，配合面边缘的接触状态和应力状态也随着应力的交变而变化，因此一般只能凭经验确定采用的过盈量。近年来，随着非线性理论的不断完善和计算机技术的飞速发展，利用非线性有限元法来分析这类问题已日趋成熟。

过盈问题是接触问题的一种，属于边界条件高度非线性的复杂问题。其特点是在接触问题中，某些边界条件是通过对初始条件进行计算得到的。两接触体间的接触面积和压力分布随外载荷的变化而变化，同时还包括正确模拟接触面间的摩擦行为和可能存在的接触传热。

Marc 实现过盈配合分析有 5 种不同的方法，如图 4-43 所示。

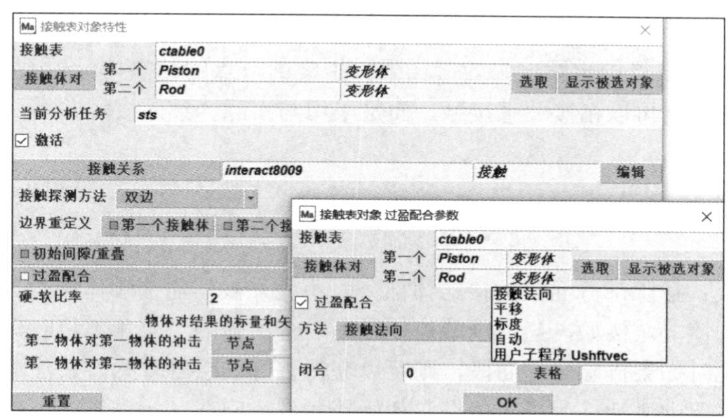

图 4-43　过盈配合参数设置

这 5 种方法均可以用于过盈配合（包括很大过盈量的结构）的装配分析，下面分别介绍。

（1）接触法向：用表格定义过盈量的变化。

（2）平移：依据具体接触对的情况，可以选择要移动的接触体和定义移动的参考坐标系。对于盘轴类的过盈配合，通常可以用柱坐标系定义径向的过盈量。

（3）标度：依据具体接触对的情况，可以选择要缩放的接触体和坐标系。

（4）自动：可以选择要求解的穿透接触体并在穿透容差中输入最大过盈量。

（5）用户子程序 Ushftvec：用户可以通过用户子程序 Ushftvec 计算每个接触节点的移动矢量。

4.5.4 接触区域

接触区域用来设定可能发生接触的接触体的节点，Marc 提供了两种接触区域定义选项（单击“接触区域”选项组中的“新建▼”按钮），分别为“可能的接触”和“粘接失效”，对应的对话框如图 4-44 所示。

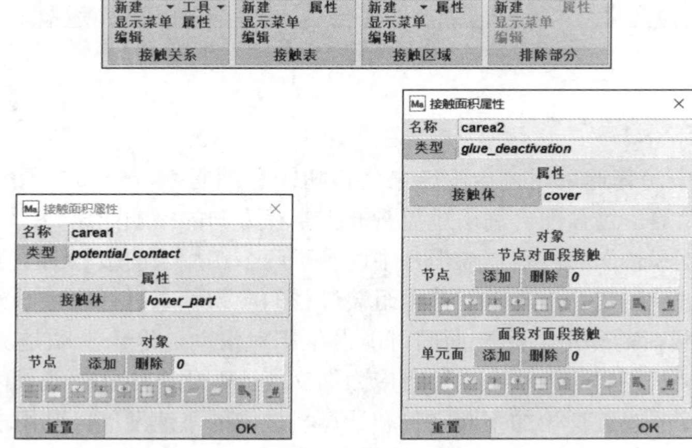

图 4-44　接触区域定义

1. 可能的接触

可能的接触为接触体指定可能发生接触的节点，只有被指定的节点才能作为此接触体会发生接触的节点。

2. 粘接失效

为接触体中的特定节点指定粘接失效，如果被指定的节点的粘接接触关系满足粘接分离条件，则对应节点再次接触时不再以粘接关系接触，而是采用与实际一致的接触关系。

4.6 排除部分的定义

排除部分的定义：排除部分面段的接触体部分，不允许被其他接触体接触。此功能适用于难以获得合理接触条件的情况，例如，当一个节点接触另一个实体的一个角部位时，它会沿着该角部位的错误面段滑动，此时如果排除一些面段，则可以获得更好的接触行为。请注意，排除部分必须在要使用它们的分析工况中激活。为了正确探测初始接触，还应在（接触控制菜单里的）初始接触菜单中激活所需的排除部分。排除部分的定义包括接触体和接触体边界上的边或面。

4.7 汽车车门密封件接触分析计算实例

本节通过汽车车门密封件接触分析计算实例讲解在 Marc 中进行接触分析的一般思路与过程。

4.7.1 问题描述

在密封件与车门的接触问题中，由于密封件在接触过程中会产生很大的变形，因此可用变形接触体描述；而车门是由钢板焊接而成的，接触过程中的变形很小，可以忽略，可用刚体描述。

在密封件与车门的接触中，使密封件变形的力与位移是由与之接触的车门的运动产生的。描述刚体运动的方式一般有以下 3 种。

（1）给定位移：定义与刚体相关的参考点，给定参考点的平动位移和绕参考点的转动位移，确定刚体的空间运动轨迹。

（2）给定速度：刚性接触体的运动可由刚性接触体参考点的平动速度和转动速度定义。

（3）给定载荷：当在刚体上施加外力时，需要对刚体指定附加节点。

用给定位移和给定速度的方法描述刚体运动比用给定载荷简单，计算效率更高。本节采用给定位移的方式描述刚体运动，即在 X 方向压缩 7mm。

分析长度为 200mm 的密封件与车门的接触变形时，由于密封件的截面形状在长度方向上保持一致，所以密封件采用平面应变单元描述，即 4 节点四边形单元，单元数为 976。密封件与车门的接触分析模型如图 4-45 所示。

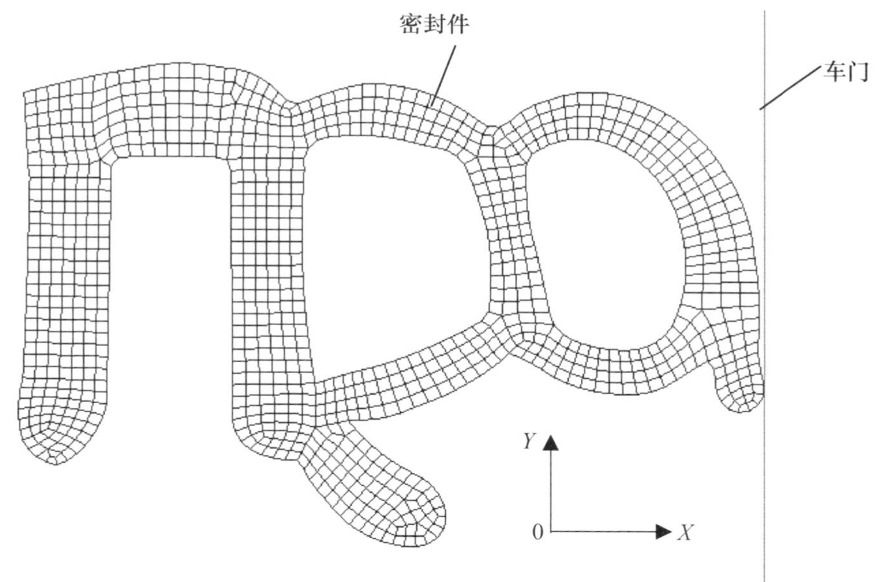

图 4-45 密封件与车门的接触分析模型

密封件的变形形状和接触法向力、接触法向应力及接触摩擦力分布如图 4-46 所示。当密封件压缩 3.5mm 时，密封件与车门的接触长度为 9.1mm，接触法向力为 3.6N，接触法向应力为 0.038MPa，接触摩擦力为 0.72N。当密封件压缩 7mm 时，密封件与车门的接触长度为 10.1mm，接触法向力为 3.19N，接触法向应力为 0.056MPa，接触摩擦力为 0.64N。从图 4-46 可以看出，密封件的压缩量不同，密封件与车门的接触长度就不同，接触法向力、接触法向应力及接触摩擦力的分布也不同。

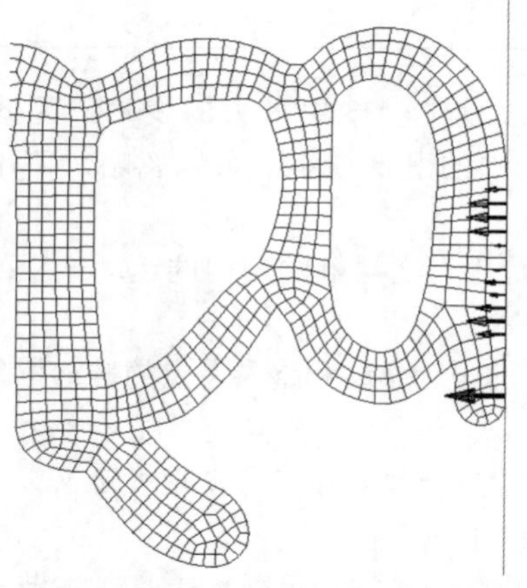

（a）压缩量为 3.5mm 时的接触法向力分布

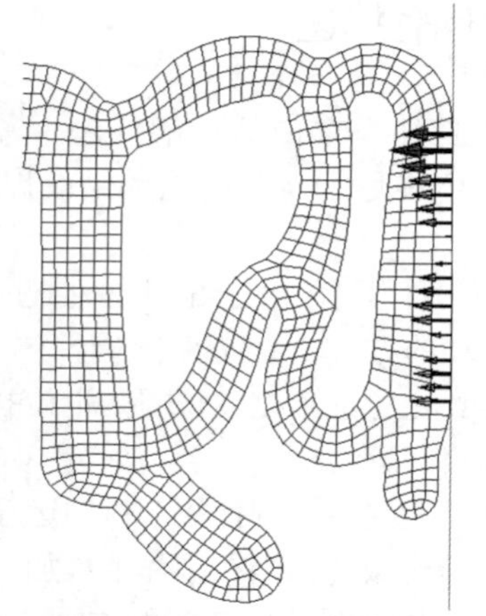

（b）压缩量为 7mm 时的接触法向力分布

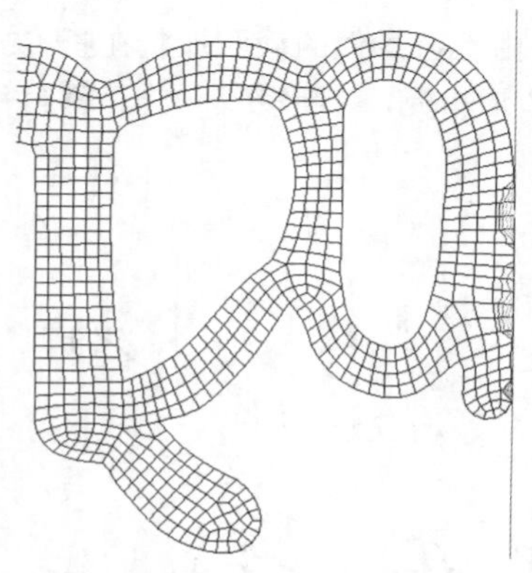

（c）压缩量为 3.5mm 时的接触法向应力分布

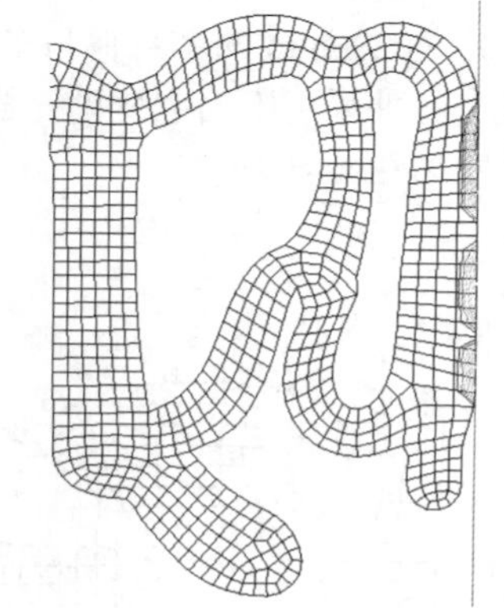

（d）压缩量为 7mm 时的接触法向应力分布

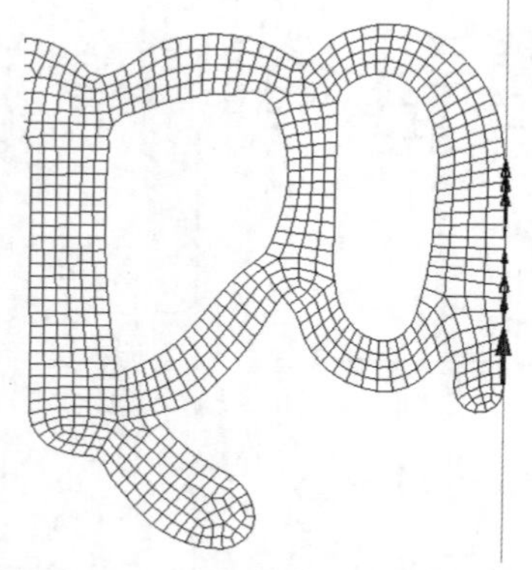

（e）压缩量为 3.5mm 时的接触摩擦力分布

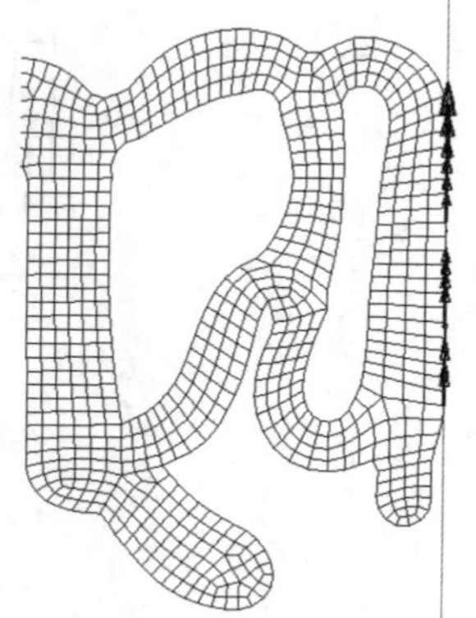

（f）压缩量为 7mm 时的接触摩擦力分布

图 4-46 密封件的变形形状和接触法向力、接触法向应力及接触摩擦力分布

4.7.2 前处理

车门密封件接触分析的前处理主要包括以下 7 个步骤。

1. 导入几何模型与网格

本例的模型采用的是“第 4 章”文件夹下的 S2000_2D.mud 模型。对于 Marc/Mentat 2020，每个模型的分析的维数都是确定的。对于本例，导入初始模型时就可在界面顶部见到 分析 PLN 结构分析 标识，表示本模型为平面模型。

2. 定义几何特性

密封件的几何特性采用“结构平面应变”，“厚度”为 200mm，具体参数设置如图 4-47 所示。

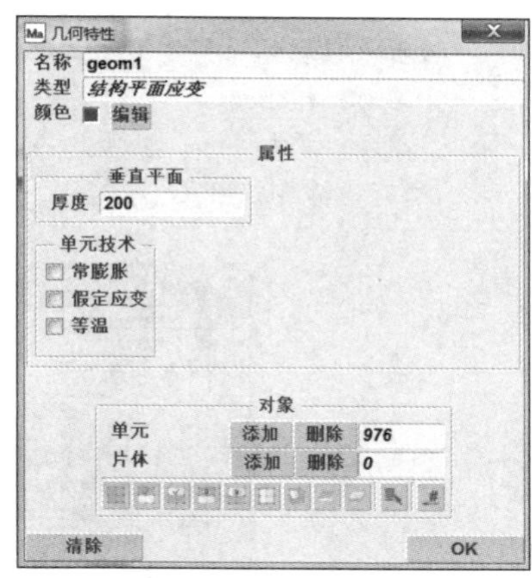

图 4-47　定义几何特性

3. 定义材料特性

密实橡胶采用“Mooney”类型，“体积模量”由软件自动计算得到，具体参数设置如图 4-48 所示。海绵橡胶采用“泡沫”类型，具体参数设置如图 4-49 所示。

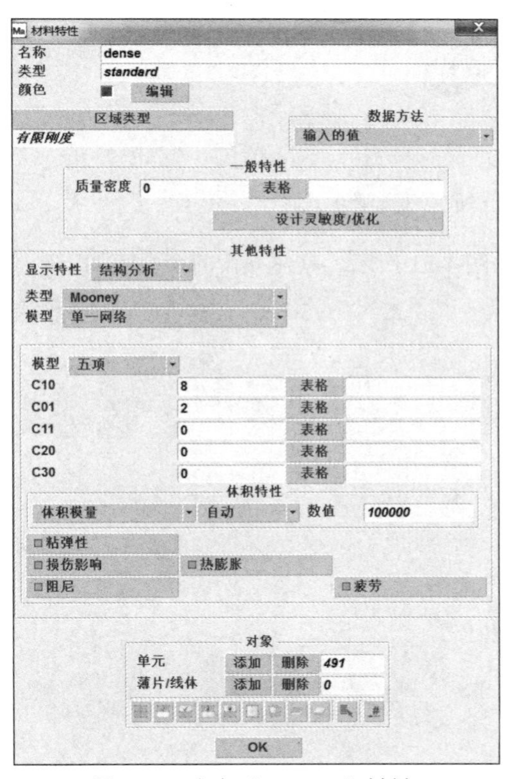

图 4-48　定义“Mooney”材料

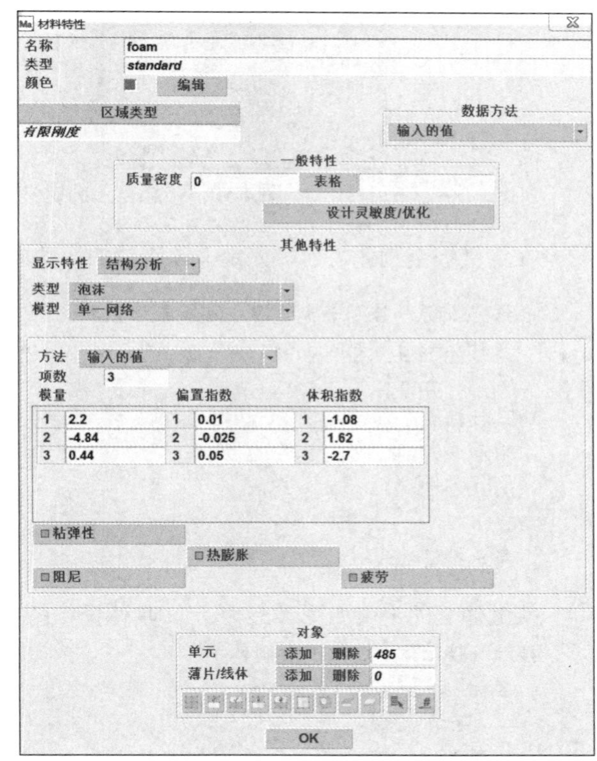

图 4-49　定义“泡沫”材料

4. 接触定义

接触定义是车门密封件接触分析的关键步骤，主要包括接触体的定义和接触方向检查。

（1）定义接触体。

- 接触体 1：海绵橡胶作为“变形体”，使用离散描述。
- 接触体 2：车门钣金作为“刚体”，使用解析描述，压缩距离为 7mm，在 1s 内完成。

接触体 1 的定义如图 4-50 所示。具体操作的命令流如下：

接触→接触体→新建▼→变形体

名称：rubber

单元：添加

所有海绵橡胶单元

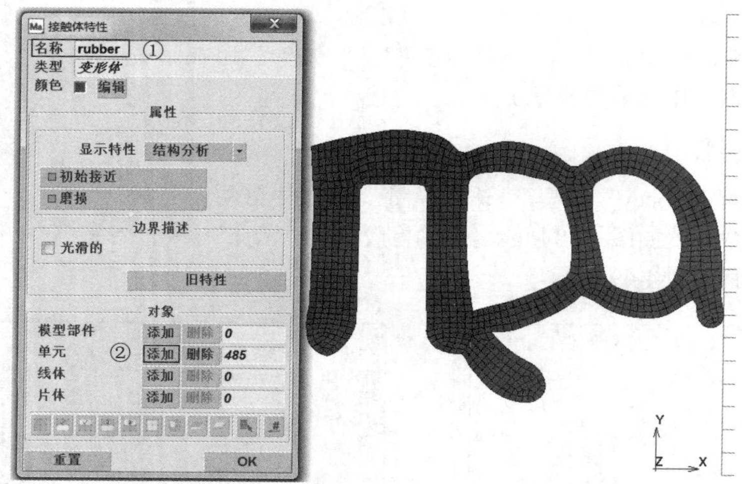

图 4-50　接触体 1 的定义——海绵橡胶（变形体）

在定义钣金刚体之前，先定义该刚体的运动曲线，如图 4-51 所示。具体操作的命令流如下：

表格 坐标系→表格→新建▼ →1个自变量

名称：rigid_displacement

类型：time

⊙ 数据点

增加点

0　0

1　1

显示完整曲线

接触体 2 的定义如图 4-52 所示。具体操作的命令流如下：

接触→接触体→新建▼→刚体

名称：door

--- *接触体控制* ---

位置▼

参数

--- *旋转中心的位置* ---

X：　-7　表格：rigid_displacement

Y：　0

OK

NURBS 曲线：添加

选择右边直线

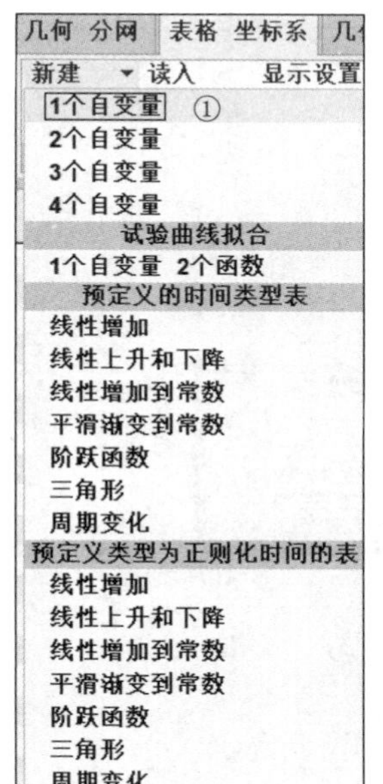

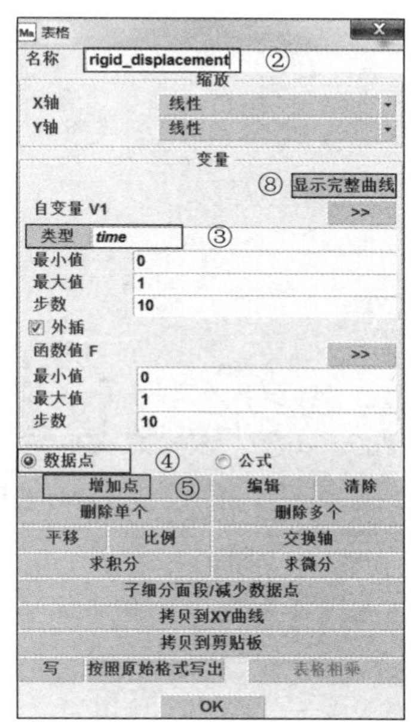

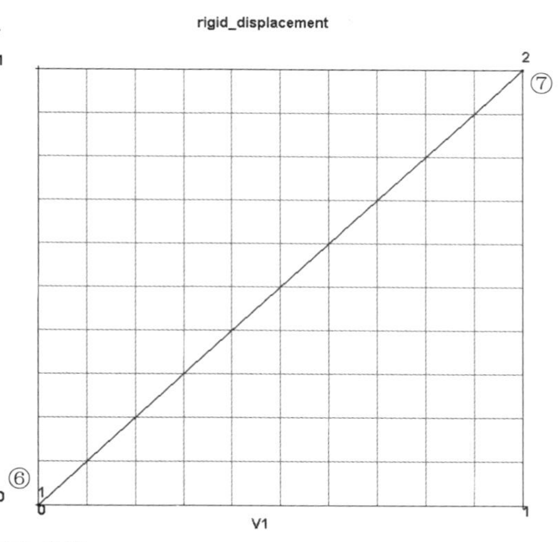

图 4-51　定义刚体运动曲线

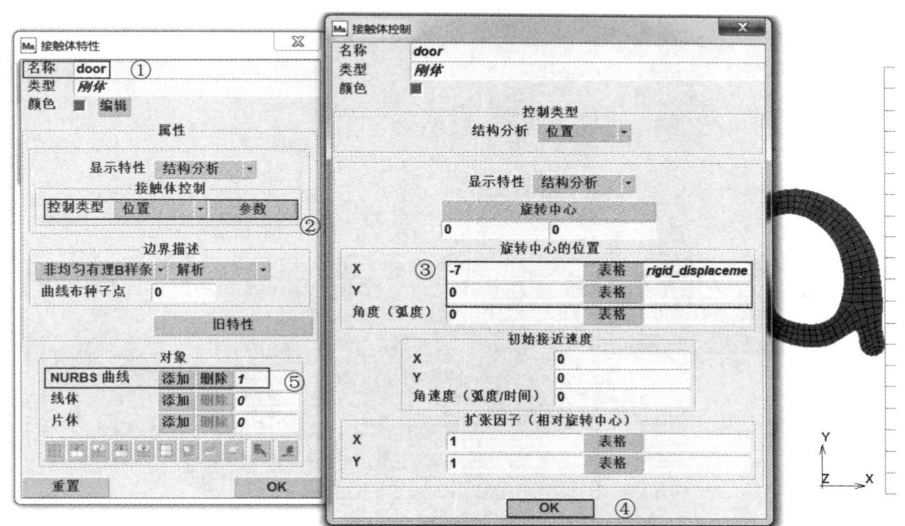

图 4-52　接触体 2 的定义——车门钣金（刚体）

（2）查看刚体内表面的方向。

具体操作的命令流如下：

接触→接触体→☑ 标识

查看接触体是否是外表面（Outside）接触（曲线刚体带短线的一面为内表面）。如果不正确，则可以单击“工具▼”按钮，选择“曲线方向反转”选项，然后选择接触方向不正确的曲线。

（3）设置接触关系和接触表。

本例中，接触关系比较简单，主要是设置变形体和刚体的一般接触关系，设置“摩擦系数”为 0.2，如图 4-53 所示。具体操作的命令流如下：

接触→接触关系→新建▼→变形体与刚体
摩擦
摩擦系数：0.2
OK
OK

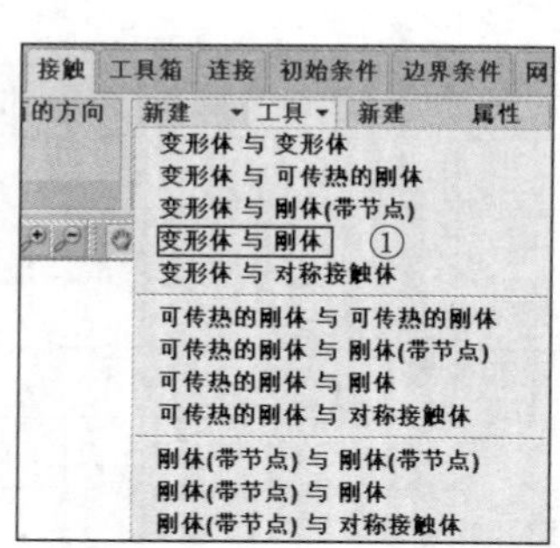
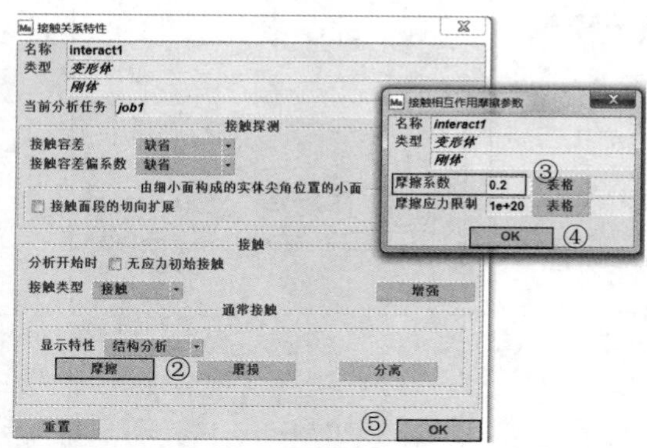

图 4-53 接触关系的设置——变形体与刚体

接触表的设置如图 4-54 所示。具体操作的命令流如下：

接触→接触表→新建
单击变形体rubber与刚体door对应的按钮
☑ 激活
接触关系
interact1
OK

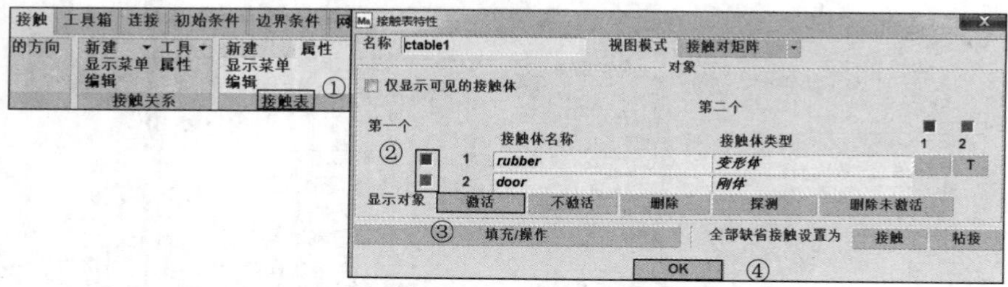

图 4-54 接触表的设置

5. 边界条件定义

本例中边界条件只有一个。具体操作的命令流如下：

边界条件→新建（结构分析）▼→位移约束
--- 属性 ---
☑ X向位移：0
☑ Y向位移：0
节点：添加

选择密实橡胶底部 20 节点，设置边界条件的操作如图 4-55 所示。

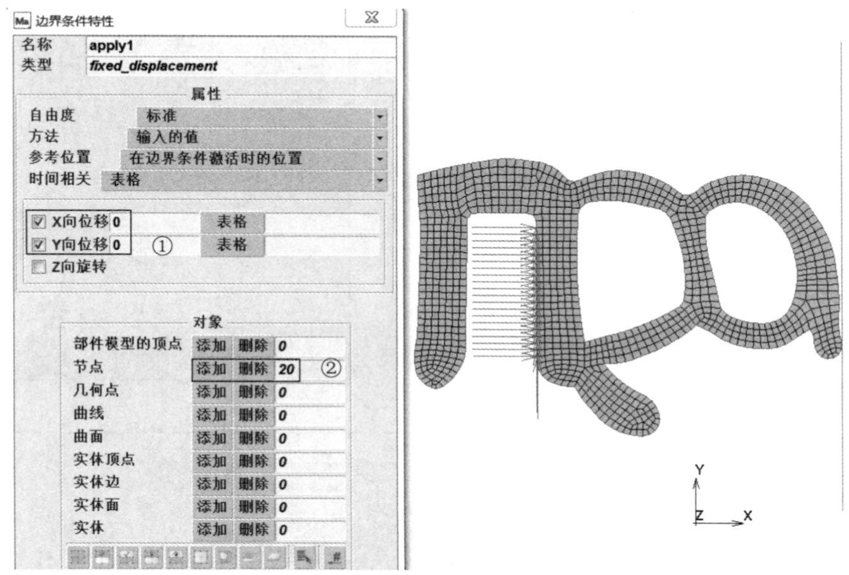

图 4-55　边界条件的设置

6. 载荷工况定义

定义静力分析工况，总时间为 1s，固定时间步长，步数为 50。选择残余力收敛准则，相对残余力收敛容差为 0.1，如图 4-56 所示。具体操作的命令流如下：

分析工况→新建▼→静力学
　载荷
　OK
　接触
　接触表
　　选择ctable1
　OK
　求解控制
　☑ 非正定
　　--- *迭代方法* ---
　⊙ 全牛顿-拉夫森方法
　--- *初始应力对刚度的贡献* ---
　⊙ 全部
　收敛判据
　--- *方法和选项* ---
　方法：残余力
　模态：相对
　OK
　整体工况时间： 1
　---*时间步方法*---
　固定：⊙ 固定时间步长
　步数： 50
　OK

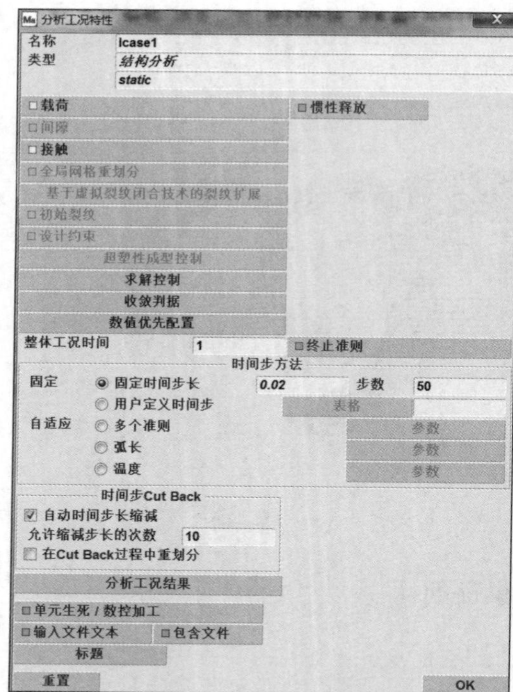

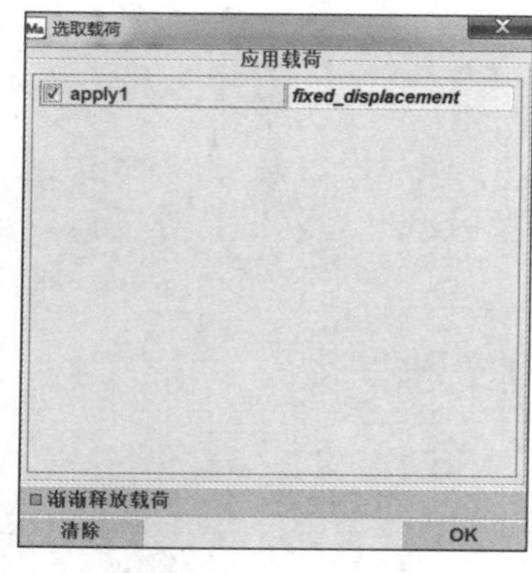

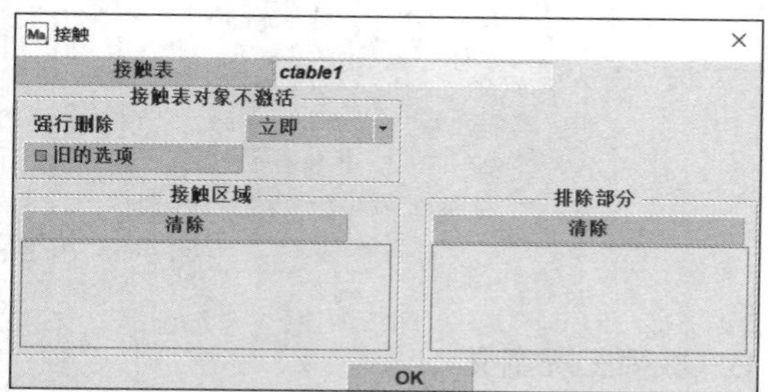

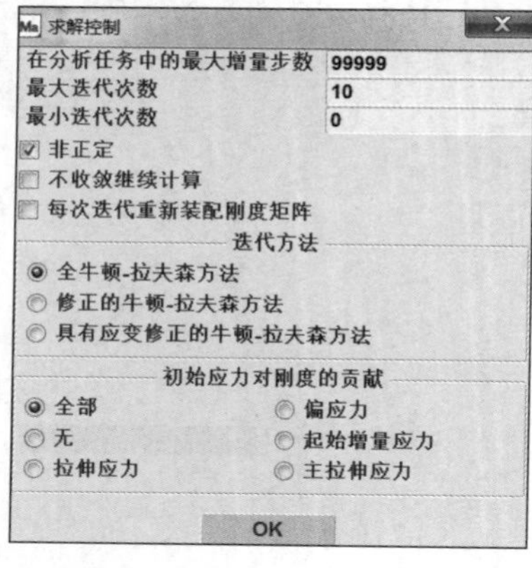

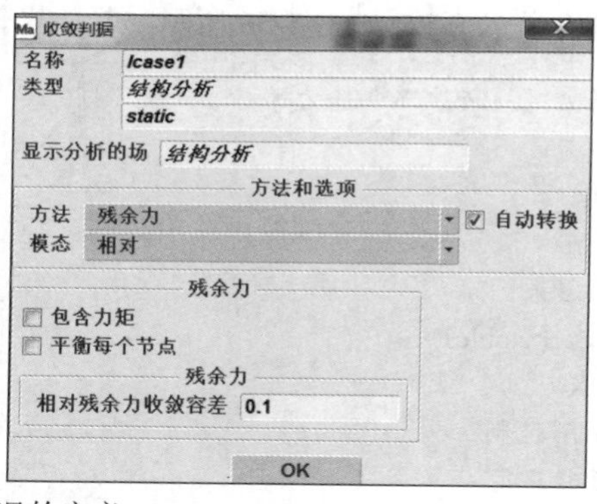

图 4-56 分析工况的定义

7. 作业定义

作业定义主要包括定义分析任务、设置分析任务结果和定义单元类型。

（1）定义分析任务。

选择已有的工况；选择大应变选项；海绵橡胶单元类型号为 11，为 4 节点平面应变单元；密实橡胶单元类型号为 80，为 4 节点平面应变单元。分析任务的定义如图 4-57 所示。具体操作的命令流如下：

```
分析任务→新建▼→结构分析
  ⊙ 大应变
  选出的：lcase1
  接触控制
  方法：节点对面段▼
```

类型：非线性▼

☑ 摩擦

模型：粘-滑（库伦）▼

方法：节点力

参数为默认值

OK

在初始接触处也可以选择接触表，本例可以不选。

（2）设置分析任务结果。

单击“分析任务结果”按钮，在可选的单元张量栏中勾选总应变张量，在可选的单元标量栏中勾选等效柯西应力，在可选的节点结果栏中勾选位移、接触法向应力、接触法向力、接触摩擦应力、接触摩擦力。分析任务结果的设置如图 4-58 所示。具体操作的命令流如下：

☑ Total Strain

☑ Equivalent Cauchy Stress

自定义▼

☑ 位移

☑ Contact Normal Stress

☑ Contact Normal Force

☑ Contact Friction Stress

☑ Contact Friction Force

OK

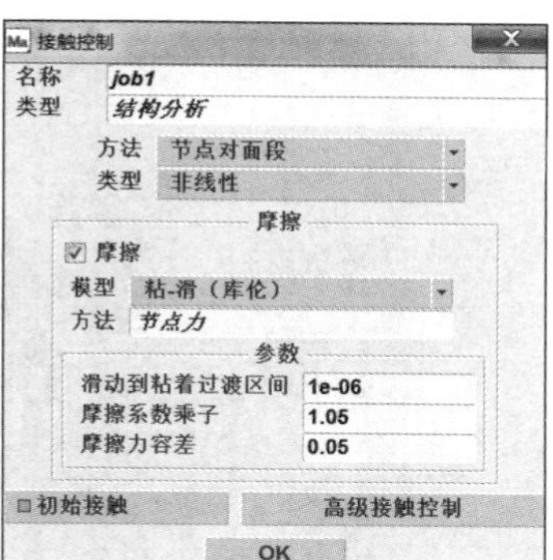

图 4-57 分析任务的定义

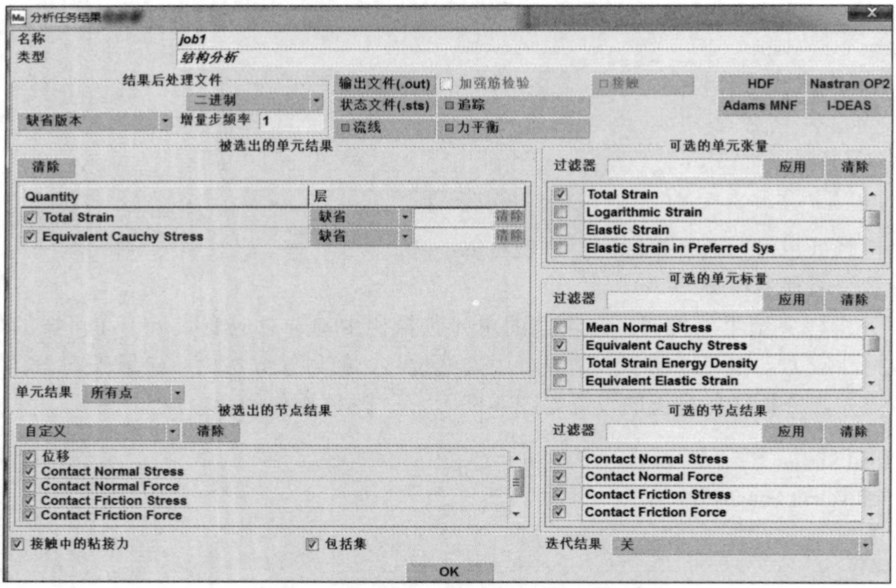

图 4-58　分析任务结果的设置

（3）定义单元类型，如图 4-59 所示。具体操作的命令流如下：

分析任务→单元类型
实体
平面应变全积分：11
所有海绵橡胶单元
平面应变全积分 & Herrmann：80
所有密实橡胶单元
OK
OK
提交
提交任务（1）
监控运行

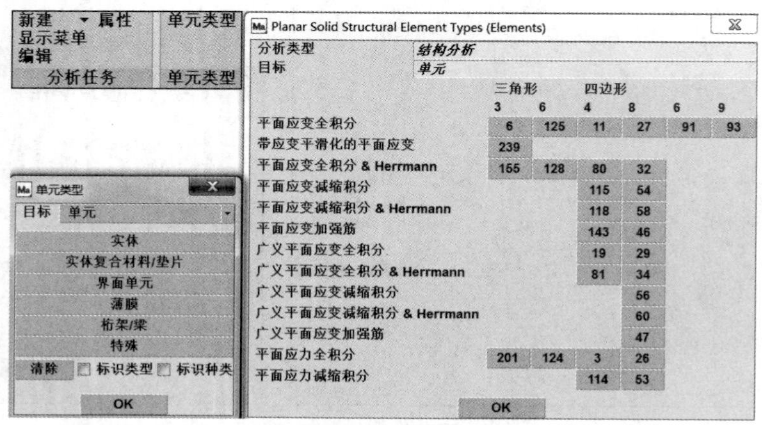

图 4-59　定义单元类型的定义

4.7.3　后处理

分析完成时，可以查看密封件变形后的形状及接触法向力、接触法向应力、接触摩擦力。

（1）打开后处理文件。具体操作的命令流如下：

结果→模型图
---变形形状---
样式：变形后 ▼
---矢量图 ---
样式：开▼

（2）查看接触法向力。具体操作的命令流如下：

矢量：　Contact Normal Force

单击 ▶ 查看接触法向力的动态变化，如图 4-60 所示。

（3）查看接触摩擦力。具体操作的命令流如下：

矢量：　Contact Friction Force

单击 ▶ 查看接触摩擦力的动态变化，如图 4-61 所示。

（4）查看接触法向应力。具体操作的命令流如下：

---标量图 ---
样式：等值线▼
标量：　Contact Normal Stress

单击 ▶ 查看接触法向应力的动态变化，如图 4-62 所示。

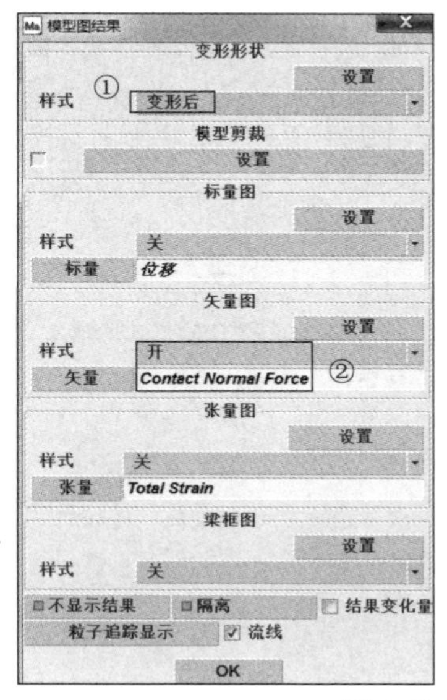

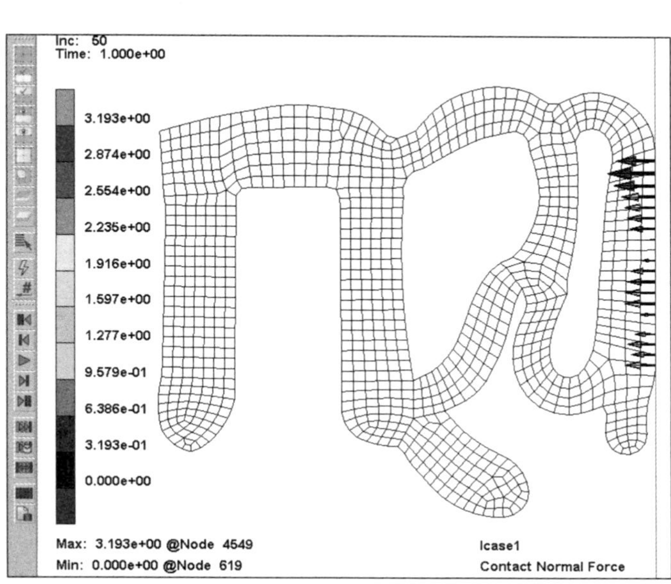

图 4-60　密封件变形后的形状及接触法向力设置

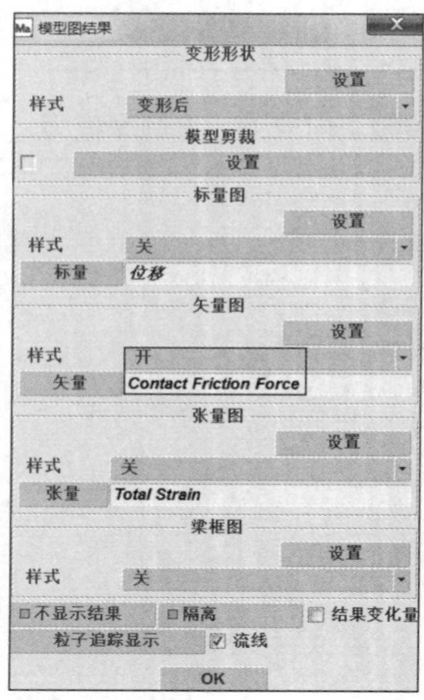

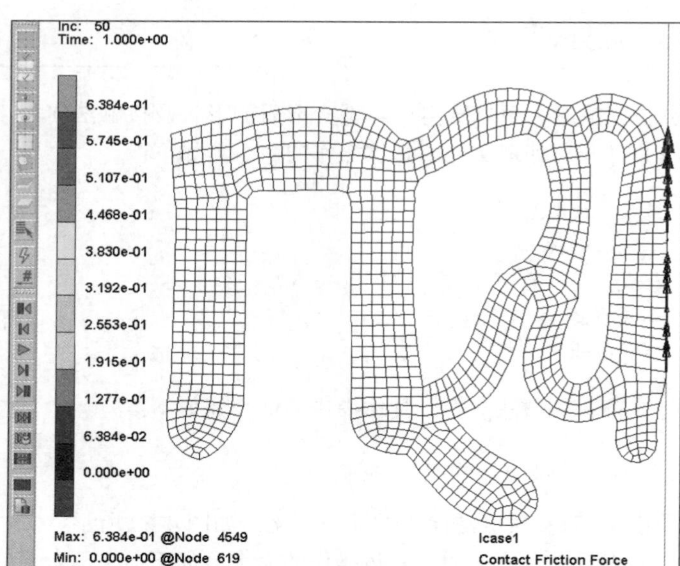

图 4-61　密封件变形后的形状及接触摩擦力设置

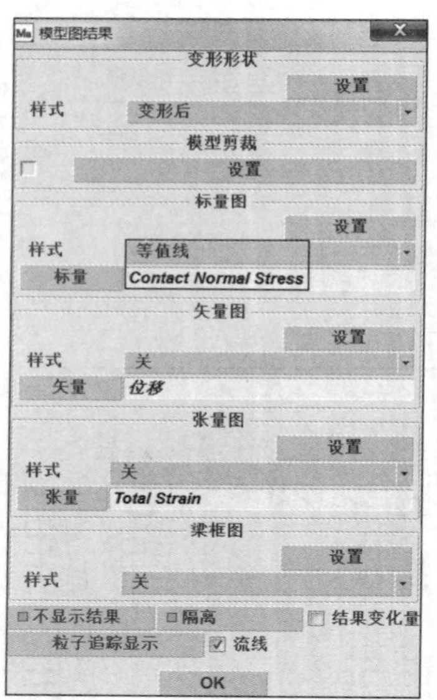

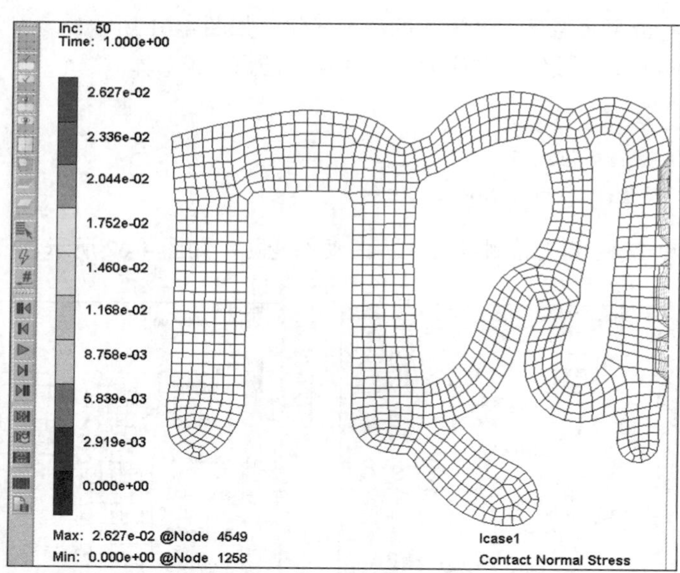

图 4-62　密封件变形后的形状及接触法向应力设置

第 5 章 Marc 分析综合应用实例

在前面章节的基础上，本章将通过 4 个典型实例讲解 Marc 在各种工程应用场景的具体操作方法和应用技巧，介绍 Marc 在金属结构、结构配合、复合材料和温度场领域的具体应用。

本章重点

- 螺栓预紧分析实例
- 结构过盈配合分析实例
- 复合材料脱层分析实例
- 温度场分析实例

5.1 螺栓预紧分析实例

螺栓和铆钉是许多工程结构中的重要部件。在 Marc 早期版本中，可以使用过闭合多点约束（类型 69）来模拟预紧螺栓。这种多点约束允许用户在该多点约束的控制节点上施加螺栓边界条件（预紧或锁定）。虽然 Mentat 完全支持这种多点约束类型，但是使用多个螺栓建立模型是非常耗时的。此外，由于过闭合的方向（通常沿着螺栓轴）始终按未变形构架的方向，因此分析仅限于小转动的情况。从 Marc /Mentat 2018 开始，引入了新的螺栓建模功能，使这两个方面的问题都得到了解决。

Marc/Mentat 2018 增加的螺栓预紧模拟方法采用 CROSS-SECTION 选项，支持大应变和大转动分析。为了创建螺栓，必须先指定构成螺栓的单元。使用这些单元，Marc 和 Mentat 可以根据螺栓具有细长的、类似螺栓形状的假设推断出螺栓轴（Marc 和 Mentat 使用相同的算法，因此用户无须手动定义螺栓方向），使用连续体单元或梁单元来定义螺栓。其次，必须指定一个控制节点，该节点可用于应用螺栓边界条件（预应力载荷或锁定）。尽管控制节点的位置对实际分析并不重要，但在 Mentat 中自动创建螺栓时，会让它位于一个易于设置、查看的位置，即螺栓轴线的上方或下方（偏移量由螺栓长度的比例系数给出）。

在图 5-1 中，左侧显示了带有 18 个螺栓的法兰连接。螺栓（Bolt）是 Mentat 中新的模型对象类型，是模型浏览器的一部分。从有限元的角度来看，螺栓由许多单元和一个控制节点（该控制节点与类型 69 的多点约束所使用的控制节点类似）组成。在 Mentat 中，可以从模型浏览器或主要菜单的“工具箱”选项卡中找到专用的选项，如图 5-1 所示。如果使用其他前后处理器，则需要在其产生的 Marc 输入文件中进行少量的数据添加。

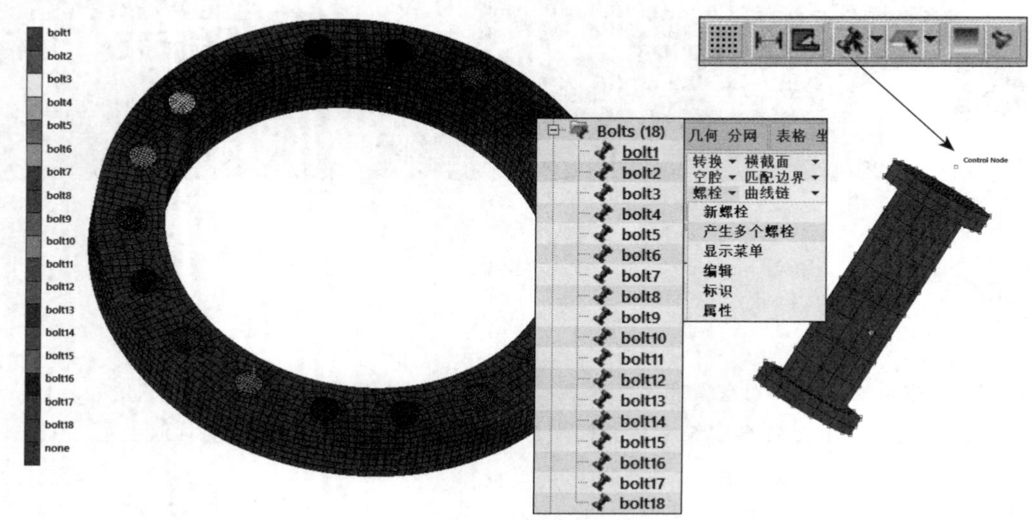

图 5-1 螺栓预紧定义及实例

将边界条件施加到螺栓的控制节点的操作，可以通过在图形区直接选取控制节点来完成；也可以激活工具栏中专门的过滤器（参见图 5-1 右上侧），然后通过在图形区选取螺栓的一个或多个单元来完成。因此，即使自由（控制）节点没有显示，通过螺栓单元的选取，用户也能够轻松地给控制节点施加边界条件。对于给定位置的控制节点，边界条件的查验很简单。因为边界条件的显示箭头是在控制节点上绘制的，而控制节点位于螺栓的外部。

螺栓轴向默认是采用“自动”模式确定的。在极少数情况下，例如，如果仅使用对称条件对螺栓的一半进行建模，则采用“自动”模式可能无法得出正确的方向，此时可以切换到“用户（定义）”模式，然后手动输入轴的方向。

为了在数值上应用螺栓边界条件，Marc 需要一个螺栓横截面。默认情况下，软件会基于螺栓的重心自动确定螺栓横截面位置。如果需要（例如，横截面位于螺栓粘接接触的区域），用户可以通过输入偏移值来控制此位置，该偏移值必须介于 -1（底面）和 +1（顶面）之间；顶面对应控制节点所在的一侧。

需要注意的是，“产生多个螺栓”选项可用于一次性定义大量的螺栓，此时用户只要输入一个单元列表，Mentat 将根据互相分开的单元集合自动创建螺栓列表和相应的控制节点。

另外，为了简化分析结果的后处理，螺栓分析结果文件包含螺栓轴向力、螺栓剪力和螺栓控制节点位移等全局变量。

下面以两块平板的螺栓预紧连接为例，说明螺栓预紧功能的使用方法。

5.1.1　问题描述

两块平板用 3 个预紧螺栓进行连接，如图 5-2 所示。每个螺栓的预紧力是 1000N，在上平板右侧底部的每个节点处施加 20N 的集中力，所有部件的材料都采用钢材。

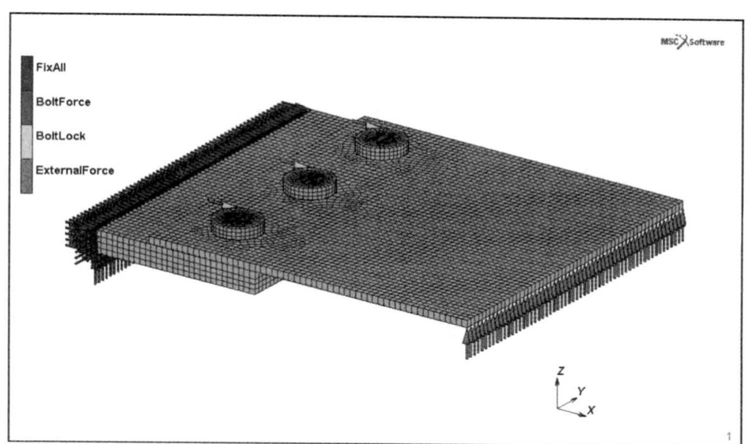

图 5-2　结构模型图

5.1.2　前处理

前处理步骤如下。

1. 导入初始模型

本例直接导入本书所附电子资源相关文件夹里的初始模型文件 bolt_ini.mud，导入模型后，将其另存为 bolt_complete.mud。导入的模型中已经定义了材料参数和几何特性，整个结构都采用线弹性材料模型，采用假定应变选项以改进低阶单元模拟弯曲载荷的准确性。

2. 定义接触体、接触关系和接触表

（1）定义接触体。本例中有 5 个变形接触体，对于已有网格模型的接触体，Mentat 中有快捷的定义工具，打开“接触”选项卡，在“接触体”选项组中选择“自动探测划分网格的接触体”选项，软件会自动定义出 5 个接触体。将 5 个接触体分别重新命名为 upper_plate、lower_plate、middle_bolt、left_bolt、right_bolt。在“接触体”选项组中勾选“标识”复选框，可以对 5 个接触体进行标识显示，如图 5-3 所示。

（2）定义接触关系。本例中，接触关系比较单一，单击“接触关系”选项组中的“新建▼”并选择“变形体与变形体”选项，在弹出的“接触关系特性”对话框中，“接触类型”采用默认的“接触”，单击“摩擦”按钮，在弹出的对话框中把“摩擦系数”设为 0.3，如图 5-4 所示。具体操作的命令流如下：

```
接触→接触关系→新建▼→变形体与变形体
  摩擦
    摩擦系数：0.3
  OK
  OK
```

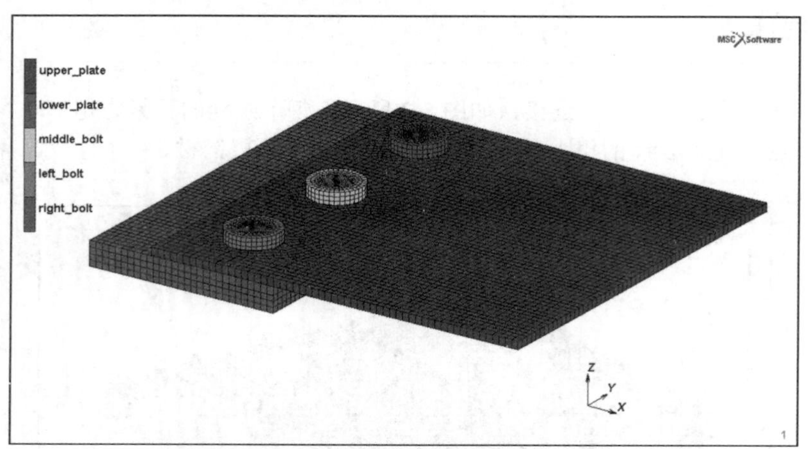

图 5-3　结构模型图

（3）定义接触表。在本例中，除了两块平板之间有接触关系外，两块平板与 3 个螺栓也有接触关系。单击“接触表”选项组中的“新建▼”按钮，弹出“接触表特性”对话框，利用前面定义的接触关系，定义出图 5-5 所示的接触表。对于相对滑动量很小的接触体之间的接触表，还可以利用“填充 / 操作”功能来快速定义。此时需要检查接触表采用的接触关系里的参数（如摩擦系数）是否合理，不合理可以修改。

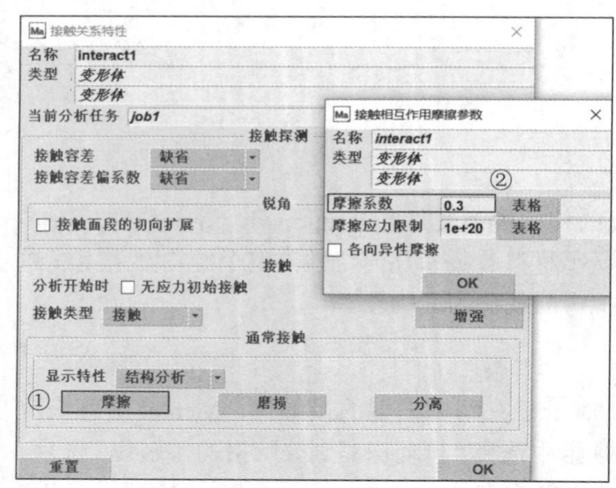

图 5-4　定义接触关系

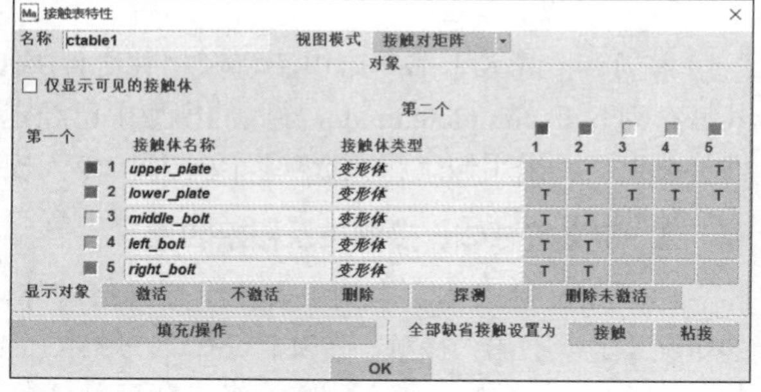

图 5-5　定义接触表

3. 定义螺栓预紧

为了便于选择单元，可以通过模型浏览器先隐藏上下两块平板。另外，可以通过单击图标将视图切换到 *YZ* 平面。打开“工具箱”选项卡，在“一般”选项组中单击“螺栓▼”按钮，选择“产生多个螺栓”选项，就会出现“产生多个螺栓”对话框，如图 5-6 所示，采用默认设置。单击“产生多个螺栓”按钮，然后单击图标选择所有可见的单元。具体操作的命令流如下：

工具箱→螺栓 ▼→产生多个螺栓
　产生多个螺栓
　选择所有螺栓单元（即所有可见的单元）
　OK

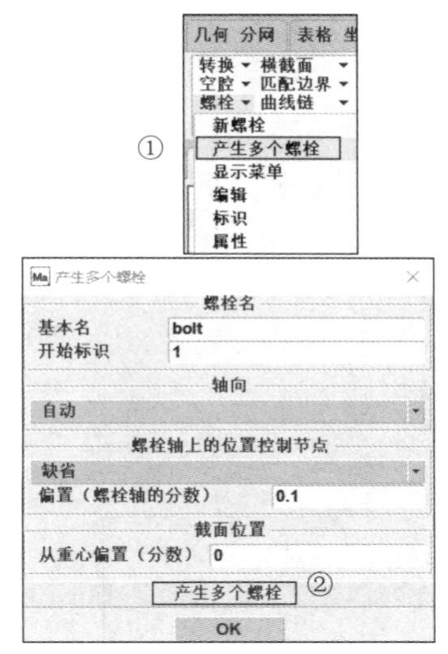

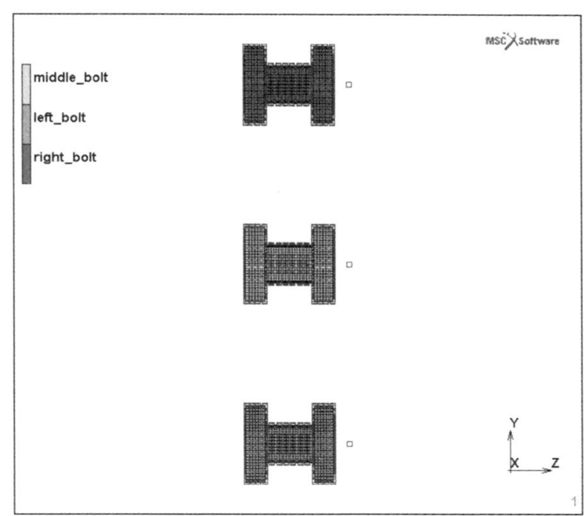

图 5-6　预紧螺栓定义

4. 定义边界条件

本例中有 4 个边界条件，包括底板左侧固定约束和螺栓控制节点锁定约束、螺栓预紧力、螺栓定位以及上板右侧底部节点的集中力。

定义底板左侧固定约束和螺栓控制节点锁定约束。打开“边界条件”选项卡，在“边界条件”选项组中单击“新建（结构分析）▼”按钮，选择“位移约束”选项，弹出图 5-7 所示的对话框，将“名称”改为“FixAll”，勾选“X 向位移”“Y 向位移”“Z 向位移”复选框，捡取底板左侧上所有节点，单击鼠标右键，完成固定约束的定义。在“边界条件”选项组中再次单击“新建（结构分析）▼”按钮，选择“位移约束”选项，弹出图 5-8 所示的对话框，将“名称”改为“BoltLock”，勾选“X 向位移”复选框，捡取 3 个螺栓控制节点，单击鼠标右键，完成螺栓控制节点锁定约束的定义。

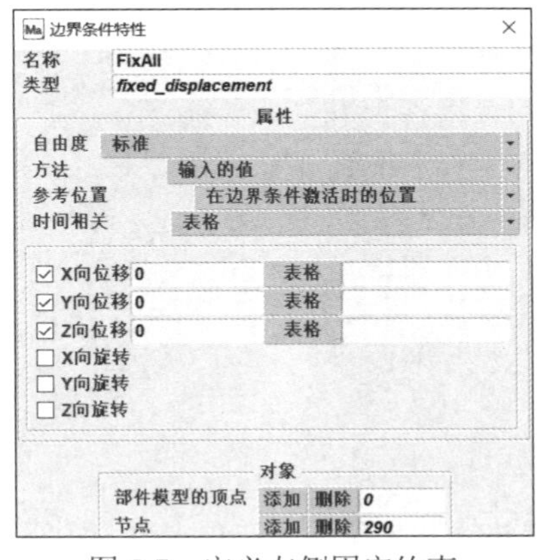

图 5-7　定义左侧固定约束

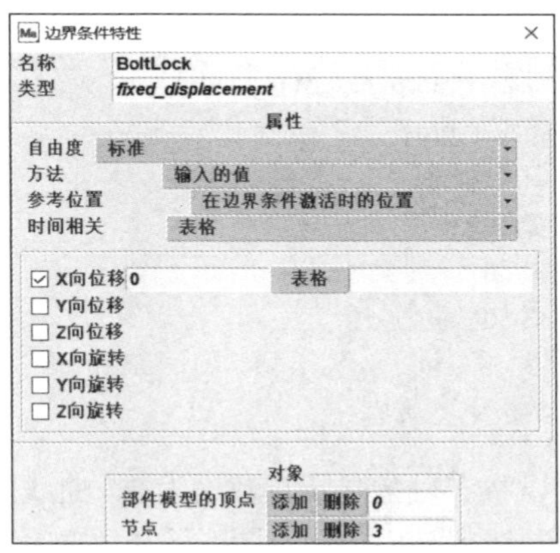

图 5-8　定义螺栓控制节点锁定约束

定义螺栓预紧力随时间变化的表格曲线和外载荷随时间变化的表格曲线。打开“表格 坐标系”选项卡，在“表格”选项组中单击“新建 ▼”按钮，选择“1 个自变量”选项，在弹出的对话框中定义表格的名称、类型并添加 3 个数据点。具体操作的命令流如下：

表格坐标系→表格→新建▼→1个自变量
名称：ramp_bolt_preload
类型：time
⊙ 数据点
增加点
0 0
1 1
3 1
显示完整曲线

可以将 X 轴的显示步数设为 3，曲线如图 5-9 所示。

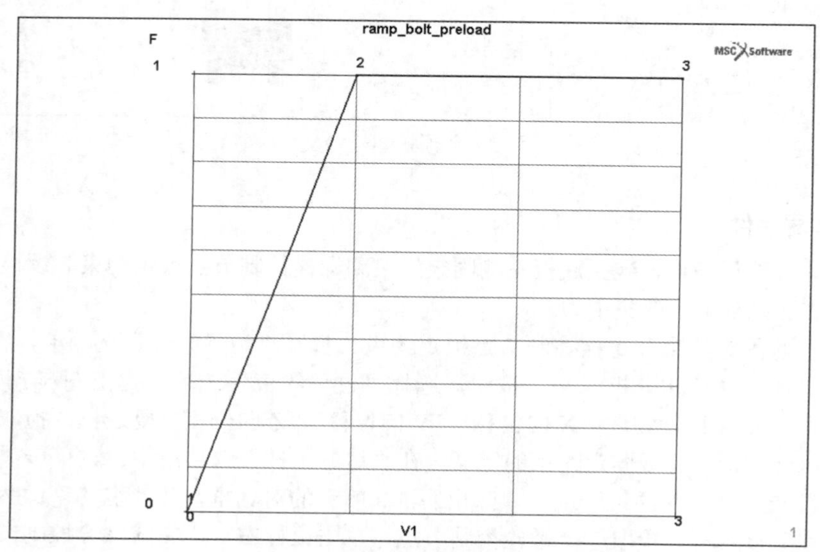

图 5-9 定义螺栓预紧载荷曲线

表格坐标系→表格→新建▼→1个自变量
名称：ramp_external_load
类型：time
⊙ 数据点
增加点
0 0
2 0
3 1
显示完整曲线

可以将 X 轴的显示步数设为 3，曲线如图 5-10 所示。

在曲线定义成功后，图形区显示的是刚定义的曲线，单击“边界条件”选项卡后，图形区会自动切换显示模型，在“边界条件”选项组中单击“新建（结构分析）▼”按钮，选择“集中力”选项，即可在弹出的对话框中进行螺栓预紧力的定义，注意要将“自由度”选项设成“螺栓控制节点”，如图 5-11 所示。具体操作的命令流如下：

边界条件→新建（结构分析）▼→集中力

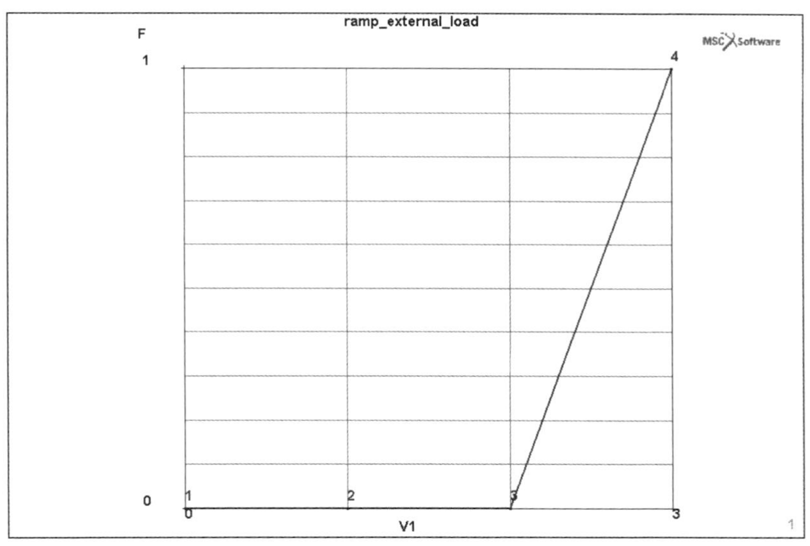

图 5-10　定义外载荷曲线

名称：BoltForce
--- 属性 ---
自由度：螺栓控制节点
☑　螺栓轴向压缩载荷：1000　　表格：ramp_bolt_preload
节点：添加
选择3个螺栓控制节点

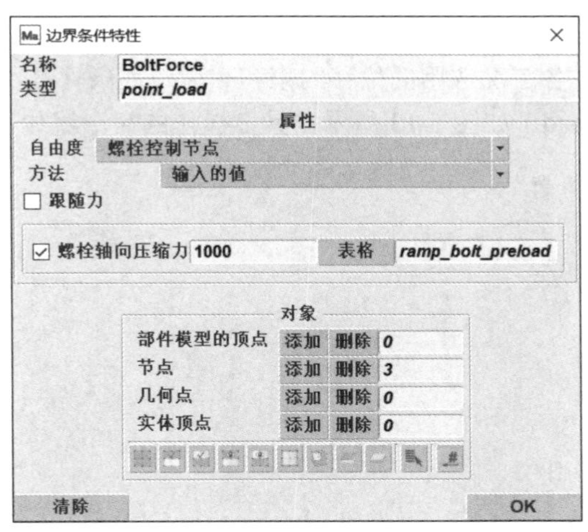

图 5-11　螺栓预紧力的定义

在“边界条件”选项组中单击“新建（结构分析）▼”按钮，选择“集中力”选项，即可在弹出的对话框中进行上板右侧底部节点集中力的定义，如图 5-12 所示。具体操作的命令流如下：

边界条件→新建（结构分析）▼→集中力
名称：ExternalForce
--- 属性 ---
☑　Z向力：20　　表格：ramp_external_load

节点：添加
选择上板右侧底部58节点

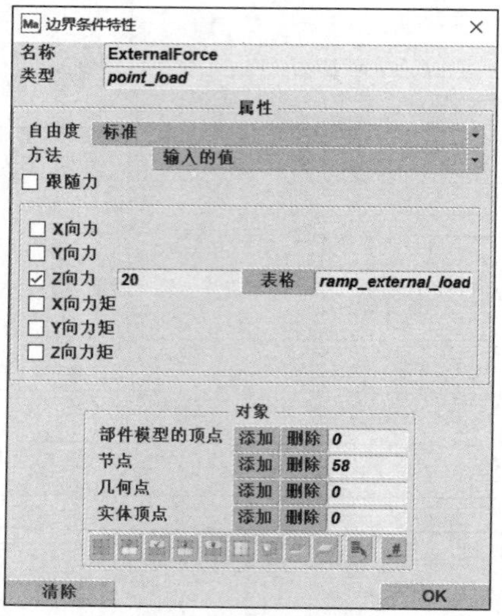

图 5-12　外载荷的定义

5. 分析工况定义

打开“分析工况”选项卡，在“分析工况”选项组中单击“新建 ▼”按钮，选择“静力学”选项，弹出“分析工况特性”对话框，在其中定义静力学分析工况。本例需要定义 3 个静力学分析工况，名称分别为 Preload、Lock 和 Externalload。每个工况的整体工况时间均为 1s，各工况均采用固定时间步长，3 个工况的增量步数分别为 2、1 和 2，各工况均采用默认的相对残余力收敛准则，收敛容差均为 0.1。需要注意的是，各工况选用的位移约束和载荷边界条件是不同的。

定义预紧分析工况 Preload，如图 5-13 所示，具体操作的命令流如下：

分析工况→新建 ▼→静力学
名称：Preload
载荷
　　☑ Fixall
　　☑ BoltForce
　　OK
接触
　　接触表
　　选择ctable1
　　OK
　　OK
　　求解控制
　　　　☑ 非正定
整体工况时间：1
---时间步方法---
固定：⊙ 固定时间步长
步数：2
OK

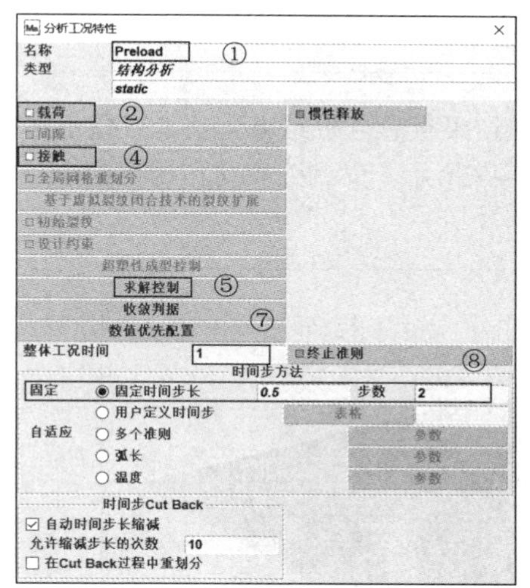

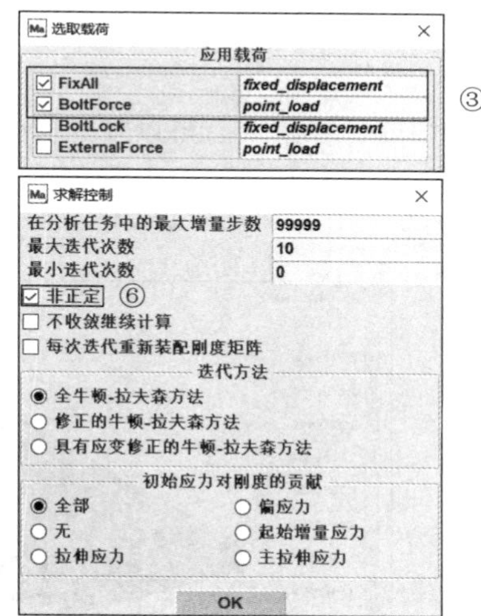

图 5-13　定义预紧分析工况

预紧锁定分析工况 Lock 和施加外载荷分析工况 Externalload 的定义过程与预紧分析工况 Preload 类似，此处不详细列出操作过程。注意，这两个分析工况的位移约束和载荷边界条件的选取与 Preload 分析工况是不同的，如图 5-14 和图 5-15 所示。

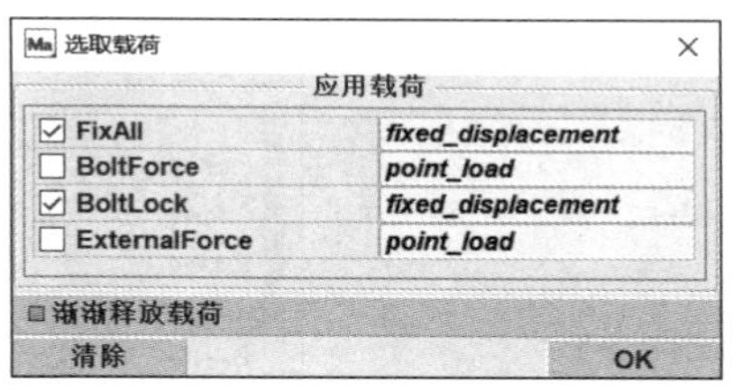

图 5-14　定义预紧锁定分析工况

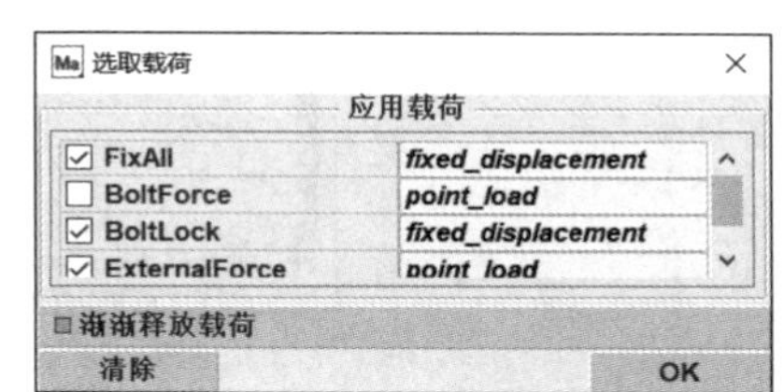

图 5-15　定义施加外载荷分析工况

6. 定义分析任务参数并提交运算

打开“分析任务”选项卡，在“分析任务”选项组中单击“新建▼”按钮，选择分析类型，在弹出的对话框中定义分析任务参数并提交运算。

在本例中，要选择前面定义的 3 个工况；采用默认的大应变选项、默认的单元类型号 7；对于分析任务结果，在单元标量栏中勾选等效米塞斯应力；另外，选择面段对面段的接触分析方法。具体操作的命令流如下：

分析任务→新建▼→结构分析

　可选的：Preload、Lock、Externalload

　分析任务结果

　　☑ 应力

　　☑ 等效米塞斯应力

　默认 & 用户定义▼

　　☑ Contact Normal Stress

　OK

接触控制

方法：面段对面段▼

缺省设置：版本2▼

在初始接触处也可以选择接触表，对本例可以不选

OK

提交

　样式：表格控制▼

　提交任务（1）

　监控运行

5.1.3 后处理

在计算过程中或计算结束后可以打开后处理结果查看分析结果。预紧后整个结构的等效应力分布如图 5-16 所示，螺栓的等效应力分布如图 5-17 所示，受到外载荷作用后整个结构的等效应力分布如图 5-18 所示。

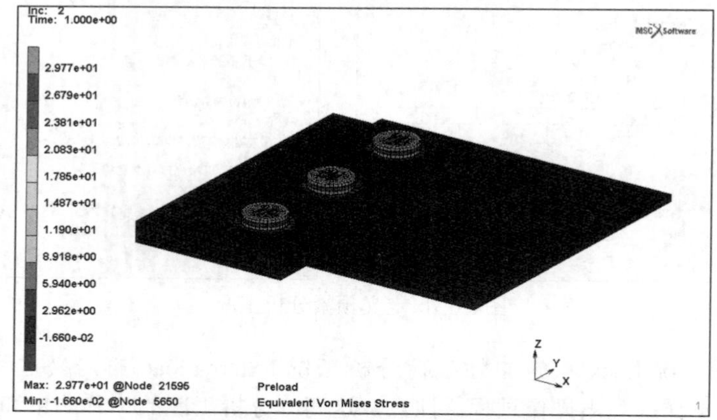

图 5-16　预紧后整个结构的等效应力分布

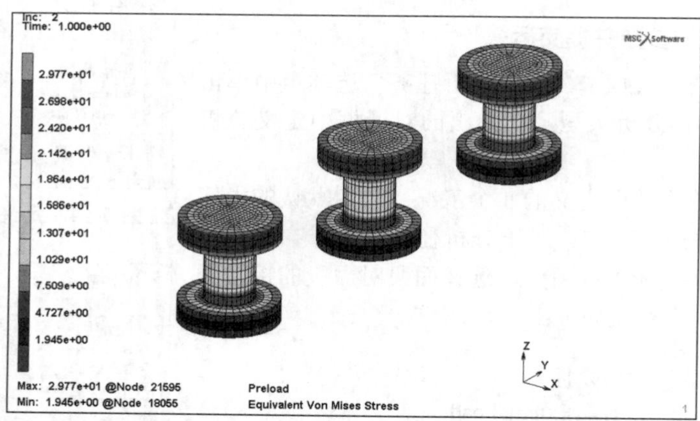

图 5-17　预紧后螺栓的等效应力分布

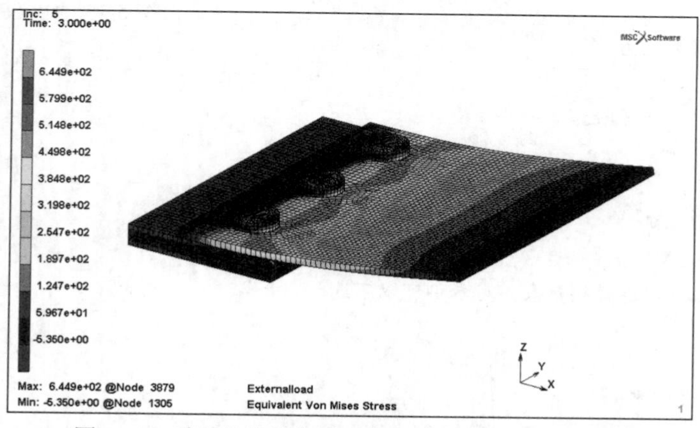

图 5-18　受到外载荷作用后整个结构的等效应力分布

也可以根据需要查看其他类型的结果云图、曲线等。例如，可以绘制各螺栓轴向力和剪切力随时间变化的历程曲线（见图 5-19 和图 5-20）。在“结果”选项卡中选择“历程曲线”选项，在弹出的对话框中单击“所有增量步”按钮，然后单击“添加曲线”按钮，弹出“添加历程曲线”对话框，在其中可以进行历程曲线的具体设置，各螺栓轴向力历程曲线绘制操作的命令流如下：

结果→历程曲线
所有增量步
添加曲线
---*X*轴---
数据载体类型：全局 ▼
变量： Time
---*Y*轴---
数据载体类型：全局 ▼
变量： Axial Force Bolt bolt1
添加曲线
变量： Axial Force Bolt bolt2
添加曲线
变量： Axial Force Bolt bolt3
添加曲线
显示完整曲线

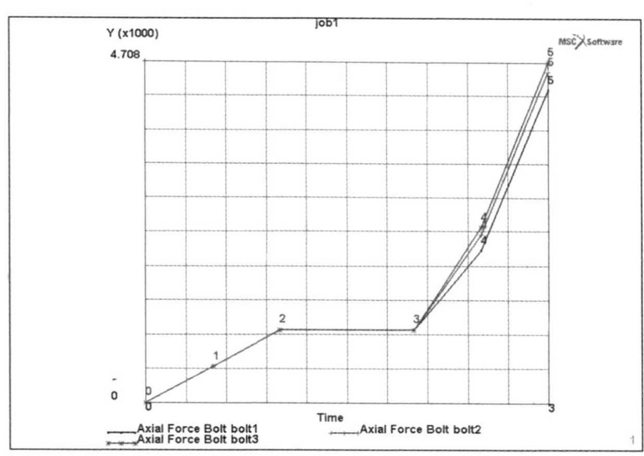

图 5-19 各螺栓轴向力随时间变化的历程曲线

各螺栓剪切力的历程曲线绘制操作与上面类似，可以先将已有曲线清除，然后修改 *Y* 轴变量。具体操作的命令流如下：

清除曲线
变量： Shear Force Bolt bolt1
添加曲线
变量： Shear Force Bolt bolt 2
添加曲线
变量： Shear Force Bolt bolt 3
添加曲线
显示完整曲线

添加历程曲线
X轴
数据载体类型 全局
变量 Time 重置
Y轴
数据载体类型 全局
变量 Shear Force Bolt bolt1 重置
添加曲线
删除曲线 清除曲线 限制 显示完整曲线
OK

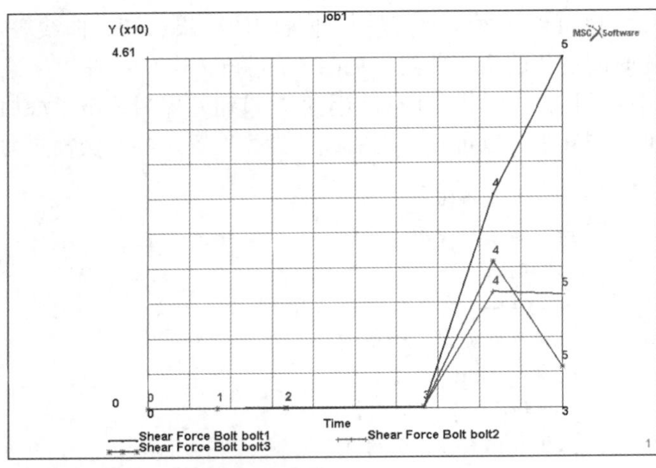

图 5-20　各螺栓剪切力随时间变化的历程曲线

5.2　结构过盈配合分析实例

干涉配合分析功能可用于模拟有过盈或间隙的部件装配在一起的情况，由于过盈配合更为普遍，因此也常称为过盈配合分析。使用过盈配合的一些例子包括在轴上安装直齿轮、联轴器，在轮辋上安装轮胎、轴承衬套，以及用阀座、橡胶密封件、合成树脂压制材料制成衬套等。

5.2.1　问题描述

本例模拟图 5-21 所示的活塞销与连接杆的干涉配合问题。在本例中，两个零件是通过过盈配合及摩擦紧固在一起的，过盈量为 0.2mm。从本书所附资源中导入本例的网格数据，采用 Marc 中的过盈比例因子缩放选项进行分析。两个零件的材料参数如下。

（1）活塞销材料参数如下。

- 杨氏模量：$E_{cs} = 2.0 \times 105\text{MPa}$。
- 泊松比：$v_{cs} = 0.3$。

（2）连杆材料参数如下。

- 杨氏模量：$E_p = 1.7 \times 105\text{MPa}$。
- 泊松比：$v_p = 0.33$。

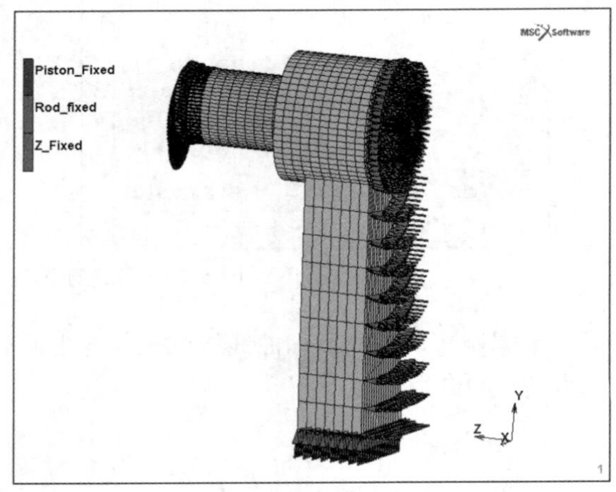

图 5-21　初始模型

5.2.2　前处理

前处理步骤如下。

1. 导入初始模型

导入本书所附资源中的初始模型文件 overlap_ini.mud，并将其另存为 overlap_complete.mud。初始模型已经包含网格、局部圆柱坐标系及边界条件，如图 5-21 所示。边界条件包括两个固定约束和一个对称约束。

2. 定义材料属性

（1）定义连杆材料的弹塑性硬化曲线。打开“表格 坐标系”选项卡，在“表格”选项组中单击“新建 ▼”按钮，选择“1 个自变量”选项，在弹出的对话框中定义表格的名称、类型（等效塑性应变）并添加 4 个数据点，如图 5-22 所示。具体操作的命令流如下：

```
表格 坐标系→表格→新建▼→1个自变量
  名称：hard
  类型：eq_plastic_strain
  ⊙ 数据点
  增加点
    0      200
    0.1    350
    0.2    450
    0.5    600
  显示完整曲线
```

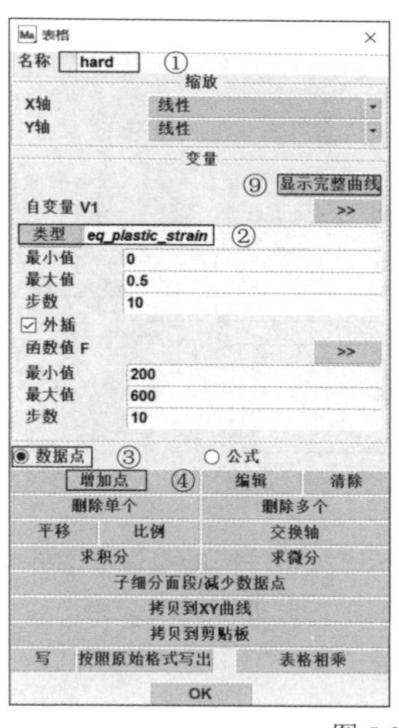

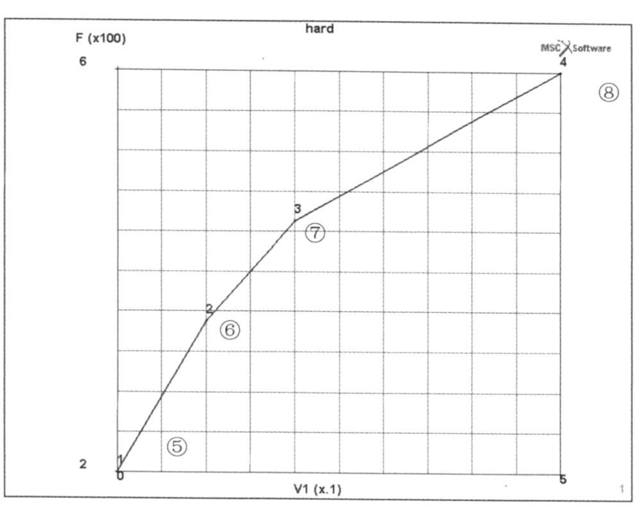

图 5-22　定义连杆材料的弹塑性硬化曲线

（2）定义连杆材料的弹塑性材料模型特性。打开“材料特性”选项卡，在“材料特性”选项组中单击“新建 ▼”按钮，选择“有限刚度区域”选项，再选择“标准”选项，会弹出“材料特性”对话框，在“材料特性”对话框的中间位置设置“杨氏模量”“泊松比”，然后单击“塑性”，在弹出的对话框中输入屈服应力（系数）并选择前面定义的硬化曲线表格，如图 5-23 所示。材料参数定义好后，施加到所有连杆单元上，具体操作的命令流如下：

材料特性→新建 ▼→ 有限刚度区域 →标准
名称：Steels
--- *其他特性* ---
类型：弹-塑性各向同性 ▼
杨氏模量： 170000
泊松比： 0.33
塑性
　　屈服应力：1
　　表格： hard
OK
单元：添加
选择所有连杆单元 （为了选择方便，可以先把活塞销隐藏）
OK

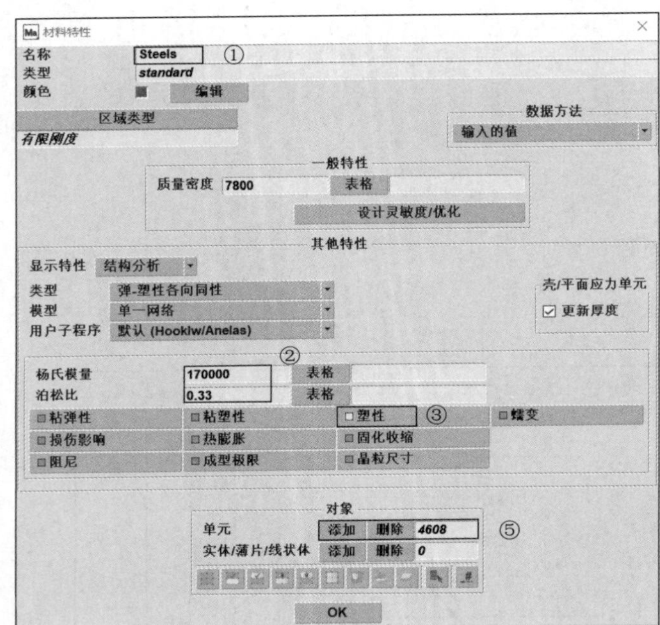

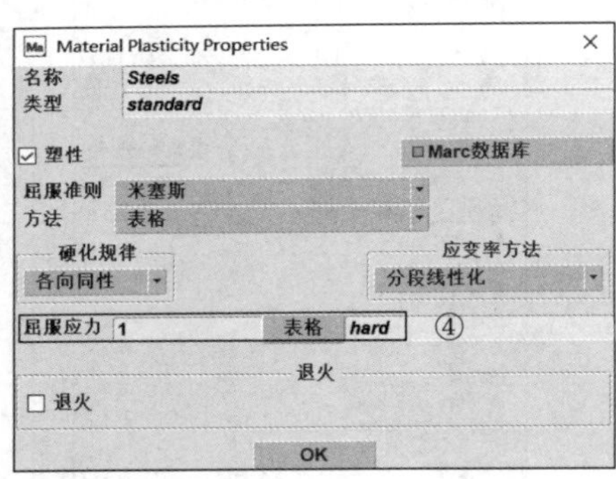

图 5-23　定义连杆材料的弹塑性材料模型特性

（3）定义活塞销的材料特性。采用线弹性材料模型，名称为 Steelh，杨氏模量为 200000MPa，泊松比为 0.3，然后施加到活塞销的所有单元上，具体过程比较简单，此处不详细介绍。

3. 定义接触

导入的初始模型中已经定义好两个接触体，所以只需要再定义一下接触关系、接触表。由于两个物体过盈量比较大，因此本例采用比较特殊的过盈参数选项。

（1）定义过盈量调整表格。先定义一个名为 adjust 的过盈比例随时间变化的表格，打开“表格坐标系”选项卡，在“表格”选项组中单击“新建 ▼”按钮，然后选择“1 个自变量”选项，在弹出的对话框中定义表格的名称（adjust）、类型（时间）并添加两个数据点，得到图 5-24 所示的表格。

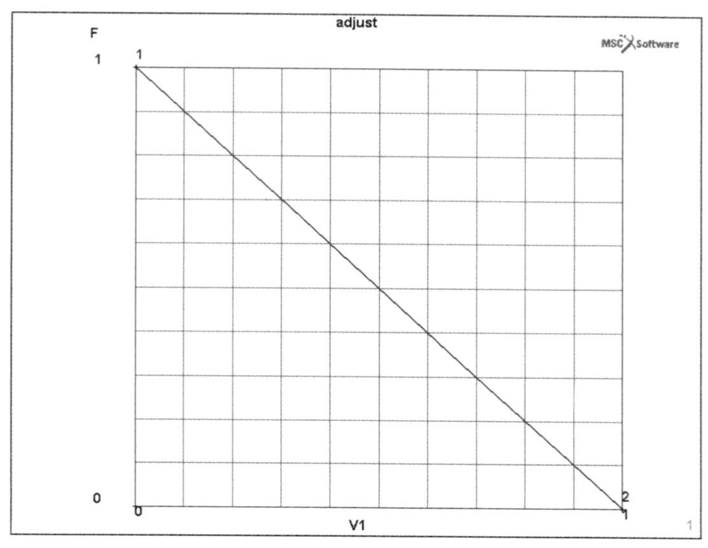

图 5-24　定义过盈量调整表格

（2）定义接触关系。单击“接触关系”选项组中的“新建 ▼”按钮，选择“变形体与变形体”选项。具体操作的命令流如下：

接触→接触关系→新建 ▼→变形体与变形体
　名称： interact8009
　OK

（3）定义接触表。单击“接触表”选项组中的“新建 ▼”按钮，弹出图 5-25 所示的对话框，修改接触表的名字，单击变形体 Piston 和 Rod 对应的接触关系按钮，弹出图 5-26（a）所示的对话框，在该对话框中先选择前面定义的接触关系，然后单击“过盈配合”按钮，弹出图 5-26（b）所示的对话框，在其中选择坐标系、设置比例系数及相应的表格。具体操作的命令流如下：

接触→接触表→新建
　名称：ctable0
　单击变形体Piston和Rod对应的接触关系按钮
　☑ 激活
　接触关系
　　interact8009
　过盈配合
　　方法： 标度
　　坐标系：crdsyst5
　　比例系数
　　　0.9804　1　1　表格：adjust
　OK
　OK

4. 定义分析工况

定义静力学分析工况，总的分析时间为 1s，采用固定时间步长，步数为 5，选择默认的相对残余力收敛准则，收敛容差为 0.1。

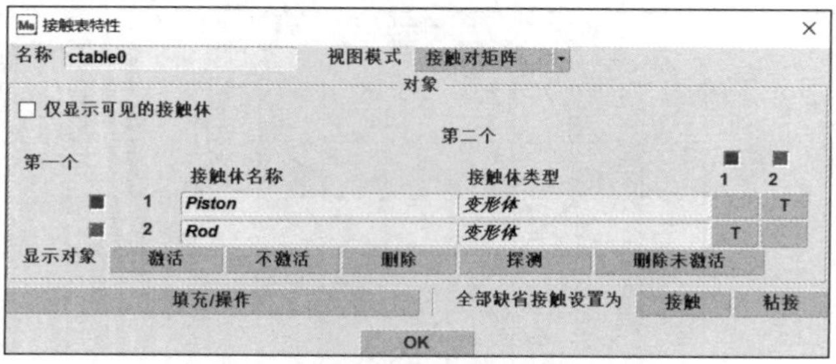

图 5-25　接触表的设置

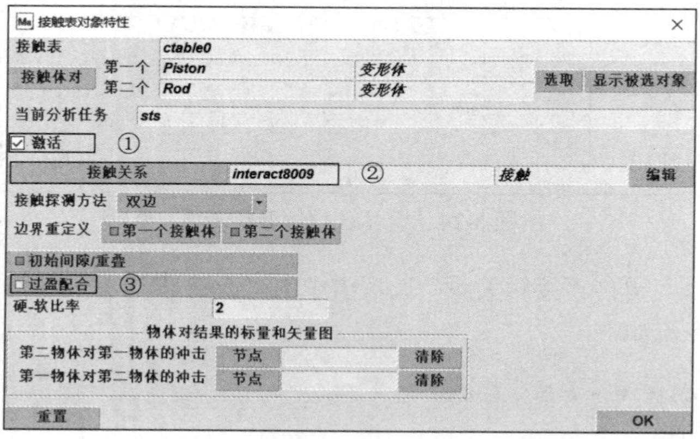

（a）

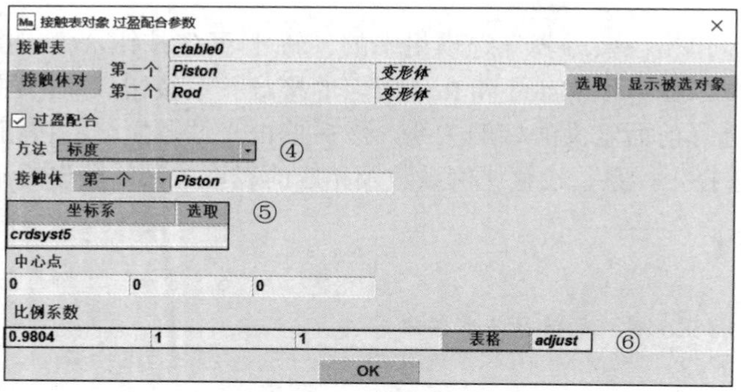

（b）

图 5-26　过盈配合参数的定义

打开“分析工况”选项卡，在“分析工况”选项组中单击“新建▼”按钮，选择“静力学”选项，会弹出相应的对话框，在其中可以定义静力学分析工况。单击“接触”按钮，在弹出的对话框中选取前面定义的接触表，然后将“步数”从默认的 50 改成 5。具体操作的命令流如下：

分析工况→新建▼→静力学
　接触
　　接触表
　　　选择ctable0
　　OK
　　OK

---时间步方法---

固定：⊙ 固定时间步长

步数：5

OK

5. 定义分析任务参数并提交运算

主要的操作包括选择已有的分析工况、采用默认的大应变选项、选择要输出到后处理文件中的结果量、修改接触方法等。

（1）定义分析任务。打开“分析任务”选项卡，在“分析任务”选项组中单击“新建▼”按钮，选择“结构分析”选项，弹出“分析任务特性”对话框，在该对话框中修改分析任务名称、选择前面定义的分析工况。具体操作的命令流如下：

分析任务→新建▼→结构分析

名称：STS

⊙ 大应变

可选的：lcase1

OK

（2）设置输出的分析任务结果。在“分析任务特性”对话框中单击“分析任务结果”按钮，弹出“分析任务结果”对话框，在该对话框的可选的单元张量栏中勾选应力（Stress），在可选的单元标量栏中勾选等效米塞斯应力（Equivalent Von Mises Stress）和整体等效塑性应变（Total Equivalent Plastic Strain），在可选的节点结果栏中增加输出接触法向应力（Contact Normal Stress）。具体操作的命令流如下：

☑ 应力

☑ 等效米塞斯应力

☑ 整体等效塑性应变

默认 & 用户定义▼

☑ Contact Normal Stress

OK

在“分析任务特性”对话框中单击“接触控制”按钮，在弹出的对话框中将接触分析方法改成“面段对面段”，并将“缺省设置”改成“版本 2 ▼”。具体操作的命令流如下：

接触控制

方法：面段对面段▼

缺省设置：版本2▼

在初始接触处也可以选择接触表，本例可以不选

OK

（3）提交运算。单击“分析任务特性”对话框中的“提交”按钮，在弹出的对话框中单击“保存模型”“提交任务（1）”“监控运行”按钮，即可提交运算和监控分析作业的运行。具体操作的命令流如下：

提交

保存模型

提交任务（1）
监控运行

5.2.3 后处理

在计算过程中或计算结束后可以打开后处理结果查看分析结果。在本例中，可以查看分析结束时整个结构的等效应力分布（见图5-27），连杆和活塞销单独显示的等效应力分布（见图5-28和图5-29）。另外也可以查看活塞销接触法向应力分布的变化，如图5-30所示。由于连杆会发生屈曲，因此可以查看连杆的等效塑性应变分布，如图5-31所示。

（1）打开后处理文件，执行以下操作，然后单击▶查看应力的动态变化。

结果→模型图
---变形形状---
样式：变形后▼
---标量图---
样式：云图▼
标量：⊙ 等效米塞斯应力

（2）执行以下操作，然后单击▶查看接触法向应力的动态变化。

标量：⊙ Contact Normal Stress

（3）执行以下操作，然后单击▶查看整体等效塑性应变的动态变化。

标量：⊙ 整体等效塑性应变

注意

在查看结果时，可以先隐藏部分不关心的结构。另外，如果要从0增量步开始查看，则要把结果文件先返回到0增量步。

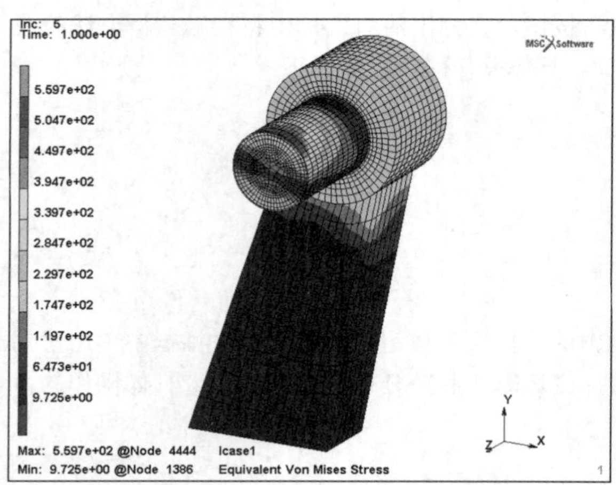

图5-27 整个结构的等效应力分布

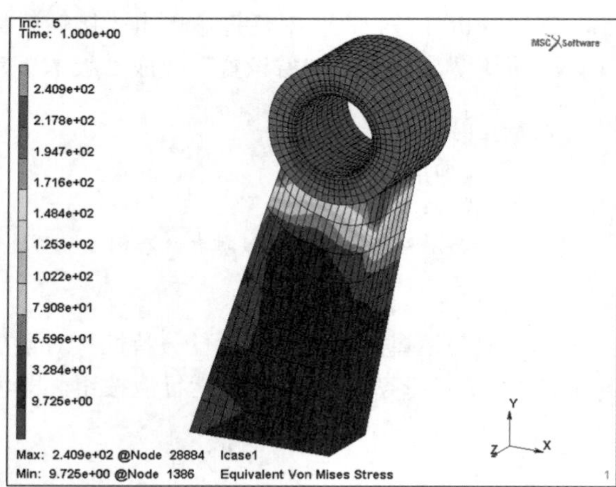

图5-28 连杆单独显示的等效应力分布

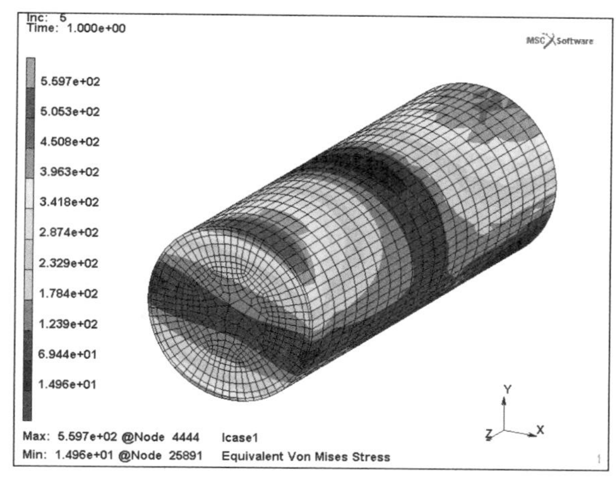

图 5-29　活塞销单独显示的等效应力分布

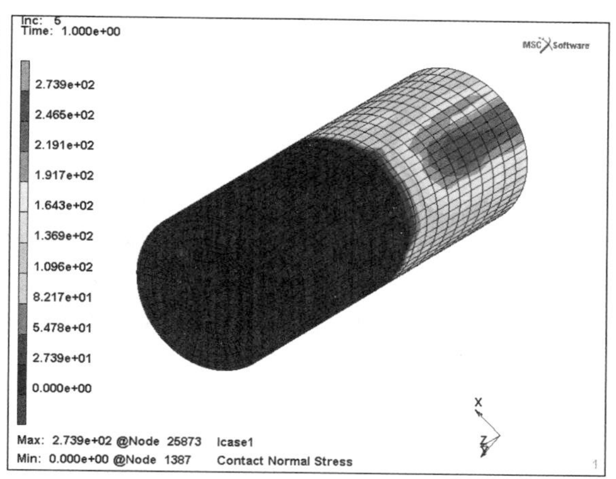

图 5-30　活塞销接触法向应力分布的变化

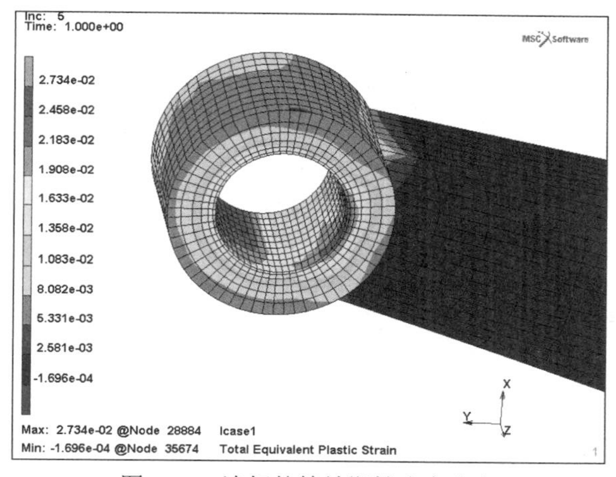

图 5-31　连杆的等效塑性应变分布

5.3 复合材料脱层分析实例

金属材料在经过较大的塑性变形后，一般会发生韧性断裂。金属材料断裂前，在载荷或其他外界因素作用下，其内部结构会发生变化，产生微空洞、微裂纹及其他缺陷，导致性能下降，这些微观或细观的缺陷称为损伤。损伤积累会导致金属材料失效、断裂。

与金属材料不同，复合材料由纤维和基体等不同成分材料组成，并具有各向异性，其破坏过程通常更为复杂。复合材料结构在受力发生变形的过程中，载荷的增加会使原有缺陷扩大或产生新的损伤，例如基体中出现微小裂纹、纤维裂纹，基体与纤维界面开裂、损伤扩大、裂纹扩展等。

Marc 提供了用于进行疲劳失效分析、裂纹扩展分析、复合材料脱层分析的功能，软件的帮助文档中还有专门的断裂力学分析教程。本节主要介绍复合材料层间开裂（又称脱层仿真）功能。

5.3.1 问题描述

本例使用 Marc 中的分层功能来模拟复合材料结构分层行为。结构每层材料用单独的单元模拟，允许网格层间分开以模拟分层。另外，本例还在网格分开的位置插入界面单元进行裂纹扩展模拟。

模型如图 5-32 所示。它是一个由 8 层复合材料组成的方形块体，纤维的铺层角度为 [0 45 –45 90]s，板的大小为 100 毫米 ×100 毫米 ×4 毫米。在厚度方向，每层材料用一个单元，层之间通过共享节点连接在一起。采用两种不同模拟方法：一种使用网格分割，结构单元在分割后可以考虑自身接触；另一种是在分层之后插入界面单元。

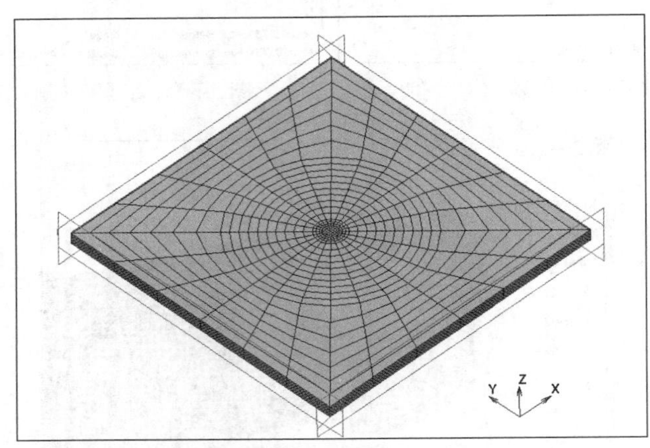

图 5-32 复合材料结构分析模型

5.3.2 前处理

前处理步骤如下。

1. 导入初始模型

直接导入本书附赠资源中相应文件夹下的初始模型文件 composite_ini.mud，并将其另存为 composite_complete.mud。模型中已经定义了材料参数和几何特性，采用正交各向异性线弹性材料模型，采用假定应变选项，以改进低阶单元模拟弯曲载荷的准确性。

2. 定义材料方向

先查看一下模型中的材料特性，模型浏览器的“材料”条目下有 8 个标准的材料特性，双击每个材料特性，在弹出的对话框中可以看到每一层单元采用了一个材料特性，但各个材料特性中的参数是相同的，如图 5-33 所示。在本例中，不同的铺层角通过不同的参考方向来定义，因而需要给每层定义不同的参考方向。本例利用模型中已存在的曲线来定义参考方向。

打开“材料特性”选项卡后，在“材料方向”选项组中单击“新建 ▼”按钮，选择“曲线”选项来定义材料方向，其中第一层和第八层单元材料的参考方向采用曲线 1 来定义，如图 5-34 所示。具体操作的命令流如下：

```
材料特性→材料方向→新建▼→曲线
```

曲线：添加
选择曲线1
单元：添加
选择第一层、第八层的所有单元
OK

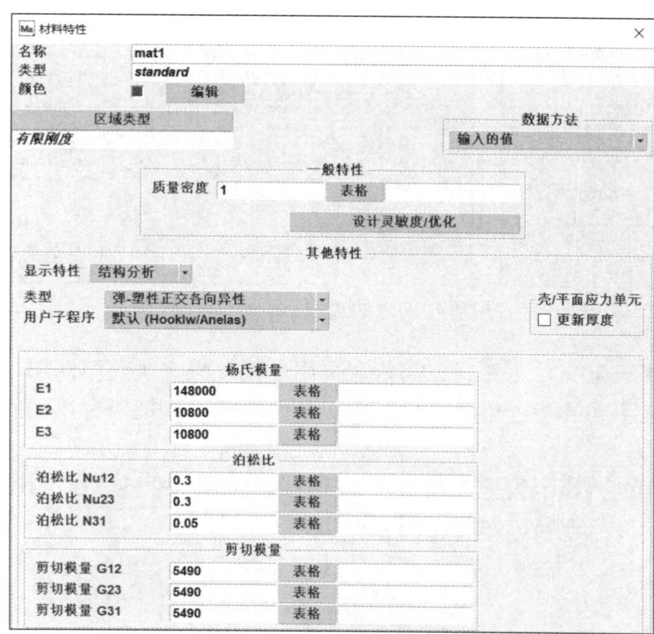

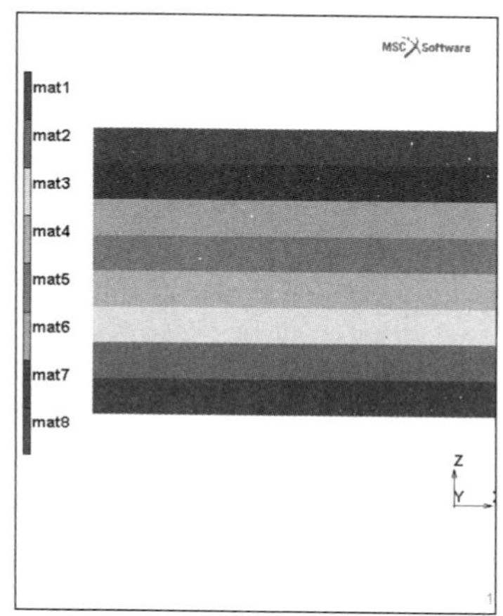

图 5-33　正交各向异性的材料属性和厚度方向上各材料属性标识

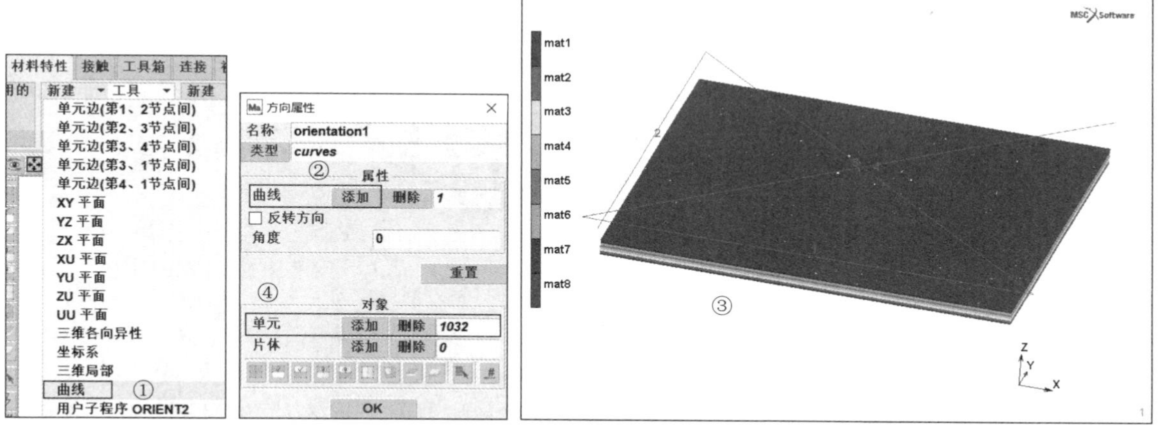

图 5-34　第一层和第八层材料方向的定义

为了能方便地把第一层、第八层的所有单元选取出来，可以通过材料的特性名称来选取单元，如图 5-35 所示。具体操作的命令流如下：

选取→选取控制→单元 通过→材料
mat1
mat8
OK

这样便可把第一层、第八层的1032个单元选取出来。其他层的单元选择、方向定义与此类似。

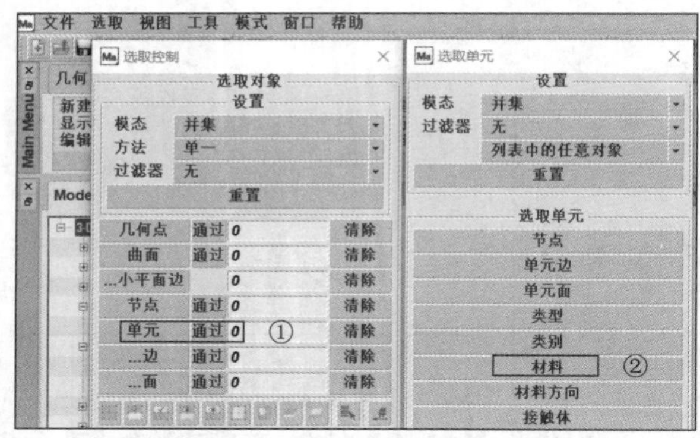

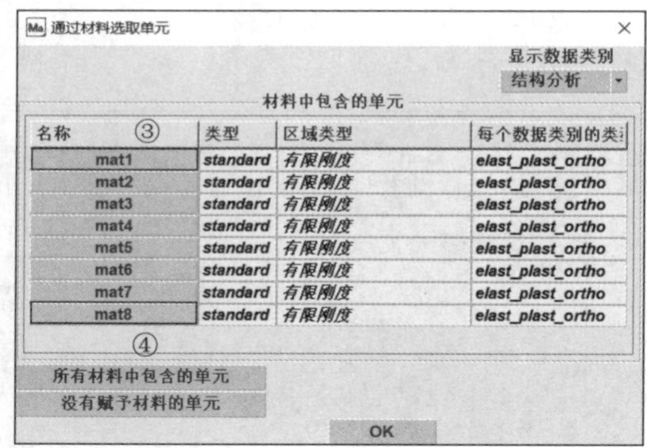

图5-35　第一层、第八层所有单元的选取

同理，第二层、第七层采用曲线3来定义，第三层、第六层采用曲线4来定义，第四层、第五层采用曲线2来定义。实际上通过定义不同的参考角度，只参考一条曲线就可以把所有单元的材料方向定义出来。

最后，选择“材料方向”选项组中的“显示设置”选项，在打开的对话框中可以进行材料方向显示设置，以便查看模型中所有单元的材料方向，如图5-36所示。

图5-36　模型中各单元的材料方向

3. 定义接触

本例的接触体、接触关系和接触表定义在导入的初始模型中已经存在，通过模型浏览器及接触体标识显示等工具，可以查看到模型总共有3个接触体（见图5-37）、3个接触关系和一个接触表（见图5-38）。

4. 定义脱层参数

除了常规的材料参数外，还需要定义材料脱层的参数，主要考虑在不同材料的交界处发生脱层，打开“工具箱”选项卡，在“断裂力学”选项组中单击“脱层 ▼”按钮，选择“材料交界处”选项，弹出“脱层特性”对话框，在该对话框中进行脱层参数的定义，如图5-39所示。第一、二层之间的脱层参数定义具体操作的命令流如下：

工具箱→断裂力学→脱层 ▼→新建→材料交界处
--- *脱层准则* ---
允许的法向应力：50
允许的切向应力：50
法向指数：2
切向指数：2
--- *一旦发生脱层* ---
☑　分割网格
--- *第一个材料* ---
设置：mat1
--- *第二个材料* ---
设置：mat2
OK

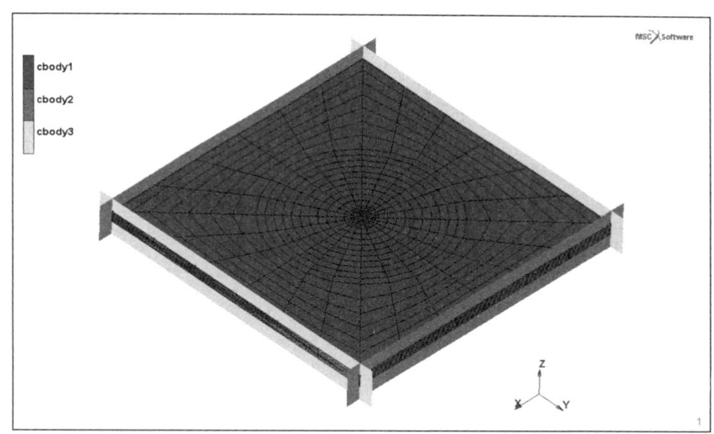

图 5-37　模型中的接触体

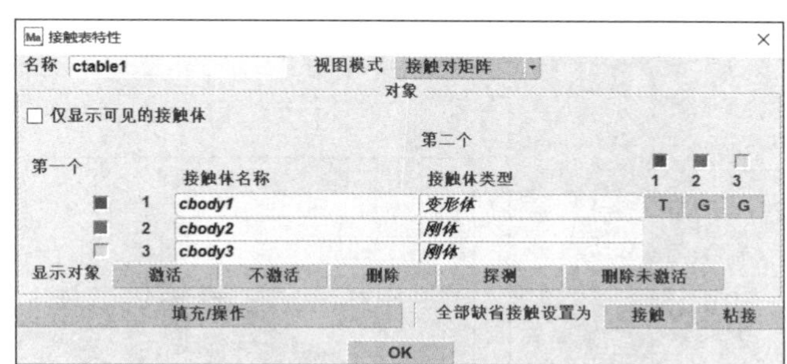

图 5-38　模型中的接触表

其他 6 个脱层特性（delam2 ～ delam7）的定义操作与此类似。

5. 定义边界条件

本例只需定义一个边界条件，即在平板中心施加随时间线性变化的强迫位移。首先在“表格”选项组中单击“新建 ▼”按钮，创建一个名为 ramp、类型为时间的表格；然后在“边界条件”选项组中单击“新建（结构分析）▼”按钮，选择“位移约束”选项，定义 Z 向的位移；最后施加到平板上表面小圆圈（半径为 5）内的节点上，如图 5-40 所示。

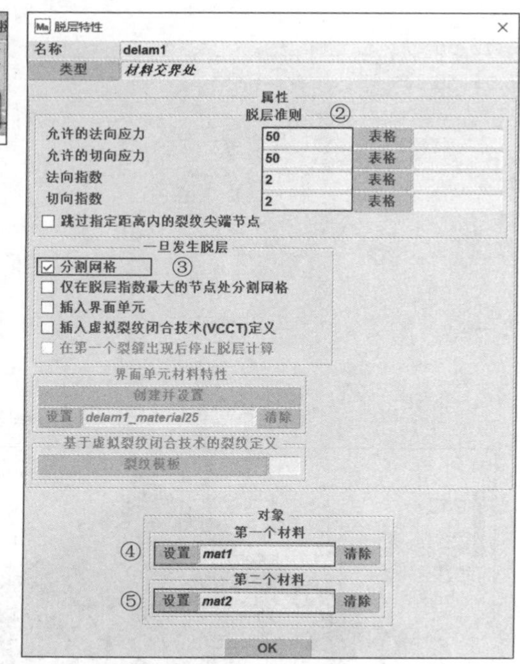

图 5-39　脱层参数的定义

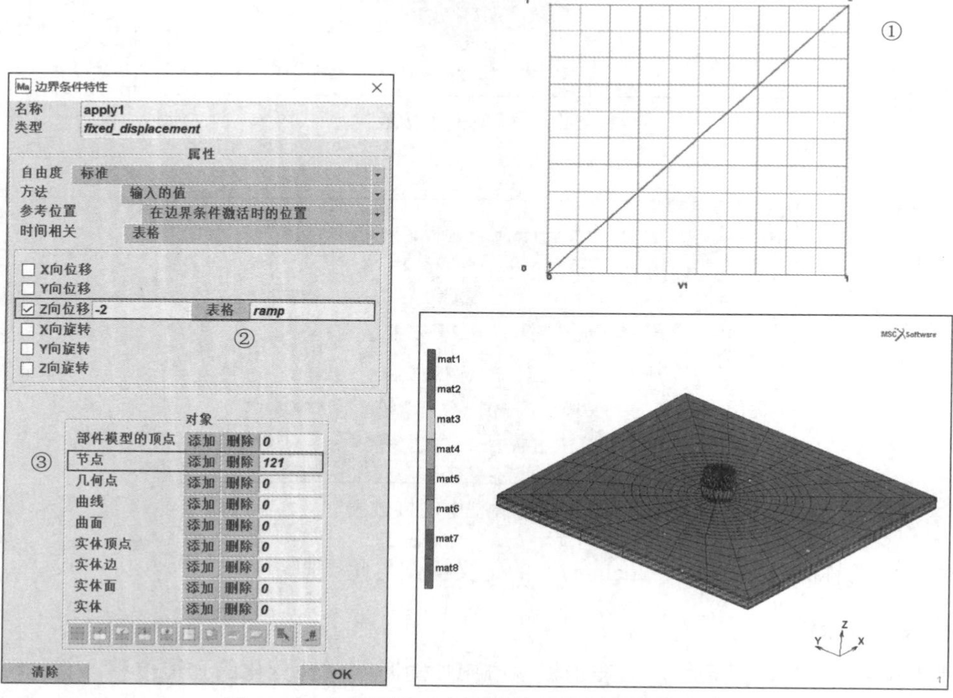

图 5-40　中心区域 Z 向强迫位移边界条件的定义

6. 定义分析工况

本例只需定义一个静力学分析工况，需要选择接触表，把整体工况时间设为 0.56s，分析步数设为 28，选择默认的相对残余力收敛准则，收敛容差设为 0.05。

打开“分析工况”选项卡，在“分析工况”选项组中，单击“新建 ▼”按钮，选择“静力学”选项，弹出“分析工况特性”对话框，参数的设置如图 5-41 所示。具体操作的命令流如下：

```
分析工况→新建▼→静力学
接触
  接触表
  选择ctable1
  OK
  OK
  收敛判据
  --- 方法和选项 ---
  方法：残余力
  --残余力---
  相对残余力收敛容差：0.05
  整体工况时间： 0.56
  ---时间步方法---
固定：⊙ 固定时间步长
  步数： 28
  OK
```

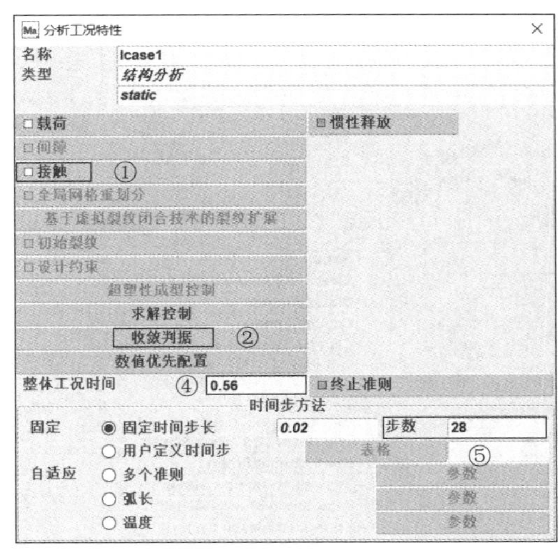

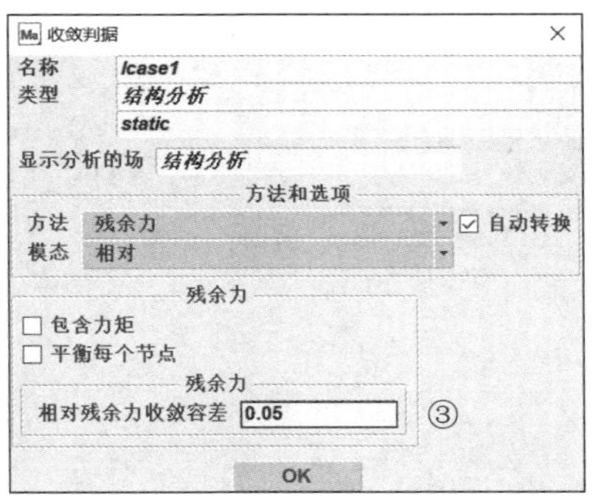

图 5-41 分析工况的定义

7. 定义作业任务参数并提交运算

打开“分析任务”选项卡，在“分析任务”选项组中，单击“新建▼”按钮，选择“结构分析”选项，在弹出的对话框中定义分析任务参数并提交运算。

先选择已定义的分析工况，然后单击“分析任务结果”按钮，在弹出的对话框中选择后处理输出结果，在可选的单元张量栏中勾选参考坐标系下的应力张量等结果输出，在可选的单元标量栏中勾选等效米塞斯应力等结果输出，在可选的节点结果栏中采用自定义的方式选择一些结果量的输出，如图 5-42 所示。参数定义结束后提交运算并进行运行监控。具体操作的命令流如下：

分析任务→新建▼→结构分析
⊙ 大应变
可选的：lcase1
分析任务结果
☑ 等效米塞斯应力
☑ 损伤
☑ Stress in Preferred Sys
☑ 1st Element Orientation Vector
☑ 2nd Element Orientation Vector
自定义▼
☑ 位移
☑ 反作用力
☑ Contact Status
☑ Delamination Index (Normal)
☑ Delamination Index (Tangential)
☑ Delamination Index
OK
提交
提交任务（1）
监控运行

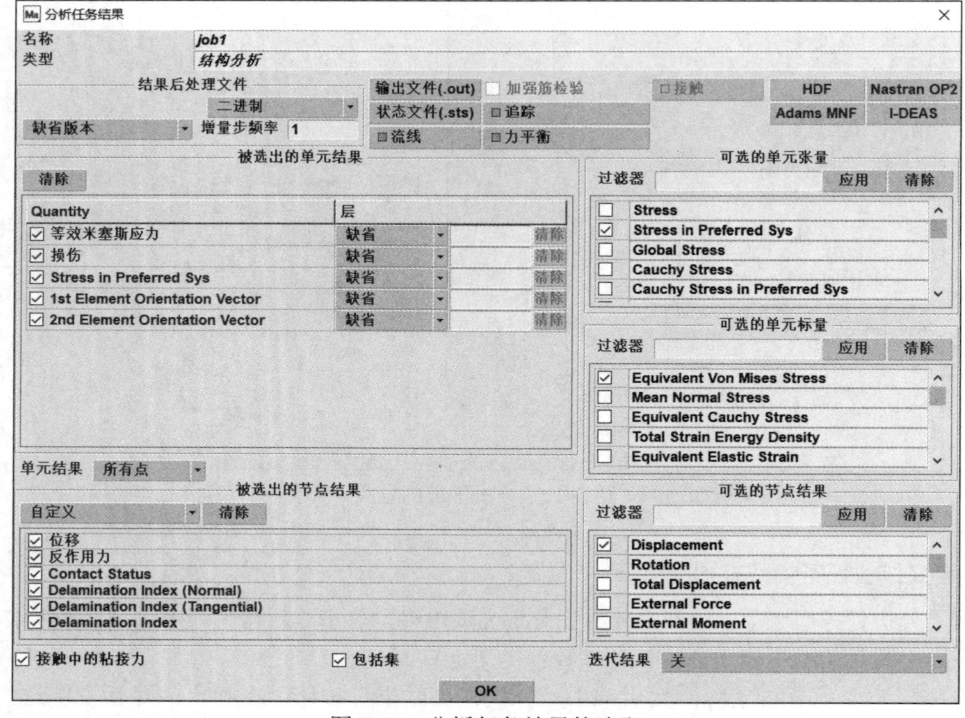

图 5-42 分析任务结果的选取

5.3.3　后处理

在计算过程中或计算结束后可以打开后处理结果查看分析结果。在本例中，可以先查看分析结束时整个结构的等效应力分布（见图 5-43）和左上角 1/4 模型的脱层指数云图（见图 5-44）；然后通过显示左上角 1/4 模型网格轮廓线查看已经脱层的位置（见图 5-45）。

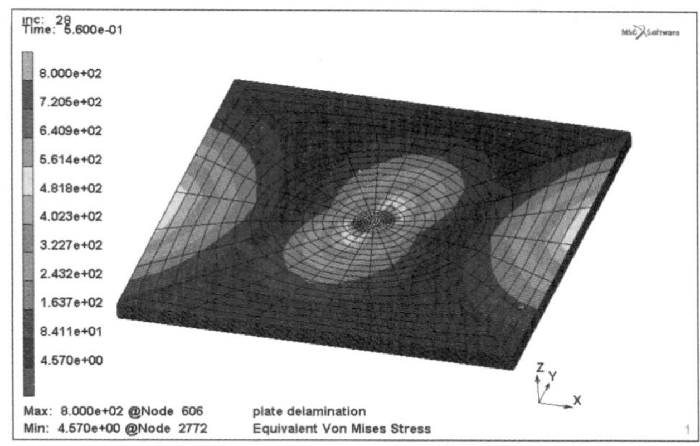

图 5-43　整个结构的等效应力分布

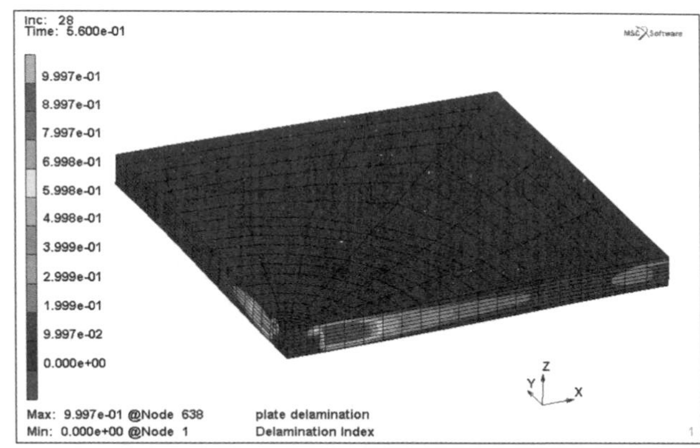

图 5-44　左上角 1/4 模型的脱层指数云图

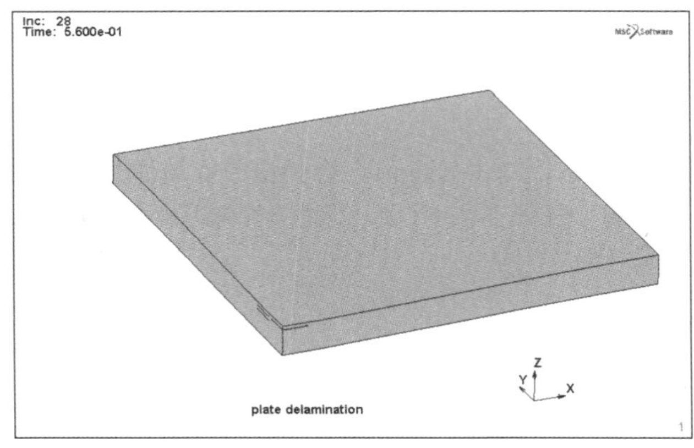

图 5-45　左上角 1/4 模型网格轮廓线

5.3.4 界面单元技术模拟复合材料脱层

下面介绍采用界面单元技术模拟复合材料脱层的主要步骤，建模的过程与前面基本相同，只需在前面已有模型的基础上进行少量修改。因此可以先将前面创建的模型另存为 composite_complete2.mud，然后进行修改。

1. 定义界面单元的材料特性

定义界面单元的材料特性。打开“材料特性”选项卡，在“材料特性”选项组中单击“新建▼”按钮，选择“有限刚度区域”选项，再选择“界面单元 / 粘接单元”选项，弹出“材料特性”对话框，将材料名改为“delam1”，将“模型”选项右侧的“指数”改成“线性”，然后设置“临界能量释放率”“临界张开位移”“最大张开位移”参数，将“压缩强化因子”设为 10，如图 5-46 所示。

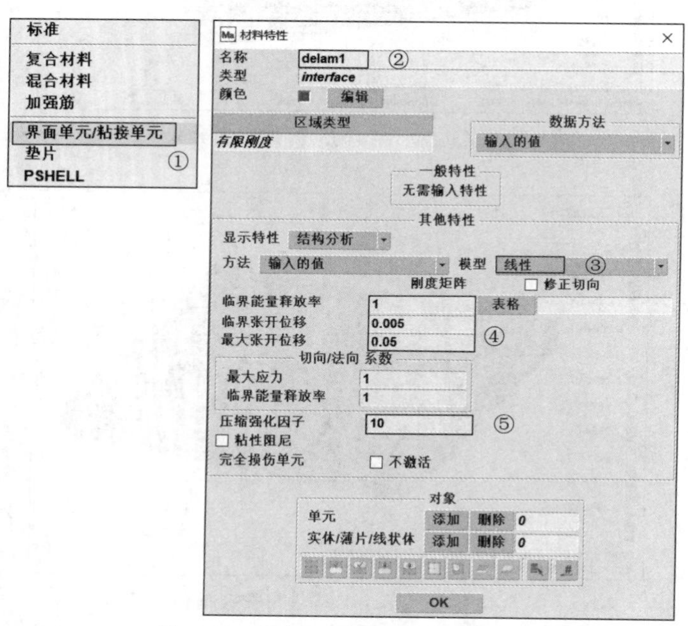

图 5-46 定义界面单元的材料特性

2. 修改脱层特性

在模型浏览器的脱层条目下，双击 delam1，会弹出带有该脱层参数的“脱层特性”对话框，勾选“插入界面单元”复选框，如图 5-47 所示。其他 6 个脱层特性（delam2 ～ delam7）也做相同的改动。

3. 修改接触表

插入界面单元后，各层之间就不需要有接触关系，因此可将变形体的自接触项去掉。在模型浏览器中双击接触表条目下的 ctable1，会弹出“接触表特性”对话框，去掉 cbody1 自接触项后的接触表，如图 5-48 所示。

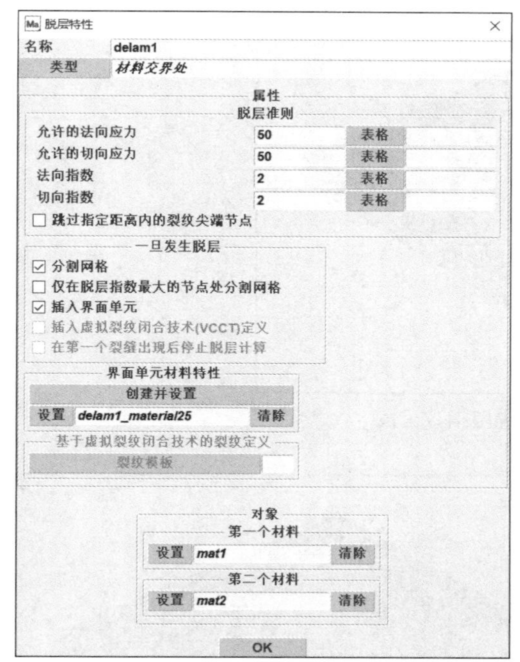

图 5-47　修改脱层特性

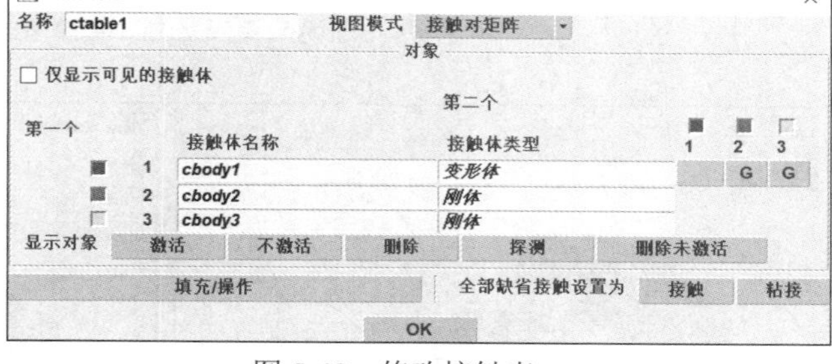

图 5-48　修改接触表

4. 再次提交运算并进行后处理

分析工况和分析任务参数不需要改动，再次提交运算，在运算过程中或运算结束后可以打开后处理结果文件进行后处理。

查看模型的位移云图、等效应力云图、脱层指数云图，分别如图 5-49、图 5-50 和图 5-51 所示；单独显示出界面单元，有界面单元处就是脱层发生之处，如图 5-52 所示；标识各层单元材料属性并显示轮廓线，查看层间的脱层情况，层间有轮廓线之处就是脱层发生之处，如图 5-53 所示。

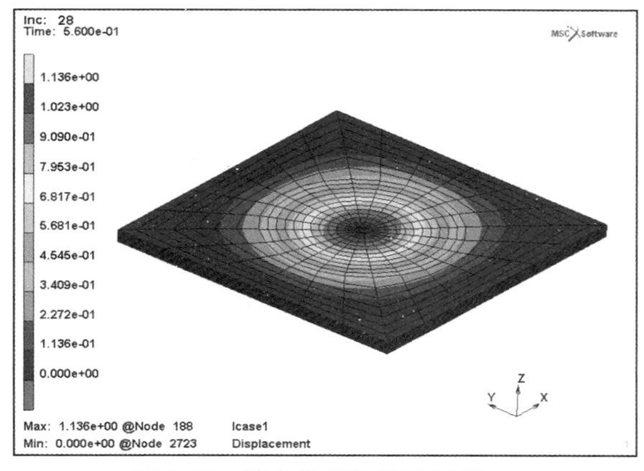

图 5-49　整个模型的位移云图

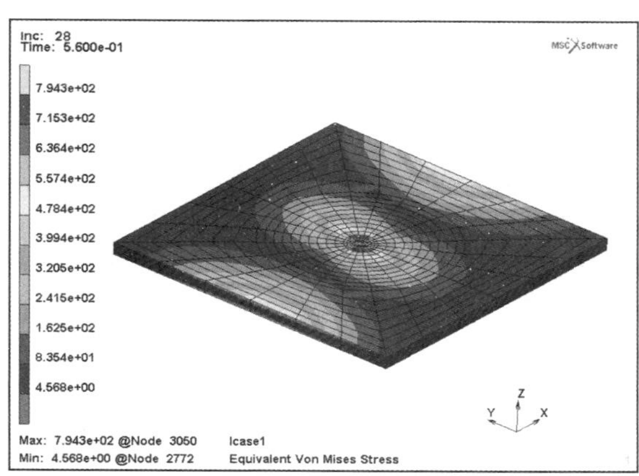

图 5-50　整个模型的等效应力云图

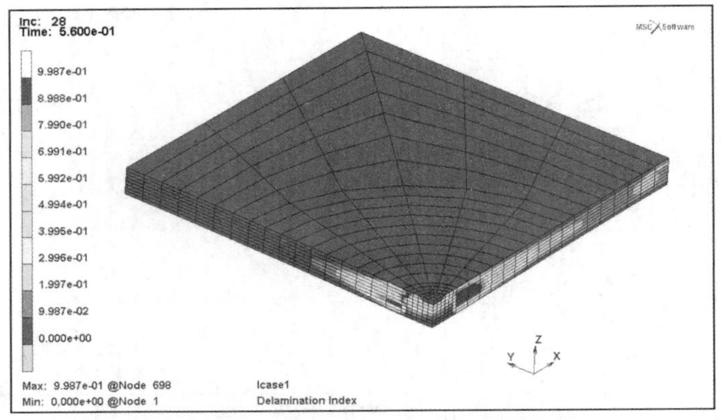

图 5-51　左上角 1/4 模型的脱层指数云图

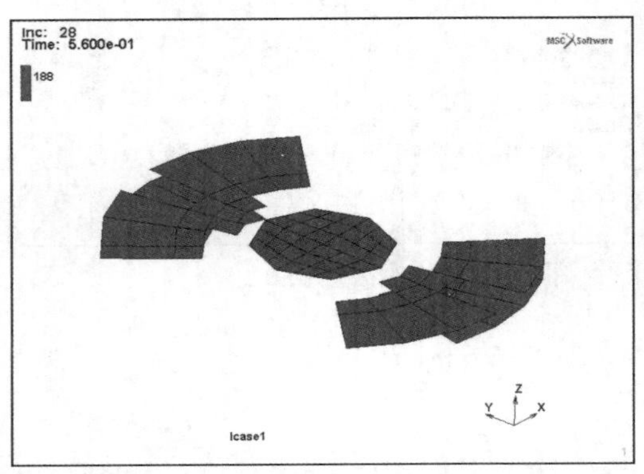

图 5-52　界面单元

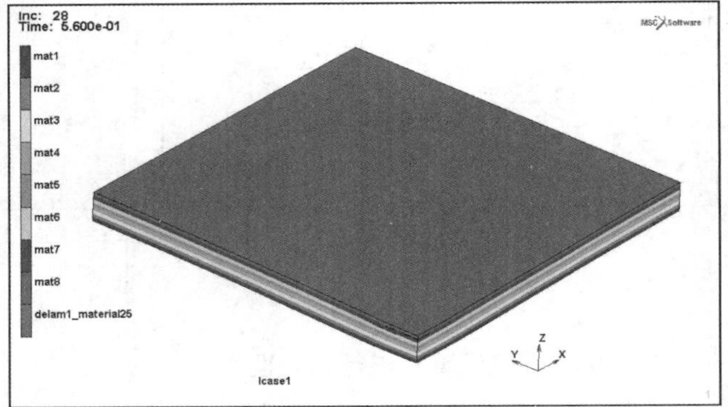

图 5-53　左上角 1/4 模型的轮廓线和材料标识

5.4　温度场分析实例

自然界中的热传导现象无处不在，几乎所有工程问题都在某种程度上与热有关，例如焊接、各种冷 / 热加工成型过程、高温环境中的热辐射、通电线圈发热等。

根据传热问题类型和边界条件的不同，可将热传导相关问题根据与时间的相关性、线性与非线性的关系、耦合与非耦合的关系进行不同的分类。

Marc 作为一个处理高度非线性问题的通用有限元分析软件，提供了多种热传导分析功能，支持上述各类热分析。另外，Marc 还具备一些与热分析相关的高级功能，例如烧蚀和热防护分析。

从 Marc 2018 开始，帮助文件中增加了烧蚀的使用说明及一些分析例子，详见使用说明。其中有一个实例介绍了达西热解模型的主要特点、与流线型热解模型的主要区别及使用方法。采用达西热解模型后，热解气体在材料内部的输运由达西定律描述，因而孔隙压力成为模型的未知项，需要采用扩散 / 热耦合分析类型。该实例采用了 NASA/AFOSR/SNL 第五届烧蚀研讨会（2012 年 2 月 28 日至 3 月 1 日召开）提供的免费数据，这些数据称为 TACOT 数据（意为用于开放测试的理论烧蚀复合材料）。图 5-54 至图 5-57 是该实例的一些结果图。具体细节可以查看软件的使用说明文档，也可以利用软件所提供的命令流文件进行快速建模、运算提交和结果查看。

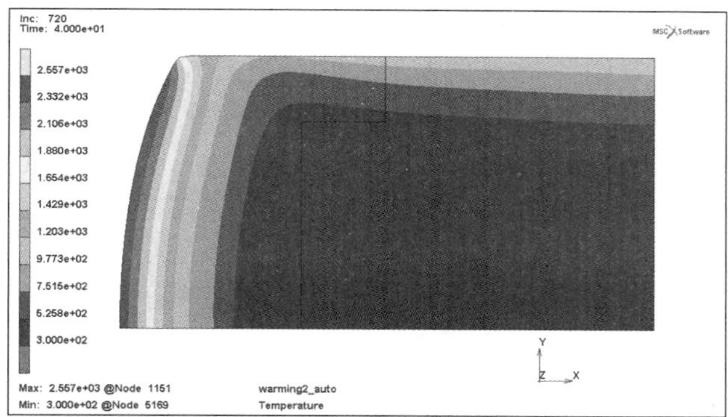

图 5-54　40s 时的温度云图

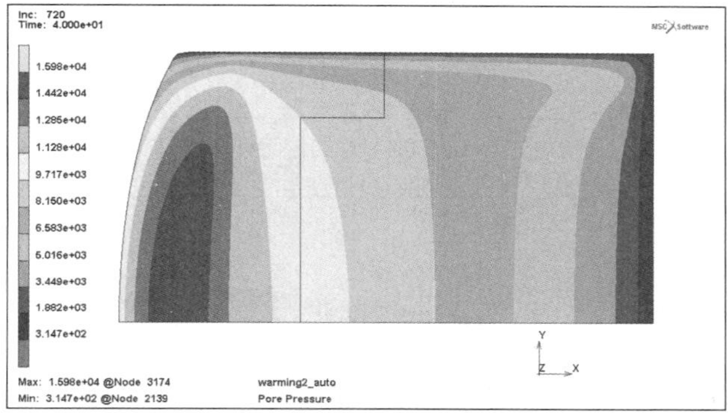

图 5-55　40s 时的孔隙压力云图

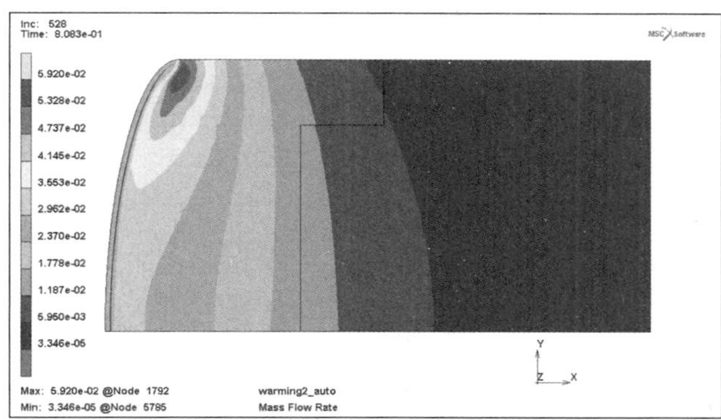

图 5-56　0.8083s 时的质量流动率云图

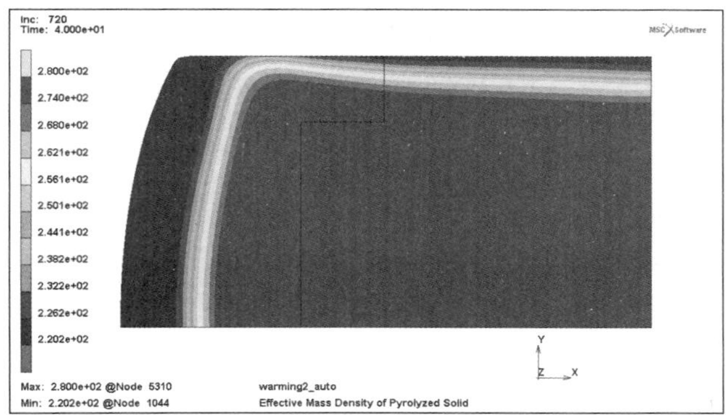

图 5-57　40s 时热解实体等效质量密度云图

Marc 的烧蚀和热防护分析功能很强，还可以进行三维模型的烧蚀分析。使用说明中以固体火箭发动机尾喷口结构为例，介绍了 Marc 进行热烧蚀分析的流程和方法。该实例采用流线来模拟气体的输运，得到了尾喷口结构在不同时刻的温度分布和相应的结构发生烧蚀的情况。图 5-58 至图 5-60 是该实例在 Marc 2020 中运行得到的结果图。

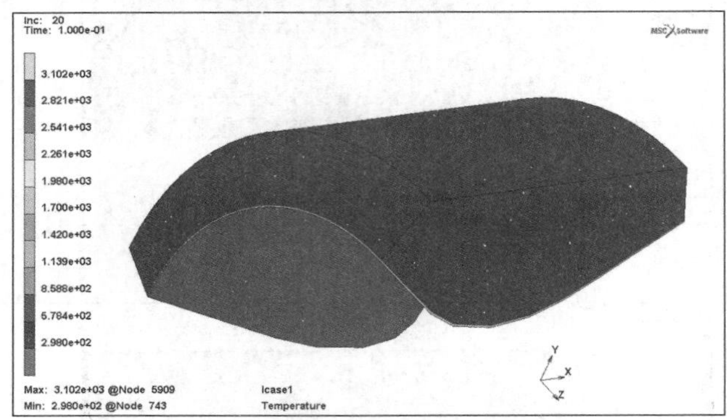

图 5-58　0.1s 时的温度云图

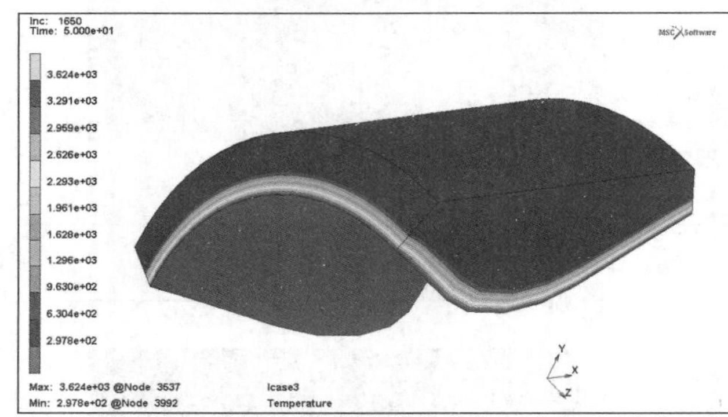

图 5-59　50s 时的温度云图

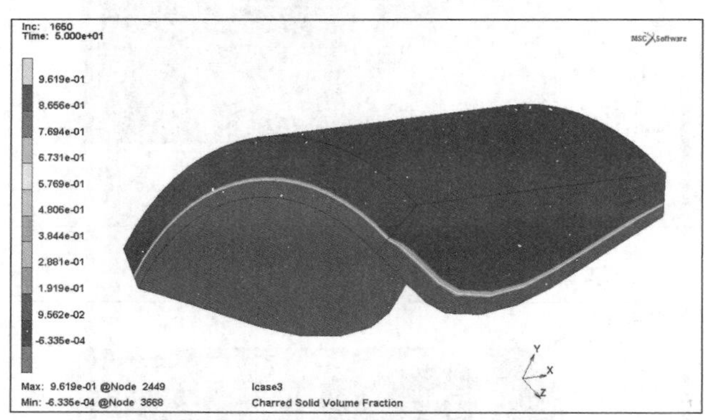

图 5-60　50s 时焦化材料体积分数云图

当然，工程中最常见的还是常规结构稳态和瞬态的热分析，下面以简化的叶片结构为例介绍在 Marc 中进行稳态和瞬态热分析的建模和后处理的过程。

5.4.1　问题描述

叶片几何模型如图 5-61 所示。当叶片处在高温工作环境下时，与之进行对流换热的气体温度通常是随空间坐标和时间变化的，本例简化为常温 400℃，对流换热系数随空间坐标和时间变化；底部为固定温度边界，为 35℃；初始温度设为 25℃。分别进行稳态和瞬态温度场分析，稳态分析时仅考虑对流换热系数随空间坐标变化的情况且初始温度可以不设置。

图 5-61　叶片几何模型

5.4.2　前处理

前处理步骤如下。

1. 导入几何模型

导入本书所附电子资源中的叶片几何模型 blades_solid.xmt_txt。打开“几何 分网”选项卡，在“基本操作”选项组中单击“长度单位 ▼”按钮，将单位设置为米，如图 5-62（a）所示；接着选择“文件”菜单，选择“导入”子菜单中的“通用 CAD 接口（作为实体导入）”命令，如图 5-62（b）所示；弹出一个图 5-62（c）所示的对话框，采用默认设置，单击“导入 Parasolid 模型”按钮；弹出一个图 5-62（d）所示的对话框，选择 blades_solid.xmt_txt 文件，单击“Open”按钮，即可导入模型，导入的模型如图 5-62（e）所示。具体操作的命令流如下：

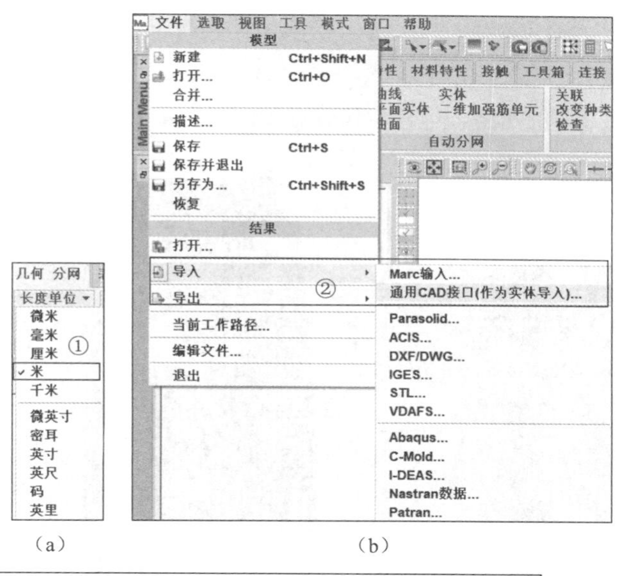

（a）　　　　（b）

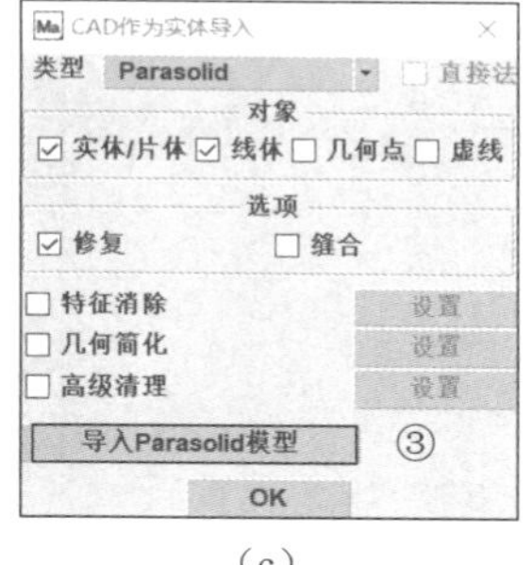

（c）

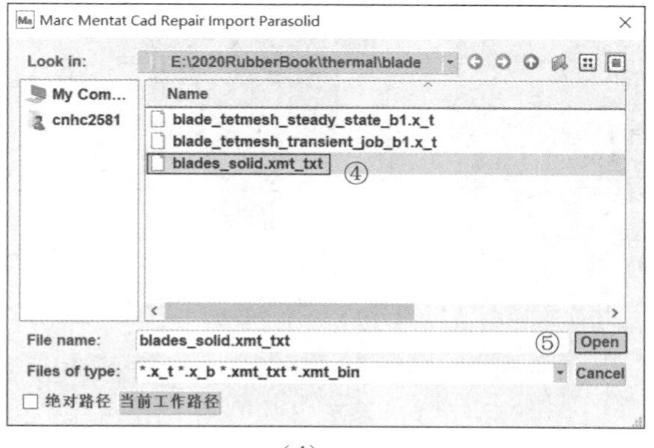

（d）

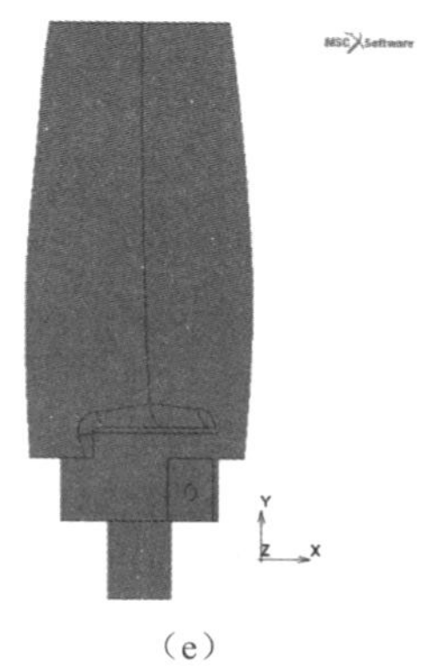

（e）

图 5-62　几何模型的导入

几何 分网→长度单位 ▼→米
文件→导入 →通用CAD接口（作为实体导入）
导入Parasolid模型
选择blades_solid.xmt_txt
Open

2. 网格划分

本例采用4节点四面体单元划分网格，单元边长设为0.1m。打开“几何 分网”选项卡，在“自动分网”选项组中选择“实体”选项，如图5-63（a）所示；弹出“体自动分网”对话框，“描述”“目标族（体积）”“目标阶数”分别采用默认的“实体”“四面体”“线性”选项，将“模态”从默认的“自动”改成“手动”，并设置“单元尺寸”为0.1，然后单击“四面体网格划分”按钮，单击图标即可确定要划分的实体，得到图5-63（b）所示的网格。具体操作的命令流如下：

自动分网 → 实体
--- *目标单元尺寸* ---
模态：手动
单元尺寸：0.1
四面体网格划分

选择导入的几何模型即可得到划分后的网格，单元数和节点数分别为43182、9961。

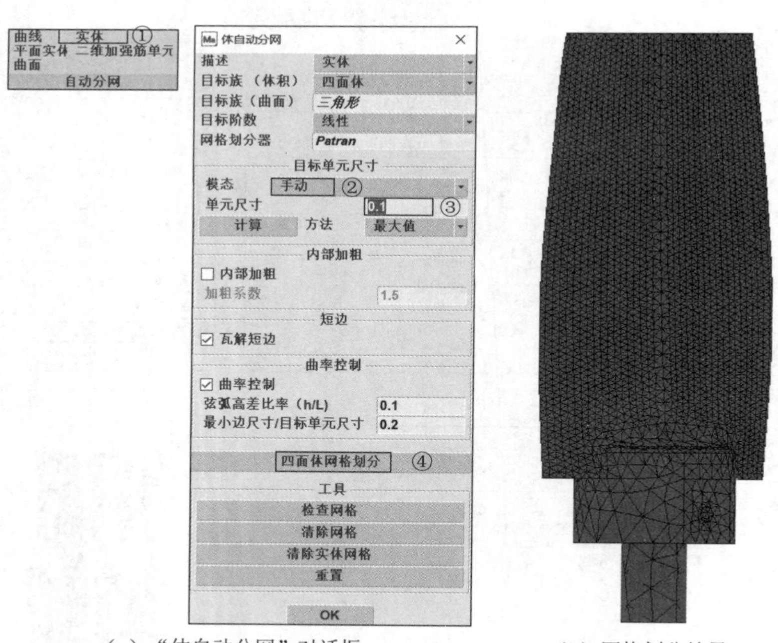

（a）“体自动分网”对话框　　（b）网格划分结果

图5-63　叶片实体的网格划分

3. 定义材料特性

在定义材料特性之前，需要先确认模型的分析类型已设定为3D热分析，即在界面顶部有

3-D▾ 热分析▾标识。热分析需要定义质量密度、热导率和比热等参数。

打开“材料特性”选项卡，在“材料特性”选项组中单击“新建 ▼”按钮，然后选择“标准”选项，弹出“材料特性”对话框，在该对话框中定义质量密度、热导率和比热，然后施加到所有单元上，如图 5-64 所示。具体操作的命令流如下：

材料特性 → 新建 ▼ → 标准
　--- 热导率 ---
　K：17
　比热：528
　质量密度 热分析▼：4500
　单元：添加
　选择所有的单元
　OK

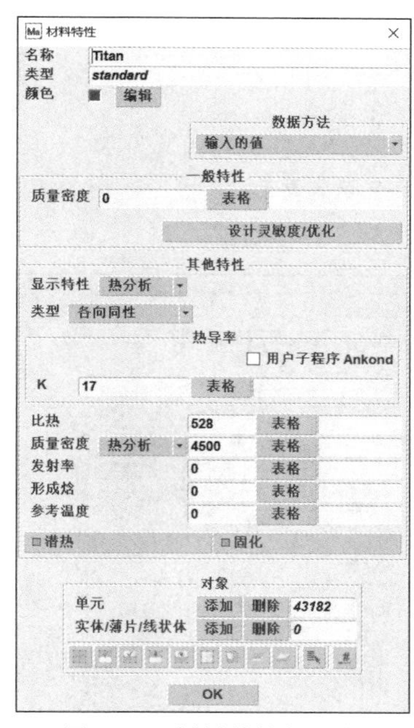

图 5-64　材料特性的定义

4. 定义初始条件

对所有节点施加 25℃的初始温度。打开“初始条件”选项卡，在“初始条件”选项组中单击“新建（热分析）▼”按钮，选择“温度”选项弹出“初始条件特性”对话框，输入初始温度，并施加到所有节点上，如图 5-65 所示。具体操作的命令流如下：

初始条件 → 新建（热分析）▼ → 温度
　----连续体单元------
　☑ 温度：25
　节点：添加
选择全部节点

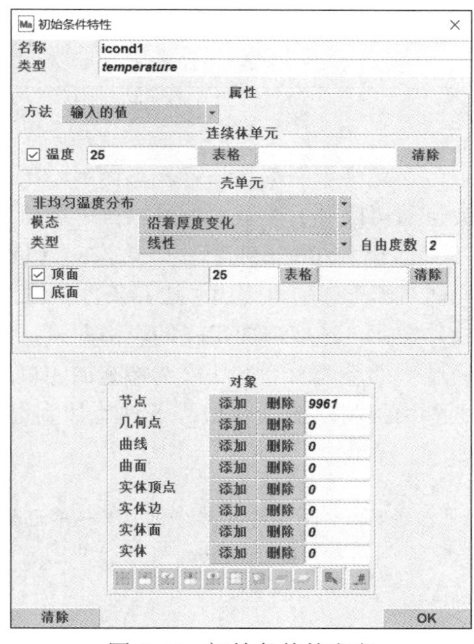

图 5-65　初始条件的定义

5. 定义边界条件

本例需要定义两个边界条件，一个是叶片底部固定温度边界条件，另一个是对流换热边界条件。

定义对流换热系数随坐标变化的表格曲线。打开“表格 坐标系”选项卡，在“表格”选项组中单击“新建 ▼”按钮，然后选择“1 个自变量”选项，在弹出的对话框中定义表格的名称、类型（原始 *Y* 坐标），设置自变量 V1 的最小值和最大值，输入公式来定义曲线，如图 5-66 所示。具体操作的命令流如下：

表格 坐标系 → 表格 → 新建▼ → 1个自变量
　名称：Steady_conv_table
　类型：y0_coordinate

最小值：-0.2
最大值：1.4
⊙ 公式
50*(v1+.2)^2+1
显示完整曲线

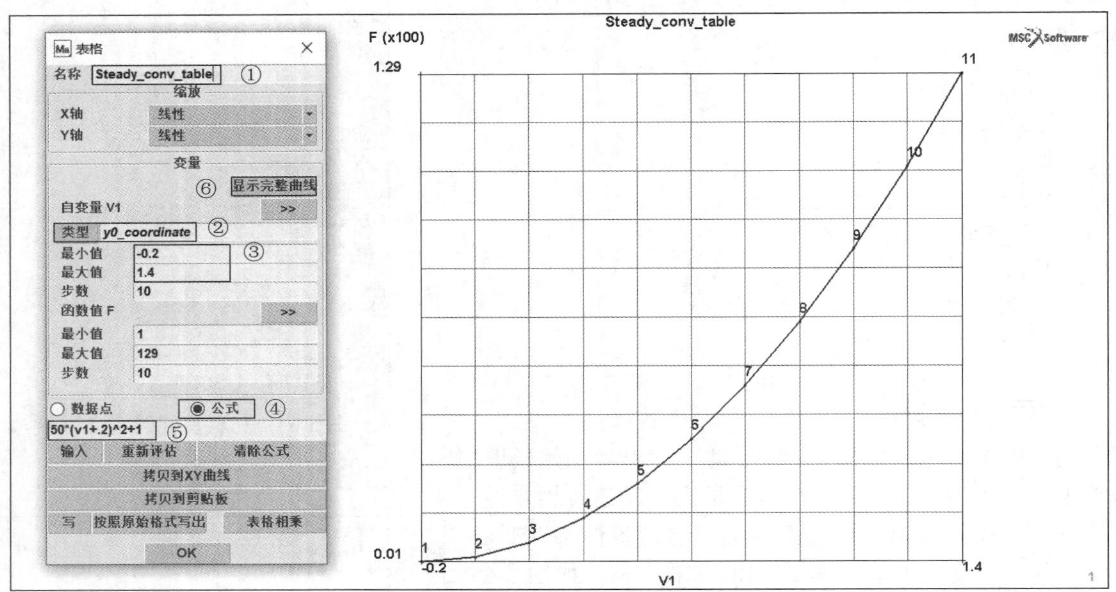

图 5-66　对流换热系数随 Y 坐标变化的表格曲线

在定义表格曲线后，图形区显示的是刚定义的表格曲线，打开“边界条件”选项卡后，图形区会自动切换显示模型，也可以在“窗口”菜单中选择所需的显示图形窗口。

打开“边界条件”选项卡，在“边界条件”选项组中单击“新建（热分析）▼”按钮，选择“单元面对流”选项，弹出“边界条件特性”对话框；在“对流系数”右侧的文本框中输入 1，单击“表格”按钮，选取前面定义的表格曲线；然后通过“选取控制”对话框选取要施加的单元表面，可以通过“批量选面”方法来选择施加的单元面，在叶身任意一处单击即可把对流单元面选择出来；单击图标将对流换热边界条件施加到选取出来的单元表面上，如图 5-67 所示。具体操作的命令流如下：

边界条件→新建（热分析）▼→单元面对流
名称：Convection
----*属性*------
☑ 对流
周边环境温度：400
----*载荷幅值*------
对流系数：1　　表格：Steady_conv_table
单元面：添加
选择所有选取出来的单元面

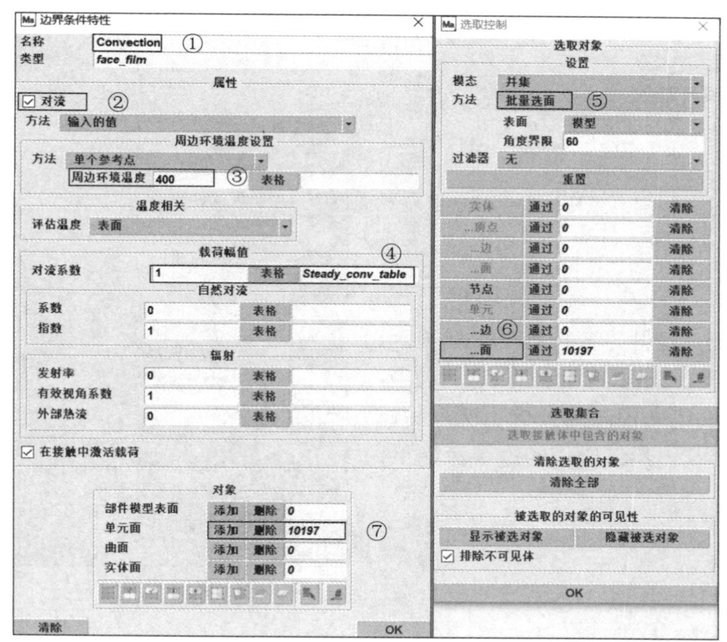

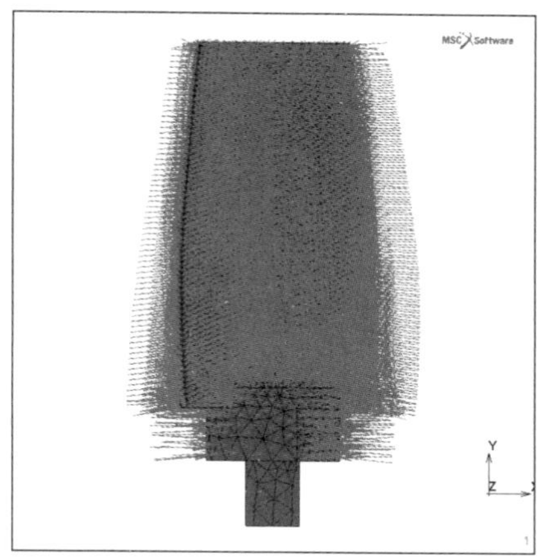

图 5-67　对流边界条件的定义

在“边界条件”选项组中单击“新建（热分析）▼”按钮，选择“温度”选项，弹出“边界条件特性”对话框，在“温度”右侧的文本框中输入“35”，然后施加到底面所有节点上，因为这些节点与底部两个实体面关联，也可以施加到那两个实体面上，如图 5-68 所示。具体操作的命令流如下：

边界条件特性
名称 Base_temp
类型 fixed_temperature
属性
方法 输入的值
时间相关 表格
连续体单元
☑ 温度 35 表格 清除
壳单元
非均匀温度分布
模态 沿着厚度变化
类型 线性 自由度数 2
☑ 顶面 35 表格 清除
☐ 底面
对象
模型部件 添加 删除 0
部件模型的顶点 添加 删除 0
节点 添加 删除 0
几何点 添加 删除 0
曲线 添加 删除 0
曲面 添加 删除 0
实体顶点 添加 删除 0
实体边 添加 删除 0
实体面 添加 删除 2
实体 添加 删除 0
清除 OK

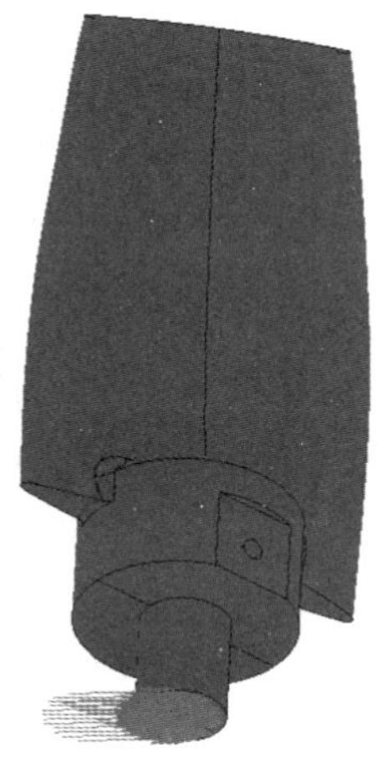

图 5-68　固定温度边界条件的定义

边界条件→新建（热分析）▼→温度

名称：Base_temp

----*属性*------

温度：35

实体：添加

选择叶根底部两个半圆面

6. 定义分析工况

采用默认设置定义稳态热分析工况。打开“分析工况”选项卡，在“分析工况”选项组中，单击“新建▼”按钮，选择“稳态”选项，弹出图 5-69 所示的对话框，在其中可以定义稳态热分析工况。除修改名称以外，其他参数不需要做任何修改。具体操作的命令流如下：

分析工况→新建▼→稳态

名称：steady_state

OK

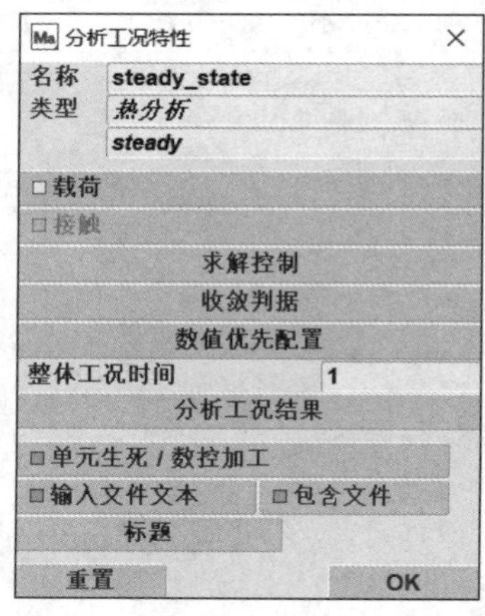

图 5-69　分析工况的定义

7. 定义分析任务参数并提交运算

打开“分析任务”选项卡，在“分析任务”选项组中，单击“新建▼”按钮，选择“热分析”选项，并在弹出的对话框中选择已定义的分析工况然后提交运算，如图 5-70 所示。具体操作的命令流如下：

分析任务→新建▼→热分析

名称：steady_state

可选的：steady_state

提交

提交任务（1）

监控运行

分析任务特性
名称 steady_state
类型 热分析
分析工况
选出的 清除
steady_state 热分析 steady 往上 往下
可选的
初始载荷
循环对称
全局-局部
接触控制
网格自适应
模型部件
单元生死
DMIG输出
输入文件文本
包含文件
标题
分析选项
分析任务结果
分析任务参数
材料数据文件
检查
提交
重置
OK

图 5-70　分析任务参数的定义

5.4.3　后处理

分析结束后可以打开后处理文件进行后处理，查看分析结束时的温度云图，如图 5-71 所示。具体操作的命令流如下：

结果→模型图
　---*标量图*---
　样式：云图▼
　标量：　⊙ 温度

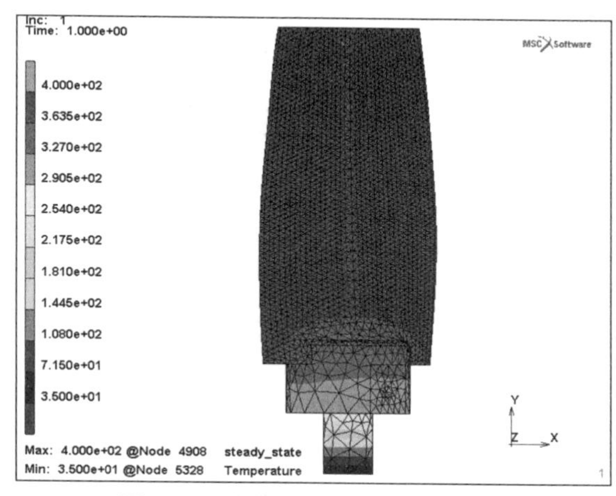

图 5-71　稳态分析得到的温度云图

5.4.4　瞬态热分析

在前面介绍的稳态热分析的建模和后处理流程的基础上，本小节介绍瞬态热分析的流程，主要包括定义具有双自变量的对流换热系数表格、修改对流边界条件、定义瞬态分析工况和分析任务等。

1. 修改对流边界条件

将对流换热系数改成与时间相关，需要新建一个双变量的表格。打开“表格 坐标系”选项卡，在“表格”选项组中单击“新建 ▼”按钮，选择“2 个自变量”选项，在弹出的对话框中定义表格的名称、两个自变量的类型（时间、原始 *Y* 坐标），输入公式来定义曲线，如图 5-72 所示。具体操作的命令流如下：

表格 坐标系→表格→新建▼→2个自变量
　名称：trans_conv_table
　自变量V1 ▼
　类型：time
　自变量V2 ▼
　类型：y0_coordinate
　⊙ 公式
　　(50*(v2+0.2)^2+1)*(v1+0.75)
　显示完整曲线

表格定义好后，再修改边界 Convection，将图 5-67 中“对流系数”关联的表格改成新定义的 trans_conv_table 即可。

2. 定义瞬态分析工况

定义瞬态分析工况。打开“分析工况”选项卡，在“分析工况”选项组中单击“新建▼”按钮，选择“瞬态”选项，弹出“分析工况特性”对话框，在其中可以定义瞬态分析工况。设置整体工况时间为 60，采用基于温度的自适应步长控制，进行步长控制参数的设置，如图 5-73 所示。具体操作的命令流如下：

分析工况→新建▼→瞬态
名称：transient
　整体工况时间：60
　自适应：　⊙ 温度

参数

最大增量步数：100

初始时间步长：0.01

单元刚度矩阵重新装配的间隔增量步数：5

OK

OK

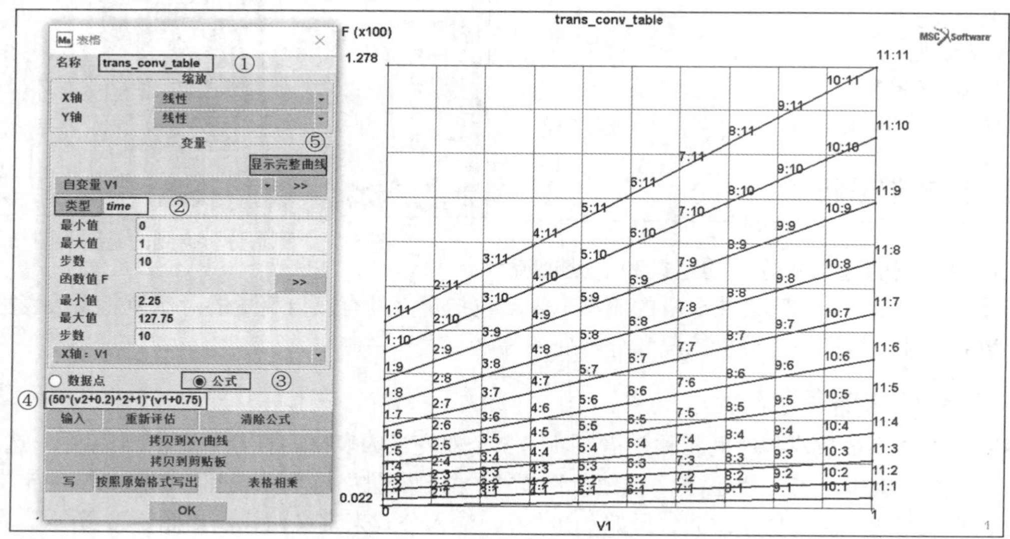

图 5-72　瞬态对流换热系数表格的定义

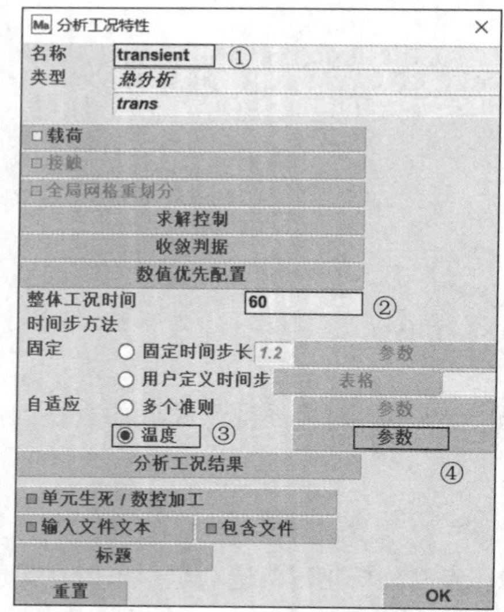

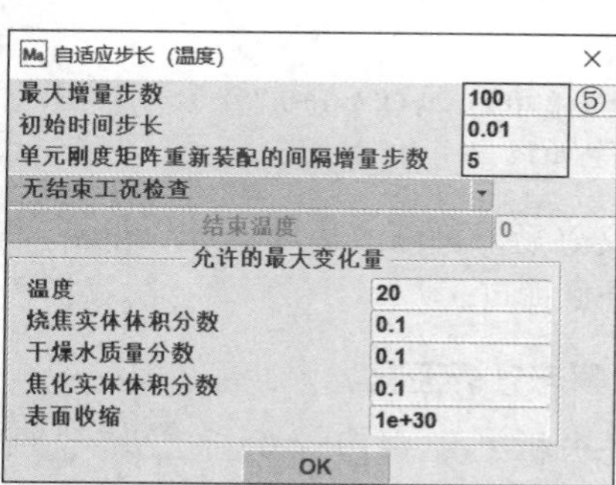

图 5-73　瞬态分析工况的定义

3. 定义瞬态分析任务参数

新建分析任务。打开“分析任务”选项卡，在“分析任务”选项组中，单击“新建▼”按钮，选择“热分析”选项，在弹出的对话框中选择前面定义的瞬态分析工况并提交运算，如图 5-74 所示。如果误选了稳态分析工况，可将它从“选出的”栏中退回到“可选的”栏中。具体操作的命令流如下：

分析任务→新建▼→热分析

名称：transient_job

可选的：transient

OK

提交

提交任务（1）

监控运行

图 5-74 分析任务参数的定义

4. 瞬态分析结果后处理

在分析过程中或分析结束后可以查看已经计算出来的增量步的分析结果，例如图 5-75 所示的温度场分布云图。也可以调整单元边的显示设置，例如只显示轮廓线单元边，如图 5-76 所示。

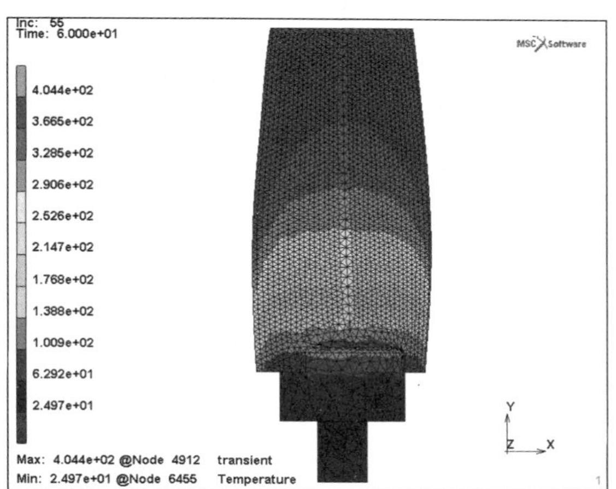

图 5-75 60s 时的温度云图（带有表面单元边）

另外，还可以在“模型图结果”对话框中设置模型剪裁参数，图 5-77 所示的是采用默认设置的显示结果，此时剪裁平面的法线是 X 正向，剪裁平面过坐标原点。

如果要关注一些节点的温度随时间变化的历程，则可以使用历程曲线。下面介绍一个绘制叶片顶部中间处 4961 节点（如果几何模型导入方法或分网参数设置略有不同，那么该节点的编号可能会有所不同）温度随时间变化的例子。打开“结果”选项卡，选择“历程曲线”选项，弹出“历程曲线”对话框，在该对话框中单击“设置位置”按钮，选择叶尖中间部位节点，单击鼠标右键确定，单击“所有增量步”按钮，单击“添加曲线”按钮，弹出“添加历程曲线”对话框，进行历程曲线的具体设置，如图 5-78 所示。具体操作的命令流如下：

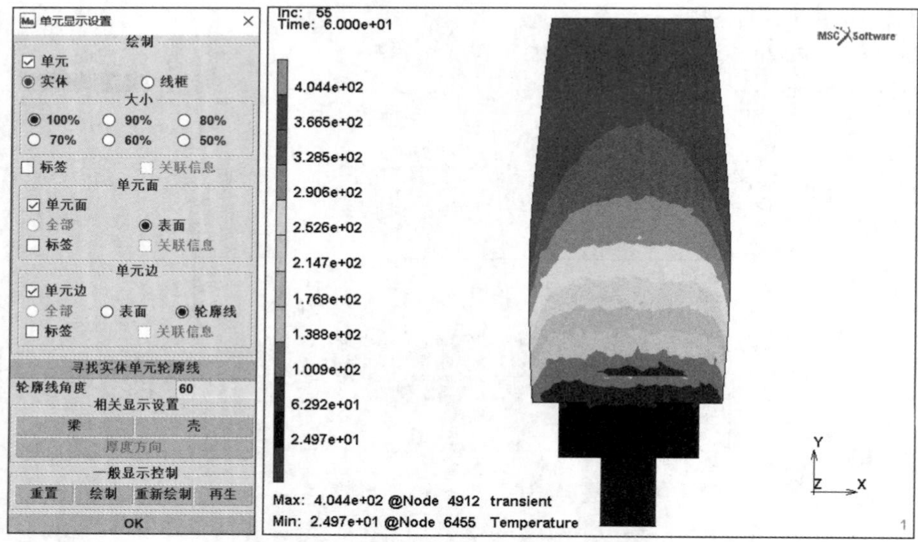

图 5-76　60s 时的温度云图（仅有轮廓线单元边）

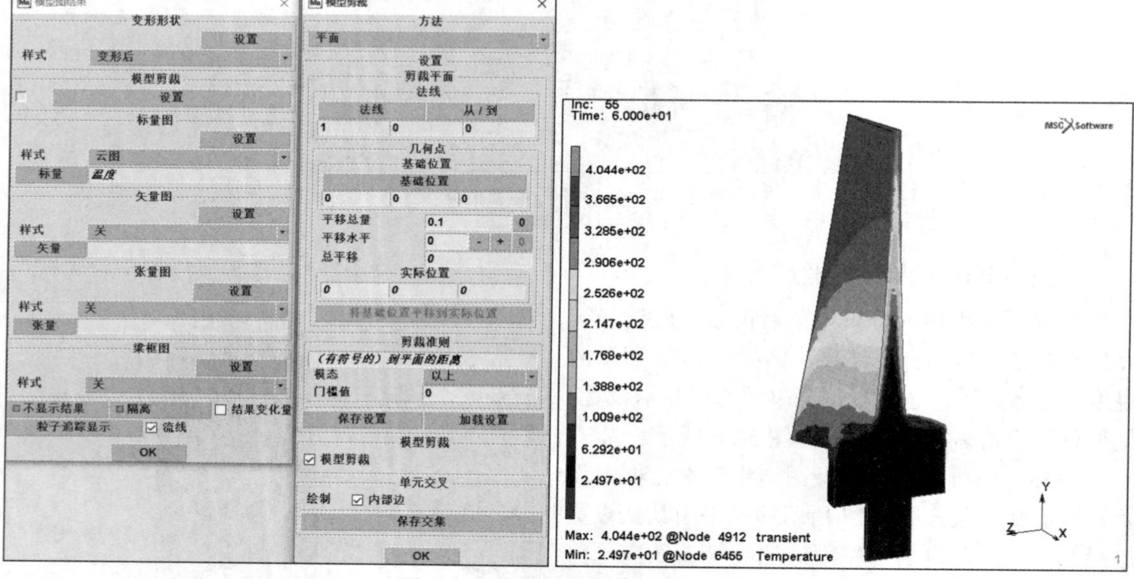

图 5-77　模型剪裁后的温度云图

结果→历程曲线

设置位置：4961节点　（选择结束后需在图形区单击鼠标右键确认）

所有增量步

添加曲线

--- *Y*轴 ---

数据载体类型：位置（节点/样点）▼　模态：全部 ▼

变量：Temperature

添加曲线

显示完整曲线

为了让曲线更清晰，可以在“历程曲线”对话框中将“显示标识间隔”设为 5。

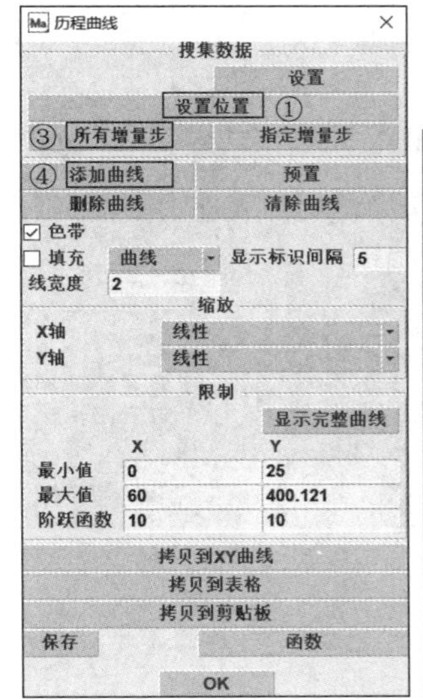

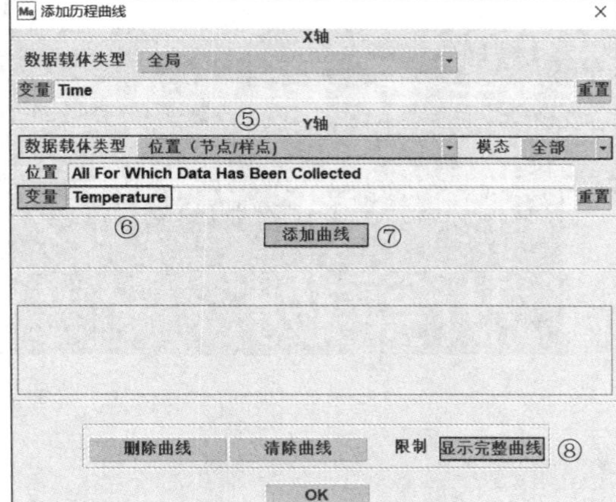

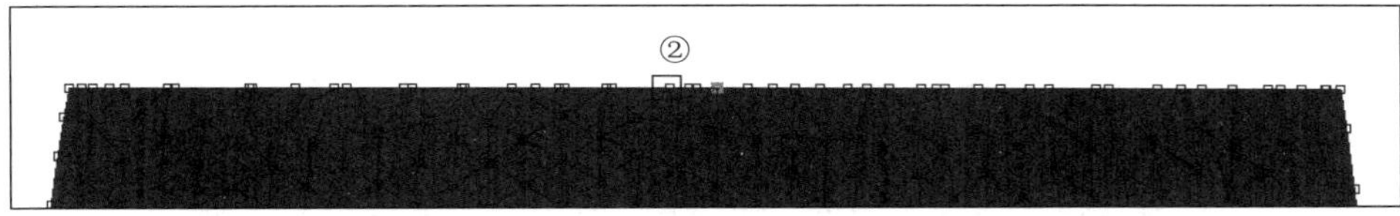

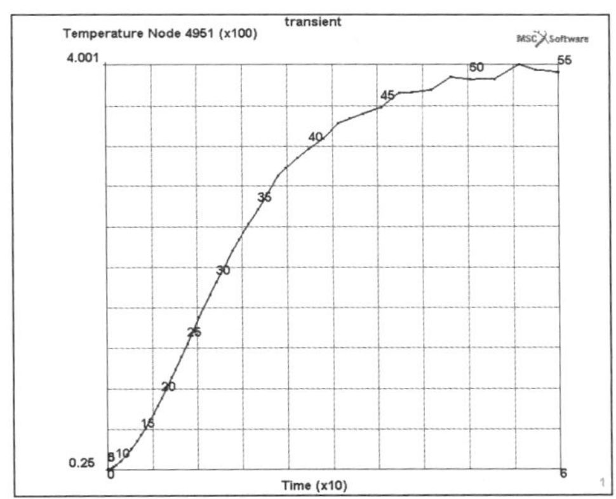

图 5-78　4961 节点温度随时间变化的历程曲线

第 6 章 橡胶密封件大变形特性分析实例

由 EPDM 橡胶材料挤压而成的密封件，受不同的结构和制作工艺的影响，最终显示的大变形特性异常复杂。本章利用 Marc 有限元分析方法和试验方法，进行密封件大变形特性的分析研究。

本章重点

- 密封件大变形有限元分析基础
- 密封件大变形特性的有限元分析
- 密封件大变形特性的验证

6.1 密封件大变形有限元分析基础

本节简要介绍密封件大变形有限元分析的相关理论基础，为后面的实例分析进行必要的知识准备。

6.1.1 密封件大变形有限元分析理论

EPDM 橡胶本质上是一种粘弹性材料，如果密封件配方中有发泡剂，EPDM 橡胶硫化后称为海绵橡胶；如果密封件配方中没有发泡剂，EPDM 橡胶硫化后称为密实橡胶。EPDM 橡胶的力学性质非常复杂，可以呈现出蠕变、松弛、老化等现象，这些现象与时间、温度有密切关系。当时间较短、温度变化不大时，则可认为橡胶材料是完全弹性的，即撤走载荷后，橡胶材料会完全恢复到它变形前的状态。因此，可以根据连续介质力学的观点，对橡胶的力学特性做出如下假设。

（1）海绵橡胶和密实橡胶均为非线性弹性材料，可用超弹性描述。

（2）海绵橡胶在变形中体积变化极大，具有可压缩的材料特性；密实橡胶在变形中体积变化极小，具有近乎不可压缩的材料特性。

（3）在较短的时间内及恒定的环境温度下，海绵橡胶和密实橡胶通常被处理为各向同性材料。

密封件大变形的力学特性体现为应变与位移之间的非线性关系，通常称几何非线性，它也影响到应力与力之间的非线性。实际中存在两种大变形问题，即大位移小应变和大位移大应变。前者可忽略几何非线性对应力－应变关系的改变，只保留位移－应变关系中的非线性项，例如薄壁壳体结构的大转动小应变就属于这种情形；后者必须在正确的坐标系下定义本构关系，并将在此参考坐标系中定义的本构方程转换到描述力平衡方程的参考坐标系中，例如密封件在车门关闭过程中产生的有限应变就属于这种情形。

由于位移大，变形前后构形的差别不可忽略，因此描述变形物体微元的平衡方程必须用柯西平衡方程或基尔霍夫（Kirchhoff）平衡方程。描述变形物体平衡的柯西平衡方程参考的是变形后的最终构形 ω，而变形后的构形是未知、待求解的。而基尔霍夫平衡方程描述的虽是变形物体的最终平衡状态，但它参考的是初始构形 Ω_0，而初始构形 Ω_0 是已知的。所以一般分析大位移大应变的非线性问题都用基尔霍夫平衡方程或与其等价的虚位移原理，所用的应力是基尔霍夫应力、应变是格林应变。

下面在直角坐标系下讨论格林应变的离散，令 u_i（i=1,2,3）分别为沿 x_i（i=1,2,3）轴方向的位移分量。

1. 格林应变的离散

将格林应变 $\boldsymbol{E}$ 写成线性应变 $\boldsymbol{E}_0$ 与非线性应变 $\boldsymbol{E}_L$ 之和，即：

$$\boldsymbol{E}=\boldsymbol{E}_0+\boldsymbol{E}_L \tag{6-1}$$

式（6-1）中：

$$\boldsymbol{E}_0=\varepsilon=\begin{Bmatrix}\boldsymbol{E}_{11}^0\\ \boldsymbol{E}_{22}^0\\ \boldsymbol{E}_{33}^0\\ 2\boldsymbol{E}_{12}^0\\ 2\boldsymbol{E}_{23}^0\\ 2\boldsymbol{E}_{31}^0\end{Bmatrix}=\begin{Bmatrix}\dfrac{\partial u_1}{\partial x_1}\\ \dfrac{\partial u_2}{\partial x_2}\\ \dfrac{\partial u_3}{\partial x_3}\\ \dfrac{\partial u_1}{\partial x_2}+\dfrac{\partial u_2}{\partial x_1}\\ \dfrac{\partial u_2}{\partial x_3}+\dfrac{\partial u_3}{\partial x_2}\\ \dfrac{\partial u_1}{\partial x_3}+\dfrac{\partial u_3}{\partial x_1}\end{Bmatrix} \tag{6-2}$$

$$\boldsymbol{E}_L=\frac{1}{2}\begin{bmatrix}\boldsymbol{\theta}_1^T & 0 & 0\\ 0 & \boldsymbol{\theta}_2^T & 0\\ 0 & 0 & \boldsymbol{\theta}_3^T\\ \boldsymbol{\theta}_2^T & \boldsymbol{\theta}_1^T & 0\\ 0 & \boldsymbol{\theta}_3^T & \boldsymbol{\theta}_2^T\\ \boldsymbol{\theta}_3^T & 0 & \boldsymbol{\theta}_1^T\end{bmatrix}\begin{Bmatrix}\boldsymbol{\theta}_1\\ \boldsymbol{\theta}_2\\ \boldsymbol{\theta}_3\end{Bmatrix}\equiv\frac{1}{2}\boldsymbol{A\theta} \tag{6-3}$$

式（6-3）中：

$$\boldsymbol{\theta}_i^T=\left\{\frac{\partial u_1}{\partial x_i},\frac{\partial u_2}{\partial x_i},\frac{\partial u_3}{\partial x_i}\right\},\ (i=1,2,3) \tag{6-4}$$

矩阵 $\boldsymbol{A}$ 由式（6-3）确定，其维数是 6×9：

$$\delta \boldsymbol{E}_L = \frac{1}{2}\boldsymbol{A}\delta\theta + \frac{1}{2}(\delta \boldsymbol{A})\theta \tag{6-5}$$

经过整理，上式可简化为：

$$\delta \boldsymbol{E}_L = \boldsymbol{A}\delta\theta \tag{6-6}$$

令单元的位移函数为：

$$u_1 = \sum N_i u_1^i \quad u_2 = \sum N_i u_2^i \quad u_3 = \sum N_i u_3^i \tag{6-7}$$

单元的节点位移分量为：

$$a^e = \{a_1, a_2, \cdots\}^T, \quad a^e = \{u_1^i, u_2^i, u_3^i\}^T \tag{6-8}$$

由式（6-4）可得：

$$\boldsymbol{\theta} \equiv \begin{Bmatrix} \boldsymbol{\theta}_1 \\ \boldsymbol{\theta}_2 \\ \boldsymbol{\theta}_3 \end{Bmatrix} = \begin{bmatrix} \boldsymbol{I}\dfrac{\partial N_1}{\partial x_1}, & \boldsymbol{I}\dfrac{\partial N_2}{\partial x_1}, & \cdots \\ \boldsymbol{I}\dfrac{\partial N_1}{\partial x_2}, & \boldsymbol{I}\dfrac{\partial N_2}{\partial x_2}, & \cdots \\ \boldsymbol{I}\dfrac{\partial N_1}{\partial x_3}, & \boldsymbol{I}\dfrac{\partial N_2}{\partial x_3}, & \cdots \end{bmatrix} \begin{Bmatrix} a_1 \\ a_2 \\ \vdots \end{Bmatrix} \equiv \boldsymbol{G}a^e \tag{6-9}$$

其中 $\boldsymbol{I}$ 是 3×3 的单位矩阵，矩阵 $\boldsymbol{G}$ 由式（6-9）确定。

由式（6-6）可得：

$$\delta \boldsymbol{E}_L = \boldsymbol{AG}\delta a^e \equiv \boldsymbol{B}_L \delta a^e \tag{6-10}$$

非线性项 $\boldsymbol{B}_L$ 由式（6-10）确定。对于线性应变 $\boldsymbol{E}_0$，有：

$$\boldsymbol{E}_0 = \boldsymbol{B}_0 a^e \tag{6-11}$$

线性项 $\boldsymbol{B}_0$ 与位移无关，于是有总应变增量：

$$\delta \boldsymbol{E} = (\boldsymbol{B}_0 + \boldsymbol{B}_L)\,\delta a^e \equiv \overline{\boldsymbol{B}}\delta a^e \tag{6-12}$$

式（6-9）就是格林应变增量的离散形式。

2. 基尔霍夫平衡方程的离散

将虚位移原理：

$$\int_{\Omega_0} \boldsymbol{T} : \delta E d\Omega = \int_{A_F} \delta u \cdot S_n^0 dA + \int_{\Omega_0} \delta u \cdot \rho_0 (f - a) d\Omega \tag{6-13}$$

应用于初始构形的一个单元，由式（6-12）可得：

$$(\delta a^e)^{\mathrm{T}} \int_{\Omega_0^e} \overline{B}^{\mathrm{T}} \boldsymbol{T} d\Omega \equiv W^e = (\delta a^e)^{\mathrm{T}} F^e \tag{6-14}$$

由于 δa^e 的任意性，有方程：

$$\int_{\Omega_0^e} \overline{B}^{\mathrm{T}} \boldsymbol{T} d\Omega = F^e \tag{6-15}$$

其中，$\boldsymbol{T}$ 是基尔霍夫应力张量排列的列向量：

$$\boldsymbol{T}^{\mathrm{T}} = \{\boldsymbol{T}_{11}, \boldsymbol{T}_{22}, \boldsymbol{T}_{33}, \boldsymbol{T}_{12}, \boldsymbol{T}_{23}, \boldsymbol{T}_{31}\} \tag{6-16}$$

F^e 是单元的广义节点力，外力功为：

$$W^e = \int_{\Omega_0^e} \rho_0 f^{\mathrm{T}} \delta U d\Omega + \int_{A^e} S^{\mathrm{T}} \delta U dA \equiv (\delta a^e)^{\mathrm{T}} F^e \tag{6-17}$$

式（6-17）中，$\delta U = \{\delta u_1, \delta u_2, \delta u_3\}^{\mathrm{T}}$，$f^{\mathrm{T}} = \{f_1, f_2, f_3\}^{\mathrm{T}}$（单位质量体积力），$S$ 为表面力。

式（6-15）就是离散的基尔霍夫平衡方程。

3. 基尔霍夫平衡方程的求解

由式（6-15）将结构中的所有单元组装起来，可得方程：

$$\int_{\Omega_0}\overline{\boldsymbol{B}}^T\boldsymbol{T}d\Omega=\boldsymbol{F}\text{或}\Psi(a)\equiv\int_{\Omega_0}\overline{\boldsymbol{B}}^T\boldsymbol{T}d\Omega-\boldsymbol{F}=0 \tag{6-18}$$

用增量载荷法求解方程有两种方案。一种方案是全拉格朗日描述（Total Lagrangian Formulation，T. L.），该方法在全部求解过程中始终参考初始构形Ω_0，即物体受力以后尽管被移到空间另一位置，但式（6-18）中的空间变量$x_i(i=1, 2, 3)$的定义域始终在初始构形Ω_0上。因此用 T. L. 方法求解时，在整个分析过程中认为有限元的网格始终不变，尽管实际网格的形状已发生变化。另一种方案是更新的或修正的拉格朗日描述（Updated Lagrangian Formulation，U. L.），当求解$t+\Delta t$时，参考的是t时的构形ω。由于海绵橡胶密封件具有非线性弹性特性，因此用 T. L. 方法求解较为合适。

无论是按 T. L. 方法还是 U. L. 方法求解，所描述的非线性有限元方程都要通过迭代才能完成方程的求解。

对于增量非线性有限元方程组，通常采用牛顿－拉夫森方法或修正的牛顿－拉夫森方法迭代求解。

牛顿－拉夫森方法的基本思想是：每次迭代需根据新的迭代位移更新方程组系数矩阵，并重新分解。

牛顿－拉夫森方法的特点是：每次迭代需要重新形成切线刚度矩阵；收敛速度快，适用于高度非线性问题；每次迭代需要形成刚度矩阵并求解，需要较多计算时间。

修正的牛顿－拉夫森迭代方法为了省去用牛顿－拉夫森方法求解时每次迭代重新形成和分解刚度矩阵的计算时间，采用每隔几次迭代后重新更新系数矩阵并重新分解的方法。比起牛顿 - 拉夫森迭代方法，修正的牛顿－拉夫森方法的收敛速度较慢。

修正的牛顿－拉夫森方法的特点是：每次迭代都采用增量步开始时的切线刚度矩阵；收敛速度慢，适用于非线性较低的问题；刚度矩阵每个增量只形成一次，因而每次迭代需要的计算时间少。

6.1.2 密封件有限元分析的步骤

密封件有限元分析的基本步骤如下。

1. 几何模型的建立

大多数车门密封件主要由以下 3 部分组成。

（1）海绵橡胶：主要承受车门关闭时的压缩载荷，以产生密封性和回弹性能，同时还可弥补车门与侧围立柱之间间隙的不均匀性。

（2）密实橡胶：与骨架形成“U”形件，主要固定在车门侧围立柱上，要求在装配时有小的插入力和拔出时有较大的保持力，以满足汽车装配流水线上的需要和使用的可靠性。固定部位还有海绵橡胶唇口，具有更可靠的密封作用。

（3）骨架：在“U”形件中主要起夹持加强的作用，并使密封件在弯曲时保持正确的形状。

由此可以看出，影响密封件大变形特性的关键部分是海绵橡胶，因此海绵橡胶泡管的几何模型必须准确，而其余两部分的几何模型可以进行简化处理。

密封件的截面形状非常复杂，其几何模型要参考其 CAD 数据。有了描述密封件横截面的数据，就可以生成密封件未变形时的有限元网格。由于海绵橡胶泡管主要承受车门关闭时的压缩受力变形，因此在不影响分析结果的基础上，对密封件结构进行简化，有利于节省计算机的存储空间和计算时间。

2. 单元的选择

密封件安装在车门后，其受力变形非常复杂。如果要得到密封件的三维受力变形规律，需要对整个车门密封件进行分析研究。由于计算机内存和分析时间的限制，对整个车门密封件进行分析是非常困难的。因此，为了探讨密封件的大变形规律，仅对密封件样件进行分析研究。根据大众汽车企业标准 45/J.CG09.6.2—01，密封件压缩受力变形的验收方法为：检测 200mm 的密封件标准样件在垂直压缩 7mm 时的压缩载荷的大小是否在所要求的范围内。所以，对密封件样件分析是有意义的，也是可行的。

密封件样件在车门中有不同的安装位置，如图 6-1 所示。安装位置不同，密封件样件的受力状况就不同。图 6-1 中，位置 1 和位置 2 的密封件样件的受力状况最简单，只有法向力作用，而其他位置的受力状况较为复杂，除了法向力外，还有剪切力、挤压力等。为了能够与试验结果进行比较，仅对位置 1 和位置 2 的密封件样件进行分析。

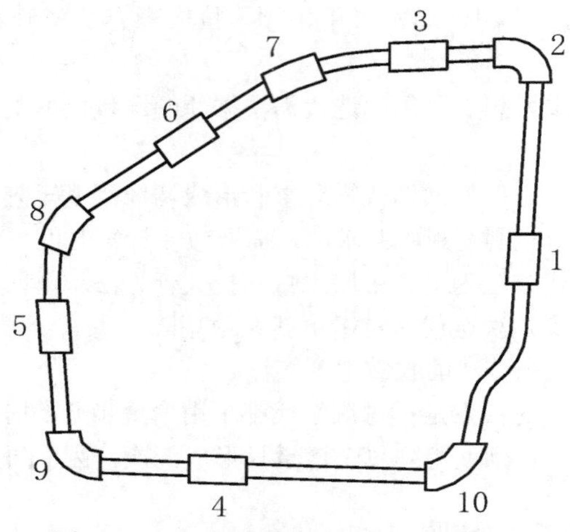

图 6-1　车门密封件样件的不同安装位置

对于位置 1 的密封件样件（在以下分析中简称直条），由于在 200mm 长度上的横截面相同，尺寸远大于 30mm 的最大高度和 20mm 的最大宽度。因此，其变形方式可以认为是平面应变，从而可以简化为二维分析。在二维分析中，常用的单元有三角形单元和四边形单元，三角形单元对分析区域的边界逼近得较好，但是它的变形性能不好，所以一般常采用四边形单元。单元尺寸选取 0.3mm 至 0.7mm，这是为了可以在密封件厚度方向和表面接触区域进行足够的网格细分。

在二维分析中，对于密实橡胶，为了模拟其不可压缩的特性，必须采用 Herrmann 单元。Herrmann 单元就是基于修正的 Herrmann 变分原理，用拉格朗日乘子引入不可压约束的不可压单元，在 Marc 单元类型中对应 80 类单元；对于海绵橡胶，可以选用四边形平面应变单元，在 Marc 单元类型中对应 11 类单元。

对于位置 2 的密封件样件（在以下分析中简称弯条），由于处于车门拐角处，其变形方式必须用二维半分析，即几何模型为三维，受力状况只有垂直的法向力作用。在三维分析模型中，密实橡胶采用 8 节点六面体 Herrmann 单元，在 Marc 单元类型中对应 84 类单元；海绵橡胶采用 8 节点六面体单元，在 Marc 单元类型中对应 7 类单元。

3. 边界条件的建立

所有的密封件表面可以与刚性车门表面相互作用，其模型通过界面接触单元建立，在数字模拟中禁止橡胶和薄钢板的相互渗透。根据橡胶和金属相互作用的类型，做出以下假设。

（1）对于密封件泡管与车门的接触区域，用粘 - 滑摩擦模型来模拟。这个模型因密封件和相对的闭合车门表面相接触的关键区域而得到保证。变形后的密封件最终形状和更为重要的密封件内的应力与钢板滑动作用的影响较小。

（2）对于密封件与“U”形件夹持部的接触区域，夹持部可视为粗糙度无限大的表面，且表面之间没有分离。这表示两表面接触后不可分离，并且界面可承受任何可计算的剪应力而不发生滑动。这种建模方法对完全闭合的密封件夹持部来说是适当的。

对于密封件和夹持部的相互作用，这些假设是合理的，密封件变形后的最终形状或应力的影响可以忽略不计。

4. 材料特性

海绵橡胶的可压缩特性可用泡沫模型来描述：

$$W=\sum_{n=1}^{\infty}\frac{\mu_n}{\alpha_n}\left(\lambda_1^{\alpha_n}+\lambda_2^{\alpha_n}+\lambda_3^{\alpha_n}-3\right)+\sum_{n=1}^{\infty}\frac{\mu_n}{\beta_n}\left(1-J^{\beta_n}\right) \tag{6-19}$$

其中，W 为能量密度函数，μ_n、α_n 和 β_n 为材料常数。3 个材料常数根据海绵橡胶材料的试验数据确定。

密实橡胶的不可压缩特性可用 Mooney-Rivlin 模型来描述：

$$W=C_1(I_1-3)+C_2(I_2-3) \tag{6-20}$$

其中，C_1、C_2 为材料常数。密实橡胶的材料常数用非线性最小二乘法拟合单轴拉伸和平面剪切试验数据确定。$C_1=8\mathrm{N/mm^2}$，$C_2=2\mathrm{N/mm^2}$。

对于弯条分析，需要定义骨架的材料特性。骨架是由 45 钢制造的薄片，它的杨氏模量为 30000MPa、泊松比为 0.25。

5. 接触定义

车门与密封件的接触摩擦力根据粘 - 滑摩擦模型来计算，摩擦系数假设为 0.2。密封件定义为变形体，车门定义为刚体。车门的运动由位移控制，在法向力方向上的压缩位移设为 7mm。

6. 分析方法

求解非线性方程时，迭代过程采用全牛顿 - 拉夫森方法。该方法收敛速度快，适用于高度非线性问题。

由于海绵橡胶密封件的变形是大位移弹性变形，在分析时使用 T. L. 方法，应力是第二 Piola-Kirchhoff 应力，应变是格林 - 拉格朗日应变。

7. 分析结果

密封件的压缩分析结果主要包含密封件变形后的形状和密封件对刚性表面的反作用力（压缩载荷）。

6.2　S2000 密封件直条的有限元分析

本节通过 S2000 密封件直条的有限元分析讲解结构大变形非线性有限元分析的一般思路和参数设置方法。

6.2.1 问题描述

下面简要介绍分析模型的建立方法和材料参数的确定方法。

1. 分析模型的建立

S2000 密封件的几何模型如图 6-2 所示，对其进行简化后，得到图 6-3 所示的结构简图。把结构简图导入 Marc 中，进行网格划分，得到图 6-4 所示的网格模型。在图 6-4 中，单元类型采用 4 节点平面应变单元，海绵橡胶采用 11 类全积分单元，其单元数为 485；密实橡胶采用 80 类全积分 Herrmann 单元，其单元数为 491。

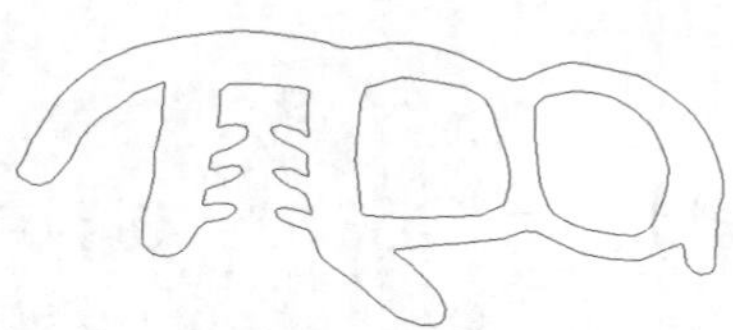
图 6-2 S2000 密封件的几何模型

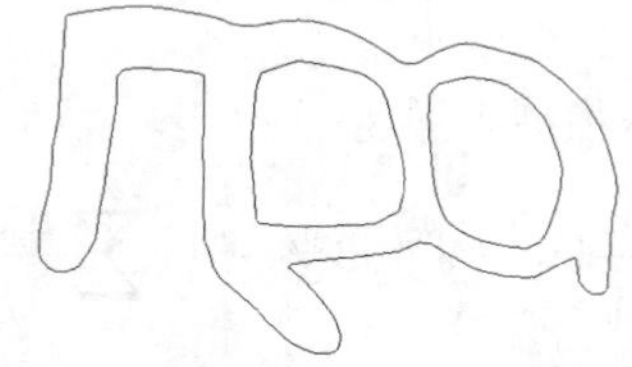
图 6-3 S2000 密封件的结构简图

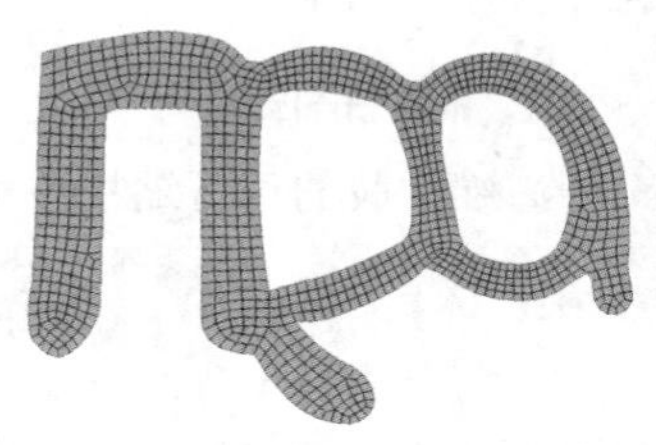
图 6-4 S2000 密封件的网格模型

2. 海绵橡胶材料参数的确定

对构成 S2000 密封件的海绵橡胶材料进行性能测试试验，将测试数据进行拟合，再根据密封件标准样件的实测数据调整拟合参数，得到 n=3 时泡沫模型的材料常数（材料参数），如表 6-1 所示。

表 6-1 n=3 时泡沫模型的材料参数

μ_n (N/mm^2)	α_n	β_n
2.2	0.01	−1.08
−4.84	−0.025	1.62
0.44	0.05	−2.7

6.2.2 前处理

前处理的步骤与 4.7.2 小节完全相同，此处不赘述。

6.2.3 后处理

分析完成时，可以查看密封件变形前后的形状和等效应变，设置如图 6-5 所示。

（1）打开后处理文件。

结果→模型图
---*变形形状*---
样式：变形后&初始 ▼
---*标量图* ---
样式：云图▼
标量： ⊙ Equivalent of Total Strain

单击▶查看应变动态变化，结果如图 6-6 所示。

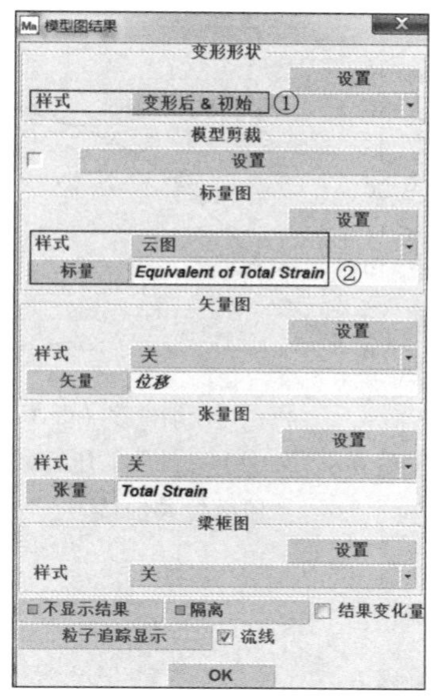

图 6-5　密封件变形前后的形状和等效应变的设置

图 6-6　S2000 密封件在垂直压缩 7mm 时的应变图

（2）也可以查看车门钣金的压缩载荷和压缩位移的关系曲线，设置如图 6-7 所示。具体操作的命令流如下：

结果→历程曲线
设置位置
所有增量步
添加曲线
---*X 轴* ---
数据载体类型：接触体▼
接触体：door
变量：Pos
---*Y 轴* ---
数据载体类型：接触体▼
接触体：door
变量：Force
添加曲线
显示完整曲线
拷贝到剪贴板

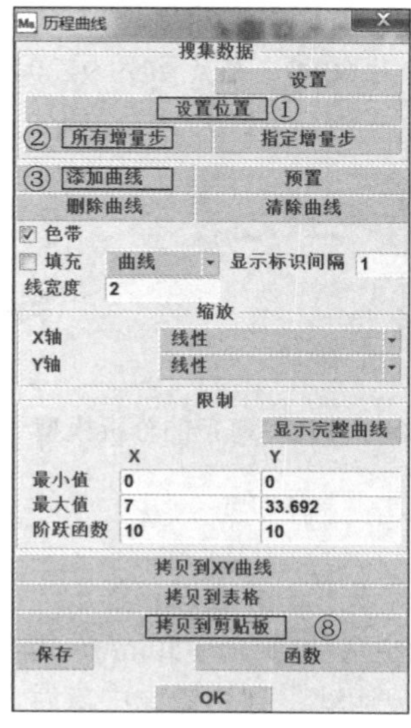

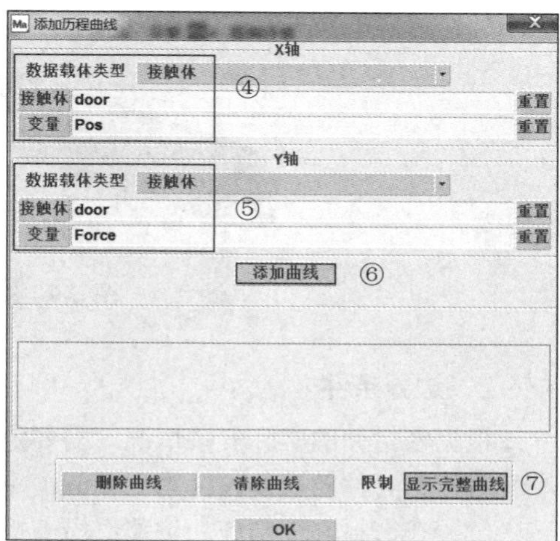

图 6-7　车门钣金的压缩载荷和压缩位移的关系曲线的设置

在 Excel 中编辑曲线，结果如图 6-8 所示。

经过上面的后处理设置，得出如下分析结果。

密封件的压缩分析结果包含密封件变形后的形状（见图 6-6）和密封件对刚性表面的反作用力（见图 6-8）。

在图 6-6 中，无网格的形状为密封件变形前的形状，有网格的形状为密封件变形后的形状，密封件压缩 7mm 时的最大应变为 36%；由图 6-8 可知，压缩载荷与压缩位移的关系为非线性关系，密封件压缩 7mm 时的最大压缩载荷是 33.7N。根据大众汽车企业标准 4S/J.CG09.6.2-01，S2000 密封件在标准压缩 7mm 时的压缩载荷为（25+3/−5）N。由此可以看出，S2000 密封件的压缩载荷超出标准范围，需要进行优化设计。

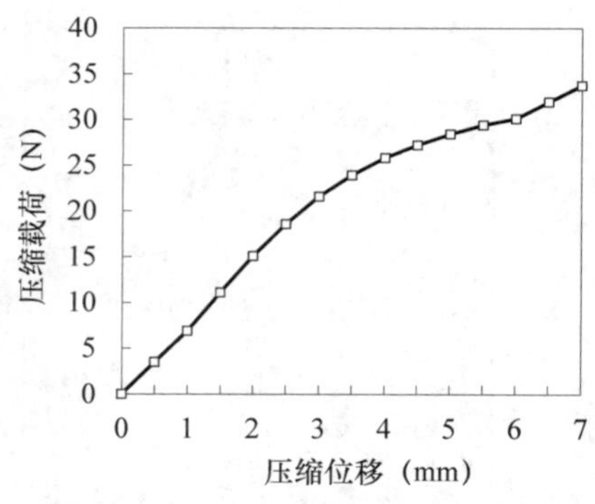

图 6-8　S2000 密封件的压缩载荷－压缩位移曲线

6.3　S2000 密封件弯条的有限元分析

在上一节介绍的 S2000 密封件直条的有限元分析的基础上，本节通过 S2000 密封件弯条的有限元分析进一步讲解结构大变形非线性有限元分析的一般思路和参数设置方法。

6.3.1　问题描述

为了真实模拟图 6-1 中位置 2 的车门拐角处的密封件的受力变形状况（弯条分析），分析过程需要分为两步：第一步是长度为 150mm 的密封件受力弯曲，模拟密封件安装在车门拐角处；第二步是密封件受力压缩，模拟车门压缩密封件。第一步分析涉及密封件与立柱侧围的接触，第二步分析涉及密封件与车门的接触，因此分析过程十分复杂。

1. 分析模型的建立

在图 6-4 所示的网格模型的基础上，建立 S2000 密封件弯条的分析模型，如图 6-9 所示。在图 6-9 所示的模型中，8 节点六面体单元数为 6060、节点数为 9120。

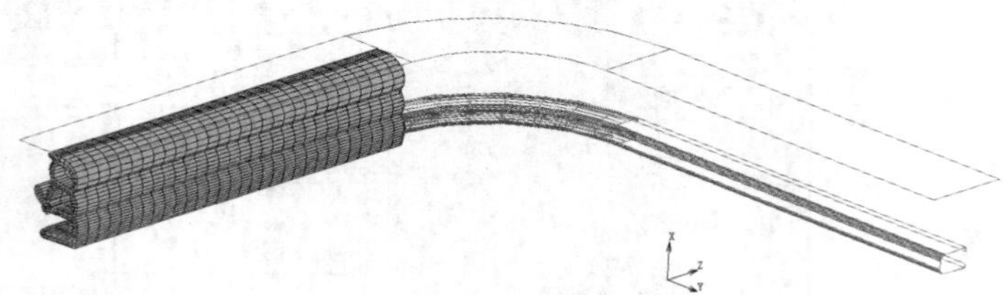

图 6-9　S2000 密封件弯条的分析模型

2. 边界条件

根据密封件的实际安装情况，需要定义以下 3 类边界条件。

（1）密封件的直线长度为 150mm，钣金弯曲半径为 50mm，弯曲角度为 90°。

（2）在密封件端部施加位移，沿着钣金运动，到达钣金中部时，密封件弯曲 90°。

（3）密封件上部的压板压缩 7mm，观察密封件的受力变形情况。

6.3.2　前处理

前处理步骤如下。

1. 导入几何模型与网格

本例中的几何简化和网格划分不做详细介绍，直接导入本书所附电子资源“第 6 章”文件夹下的模型 S2000_3D.mud。对于 Marc/Mentat 2020，每个模型分析的维数都是确定的。对于本例，导入初始模型后就可在界面顶部见到 分析 3-D 结构分析 标识，表示本模型为三维实体模型。

2. 定义几何特性

S2000 密封件弯条的几何特性采用“三维实体结构分析”，具体参数设置如图 6-10 所示。

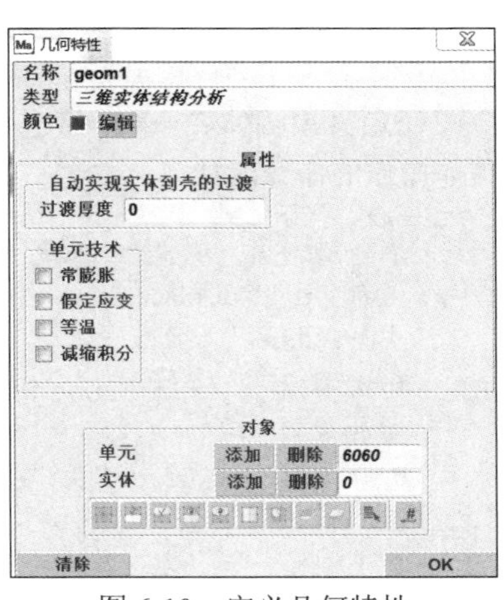

图 6-10　定义几何特性

3. 定义材料特性

S2000 密封件弯条的密实橡胶和海绵橡胶的材料特性定义与直条一样，此处不赘述。

4. 定义接触

（1）定义接触体。

本例需要定义以下 4 个接触体。

- 接触体 1：海绵橡胶作为“变形体”，使用离散描述。
- 接触体 2：密实橡胶作为“变形体”，使用离散描述。
- 接触体 3：车门钣金作为“刚体”，使用解析描述。
- 接触体 4：车体钣金作为“刚体”，使用解析描述，压缩距离为 7mm，在 1s 内完成。

接触体 1、2——海绵橡胶（变形体）、密实橡胶（变形体）的定义如图 6-11 所示。具体操作的命令流如下：

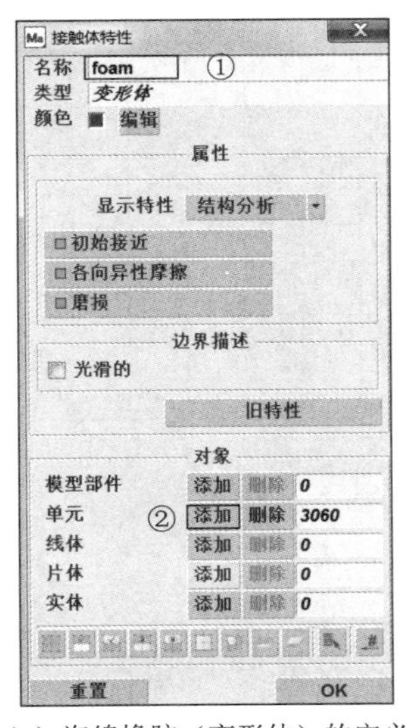

（a）海绵橡胶（变形体）的定义

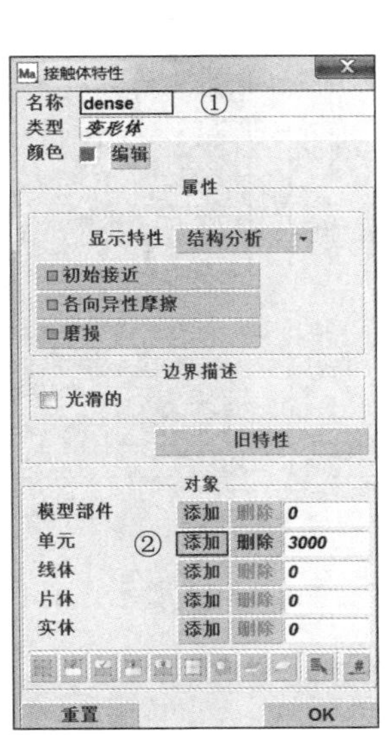

（b）密实橡胶（变形体）的定义

图 6-11　接触体 1、2 的定义

接触→接触体→新建▼→变形体
名称：foam
单元：添加
选择所有海绵橡胶单元
接触→接触体→新建▼ →变形体
名称：dense
单元：添加
选择所有密实橡胶单元

在定义接触体 3——车门钣金（刚体）之前，先定义该刚体的运动曲线，设置如图 6-12 所示。具体操作的命令流如下：

表格 坐标系→表格→新建▼→1个自变量"
名称：rigid_displacement
类型：time
⊙ 数据点
增加点
0 0
0.5 0
1 1
显示完整曲线

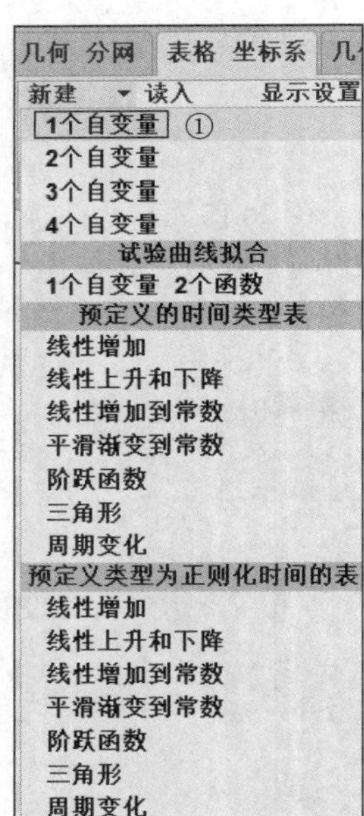

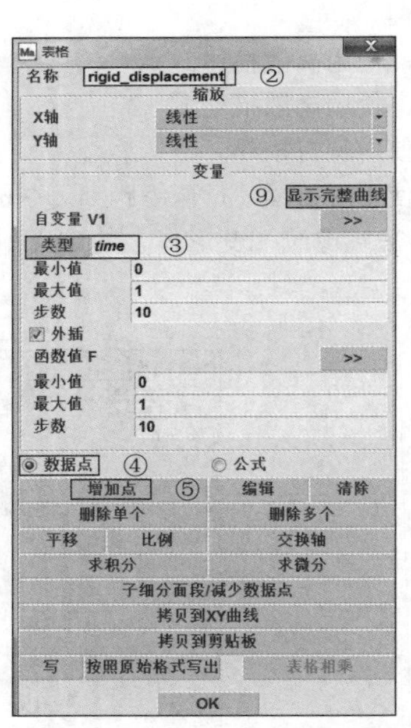

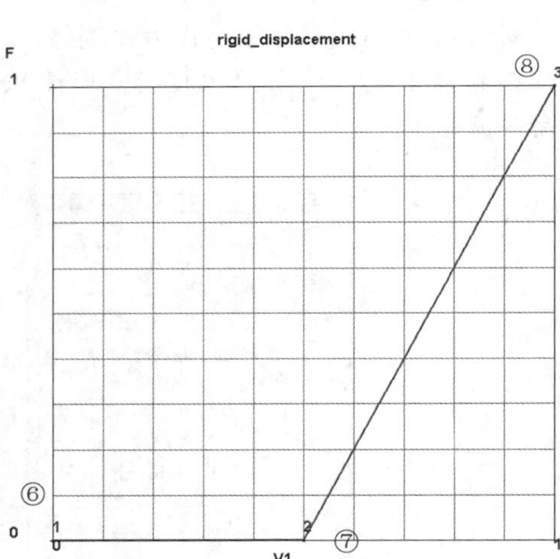

图 6-12　定义刚体的运动曲线

接触体 3 的定义如图 6-13 所示。具体操作的命令流如下：

接触→接触体→新建▼ →刚体
名称：door
--- *接触体控制* ---

位置▼：参数
--- *旋转中心的位置* ---
X：　-7　表格：rigid_displacement
Y：　0
Z：　0
OK
非均匀有理B样条曲面：添加
选择车门钣金曲面

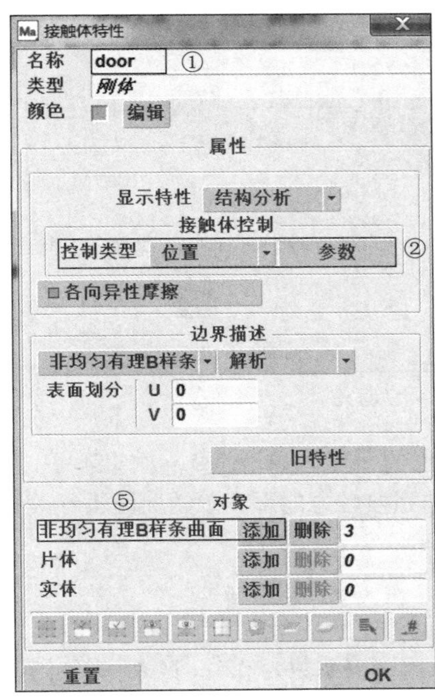

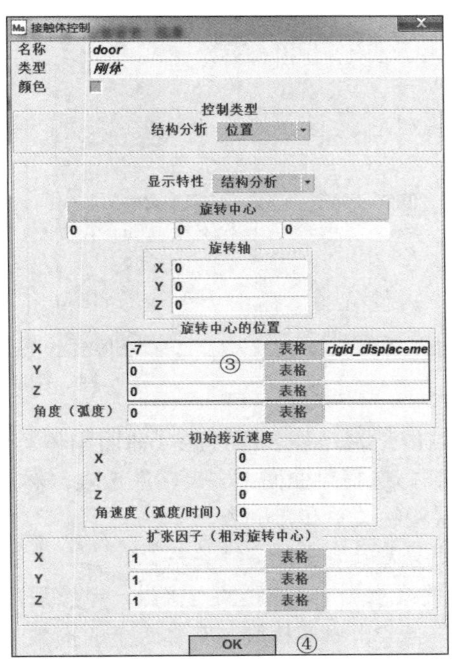

图 6-13　接触体 3 的定义

接触体 4——车体钣金（刚体）的定义如图 6-14 所示。具体操作的命令流如下：

接触→接触体→新建▼→刚体
名称：wanquban
--- *接触体控制* ---
位置▼：参数
--- *旋转中心的位置* ---
　X：　0
　Y：　0
　Z：　0
OK
非均匀有理B样条曲面：添加
选择车体钣金曲面

查看各接触体和刚体内表面的方向。具体操作的命令流如下：

接触→ 接触体 → ☑ 标识 → ☑ 标识面的方向

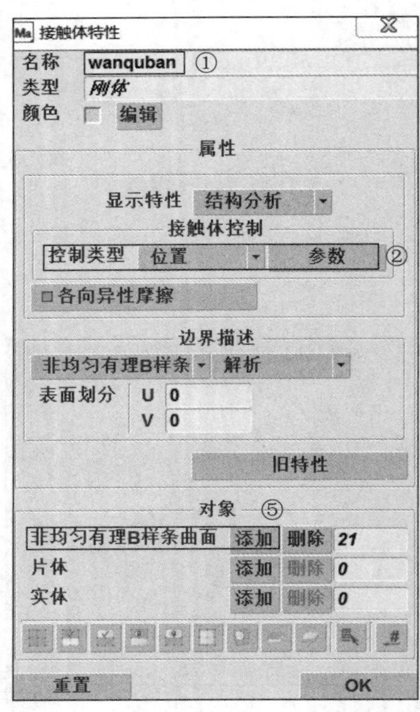

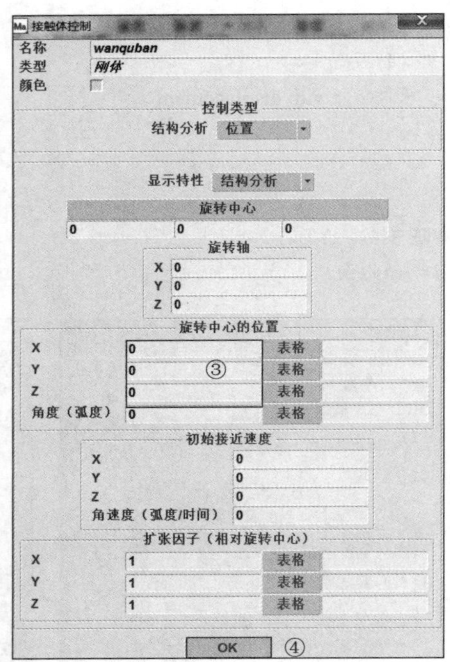

图 6-14 接触体 4 的定义

查看接触体是否是外表面接触（曲面刚体紫红色的一面为内表面），如果不是，则可以单击“工具▼”按钮，选择“曲面方向反转”选项，然后选择接触方向不正确的曲面进行改正。

（2）设置接触关系和接触表。

本例需要考虑以下 3 种接触关系。

- 接触关系 1：海绵橡胶的自接触，摩擦系数为 0.6。
- 接触关系 2：密实橡胶与车体钣金的接触关系，摩擦系数为 0。
- 接触关系 3：海绵橡胶和车门钣金的接触关系，摩擦系数为 0.2。

接触关系 1 的设置如图 6-15 所示。具体操作的命令流如下：

```
接触→接触关系→新建▼→变形体与变形体
  名称：interact1
  摩擦
  摩擦系数：0.6
  OK
  OK
```

接触关系 2 的设置如图 6-16 所示，具体操作的命令流如下：

```
接触→接触关系→新建▼→变形体与刚体
  名称：interact2
  摩擦
  摩擦系数：0
  OK
  OK
```

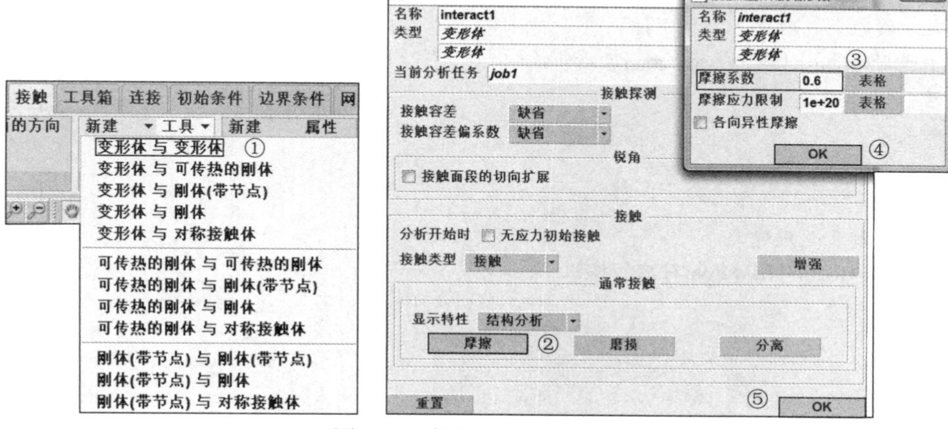

图 6-15　接触关系 1 的设置

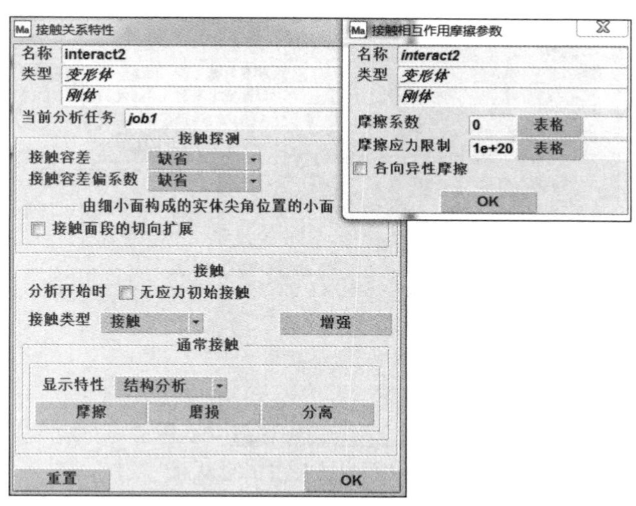

图 6-16　接触关系 2 的设置

接触关系 3 的设置如图 6-17 所示。具体操作的命令流如下：

接触→接触关系→新建▼→变形体与刚体
名称：interact3
摩擦
摩擦系数：0.2
OK
OK

接触表的设置如图 6-18 所示。具体操作的命令流如下：

接触→接触表→新建
单击变形体foam自接触对应的按钮
激活
接触关系
interact1

OK
接触→接触表→新建
单击变形体dense与刚体wanquban对应的按钮
激活
接触关系
interact2
OK
接触→接触表→新建
单击变形体foam与刚体door对应的按钮
激活
接触关系
interact3
OK

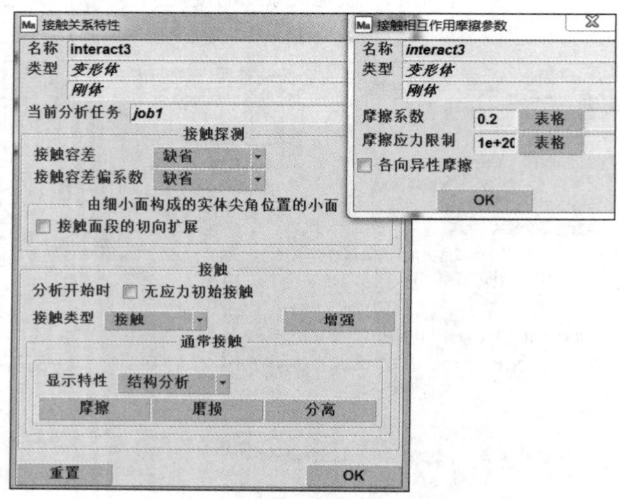

图 6-17 接触关系 3 的设置

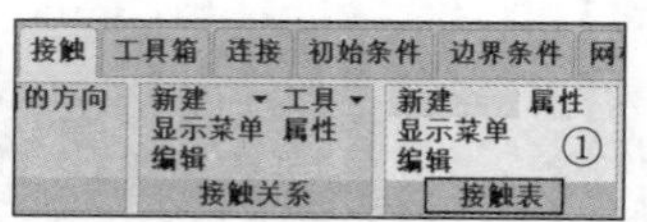

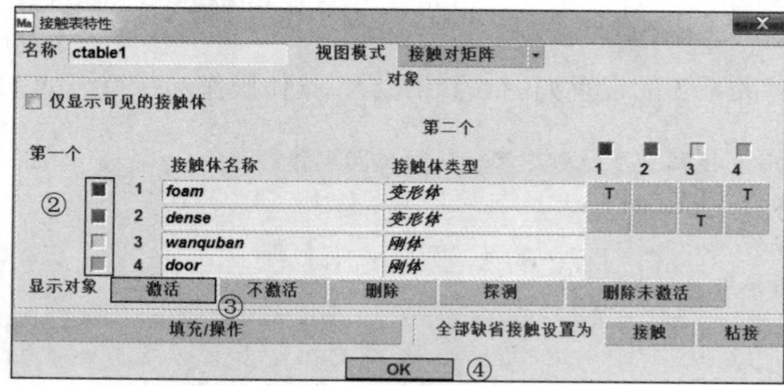

图 6-18 接触表的设置

5. 定义边界条件

在定义边界条件之前，先定义密封件弯曲的运动曲线，如图 6-19 所示。具体操作的命令流如下：

表格 坐标系→表格→新建▼→1个自变量
名称：z_displacement

类型：time
⊙ 数据点
增加点
0　0
0.5　1
1　1
显示完整曲线

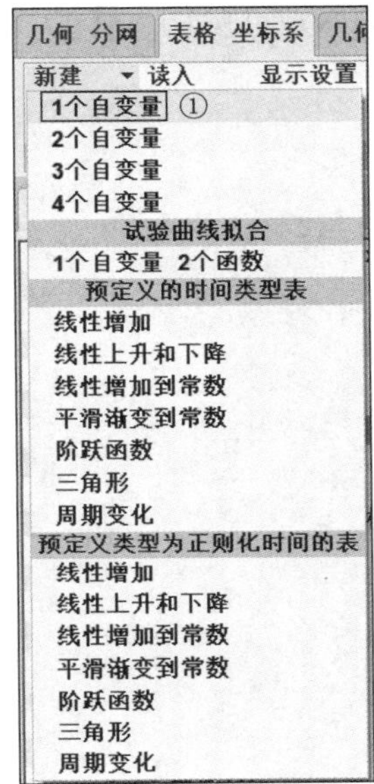

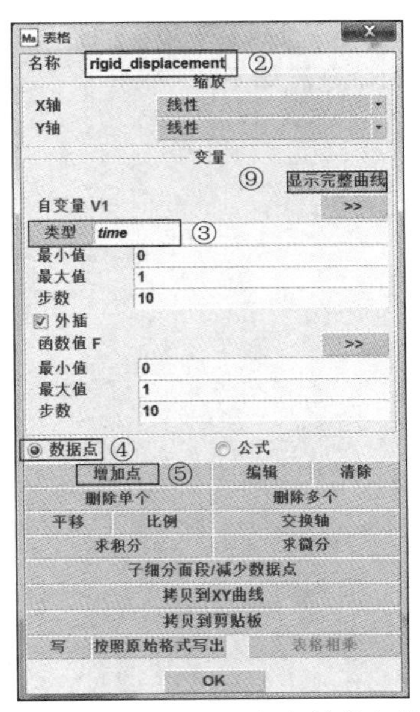

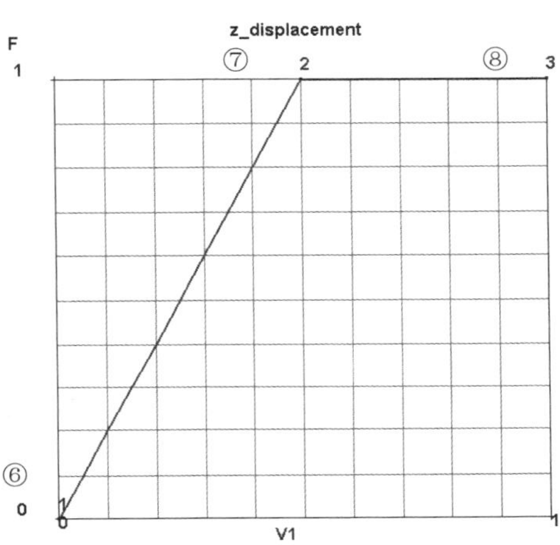

图 6-19　定义密封件弯曲的运动曲线

本例的边界条件只有 1 个，其设置如图 6-20 所示。具体操作的命令流如下：

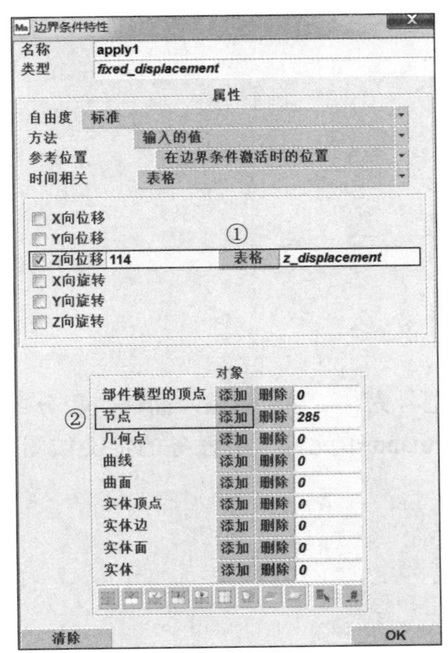

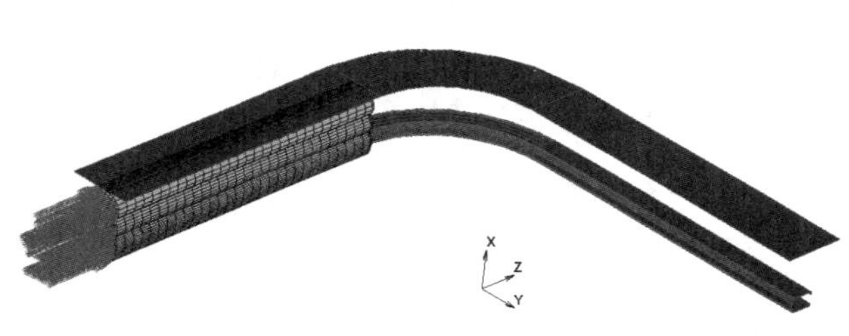

图 6-20　边界条件的设置

边界条件→新建（结构分析）▼→位移约束
--- *属性* ---
☑ Z向位移：114表格：z_displacement
节点：添加
选择橡胶密封件端部285节点

6. 定义分析工况

定义分析工况，总时间为 1s，固定时间步长，步数为 50。选择残余力收敛准则，相对残余力收敛容差为 0.1，如图 6-21 所示。具体操作的命令流如下：

分析工况→新建▼→“结构分析”
载荷
OK
接触
接触表
选择ctable1
OK
OK
求解控制
☑ 非正定
--- *迭代方法* ---
⊙ 全牛顿-拉夫森方法
--- *初始应力对刚度的贡献* ---
⊙ 全部
收敛判据
--- *方法和选项* ---
方法：残余力
模态：相对
OK
整体工况时间： 1
---*时间步方法*---
固定：⊙ 固定时间步长
步数： 50
OK

7. 定义作业

（1）定义分析任务。

选择已有的工况；选择大应变选项；海绵橡胶单元类型号为 7，为 8 节点六面体全积分单元；密实橡胶单元类型号为 84，为 8 节点六面体全积分 & Herrmann 单元。分析任务的定义如图 6-22 所示。具体操作的命令流如下：

分析任务→新建▼→结构分析
⊙ 大应变 *（2020版本默认激活）*
可选的：lcase1
接触控制

方法：节点对面段▼
类型：非线性▼
☑ 摩擦
模型：粘-滑（库伦）▼
方法：节点力

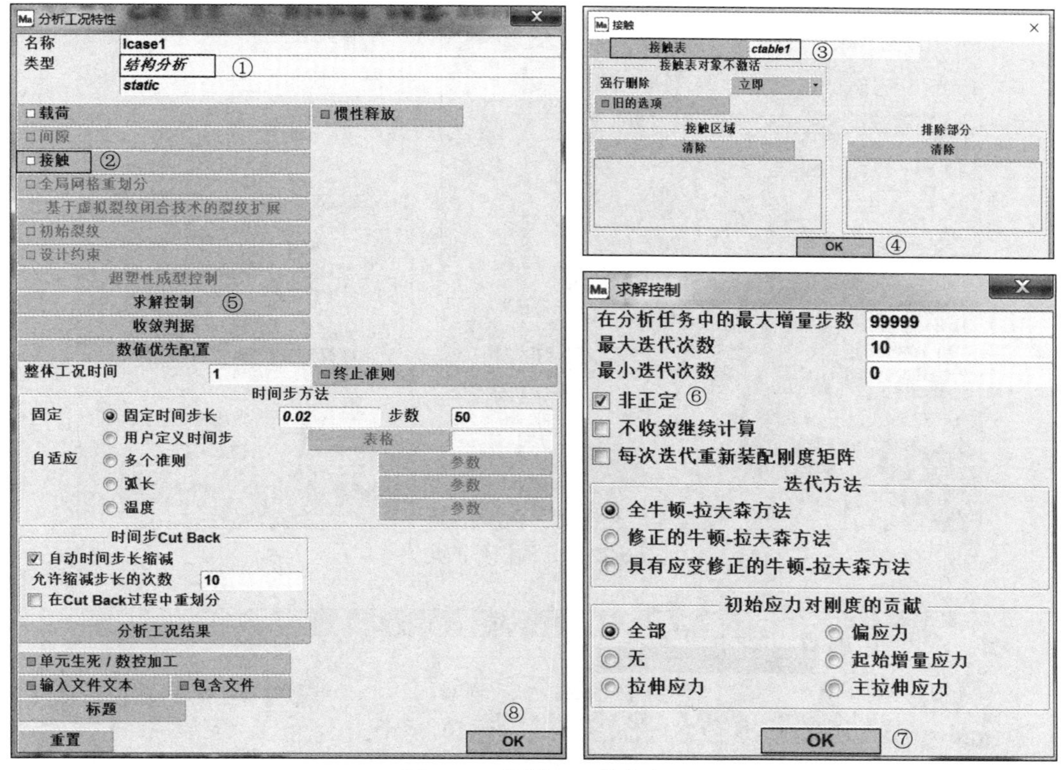

图 6-21　分析工况的定义

参数为默认值。在初始接触处也可以选择接触表，本例可以不选。

（2）定义分析任务结果。

在可选的单元张量栏中勾选总应变张量，在可选的单元标量栏中勾选等效柯西应力，在可选的节点结果栏中勾选位移、接触法向应力、接触法向力、接触摩擦应力、接触摩擦力。分析任务结果的定义如图 6-23 所示。具体操作的命令流如下：

☑ Total Strain
☑ Equivalent Cauchy Stress
自定义▼
☑ 位移
☑ Contact Normal Stress
☑ Contact Normal Force
☑ Contact Friction Stress
☑ Contact Friction Force
OK

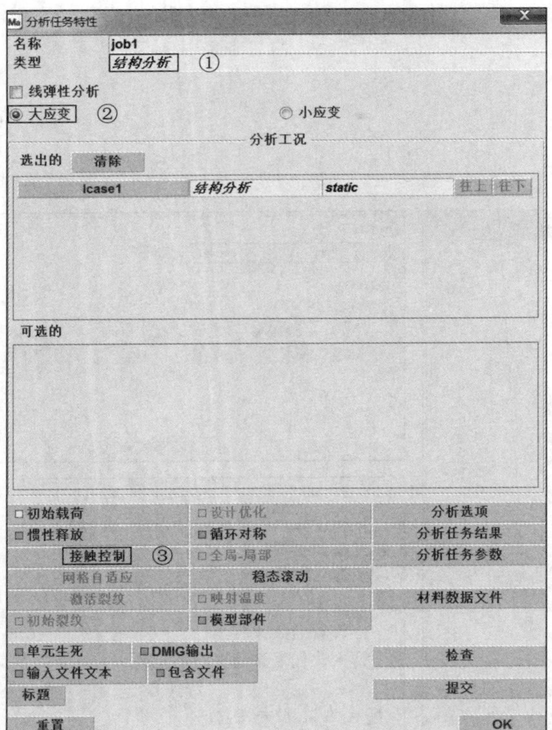

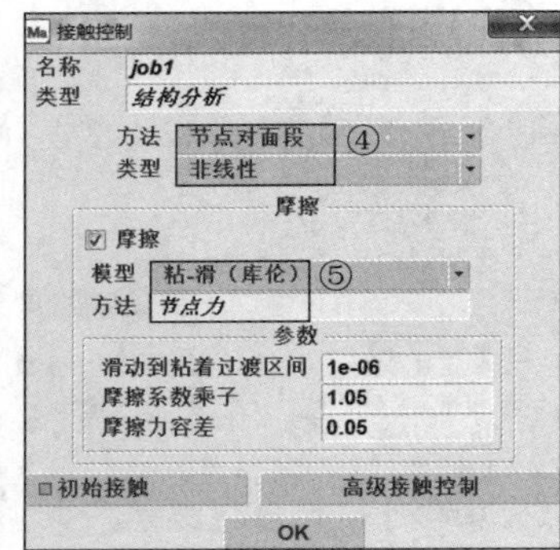

图 6-22　分析任务的定义

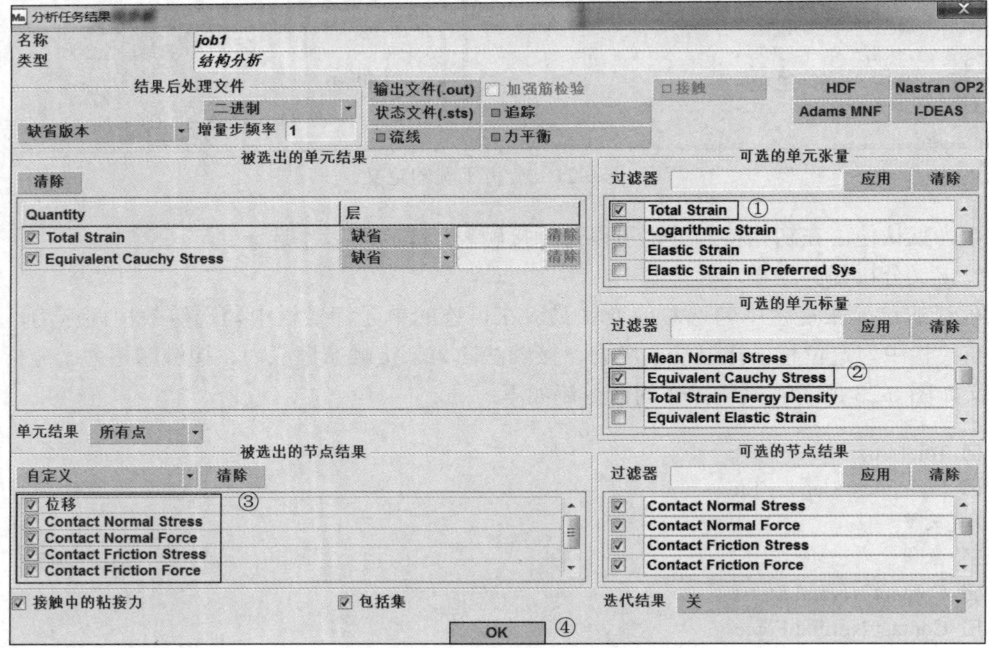

图 6-23　分析任务结果的定义

（3）单元类型的定义如图 6-24 所示。具体操作的命令流如下：

单元类型

实体
全积分：7
所有海绵橡胶单元
全积分 & Herrmann：84
所有密实橡胶单元
OK
提交
提交任务（1）
监控运行

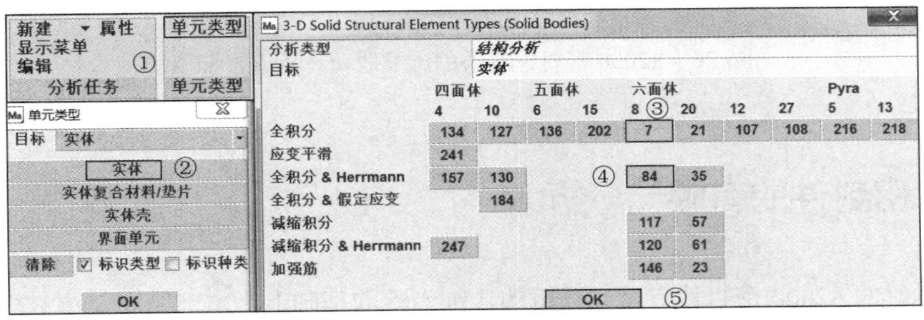

图 6-24　单元类型的定义

6.3.3 后处理

分析完成后，可以查看密封件变形后的形状和等效应变，结果如图 6-25 所示。也可以查看车门钣金的压缩载荷和压缩位移的关系曲线，结果如图 6-26 所示。

经过上面的后处理，得出如下分析结果。

由图 6-25 可以得到 S2000 密封件弯条压缩 7mm 后的变形形状和应变分布情况；由图 6-26 可以得到密封件弯条的压缩载荷与压缩位移的非线性关系，以及压缩 7mm 的最大压缩载荷为 21N。

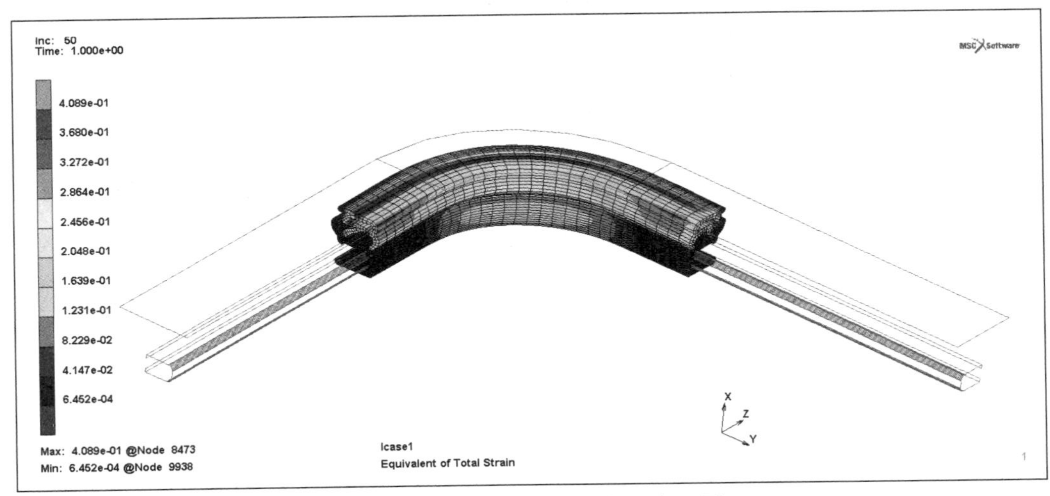

图 6-25　S2000 密封件弯条的变形图

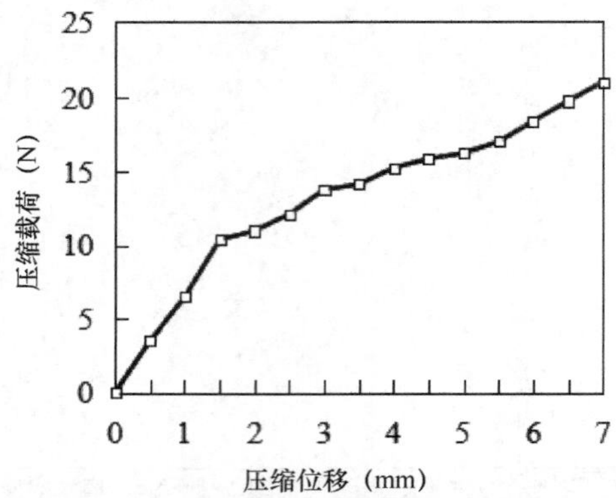

图 6-26　S2000 密封件弯条的压缩载荷 - 压缩位移曲线

6.4　B2 密封件的有限元分析

在前面讲解的 S2000 密封件有限元分析的详细步骤的基础上，本节简要介绍 B2 密封件的有限元分析的基本思路。

6.4.1　B2 密封件直条的有限元分析

B2 密封件直条有限元分析的基本思路如下。

1. 分析模型的建立

B2 密封件的几何模型如图 6-27 所示，对其进行简化，得到图 6-28 所示的结构简图。把结构简图导入 Marc 中，进行网格划分，得到图 6-29 所示的网格模型。在图 6-29 中，单元类型采用 4 节点平面应变单元，海绵橡胶采用 11 类全积分单元，其单元数为 583；密实橡胶采用 80 类全积分 Herrmann 单元，其单元数为 421。

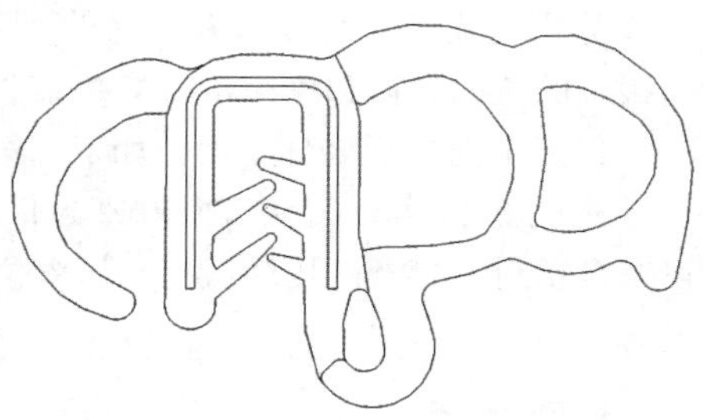

图 6-27　B2 密封件的几何模型

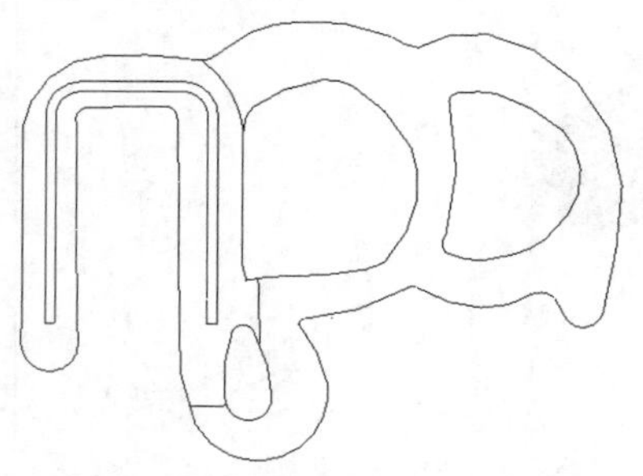

图 6-28　B2 密封件的结构简图

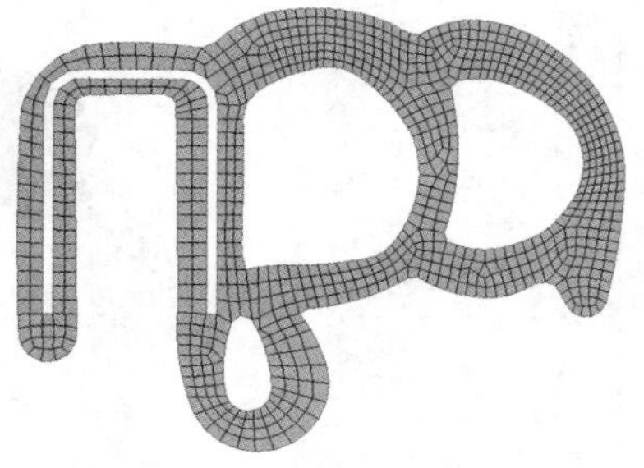

图 6-29　B2 密封件的网格模型

2. 海绵橡胶材料参数的确定

对构成 B2 密封件的海绵橡胶材料进行性能测试，将测试数据拟合，再根据密封件标准样件的实测数据调整拟合参数，得到 n=3 时 Foam 模型的材料参数，如表 6-2 所示。

表 6-2　n=3 时 Foam 模型的材料参数

μ_n (N/mm^2)	α_n	β_n
2	0.01	−0.72
−5.1	−0.025	1.08
0.4	0.05	−1.8

3. 分析结果

密封件的压缩分析结果包含密封件变形后的形状（见图 6-30）和密封件对刚性表面的反作用力（见图 6-31）。

在图 6-30 中，无网格形状的为密封件变形前的形状，有网格的形状为密封件变形后的形状，密封件压缩 7mm 时的最大应变为 65%；由图 6-31 可知，压缩载荷与压缩位移的关系为非线性关系，密封件压缩 7mm 时的最大压缩载荷是 45.9N。而根据大众汽车企业标准 4S/J.CG09.7.6-2000，B2 门框密封件在标准压缩 7mm 时的压缩载荷为 33±5N。由此可以看出，B2 门框密封件的压缩载荷超出标准范围，需要进行优化设计。

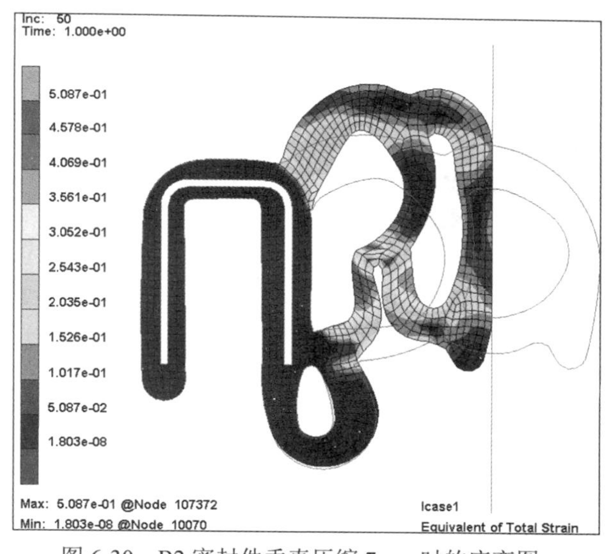

图 6-30　B2 密封件垂直压缩 7mm 时的应变图

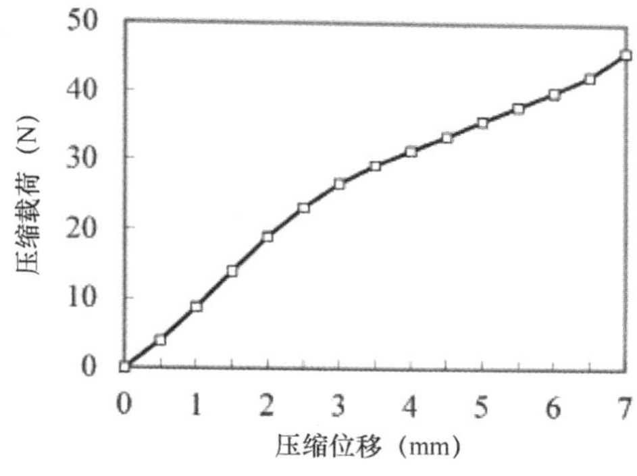

图 6-31　B2 密封件的压缩载荷 - 压缩位移曲线

6.4.2　B2 密封件弯条的有限元分析

B2 密封件弯条的有限元分析过程与 S2000 密封件弯条的分析过程类似，因此此处只介绍一下基本思路。

1. 分析模型的建立

在图 6-29 所示的网格模型的基础上，建立 B2 密封件弯条的分析模型，如图 6-32 所示。在图 6-32 所示的模型中，8 节点六面体单元数为 6630，节点数为 9952。

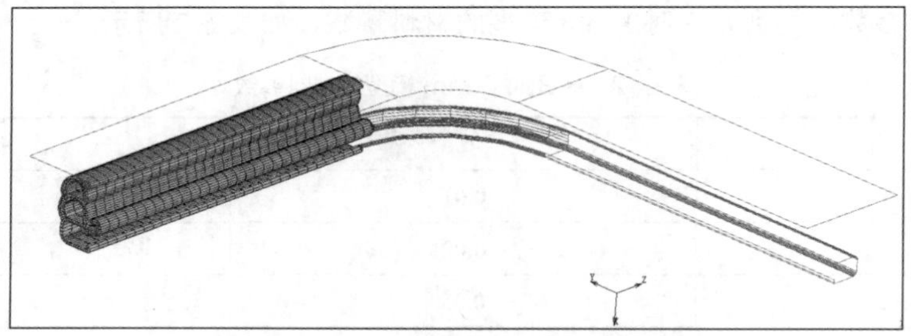
图 6-32　B2 密封件弯条的分析模型

2. 定义边界条件

根据密封件的实际安装情况，需要定义以下 3 类边界条件。

（1）密封件的直线长度为 150mm，钣金弯曲半径为 50mm，弯曲角度为 90°。

（2）在密封件端部施加位移，沿着钣金运动，到达钣金中部时，密封件弯曲 90°。

（3）密封件上部的压板压缩 7mm，观察密封件的受力变形情况。

3. 分析结果

分析结果包括变形应变图（见图 6-33）、压缩载荷和压缩位移的关系曲线（见图 6-34）。

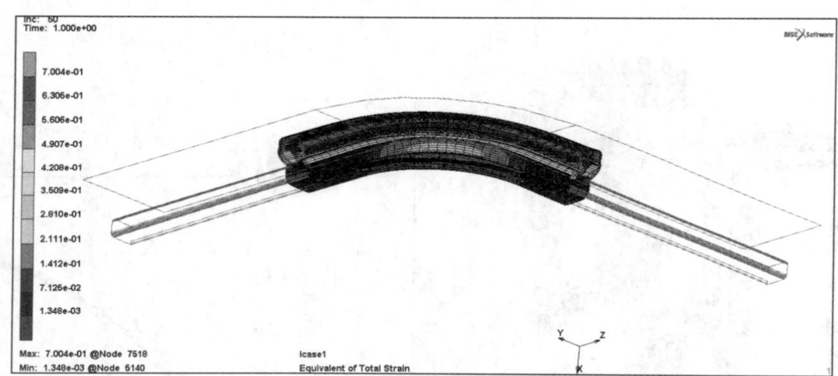

图 6-33　B2 密封件弯条的变形应变图

由图 6-33 可以得到 B2 密封件弯条压缩 7mm 后的变形形状和应变分布情况；由图 6-34 可以得到 B2 密封件的压缩载荷与压缩位移的非线性关系，以及压缩 7mm 时的最大压缩载荷为 32N。

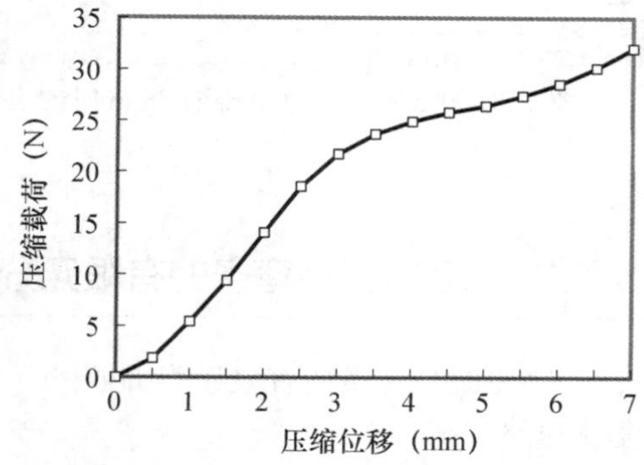

图 6-34　B2 密封件弯条的压缩载荷 - 压缩位移曲线

6.5　B5 密封件的有限元分析

在前面讲解的 S2000 密封件有限元分析的详细步骤的基础上，本节简要介绍 B5 密封件的有限元分析的基本思路。

6.5.1　B5 密封件直条的有限元分析

B5 密封件直条有限元分析的基本思路如下。

1. 分析模型的建立

B5 密封件的几何模型如图 6-35 所示，对其进行简化，得到图 6-36 所示的结构简图。把结构简图导入 Marc 中，进行网格划分，得到图 6-37 所示的网格模型。在图 6-37 中，单元类型采用 4 节点平面应变单元，海绵橡胶采用 11 类全积分单元，其单元数为 383；密实橡胶采用 80 类全积分 Herrmann 单元，其单元数为 478。

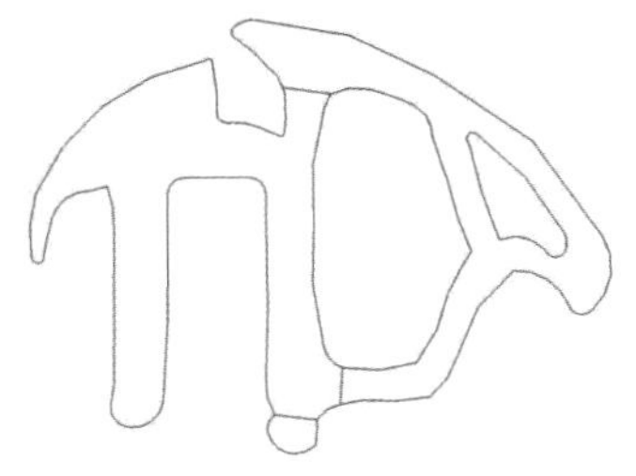

图 6-35　B5 密封件的几何模型

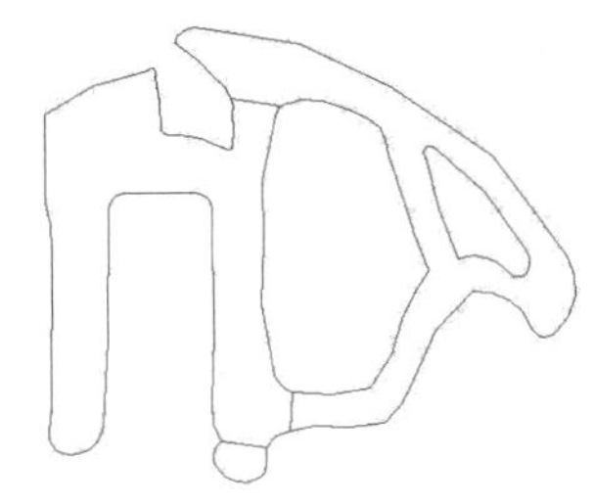

图 6-36　B5 密封件的结构简图

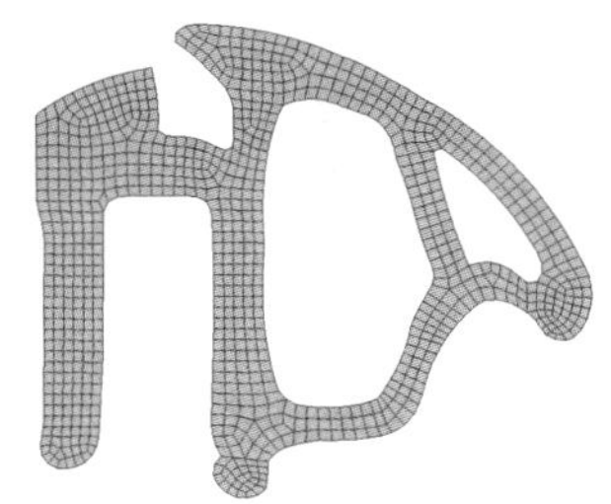

图 6-37　B5 密封件的网格模型

2. 材料参数的确定

对构成 B5 密封件的海绵橡胶材料进行性能测试，将测试数据拟合，再根据密封件标准样件的实测数据调整拟合参数，得到 n=3 时，Foam 模型的材料参数，如表 6-3 所示。

表 6-3　n=3 时 Foam 模型的材料参数

μ_n (N/mm^2)	α_n	β_n
0.11	1.2	−0.43
−0.62	−1	0.35
0.16	2	−0.74

3. 分析结果

密封件的压缩分析结果包含密封件变形后的形状（见图 6-38）和密封件对刚性表面的反作用力（见图 6-39）。

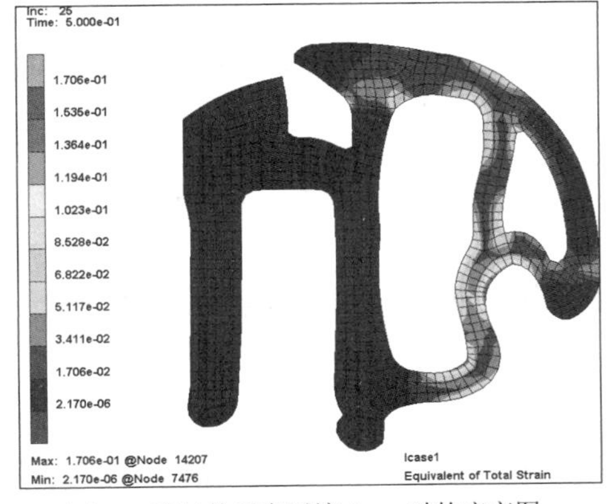

（a）B5 密封件垂直压缩 4mm 时的应变图

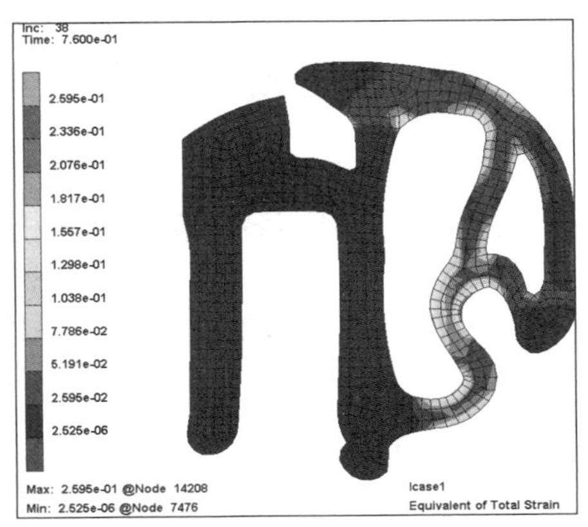

（b）B5 密封件垂直压缩 6mm 时的应变图

图 6-38　B5 密封件的应变图

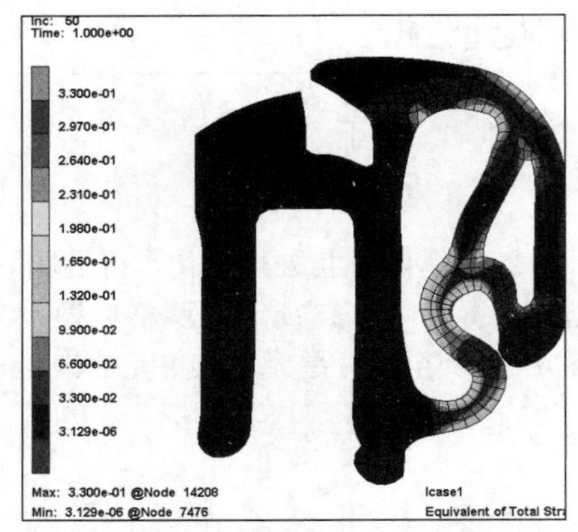

（c）B5 密封件垂直压缩 8mm 时的应变图

图 6-38　B5 密封件的应变图（续）

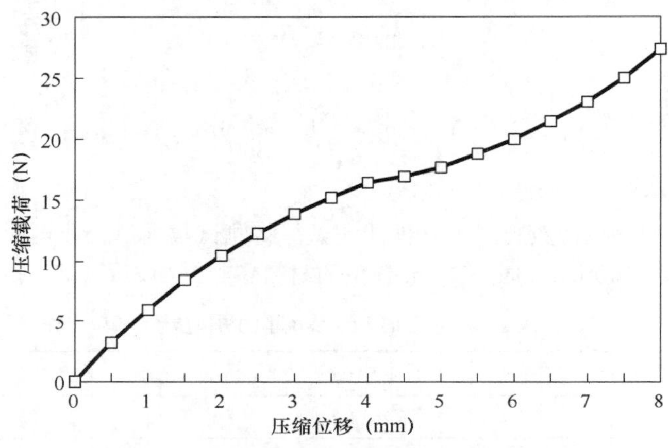

图 6-39　B5 密封件的压缩载荷 - 压缩位移曲线

在图 6-38 中，无网格的形状为密封件变形前的形状，有网格的形状为密封件变形后的形状，密封件垂直压缩 4mm、6mm、8mm 时的最大应变分别为 17.06%、25.95%、33%；由图 6-39 可知，压缩载荷与压缩位移的关系为非线性关系，在密封件垂直压缩 4mm、6mm、8mm 时，压缩载荷分别为 17-1N、18+4N、19+8N。而根据大众汽车企业标准 4S/J.CG09.29.2-2000，B5 门框密封件在标准压缩 4mm、6mm、8mm 时的压缩载荷分别为 17±3N、18±4N、19±5N。由此可以看出，B5 门框密封件的第一、二阶段的压缩载荷在标准范围之内，第三阶段的压缩载荷超出标准范围，需要进行优化设计。

6.5.2 B5 密封件弯条的有限元分析

B5 密封件弯条的有限元分析过程与 S2000 密封件弯条的分析过程类似，因此此处只介绍一下基本思路。

1. 分析模型的建立

在图 6-37 所示的网格模型的基础上，建立 B5 密封件弯条的分析模型，如图 6-40 所示。在图 6-40 所示的模型中，8 节点六面体单元数为 8280，节点数为 12192。

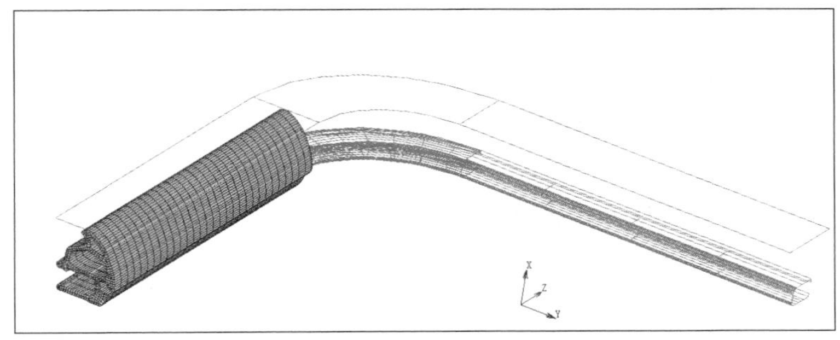

图 6-40 B5 密封件弯条的分析模型

2. 定义边界条件

根据密封件的实际安装情况，需要定义以下 3 类边界条件。

（1）密封件的直线长度为 150mm，钣金弯曲半径为 50mm，弯曲角度为 90°。

（2）在密封件端部施加位移，沿着钣金运动，到达钣金中部时，密封件弯曲 90°。

（3）密封件上部的压板压缩 7mm，观察密封件的受力变形情况。

3. 分析结果

分析结果包括变形应变图（见图 6-41）、压缩载荷和压缩位移的关系曲线（见图 6-42）。

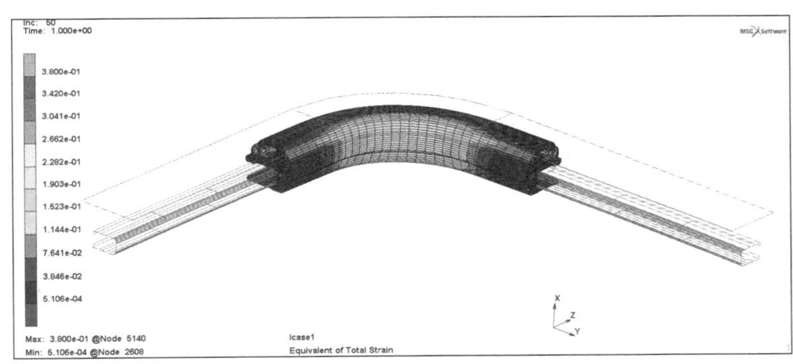

图 6-41 B5 密封件弯条的变形应变图

由图 6-41 可以得到 B5 密封件弯条压缩 8mm 后的变形形状和应变分布情况；由图 6-42 可以得到 B5 密封件的压缩载荷与压缩位移的非线性关系，以及压缩 8mm 时的最大压缩载荷为 13.8N。

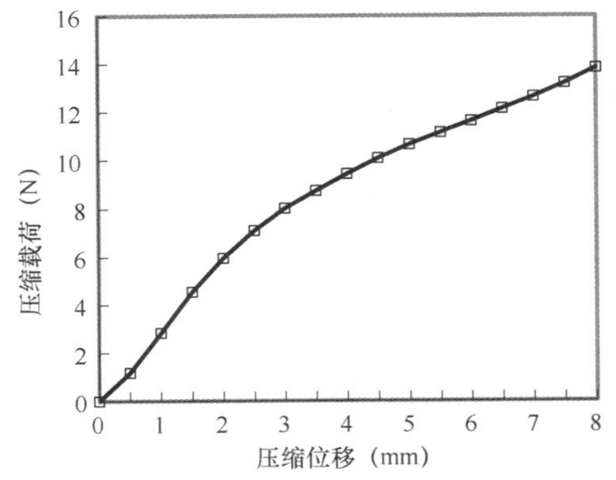

图 6-42 B5 密封件弯条的压缩载荷－压缩位移曲线

6.6 不同结构的车门密封件压缩变形特性的比较

图 6-43 和图 6-44 分别为不同结构的车门密封件直条和弯条的压缩变形特性的比较曲线，可以看出，无论是直条还是弯条，在相同压缩位移的情况下，B5 密封件的压缩载荷最小，S2000 密封件次之，B2 密封件的压缩载荷最大。虽然初始压缩阶段的 3 种弯条压缩载荷与整个压缩阶段的载荷有些出入，但不会影响总的趋势。

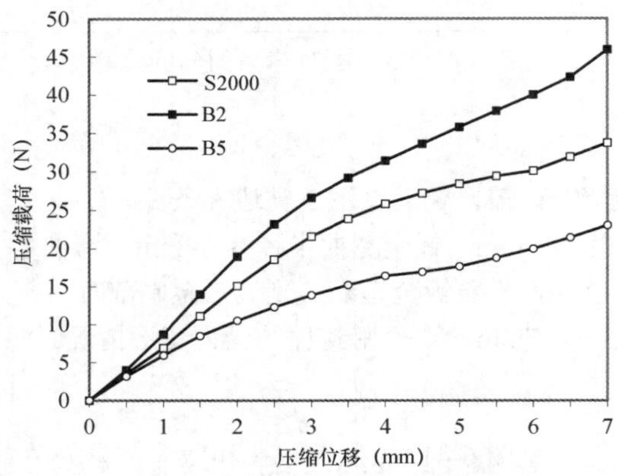

图 6-43　不同结构的车门密封件压缩变形特性的比较曲线（直条）

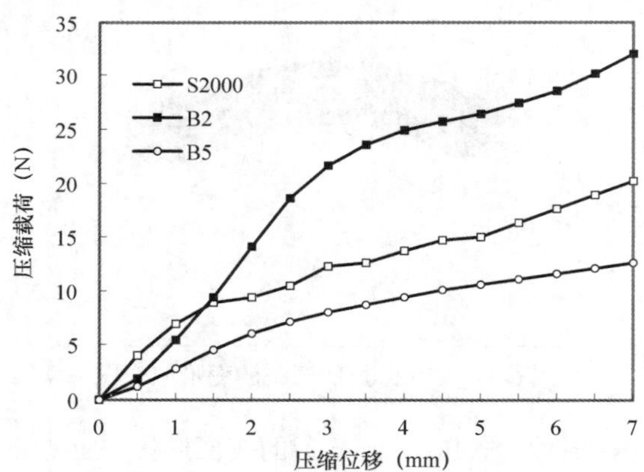

图 6-44　不同结构的车门密封件压缩变形特性的比较曲线（弯条）

6.7 密封件大变形特性的验证

对密封件样件进行压缩受力变形试验，验证有限元分析的计算结果。

1. S2000 密封件的试验结果与计算结果的比较

（1）直条。对 S2000 密封件直条进行压缩受力变形试验，表 6-4 为 S2000 密封件直条的试验结果与计算结果的数据比较，图 6-45 为 S2000 密封件直条的试验结果与计算结果的曲线比较。从表 6-4 和图 6-45 可以看出，S2000 密封件直条的试验结果与 Marc 计算结果相似，由此验证了有限元分析计算方法的正确性。

表 6-4　S2000 密封件的试验结果与计算结果的数据比较（直条）

压缩位移（mm）	计算压缩载荷（N）	试验压缩载荷（N）	差值（N）
0	0.0	0	0.0
0.5	3.5	4.7	1.2
1	6.9	9.6	2.7
1.5	11.1	13.3	2.2
2	15.1	16.4	1.3
2.5	18.6	17.8	−0.8
3	21.6	20.0	−1.6
3.5	23.9	21.9	−2.0
4	25.8	23.4	−2.4
4.5	27.2	25.5	−1.7
5	28.4	27.4	−1.0
5.5	29.4	28.6	−0.8
6	30.1	30.4	0.3
6.5	31.9	31.3	−0.6
7	33.7	33.7	0.0

（2）弯条。对 S2000 密封件弯条进行压缩受力变形试验，表 6-5 为 S2000 密封件弯条的试验结果与计算结果的数据比较，图 6-46 为 S2000 密封件弯条的试验结果与计算结果的曲线比较。从表 6-5 和图 6-46 可以看出，当 S2000 密封件弯条压缩 7mm 时，计算压缩载荷和试验压缩载荷分别为 20.2N 和 19.6N，它们具有良好的一致性，由此验证了有限元分析计算方法的正确性。

表 6-5　S2000 密封件的试验结果与计算结果的数据比较（弯条）

压缩位移（mm）	计算压缩载荷（N）	试验压缩载荷（N）	差值（N）
0	0	0	0
0.5	4	4.2	0.2
1	6.9	7.7	0.8
1.5	8.9	10	1.1
2	9.4	11.5	2.1
2.5	10.5	12.5	2
3	12.3	13.4	1.1
3.5	12.6	14.1	1.5
4	13.7	14.9	1.2
4.5	14.7	15.5	0.8
5	15	16.2	1.2
5.5	16.3	16.8	0.5
6	17.6	17.6	0
6.5	18.9	18.5	−0.4
7	20.2	19.6	−0.6

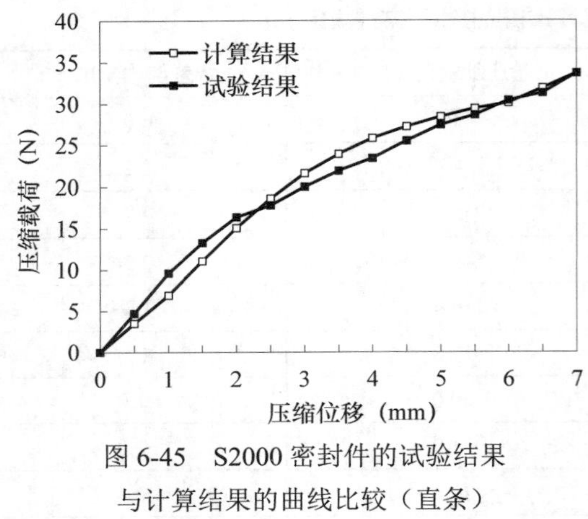

图 6-45　S2000 密封件的试验结果与计算结果的曲线比较（直条）

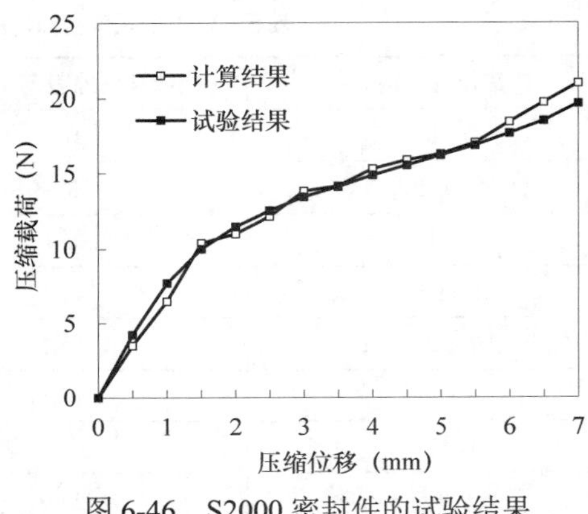

图 6-46　S2000 密封件的试验结果与计算结果的曲线比较（弯条）

2. B2 密封件的试验结果与计算结果的比较

（1）直条。对 B2 密封件直条进行压缩受力变形试验，表 6-6 为 B2 密封件直条的试验结果与计算结果的数据比较，图 6-47 为 B2 密封件直条的试验结果与计算结果的曲线比较。

表 6-6　B2 密封件的试验结果与计算结果的数据比较（直条）

压缩位移（mm）	计算压缩载荷（N）	试验压缩载荷（N）	差值（N）
0	0	0	0
0.5	4	6.5	2.5
1	8.7	14.7	6
1.5	14	21.7	7.7
2	19	24.1	5.1
2.5	23.2	26.1	2.9
3	26.6	27.1	0.5
3.5	29.2	29.2	0
4	31.4	31.4	0
4.5	33.6	33.9	0.3
5	35.8	36.4	0.6
5.5	37.9	39.6	1.7
6	40	40.5	0.5
6.5	42.3	41.7	−0.6
7	45.9	45.2	−0.7

从表 6-6 和图 6-47 可以看出，当压缩位移小于 3mm 时，B2 密封件直条的试验结果与 Marc 计算结果在压缩开始阶段有一定的差距。当压缩位移大于 3mm 时，B2 密封件直条的试验结果与 Marc 计算结果相似。

（2）弯条。对 B2 密封件弯条进行压缩受力变形试验，表 6-7 为 B2 密封件弯条的试验结果与计算结果的数据比较，图 6-48 为 B2 密封件弯条的试验结果与计算结果的曲线比较。

表 6-7　B2 密封件的试验结果与计算结果的数据比较（弯条）

压缩位移（mm）	计算压缩载荷（N）	试验压缩载荷（N）	差值（N）
0	0	0	0
0.5	1.9	1.7	-0.2
1	5.4	5.4	0
1.5	9.4	9.31	-0.09
2	14.1	13.81	-0.19
2.5	18.6	17.36	-1.24
3	21.7	20.36	-1.34
3.5	23.6	22.59	-1.01
4	24.9	24.0	-0.9
4.5	25.7	24.64	-1.06
5	26.4	25.27	-1.13
5.5	27.4	26.25	-1.15
6	28.5	27.14	-1.36
6.5	30.1	28.3	-1.8
7	32.0	30.16	-1.84

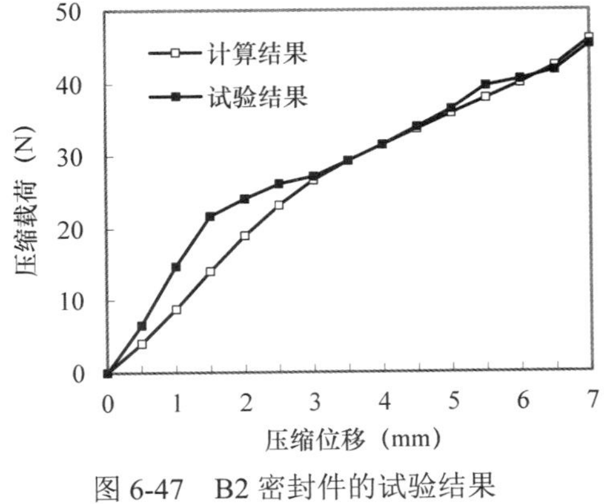

图 6-47　B2 密封件的试验结果与计算结果的曲线比较（直条）

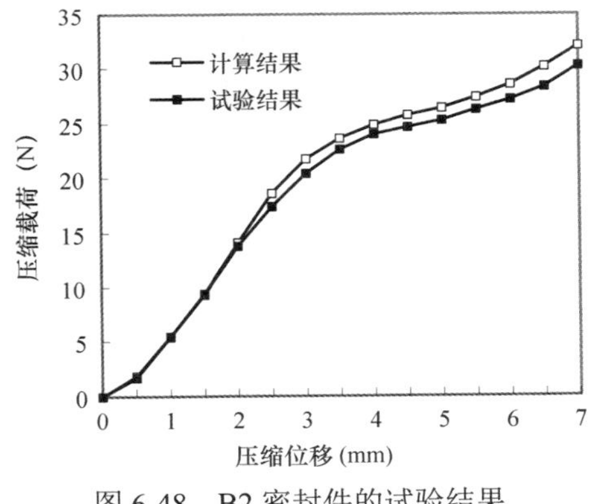

图 6-48　B2 密封件的试验结果与计算结果的曲线比较（弯条）

从表 6-7 和图 6-48 可以看出，当 B2 密封件弯条压缩 7mm 时，计算压缩载荷和试验压缩载荷分别为 32N 和 30.16N，它们具有良好的一致性，由此验证了有限元分析计算方法的正确性。

3. B5 密封件的试验结果与计算结果的比较

（1）直条。对 B5 密封件直条进行压缩受力变形试验，表 6-8 为 B5 密封件直条的试验结果与计算结果的数据比较，图 6-49 为 B5 密封件直条的试验结果与计算结果的曲线比较。

表 6-8　B5 密封件的试验结果与计算结果的数据比较（直条）

压缩位移（mm）	计算压缩载荷（N）	试验压缩载荷（N）	差值（N）
0	0	0	0
0.5	3.16	2.69	−0.46
1	5.91	5.82	−0.09
1.5	8.48	8.65	0.18
2	10.5	10.73	0.23
2.5	12.29	12.48	0.19
3	13.87	14.16	0.30
3.5	15.21	15.56	0.35
4	16.43	16.81	0.39
4.5	16.93	18.08	1.15
5	17.67	19.23	1.55
5.5	18.79	20.2	1.41
6	19.98	21.28	1.30
6.5	21.45	22.28	0.82
7	23.04	23.36	0.33
7.5	25	24.72	−0.28
8	27.35	26.24	-1.12

从表 6-8 和图 6-49 可以看出，B5 密封件直条的试验结果与 Marc 计算结果类似，由此验证了有限元分析计算方法的正确性。

（2）弯条。对 B5 密封件弯条进行压缩受力变形试验，表 6-9 为 B5 密封件直条的试验结果与计算结果的数据比较，图 6-50 为 B5 密封件直条的试验结果与计算结果的曲线比较。

表 6-9　B5 密封件的试验结果与计算结果的数据比较（弯条）

压缩位移（mm）	计算压缩载荷（N）	试验压缩载荷（N）	差值（N）
0	0	0	0
0.5	1.2	2.4	1.2
1	2.8	4.2	1.4
1.5	4.5	5.6	1.1
2	6.0	6.6	0.6
2.5	7.1	7.4	0.3
3	8.0	8.0	0.0
3.5	8.7	8.6	−0.1
4	9.4	9.2	−0.2
4.5	10.1	9.6	−0.5
5	10.6	10.0	−0.6

续表

压缩位移（mm）	计算压缩载荷（N）	试验压缩载荷（N）	差值（N）
5.5	11.1	10.6	−0.5
6	11.6	11.0	−0.6
6.5	12.1	11.4	−0.7
7	12.6	12.2	−0.4
7.5	13.2	12.8	−0.4
8	13.8	13.6	−0.2

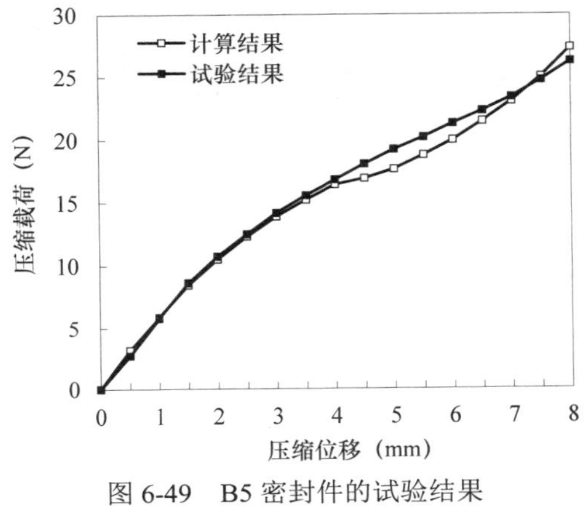

图 6-49　B5 密封件的试验结果与计算结果的曲线比较（直条）

图 6-50　B5 密封件的试验结果与计算结果的曲线比较（弯条）

从表 6-9 和图 6-50 可以看出，当 B5 密封件弯条压缩 8mm 时，计算压缩载荷和试验压缩载荷分别为 13.8N 和 13.6N，它们具有良好的一致性，由此验证了有限元分析计算方法的正确性。

4. 试验与计算分析

比较上述 3 种密封件的试验结果与计算结果发现二者具有一致性，说明有限元模拟计算的方法是有效的。但试验结果与 Marc 计算结果之间还是存在一定的误差，具体原因如下。

（1）海绵橡胶材料非常特殊，Foam 模型的材料参数还不能完全反映其特性。

（2）Marc 分析的边界条件可能与试验条件不完全一致。

（3）试验本身存在一定的误差。

第 7 章 玻璃导槽密封件的结构设计仿真实例

汽车玻璃导槽是由橡胶材料与铝骨架挤成型的。由于制作工艺、结构形状及安装位置的影响，玻璃导槽具有很强的材料非线性、边界条件非线性及几何非线性。

本章介绍在非线性有限元分析软件 Marc 中运用大变形分析方法进行玻璃导槽的压缩载荷、插拔力、弯曲褶皱的计算机仿真的方法，并将试验结果和实际装车结果进行对比，验证其良好的一致性。

本章重点

- 玻璃导槽密封件压缩载荷仿真
- 玻璃导槽密封件插拔力仿真
- 玻璃导槽密封件弯曲褶皱仿真
- 玻璃导槽密封件结构优化
- 玻璃导槽密封件结构性能仿真与验证

7.1 玻璃导槽密封件仿真流程

汽车玻璃导槽能够覆盖外露钣金及焊点，具有隔音、防尘、防风、防水等作用，并能在玻璃升降过程中作为玻璃运动的轨道起导向的作用。在设计玻璃导槽时需要考虑其使用性能和装配性能，包含压缩永久变形、压缩载荷、插入力、拔出力、耐光照老化、耐气候老化、VOC 和气味性能等，其中压缩载荷、插入力、拔出力可以用有限元分析方法进行分析验证。

玻璃导槽主要由密实橡胶、铝骨架、绒毛组成，密实橡胶又可分为硬度 75SHA 橡胶和硬度 60SHA 橡胶。硬度 75SHA 橡胶起支撑作用，硬度 60SHA 橡胶作为唇边与玻璃和钣金接触。密实橡胶通过硫化粘接到“U”形铝骨架上，铝骨架起安装固定作用，用于将玻璃导槽固定在车门钣金上。绒毛通过胶水粘在硬度 60SHA 橡胶上，绒毛的作用是降低与玻璃间的摩擦系数。玻璃导槽结构如图 7-1 所示。

玻璃导槽在 Marc 中进行结构仿真的分析流程如图 7-2 所示。

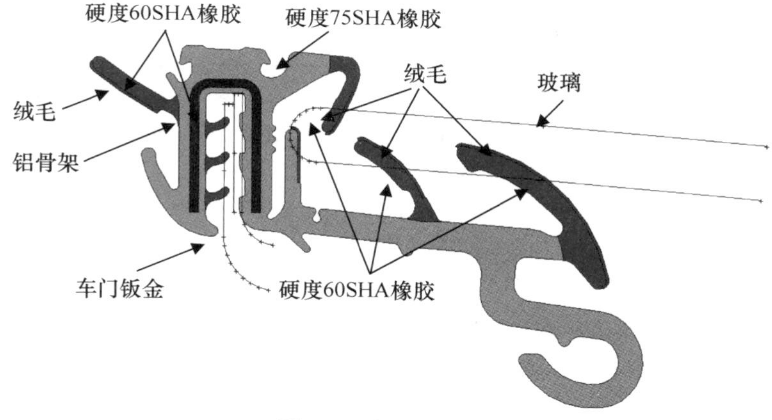

图 7-1　玻璃导槽结构

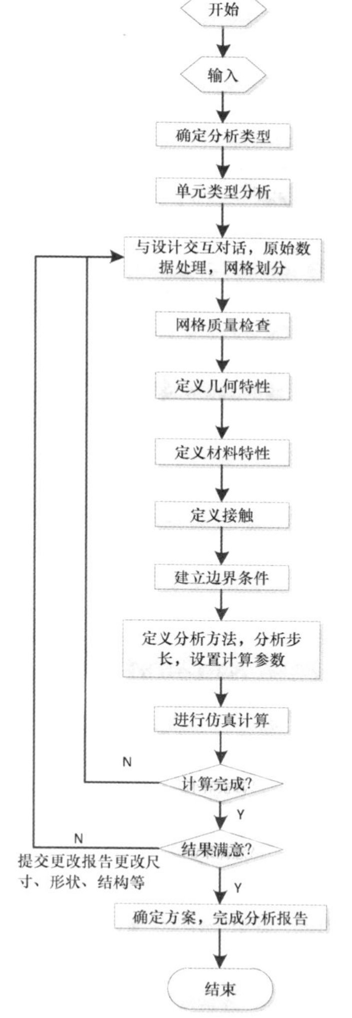

图 7-2　结构仿真的分析流程

7.2 玻璃导槽密封件压缩载荷仿真

本节对玻璃导槽密封件的压缩载荷进行仿真分析。玻璃导槽安装在车门上后，其受力变形比较复杂且通过试验测试压缩载荷也比较困难，所以实际试验是根据大众 PV3364_2005 测试标准进行直线段的压缩载荷测量。在试验过程中，玻璃导槽的有效长度为 200mm，检测玻璃导槽唇边叶片压缩至设计位置时的压缩载荷大小是否符合要求。

7.2.1 问题描述

玻璃导槽密封件压缩载荷仿真的一些已知条件如下。

1. 结构建模

由于玻璃导槽分析长度为 200mm，远远大于玻璃导槽的高度和宽度，因此在分析时，可以采用平面应变方式进行二维断面仿真。在二维断面分析时，采用四面体网格单元。为了确保玻璃导槽的形状，网格单元尺寸设为 0.3mm ～ 0.4mm。在 Marc 中进行二维断面仿真时，硬度 60SHA 橡胶与硬度 75SHA 橡胶都选用 80 号 Herrmann 单元，铝骨架采用 7 号各向同性单元，在厚度方向上设置 200mm，有限元分析模型如图 7-3 所示。

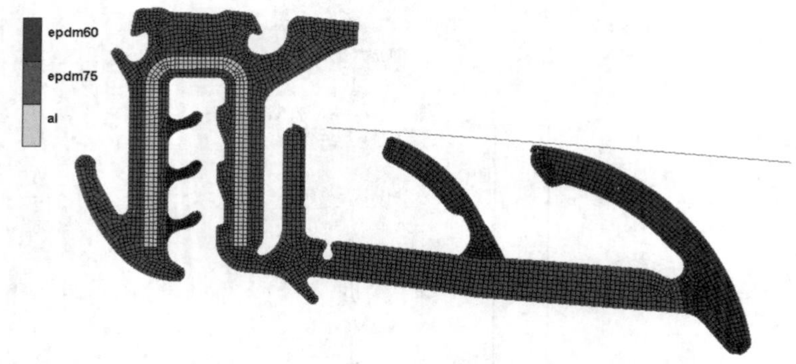

图 7-3　压缩载荷有限元分析模型

2. 定义材料模型

密实橡胶选用不可压缩的 Mooney-Rivlin 材料模型，通过单轴拉伸、纯剪切、等双轴拉伸试验的数据拟合结果为：硬度 75SHA 橡胶参数为 C_{10}=0.81、C_{01}=0.2；硬度 60SHA 橡胶参数为 C_{10}=0.54、C_{01}=0.15。骨架选用铝材料，其杨氏模量为 70GPa，泊松比为 0.33。

3. 定义接触和边界条件

玻璃导槽的压缩载荷分析，主要分析玻璃与唇边叶片的接触变形。在产品试验时，通过“U”形槽，将玻璃导槽安装在钣金的仿形工装上，测试玻璃压缩唇边叶片时的压缩载荷。因此，在 Marc 中将玻璃设置为刚体，将玻璃导槽唇边叶片设置为变形体；两者之间的摩擦系数设置为 0.3，因为橡胶是弹性材料，在分析过程中会与玻璃产生粘滑现象，所以两者间的摩擦类型选用粘 - 滑摩擦类型。对“U”形槽和钣金接触区域进行位移约束，同时将玻璃设置为从上往下运动至设计位置。

7.2.2　前处理

前处理的步骤如下。（提示：在本小节及本章后面两小节相同地方的仿真前处理的讲解过程中，软件界面设置流程与 4.7.2 小节类似，读者可以自行参考 4.7.2 小节的内容。）

1. 导入几何模型与网格

本例中的几何简化和网格划分不做详细介绍，直接导入本书所附电子资源“第 7 章”文件夹下的模型 Compress.mud。对于 Marc/Mentat 2020，每个模型的分析维数都是确定的，对于本例，导入初始模型后就可在界面顶部见到 分析 PLN 结构分析 标识，表示本模型为平面模型。

2. 定义几何特性

玻璃导槽的几何特性采用“结构平面应变”，而“厚度”为 200mm，具体参数设置如图 7-4 所示。

图 7-4　定义几何特性

3. 定义材料特性

玻璃导槽的两种硬度的密实橡胶采用“Mooney”类型，“体积模量”采用“自动”定义方式，具体参数设置如图 7-5 所示。玻璃导槽铝骨架采用“弹 - 塑性各向同性”类型，具体参数设置如图 7-6 所示。

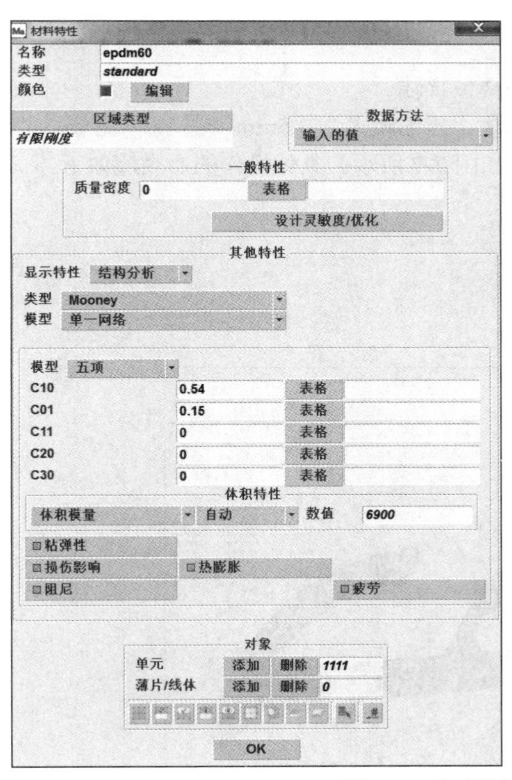

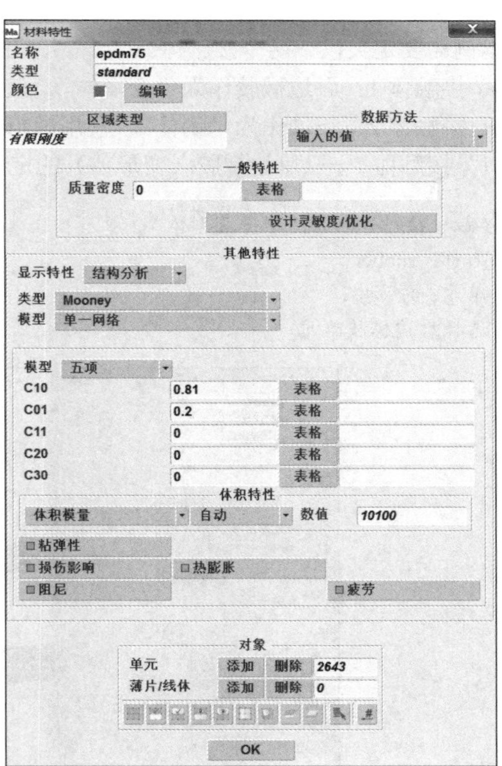

图 7-5　玻璃导槽材料特性的定义

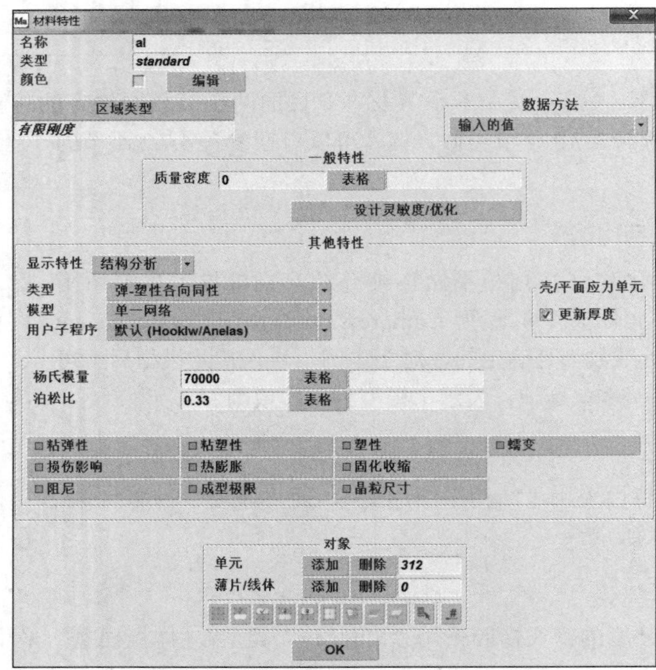

图 7-6　铝骨架材料特性的定义

4. 定义接触

本例需要定义以下两个接触体。

- ◆ 接触体 1：唇边橡胶作为“变形体”，使用离散描述。
- ◆ 接触体 2：玻璃作为“刚体”，使用解析描述，压缩距离为 3.5mm，在 1s 内完成。

（1）接触体 1——唇边橡胶（变形体）的定义如图 7-7 所示。具体操作的命令流如下：

接触→接触体→新建▼→变形体

名称：rubber

单元：添加

选择唇边橡胶单元

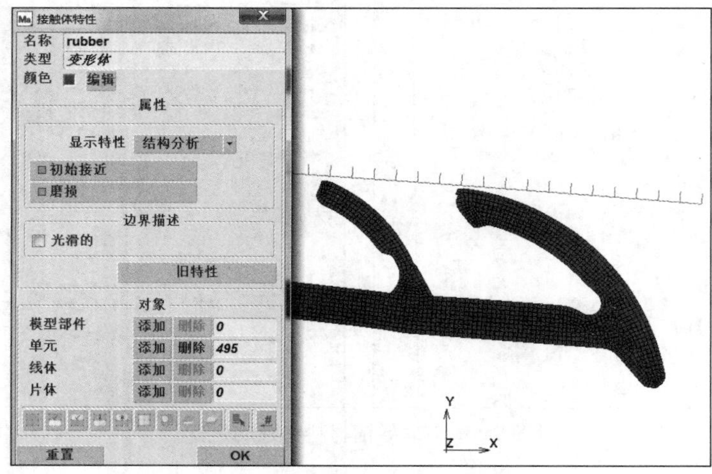

图 7-7　接触体 1 的定义

（2）在定义玻璃（刚体）之前，先定义该刚体的运动曲线，设置如图 7-8 所示。具体操作的命令流如下：

表格 坐标系→表格→新建▼ → 1个自变量

名称：rigid_displacement

类型：time

⊙ 数据点

增加点

0 0

1 1

显示完整曲线

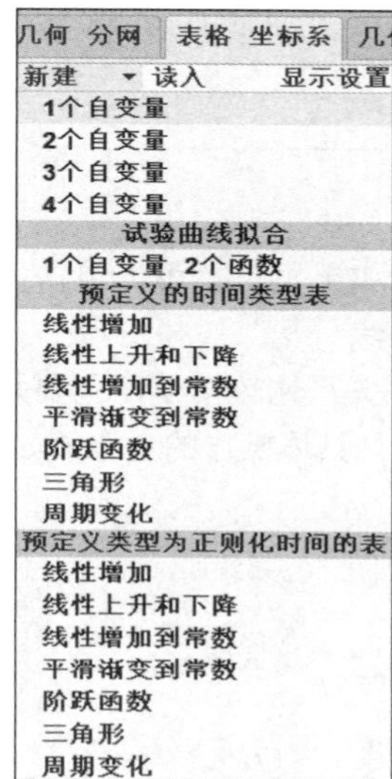

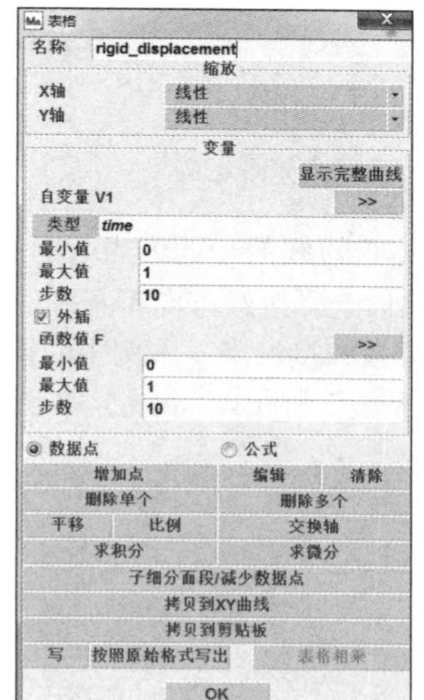

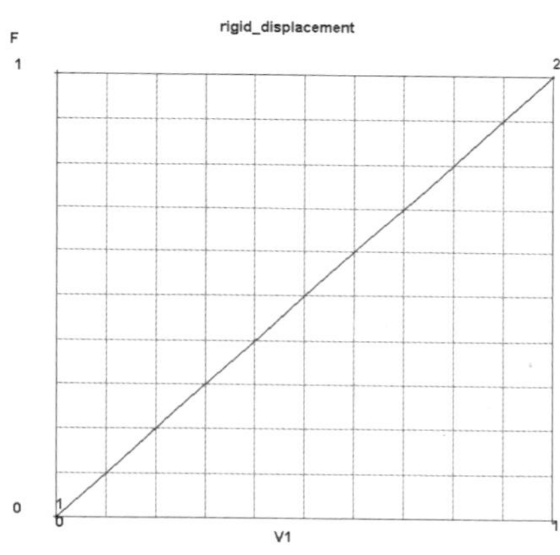

图 7-8　定义刚体的运动曲线

（3）接触体 2——玻璃（刚体）的定义如图 7-9 所示。具体操作的命令流如下：

接触→接触体→新建▼→刚体

名称：glass

--- *接触体控制* ---

位置▼

参数

--- *旋转中心的位置* ---

X 0

Y -3.5 表格：rigid_displacement

OK

NURBS 曲线：添加

选择唇边上面直线

（4）查看刚体内表面的方向。具体操作的命令流如下：

接触→接触体→☑ 标识

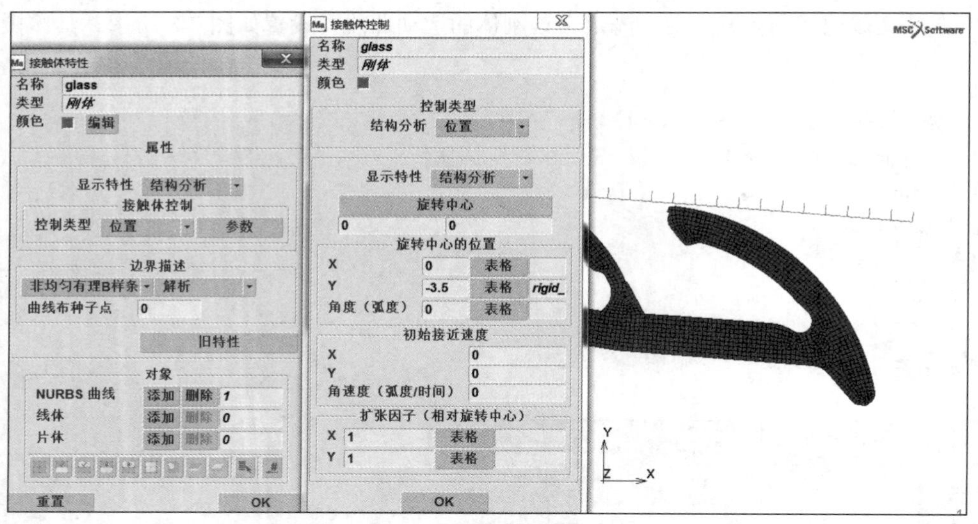

图 7-9　接触体 2 的定义

查看接触体是否是外表面接触（曲线刚体带短线的一面为内表面）。如果不是，可以单击“工具▼”按钮，选择“曲线方向反转”选项，然后选择接触方向不正确的曲线。

（5）接触体定义好之后，可以设置接触关系和接触表。本例中的接触关系比较简单，主要是设置变形体和刚体的一般接触关系，设置“摩擦系数”为 0.3，如图 7-10 所示。具体操作的命令流如下：

接触→接触关系→新建▼→变形体与刚体
摩擦
摩擦系数：0.3
OK
OK

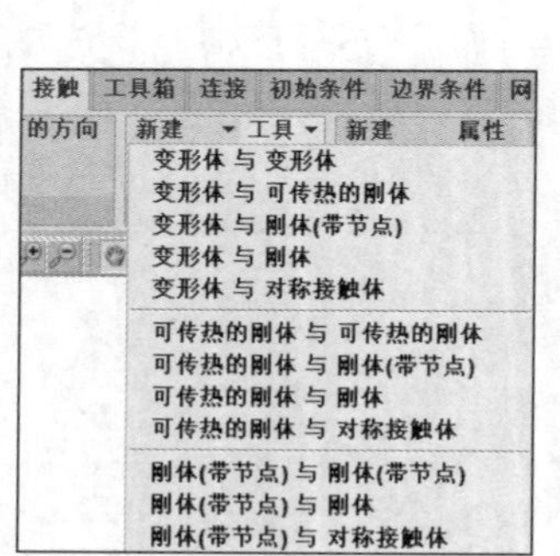

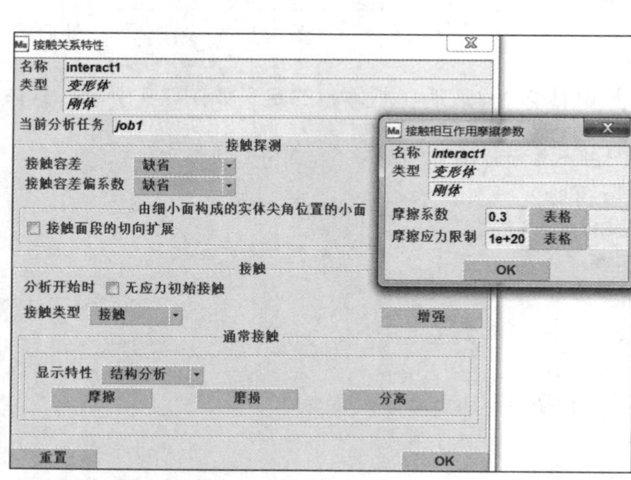

图 7-10　接触关系的设置

接触表的设置如图 7-11 所示。具体操作的命令流如下：

接触→接触表→新建
单击变形体rubber与刚体glass对应的按钮

☑ 激活
接触关系
interact1
OK

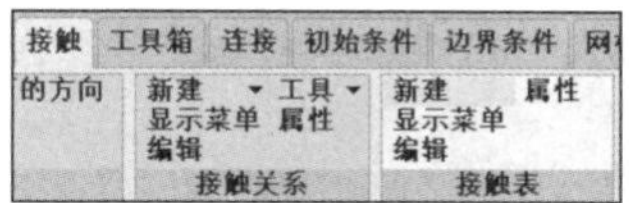

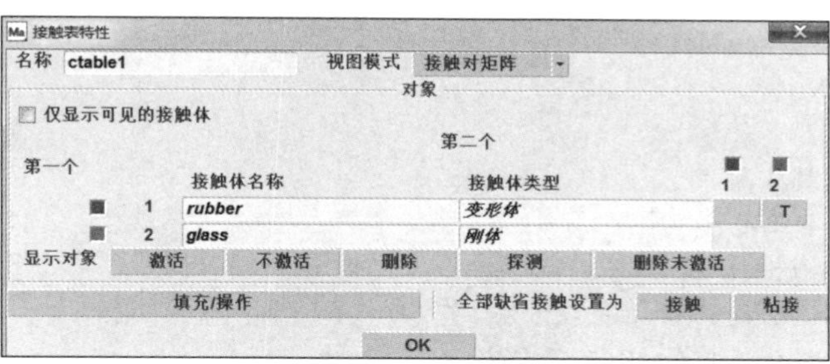

图 7-11　接触表的设置

5. 定义边界条件

本例中的边界条件只有 1 个，其设置如图 7-12 所示。具体操作的命令流如下：

边界条件→新建（结构分析）▼→位移约束
--- *属性* ---
☑　X向位移：0
☑　Y向位移：0
节点：添加
根据玻璃导槽的安装特点，选择橡胶68节点进行位移约束

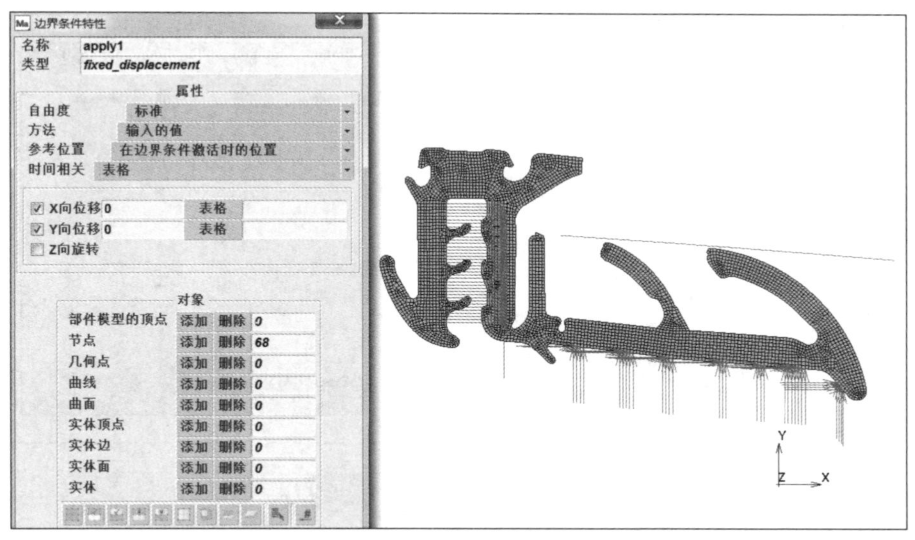

图 7-12　边界条件的定义

6. 定义分析工况

定义分析工况，总时间为 1s，固定时间步长，步数为 50。选择残余力收敛准则，相对残余力收敛容差为 0.1，如图 7-13 所示。具体操作的命令流如下：

分析工况→新建▼→静力学

载荷

OK

接触

接触表

选择ctable1

OK

OK

求解控制

☑ 非正定

--- *迭代方法* ---

⊙ 全牛顿-拉夫森方法

--- *初始应力对刚度的贡献* ---

⊙ 全部

收敛判据

--- *方法和选项* ---

方法：残余力

模态：相对

OK

整体工况时间： 1

---*时间步方法*---

固定：⊙ 固定时间步长

步数：50

OK

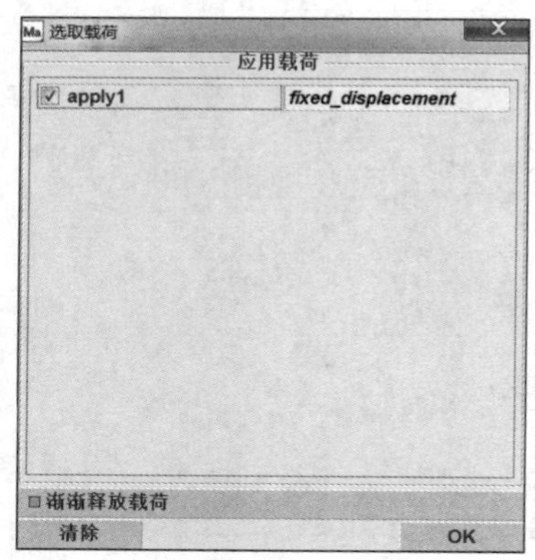

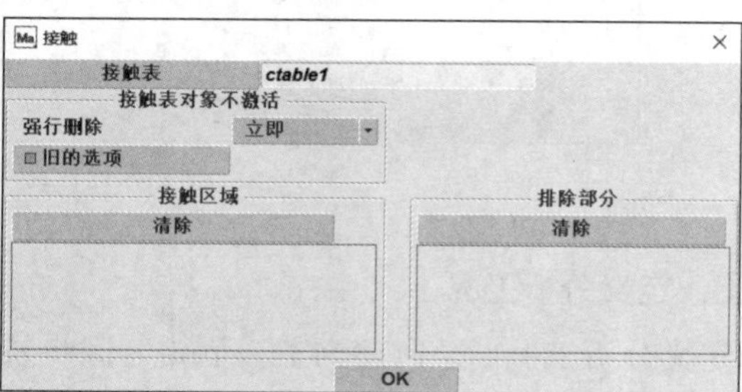

图 7-13 分析工况的定义

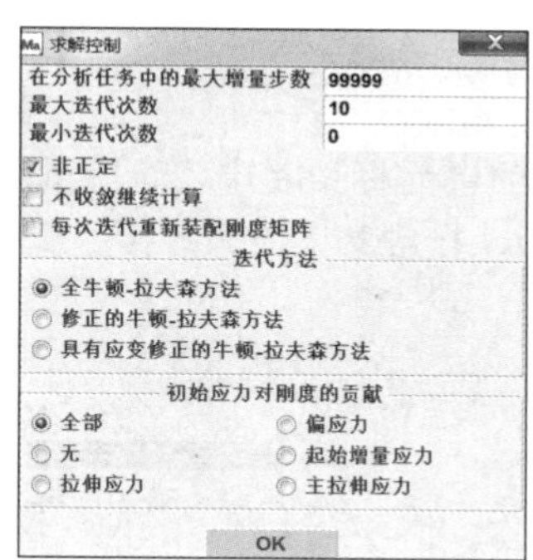

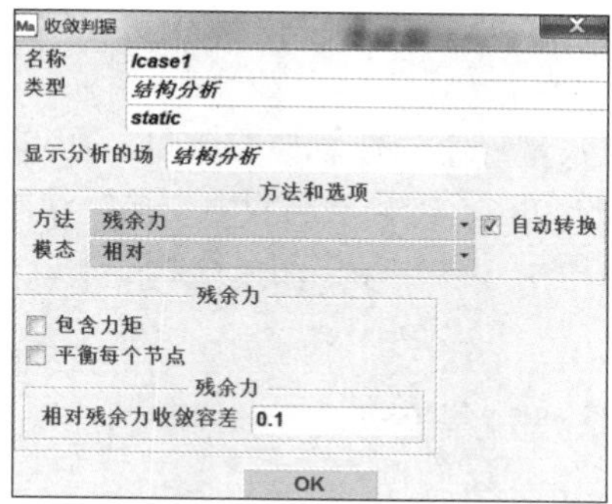

图 7-13　分析工况的定义（续）

7. 定义作业

（1）定义分析任务。

选择已有的工况；选择大应变选项；铝骨架单元类型号为 11，为 4 节点平面应变单元；橡胶单元类型号为 80，为 4 节点平面应变单元。分析任务的定义如图 7-14 所示。具体操作的命令流如下：

分析任务 → 新建▼→ 结构分析
⊙ 大应变
可选的：lcase1
接触控制
方法：节点对面段▼
类型：非线性▼
☑ 摩擦
模型：粘-滑（库伦）▼
方法：节点力
参数为默认值

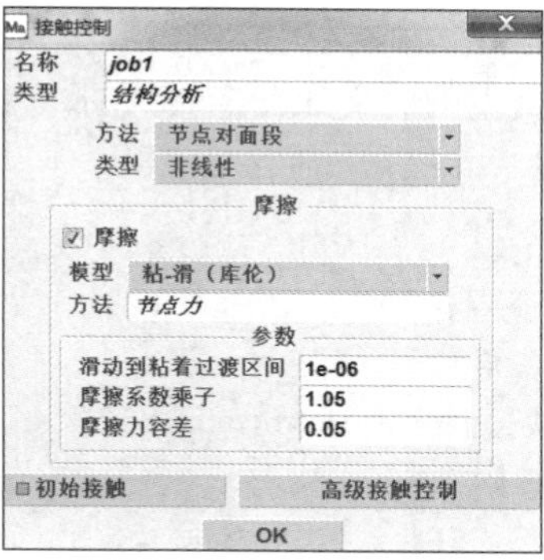

图 7-14　分析任务的定义

在初始接触处也可以选择接触表，本例可以不选。

（2）定义分析任务结果。

在可选的单元张量栏中勾选总应变张量，在可选的单元标量栏中勾选等效柯西应力，在可选的节点结果栏中勾选位移、接触法向应力、接触法向力、接触摩擦应力、接触摩擦力，分析任务结果的定义如图 7-15 所示。具体操作的命令流如下：

☑ Total Strain

☑ Equivalent Cauchy Stress

自定义▼

☑ 位移

☑ Contact Normal Stress

☑ Contact Normal Force

☑ Contact Friction Stress

☑ Contact Friction Force

OK

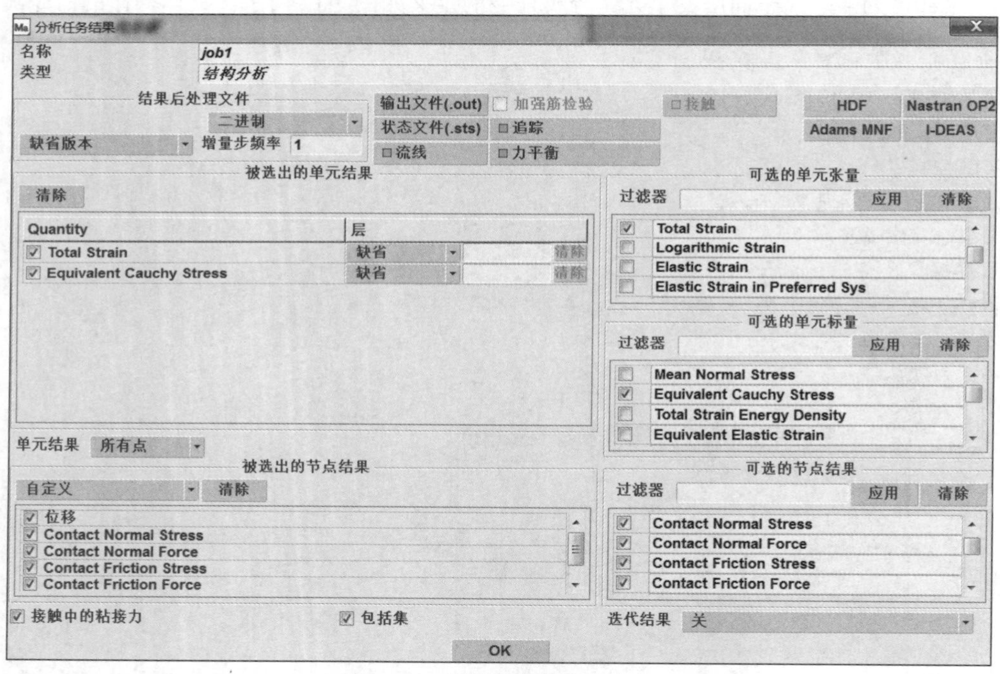

图 7-15　分析任务结果的定义

（3）单元类型的定义如图 7-16 所示。具体操作的命令流如下：

单元类型

实体

平面应变全积分：11

所有铝骨架单元

平面应变全积分 & Herrmann：80

所有密实橡胶单元

OK

提交
提交任务（1）
监控运行

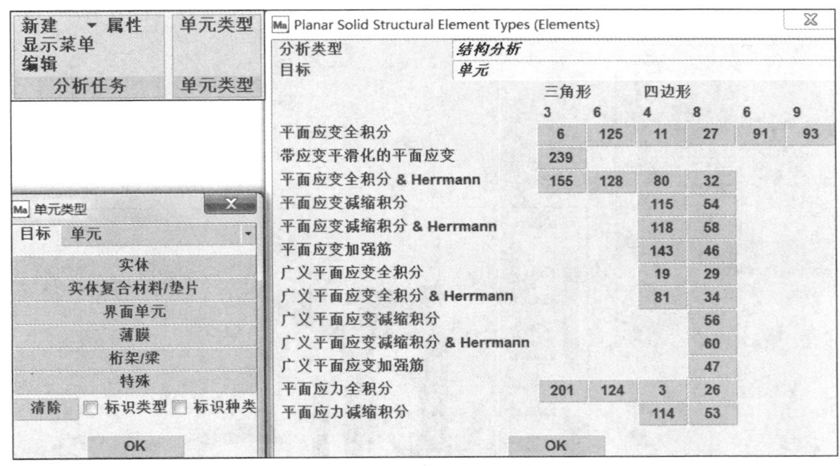

图 7-16　单元类型的定义

7.2.3　后处理

分析完成后，可以查看玻璃导槽变形前后的形状和等效应变，如图 7-17 所示。也可以查看车窗玻璃的压缩载荷和压缩位移的关系曲线的设置，如图 7-18 所示。

（1）打开后处理文件。执行下列命令流：

结果→ 模型图结果
---变形形状---
样式：*变形后&初始* ▼
---标量图 ---
样式：*云图*▼
标量：　⊙ Equivalent of Total Strain

（2）单击▶查看应变的动态变化。执行下列命令流：

结果→ 历程曲线
设置位置
所有增量步
添加曲线
---X轴 ---
数据载体类型：接触体▼
接触体：glass
变量：Pos
---Y轴 ---
数据载体类型：接触体▼
接触体：glass
变量：Force

添加曲线
显示完整曲线
拷贝到剪贴板
在Excel中编辑曲线

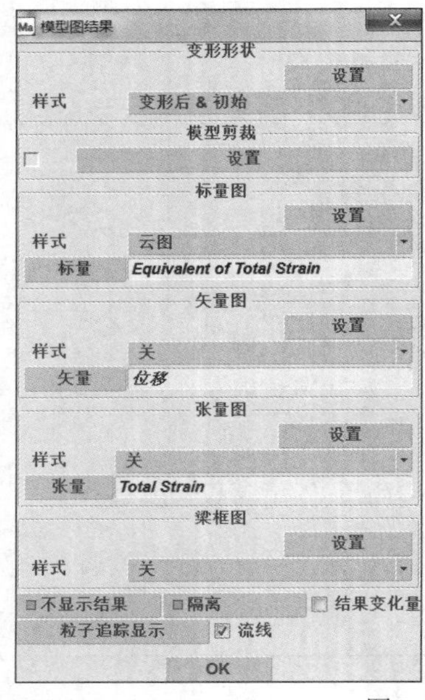

图 7-17　玻璃导槽变形前后的形状和等效应变

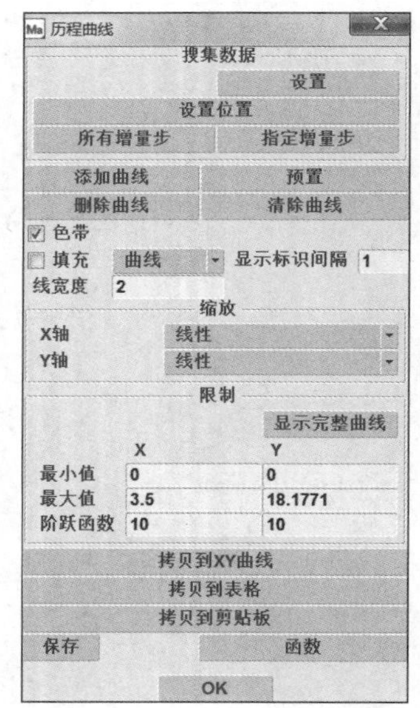

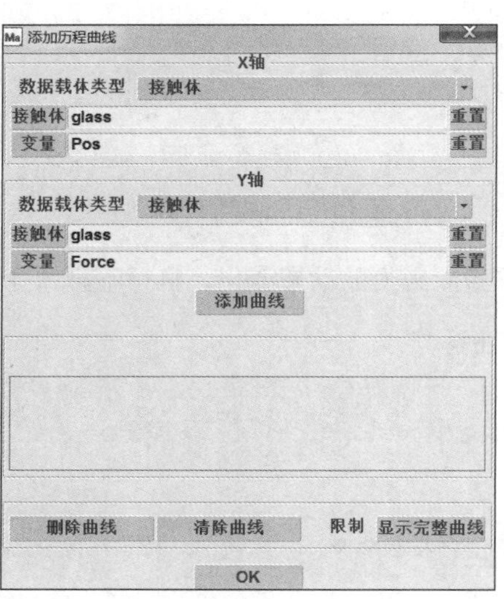

图 7-18　车窗玻璃的压缩载荷和压缩位移关系曲线的设置

经过上面的后处理，得出如下分析结果。

玻璃导槽分析属于大变形，用全牛顿 - 拉夫森方法进行固定时间步长求解计算。在设计位置时，等效应变图如图 7-19 所示。其中，无网格轮廓为初始状态，有网格轮廓为变形后的状态。

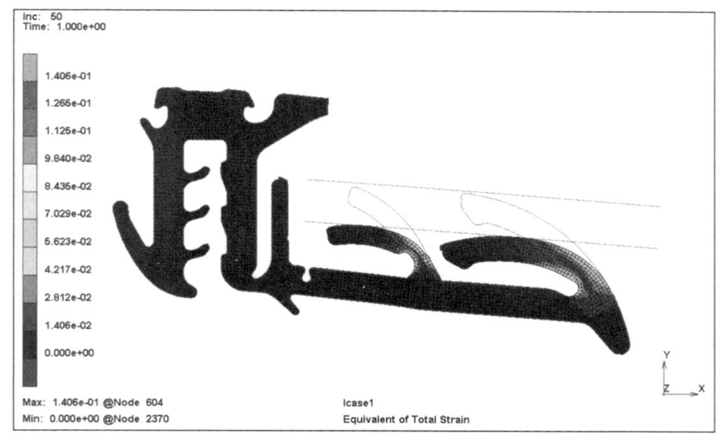

图 7-19　等效应变图

提取仿真计算结果压缩载荷与压缩位移的关系曲线，如图 7-20 所示。设计位置压缩载荷为 18.2N/200mm，满足 20±5N/200mm 的标准要求。

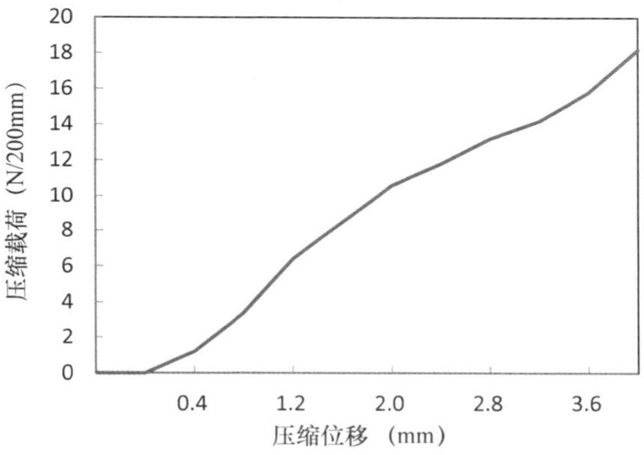

图 7-20　压缩载荷与压缩位移关系曲线

7.3　玻璃导槽密封件插拔力仿真

本节对玻璃导槽密封件的插拔力进行仿真分析。

7.3.1　问题描述

玻璃导槽密封件插拔力仿真的一些已知条件如下。

1. 结构建模

玻璃导槽的插入力与拔出力主要是“U”形槽在起作用，根据大众 PV3365_2006 测试标准对玻璃导槽结构进行简化处理，在厚度方向上设置 200mm，其他设置参照压缩载荷设置，插拔力有限元分析模型如图 7-21 所示。

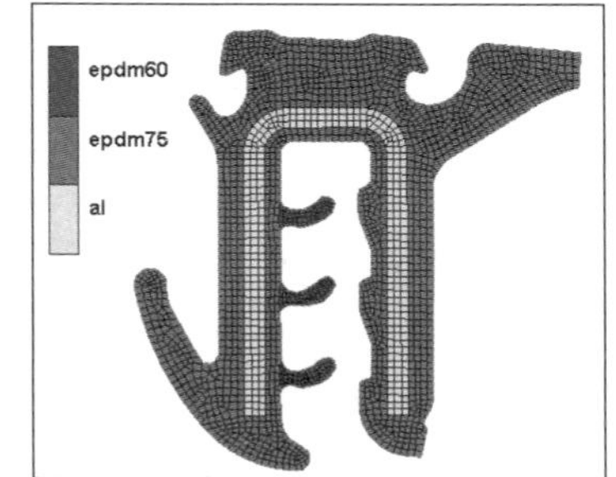

图 7-21　插拔力有限元分析模型

2. 定义接触与边界条件

插入力和拔出力分析属于比较复杂的非线性接触问题，在之前项目大量的试验和理论对比分析的基础上，将这一类分析分为以下几部分进行处理：在设置边界固定时，只约束“U”形槽顶部 Y 方向上的位移，其他部位不做约束，给予玻璃导槽变形空间；忽略钣金的变形，将钣金作为刚体进行处理；刚体与变形体之间的摩擦系数设置为 0.35。

7.3.2　前处理

本例中的几何简化和网格划分不做详细介绍，直接导入本书所附电子资源“第 7 章”文件夹下的模型 Insert_Extrat.mud。对于 Marc/Mentat 2020，每个模型的分析维数都是确定的。对于本例，导入初始模型后就可在界面顶部见到 分析 PLN 结构分析 标识，表示本模型为平面模型。

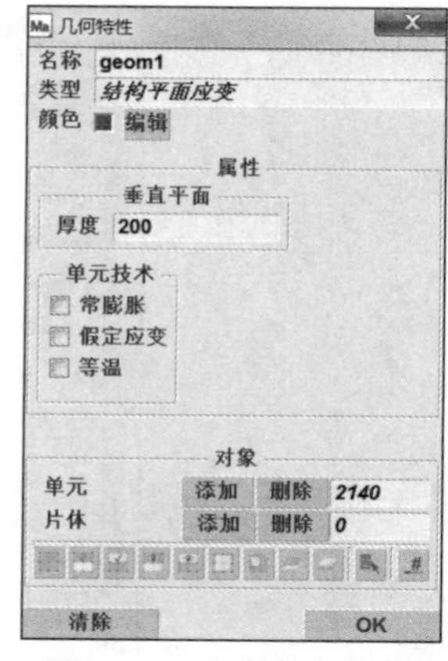

图 7-22 定义几何特性

1. 定义几何特性

玻璃导槽的几何特性采用“结构平面应变”，而“厚度”为 200mm，具体参数设置如图 7-22 所示。

2. 定义材料特性

玻璃导槽的两种硬度的密实橡胶均采用“Mooney”类型，“体积模量”采用“自动”定义方式，具体参数设置如图 7-23 所示。玻璃导槽铝骨架采用“弹－塑性各向同性”类型，具体参数设置如图 7-24 所示。

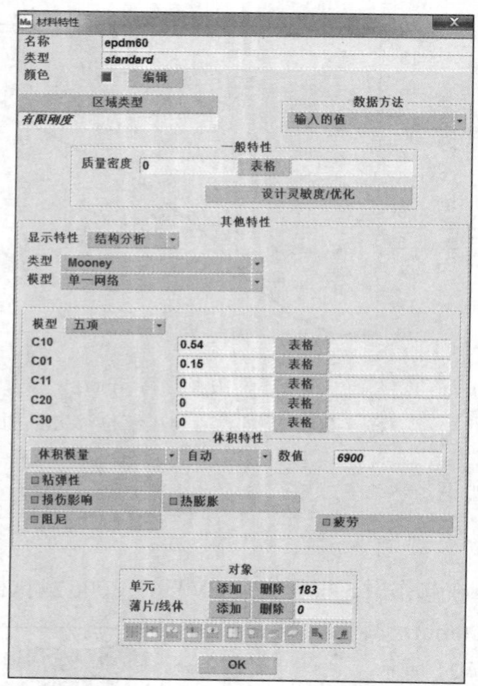

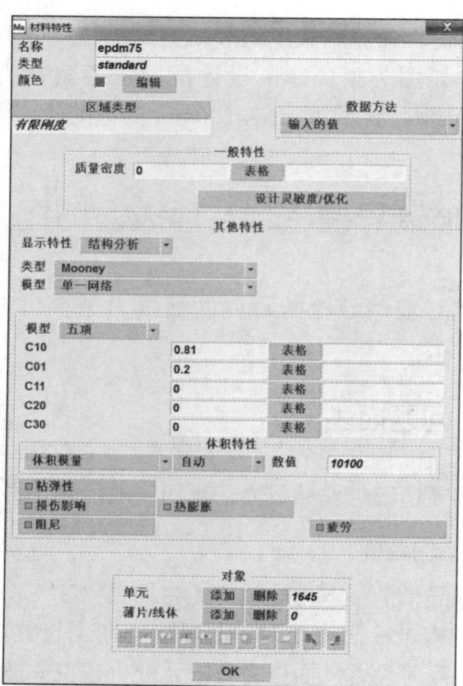

图 7-23 玻璃导槽材料特性的定义

3. 接触定义

接触定义主要包括接触体的定义和接触方向的检查。

（1）定义接触体。

◆ 接触体 1：与车体钣金接触的橡胶作为“变形体”，使用离散描述。

◆ 接触体 2：车体钣金作为“刚体”，使用解析描述，插入距离与拔出距离均为 12mm，在 1s 内完成。

接触体 1—唇边橡胶（变形体）的定义如图 7-25 所示。具体操作的命令流如下：

接触→接触体→新建▼ →变形体
名称：rubber

单元：添加
选择与车体钣金接触的橡胶单元

材料特性
名称 al
类型 standard
颜色 编辑
区域类型
有限刚度
数据方法
输入的值
一般特性
质量密度 0 表格
设计灵敏度/优化
其他特性
显示特性 结构分析
类型 弹-塑性各向同性
模型 单一网络
用户子程序 默认 (Hooklw/Anelas)
壳/平面应力单元
更新厚度
杨氏模量 70000 表格
泊松比 0.33 表格
粘弹性　粘塑性　塑性　蠕变
损伤影响　热膨胀　固化收缩
阻尼　成型极限　晶粒尺寸
对象
单元 添加 删除 312
薄片/线体 添加 删除 0
OK

图 7-24　铝骨架材料特性的定义

在定义车体钣金之前，先定义刚体的运动曲线，其设置如图 7-26 所示。具体操作的命令流如下：

表格 坐标系→表格→新建▼ → 1个自变量
名称：rigid_displacement
类型：time
⊙ 数据点
增加点
0　0
0.5　1
1　0
显示完整曲线

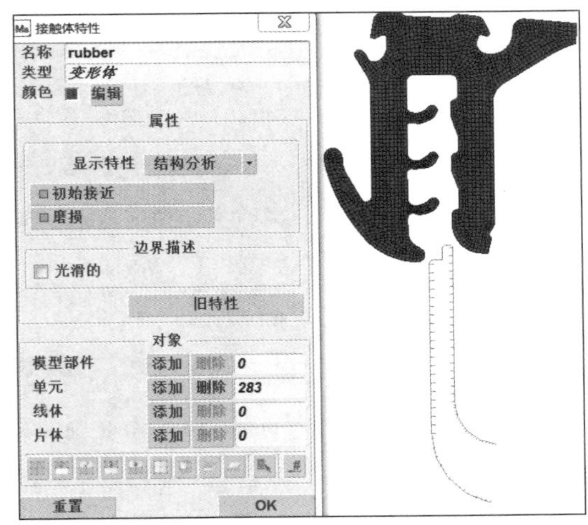

图 7-25　接触体 1 的定义

接触体 2—玻璃（刚体）的定义如图 7-27 所示。具体操作的命令流如下：

接触→接触体→新建▼→刚体
名称：metal
--- 接触体控制 ---
位置▼：参数
--- 旋转中心的位置 ---
X：0
Y：12　表格：rigid_displacement

OK
NURBS 曲线：添加
选择车体钣金曲线

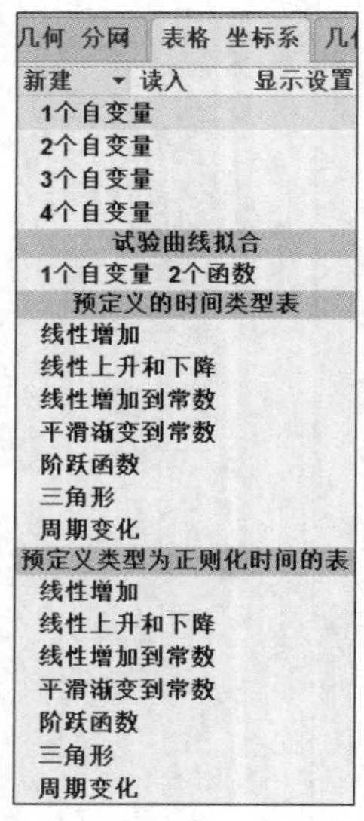
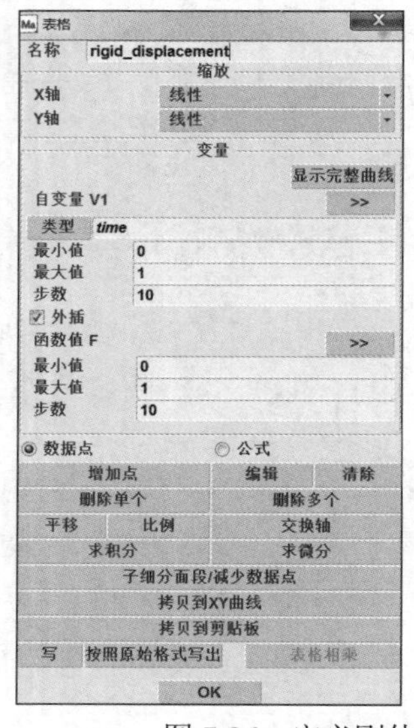
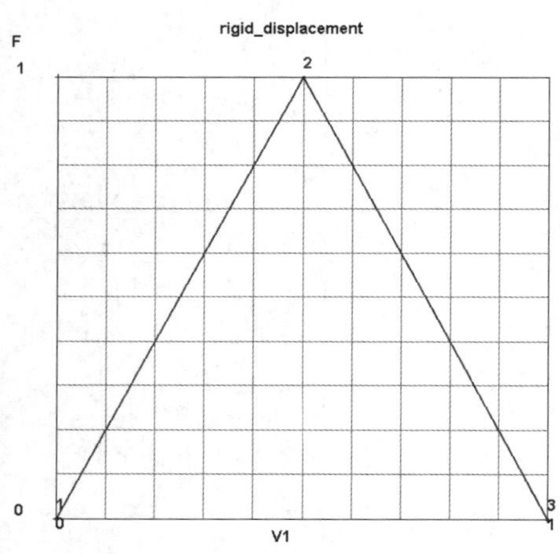

图 7-26　定义刚体的运动曲线

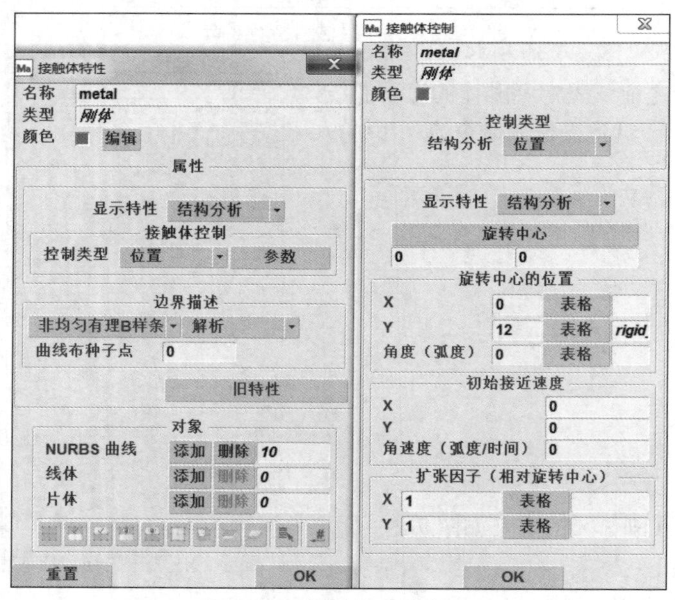

图 7-27　接触体 2 的定义

（2）查看刚体内表面的方向。具体操作的命令流如下：

接触→接触体→☑ 标识

查看接触体是否是外表面接触（曲线刚体带短线的一面为内表面）。如果不是，可以单击“工具▼”按钮，选择“曲线方向反转”选项，然后选择接触方向不正确的曲线。

（3）设置接触关系和接触表。

接触体定义好之后，可以设置接触关系和接触表。本例中的接触关系比较简单，主要是设置变形体和刚体的一般接触关系，设置“摩擦系数”为0.35，如图 7-28 所示。具体操作的命令流如下：

接触→ 触关系→新建 ▼→ 变形体与刚体
摩擦
摩擦系数：0.35
OK
OK

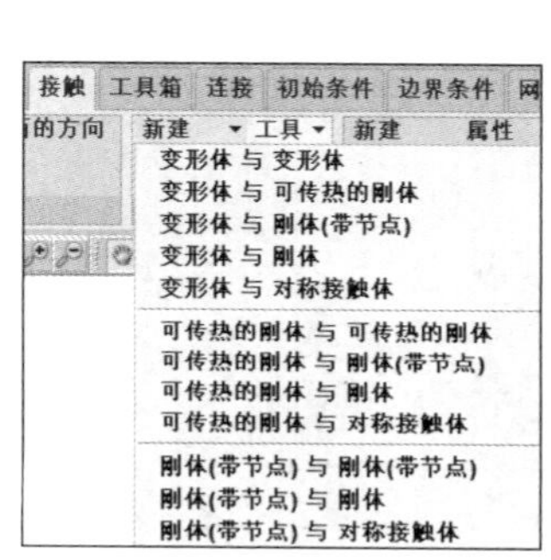
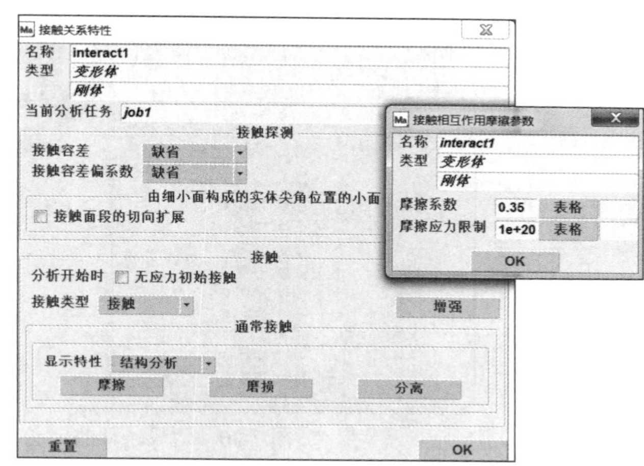

图 7-28　接触关系的设置

接触表的设置如图 7-29 所示。具体操作的命令流如下：

接触→接触表→新建
单击变形体rubber与刚体metal对应的按钮
☑ 激活
接触关系
interact1
OK

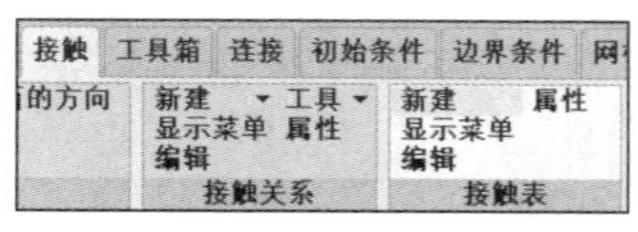
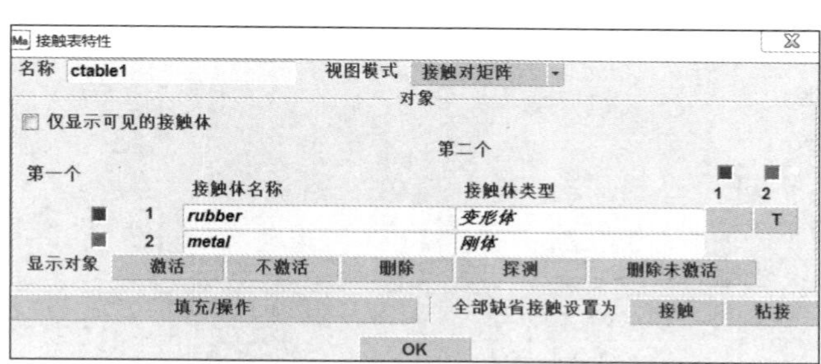

图 7-29　接触表的设置

4. 定义边界条件

本例中的边界条件只有 1 个，其设置如图 7-30 所示。具体操作的命令流如下：

边界条件→新建（结构分析）▼→位移约束

--- *属性* ---

☑ X向位移：0

☑ Y向位移：0

节点：添加

根据玻璃导槽的安装特点，选择橡胶11节点进行位移约束。

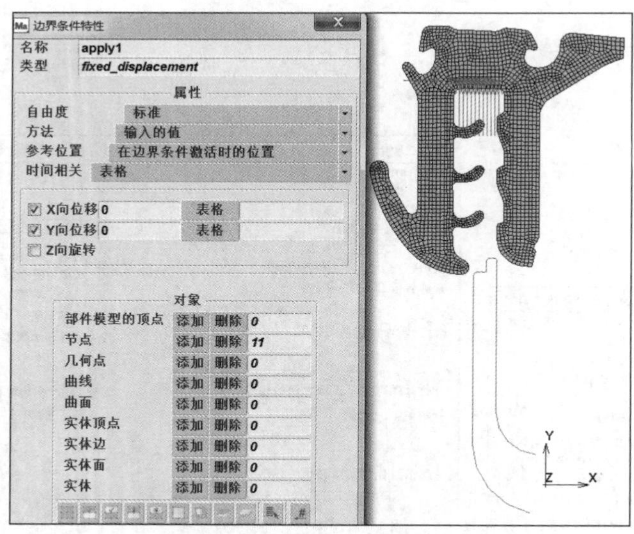

图 7-30 边界条件的定义

5. 定义分析工况

定义分析工况，总时间为 1s，固定时间步长，步数为 50。选择残余力收敛准则，相对残余力收敛容差为 0.1，如图 7-31 所示。具体操作的命令流如下：

分析工况→ 新建▼→ 静力学

载荷

OK

接触

接触表

选择ctable1

OK

OK

求解控制

☑ 非正定

--- *迭代方法* ---

⊙ 全牛顿-拉夫森方法

--- *初始应力对刚度的贡献* ---

⊙ 全部

收敛判据

--- *方法和选项* ---

方法：残余力

模态：相对/绝对

OK

整体工况时间：　1
---*时间步方法*---
固定：⊙ 固定时间步长
步数：50
OK

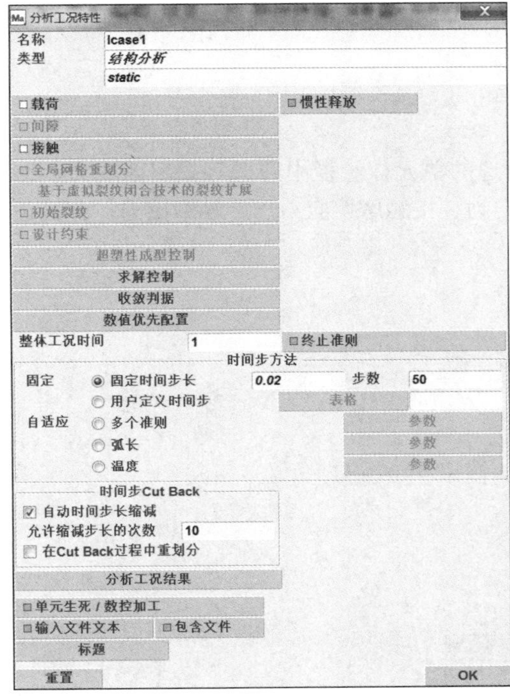

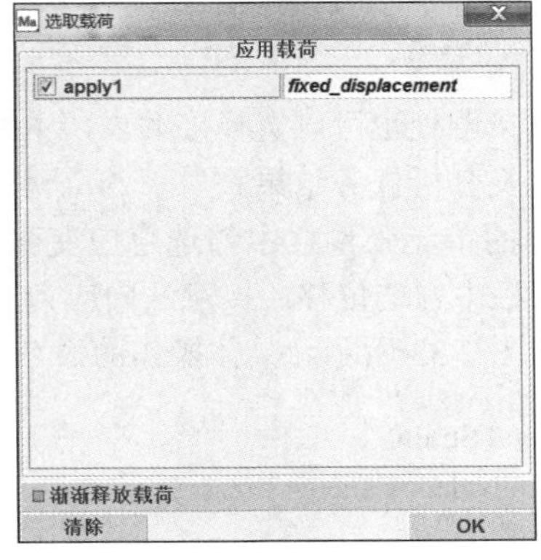

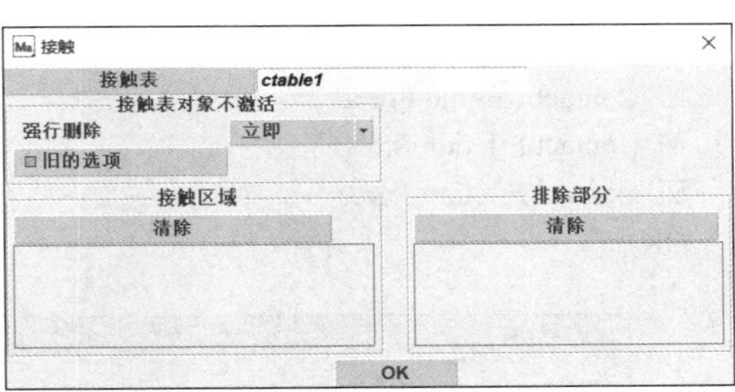

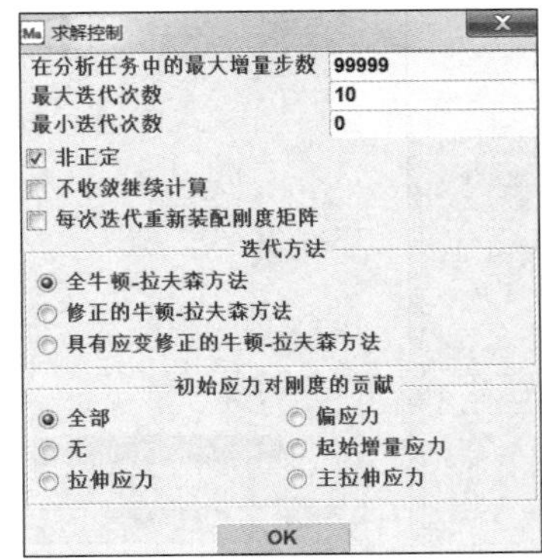

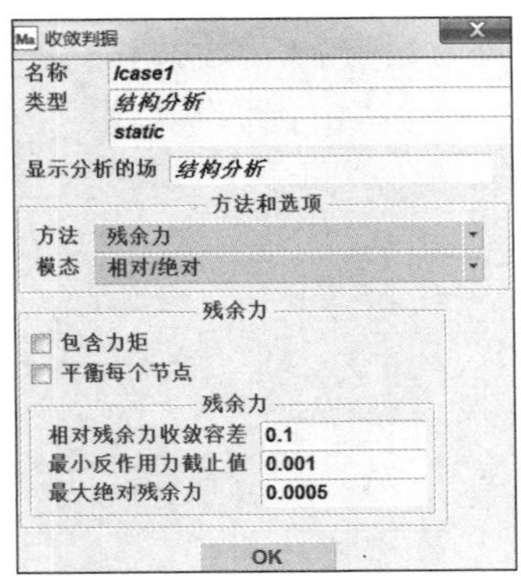

图 7-31　分析工况的定义

6. 定义作业

（1）定义分析任务。

选择已有的工况；选择大应变选项；铝骨架单元类型号为 11，为 4 节点平面应变单元；橡胶单元类型号为 80，为 4 节点平面应变单元。分析任务的定义如图 7-32 所示。具体操作的命令流如下：

分析任务 → 新建▼→ 结构分析
⊙ 大应变
可选的：lcase1

接触控制
方法：节点对面段▼
类型：非线性▼
☑ 摩擦
模型：粘-滑（库伦）▼
方法：节点力
参数为默认值

在初始接触处也可以选择接触表，本例可以不选。

（2）定义分析任务结果。

在可选的单元张量栏中勾选总应变张量，在可选的单元标量栏中勾选等效柯西应力，在可选的节点结果栏中勾选位移、接触法向应力、接触法向力、接触摩擦应力、接触摩擦力，分析任务结果的定义如图 7-33 所示。具体操作的命令流如下：

☑ Total Strain
☑ Equivalent Cauchy Stress
自定义▼
☑ 位移
☑ Contact Normal Stress
☑ Contact Normal Force
☑ Contact Friction Stress
☑ Contact Friction Force
OK

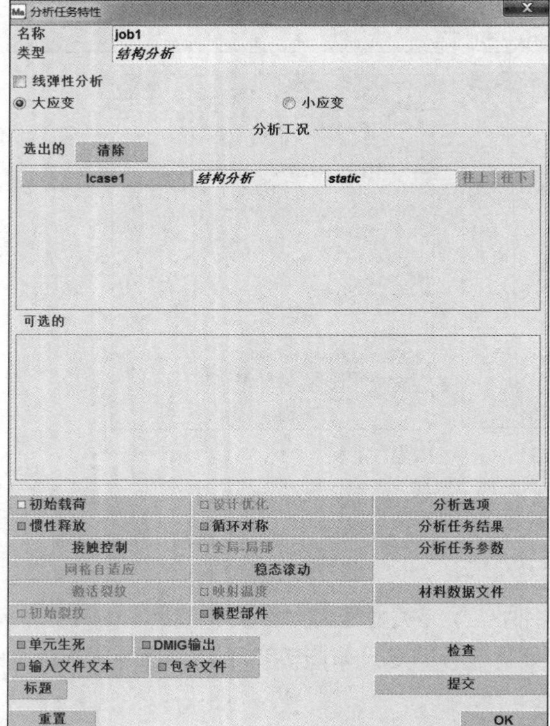

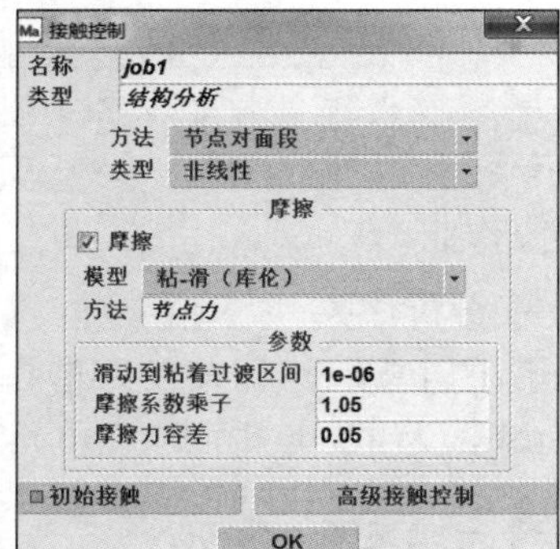

图 7-32　分析任务的定义

分析任务结果
名称 job1
类型 结构分析
结果后处理文件 二进制
缺省版本 增量步频率 1
输出文件(.out) 加强筋检验
状态文件(.sts) 追踪
流线 力平衡
接触
HDF Nastran OP2
Adams MNF I-DEAS
被选出的单元结果
清除
Quantity 层
Total Strain 缺省 清除
Equivalent Cauchy Stress 缺省 清除
可选的单元张量
过滤器 应用 清除
Total Strain
Logarithmic Strain
Elastic Strain
Elastic Strain in Preferred Sys
可选的单元标量
过滤器 应用 清除
Mean Normal Stress
Equivalent Cauchy Stress
Total Strain Energy Density
Equivalent Elastic Strain
单元结果 所有点
被选出的节点结果
自定义 清除
位移
Contact Normal Stress
Contact Normal Force
Contact Friction Stress
Contact Friction Force
可选的节点结果
过滤器 应用 清除
Contact Normal Stress
Contact Normal Force
Contact Friction Stress
Contact Friction Force
接触中的粘接力 包括集 迭代结果 关
OK

图 7-33　分析任务结果的定义

（3）单元类型的定义如图 7-34 所示。具体操作的命令流如下：

单元类型
实体
平面应变全积分：11
所有铝骨架单元
平面应变全积分 & Herrmann：80
所有密实橡胶单元
OK
提交
提交任务（1）
监控运行

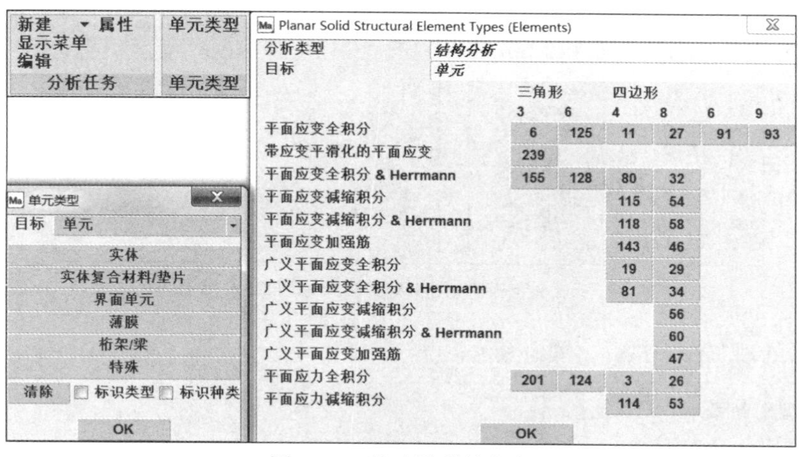

图 7-34　单元类型的定义

7.3.3 后处理

分析完成后，可以查看车体钣金插入后玻璃导槽的形状和等效应变，如图 7-35 所示。也可以查看插拔力和插拔位移的关系曲线的设置，如图 7-36 所示。

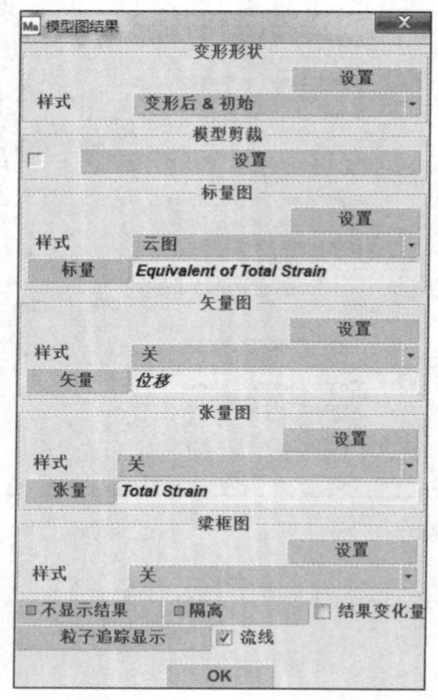

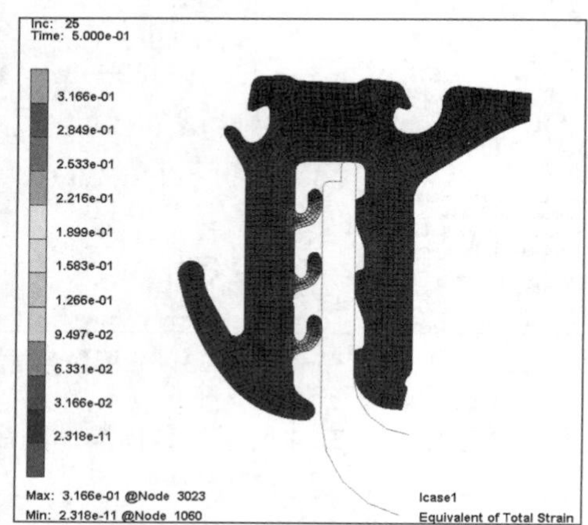

图 7-35　车体钣金插入后玻璃导槽的形状和等效应变

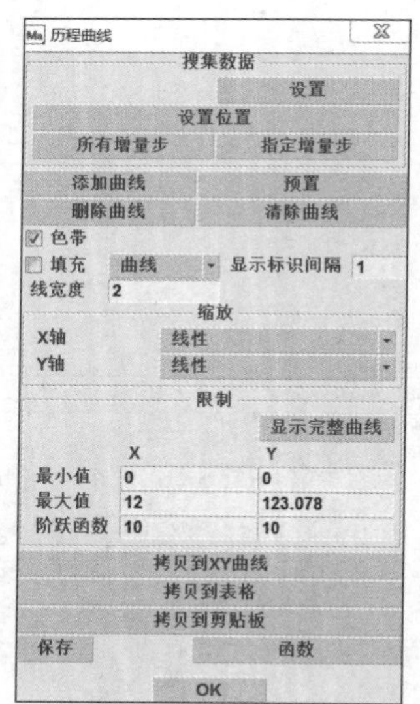

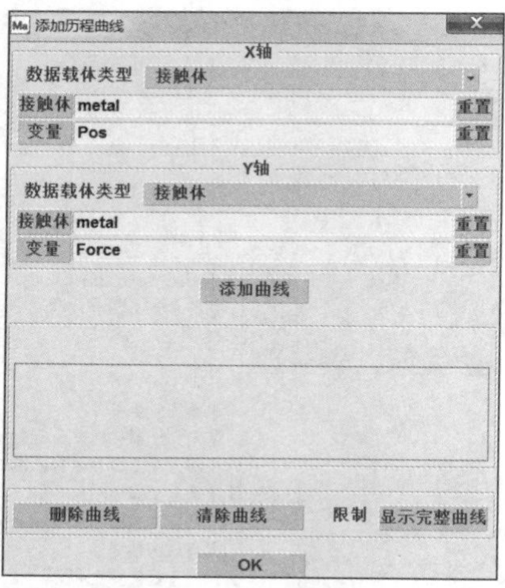

图 7-36　插拔力和插拔位移关系曲线的设置

（1）打开后处理文件。执行下列命令流：

结果→ 模型图结果
---*变形形状*---
样式：变形后 & 初始 ▼

---标量图 ---
样式：云图▼
标量：⊙Equivalent of Total Strain

（2）根据历程曲线得到插拔力与插拔位移的关系曲线。执行下列命令流：

结果→ 历程曲线
--- 设置位置 ---
所有增量步
添加曲线
---X轴 ---
数据载体类型：接触体▼
接触体：metal
变量：Pos
---Y轴 ---
数据载体类型：接触体▼
接触体：metal
变量：Force
添加曲线
显示完整曲线
拷贝到剪贴板
在Excel编辑曲线

经过上面的后处理，得出如下分析结果。

用全牛顿 - 拉夫森方法进行固定时间步长求解计算。在钣金插拔过程中，等效应变图如图 7-37 所示。

提取钣金 Y 方向上的力值，得到玻璃导槽的钣金插入力为 25N/200mm 和拔出力为 145N/200mm，输出图 7-38 所示的钣金插入力与插入位移关系曲线和图 7-39 所示的钣金拔出力与拔出位移关系曲线，满足插入力＜ 50N/200mm，拔出力＞ 120N/200mm 的设计标准要求。

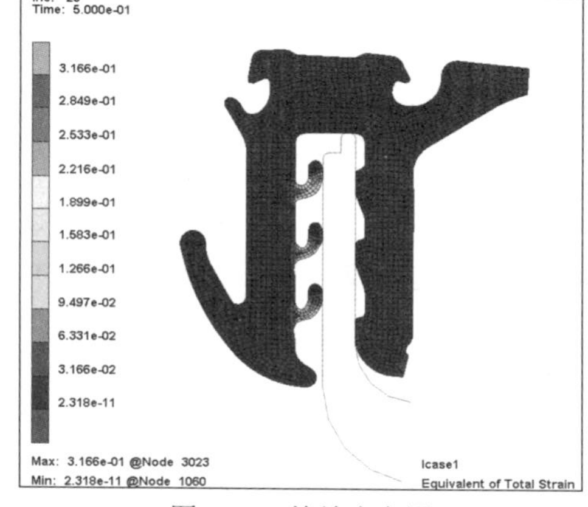

图 7-37　等效应变图

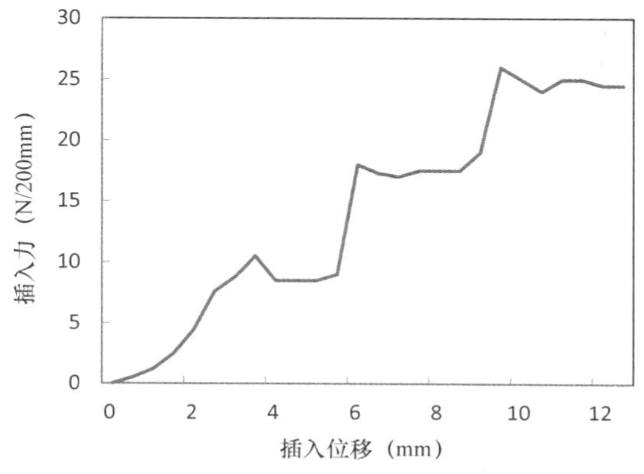

图 7-38　钣金插入力与插入位移关系曲线

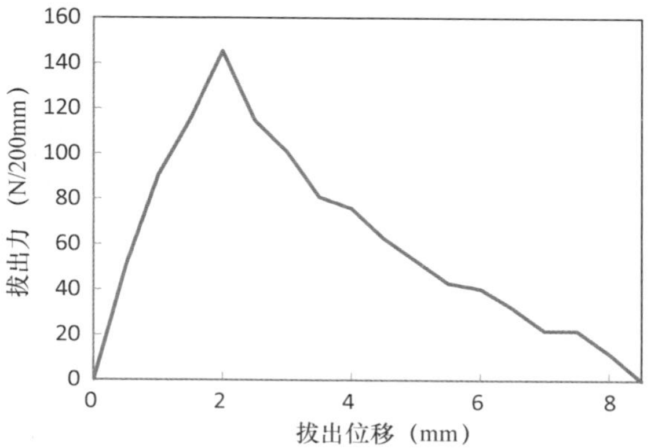

图 7-39　钣金拔出力与拔出位移关系曲线

7.4 玻璃导槽密封件弯曲褶皱仿真

汽车玻璃导槽在装车过程中，需要按照车门钣金的弧度进行装配。设计人员需要保证玻璃导槽在满足规定弯曲弧度后，唇边仍保持一定状态。如果唇边叶片结构不合理，就会在弯曲处出现图 7-40 所示的褶皱现象，导致玻璃与玻璃导槽唇边叶片接触不良，影响玻璃导槽的防风、防水、防尘、隔声性能及外观。借助有限元分析软件 Marc 分析玻璃导槽弯曲时出现叶片褶皱的原因，对玻璃导槽唇边叶片结构进行优化，可以避免这种褶皱问题。

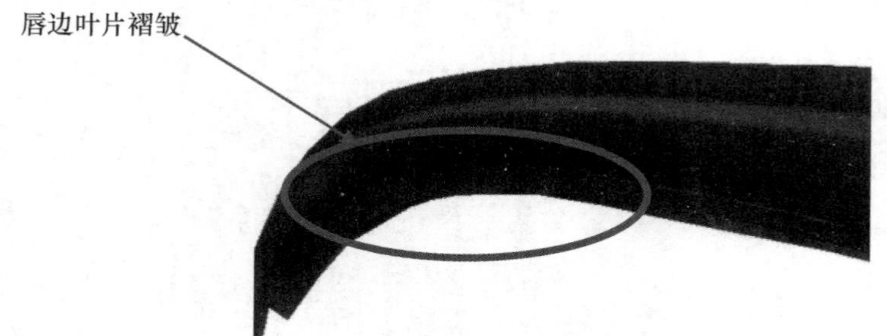

图 7-40　玻璃导槽唇边叶片出现褶皱现象

7.4.1 问题描述

玻璃导槽密封件弯曲褶皱仿真的一些已知条件如下。

1. 结构建模

图 7-41 所示为玻璃导槽结构，由于弯曲褶皱分析主要是针对唇边叶片进行的，因此可以忽略玻璃导槽断面的其他结构。

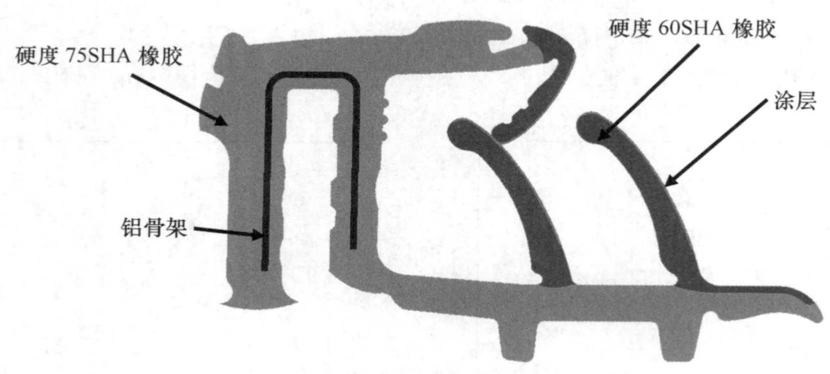

图 7-41　玻璃导槽结构

玻璃导槽的弯曲褶皱采用三维模型进行分析。在 Marc 中，硬度 60SHA 橡胶和硬度 75SHA 橡胶都选用 84 号 Herrmann 单元，铝骨架和涂层选用 7 号各向同性单元，其中设置截面网格单元尺寸为 0.5mm，长度方向网格单元尺寸为 2mm，分析模型如图 7-42 所示。

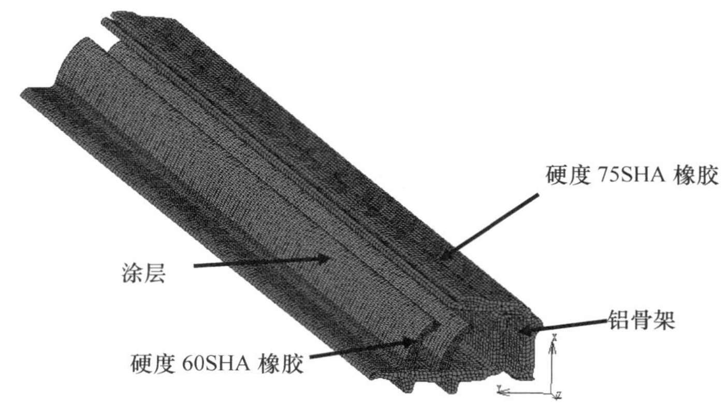

图 7-42　玻璃导槽有限元分析模型

2. 定义边界条件

本例需要定义以下边界条件。

（1）设置玻璃导槽长度为 600mm，按照半径为 740mm 的钣金弧度进行弯曲。在玻璃导槽每隔 100mm 的金属骨架网格节点上施加 *Y* 方向上的位移载荷，使玻璃导槽按照所需钣金进行运动。

（2）在玻璃导槽两端的金属骨架网格节点上施加 *X*、*Y* 方向上的固定位移载荷，防止玻璃导槽两端在 *X*、*Y* 方向上运动。

（3）在玻璃导槽与钣金接触部位的底部网格节点上施加 *X* 方向上的固定位移载荷，防止玻璃导槽在 *X* 方向上下运动。

7.4.2　前处理

前处理步骤如下。

1. 导入几何模型与网格

本例中的几何简化和网格划分不做详细介绍，读者可以直接导入本书所附电子资源“第 7 章”文件夹下的模型 3D_Bending.mud。对于 Marc/Mentat 2020，每个模型的分析维数都是确定的。对于本例，导入初始模型后就可在界面顶部见到 分析 3-D 结构分析 标识，表示本模型为三维实体模型。

2. 定义几何特性

玻璃导槽的几何特性采用“三维实体结构分析”，具体设置如图 7-43 所示。

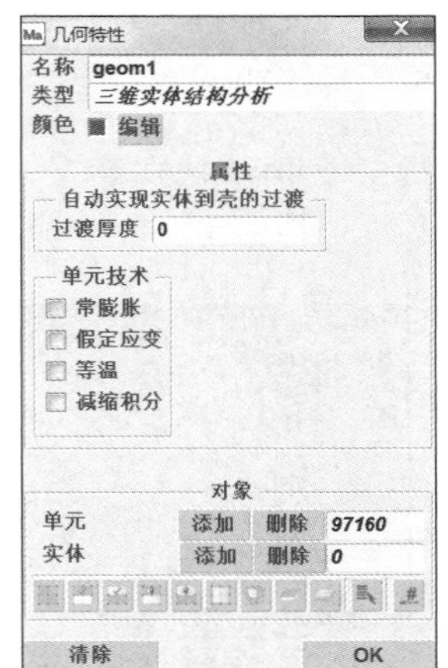

图 7-43　定义几何特性

3. 定义材料特性

玻璃导槽的两种硬度的密实橡胶均采用“Mooney”类型,“体积模量”采用“自动”定义方式，具体设置参见图 7-23。铝骨架和涂层采用“弹 - 塑性各向同性”类型，具体设置如图 7-44 所示。

4. 定义接触

接触定义主要包括接触体的定义和接触方向的检查，本例只定义玻璃导槽弯曲过程中自身的接触，即只定义变形体之间的接触。

◆ 接触体：玻璃导槽作为“变形体”，使用离散描述。

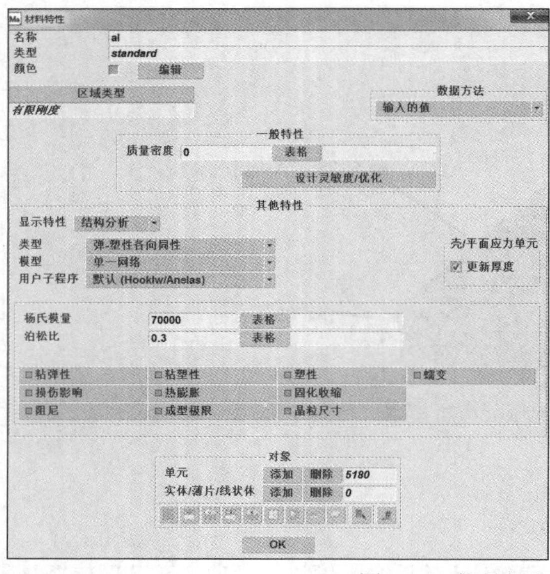

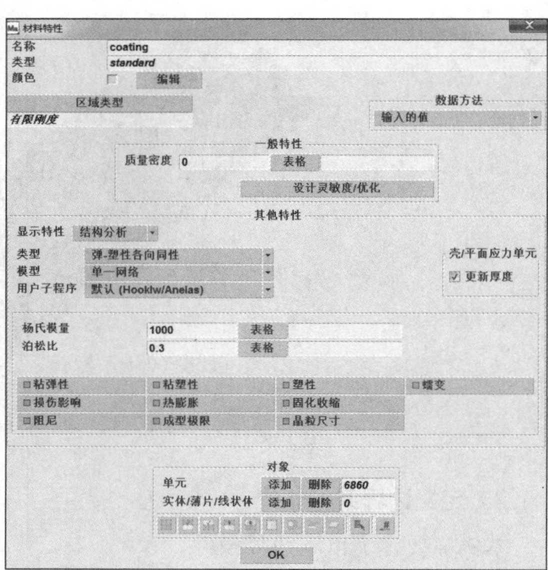

图 7-44　铝骨架和涂层材料特性的定义

（1）接触体的定义如图 7-45 所示。具体操作的命令流如下：

接触→接触体→新建▼ → 变形体
名称： cbody1
单元：添加
选择所有单元

（2）接触体定义好之后，可以设置接触关系和接触表。本例中的接触关系比较简单，主要是设置变形体和变形体的一般接触关系，如图 7-46 所示。具体操作的命令流如下：

接触 → 接触关系→新建 ▼→ 变形体与变形体
OK

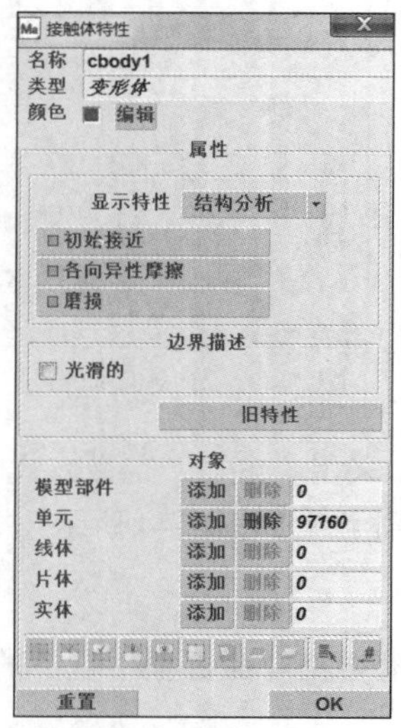

图 7-45　接触体的定义

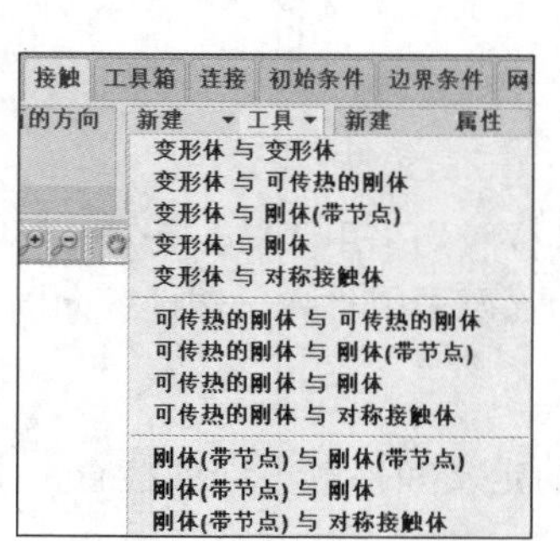

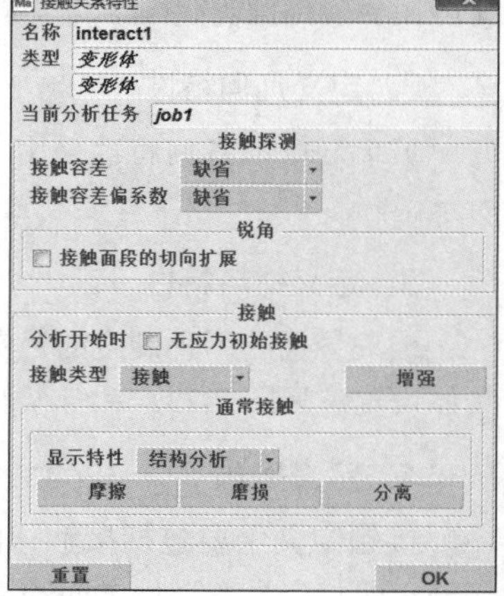

图 7-46　接触关系的设置

接触表的设置如图 7-47 所示。具体操作的命令流如下：

接触 → 接触表→新建
单击变形体cbody1对应的按钮
☑ 激活
接触关系
interact1
OK

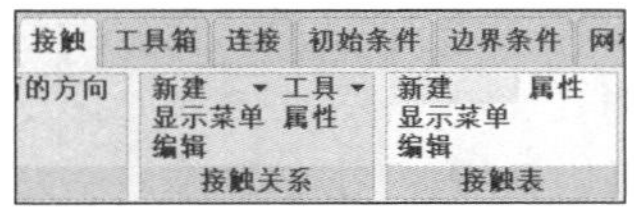

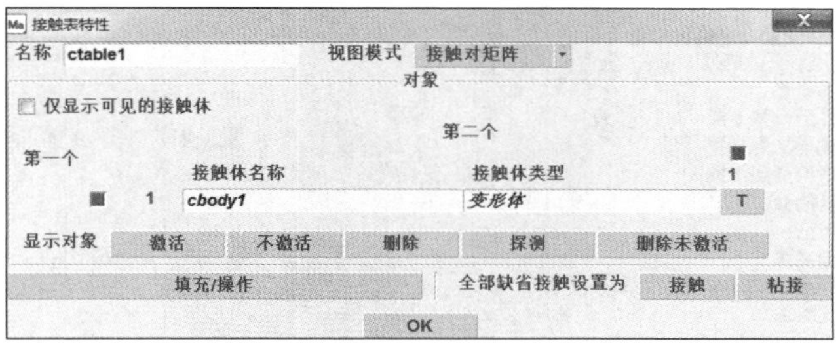

图 7-47　接触表的设置

5. 定义边界条件

在定义边界条件之前，先定义玻璃导槽弯曲的运动曲线，如图 7-48 所示。具体操作的命令流如下：

表格 坐标系→表格→新建▼ → 1个自变量
名称：table1
类型：time
⊙ 数据点
增加点
0　0
1　1
显示完整曲线

本例有 4 个边界条件，下面分别进行设置。

边界条件 1 的定义如图 7-49 所示。具体操作的命令流如下：

边界条件 → 新建（结构分析）▼→ 位移约束
名称：Fix_both_side
--- *属性* ---
☑　X向位移：0
☑　Y向位移：0
节点：添加
选择骨架两端4节点进行位移约束

边界条件 2 的定义如图 7-50 所示。具体操作的命令流如下：

边界条件→新建（结构分析）▼→位移约束
名称：Displacement_y_38
--- *属性* ---

☑ Y向位移：-38 表格： table1

节点： 添加

选择骨架中部2节点进行位移约束

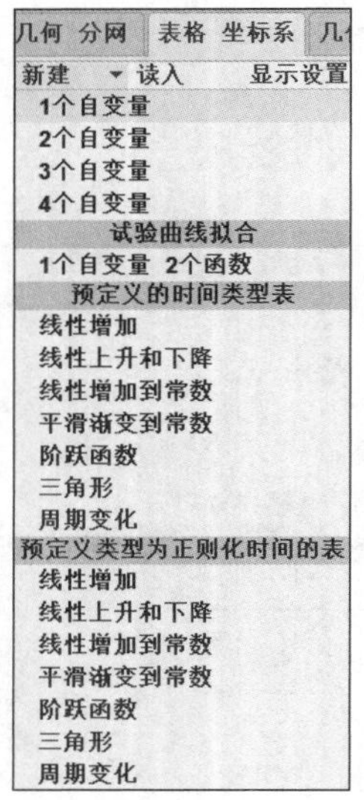

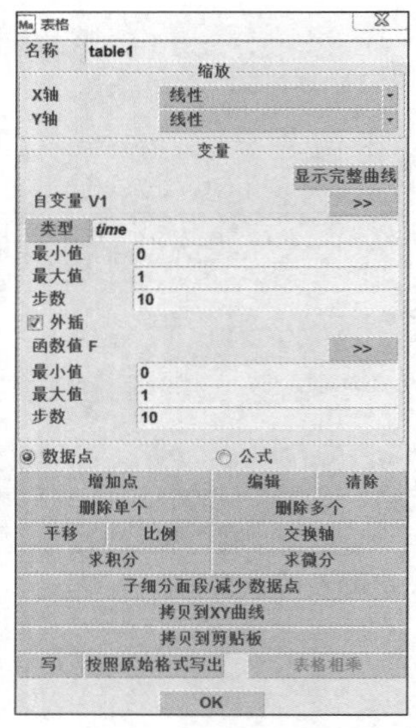

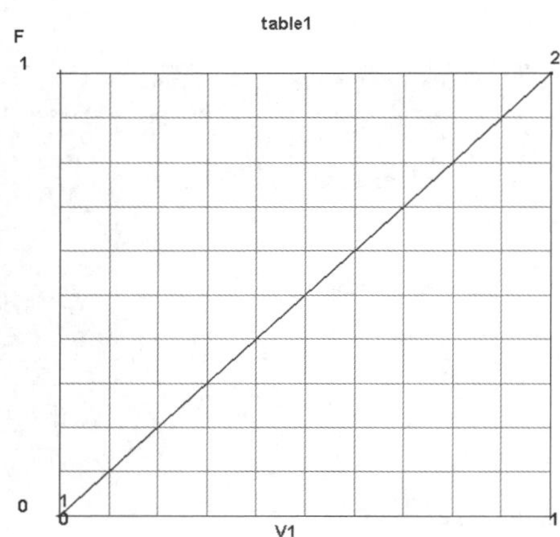

图 7-48 定义玻璃导槽弯曲的运动曲线

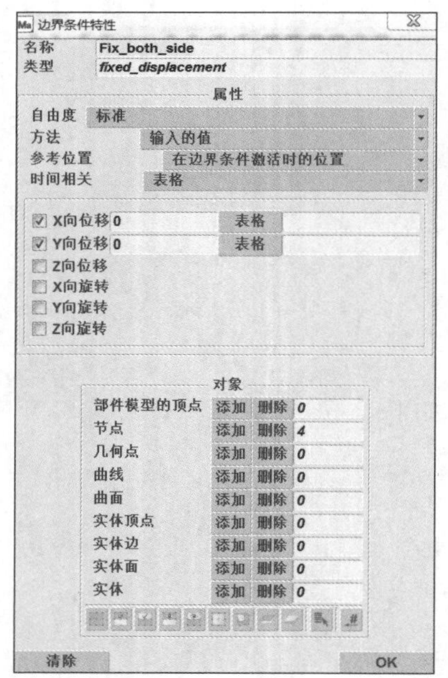

图 7-49 边界条件 1 的定义

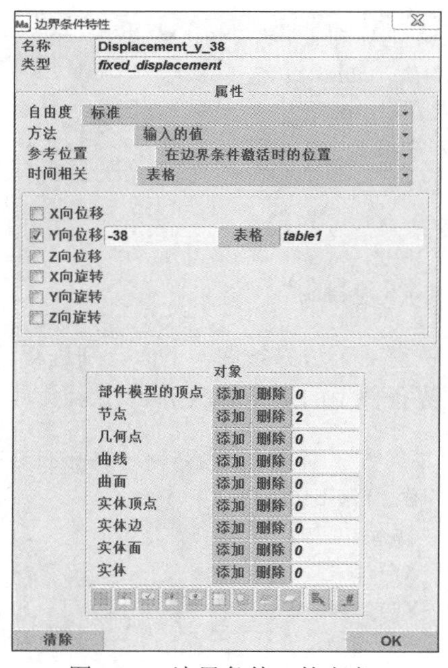

图 7-50 边界条件 2 的定义

边界条件 3 的定义如图 7-51 所示。具体操作的命令流如下：

边界条件→新建（结构分析）▼→位移约束

名称：Displacement_y_28

--- 属性 ---

☑　Y向位移：-28 表格：table1

节点：添加

选择骨架距中部100mm的4节点进行位移约束

边界条件 4 的定义如图 7-52 所示。具体操作的命令流如下：

边界条件→新建（结构分析）▼→位移约束

名称：Fix_x

--- *属性* ---

☑　X向位移：0

节点：添加

选择唇边282节点进行位移约束

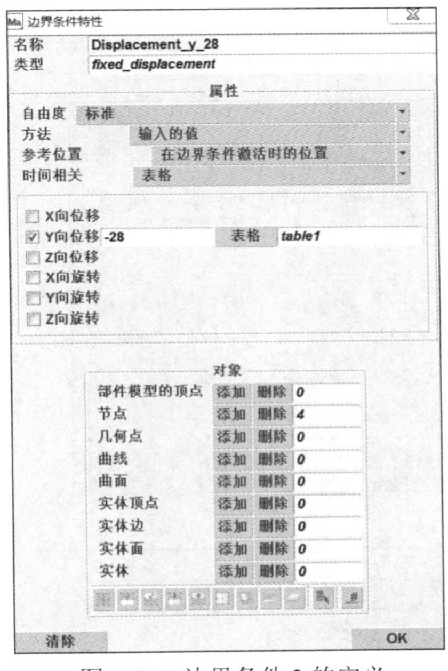

图 7-51　边界条件 3 的定义

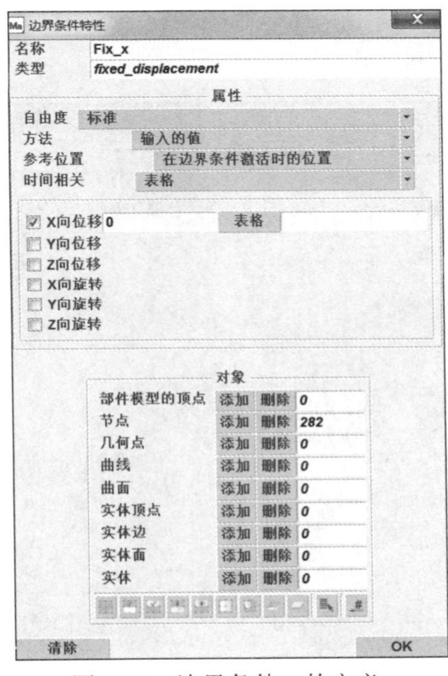

图 7-52　边界条件 4 的定义

6. 定义分析工况

定义分析工况，总时间为 1s，固定时间步长，步数为 50。选择残余力收敛准则，相对残余力收敛容差为 0.1，如图 7-53 所示。具体操作的命令流如下：

分析工况→ 新建▼→ 静力学

载荷

OK

接触

接触表

选择ctable1

OK

OK

求解控制

☑ 非正定

--- 迭代方法 ---

⊙ 全牛顿-拉夫森方法

--- 初始应力对刚度的贡献 ---

⊙ 全部

收敛判据

--- 方法和选项---

方法：残余力

模态：相对

OK

整体工况时间：1

---时间步方法---

固定：⊙固定时间步长

步数：50

OK

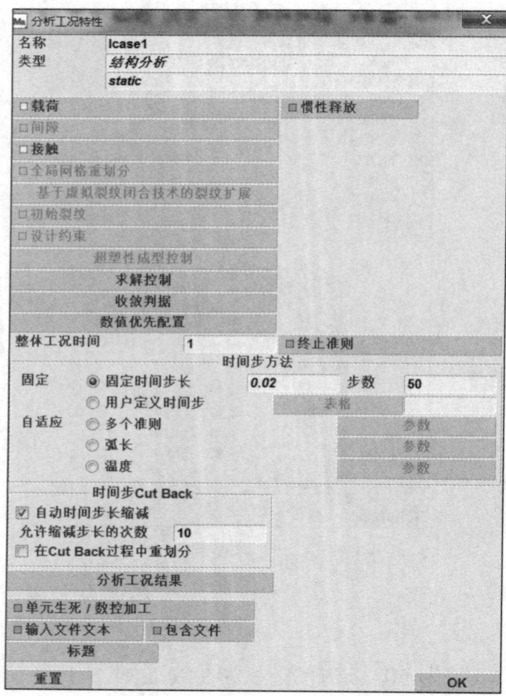

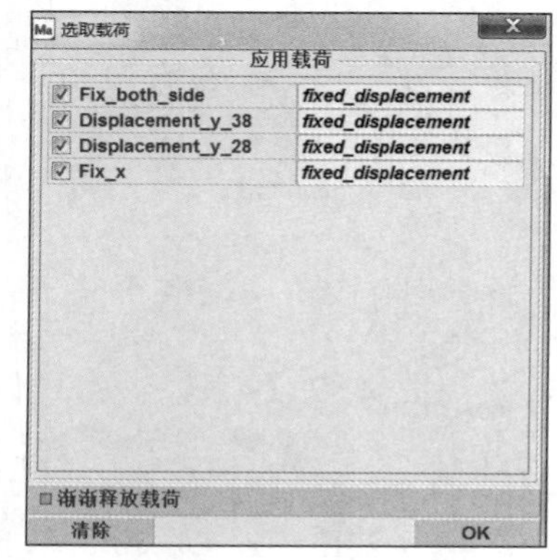

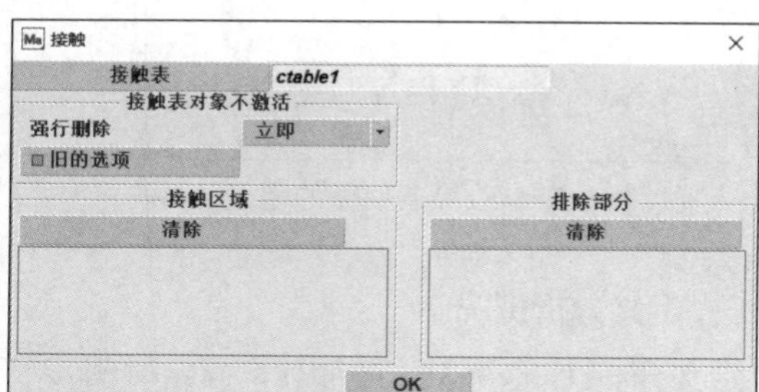

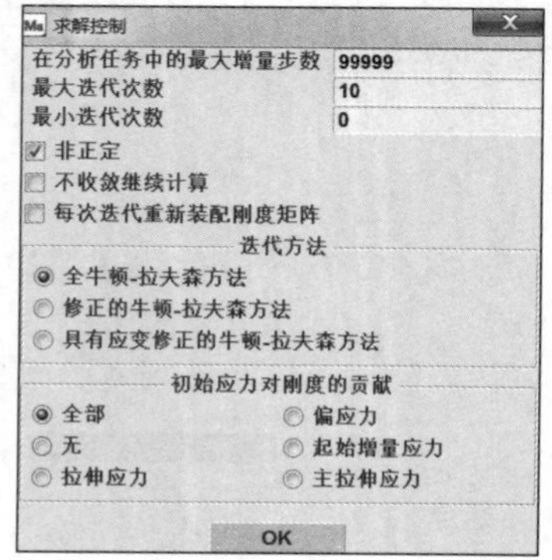

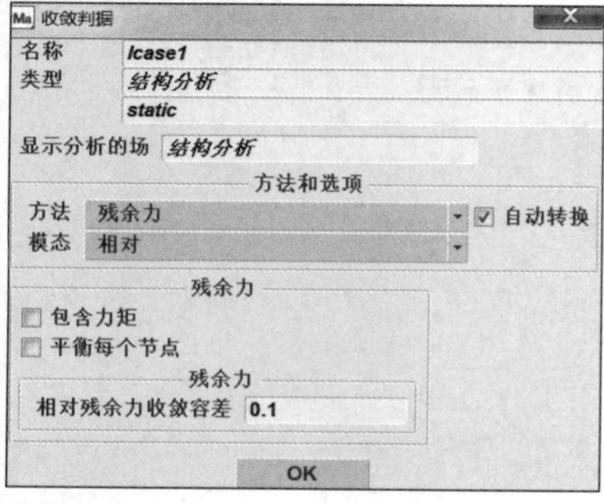

图 7-53 分析工况的定义

7. 定义作业

（1）定义分析任务。

选择已有的工况；选择大应变选项；铝骨架和涂层单元类型号为 7，为 8 节点六面体全积分单元；橡胶单元类型号为 84，为 8 节点六面体全积分 &Herrmann 单元。分析任务的定义如图 7-54 所示。具体操作的命令流如下：

分析任务→新建▼→结构分析
⊙大应变
可选的：lcase1

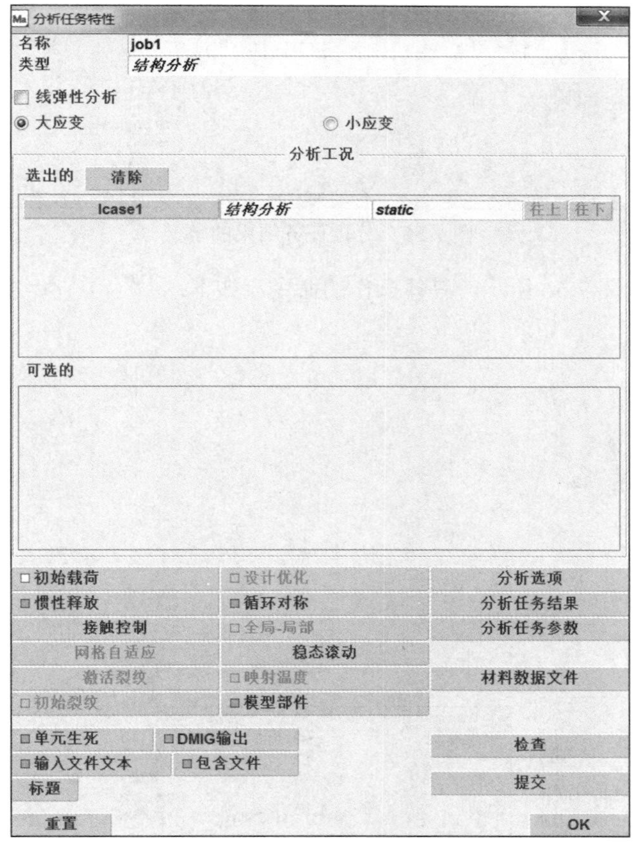

图 7-54 分析任务的定义

（2）定义分析任务结果。

在可选的单元张量栏中勾选总应变张量，在可选的单元标量栏中勾选等效柯西应力，在可选的节点结果栏中勾选位移，分析任务结果的定义如图 7-55 所示。具体操作的命令流如下：

☑ Total Strain
☑ Equivalent Cauchy Stress
默认 & 用户定义▼
☑ 位移
OK

图 7-55　分析任务结果的定义

单元类型的定义如图 7-56 所示。具体操作的命令流如下：

```
单元类型
实体
全积分：7
所有铝骨架和涂层单元
全积分 & Herrmann：84
所有橡胶单元
OK
提交
提交任务（1）
监控运行
```

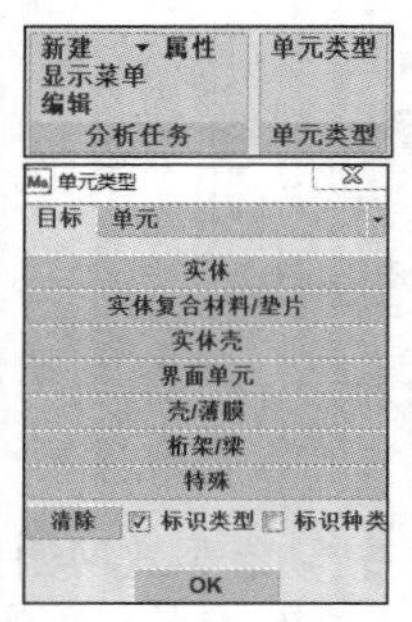

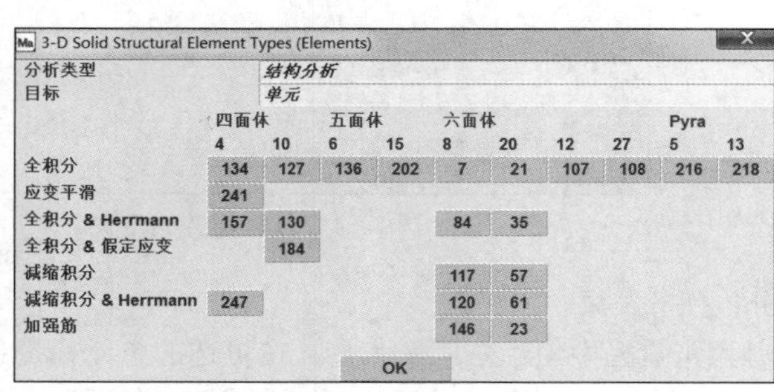

图 7-56　单元类型的定义

7.4.3　后处理

分析完成后，可以查看玻璃导槽弯曲变形后的形状，如图 7-57 所示。

（1）打开后处理文件。执行下列命令流：

```
结果→模型图
```

---变形形状---

样式：变形后▼

---标量图 ---

样式：云图▼

标量： ⊙ X向位移

（2）单击▶查看应变的动态变化。

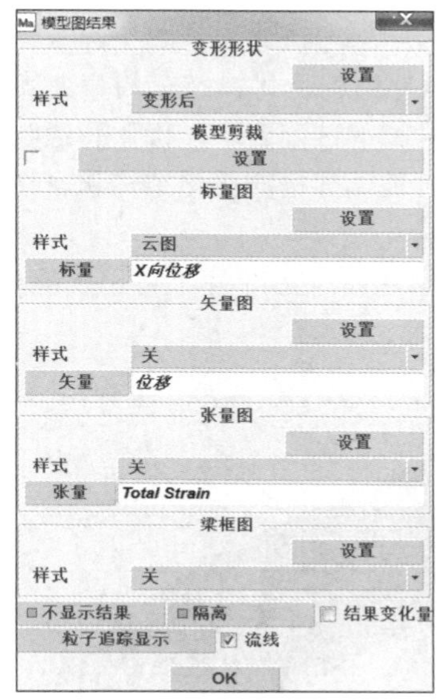

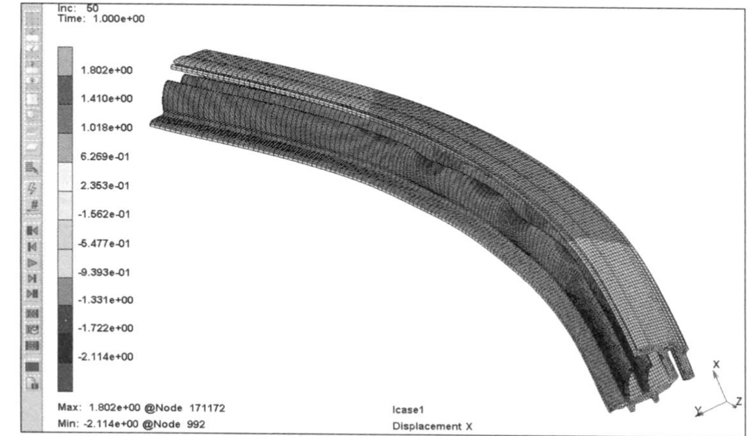

图 7-57　玻璃导槽弯曲变形后的形状

经过上面的后处理，得出如下分析结果。

利用自适应步长（多个准则）法对玻璃导槽进行弯曲褶皱计算分析，玻璃导槽的弯曲状态如图 7-58 所示。

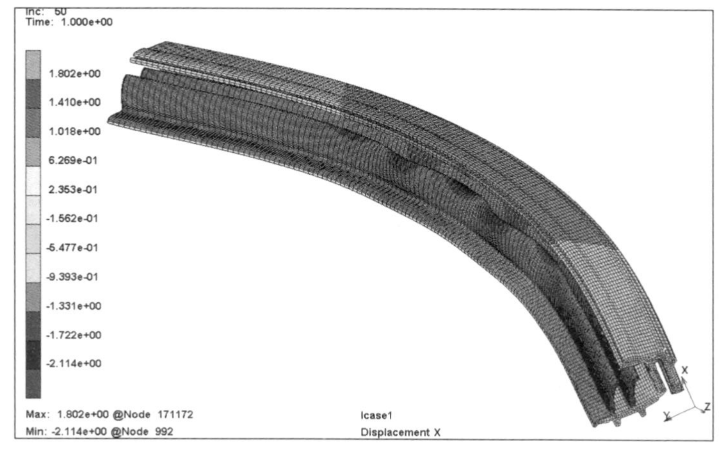

图 7-58　玻璃导槽的弯曲状态

在图 7-58 中，玻璃导槽中部有很明显的褶皱，将影响玻璃导槽的密封效果，导致车厢内部漏风、噪声增大并且影响外观等。玻璃导槽唇边叶片弯曲褶皱问题属于屈曲失稳问题，造成这一现象的主要原因是唇边叶片厚度比较薄，但其长度又比较长，随着弯曲过程中压力的增大，玻璃导槽抗横向变形的能力下降，达到一定程度后，玻璃导槽唇边叶片结构就会因失去平衡而产生弯曲褶皱。

7.5 玻璃导槽密封件结构优化

使玻璃导槽产生弯曲褶皱的因素比较多，如玻璃导槽的唇边叶片结构、材料及车门弯曲弧度等。在不能改变玻璃导槽材料和车门弯曲弧度的情况下，根据玻璃导槽的装配要求，优化唇边叶片的结构，增加唇边叶片的厚度和改变唇边叶片的弧度，多次更改后，玻璃导槽的优化结构和原结构的断面比较如图 7-59 所示。

对优化后的玻璃导槽按照钣金弧度再进行弯曲分析，玻璃导槽弯曲唇边叶片不再出现褶皱，如图 7-60 所示。

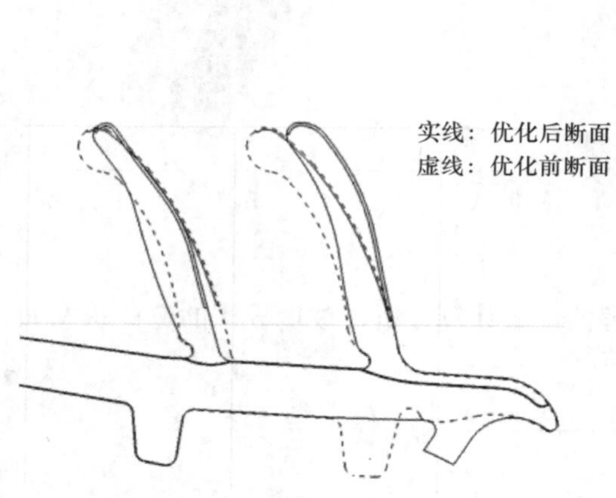

图 7-59 玻璃导槽的优化结构和原结构的断面比较（局部）

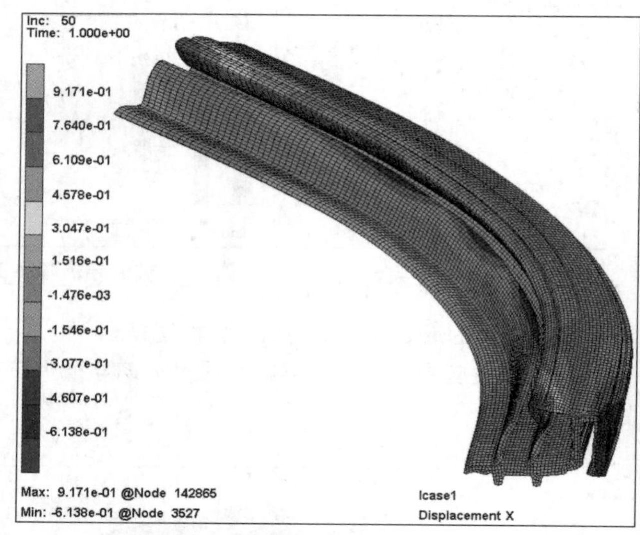

图 7-60 玻璃导槽优化后的弯曲变形

由于在更改过程中改变唇边叶片的结构将会引起压缩载荷的变化，因此需对优化后的玻璃导槽进行压缩载荷校核。通过对玻璃导槽的压缩载荷分析，得到压缩载荷与压缩位移的关系曲线，如图 7-61 所示，玻璃导槽的压缩载荷为 7.4N/100mm，满足（6±2）N/100mm 的标准要求。

在实际装车验证过程中，优化唇边结构后的玻璃导槽唇边叶片褶皱得到了明显改善，如图 7-62 所示。

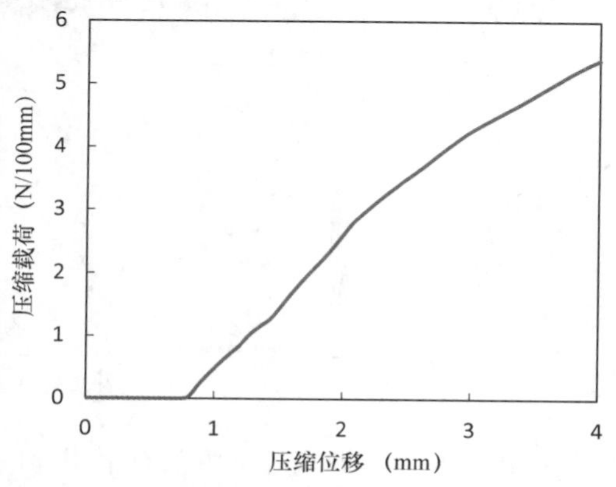

图 7-61 压缩载荷与压缩位移的关系曲线

图 7-62　玻璃导槽优化后的装车效果

7.6　玻璃导槽密封件结构性能仿真与验证

对玻璃导槽密封件样件进行试验，验证有限元分析计算结果。

1. 玻璃导槽压缩载荷试验

根据大众 PV3364_2005 测试标准，对玻璃导槽进行压缩载荷试验，表 7-1 为仿真结果与试验结果的对比结果，图 7-63 为仿真结果曲线与试验结果曲线的对比。

表 7-1　仿真结果与试验结果的对比

位移（mm）	仿真结果（N/200mm）	试验结果（N/200mm）	差异（N/200mm）
0	0	0	0
0.4	1.2	1.7	-0.5
0.8	3.4	4.5	-1.1
1.2	6.4	7.6	-1.2
1.6	8.5	8.7	-0.2
2.0	10.6	10.0	0.6
2.4	11.8	10.5	1.3
2.8	13.2	12.0	1.2
3.2	14.2	14.0	0.2
3.6	15.8	17.0	-1.2
4.0	18.2	19.5	-1.3

从表 7-1 和图 7-63 可以看出，仿真结果与试验结果比较一致。

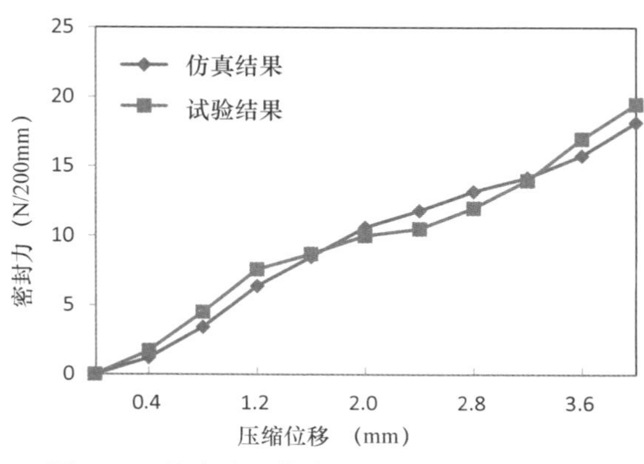

图 7-63　仿真结果曲线与试验结果曲线的对比

2. 玻璃导槽插拔力试验

根据大众 PV3365_2006 测试标准，对玻璃导槽进行插入力、拔出力试验，图 7-64 为插入力仿真结果曲线与试验结果曲线的对比，图 7-65 为拔出力仿真结果曲线与试验结果曲线的对比。

从图 7-64 和图 7-65 可以看出，仿真结果曲线与试验结果曲线在趋势上比较一致。

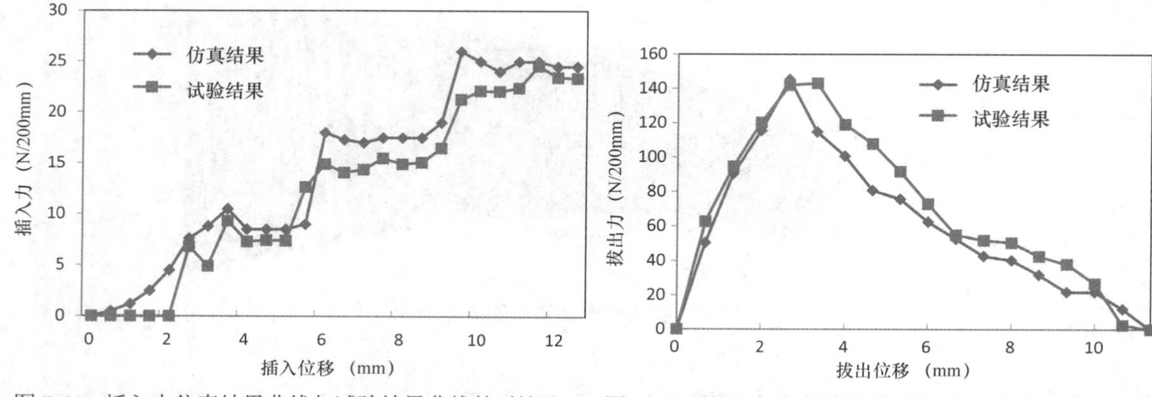

图 7-64　插入力仿真结果曲线与试验结果曲线的对比　　图 7-65　拔出力仿真结果曲线与试验结果曲线的对比

3. 玻璃导槽弯曲褶皱

实车安装褶皱状态与仿真安装褶皱状态的对比，如图 7-66 所示。

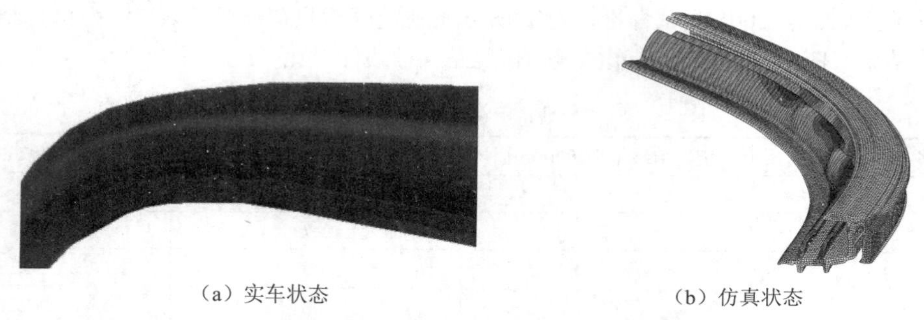

（a）实车状态　　（b）仿真状态

图 7-66　实车安装褶皱状态与仿真安装褶皱状态的对比

从图 7-66 可以看出，实际装车后的褶皱比仿真分析后的褶皱严重，但仿真分析也能从一定程度上预测产生褶皱的风险。

将玻璃导槽压缩载荷、插入力、拔出力、弯曲褶皱的仿真分析结果与试验结果进行比较后，发现符合性较好，说明用非线性软件 Marc 进行玻璃导槽结构性能仿真得到的结果是可靠的。但存在一定的误差，可能的原因如下。

（1）若单轴拉伸、纯剪切、等双轴拉伸试验存在误差，拟合 Mooney-Rivlin 模型的参数就存在误差。

（2）Mooney-Rivlin 模型本身不能完全反映出密实橡胶的材料特性。

（3）仿真分析设置的边界条件与试验条件存在差异。

（4）试验结果本身存在误差。

第 8 章 网格重划分与橡胶结构分析实例

有限元分析软件的结果精度和效率与单元密度和单元几何形态之间存在密切关系。Marc 的局部网格自适应技术，能够按照用户需要的误差准则，自动定义有限元分析网格的疏密程度，在网格疏密相对优化的有限元模型上完成数值计算。而 Marc 的网格自动重划分技术能够纠正因过度变形产生的网格畸变，自动重新生成形态良好的网格，从而提高计算精度，保证后续计算的正常进行。Marc 的这两种网格技术能够强有力地支持用户高效和精确地完成大型、复杂的线性和非线性问题分析。

本章先介绍网格重划分功能及其在橡胶密封件、封隔器中的应用，接着通过实例介绍在 Marc 中如何使用高级的橡胶材料本构模型。另外，对于 Marc 2020 新增的橡胶结构疲劳分析功能，本章也将举例介绍该新功能的使用方法。

本章重点

- 全局网格重划分
- 承受高压流体的 O 型密封圈结构分析
- 封隔器结构分析
- 密封件的压缩永久变形分析
- 橡胶件疲劳分析

8.1 全局网格重划分

在一些工程问题里面，例如橡胶元件承载有限元分析，分析过程中往往会出现大变形的承载效果。在进行受力分析时，由于此类变形过大，已经划分好的橡胶单元可能会因变形过大而使分析无法进行下去。Marc 提供的网格重划分功能可以解决此类大变形分析问题。

为了使分析在足够的精度下继续进行，有必要采用新的网格，并将旧网格中的状态变量映射到新划分的网格上。这种在分析过程中重新调整网格的技术叫作网格重划分。网格重划分一般有 3 个步骤：首先用连续函数定义旧网格上的所有变量；然后定义一个覆盖旧网格全域的新网格；最后确定新网格单元积分点上的状态变量和节点变量。

Marc 采用三角化的局部平滑方法定义旧网格上连续的状态变量。首先，将旧网格单元积分点的状态变量线性外插至节点，获得单元节点的状态变量值。然后，对旧网格的单元进行三角化的细划处理。也就是说，每个二维的四边形或三角形单元都被细划成更小的三角形单元，每个三维的四面体、五面体或六面体单元都被离散成更小的四面体单元。用旧的细划网格的三角坐标可以描述新网格上任意一个节点的空间位置。最后通过插值，不难获得新网格单元节点变量和单元积分点的状态变量。

Marc 提供的网格重划分功能支持多数结构分析单元。除半无限元之外，所有的二维和三维位移元，以及大部分壳单元和 Herrmann 单元，都可使用网格重划分。此外，所有的热传导连续单元都能够与网格重划分技术结合使用。

8.1.1 全局网格重划分的相关菜单和操作

全局网格重划分是以旧网格的边界和状态变量为基础，生成新网格和其状态变量，Marc 自动完成这一过程。

定义全局网格重划分准则的操作步骤为："网格自适应"选项卡→"全局网格重划分准则"选项组→"新建▼"按钮，在下拉列表中选择需要的选项。

用户需要先确定网格重划分采用的网格划分器，如 Patran 四面体，系统会自动生成一个网格重划分准则的名字，为 adapg1；对于 Patran 四面体网格划分器，可以采用"全部"或"简化的"网格密度控制选项，对应的"全局网格重划分特性"对话框会有所不同，如图 8-1 所示。

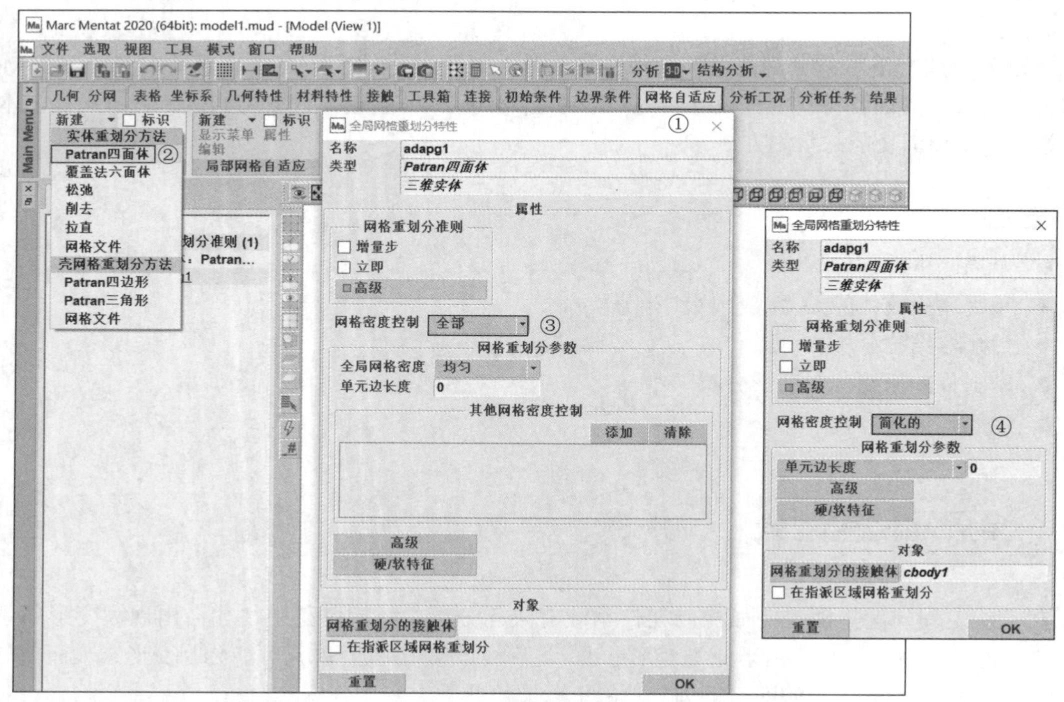

图 8-1 定义网格重划分准则

网格重划分准则定义后，必须在定义分析工况时激活才会起作用。勾选“分析工况特性”对话框中的“全局网格重划分”复选框，在弹出的“全局网格重划分准则”对话框中选择已定义的准则即可激活，如图 8-2 所示。

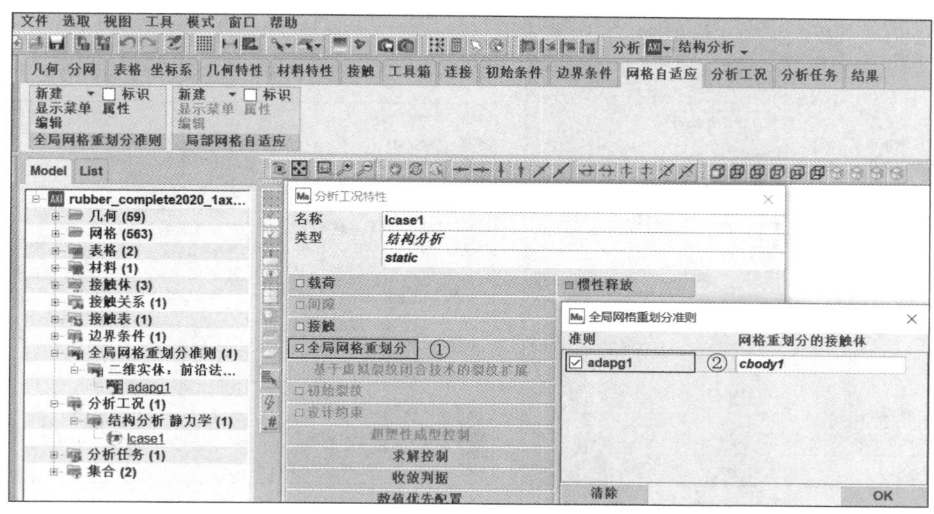

图 8-2 在“分析工况特性”对话框中激活定义的全局网格重划分准则

全局网格重划分的对象必须是接触体。网格重划分支持低阶单元，如二维实体单元、壳单元和三维实体单元。

边界条件在网格重划分时将自动保持并更新到新网格。不过对于采用覆盖法四边形和覆盖法六面体两种网格划分器的网格重划分情况，边界条件在新旧网格之间的传递只支持体载荷类型。

在图 8-1 所示的“全局网格重划分特性”对话框中，各参数和选项的含义如下。

（1）“类型”参数：网格重划分的类型和方法。

（2）“对象”选项组：指定网格重划分的对象（接触体）。

（3）“属性”选项组：定义网格重划分的具体参数，将在 8.1.2 小节中详细介绍。

8.1.2 定义网格重划分准则

在图 8-3 所示的“网格重划分准则”区域中可定义网格重划分准则，常用选项的介绍如下。

（1）“增量步”复选框：按指定的增量步间隔进行网格重划分，即网格重划分发生的频率。

（2）“立即”复选框：当作业执行到定义了网格重划分的工况时，网格重划分即被激活，立刻执行网格重划分。

（3）“高级”按钮：不同的网格重划分类型对应的“高级网格重划分准则”对话框不同。对于二维和三维实体的网格重划分，该对话框通常包括以下内容，如图 8-3 所示。

- “应变改变”复选框：自上次网格重划分后，单元应变变化超过指定的值时，单元进行网格重分。
- “穿透”复选框：当接触体的曲率达到当前网格不能准确探测穿透时，该接触体的网格重划分。接触穿透准则基于检查单元边和其他接触体的距离，如图 8-4 所示。如果 $b>$ 穿透极限，则需要进行网格重划分。穿透极限由用户指定，默认为接触容差的两倍。注意：接触穿透准则对接触体自身接触不起作用。

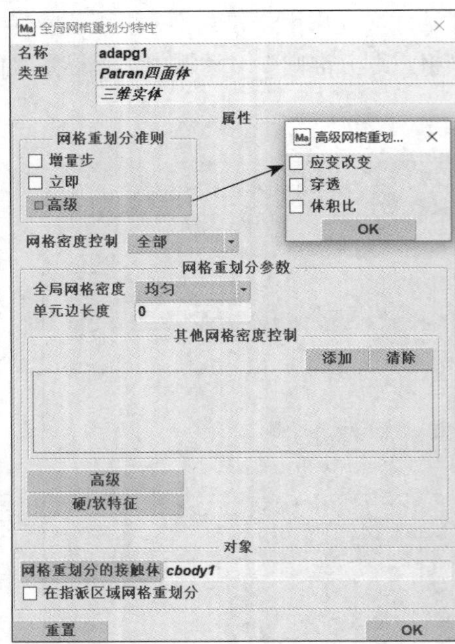

(a) 三维实体

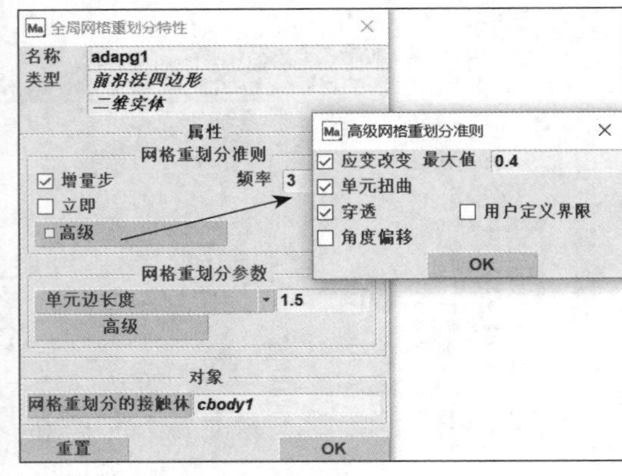

(b) 二维实体

图 8-3 网格重划分准则的高级选项

- “体积比”复选框：体积比表征的是单元的“扁平化”程度，适用于三维实体网格。对于实体单元，正方体的体积比为1，平面单元的体积比为0。给定一个值，当实体单元“扁平化”严重（体积比小于该值）时，进行网格重划分。
- “单元扭曲”复选框：适用于面网格，如单元扭曲越来越严重或趋于严重，进行网格重划分。单元扭曲准则是基于增量步结束时单元角度的检查及对下一个增量步单元角度变化的预测，如图 8-5 所示。设 X_n 为增量步开始时的坐标、ΔU_n 为本增量步的位移，有：

$$X_{n+1} = X_n + \Delta U_n \quad 和 \quad X_{n+2}^{\mathrm{est}} = X_{n+1} + \Delta U_n \tag{8-1}$$

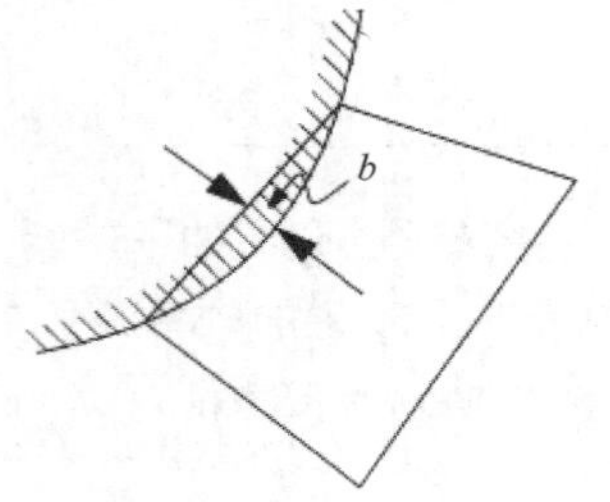

图 8-4 接触穿透示意图

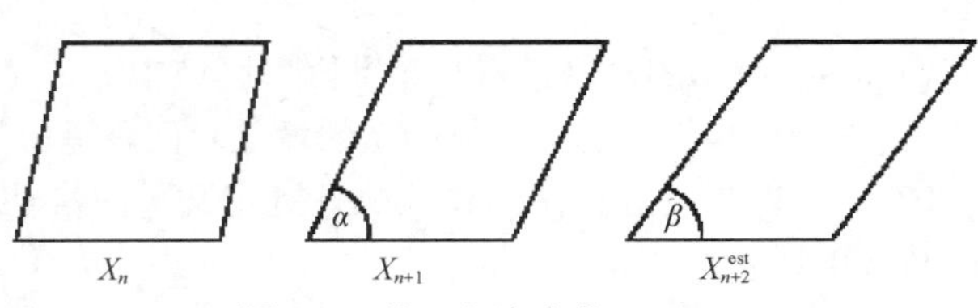

图 8-5 单元角度变化

如果 $\cos\alpha > 0.8$ 和 $\cos\beta > 0.9$，则网格重划分；如果 $\cos\alpha > 0.9$ 和 $\cos\beta > \cos\alpha$，则网格重划分。相当于只要满足下列 4 个条件之一，则网格重划分。

- $0 < \alpha < 36°$ 和 $0 < \beta < 25°$。
- $144° < \alpha < 180°$ 和 $155° < \beta < 180°$。
- $0 < \alpha < 25°$ 和 $\beta < \alpha$。
- $155° < \alpha < 180°$ 和 $\beta > \alpha$。

◆ “角度偏移”复选框：当单元内角与理想角度的偏差大于一定值时，进行网格重划分。对四边形或六面体的理想角度是 90°，对三角形或四面体的理想角度是 60°。默认允许的偏差为 40°。

8.1.3　网格重划分网格密度的控制和设置

图 8-6 所示为新增的网格重划分网格密度控制功能。当选择“简化的”选项时，对应旧版本的功能；当选择“全部”选项时；激活新的网格密度控制选项。

此处“全局网格密度”选项用于指定整个接触体网格重划分的目标单元边长度，可以选用“均匀”或保持“Current”（当前的）结构的网格密度分布。

“其他网格密度控制”选项组提供了“曲率”“区域”“距离”“表格”“单元结果”“节点结果”“用户子程序 Umeshdens”等选项用于进行特定部位的网格密度控制。

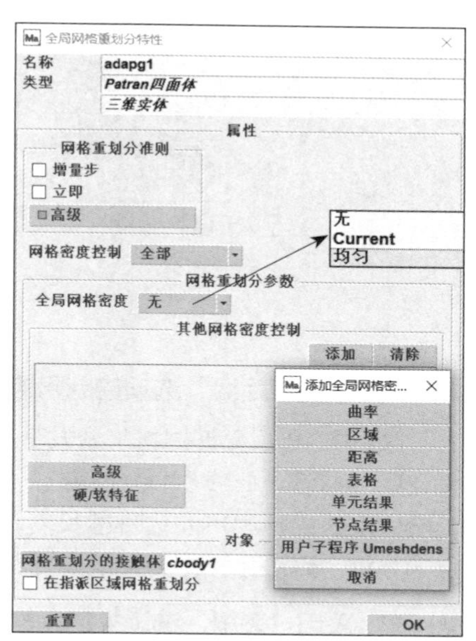

图 8-6　网格重划分网格密度控制功能

1. 采用“曲率”选项控制网格密度

使用曲率控制网格密度时，用户可以在高曲率分布区域获得更精细的网格。定义对话框如图 8-7（a）所示，这里可以考虑曲面曲率和单元边曲率（例如孔周围）的变化。图 8-7（b）为针对同一结构采用不同曲率控制网格密度的结果。

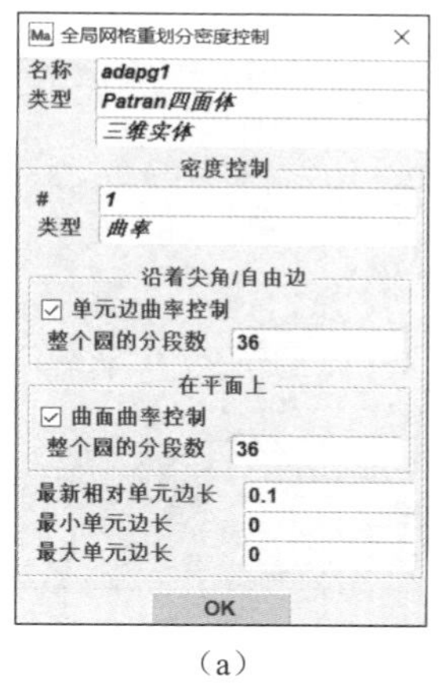

（a）

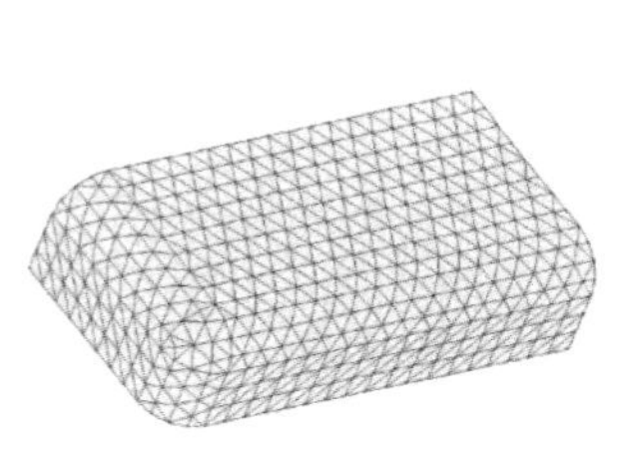
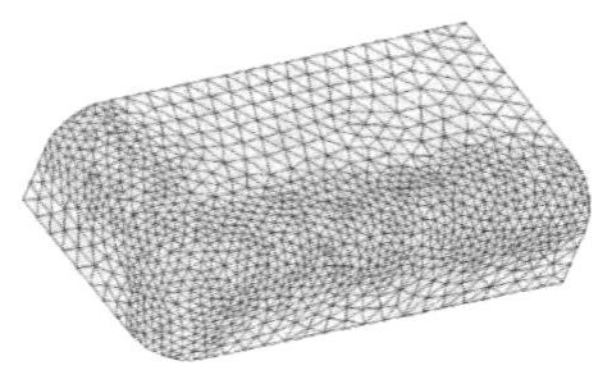

（b）

图 8-7　使用曲率控制网格密度

2. 采用“区域”选项控制网格密度

“区域”选项提供了指定区域（Marc 目前支持的盒形、圆柱、球形区域）细化和加粗的设置。图 8-8（a）为定义对话框，图 8-8（b）显示了在指定球形区域进行网格加密的结果。注意，为方便操作，该指定区域在 Mentat 前处理中是可见的。对加密区域设置的一个重大改进是近期版本可以直接指定单元边的目标长度。早期版本只能指定加密的水平，所以用户很难预测最终加密后的网格尺寸。“区域”选项可以控制指定的区域是否移动，移动可以通过跟随刚性接触体、某一个节点或保持恒定的速度等方式实现。

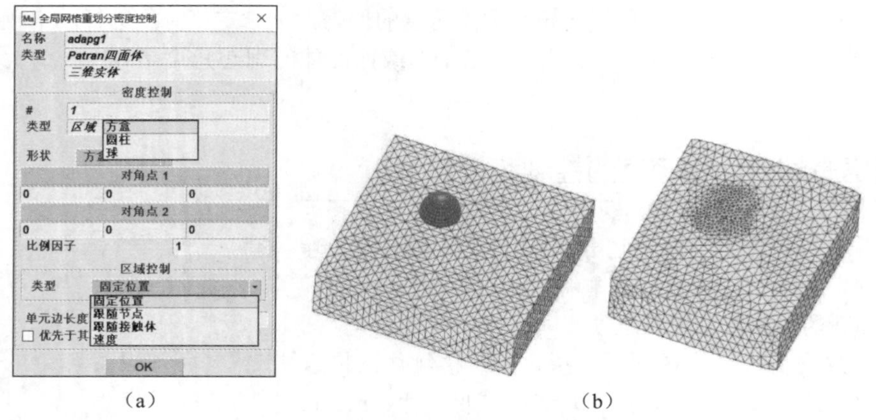

（a）　　　　　　　　　　　　（b）

图 8-8　使用区域控制网格密度

3. 采用“距离”选项控制网格密度

“距离”选项允许网格加密发生在某一对象的周围和 / 或附近。支持的对象类型包括“节点”“几何点”“位置”“曲线”“单个裂纹”“接触体中的所有裂纹”等。指定对象类型后，可以进一步指定影响区间的半径和单元边目标长度，网格密度可以沿着距指定对象的长度方向呈线性变化。在断裂力学分析中将对象指定为裂纹，更有助于控制裂纹周围的网格密度。具体定义对话框如图 8-9 所示。

4. 采用“表格”选项控制网格密度

“表格”选项允许网格密度沿着空间坐标变化。网格密度的变化通过表格（以 X、Y、Z 位置为自变量）给出，表格也可以是某条曲线的函数。通过合成，用户可以获得一个沿着任意方向变化的网格密度分布。具体定义对话框如图 8-10 所示，图 8-11 所示的实例显示了按照曲线变化分布的网格密度。

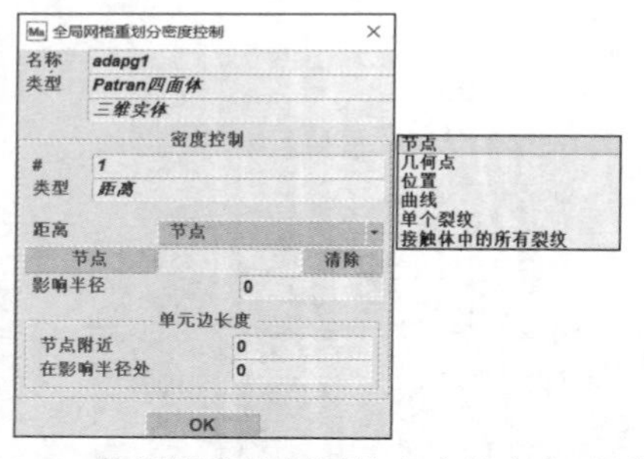

图 8-9　使用距离控制网格密度的定义对话框

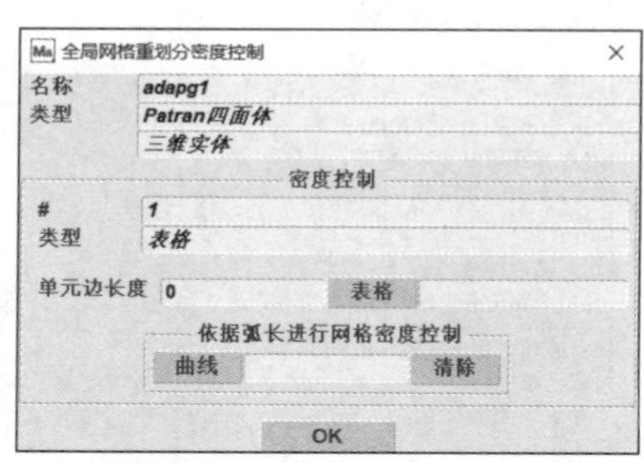

图 8-10　使用表格控制网格密度的定义对话框

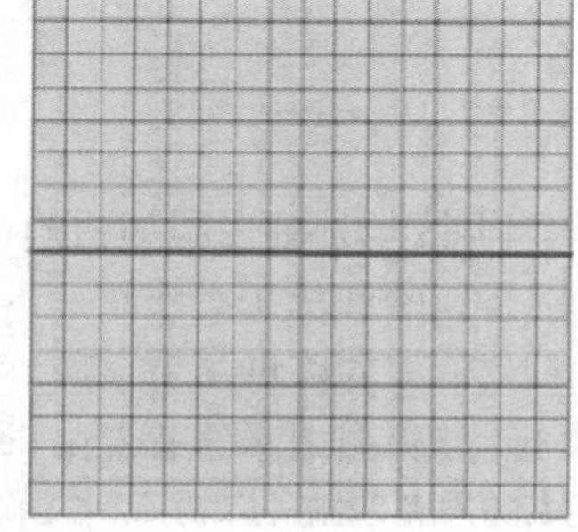

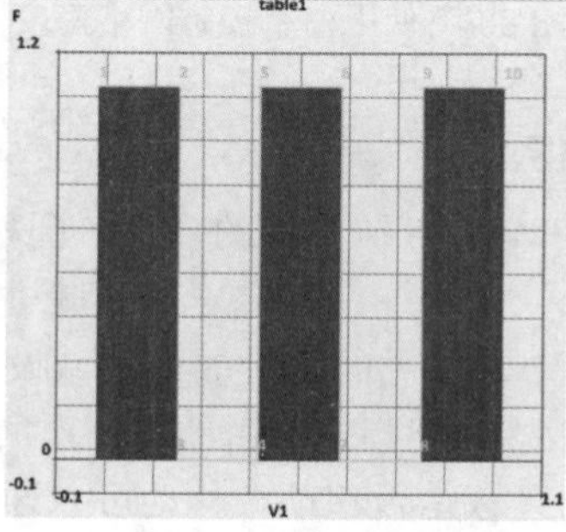

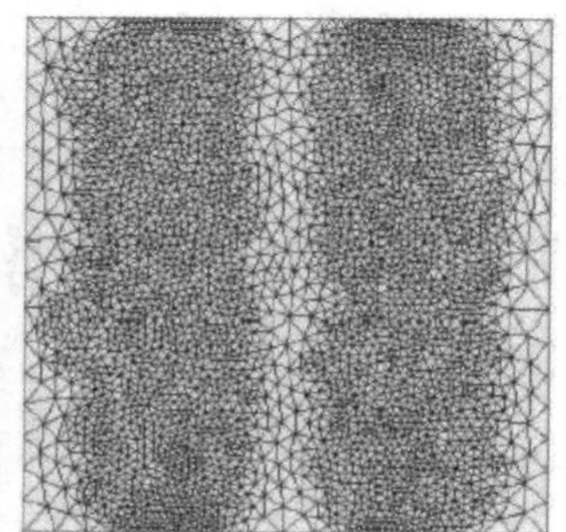

图 8-11　使用表格控制网格密度的应用实例

5. 采用“单元结果”和“节点结果”选项控制网格密度

这两个选项允许根据仿真结果进行网格密度控制。目标单元边长度是基于用户指定的当前模型的分析结果进一步计算得到的。单击“单元结果”按钮，可指定的单元结果包含等效米塞斯应力、平均法向应力、等效柯西应力、整体应变能密度、等效弹性应变等，定义对话框如图 8-12 所示；单击“节点结果”按钮，可选的节点结果包括位移、旋转、外力、反作用力等，定义对话框如图 8-13 所示。

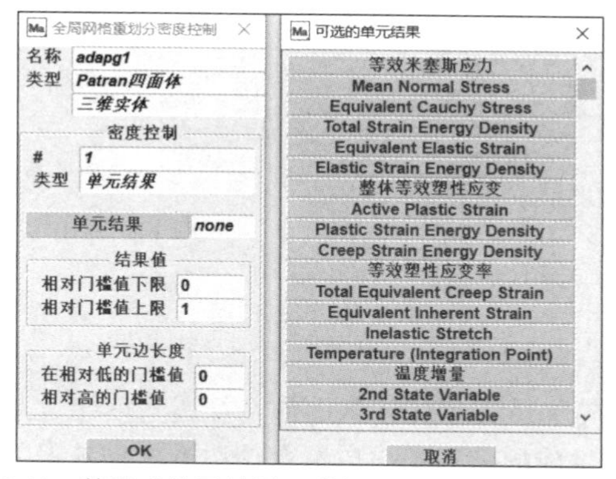

图 8-12 基于“单元结果”进行网格密度控制的对话框

图 8-13 基于“节点结果”进行网格密度控制的对话框

图 8-14 所示为中间带孔的板采用不同模型分析得到的米塞斯应力分布云图，图 8-14（a）模型采用壳单元建模，采用网格自适应设置，可以看到低应力区网格稀疏，而高应力区网格很密集；图 8-14（b）模型采用三维网格，初始网格分布相对稀疏，而采用网格自适应设置后，高应力区网格也变得很密集。

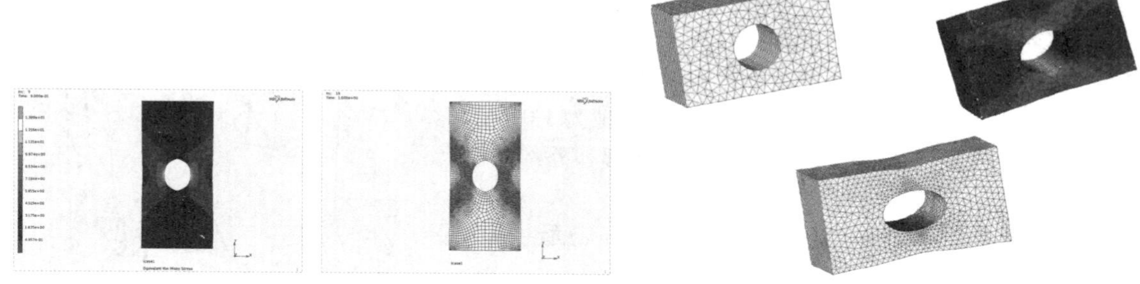

（a）壳单元考虑网格自适应　　（b）三维体单元考虑网格自适应

图 8-14 中间带孔的板的米塞斯应力分布云图

6. 采用“用户子程序 Umeshdens”选项控制网格密度

如果前几种选项都不适合，用户还可以使用用户子程序 Umeshdens 实现对网格密度的控制。

关于网格密度控制的例题，可参考 Marc 用户指南例题 e101 和 Marc 手册 E 卷第 8 章 8.77、8.78 和 8.108 的介绍。

单击图 8-6 中的“高级”按钮，会弹出“高级网格重划分参数”对话框，该对话框提供了很多定义网格重划分密度的高级设置选项。对三维实体采用 Patran 四面体网格划分器进行网格重划分时的对话框如图 8-15 所示，其中图 8-15（a）为网格密度控制采用“简化的”选项对应的对话框，图 8-15（b）为采用“全部”选项对应的对话框。

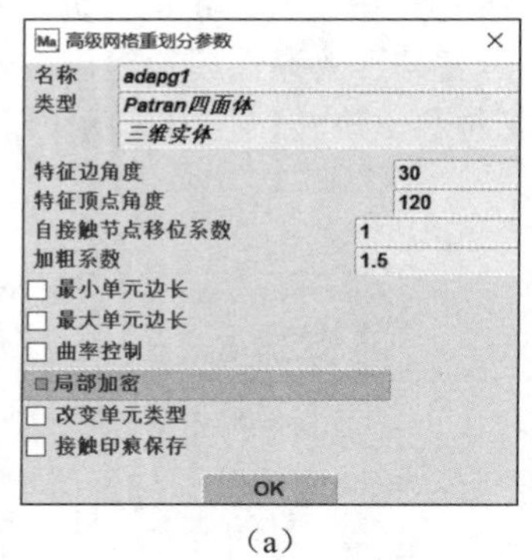

（a）

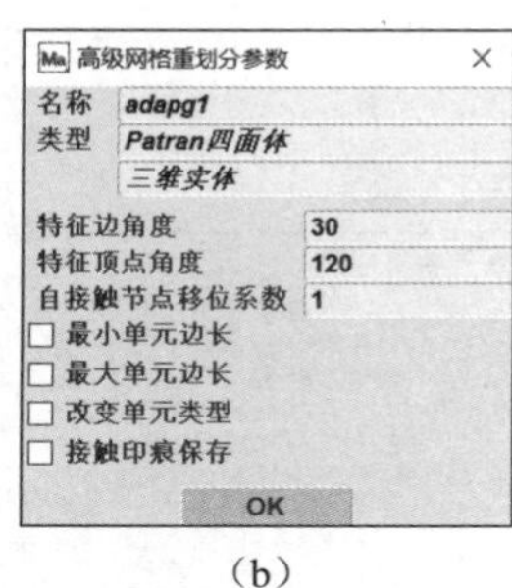

（b）

图 8-15 “高级网格重划分参数”对话框

下面对图 8-15 所示对话框中的一些参数和选项进行说明。

（1）“特征边角度”参数：指定对应相邻面间的法向矢量夹角。任意面的特征边角度超过此设定值，将被当作软边，网格重划分后软边将被保留，新生成的节点会被放置在该边上，推荐采用默认设置。

（2）“特征顶点角度”参数：指定顶点处相交的两条边法向矢量（指向外侧）间的夹角。特征顶点角度小于此设定值的任何节点都将被处理为硬节点，硬节点在网格重划分后会被作为单元节点保留，推荐采用默认设置。

（3）“自接触节点移位系数”参数：用于自接触中的节点的移位比例系数设置，处于自接触的节点在网格划分器启动生成新网格前，节点允许被移位，在网格划分后移位被恢复。移位系数可对移位进行比例缩放，默认的移位系数是接触容差的两倍。

（4）“加粗系数”参数：该参数允许单元内部生成大四面体。为了得到更准确的计算结果，在面和边上要求网格越细越好，可是在单元内部并不需要，内部较少的单元能够在不影响计算结果的前提下大大提高运算的速度。值为 1.0 表示不增大，默认的值是 1.5。值为 1.5 时的单元内部和外部网格尺寸比较如图 8-16 所示。

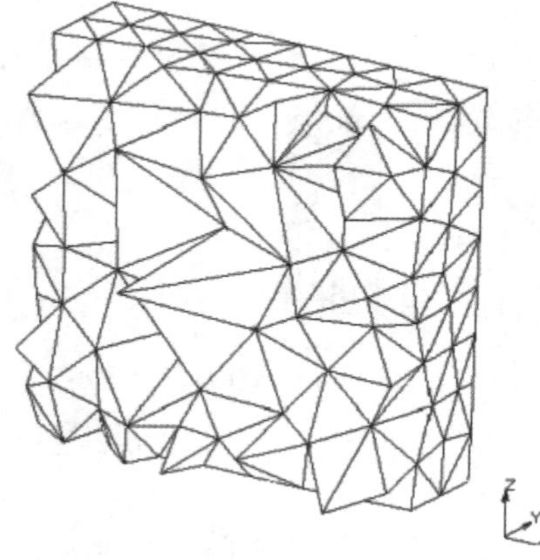
图 8-16 四面体单元的内部加粗

（5）“最小单元边长”复选框：控制允许在表面生成的最小单元边长。

（6）“最大单元边长”复选框：控制允许在表面生成的最大单元边长。

（7）“改变单元类型”复选框：仅在网格重划分后需要改变单元类型时使用，经常用于将六面体单元转化为四面体单元。目前，Marc 中可转换的单元类型有 134、157、241、247 号 4 种。

（8）“接触印痕保存”复选框：为要进行网格重划分的接触体保留接触状态。接触印痕是由它所接触的接触体构成的，并在网格重划分过程中得以保存。在重新划分后的增量步中，有接触印痕的区域再次接触，可以确保接触区域的连续性。在许多情况下，勾选此复选框将改善接触区域的网格，并在执行网格重划分后改进增量步的收敛性，如图 8-17（a）所示。但是在某些情况下，最好取消勾选此复选框，例如接触印痕在散状空间分布的接触问题，如图 8-17（b）所示。

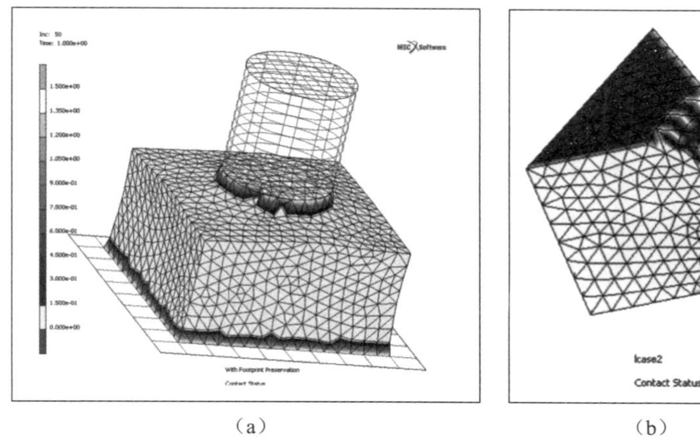

（a）　　（b）

图 8-17　接触印痕保存

8.1.4　网格重划分中的特征保留

Marc 2015 引入了“硬 / 软特征”功能，该增强功能可以改善和保留几何描述，进一步增强了全局网格重划分的功能。Marc 通过测量顶点角度来识别模型的角，然后在相同位置创建新节点。同时 Marc 可以识别边并将其处理为软边。用户可以在图 8-15 所示的对话框中定义顶点角度和边角度。Marc 可以沿着壳和孔斯面进行三次样条拟合。这在全局网格重划分中非常有用，可使重划分后的网格在小变形分析中改善精度。

此时存在两类约束：第一类是硬约束（硬节点、硬边和硬表面），节点在网格重划分后会有与重划分前相同的位置，这在需要一个接触体的节点与边界接触体节点一致的模型中非常有用；第二类是软约束（软边或软表面），此时几何边和几何面被保留，但节点会被添加 / 删除，并且不需要保留原位置。另外，Marc 可以对几何特征进行识别，使用图 8-18（a）所示的对话框选择特征即可。

“硬 / 软特征”对话框包含用于定义当前重划分网格实体的硬实体和软实体的选项。如果采用硬实体，硬实体上的网格在重划分前后保持不变；如果采用软实体，重划分前后软实体的形状保持不变，但网格密度可能会发生变化，如图 8-18（b）所示。对话框中选项的含义如下。

- “硬节点”选项组：属于硬节点的节点将保留在重新划分的网格中。这些节点被视为锐角点，因此不会在这些节点上执行边平滑。
- “硬边”选项组：属于硬边的单元边将在网格重划分期间保留，不会在这些边上执行平滑处理。
- “硬表面”选项组：属于硬表面的单元面将在网格重划分期间保留。
- “软边”选项组：属于软边的单元边的形状在网格重划分期间保持不变，但允许沿边的网格密度发生变化，不会在这些边上执行平滑处理。
- “软表面”选项组：属于软表面的单元面所定义的区域在网格重划分期间将被保留，但该区域内的网格密度可以更改。

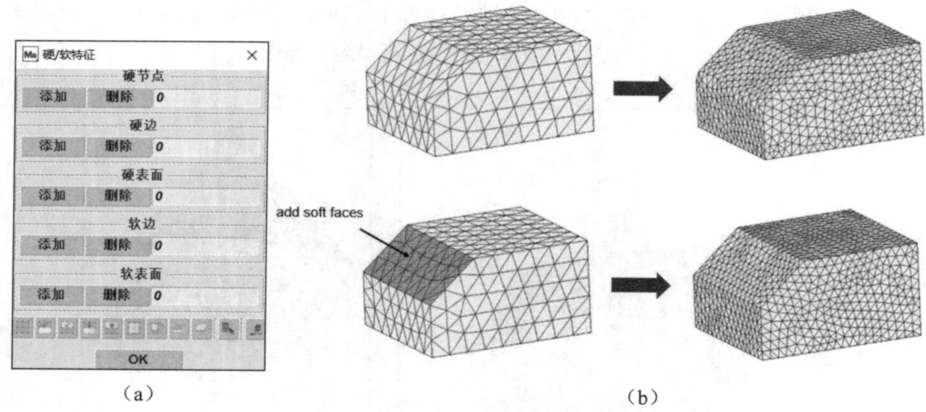

(a) (b)

图 8-18 “硬 / 软特征”对话框及实例

上面这些约束可被用于 Patran 三角形网格划分器、四边形网格划分器及四面体网格划分器。在图 8-19 所示的实例中，半圆形边界处的单元边自动变成样条曲线形状，在网格重划分后，新生成的节点保持在曲线上。

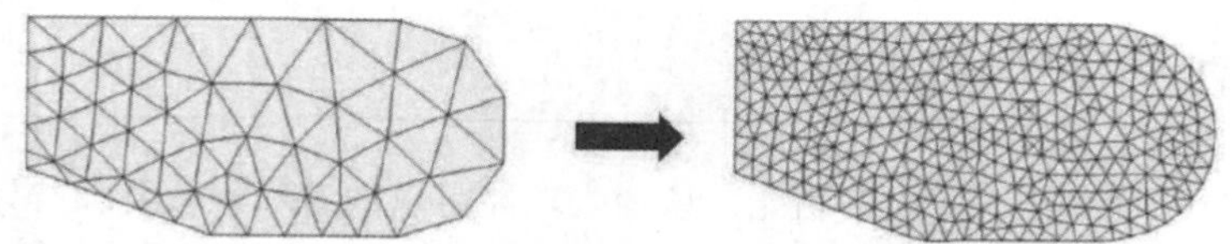

图 8-19 网格重划分时保留几何特征对精度的提升实例（1）

在图 8-20 所示的结构中，用户描述了一条软边（蓝色线），表示在两个区域斜率的变化。在裂纹扩展通过该区域后，软边始终被保留。当裂纹扩展通过体时，进行网格重划分，但软边仍被保留下来。

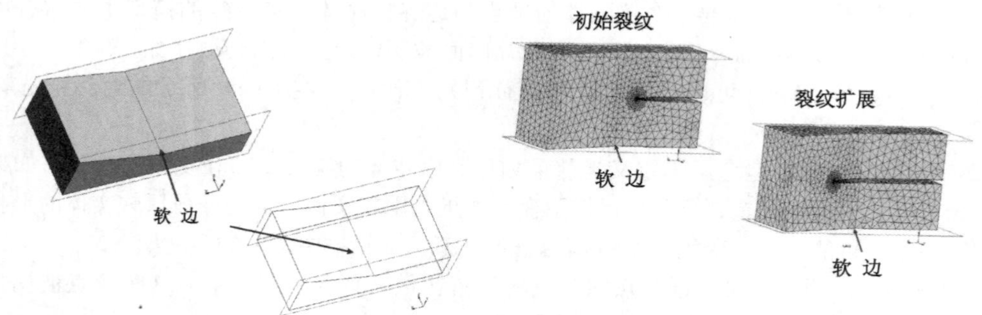

图 8-20 网格重划分时保留几何特征对精度的提升实例（2）

8.1.5 接触体局部网格重划分

对某个接触体的局部进行网格重划分是 Marc 的另一个重要功能，该功能首先用于裂纹扩展分析，例如在三维裂纹扩展问题中使用“仅模板”选项时就很有用。在图 8-21 所示的对话框中，结合三维四面体网格划分器，使用了类型、影响半径、裂纹附近单元边长和影响半径处的单元边长 4 个选项控制裂纹尖端处的网格。

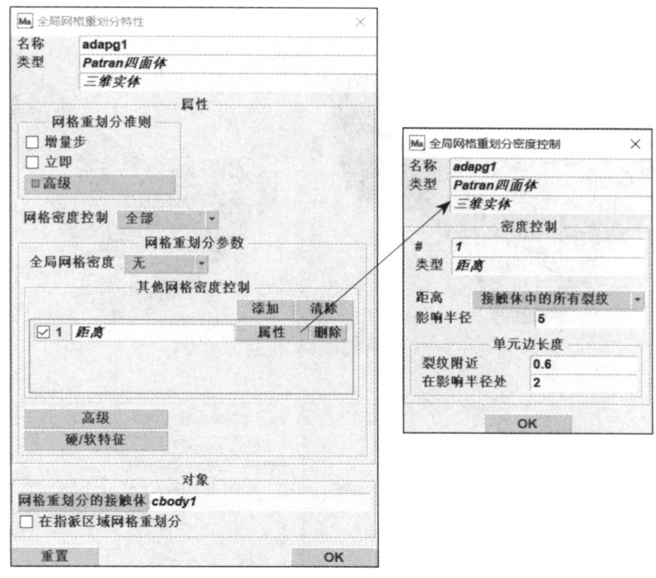

图 8-21　对多个裂纹进行网格密度控制

模板网格由 5 个单元环组成，环内按照大约 30° 一个单元边来分割，模板的半径大约是裂纹前沿平均单元边尺寸的 2.5 倍。接近网格边界时，模板网格将被修改。图 8-22 聚焦在模板网格并显示当裂纹扩展时模板网格的移动。在裂纹边缘使用这一细化的网格可以在保持相对较低的计算成本的同时，得到对能量释放率、应力强度及裂纹扩展行为更精准的预测。

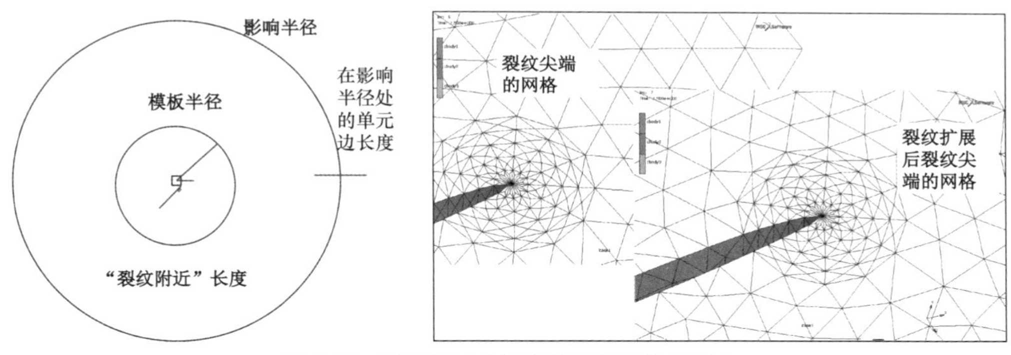

图 8-22　裂纹扩展分析中的局部网格重划分

从 2019 版开始，Marc 的局部网格重划分技术扩展到了其他分析类型之中（见图 8-23），允许对接触体进行部分重划分，重划分准则应用到可变形接触体时，允许接触体的一个或多个子集进行网格重划分。与对整个接触体进行网格重划分相比，这样可以减少运行时间并使远离重划分区域保持连续一致的网格。此功能与现有的一些高级网格密度控制功能兼容。

定义网格重划分区域的对话框如图 8-24 所示，主要有以下 3 个选项。

（1）“单元”选项：需要重划分网格的区域由单元集中的单元组成，重划分后，将使用新划分的单元更新单元集，允许对同一区域进行重复重划分网格。

（2）“刚体”选项：重划分网格的区域由完全位于指定几何区域内的所有元素组成，当前支持的几何区域有长方体、圆柱体和球体，Mentat 支持几何区域可视化。

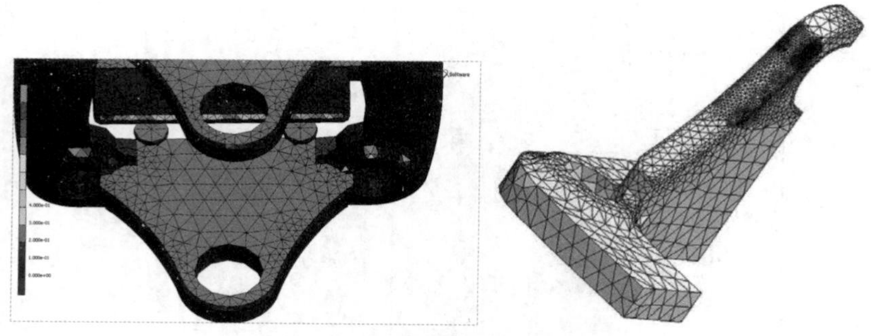

图 8-23　局部网格重划分实例

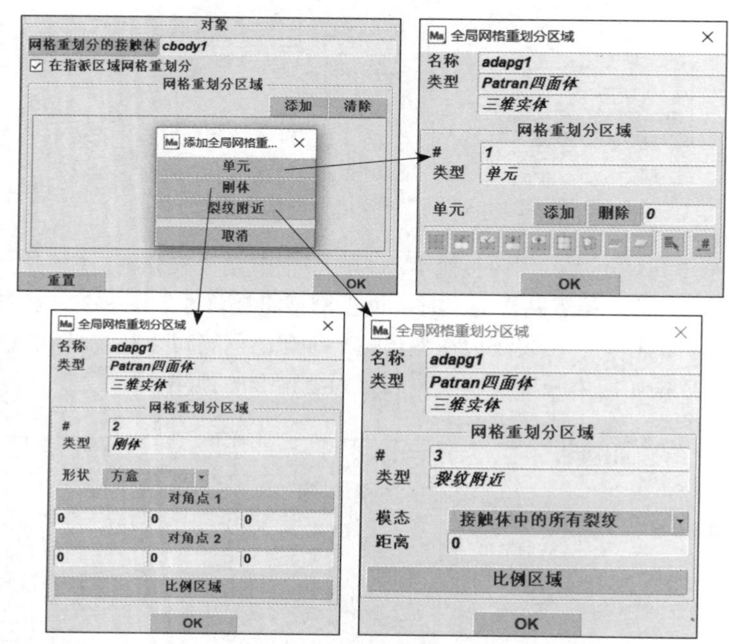

图 8-24　定义网格重划分区域的对话框

（3）“裂纹附近”选项：重划分区域由裂纹附近的所有元素组成，完全处于给定距离内的所有元素都是网格重划分区域的一部分。裂纹萌生时，采用的距离值能覆盖到整个裂纹萌生表面。对于已有裂纹，距离值是指到当前裂纹前沿的距离。这意味着该重划分区域将随裂缝扩展而不断调整。重划分区域也可仅限于一条给定的裂纹，即选择“单个裂纹”选项，可以指定一个模板裂纹。在这种情况下，所有由模板产生的裂纹都被考虑在内。如果选择了“接触体中的所有裂纹”选项，则当前接触体中的所有裂纹前缘都是重划分区域。

不论是在一个分析工况中采用多个局部网格重划分区域还是在不同分析工况中采用不同的局部网格重划分区域，都允许这些区域有重叠部分。但是，采用由“单元”选项定义的区域时需要注意，如果某个单元集的某个部分（或全部）根据另一个重划分标准进行了重划分，软件就不会更新该单元集。

当采用“几何”或“裂纹附近”选项定义重划分区域时，可以通过“比例区域”按钮来对所选择的区域进行缩放。此时，对于一个用“几何”选项定义的区域，它相对于中心进行缩放；对于“裂纹附近”选项定义的区域，它只是缩放距离值。

8.2　承受高压流体的 O 型密封圈结构分析

本例主要讲解全局网格重划分功能的使用方法和需要注意的一些事项，对作用边界不断变化的压力载荷施加也做了比较详细的介绍。在本例中，在压力载荷增加的过程中，由于接触状态在变化，因此密封圈中承受载荷的区域也在不断地变化。

8.2.1　问题描述

圆形截面的橡胶密封圈，受刚体垂直压缩后，右侧还将承受不断增加的压力，如图 8-25 所示。密封圈截面直径为 40mm，加于其顶部的刚体的下压位移为 12.5mm，右侧单位面积压力为 15MPa。橡胶采用 Mooney 模型，C_{10}=0.8MPa、C_{01}=0.2MPa，体积模量为 10000MPa。可将该问题假设为轴对称问题，采用 82 号单元和更新拉格朗日方法进行模拟。

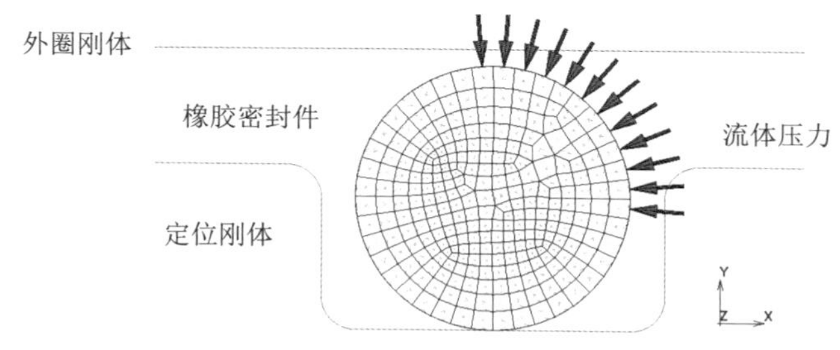

图 8-25　橡胶密封圈受压示意图

在本例中，由于结构变形将会很大，如果不采用重划分技术，很多单元将会趋于畸形，导致接触体之间发生穿透而使分析中断。

由于网格重划分会使单元位置和编号发生改变，因此，为了保证压力始终施加在右侧处于不接触的单元边界上，在定义边界条件时需要使“在接触中激活载荷”复选框处于非勾选状态。目前该功能可应用于二维网格重划分和三维四面体网格重划分过程。另外，边界条件既可以施加于节点、单元边或面等，也可以施加于点、曲线或曲面等几何实体上，可以在多个重划分实体上施加多个边界条件。目前 Marc 支持的边界条件类型如下。

（1）集中力。

（2）节点位移 / 温度 / 点热源。

（3）单元边、面分布力。

（4）单元边、面热流密度。

（5）热 - 机耦合分析的边界条件。

（6）曲线上的给定位移。

在应用边界条件的过程中应注意以下限制。

（1）边界条件如果施加在几何实体上，应将有限元与几何实体关联。

（2）同一模型中关联的曲面号不能超过 99。

（3）同一个单元只能关联一个曲面。

（4）三维模型边界条件只能施加在重划分实体的边界，不能施加在内部。

（5）如果几何实体是曲线，则只能施加位移或温度边界条件。

8.2.2 导入几何模型与网格

本例中的几何建模、网格划分过程比较简单，不做具体介绍，读者可以直接导入本书所附电子资源有关文件夹下的模型 rubber_ini.mud，并将其另存为 rubber_complete.mud。对于 Marc/Mentat 2020，每个模型的分析维数都是确定的，对于本例，导入初始模型后就可在界面顶部见到 分析 AXI 结构分析 标识，表示此模型为轴对称模型。

8.2.3 模型参数设置

模型参数设置步骤如下。

1. 定义几何特性

由于已经确定是轴对称的分析模型，因此本例无须定义几何特性。如果用户按以前的习惯要定义，则选用轴对称实体类型即可。

2. 定义材料特性

本例采用两个参数的 Mooney 模型，体积模量采用自动定义方式。打开“材料特性”选项卡，然后在“材料特性”选项组中单击“新建▼”按钮并选择“有限刚度区域”选项，再选择“标准”选项，弹出“材料特性”对话框，将“类型”改成“Mooney”，在“C10”和“C01”参数右侧分别输入“0.8”和“0.2”，“体积模量”采用自动定义的 10000，如图 8-26 所示。单击图标把材料特性施加到所有单元上。具体操作的命令流如下：

```
材料特性→新建▼→有限刚度区域▶→标准
 类型：Mooney ▼
 C10：0.8
 C01：0.2
 体积模量▼：自动▼
 数值：10000
 单元：添加
 单击图标选择所有存在的单元
 OK
```

3. 定义边界条件

本例中的边界条件只有一个，即施加于密封圈右侧的压力。显然，真实的承压面只能是与刚体未发生接触的单元边。但是由于橡胶密封圈的变形和刚体的压迫，用户无法预知承压边的准确位置，因此在定义边界条件时，将选择可能的承压单元边。一般来说，可选择的承压单元边可以比真实承压单元边略多。

（1）定义橡胶密封圈右侧的压力随时间变化的表格曲线。打开“表格 坐标系”选项卡，在“表格”选项组中单击“新建 ▼”按钮，然后选择“1 个自变量”选项，在弹出的对话框中定义表格的名称、类型及添加 3 个数据点，如图 8-27 所示。具体操作的命令流如下：

```
表格 坐标系→表格→新建▼ →1个自变量
 名称：pressure_time
 类型：time
```

⊙ 数据点
增加点
0　0
3　0
6　1
显示完整曲线

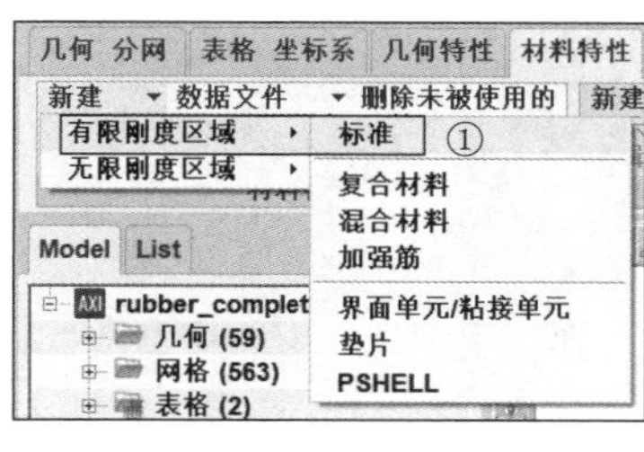

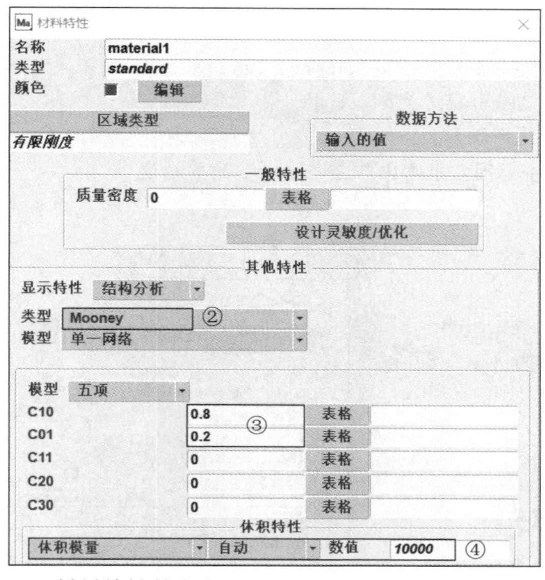

图 8-26　材料特性的定义

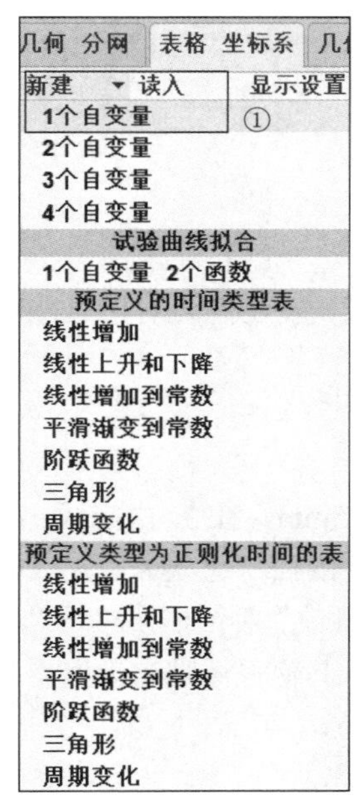

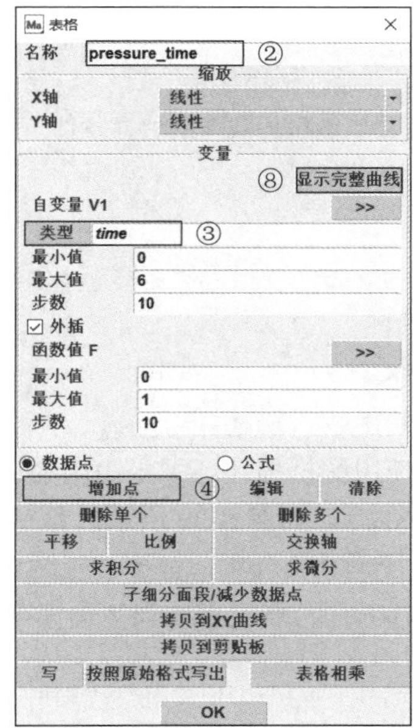

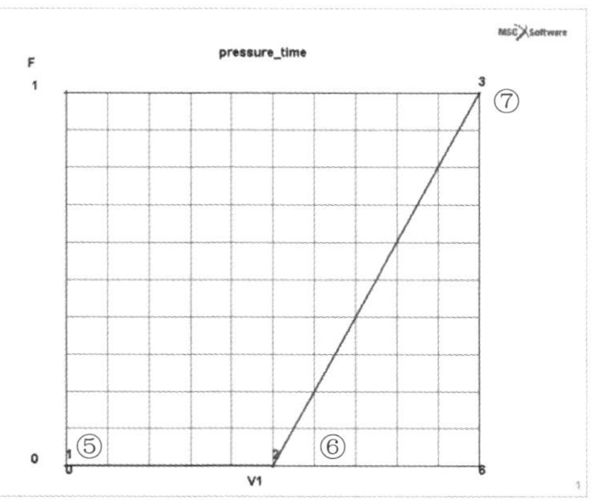

图 8-27　定义密封圈压力随时间变化的表格曲线

（2）定义好表格曲线后，打开“边界条件”选项卡，然后在“边界条件”选项组中单击“新建（结构分析）▼”按钮，选择“单元边分布力”选项，弹出“边界条件特性”对话框。在该对话框中勾选“压力”复选框，并在其右侧输入“15”；单击“表格”按钮，选取前面定义的表格曲线；单击“单元边”右侧的“添加”按钮，在图形区选择可能会承受压力载荷的单元边，然后单击鼠标右键确认。图形区会出现图 8-28 所示的效果，表示压力载荷已经施加到所选择的单元边上。具体操作的命令流如下：

边界条件→新建（结构分析）▼→单元边分布力
名称：pres
☑ 压力：15　　表格：pressure_time
☐ 在接触中激活载荷
单元边：添加
选择密封圈右上角比四分之一略多的单元边

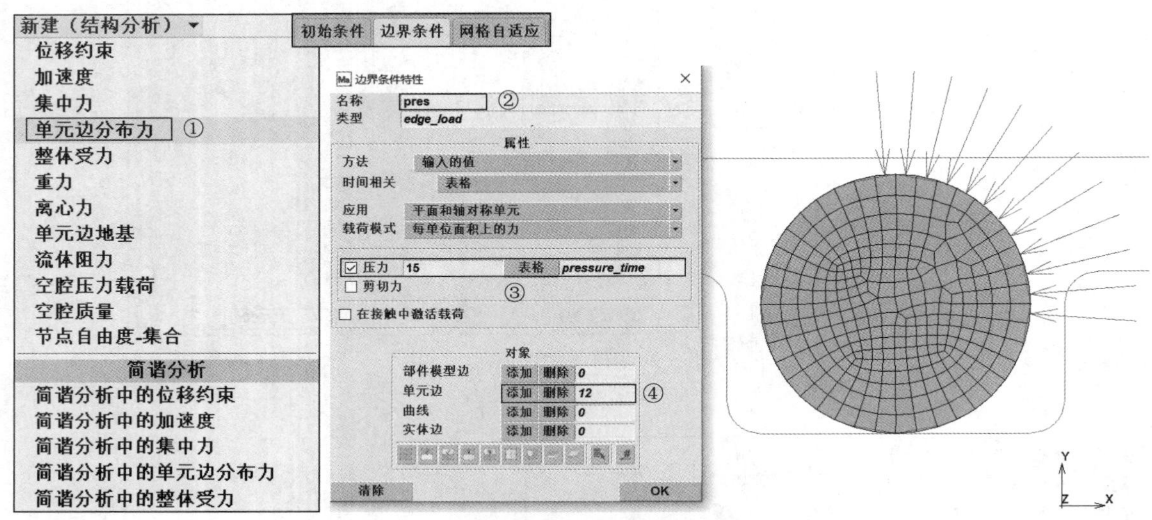

图 8-28　定义密封圈右侧压力载荷的边界条件

4. 定义接触

接触定义包括接触体、接触关系和接触表的定义。在定义接触体时，一般还需要对接触刚体的内外方向进行检查。本例有以下 3 个接触体。

- 接触体 1：橡胶密封圈，使用离散描述。
- 接触体 2：下部（内圈）定位刚体，使用解析描述。
- 接触体 3：上部（外圈）压迫刚体，使用解析描述，下压距离为 12.5mm，在 3s 内完成。

（1）定义接触体 1——橡胶密封圈（变形体），如图 8-29 所示。打开“接触”选项卡，在“接触体”选项组中单击“新建▼”按钮并选择“变形体”选项，弹出“接触体特性”对话框，单击“单元”右侧的“添加”按钮，然后单击▦图标把所有的单元添加到接触体中，其他采用默认设置。具体操作的命令流如下：

接触→接触体→新建▼→变形体
单元：添加
单击▦选择所有存在的单元

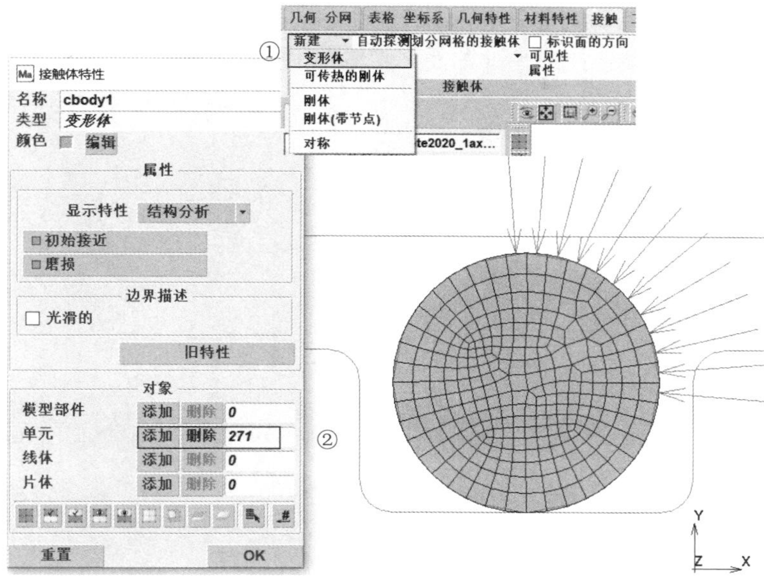

图 8-29　接触体 1 的定义

（2）定义接触体 2——内圈刚体，如图 8-30 所示。在“接触体”选项组中单击“新建▼”按钮，然后选择“刚体”选项，弹出“接触体特性”对话框，单击“NURBS 曲线”右侧的“添加”按钮后选取构成凹槽的全部 9 条曲线。该刚体采用解析描述，在分析中位置保持固定不动。具体操作的命令流如下：

接触→接触体→新建▼→刚体
NURBS 曲线：添加
选择构成凹槽的所有曲线

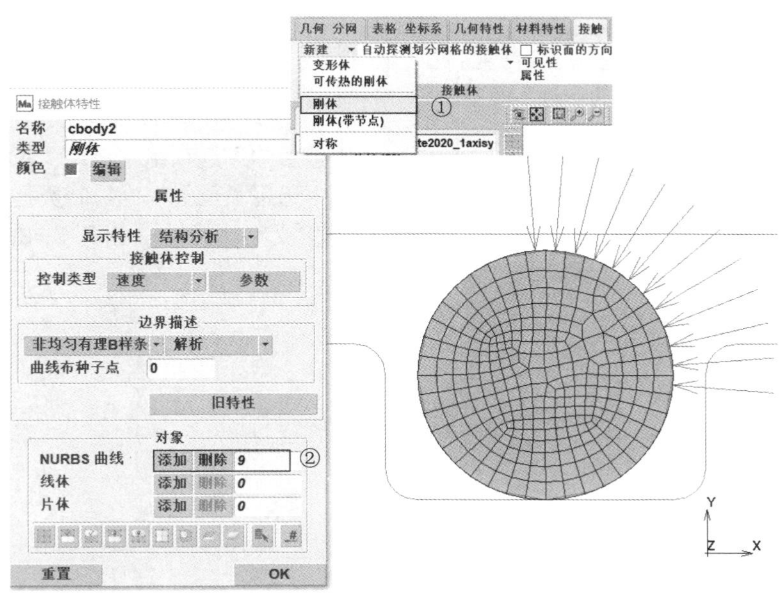

图 8-30　接触体 2 的定义

（3）在定义外圈刚体之前，先定义该刚体的位移随时间变化的曲线，定义的过程与前面定义压力载荷随时间变化的曲线类似，如图 8-31 所示。具体操作的命令流如下：

表格 坐标系→表格→新建▼→1个自变量
名称：rigiddisplacement
类型：time
⊙ 数据点
增加点
0　0
3　-12.5
6　-12.5
显示完整曲线

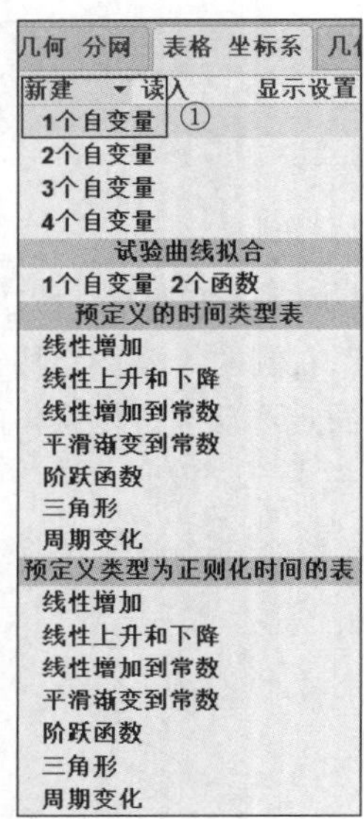

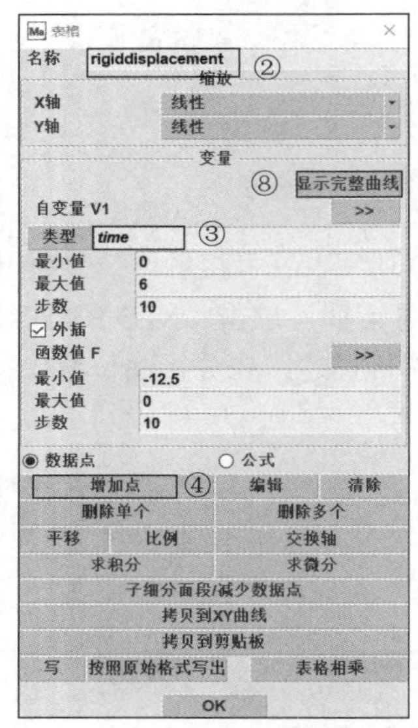

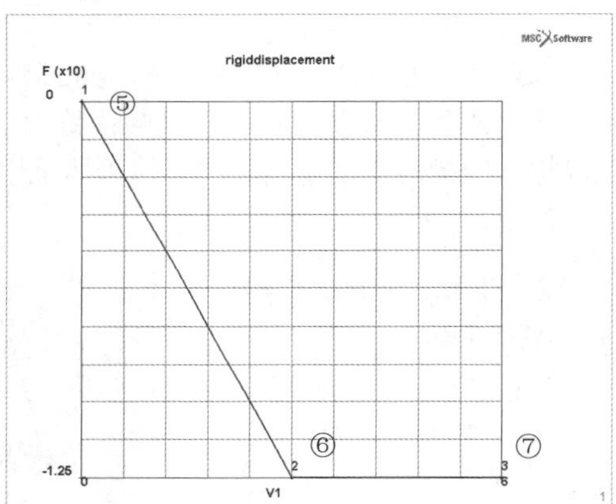

图 8-31　定义刚体位移随时间变化的曲线

定义接触体 3——外圈刚体，如图 8-32 所示。在“接触体”选项组中单击“新建▼”按钮，然后选择“刚体”选项，在弹出的“接触体特性”对话框中选用“位置”为控制类型，并单击其右侧的“参数”按钮，在弹出的“接触体控制”对话框中，定义刚体旋转中心 *Y* 方向的位置变化参数，最后选取顶部直线作为刚体。具体操作的命令流如下：

接触→接触体→新建▼→刚体
--- *接触体控制* ---
位置▼
参数
--- *旋转中心的位置* ---
Y：1　表格：rigiddisplacement
OK
NURBS 曲线：添加
选择顶部直线

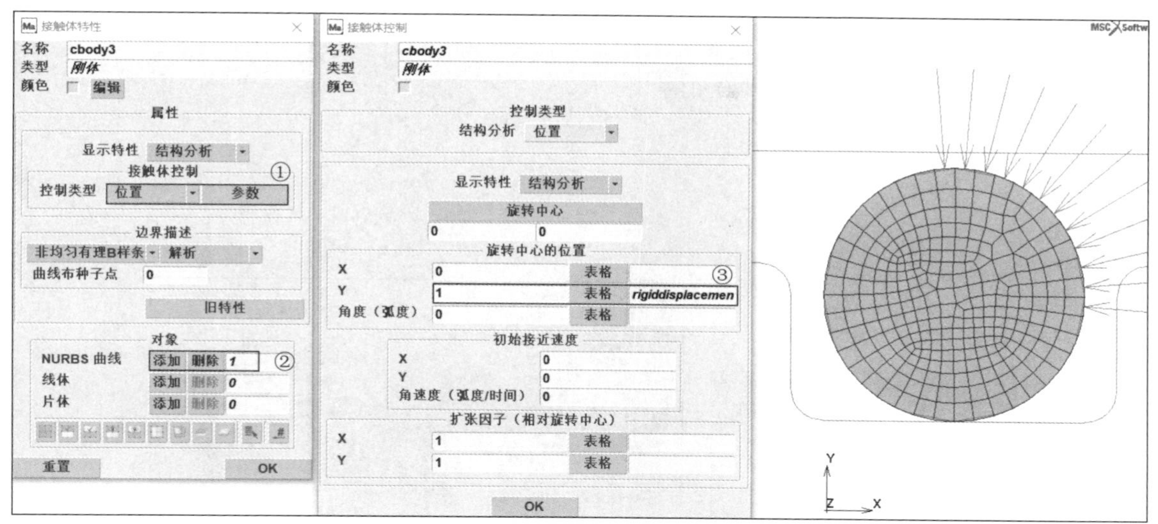

图 8-32　接触体 3 的定义

（4）接触体定义结束后，可以查看刚体内表面的方向，如图 8-33 所示。具体操作的命令流如下：

接触→接触体→ ☑ 标识

通常需要查看一下刚体与变形体接触的那一侧是否为刚体的外表面（曲线刚体带短分割线的一侧为内表面）。如果不是，可以单击“工具▼”按钮，选择“曲线方向反转”选项，然后选择接触方向不正确的曲线。

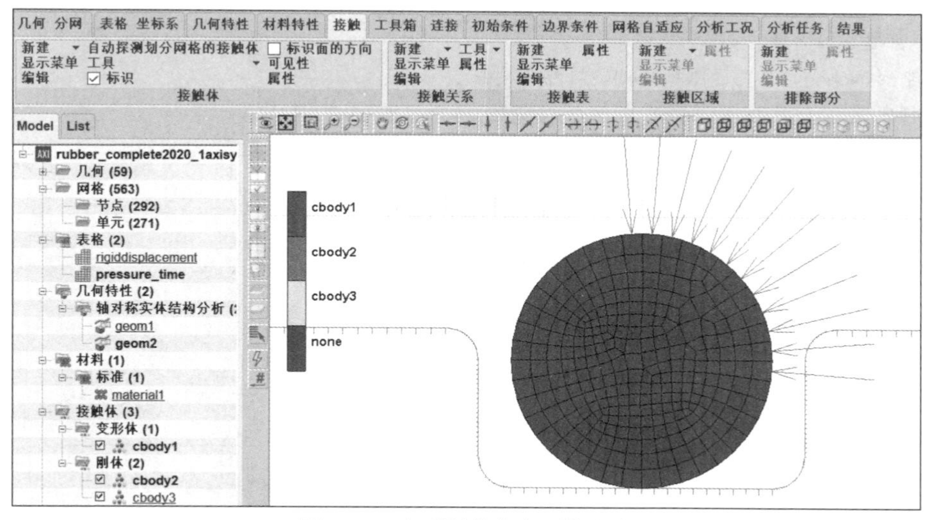

图 8-33　查看刚体内表面的方向

（5）接触体定义好之后，可以设置接触关系和接触表。接触关系主要利用“接触关系”选项组中的一些选项进行设置。在本例中，需要设变形体和刚体为一般接触关系，设置“摩擦系数”为 0.3。单击“接触关系”选项组中的“新建▼”按钮，选择“变形体与刚体”选项，在弹出的“接触关系特性”对话框中单击“摩擦”按钮，在随后弹出的“接触相互作用摩擦参数”对话框中定义

“摩擦系数”，如图 8-34 所示。具体操作的命令流如下：

接触→接触关系→新建▼→变形体与刚体
摩擦
摩擦系数：0.3
OK
OK

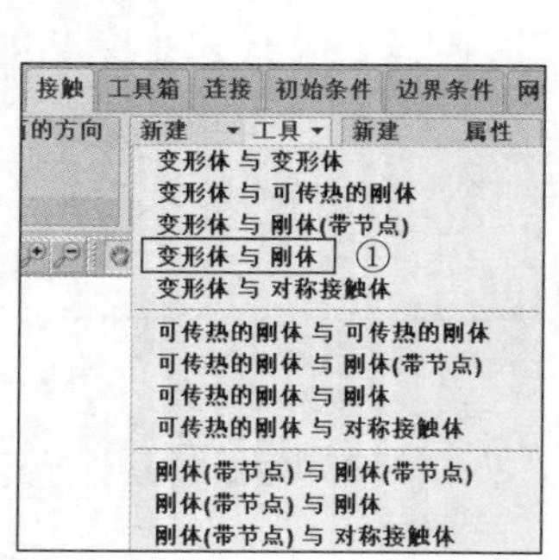
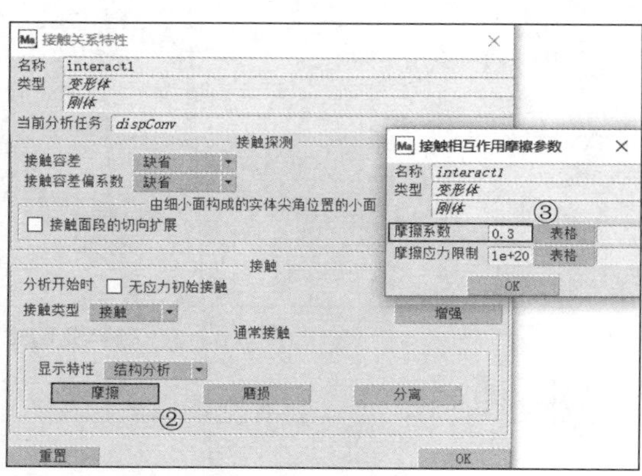

图 8-34　接触关系的设置

接触表主要利用“接触表”选项组中的一些选项进行设置。选择“接触表”选项组中的“新建”选项，弹出“接触表特性”对话框，在该对话框中可以定义 3 个接触体之间的接触关系与参数，如图 8-35 所示。在本例中，主要设置变形体与内圈刚体、外圈刚体的接触，采用上一步定义好的接触关系，具体操作的命令流如下：

接触→接触表→新建
单击变形体cbody1与内圈刚体cbody2对应的按钮
☑ 激活
接触关系
interact1
OK
单击变形体cbody1与外圈刚体cbody3对应的按钮
☑ 激活
接触关系
interact1
OK

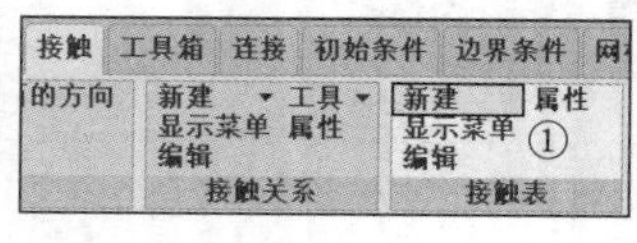
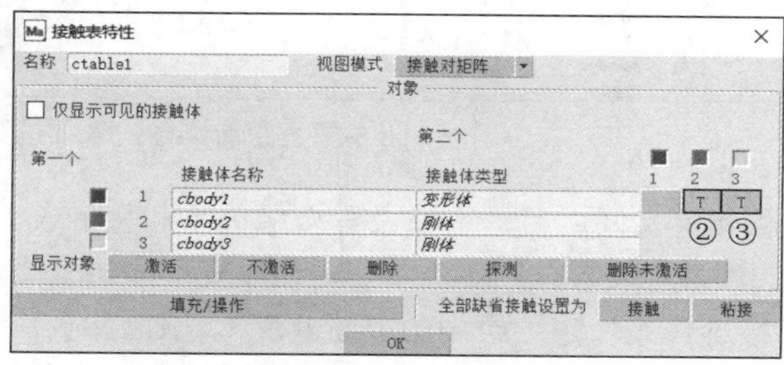

图 8-35　接触表的设置

5. 定义网格重划分参数

打开“网格自适应”选项卡，在“全局网格重划分准则”选项组中单击“新建▼”按钮，选择网格划分器类型，在而后弹出的对话框中设置网格重划分准则、单元边长度及要重划分的物体，如图 8-36 所示。具体操作的命令流如下：

```
网格自适应→全局网格重划分准则→新建▼→前沿法四边形
 ☑ 增量步
 频率： 3
 高级
  ☑ 应变改变
   最大值：0.4
  ☑ 单元扭曲
  ☑ 穿透
  OK
 ---网格重划分参数--
  单元边长度▼：1.5
  网格重划分的接触体：cbody1
 OK
```

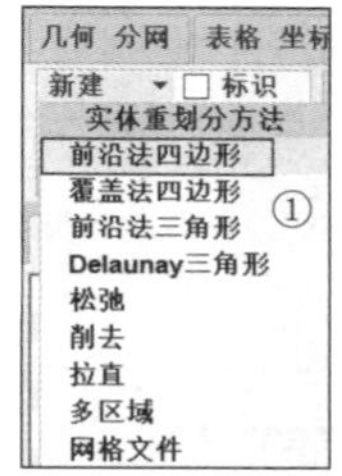

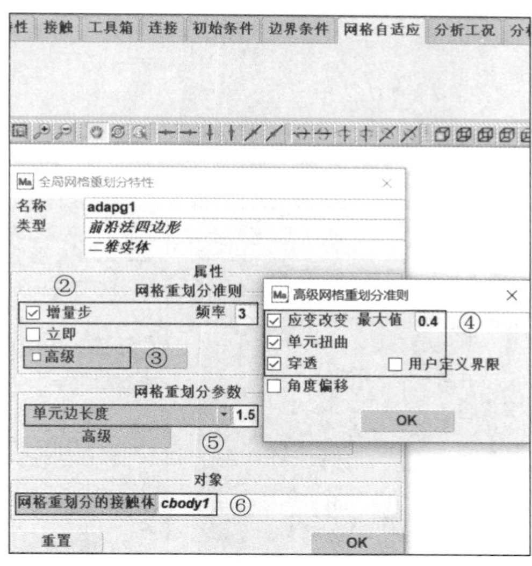

图 8-36　定义网格重划分参数

6. 定义分析工况

打开“分析工况”选项卡，在“分析工况”选项组中，单击“新建▼”按钮，选择“静力学”选项，会弹出“分析工况特性”对话框，在其中可以定义静力学分析工况。分别单击“载荷”“接触”“全局网格重划分”按钮，在相应的对话框中激活压力载荷（默认处于激活状态）、接触表和网格重划分准则；单击“求解控制”按钮，在弹出的对话框中设置迭代方法，采用默认的“全牛顿 - 拉夫森方法”，为改进收敛性，将“初始应力对刚度的贡献”从“全部”改成“偏应力”（对于某些模型，采用“拉伸应力”收敛速度可能更快）；在“收敛判据”对话框中选择采用位移收敛准则，收敛容差为 0.1；在本例中，整体工况时间为 6s，采用固定时间步长，步数为 100。以上操作可以参考图 8-37。具体操作的命令流如下：

分析工况→新建▼→静力学
载荷
☑ pres
OK
接触
接触表
选择ctable1
OK
全局网格重划分
☑ adapg1
OK
求解控制
--- *初始应力对刚度的贡献* ---
⊙ 偏应力
收敛判据
--- *方法和选项* ---
方法：位移
整体工况时间：6
---*时间步方法*---
固定：⊙ 固定时间步长
步数：100
OK

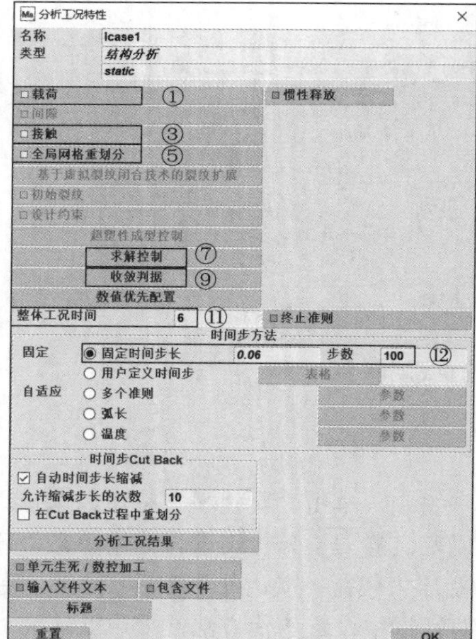

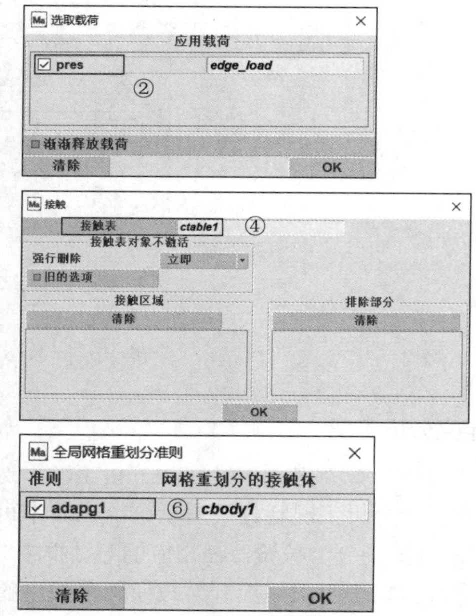

图 8-37 分析工况的定义

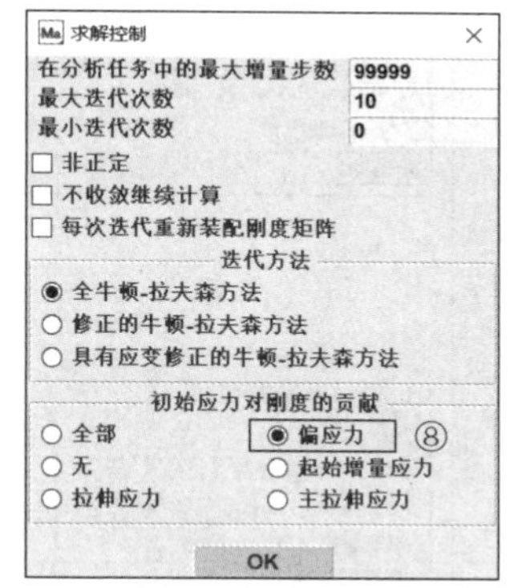

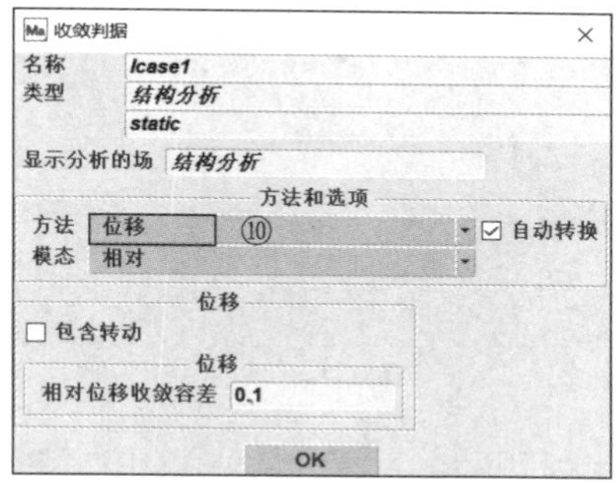

图 8-37　分析工况的定义（续）

7. 定义分析任务

（1）定义分析任务，如图 8-38 所示。打开“分析任务”选项卡，在“分析任务”选项组中单击“新建▼”按钮，选择分析类型，并在弹出的对话框中定义分析任务参数。

在本例中，先选择已有的工况；采用默认的大应变选项；由于施加的载荷是面压力，需要选择跟随力，保证压力始终垂直作用于单元边界上，因此单击“分析选项”按钮，在弹出的对话框的左上角将默认的“无跟随力”选项改为“跟随力▼”选项；再单击“接触控制”按钮，在弹出的对话框中将接触分析方法改成“面段对面段▼”，并将“缺省设置”改成“版本 2 ▼”，具体操作的命令流如下：

```
分析任务 → 新建▼→ 结构分析
  ⊙ 大应变
  可选的：lcase1
  分析选项
  跟随力▼
  OK
  接触控制
  方法：面段对面段▼
  缺省设置：版本2▼
  OK
```

在初始接触处也可以选择接触表，本例可以不选。

（2）定义分析任务结果，如图 8-39 所示。单击“分析任务结果”按钮，弹出“分析任务结果”对话框，在可选的单元张量栏中勾选应力张量、总应变张量，在可选的单元标量栏中勾选等效米塞斯应力，在可选的节点结果栏中勾选接触法向应力和摩擦应力。具体操作的命令流如下：

```
分析任务结果
  ☑ 应力 （选择Stress）
  ☑ Total Strain
  ☑ 等效米塞斯应力 （选择Equivalent Von Mises Stress）
  默认 & 用户定义▼
  ☑ Contact Friction Stress
  ☑ Contact Normal Stress
  OK
```

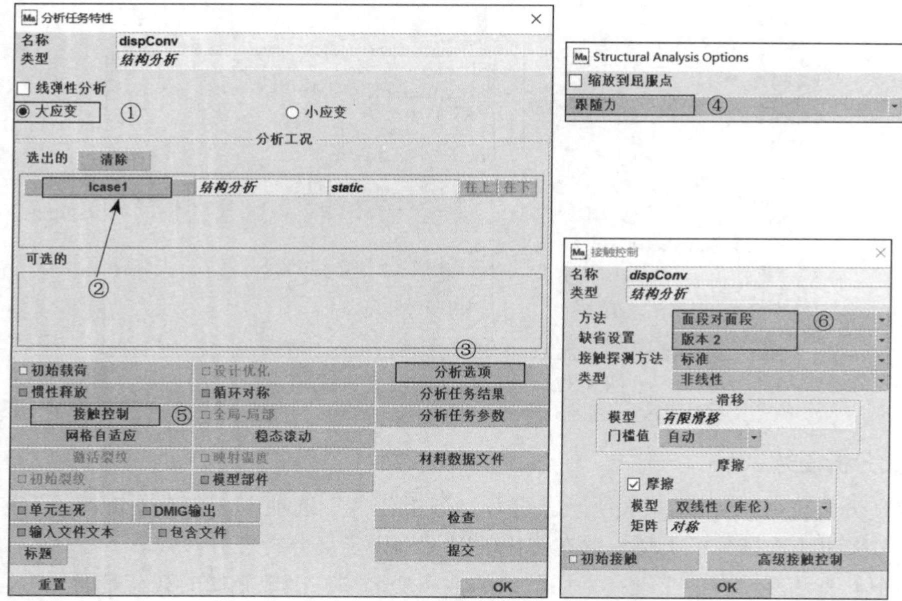

图 8-38　分析任务的定义

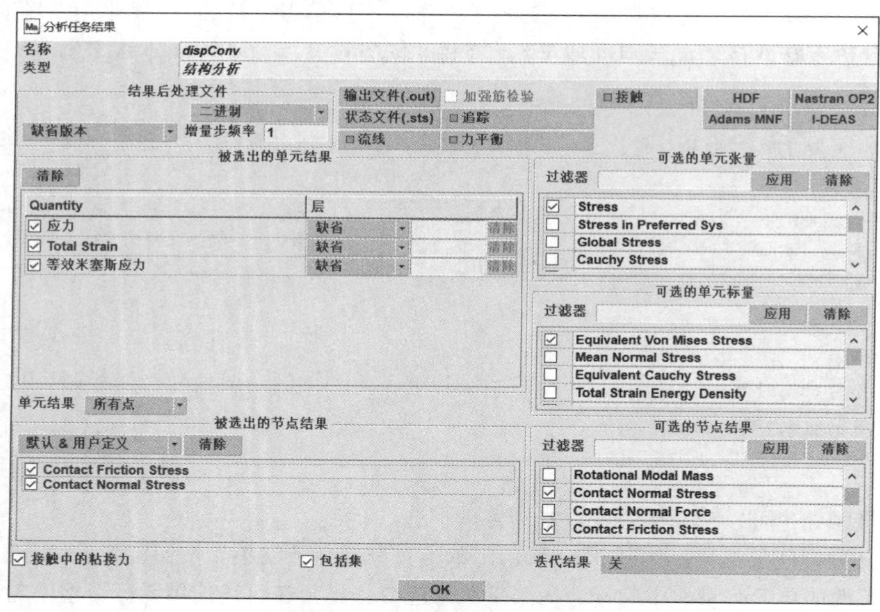

图 8-39　分析任务结果的定义

（3）定义单元类型，如图 8-40 所示。由于橡胶材料体积不可压缩的特殊性，所以需要将单元类型号设为 82，该类型的单元为考虑体积不可压缩的 4 节点四面形轴对称单元。具体操作的命令流如下：

单元类型
实体
全积分 & Herrmann：82
单击▦图标选择所有存在的单元
OK

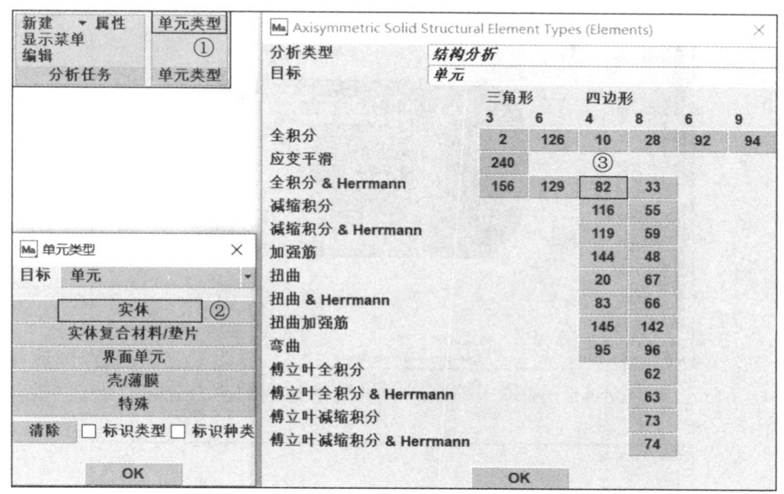

图 8-40　单元类型的定义

（4）提交运算。单击“提交”按钮，在弹出的对话框中将“输入格式和作业名”下的“样式”设为“表格控制”（采用默认的“多物理场”也可以），然后单击“提交任务（1）”和“监控运行”按钮，即可提交运算和监控分析作业运行。具体操作的命令流如下：

```
提交
样式：表格控制
提交任务（1）
监控运行
```

8.2.4　后处理

在计算过程中或计算结束后可以打开后处理结果查看分析结果。在本例中，可以查看刚体压缩完成时橡胶密封圈的应力分布（见图 8-41）；也可以查看压力载荷作用完成后，橡胶密封圈的应力分布（见图 8-42）。查看接触法向应力分布的变化，可以了解密封件的密封效果。如果接触压力明显大于流体压力，则表示密封效果比较好。在本例中，压力载荷作用完成后，橡胶密封圈的接触应力分布（见图 8-43）明显大于 15MPa。另外，通过显示矢量图，可以查看承受流体压力的表面范围和力的作用方向（见图 8-44）。用户也可以按照自己的需求查看一些其他结果。

打开后处理文件，执行以下操作，然后单击▶查看应力的动态变化。执行以下操作，然后单击▶查看接触法向应力的动态变化。

```
结果→ 模型图
---变形形状---
样式: 变形后 ▼
---标量图 ---
样式：云图▼
标量：⊙ 等效米塞斯应力
标量：⊙ Contact Normal Stress
```

注意

在本例中，当外侧刚体尚未接触到密封件时，实际就是看到刚体在运动，密封件的应力忽略不计。在接触体定义中，如果为外侧刚体设定一个 $-Y$ 向的接近速度，那么在开始计算时外侧刚体会自动贴到密封件。

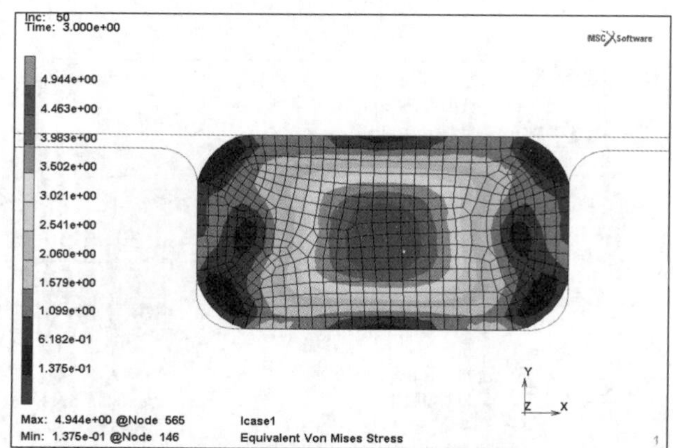

图 8-41　刚体压缩完成时橡胶密封圈的应力分布

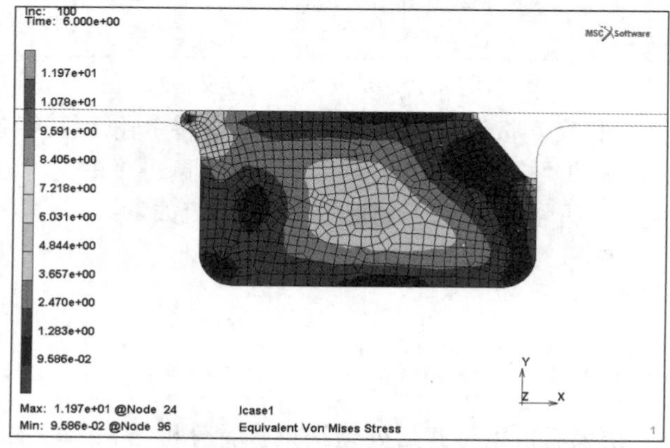

图 8-42　压力载荷作用完成后橡胶密封圈的应力分布

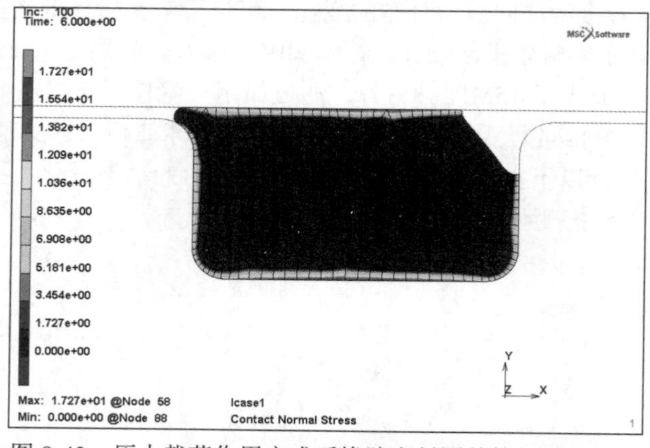

图 8-43　压力载荷作用完成后橡胶密封圈的接触应力分布

用户如果想了解外载荷的施加情况，可以通过查看外载荷矢量的变化来确认。在本例中，外载荷应该始终施加在没有发生接触的单元边上，如图 8-44 所示。具体操作的命令流如下：

--矢量图---
样式：开 ▼

矢量：⊙ 外力
设置
箭头显示设置
实体 ▼
重新绘制

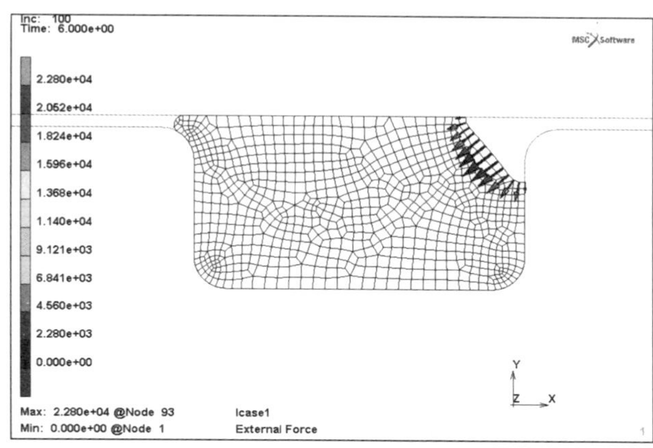

图 8-44 压力载荷作用完成后密封圈受压面外力方向

8.3 封隔器结构分析

随着井下装备不断发展，作为井下工具之一的封隔器逐渐被广泛使用。封隔器主要用于对油液流体通道进行控制。在油井内部放置封隔器，可以实现分层采油的目的。油田进入生产开发的中后期阶段后，开发周期逐渐延长，开发的油井逐渐加深，井下温度越来越高，油层间的压差逐渐增大，井下环境也越来越复杂，这对封隔器材质及密封性能是极大的考验。恶劣的工作环境会影响封隔器的封隔效果，如果设计不当，甚至会使封隔器失效。因而在封隔器的设计过程中，仿真分析是很重要的一环。

Marc 因其强大的非线性分析功能和先进的网格重划分技术，比较早就被国外一些知名厂商用于封隔器的仿真分析。下面以一个简化的封隔器模型为例，介绍在 Marc 中进行封隔器仿真的方法。具体操作过程与上一节的 O 型密封圈例子有很多相似之处，因此有些类似的图片就不再列出。

8.3.1 问题描述

本节要分析的简化封隔器结构如图 8-45 所示，橡胶件和内侧金属部件（认为是刚体）有过盈，装配好后被右侧隔环挤压到一定位置而形成坐封，右侧承受液体压力。橡胶件内半径为 95mm，可以先通过内刚体缩放的功能来分析过盈配合的过程，然后通过设置位置来控制右侧刚体挤压橡胶件，最后施加右侧压力于顶部的刚体，下压位移为 12.5mm，右侧压力为 70MPa。橡胶材料采用 Mooney 五项式，具体参数参见后面的说明。依据对称性，本例可简化为轴对称问题，采用 82 号单元进行模拟，采用更新拉格朗日方法。由于坐封在后续的受压力作用过程中变形较大，因此本例采用网格重划分技术，以保证求解过程的稳健性和分析结果的可靠性。

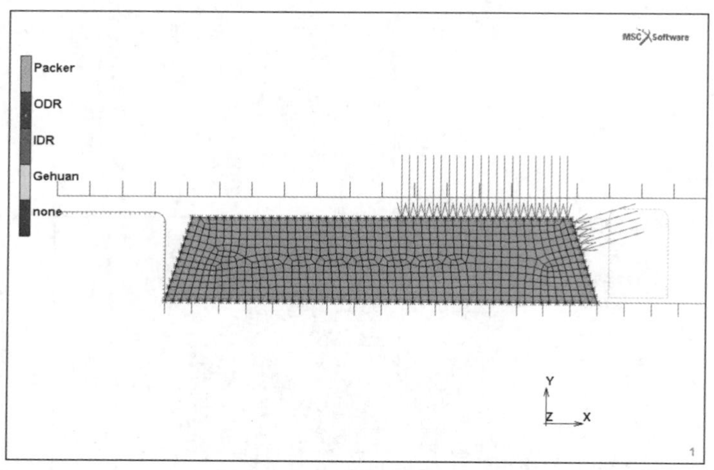

图 8-45　简化封隔器结构

8.3.2　前处理

前处理步骤如下。

1．导入几何模型与网格

本例中的几何建模和网格划分比较简单，不做详细介绍。读者可以直接导入本书所附电子资源相应文件夹下的模型 packer_ini.mud，并将其另存为 packer_complete.mud。对于 Marc/Mentat 2020，每个模型的分析维数都是确定的。对于本例，导入初始模型后就可在界面顶部见到 分析 AXI▾ 结构分析 ▾ 标识，表示此模型为轴对称模型。

2．定义材料特性

本例采用具有 5 个参数的 Mooney 模型，体积模量采用自动定义方式。打开“材料特性”选项卡，然后在“材料特性”选项组中单击“新建▼”按钮，选择“有限刚度区域”选项，再选择“标准”选项，弹出“材料特性”对话框，将“类型”改成“Mooney”，输入 5 个材料参数，如图 8-46 所示。单击图标把材料特性施加到所有单元上。具体操作的命令流如下：

材料特性→新建▼→有限刚度区域▶→标准
类型：Mooney ▼
C10：0.437497
C01：0.57413
C11：1.61434e-07
C20：3.72832e-09
C30：0.00265745
体积模量▼：自动▼
数值：10116.3
单元：添加
单击图标选择所有存在的单元
OK

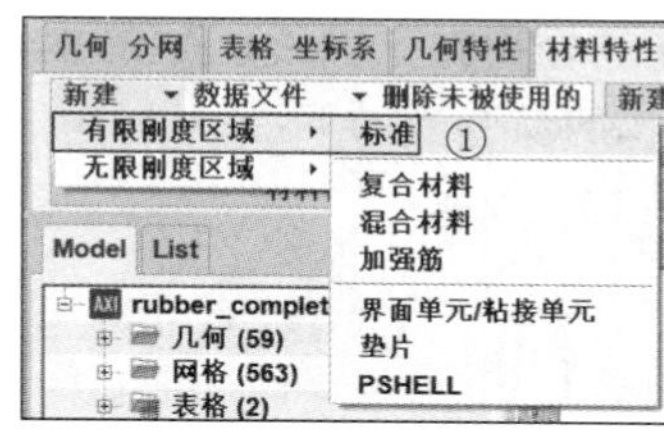

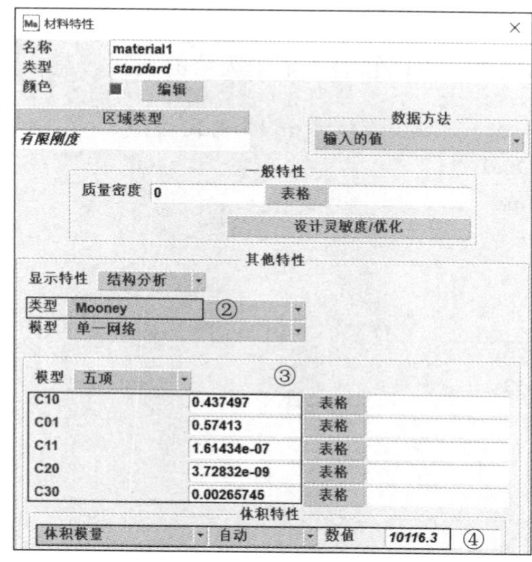

图 8-46　材料特性的定义

3. 定义接触

接触定义包括接触体、接触关系和接触表的定义，在定义接触体时一般还需要对接触刚体的内外方向进行检查。本例有以下 4 个接触体。

- 接触体 1：橡胶件，使用离散描述。
- 接触体 2：外部定位刚体，使用解析描述。
- 接触体 3：内部与橡胶件过盈的刚体，使用解析描述，将会沿径向扩张为原来的 1.0153 倍，在 1s 内完成。
- 接触体 4：隔环，将沿 X 轴负方向移动 21mm。

（1）定义变形体，如图 8-47 所示。打开“接触”选项卡，在“接触体”选项组中单击“新建▼”按钮并选择“变形体”选项，弹出“接触体特性”对话框，在该对话框中修改接触体的名称，然后单击“单元”右侧的“添加”按钮，单击图标把所有单元添加到接触体中，其他采用默认设置。具体操作的命令流如下：

```
接触→接触体→新建▼→变形体
  名称：Packer
  单元：添加
  单击图标选择所有存在的单元
```

图 8-47　变形体的定义

（2）定义外部定位刚体。在“接触体”选项组中单击“新建▼”按钮，选择“刚体”选项，弹出相应的对话框，设置接触体名称为“ODR”，单击“NURBS 曲线”右侧的“添加”按钮后选取外侧直线。该刚体采用解析描述，在分析中位置保持固定不动。具体操作的命令流如下：

```
接触→接触体→新建▼→刚体
  名称：ODR
  NURBS 曲线：添加
  选择顶部曲线
```

（3）在定义内部刚体之前，先定义该刚体随时间变化的径向扩张曲线，如图 8-48 所示。为了有更好的显示效果，可以修改一下最大值的设置。具体操作的命令流如下：

表格 坐标系→表格→新建▼ → 1个自变量
名称：table1
类型：time
⊙ 数据点
增加点
0 1
1 1.01053
5 1.01053
显示完整曲线
函数值F
最大值：1.011

由于曲线最大值和最小值相差很小，调整最大值后，曲线会显示得比较完整。

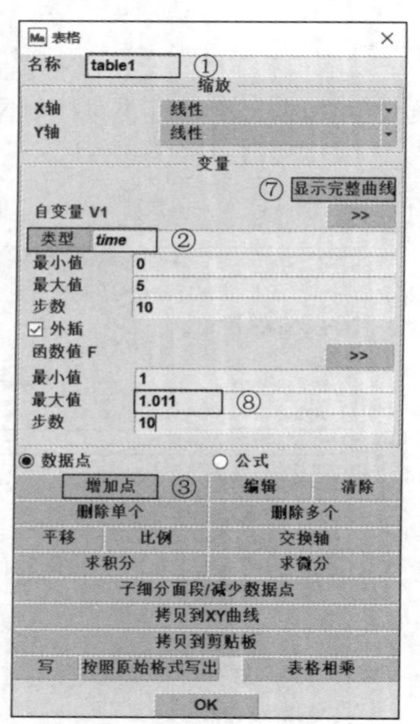

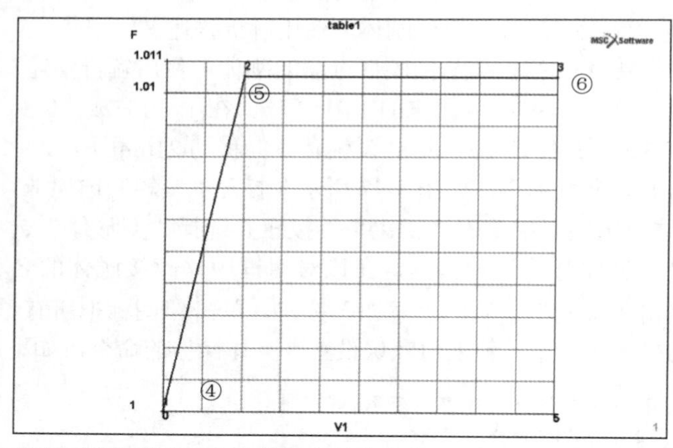

图 8-48　定义内部刚体随时间变化的径向扩张曲线

进行外圈刚体的具体定义，如图 8-49 所示。在“接触体特性”对话框中选用默认的“速度”为控制类型，单击其右侧的“参数”按钮，在弹出的“接触体控制”对话框中定义刚体扩张因子，最后选取内侧直线作为刚体。具体操作的命令流如下：

接触→接触体→新建▼→刚体
名称：IDR
--- *接触体控制* ---
速度▼
参数
--- *扩张因子（相对旋转中心）* ---

X：1

Y：1　表格：table1

OK

NURBS 曲线：添加

选择内侧各条曲线

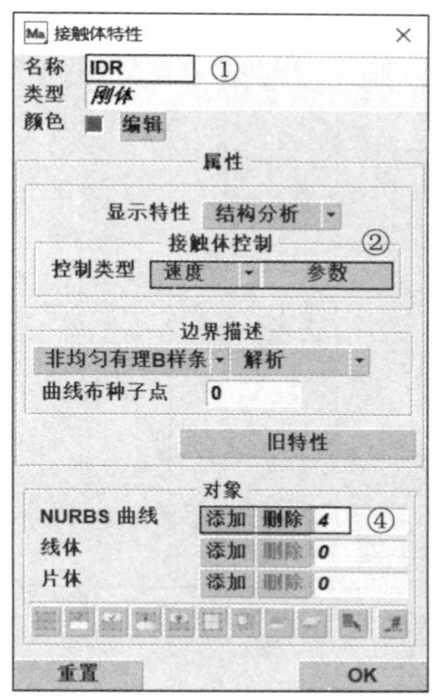

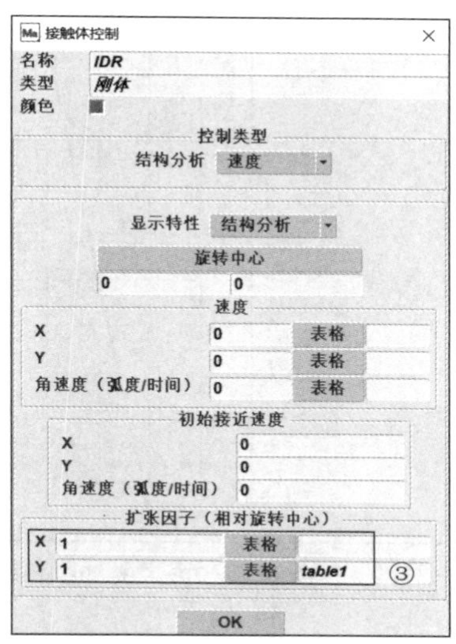

图 8-49　外圈刚体的定义

（4）在定义隔环刚体之前，先定义该刚体随时间变化的运动曲线，结果如图 8-50 所示。具体操作的命令流如下：

表格 坐标系→表格→新建▼→1个自变量

名称：move_x

类型：time

⊙ 数据点

增加点

0　0

1　0

2　1

5　1

显示完整曲线

进行隔环刚体的具体定义，如图 8-51 所示。在“接触体特性”对话框中选用“位置”为控制类型，单击其右侧的“参数”按钮，在弹出的“接触体控制”对话框中定义刚体旋转中心 X 方向的位置变化参数，最后选取构成隔环的全部 6 条曲线作为刚体。具体操作的命令流如下：

接触→接触体→新建▼→刚体

名称： Gehuan

--- 接触体控制 ---

位置▼

参数

--- *旋转中心的位置* ---

X：-21　*表格*：move_x

OK

NURBS *曲线*：*添加*

选择隔环的6条组成曲线

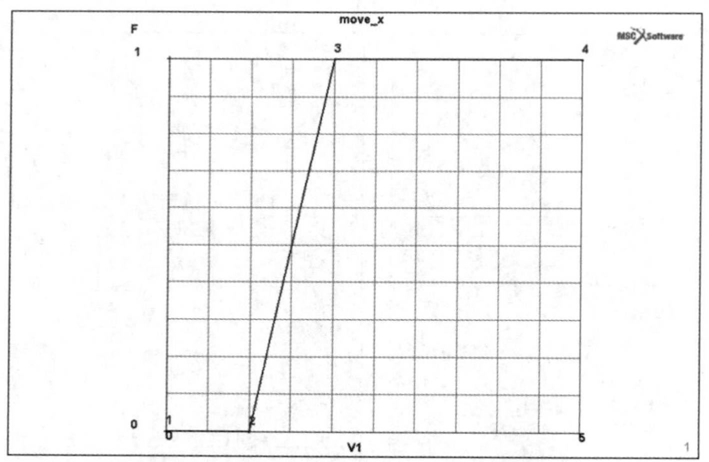

图 8-50　定义隔环刚体随时间变化的运动曲线

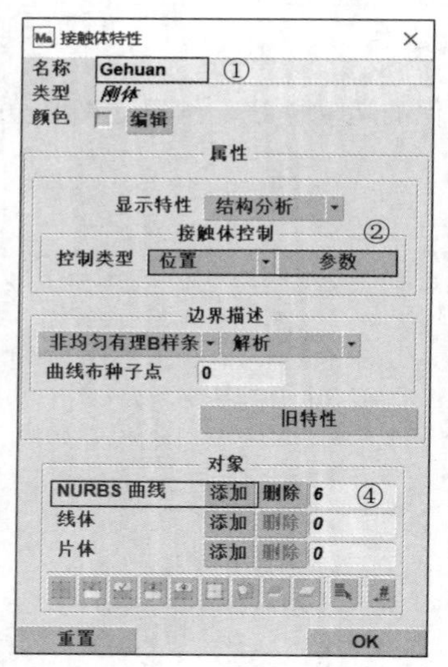

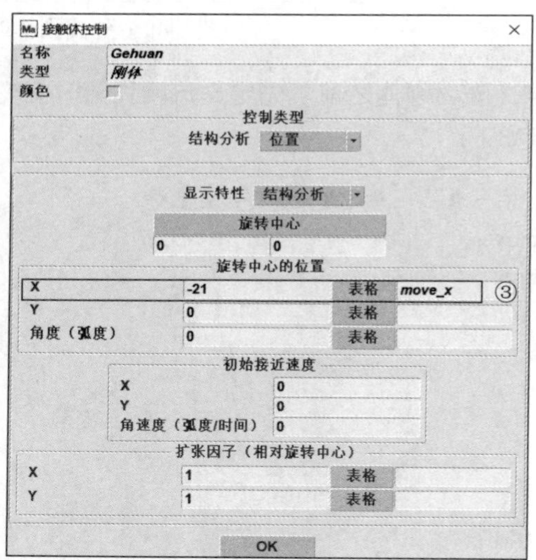

图 8-51　隔环刚体的定义

（5）接触体定义结束后，可以查看刚体内表面的方向。具体操作的命令流如下：

接触→接触体→☑ 标识

查看刚体与变形体接触的那一侧是否为刚体的外表面（曲线刚体带短分割线的一侧为内表面）。如果不是，可以单击“工具▼”按钮，选择“曲线方向反转”选项，然后选择接触方向不正确的曲线。

（6）接触体定义后，可以设置接触关系和接触表。在一些封隔器结构的仿真中，需要考虑橡胶部件可能会发生自接触现象，因此通常设置两种接触关系，即变形体与变形体的接触关系、变形体与刚体的接触关系，设置“摩擦系数”分别为 0.4 和 0.2。具体操作的命令流如下：

接触→接触关系→新建 ▼→变形体与变形体
 摩擦
  摩擦系数：0.4
 OK
 OK
接触→接触关系→新建 ▼→变形体与刚体
 摩擦
  摩擦系数：0.2
 OK
 OK

接触表主要利用“接触表”选项组中的一些选项进行设置。选择“接触表”选项组中的“新建”选项，弹出“接触表特性”对话框，在该对话框中可以定义接触体之间的接触关系与参数，如图 8-52 所示。在本例中，变形体既要考虑自接触，还要考虑与 3 个刚体接触，需要采用前面定义好的两种不同的接触关系。具体操作的命令流如下：

接触→接触表→新建
 单击变形体Packer与Packer自接触对应的按钮
 ☑ 激活
 接触关系
  interact1
 OK
 单击变形体Packer与外部刚体ODR对应的按钮
 ☑ 激活
 接触关系
  interact2
 OK
 单击变形体Packer与内部刚体IDR对应的按钮
 ☑ 激活
 接触关系
  interact2
 OK
 单击变形体Packer与隔环刚体Gehuan对应的按钮
 ☑ 激活
 接触关系
 interact2
 OK

4．定义边界条件

在本例中，需要定义的边界条件只有一个，即施加于橡胶件右侧的压力。显然，真实的承压面只能是与刚体未发生接触的单元边。但是由于橡胶件的变形和刚体的压迫，用户无法预知承压边的准确位置，因此在定义边界条件时，将选择可能的承压单元边。一般来说，可能的承压单元边可以比真实承压单元边略多。

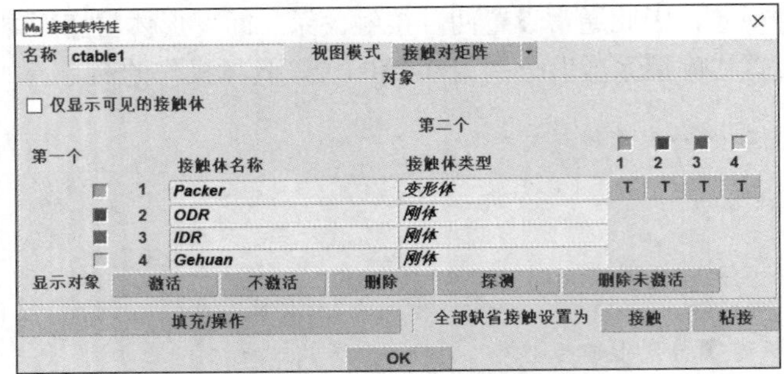

图 8-52 接触表的设置

（1）定义橡胶件右侧的压力随时间变化的表格曲线，如图 8-53 所示。具体操作的命令流如下：

表格 坐标系→表格→新建▼→1个自变量
名称：pres
类型：time
⊙ 数据点
增加点
0 0
1 0
2 0
3 1
显示完整曲线

如果需要，用户可以调整显示的一些参数设置。例如，将自变量的步数设置为 3 会比默认的 10 更为直观。

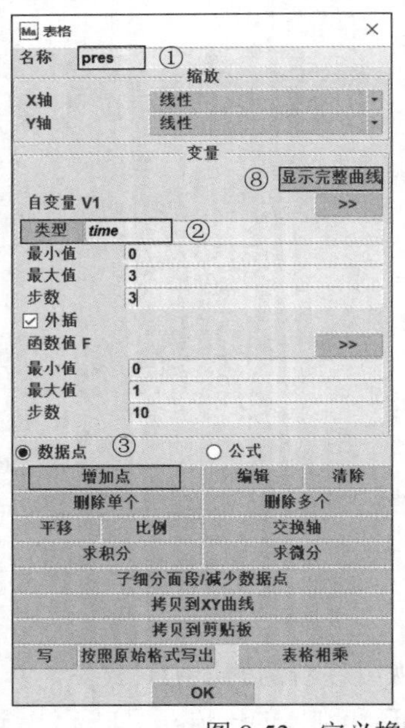

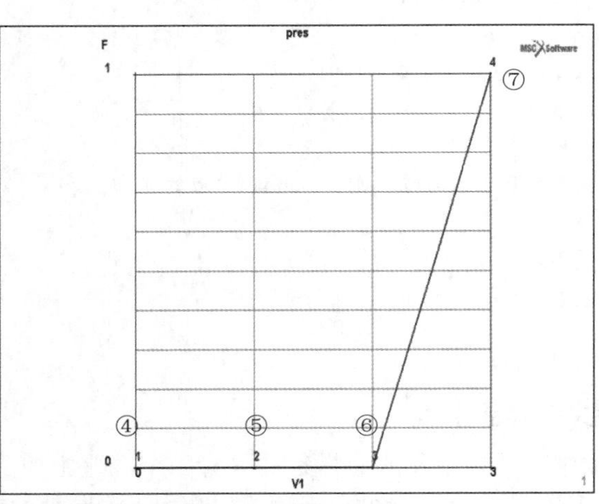

图 8-53 定义橡胶件右侧的压力随时间变化的表格曲线

（2）显示模型。在定义曲线后，图形区显示的是刚定义的曲线，打开“边界条件”选项卡后，图形区会自动切换显示模型，也可以在“窗口”菜单中选择“模型（视图 1）”选项来切换。然后，在“边界条件特性”对话框中进行下一步设置，如图 8-54 所示。具体操作的命令流如下：

```
窗口→ √ 模型(视图1)
 边界条件→新建（结构分析）▼→单元边分布力
 名称：pres
☑ 压力：70      表格：pres
 □ 在接触中激活载荷
 单元边：添加
 选择橡胶件右上侧部分单元边
```

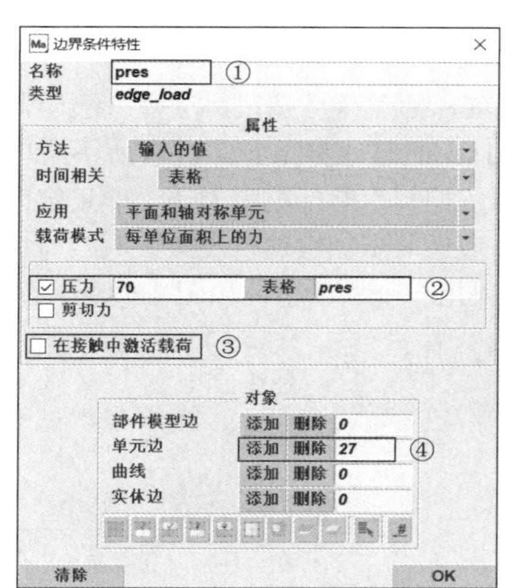

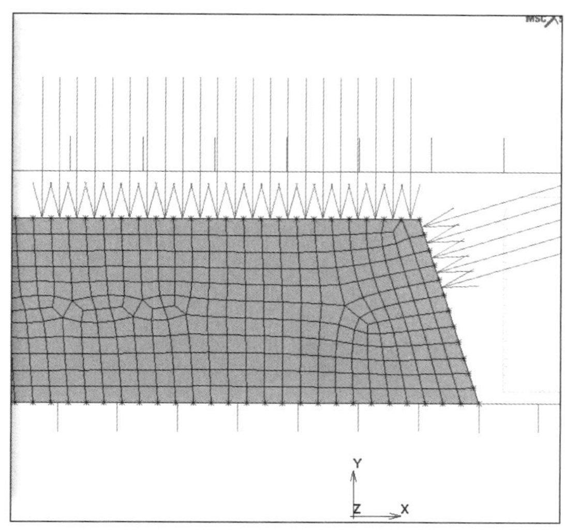

图 8-54　橡胶件右侧压力载荷边界条件的定义及定义曲线显示

5. 定义网格重划分参数

打开“网格自适应”选项卡，在“全局网格重划分准则”选项组中单击“新建 ▼”按钮，选择网格划分器类型，在而后弹出的对话框中设置网格重划分准则、单元边长度及要重划分的物体，如图 8-55 所示。具体操作的命令流如下：

```
网格自适应→全局网格重划分准则→新建▼→前沿法四边形
 ---网格重划分准则--
 高级
 ☑ 应变改变
 最大值：0.2
  OK
 ---网格重划分参数--
  单元边长度▼：1
  网格重划分的接触体：Packer
  高级
  OK
 OK
```

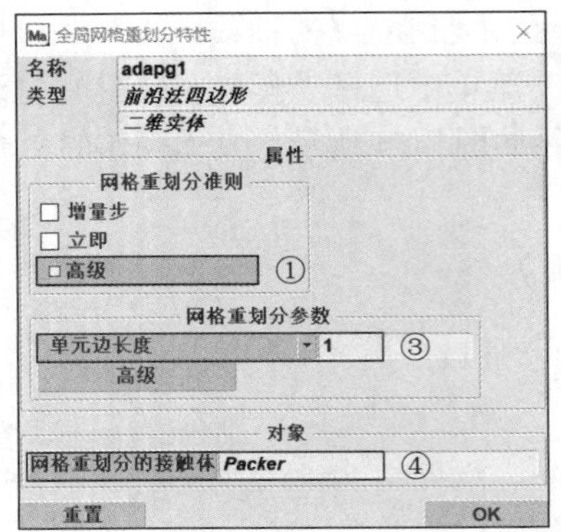

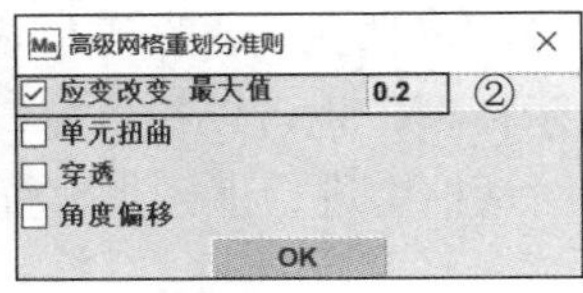

图 8-55　定义网格重划分参数

6. 定义分析工况

打开“分析工况”选项卡，在“分析工况”选项组中单击“新建▼”按钮，选择“静力学”选项，本例需要定义 3 个静力学分析工况，每个工况总时间为 1s，但其他参数各工况有所不同。对于第一个工况，需要在“接触”对话框中激活接触表；在“求解控制”对话框中勾选“非正定”复选框并选择“偏应力”单选项（也可以采用“拉伸应力”单选项进一步加快迭代收敛）；在“收敛判据”对话框中选择采用相对位移收敛准则，收敛容差为 0.1；采用一个增量步，如图 8-56 所示。具体操作的命令流如下：

```
分析工况→新建▼→静力学
 接触
  接触表
   选择ctable1
   OK
   OK
  求解控制
    ☑ 非正定
 --- 初始应力对刚度的贡献 ---
     ⊙ 偏应力
  收敛判据
 --- 方法和选项 ---
  方法：位移
 整体工况时间：1
 ---时间步方法---
 固定：⊙ 固定时间步长
 步数：1
  OK
```

对于第二个分析工况，采用与上一个工况一样的接触表设置、求解控制设置。另外，需要在“全局网格重划分”对话框中激活前面定义的网格重划分准则；在“收敛判据”对话框中选择相对位移收敛准则，收敛容差为 0.1；在图 8-57 所示的“分析工况特性”和“自适应步长（多个准则）”对话框中设置自适应步长控制参数，大部分采用默认参数，需要把工况的最大时间步长设为 0.01。具体操作的命令流如下：

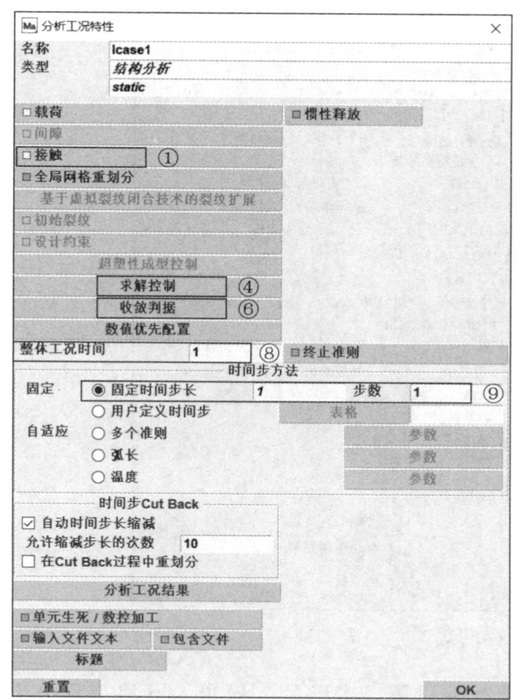

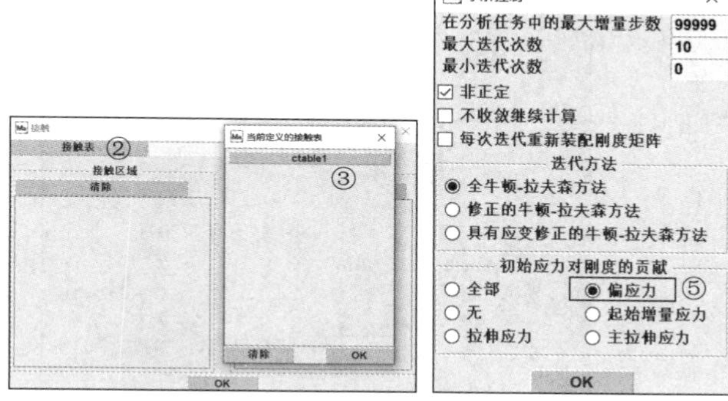

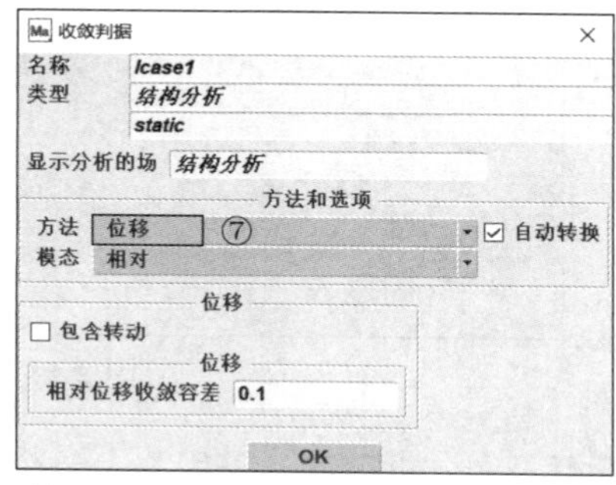

图 8-56　第一个分析工况的定义

分析工况→新建▼→静力学

接触

接触表

选择ctable1

OK

OK

全局网格重划分

☑ adapg1

OK

求解控制

--- *初始应力对刚度的贡献* ---

⊙ 偏应力

收敛判据

--- *方法和选项* ---

方法：位移

整体工况时间： 1

---*时间步方法*---

自适应：⊙ 多个准则 参数

---*最大步长*---

工况的最大时间步长： 0.01

OK

OK

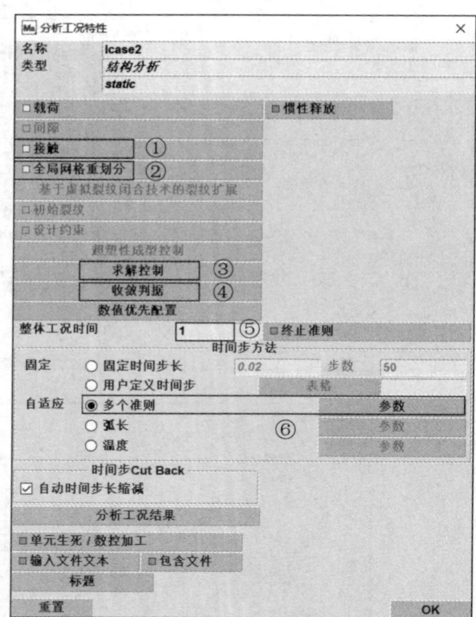

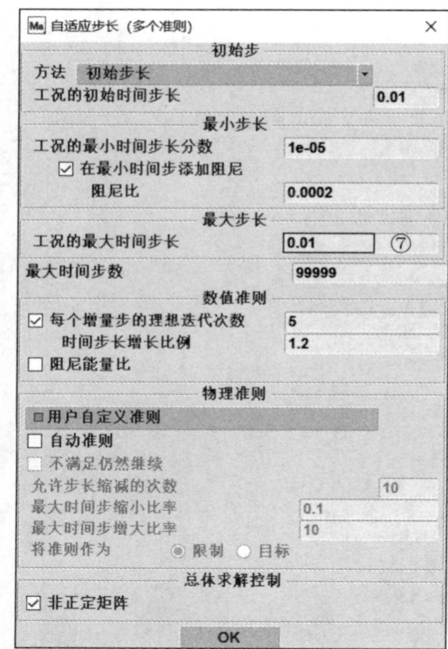

图 8-57　第二个分析工况的定义

对于第三个分析工况，采用与上一个工况一样的接触表设置、求解控制设置、网格重划分准则设置；单击“载荷”按钮并在弹出的对话框中激活压力载荷；单击“收敛判据”按钮并在弹出的对话框中选择相对残余力收敛准则，收敛容差为 0.1；另外在图 8-58 所示的“分析工况特性”和“自适应步长（多个准则）”对话框中设置自适应步长控制参数，大部分采用默认参数，但要把工况的最大时间步长设为 0.005。具体操作的命令流如下：

分析工况→新建▼→静力学
载荷
确定压力载荷pres处于激活状态
OK
接触
接触表
选择ctable1
OK
OK
全局网格重划分
☑ adapg1
OK
求解控制
--- *初始应力对刚度的贡献* ---
⊙ 偏应力
收敛判据
--- *方法和选项* ---
方法：残余力
整体工况时间：1
---*时间步方法*---
自适应：⊙ 多个准则 参数

---*初始步*---
工况的初始时间步长：0.005
---*最大步长*---
工况的最大时间步长：0.005
OK
OK

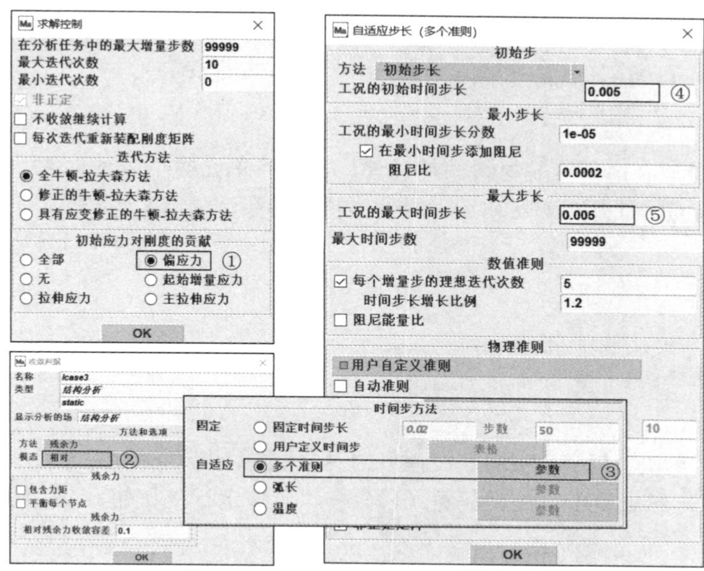

图 8-58　第三个分析工况的定义

7. 定义作业任务参数与提交运算

（1）定义分析任务。打开“分析任务”选项卡，在“分析任务”选项组中，单击“新建▼”按钮，选择分析类型，在随后弹出的对话框中定义分析任务参数并提交运算。

在本例中，先选择已有的 3 个工况；采用默认的“大应变”选项；由于施加的载荷是面压力，需要使用跟随力，以保证压力始终垂直作用于单元边上，因此单击“分析选项”按钮，在弹出的对话框的左上角将默认的“无跟随力”选项改为“跟随力”选项；再单击“接触控制”按钮，在弹出的对话框中将“方法”改成“面段对面段”选项，并将“缺省设置”改成“版本 2 ▼”选项。具体操作的命令流如下：

分析任务→新建▼→结构分析
⊙ 大应变
可选的：lcase1、 lcase2、lcase3
分析选项
跟随力▼
OK
接触控制
方法：面段对面段▼
缺省设置：版本2▼
OK

在初始接触处也可以选择接触表，本例可以不选。

（2）设置分析任务结果。单击“分析任务结果”按钮，弹出相应的对话框，在可选的单元张量栏中勾选应力张量，在可选的单元标量栏中勾选等效米塞斯应力，在可选的节点结果栏中勾选接触法向应力。具体操作的命令流如下：

分析任务结果
☑ 应力
☑ 等效米塞斯应力
默认 & 用户定义▼
☑ 法向应力（Contact Normal Stress）
OK

（3）设置单元类型。由于橡胶材料的特殊性，需要将单元类型号设为82，该单元类型为考虑体积不可压缩的4节点四面形轴对称单元。具体操作的命令流如下：

单元类型
实体
全积分 & Herrmann：82
单击▦图标选择所有存在的单元
OK

（4）提交运算。单击“提交”按钮，在弹出的对话框中，将“输入格式和作业名”下的“样式”设为“表格控制▼”，然后单击“提交任务（1）”和“监控运行”按钮，即可提交运算和监控分析作业运行。具体操作的命令流如下：

提交
样式：表格控制▼
提交任务（1）
监控运行

8.3.3 后处理

在计算过程中或计算结束后，可以打开后处理结果查看分析结果。在本例中，可以查看刚装配完成时的变形图和等效应力分布（见图8-59）；也可以查看刚体压缩完成时，橡胶密封圈的变形图和等效应力分布，也就是隔环移动后的整体变形图和等效应力分布（见图8-60）；还可以查看压力载荷作用完成后，橡胶密封圈前后端的变形图和等效应力分布（见图8-61）。

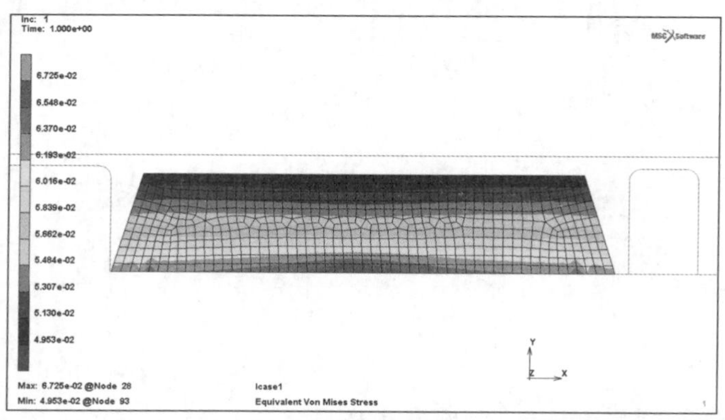

图8-59　刚装配完成时的变形图和等效应力分布

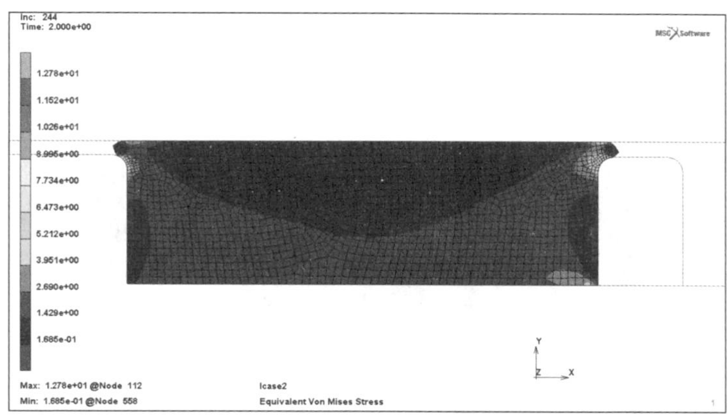

图 8-60　隔环移动后的整体变形图和等效应力分布

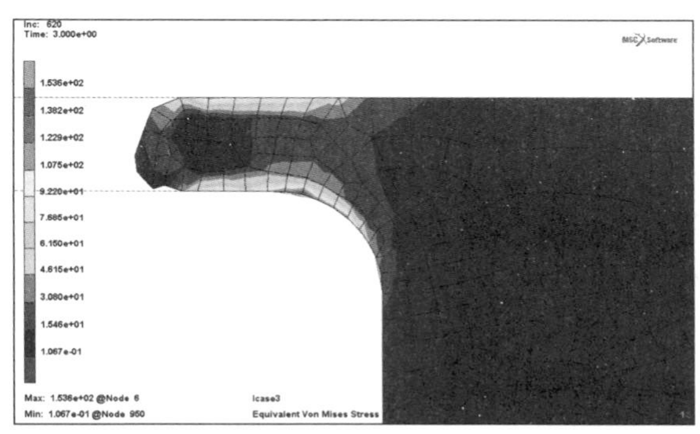

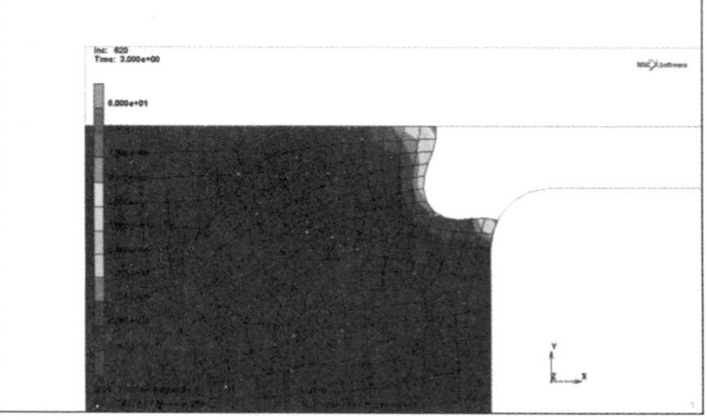

图 8-61　加压结束后前后端的变形图和等效应力分布

注意，观看结果云图时，可以单击“标量图”选项组中的“设置”按钮，然后调整色谱最大值、最小值。另外，如果网格比较密集，可以通过“视图”菜单中的一些设置命令实现只显示网格轮廓线，操作过程为：“视图”菜单→“显示控制”命令→“单元”右侧的“设置”按钮→“单元边”选项组中的“轮廓线”单选项→“重新绘制”按钮。设置后，可以再查看整个结构的应力分布（见图 8-62）。另外，查看接触法向应力分布的变化，可以了解密封件的密封效果。如果接触压力明显大于流体压力，则表示密封效果比较好。在本例中，压力载荷作用完成后，橡胶密封圈的接触应力分布如图 8-63 所示，最大值大于 70MPa。用户也可以按照自己的需求查看一些其他结果。

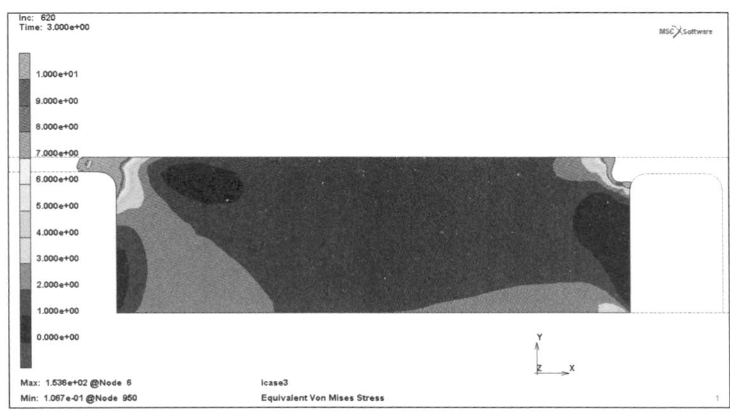

图 8-62　加压结束后的整体变形图和等效应力分布

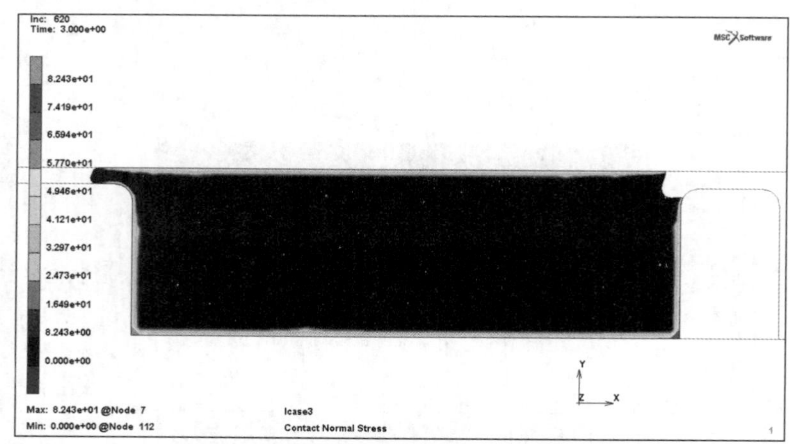

图 8-63　加压结束后的整体变形图和接触应力分布

打开后处理文件，执行以下操作然后单击▶查看应力的动态变化。执行以下操作然后单击▶查看接触法向应力的动态变化。

结果→模型图
---*变形形状*---
样式：变形后▼
---*标量图* ---
样式：云图▼
标量：⊙ 等效米塞斯应力
标量：⊙ Contact Normal Stress

8.4　密封件的压缩永久变形分析

工程中的弹性体材料通常采用非线性超弹性材料模型，但实际上有些部件还会呈现出永久变形的现象。为了更好地处理这类材料，Marc 提供了多网络模型（并行流变框架模型），目的是更好地描述热塑料和碳填充橡胶材料的行为。该模型可以当作一般的麦克斯韦模型，它包含一个叫作基本网络（主网络）的弹性单元，以及被标注为次级网络的一系列粘弹性单元和 / 或一系列弹塑性单元，如图 8-64 所示。

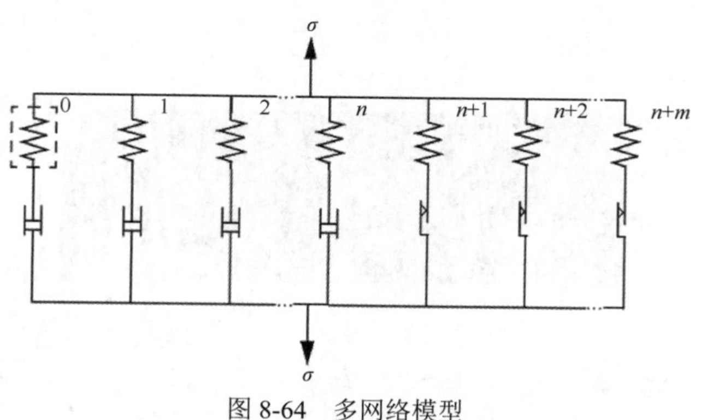

图 8-64　多网络模型

在图 8-64 中，网络 0 是基本网络，Marc 中的所有橡胶模型、损伤模型和粘弹模型均可以用；网络 1 到网络 n 是非线性粘弹网络，目前橡胶模型只能是 Arruda-Boyce 模型，而粘弹模型是基于 Bergström-Boyce 模型的；网络 n+1 到网络 n+m 是非线性弹塑性网络，能考虑橡胶的永久变形。

塑性网络通过引入 PERM SET 选项进行定义，每个塑性单元将拥有自身的流动应力。整体塑性应变应该是整体应变减去整体弹性应变，而不是特定网络中的塑性应变总和。在网络中的塑性部分支持米塞斯屈服面硬化准则并可选择各向同性、随动或混合硬化。

8.4.1　问题描述

图 8-65 所示为刚性面压缩密封条在 XY 平面的投影图，刚性面先下压密封条，然后被移开并保持较长时间直到分析结束，此阶段密封条的变形有所恢复。图 8-65 中标注了一些典型位置节点的等效应力 - 应变迟滞环。

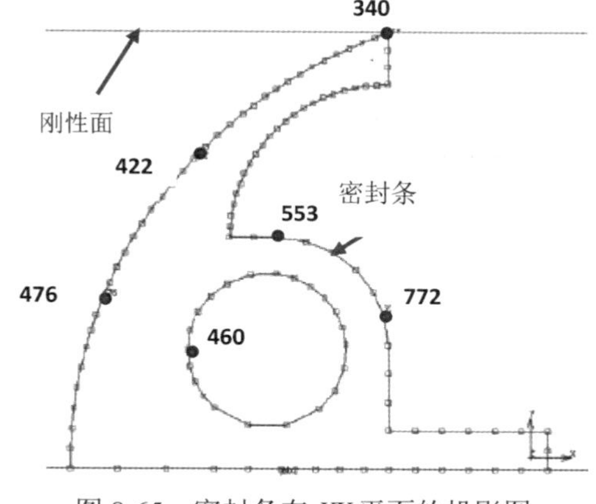

图 8-65　密封条在 XY 平面的投影图

8.4.2　前处理

前处理步骤如下。

1. 导入几何模型与网格

本例直接导入本书所附电子资源相关文件夹下的模型 hypervisco_ini.mud，并将其另存为 hypervisco_complete.mud。对于 Marc/Mentat 2020，每个模型的分析维数都是确定的。对于本例，导入初始模型后就可在界面顶部见到 分析 3D▾ 结构分析 标识，表示本模型为三维结构分析模型。

2. 定义材料特性

（1）定义橡胶材料的弹塑性硬化曲线。打开“表格 坐标系”选项卡，在“表格”选项组中单击“新建▼”按钮，选择“1 个自变量”选项，在弹出的对话框中定义表格的名称、类型（等效塑性应变），然后添加 4 个数据点，如图 8-66 所示。具体操作的命令流如下：

```
表格 坐标系→表格→新建▼→1个自变量
  名称：hard
  类型：eq_plastic_strain
  ⊙ 数据点
  增加点
  0.    2
  0.01  3
  0.1   4
  1.    5
  显示完整曲线
```

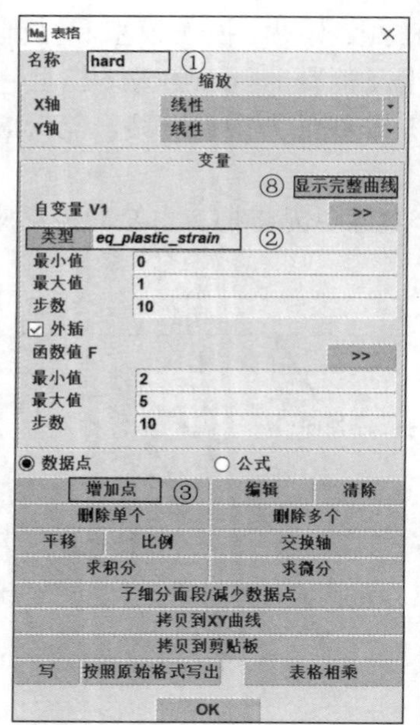

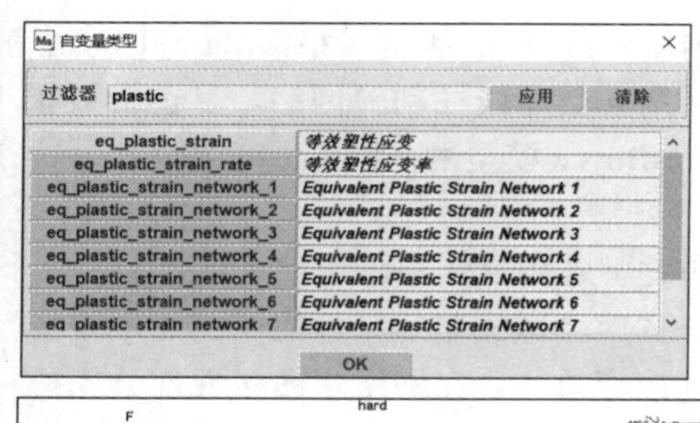

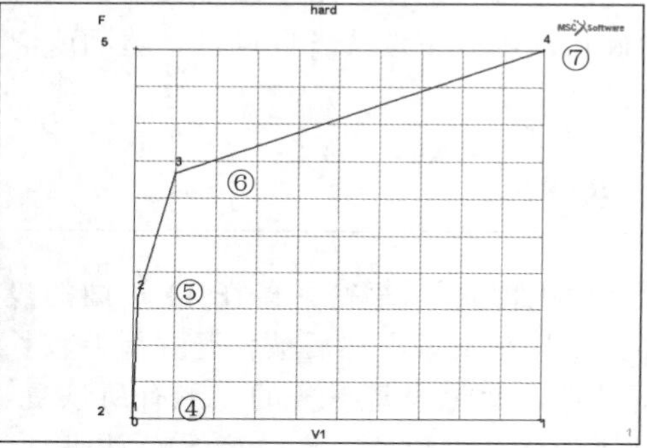

图 8-66 定义材料硬化曲线

（2）定义二级网络中的材料属性，采用 Arruda-Boyce 模型。打开“材料特性”选项卡，在“材料特性”选项组中单击“新建▼”按钮，选择“有限刚度区域”选项后再选择“标准”选项，弹出“材料特性”对话框，设定“名称”为 ab_8h，将“类型”选项改成“Arruda-Boyce 模型”，将“链密度＊玻尔兹曼常数＊温度（Nkt）”参数设为 0.88468，“链长度”设为 8，将“体积模量”的定义方式改为“用户（定义）”，并输入参数 1000，如图 8-67 所示。具体操作的命令流如下：

名称：ab_8h
--- *其他特性* ---
类型：Arruda-Boyce 模型 ▼
链密度*玻尔兹曼常数*温度（Nkt）：0.88468
链长度：8
体积模量▼
用户（定义）▼
数值：1000
OK

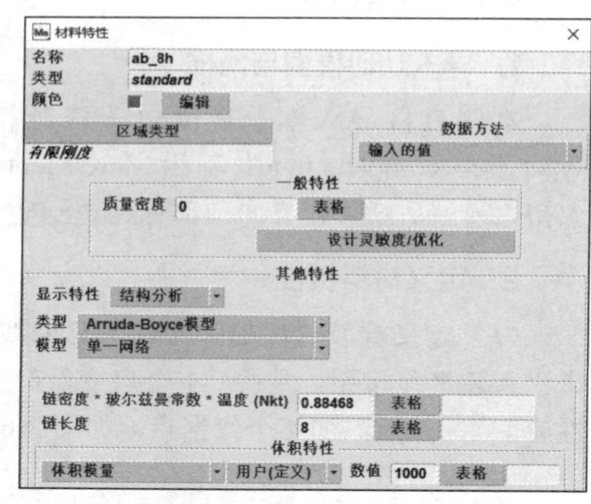

图 8-67 二级网络中材料属性的定义

（3）定义主网络中的材料属性并施加到单元上。主网络的定义也采用 Arruda-Boyce 模型，其定义过程在开始时与二级网络材料属性的定义类似，但其名称、参数与二级网络的定义有所不同。另外，需要将“模型”从“单一网络”改成“多网络”，如图 8-68（a）所示；还需要定义二级网络的参数，单击“二级网络”选项组中的“粘弹性”按钮，弹出图 8-68（b）所示的对话框，选取二级网络材料名，输入相应乘子、指数和 Stress Sens 参数，单击“OK”按钮返回；单击“二级网络”选项组中的“塑性”按钮，弹出图 8-68（c）所示的对话框，选取二级网络材料名，输入屈服应力数值，选取前面定义的硬化曲线名，单击“OK”按钮返回。所有材料参数定义结束后，把材料特性施加到所有单元上。具体操作的命令流如下：

名称：ab_8plastic
--- *其他特性* ---
类型：Arruda-Boyce 模型 ▼
模型：多网络
链密度*玻尔兹曼常数*温度（Nkt）：0.55293
链长度：8
体积模量▼：用户（定义）▼
数值：1000
--- *二级网络* ---
粘弹性
附加 ab_8h
乘子：1.75
指数：-1
Stress Sens.：4
OK
塑性
附加 ab_8h
屈服应力：1
表格： hard
OK
单元：添加
All Existing
OK

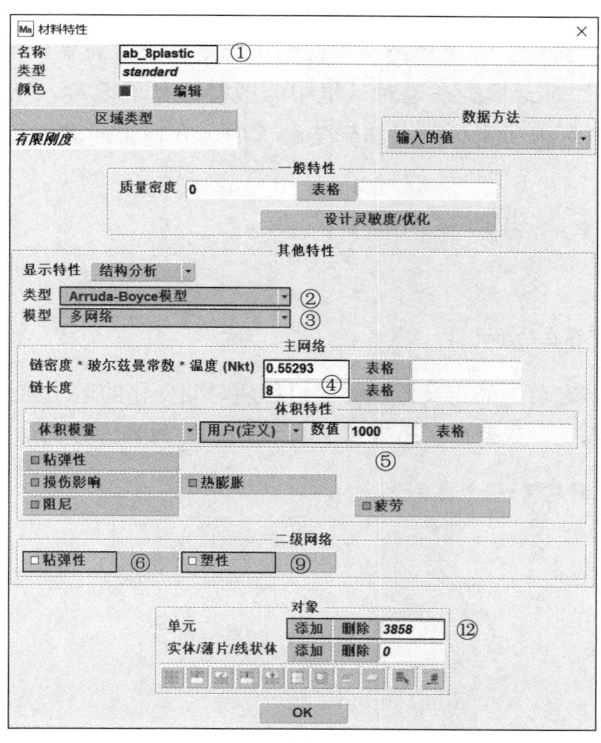

（a）

图 8-68　主网络中材料属性的定义

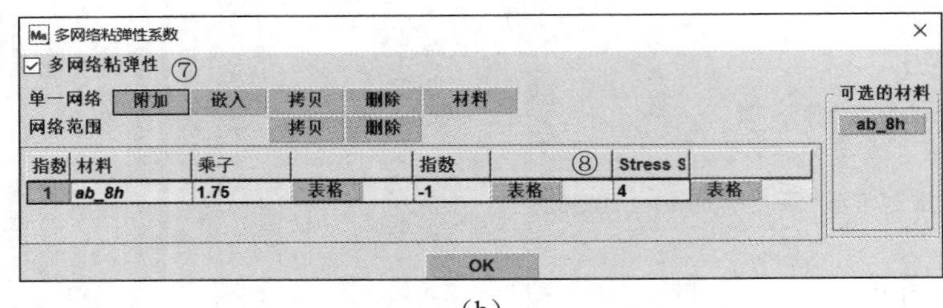

（b）

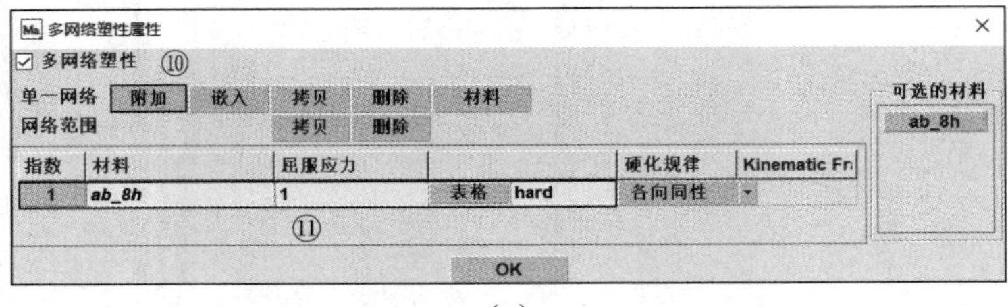

（c）

图 8-68　主网络中材料属性的定义（续）

3. 定义接触

接触定义包括接触体、接触关系和接触表的定义。在定义接触体时，一般还需要对接触刚体的内外方向进行检查。本例有以下 3 个接触体。

- 接触体 1：橡胶密封圈，使用离散描述。
- 接触体 2：顶部刚体，使用解析描述，下压距离为 200mm，在 1s 内完成。
- 接触体 3：底部刚体，与密封圈粘接。

（1）打开“接触”选项卡，在“接触体”选项组中单击“新建▼”按钮，选择“变形体”选项，弹出“接触体特性”对话框；在该对话框中修改接触体的名称，然后单击“单元”右侧的“添加”按钮，单击▦图标把所有单元添加到接触体中，其他采用默认设置。具体操作的命令流如下：

```
接触→接触体→新建▼→变形体
  名称：Deformable
  单元：添加
  单击▦图标选择所有存在的单元
```

（2）在定义顶部刚体之前，先定义该刚体的位移随时间变化的运动曲线，定义的过程与前面章节描述的类似，需要输入 5 个数据点，结果如图 8-69 所示。具体操作的命令流如下：

```
表格 坐标系→表格→新建▼→1个自变量
  名称：move
  类型：time
  ⊙ 数据点
  增加点
  0  0
  1  1
  201   1
  202   0
```

1002 0
显示完整曲线

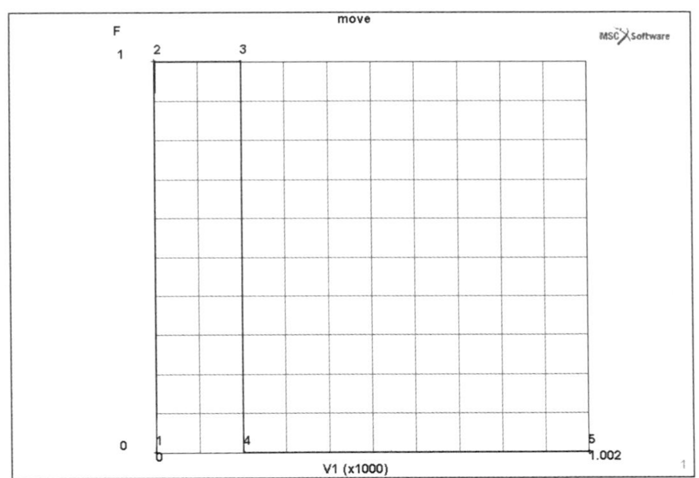

图 8-69　定义刚体的位移随时间变化的运动曲线

进行上部刚体的具体定义。在“接触体特性”对话框中，修改接触体名称，选择“位置”为控制类型，单击其右侧的“参数”按钮，在弹出的“接触体控制”对话框中定义刚体旋转中心 *Y* 方向的位置变化参数，如图 8-70 所示，最后选取顶部平面作为刚体。具体操作的命令流如下：

接触→接触体→新建▼→刚体
名称：Moving
--- *接触体控制* ---
位置▼
参数
--- *旋转中心的位置* ---
Y：-200　表格：move
OK
非均匀有理B样条曲面：添加
选择顶部平面

（3）底部固定刚体的定义比较简单，需要修改一下接触体名称，采用解析描述。由于在分析中位置保持固定不动，因此无须设置其他控制参数。具体操作的命令流如下：

接触→接触体→新建▼→刚体
名称：Fixed
非均匀有理B样条曲面：添加
选择底部平面

（4）接触体定义结束后，可以查看刚体内表面的方向。具体操作的命令流如下：

接触 → 接触体 →☑ 标识 →☑ 标识面的方向

需要确认接触体是否是外表面一侧与变形体接触。对于曲面刚体，紫红色的一面为内表面。如果有刚性接触面方向不正确，可以单击“工具▼”按钮，选择“曲面方向反转”选项，然后选择接触方向不正确的曲面。对于本例，导入模型时面的方向没有问题，因而无须修改，如图 8-71 所示。

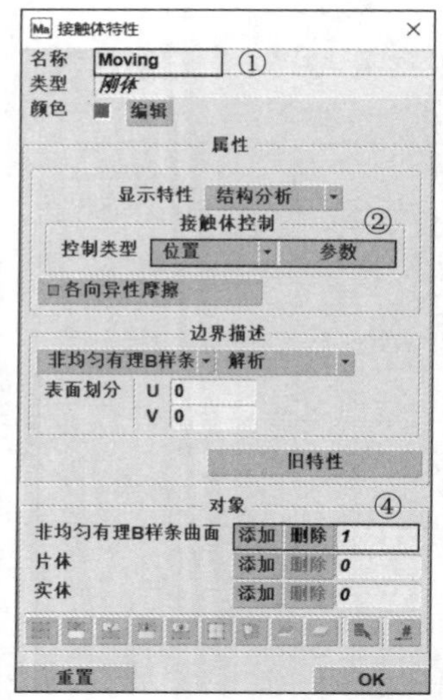

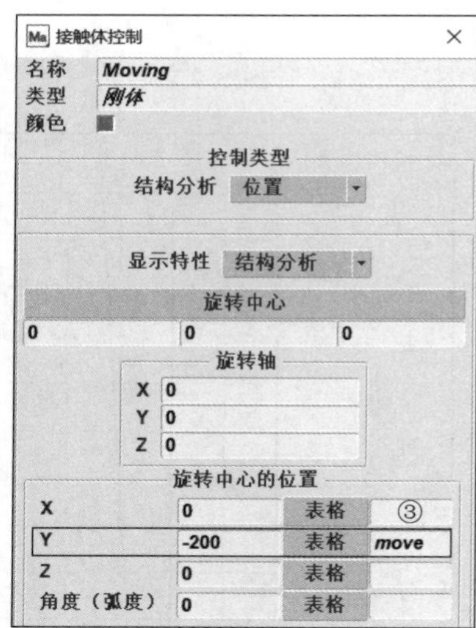

图 8-70　顶部刚体的定义

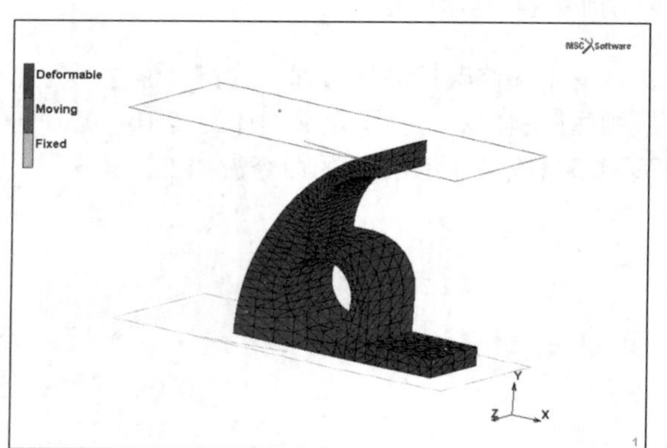

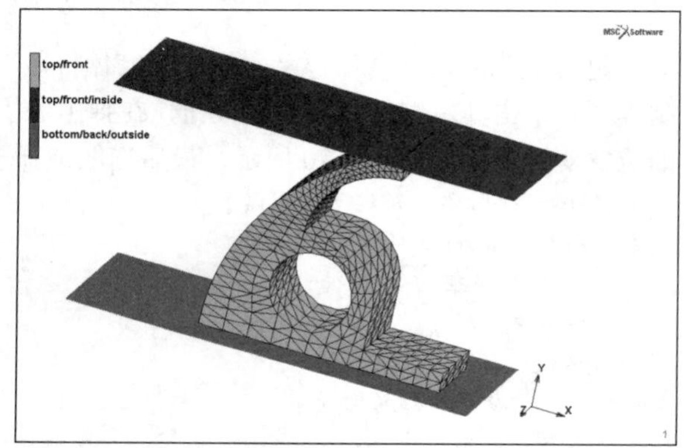

图 8-71　接触体的标识和刚体内外表面的标识

（5）设置接触关系。在本例中，需要考虑橡胶件的自接触。另外，橡胶件与顶部刚体是一般接触关系、与底部刚体是粘接接触关系。因此需要设定 3 种接触关系。本例中的“摩擦系数”取 0.1，具体操作的命令流如下：

接触→接触关系→新建▼→变形体与变形体
　名称：touch1
　摩擦
　　摩擦系数：0.1
　OK
　OK
接触→接触关系→新建▼→变形体与刚体
　名称：glue1
　--- *接触* ---
　接触类型：粘接
　OK
　OK

接触→接触关系→新建▼→变形体与刚体
名称：touch2
摩擦
摩擦系数：0.1
OK
OK

（6）定义接触表。选择“接触表”选项组中的“新建”选项，弹出“接触表特性”对话框，在该对话框中定义接触体之间的接触关系与参数。在本例中，变形体既要考虑自身接触，还要考虑与两个刚体的接触，因此需要采用前面定义好的 3 种不同的接触关系。设置后的“接触表特性”对话框如图 8-72 所示。具体操作的命令流如下：

接触→接触表→新建
单击变形体*Deformable*自接触对应的按钮
☑ 激活
接触关系
touch1
OK
单击变形体Deformable与顶部刚体Moving对应的按钮
☑ 激活
接触关系
touch2
OK
单击变形体Deformable与底部刚体“固定”对应的按钮
☑ 激活
接触关系
glue1
OK

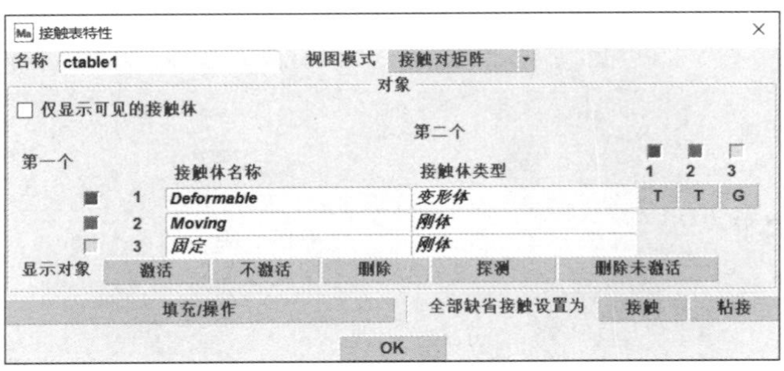

图 8-72　接触表的定义

4．定义分析工况

本例需要定义 4 个静力学分析工况，每个工况的总时间分别为 1s、200s、1s 和 800s；每个工况求解控制参数的设置相同，主要是把“最大迭代次数”设为 40 并考虑“拉伸应力”对刚度矩阵的贡献，如图 8-73 所示。每个工况均采用自适应时间步长，除第二个工况采用残余力收敛准则外，其他 3 个工况均采用位移收敛准则。最后一个工况为了防止位移增量过小引起收敛问题，还做了一些特别设置，当增量步的位移增量小于 0.01 时，迭代位移变化量小于 0.002 就认为收敛，如图 8-74

所示。具体操作的命令流如下：

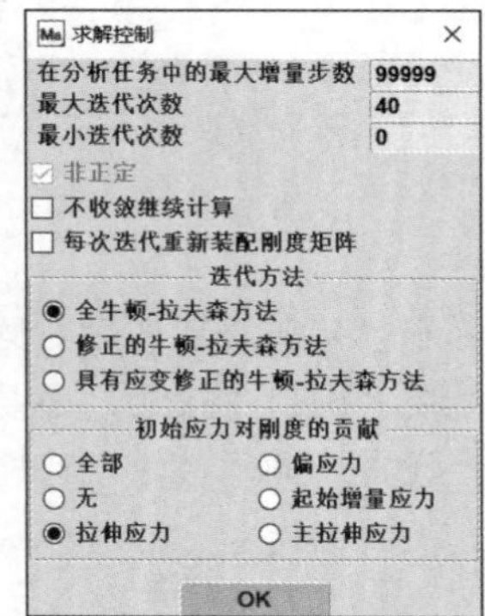

图 8-73　求解控制参数的设置

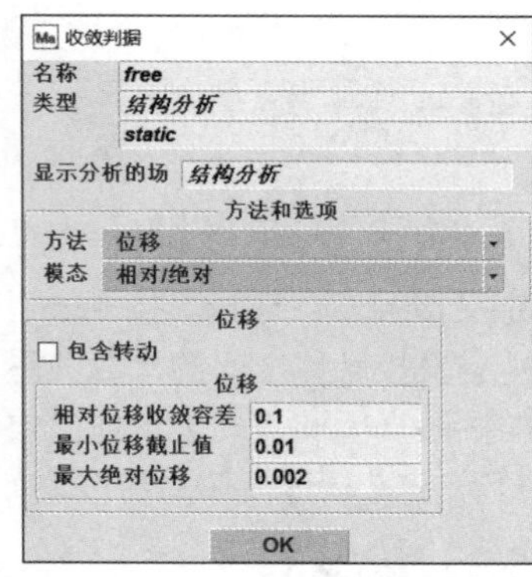

图 8-74　收敛判据参数的设置

分析工况→新建▼→静力学
名称：press
接触
接触表
选择ctable1
OK
OK
求解控制
最大迭代次数：40
☑ 非正定
--- *初始应力对刚度的贡献* ---
⊙ 拉伸应力
收敛判据
--- *方法和选项* ---
方法：位移
整体工况时间：1
---*时间步方法*---
自适应：⊙ 多个准则
OK
分析工况→新建▼→静力学
名称：hold
接触
接触表
选择ctable1
OK
OK
求解控制
最大迭代次数：40
☑ 非正定
--- *初始应力对刚度的贡献* ---
⊙ 拉伸应力
收敛判据

--- *方法和选项* ---

方法：残余力

整体工况时间：200

---*时间步方法*---

自适应：⊙ 多个准则

OK

自适应：⊙ 多个准则 参数

---*最大步长*---

工况的最大时间步长：0.1

OK

OK

分析工况→新建▼→静力学

名称：unload

接触

接触表

选择ctable1

OK

OK

求解控制

最大迭代次数：40

☑ 非正定

--- *初始应力对刚度的贡献* ---

⊙ 拉伸应力

收敛判据

--- *方法和选项* ---

方法：位移

整体工况时间：1

---*时间步方法*---

自适应：⊙ 多个准则

分析工况→新建▼→静力学

名称：free

接触

接触表

选择ctable1

OK

OK

求解控制

最大迭代次数：40

☑ 非正定

--- *初始应力对刚度的贡献* ---

⊙ 拉伸应力

收敛判据

--- *方法和选项* ---

方法：位移

最小位移截止值：0.01

最大绝对位移：0.002

整体工况时间：800
---*时间步方法*---
自适应：⊙ 多个准则
OK
自适应：⊙ 多个准则 参数
OK
OK

后 3 个分析工况的创建可以采用复制功能，以减少操作步骤。

5. 定义分析任务参数并提交运算

打开“分析任务”选项卡，在“分析任务”选项组中，单击“新建▼”按钮，选择“结构分析”选项，在弹出的对话框中定义分析任务参数并提交运算。

本例对分析任务参数的操作主要有选择已有的工况、选取要输出的分析结果项、采用默认的大应变选项。另外，还需将单元类型号设为 157、修改接触方法等。本例输出的分析结果项比较多，需要在可选的单元张量栏中勾选应力，在可选的单元标量栏中勾选等效米塞斯应力，在可选的节点结果栏中勾选接触法向应力。具体操作的命令流如下：

分析任务→新建▼→结构分析
名称：STS
⊙ 大应变
可选的：press、hold、unload、free
分析任务结果
☑ Total Strain
☑ 应力
☑ 等效米塞斯应力
“用户定义▼”
☑ 位移
☑ Contact Normal Stress
☑ Contact Normal Force
☑ Contact Friction Stress
☑ Contact Friction Force
☑ Contact Status
OK
接触控制
方法：面段对面段▼
缺省设置：版本2▼
OK
单元类型
实体
全积分 & Herrmann：157
单击▦图标选择所有存在的单元
OK
提交
提交任务（1）
监控运行

8.4.3 后处理

在计算过程中或计算结束后可以打开后处理结果文件查看分析结果。在本例中，可以查看等效应力分布的变化过程，包括各个工况结束时的等效应力分布（见图 8-75）。从图 8-75 可以看出，由于黏性，橡胶体保持受压状态 200s 后，等效应力有明显的下降。查看接触法向应力分布的变化，可以了解密封件的密封效果。查看等效总应变的变化，可以看出在 1002s 时，部分区域还有明显大于 0 的等效应变存在，这是考虑材料塑性的结果（见图 8-76）。另外，查看变形图和位移云图，可以看到橡胶件有明显的、不可恢复的变形（见图 8-77）。

（1）打开后处理文件，执行以下操作：

结果→模型图
---变形形状---
样式: 变形后 ▼
---标量图 ---
样式：云图▼
标量：⊙ 等效米塞斯应力

（2）单击 ▶ 查看等效应力的动态变化。

标量: ⊙ Equivalent of Total Strain

（3）单击 ▶ 查看等效总应变的动态变化。

标量：⊙ Contact Normal Stress

（4）单击 ▶ 查看等效总应变的动态变化。

标量: ⊙ Displacement Y

（5）单击 ▶ 查看 Y 向位移的动态变化。

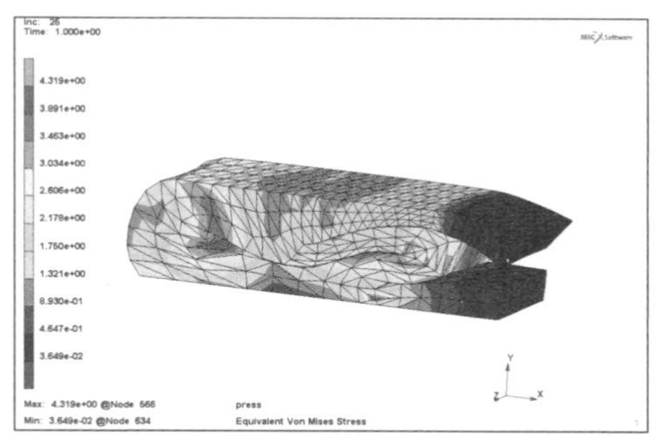

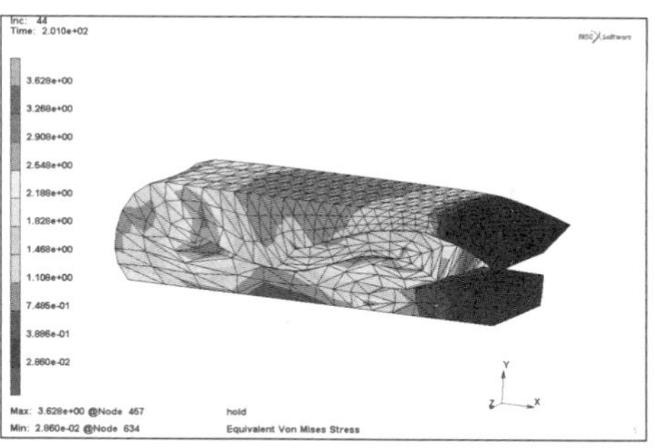

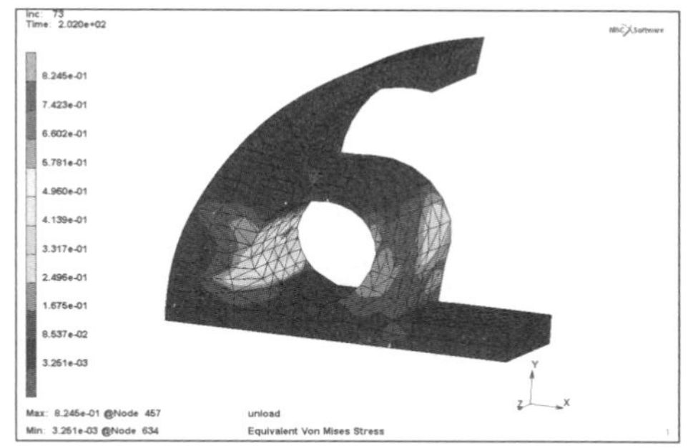

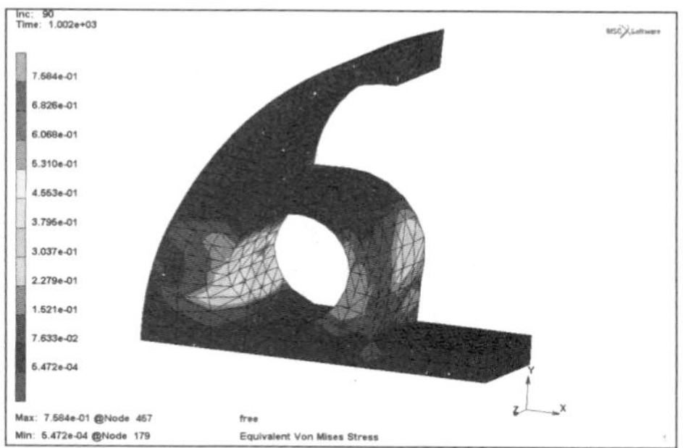

图 8-75　橡胶密封件在各个工况结束时的变形和等效应力云图

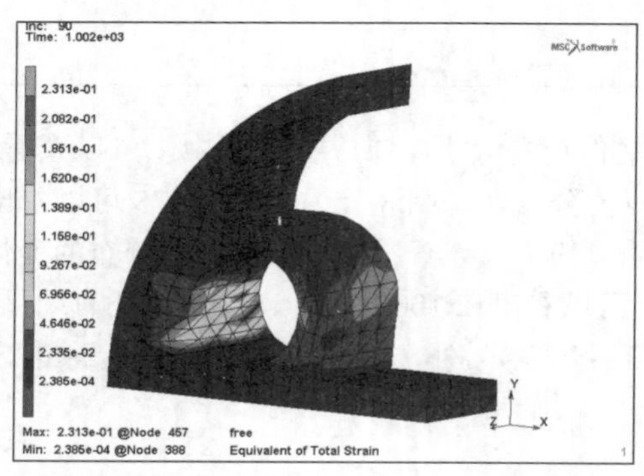

图 8-76　分析结束时的等效应变云图

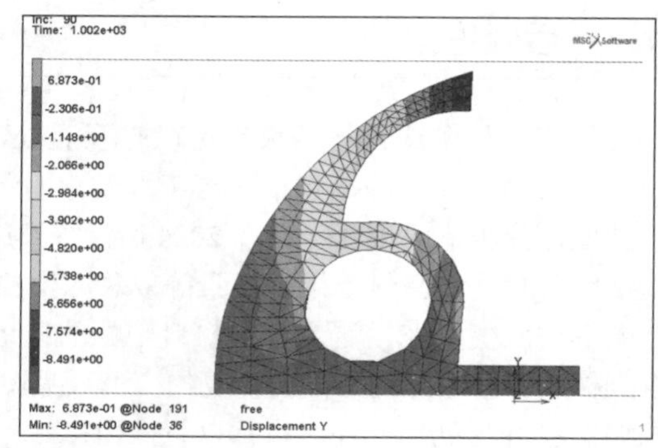

图 8-77　分析结束时的 *Y* 方向位移云图

用户还可以按照自己的需求查看其他类型的结果云图、曲线等，图 8-78（a）是绘制 460、476 节点等效应变和等效应力历程曲线的有关对话框。打开“结果”选项卡，选择“历程曲线”选项，在打开的对话框中进行绘制历程曲线的操作，结果如图 8-78（b）所示。具体操作的命令流如下：

结果→历程曲线
设置位置：460、476节点
所有增量步
添加曲线
--- *X*轴 ---
数据载体类型：位置（节点/样点）▼　模态：全部 ▼
变量：Equivalent of Total Strain
---*Y*轴---
数据载体类型：位置（节点/样点）▼　模态：全部 ▼
变量：Equivalent of Stress
添加曲线
显示完整曲线

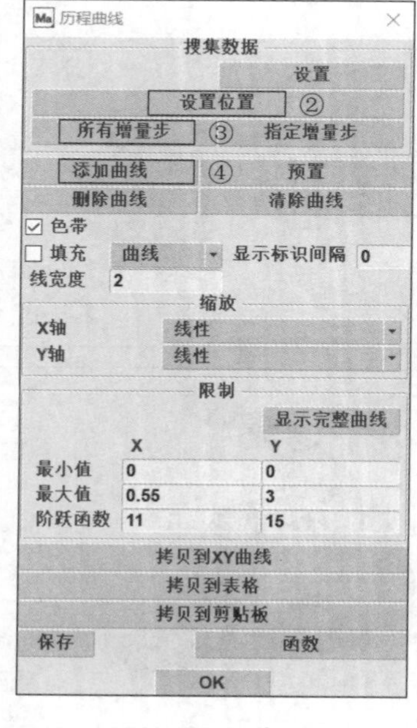

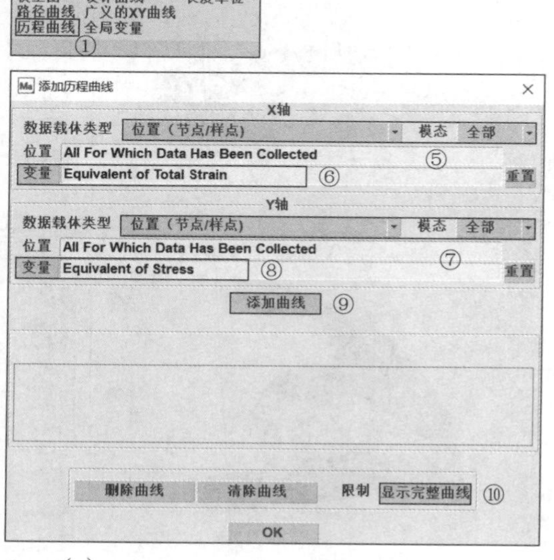

（a）

图 8-78　460 节点和 476 节点的等效应变 – 应力历程曲线的绘制

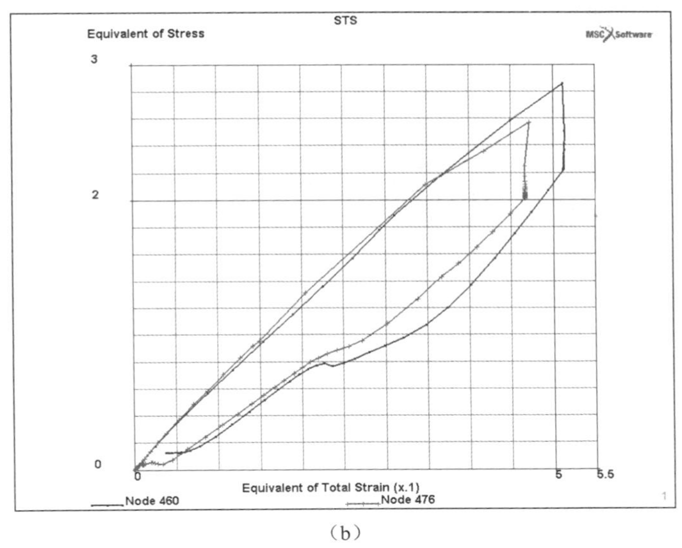

（b）

图 8-78　460 节点和 476 节点的等效应变－应力历程曲线的绘制（续）

为了使曲线更清晰，可以在“历程曲线”对话框中将“显示标识间隔”设为 0，将 X 轴的“最大值”设为 0.55、“阶跃函数”设为 11，将 Y 轴的“最大值”设为 3、“阶跃函数”设为 15。

8.5　橡胶件疲劳分析

Marc 2020 增加了基于有限元分析的橡胶件疲劳分析功能。要得到橡胶件的疲劳寿命，需要先进行应力应变分析。这与常规的结构分析类似，需要定义材料特性、施加的载荷和约束，得到部件的应变场变化历程。随后进行疲劳分析，需要使用前一步计算所得的应变，根据材料的疲劳属性计算出橡胶件的疲劳寿命和损伤程度。

作为标准疲劳材料模型，橡胶件的疲劳性能可通过以下寿命曲线表达式（有时也称为 Wöhler 曲线）来定义：

$$N_f = \mathrm{A}(\varepsilon_k)^{\mathrm{n}} \tag{8-2}$$

其中，N_f 是失效循环次数，A 和 n 是材料性能参数，ε_k 为损伤参数。损伤参数可以是峰值最大格林-拉格朗日主应变，也可以是峰值最大对数应变。

除上述表达式外，还可以通过用户定义的表格绘制 Wöhler 曲线。

疲劳分析有多种加载条件，即恒幅加载、块载荷序列和变幅加载。对于恒幅载荷，上述表达式可直接用于确定失效循环次数。对于块载荷序列，采用 Palmgren-Miner 规则计算疲劳损伤累积水平。对于变幅加载，使用雨流循环计数算法将有限元分析得到的变化应变谱缩减为一组等效的应变幅值，然后采用类似于块载荷序列的 Palmgren-Miner 规则计算损伤程度。

8.5.1　问题描述

图 8-79 所示为受拉伸载荷的橡胶哑铃试样几何模型和有限元模型，这里用这两个模型来说明如何利用 Mentat 和 Marc 进行疲劳分析模型的创建、求解和结果后处理。该有限元模型采用了轴对

称假设，需要定义两个分析任务，先施加强迫位移进行静力学分析，然后进行疲劳寿命分析。

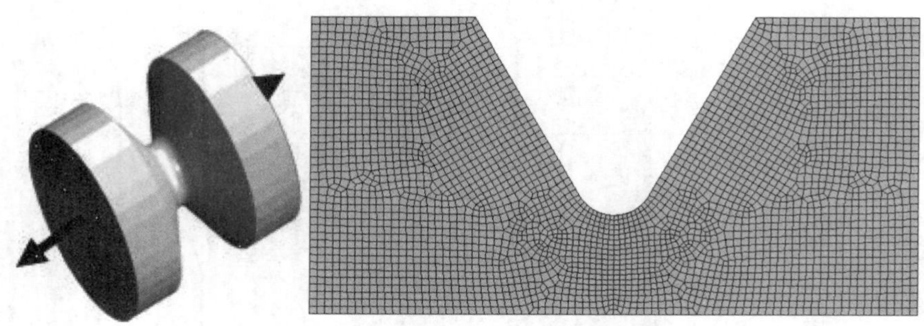

图 8-79　橡胶哑铃试样几何模型和有限元模型

8.5.2　前处理

前处理步骤如下。

1. 导入几何模型与网格

导入本书所附电子资源相关文件夹下的模型 fatigue_ini.mud，并将其另存为 fatigue_complete.mud。导入初始模型后可在界面顶部见到 分析 AX▾ 结构分析▾ 标识，表示本模型为轴对称结构分析模型。

2. 定义材料特性

本例采用二项式的 Ogden 材料模型，体积模量采用自动定义方式，还要定义疲劳分析有关的材料参数。打开“材料特性”选项卡，在“材料特性”选项组中单击“新建▼”按钮，然后选择“有限刚度区域”选项，再选择“标准”选项，弹出“材料特性”对话框，将“类型”改成“Ogden 模型▼”，在“项数”“模量”“指数”处输入相应的参数，如图 8-80(a) 所示。接着单击“疲劳”按钮，在弹出的“疲劳属性”对话框中选择相应的疲劳分析模型、损伤参数，设置“系数 A”和“指数 N”，如图 8-80（b）所示。最后单击图标把材料特性施加到所有单元上。具体操作的命令流如下：

```
材料特性→新建 ▼→有限刚度区域 ▶→标准
 名称：rubber
 类型：Ogden模型 ▼
 项数： 2
    模量        指数
 1  0.0156      4.45
 2  0.55        0.9
 体积模量▼
 自动▼
 数值：1411.05
  疲劳
 --- 疲劳参数 ---
    模型：幂律模型 ▼
    损伤参数：最大的格林-拉格朗日主应变 ▼
    系数 A：44963
    指数 N：-3.845
```

OK

单元：添加

所有存在的单元

OK

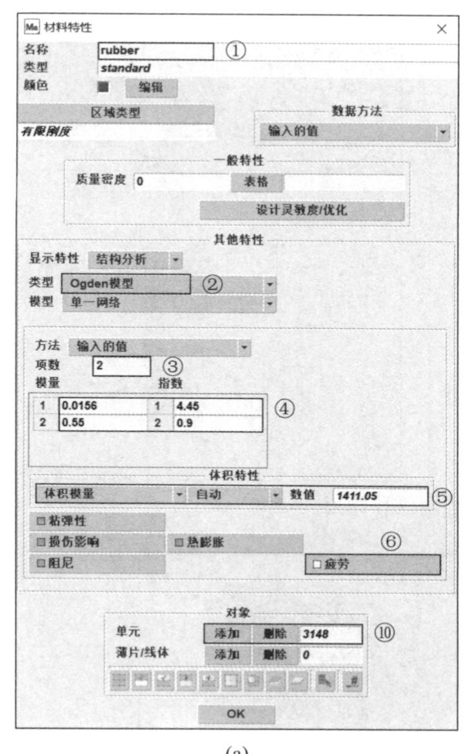

(a)

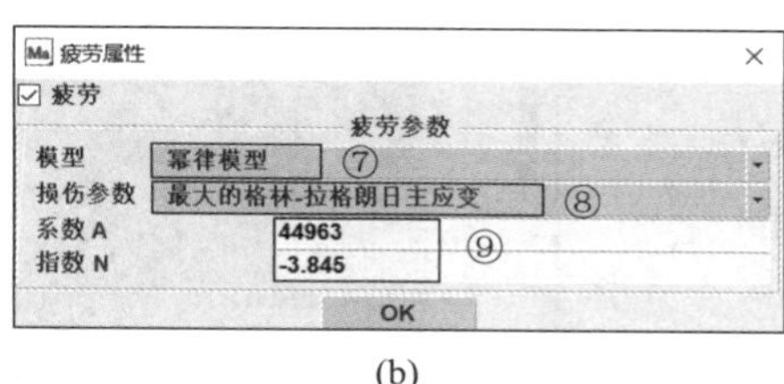

(b)

图 8-80　材料特性的定义

3. 定义边界条件

本例需要定义 3 个位移边界条件，即试样右端承受强迫位移、对左端施加固定约束、对对称轴上的节点施加对称约束（本例不施加也可以）。

在定义强迫位移边界条件时，需要定义位移随时间变化的表格。打开“表格 坐标系”选项卡，在“表格”选项组中单击“新建 ▼”按钮，然后选择“1 个自变量”选项，在弹出的对话框中定义表格的名称（linear_ramp）、类型（时间），并添加两个数据点，即可产生图 8-81 所示的表格。表格定义好后，在“边界条件”选项卡中新建位移约束，弹出图 8-81 所示的对话框，将“名称”改为 pulled，将“X 向位移”设为“4.5”，并选取前面定义好的表格名，然后勾选“Y 向位移”复选框，拾取模型右端所有节点并单击鼠标右键确认，完成强迫位移约束的定义。

对左端施加固定约束（X 和 Y 方向位移均为 0）和对对称轴上的节点施加对称约束（Y 方向位移为 0）的操作相对比较简单，这里不细述。图 8-82 所示为 3 个边界条件的名字和施加位置。

4. 定义分析工况

定义静力学分析工况。打开“分析工况”选项卡，在“分析工况”选项组中单击“新建▼”按钮，选择“静力学”选项，弹出相应的对话框，在其中可以定义静力学分析工况。单击“载荷”按钮，在弹出的对话框中检查一下上面定义的 3 个边界条件是否都已激活。另外，设置分析的总时间为 1s，采用固定时间步长，步数为 10，其他选项采用默认设置。

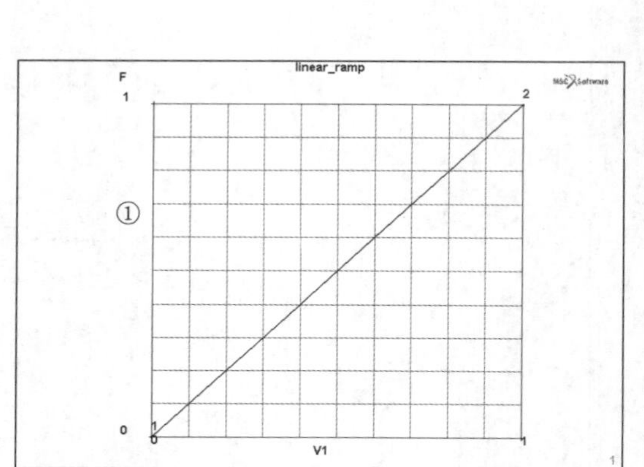

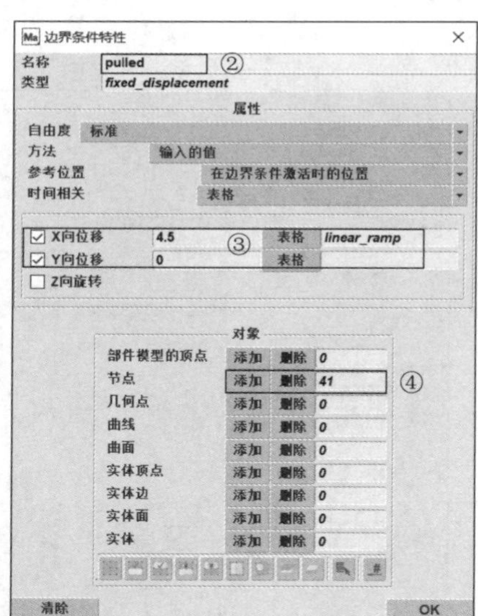

图 8-81　右侧施加的强迫位移约束的定义

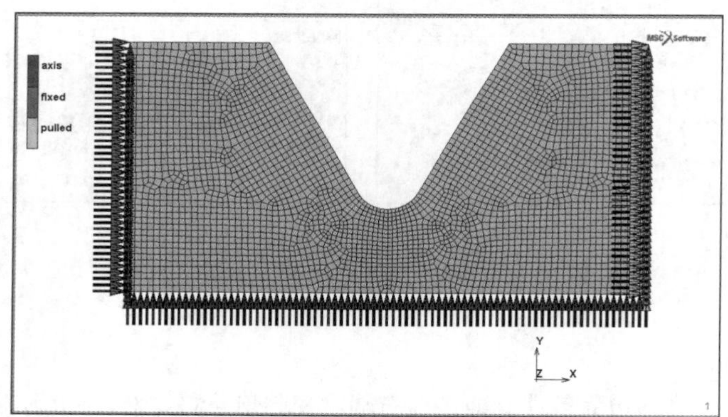

图 8-82　3 个边界条件的名字和施加位置

5. 定义分析任务参数及提交运算

本例需要定义两个分析任务，第一个是结构分析任务，第二个是疲劳寿命分析任务。先定义结构分析任务，打开“分析任务”选项卡，在“分析任务”选项组中，单击“新建▼”按钮，选择结构分析类型，并在弹出的对话框中单击“分析任务结果”按钮，在弹出的对话框中选择应变结果，使之能输出到后处理文件之中。本例在可选的单元张量栏中勾选总应变张量，在可选的单元标量栏中勾选对数应变主值；单元类型号采用默认的 10，为 4 节点轴对称单元，因而不需要进行单元类型的设置。设置结束后提交运算。具体操作的命令流如下：

分析任务→新建▼→结构分析
名称：Structure
⊙大应变
可选的：lcase1

分析任务结果
☑ Total Strain
☑ Principal Values of Logarithmic Strain
OK
提交
提交任务（1）
监控运行

8.5.3 后处理

后处理步骤如下。

1. 结构分析结果后处理

在计算过程中或计算结束后，可以打开后处理结果文件进行结果查看，例如查看最大对数应变主值云图（见图 8-83）、变形图等。结果后处理的具体操作不复杂，可以参考第 3 章和本章前几个例子。

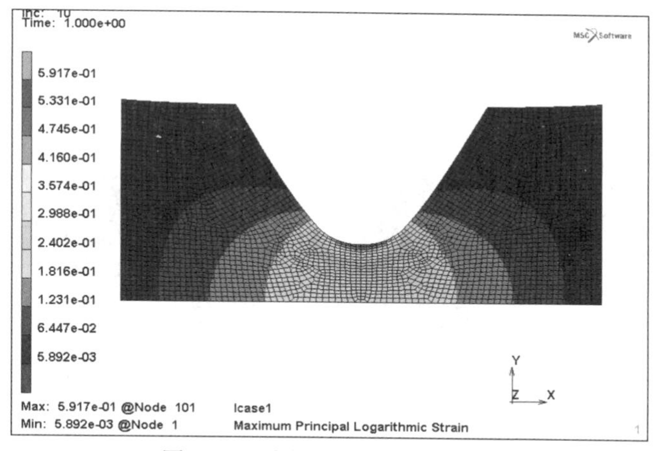

图 8-83 最大对数应变主值云图

2. 定义疲劳分析任务参数及提交运算

在 Mentat 中关闭结果文件，回到模型文件显示状态，打开“分析任务”选项卡，在“分析任务”选项组中，单击“新建▼”按钮，选择结构分析类型，并在弹出的对话框中修改名称，勾选“疲劳分析”复选框后对话框就会切换为图 8-84 所示的状态。将“载荷类型”选项设为“常幅载荷”，将“结果后处理文件”选项设为前面计算得到的后处理结果文件，将“增量步”选项设为“最后”。完成参数定义后即可提交运算。具体操作的命令流如下：

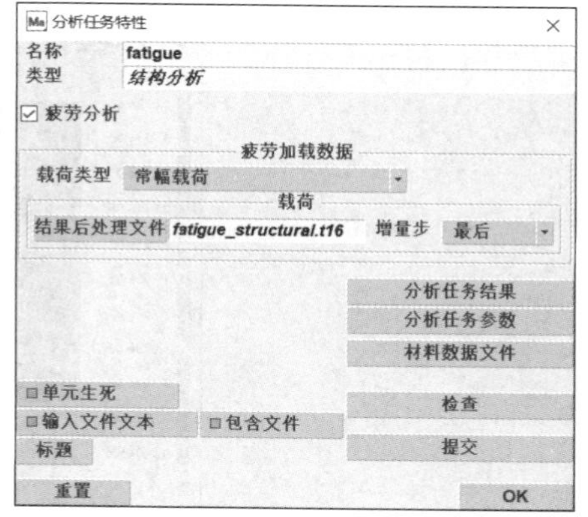

图 8-84 疲劳分析任务参数的定义

分析任务→新建▼→结构分析
名称：fatigue
☑ 疲劳分析
结果后处理文件：fatigue_structural.t16

3. 疲劳分析结果后处理

疲劳分析结束后可以查看相应的计算结果。通常需要查看疲劳寿命次数分布云图，疲劳寿命可以采用常规数值和对数值两种显示方式，如图 8-85 和图 8-86 所示，可见最小失效次数为 27850。另外，还可以查看疲劳损伤值云图，如图 8-87 所示，可见最大值为 3.582e-5。

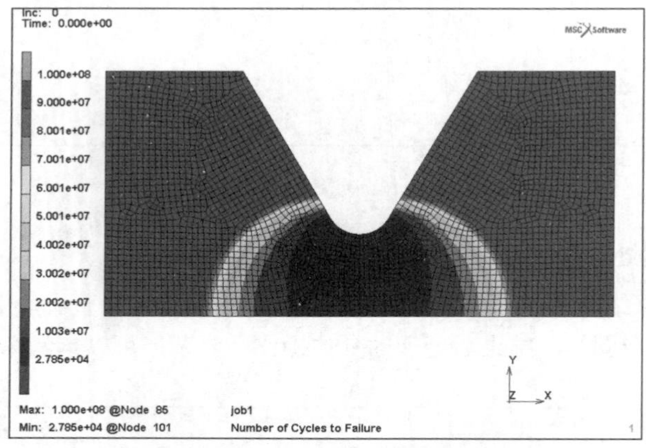

图 8-85　失效的循环次数分布

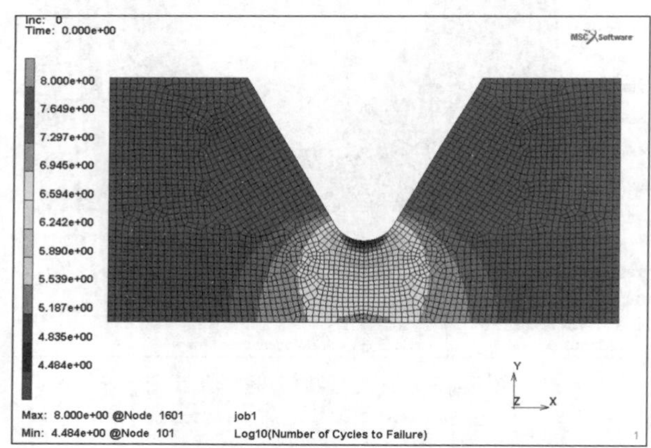

图 8-86　失效循环次数的对数值分布

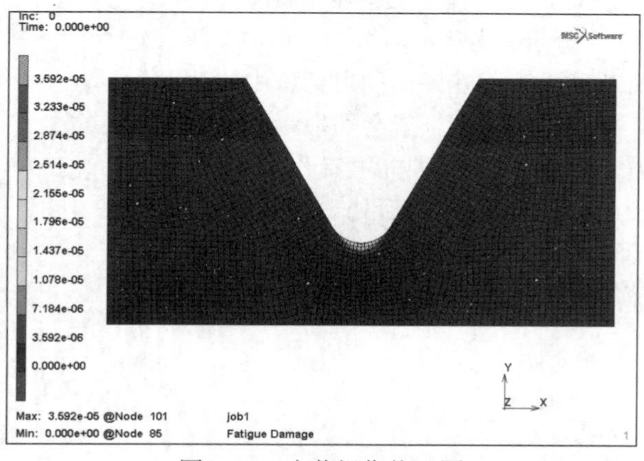

图 8-87　疲劳损伤值云图

第 9 章 Marc 2020 与 Actran 2020 联合仿真

Actran 是一款专门进行声学分析的功能强大的软件。本章将介绍 Actran 的基本设置过程与操作方法，并进一步介绍使用 Marc 和 Actran 进行联合仿真分析的方法与技巧。

本章重点

- Actran 的前处理与后处理
- Marc 与 Actran 联合声学分析

9.1 线性声学基本理论

声学（Acoustics）是关于声音（Sound）和噪声（Noise）的科学。

- 声音是物体振动产生的声波，由具有弹性的流体或固体材料中的微小扰动产生。
- 噪声是一种声学现象，噪声会让人产生不适的听觉感受。这种感受取决于声音的强度，同时也取决于感受者的人文因素和心理因素。

从物理学的角度来看，声音是压强随时间在一个参考压强附近的快速变化。在大气中，参考压强为大气压；在水中，参考压强为流体静压。声学压强的变化幅值与参考压强相比，处于极小的量级：

$$p_{\text{tot}}(t) = p_{\text{atm}} + p_{\text{ac}}(t) \tag{9-1}$$

对声学的研究其实可以拓展到对任意连续弹性介质中压力波传播的研究，如对地球动力学或者水下声波传播的研究。声学问题主要涵盖以下 4 个方面，如图 9-1 所示。

（1）声的产生。

（2）声的传播，即声波从声源到达接收物的传播过程。

（3）接收物（如麦克风、人耳）对声的测量、记录或感知。

（4）声波传播通过介质时对介质本身物理特性产生的影响。在本书涉及的线性声学领域中，忽略声传播对介质物理性质的影响。

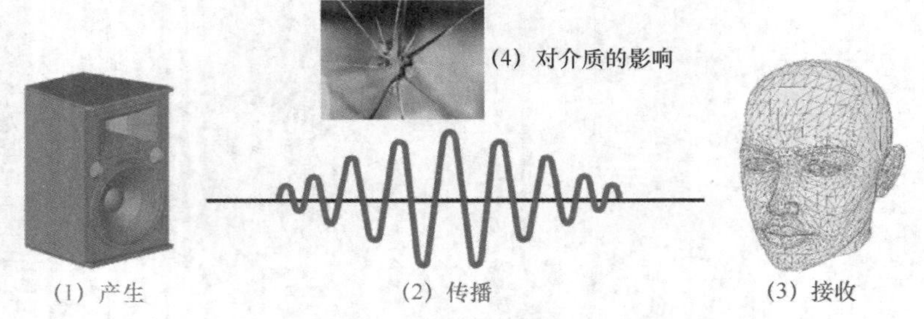

图 9-1 声学问题涵盖的 4 个方面

声音的特征可以由其频率（单频或众多频率）构成来描述。频率的单位是赫兹（Hertz，Hz）。根据频率区间，声音可以划分为 4 个频率域，如图 9-2 所示。

（1）次声（Infrasound）：覆盖从 0 到 20Hz 的频谱。

（2）可被人耳听到的声音：覆盖从 20Hz 到 20000Hz（20kHz）的频谱。其中，人耳对从 20Hz 到 4000Hz 的声音最为敏感。

（3）超声（Ultrasound）：从 20kHz 开始，一般定义到 1GHz，即 10^9Hz。

（4）特超声（Hypersonic sound）：频率在 1GHz 以上。

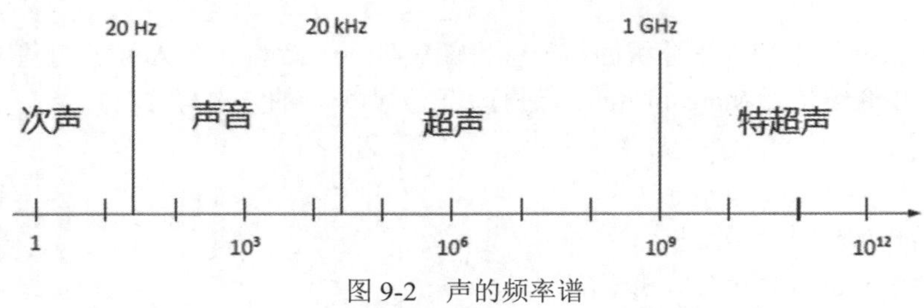

图 9-2 声的频率谱

声音可以由声压的时间历程 p（t）描述，而傅立叶理论表明任何信号均可以被分解为基础的周期信号（正弦、余弦信号）。这些基础信号随频率变化的幅值被称作原时间信号的频谱。对于周期性信号，其频谱是离散的，由有限个或无限个等距分布的频率组成（$\Delta f = 1/T$）。对于非周期性信号，其频谱一般是连续的，由源自各频率的微小贡献叠加而成。信号的时域表示法和其傅立叶变换（频率域表示法）是针对同一现象的不同且相辅相成的描述方式。时域信号记录了真实的物理现象历程，而频谱通常可将此现象以更易于工程师阅读和理解的方式呈现。

通常使用分贝级的概念来描述两个声源功率大小的相对值。对于功率分别为 P_1 和 P_2 的两个声源，它们分贝级的相对值（差值）为：

$$L_2 - L_1 = 10\lg\frac{P_2}{P_1} \tag{9-2}$$

可以引入参考功率来定义声源的绝对功率级。设 P_{ref} 为参考功率，那么声源的功率级为：

$$L = 10\lg\frac{P}{P_{\text{ref}}} \tag{9-3}$$

声场空间中某点的声级一般通过该点的声强与参考声强进行对比来描述。参考声强 $I_{\text{ref}} = 10^{-12}\text{W/m}^2$，则声级为：

$$L_1 = 10\lg\frac{I}{I_{\text{ref}}} \tag{9-4}$$

声强可以用声压和阻抗来表示：

$$I = p_{\mathrm{RMS}}^2 \frac{Z_r}{|Z|^2} \tag{9-5}$$

由此可以推导出用声压表示的声级，或称声压级（Sound Pressure Level，SPL）：

$$\mathrm{Lp} = 20\lg \frac{p_{\mathrm{RMS}}}{p_{\mathrm{ref}}} = 20\lg \frac{p}{\sqrt{2}p_{\mathrm{ref}}} \tag{9-6}$$

在空气中，参考声压 p_{ref} 为 2×9^{-5}Pa。

人耳可听见的声音的频率范围经常被划分成若干个倍频程或三分之一倍频程（见表 9-1 和表 9-2）。基于音乐中对倍频程（Octave）的定义，相邻两个倍频程的中间频率相差一倍。相邻的两个三分之一倍频程的中间频率相差 $2^{1/3}$ 倍。ISO 将倍频程的中间频率取整数 f_c，这样 $10\lg f_c$ 就是整数（见表 9-2 的最后一列），这正好可以作为三分之一倍频程的编号。例如，中心频率是 10kHz 的三分之一倍频程编号为 40。

表 9-1　倍频程的定义

Standardised octave bands			
Number	f_{center}	f_{min}	f_{max}
1	16	0	22.4
2	31.5	22.4	45
3	63	45	90
4	125	90	180
5	250	180	355
6	500	355	710
7	1000	710	1400
8	2000	1400	2800
9	4000	2800	5600
10	8000	5600	11200
11	16000	11200	22400
12	31500	22400	—

表 9-2　三分之一倍频程的定义

Normalised third-octave bands				
Number	f_{center}	f_{min}	f_{max}	**10lg** f_c
1	16	-	18	12.0
2	20	18	22.4	13.0
3	25	22.4	28	14.0
4	31.5	28	35.5	15.0

续表

Normalised third-octave bands				
Number	f_{center}	f_{min}	f_{max}	$10\lg f_c$
5	40	35.5	45	16.0
6	50	45	56	17.0
7	63	56	71	18.0
8	80	71	90	19.0
9	100	90	112	20.0
10	125	112	140	21.0
11	160	140	180	22.0
12	200	180	224	23.0
13	250	224	280	24.0
14	315	280	355	25.0
15	400	355	450	26.0
16	500	450	560	27.0
17	630	560	710	28.0
18	800	710	900	29.0
19	1000	900	1120	30.0
20	1250	1120	1400	31.0
21	1600	1400	1800	32.0
22	2000	1800	2240	33.0
23	2500	2240	2800	34.0
24	3150	2800	3550	35.0
25	4000	3550	4500	36.0
26	5000	4500	5600	37.0
27	6300	5600	7100	38.0
28	8000	7100	9000	39.0
29	10000	9000	11200	40.0
30	12500	11200	14000	41.0
31	16000	14000	18000	42.0
32	20000	18000	22400	43.0
33	25000	22400	28000	44.0
34	31500	28000	—	45.0

9.2　Actran 的声学功能与基本理论

本节将讲述声学有限元与声学无限元的基本概念和相关理论，为后面的学习进行必要的知识准备。

9.2.1　声学有限元

有限元法是从分析复杂的工程结构问题发展而来的。由于有限元法已经有了坚实的数学基础，能应用于几乎所有的连续介质问题，因此有限元法在包括声学在内的物理学各个领域内应用广泛，是主流的数值分析技术之一。在有限元法中，插值函数的用法具有普遍性，不受几何形状和边界条件的限制；另外，插值函数形式较简单，决定系数的定积分也容易求出，所以特别适用于截面或边界条件较复杂的情形。

1. 有限元的单元类型

在 Actran VI 用户操作界面的拓扑分支下，软件会将所导入的或利用 Actran 自带的网格划分工具创建的有限元离散模型，根据单元维度（1D、2D、3D）、单元插值阶次（Linear、Quadratic）进行单元集排序。Actran 支持的有限元平面单元形状有三角形、四面体，支持的有限元三维单元形状有四面体、五面柱体、六面体、金字塔，如图 9-3 所示。

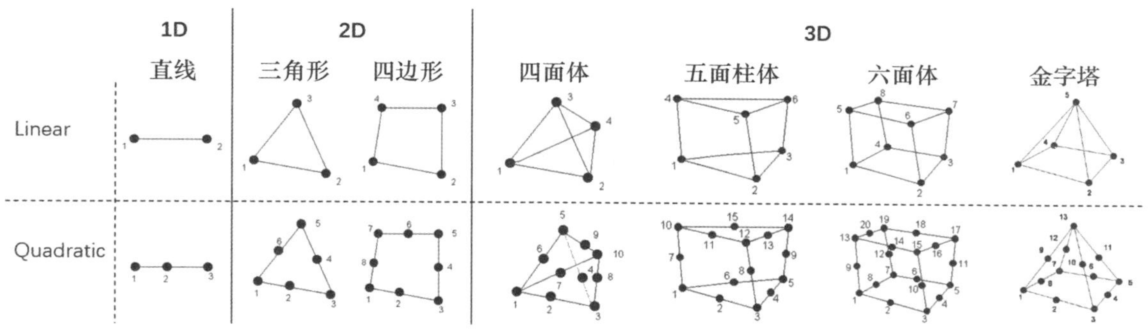

图 9-3　Actran 支持的有限元单元类型

能够导入 Actran 的网格文件格式主要包括 CDB、BDF、UNV、DAT 等。需要注意的是，BDF 格式不支持金字塔单元，故在用其他网格划分工具导出网格模型时，应当谨慎选择 BDF 格式。

2. 有限元的单元尺寸

Actran 支持的有限元单元类型确定以后，紧接着明确其对单元网格尺寸的一般要求。对于不存在流动或者仅存在均匀流动的计算域，为保证计算的准确性，其对有限元网格划分的要求如下：每个最小声波的波长至少有 8 ～ 10 个一阶有限元单元；每个最小声波的波长至少有 6 ～ 8 个二阶有限元单元。

3. 有限域的离散模型

在近声场区域 Ω_i，运用局部坐标系下的一系列插值函数 $N_i(\xi)$，将变量 $\boldsymbol{\psi}$ 插值到每个有限元单元 Ω^e 上：

$$\boldsymbol{\psi}(\xi)=\sum_{i=1}^{N}N_i(\xi)\boldsymbol{\psi}_i \tag{9-7}$$

由于近声场采用 Galerkin 有限元法进行离散（检验函数和试验函数都是从同一个函数空间中得到的），因此在声学有限元模型中，单元内任意一点的声压和质点的位移及其对时间的各阶导数均由单元节点上相应的值表示，可得流体区域声场的有限元矩阵方程如下：

$$(-\boldsymbol{K}-\mathrm{i}\omega\boldsymbol{C}+\omega^2\boldsymbol{M})\boldsymbol{\psi}=\boldsymbol{F}^{\text{aero}}+\boldsymbol{F}^{\text{wall}} \tag{9-8}$$

其中，矩阵 $\boldsymbol{K}$、$\boldsymbol{C}$ 和 $\boldsymbol{M}$ 分别为声媒介的等效刚度矩阵、阻尼矩阵和质量矩阵，是相关单元矩阵的集合；$\boldsymbol{\psi}$ 为声媒介的声学变量列向量（响应）；上式右侧的向量 $\boldsymbol{F}$ 是变分形式的声传播方程中右端所有已知区域的声源贡献量的集合列向量（从 CFD 结果文件中提取出的气动噪声源、边界条件）：

$$\boldsymbol{K}=\sum\nolimits_e\boldsymbol{K}^e\text{；}\boldsymbol{C}=\sum\nolimits_e\boldsymbol{C}^e\text{；}\boldsymbol{M}=\sum\nolimits_e\boldsymbol{M}^e\text{；}\boldsymbol{F}^x=\sum\nolimits_e\boldsymbol{F}^{x,e} \tag{9-9}$$

式(9-8)右端的单元节点力由以下两部分组成。

- $\boldsymbol{F}^{\text{aero}}$ 是对应于气动噪声激励的体声源积分列向量（激励）。
- $\boldsymbol{F}^{\text{wall}}$ 是由以下部分组成的面积分声源列向量（激励）：作用在 $\boldsymbol{\Gamma}^{\text{aero}}$ 边界上的空气动力部分；加载边界面法向运动速度的 $\boldsymbol{\Gamma}^{\text{wall,v}}$ 边界；加载法向流速的 $\boldsymbol{\Gamma}^{\text{wall,u}}$ 边界；加载边界面垂向加速度的 $\boldsymbol{\Gamma}^{\text{wall,a}}$ 边界。

4. 有限域的自由边界

声学有限元计算域的自由表面默认为刚性表面，如图 9-4 所示，即在该表面的声粒子法向速度为 0，且声波被完全反射。

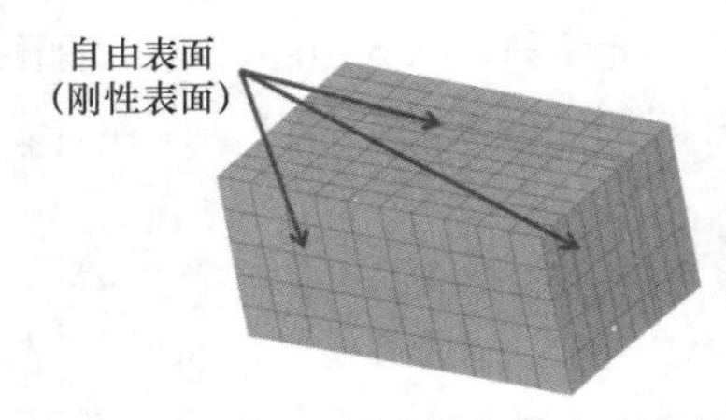

图 9-4 有限元计算域的自由表面特性

5. 有限域的材料

声学有限元计算域通常依据材料属性、几何特征、声源区与非声源区等人为地分成好几个单元集，进而组成 Actran 中的域。而 Actran 分析设置中的 component 组件则进一步将域与材料属性联系在一起。Actran 涉及的材料主要包括固体、流体及介于它们之间的多孔材料。需要注意的是，当多孔材料中的固体框架为刚性体时，多孔材料可以等效为流体。

9.2.2 声学无限元

外声场的声辐射模拟是声学仿真软件需要解决的问题。目前较为成熟的方法主要有边界元法（Boundary Element Method，BEM）、无限元法（Infinite Element Method，IFE）、完美匹配层方法（Perfectly Matched Layer，PML）。

无限元法在求解效率和建模灵活性上有较好的平衡，也是 Actran 中使用较多的方法。声学无限元提供了两种功能（见图 9-5）：创造无反射边界条件，即声波传递到无限元边界，不会发生反射；允许计算远场声学响应，即无限元可以帮助工程师提取计算域外观测点的声学响应。

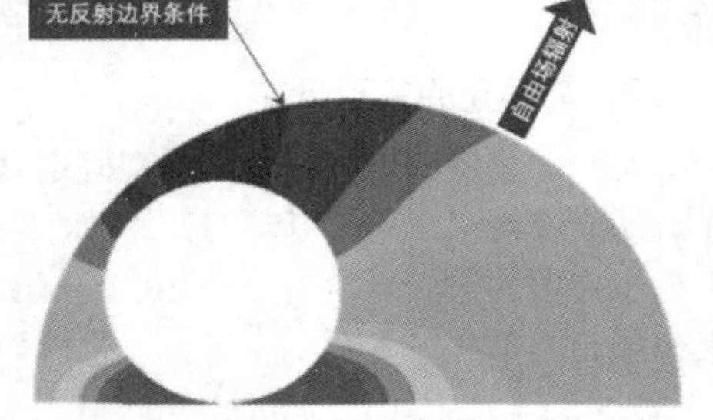

图 9-5 声学无限元提供的两种功能

利用声学无限元的这两种功能，工程师可以解决以下两类问题。

（1）自由场声辐射模拟：交通噪声（模拟轮胎噪声辐射，可以定义地面声阻抗值）；消声室声辐射测试（汽车动力总成、扬声器指向性、耳机性能测试等）；半自由声场（如无限大障板活塞声辐射）。

（2）构件隔声性能模拟：在 Actran 中建立无限大障板系统，模拟隔声的双室（混响室＋消声室）实验，如图 9-6 所示。

图 9-6　声学实验室

1. 无限元的创建

以结构的声辐射问题为例，如图 9-7 所示。在模拟该问题时，需要将与结构邻近的空气域离散为网格模型，包含声学有限元和声学无限元。其中，声学有限元域用于模拟近声场，声学无限元域用于模拟远场声辐射。

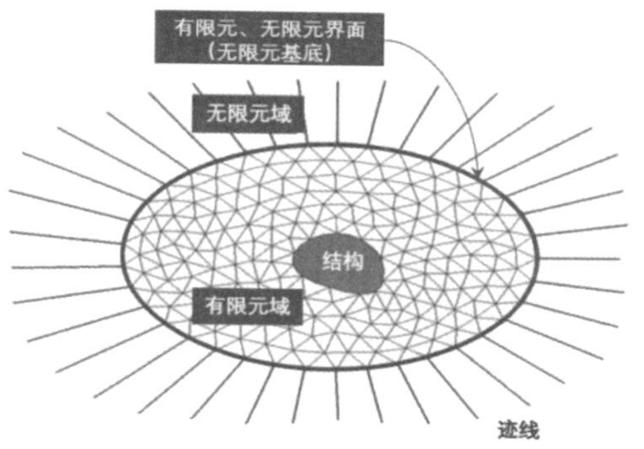

图 9-7　无限元在结构的声辐射问题中的应用原理

声学无限元的典型应用场合有排气系统的壳体辐射噪声、飞机机身的声散射、排气尾管的声辐射、发动机辐射噪声等。从这些应用可以看出，当声源产生并且传播进入一个无限空间时，可以利用无限元法模拟声波的自由传播状态，控制有限元的计算域范围。

无限元的定义需要输入以下参数。

（1）材料。

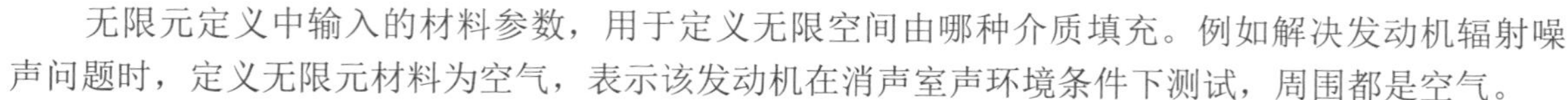

无限元定义中输入的材料参数，用于定义无限空间由哪种介质填充。例如解决发动机辐射噪声问题时，定义无限元材料为空气，表示该发动机在消声室声环境条件下测试，周围都是空气。

（2）椭球参考坐标系。

定义无限元材料后，还需要定义椭球参考坐标系，具体参数如下。

- 原点：（x_0，y_0，z_0）。
- 3 个各向异性的矢量 $\boldsymbol{v}_1$、$\boldsymbol{v}_2$ 和 $\boldsymbol{v}_3$，以及各自的长度 a、b 和 c。

根据以上参数定义的椭球参考面（注：若椭圆的 3 个轴的长度相同，则参考面为球面）为：

$$\frac{\boldsymbol{v}_1^2}{a^2}+\frac{\boldsymbol{v}_2^2}{b^2}+\frac{\boldsymbol{v}_3^2}{c^2}=1 \tag{9-10}$$

椭球面可以变为扁长的椭球形状（$a>b=c$）、扁平的椭球形状（$a=b>c$）或者球形（$a=b=c$），这取决于 a、b、c 之间的关系。需要注意的是，对于二维问题和轴对称问题，坐标轴的数目为 2。

无限元内声源产生的声场可以被看作由一系列的简单声源（单极子、偶极子等）组合而成，如图 9-8 所示。

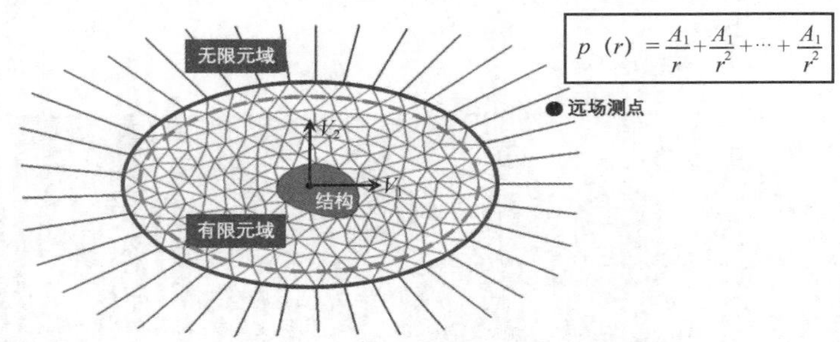

图 9-8　无限元椭球参考坐标系（蓝色虚线为椭球参考面）及其远场响应求解方式

（3）阶次。

无限元的阶次是一种在无限元边界上定义一系列虚拟节点的方法，如图 9-9 所示。增加虚拟节点的数量可以模拟更复杂的辐射声场，但是同时会扩大问题的计算规模。

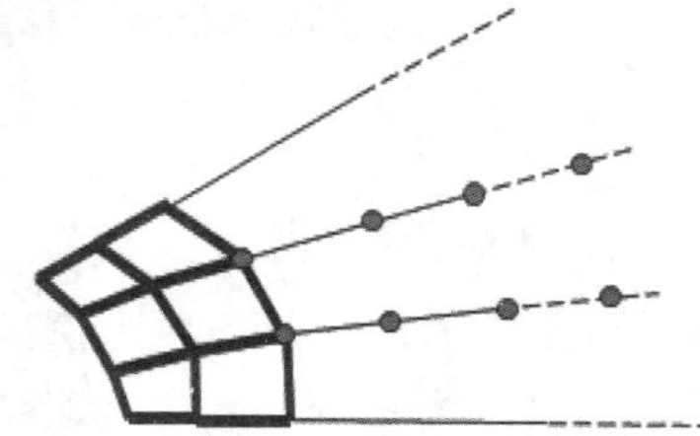

图 9-9　无限元阶次的虚拟节点

2. 无限元的收敛性

声学无限元定义要保证收敛性有两个充分不必要条件：参考椭球面必须包含所有的声“源”；有限元 / 无限元界面必须在参考椭球面外。这两个条件决定了参考椭球面的定义。

有限元中的声源和有限元 / 无限元界面的距离，需要至少满足以下条件之一：必须大于一倍波长；必须大于声源尺度。

虽然无限元界面的形状理论上需要是椭球形，但研究表明其他形状也可行，例如方形的域。通常方形的域更易于创建，但是方形的域与椭球体相比会使用更多的有限元网格，所以推荐使用椭球面或平滑的凸性面作为无限元界面。

无限元收敛意味着如果无限元阶次增加，无限元空间和有限元区域的声压值将保持恒定，与阶次无关。

建立无限元时，界面与阶次可以按照以下步骤定义（见图 9-10）：确认声源（或振动物体）；

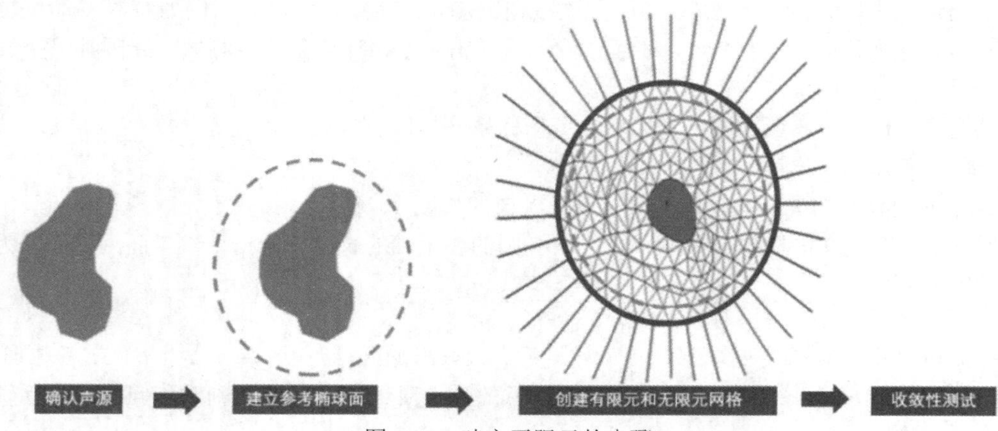

图 9-10　建立无限元的步骤

在声源外建立参考椭球面，椭球面中心需要在声辐射的“原点”处；根据参考椭球面创建有限元和无限元网格；进行收敛性的阶次测试。

有限元网格尺寸和无限元阶次之间可以有折中的选择。若有限元网格数量少，有限元 / 无限元界面非常接近声源，则需要高阶次的无限元才能模拟出复杂声源的辐射特性；若有限元网格数量多，有限元 / 无限元界面离声源较远，则可以定义较低的阶次，如图 9-11 所示。

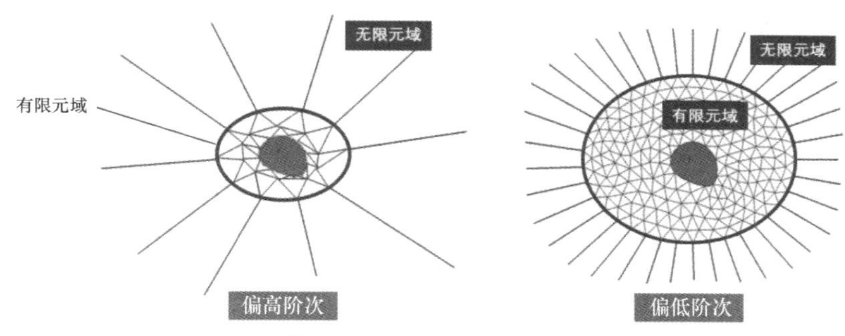

图 9-11　无限元阶次的选择

3. 无限域边界

如果无限元域是半无限空间，那么就存在半无限空间的半无限边界（见图 9-12）。

无限元域边界的形状与无限元径向射线有关，并且由以下几个条件决定：无限元基底的位置；无限元域原点的位置；无限元选择的特定坐标系。

有限元边界如果没有定义为无限元，将作为刚性表面，如图 9-13 所示。

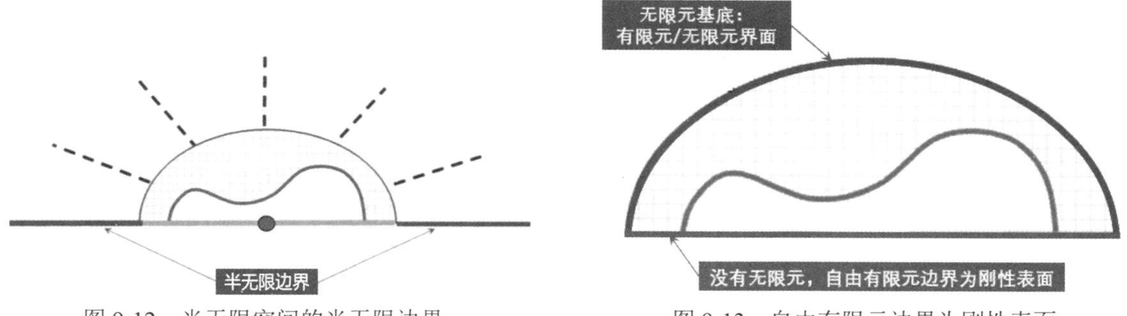

图 9-12　半无限空间的半无限边界

图 9-13　自由有限元边界为刚性表面

9.3 Actran 的前处理与后处理

本节通过一个典型的球状波在自由场中的声辐射 Actran 实例演示软件的前处理与后处理方法，利用声学有限元与无限元模型计算得到与解析公式同样的结果。

9.3.1 问题描述

球声源辐射涉及的二阶单元网格信息（见图 9-14）如下。

（1）用于定义球声源（Spherical acoustic source）边界条件的 2D 网格单元集。

（2）定义一个有限元流体（Acoustic finite fluid）组件 3D 网格单元集，用于对周围介质为静止的均匀流体（空气）进行模拟。

（3）定义一个无限元流体（Infinite elements fluid）组件 2D 网格单元集，作为特定的自由场边界条件。

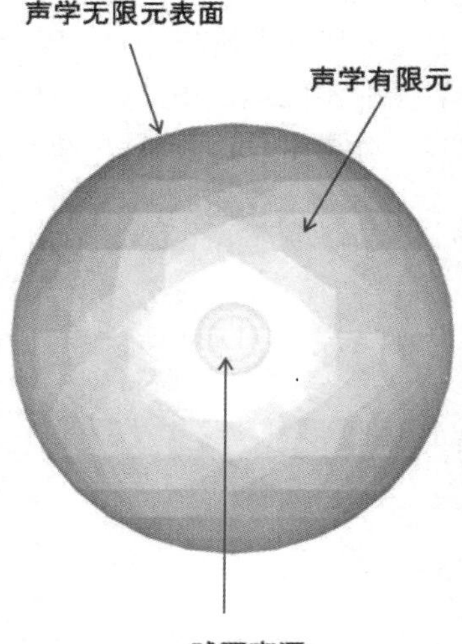

图 9-14　网格单元集

9.3.2　问题解析解

先给出问题的解析解，并在实例的最后与 Actran 数值解进行比较。

位于 P 点（复数）振幅为 A 的点源产生一个入射声场 p_i，定义为：

$$p_i = A\frac{\mathrm{e}^{-ikr}}{r} \tag{9-11}$$

$$k = 2\pi f/c \tag{9-12}$$

其中，r 为 P 点与观测点之间的距离，k 为波数，f 为频率，c 为声速，球声源完全由其振幅 A 和距离 r 决定。

9.3.3　Actran VI 前处理

设置计算模型的工作路径，即输出所有文件的默认路径。启动 Actran VI，选择“File”→“Set Working Directory”，选择实例输入文件目录作为工作路径，如图 9-15 所示。需要注意的是，工作路径应不包含任何空格或特殊字符。

将准备的网格单元文件 monopole_free_filed.bdf 导入 Actran VI，创建 Topology（图中为 TOPOLOOY），数据树中自动显示不同二阶单元集，如图 9-16 所示。其中，导入 BDF 格式的网格文件时，每个 PID 需要创建一个对应的单元集。由于二阶单元具有较高的插值阶数，因此可更好地捕获单极子源。

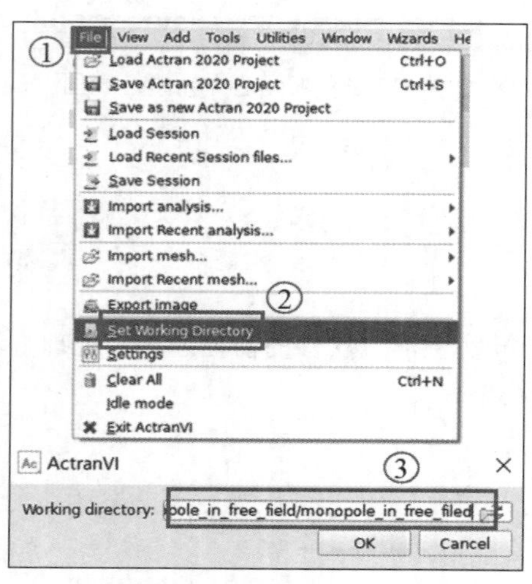

图 9-15　选择工作路径

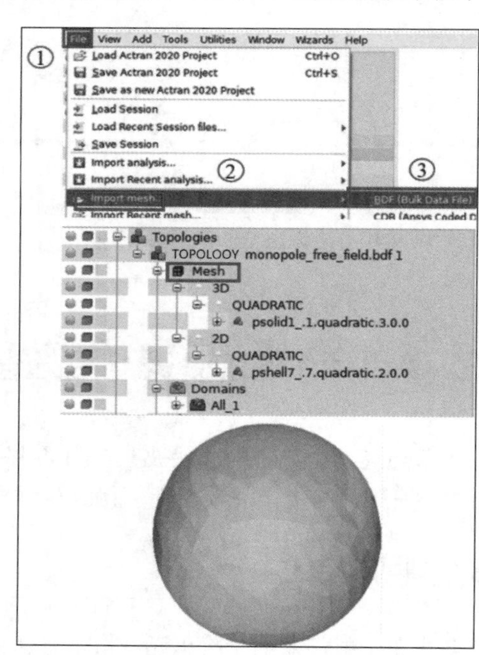

图 9-16　导入网格文件的操作

9.3.4　创建域

基于 PID 自动创建导入的网格文件中单元集对应的域。每个单元 PID 自动创建一个域（Domain），域将 PID 与分析对象连接，使拓扑从分析中进行解耦。其中域名与单元集名相同，一个域由一个或多个单元 PID 组成,“Domains”包含所有的单元集。为每个 PID 创建对应域的操作为：使用鼠标右键单击“TOPOLOGY mesh.bdf”，选择“Auto create domains”，如图 9-17 所示。

双击创建的 2D 三角形面网格无限元域 pshell7_7 和 3D 四面体网格流体域 psolid1_1，可以对创建的域进行重命名（按表 9-3 对其进行重命名），重命名方法如图 9-18 所示。

表 9-3　网格单元命名

默认名称	新名称
pshell7_7	Infinite_surface
psolid1_1	Acoustic_fluid

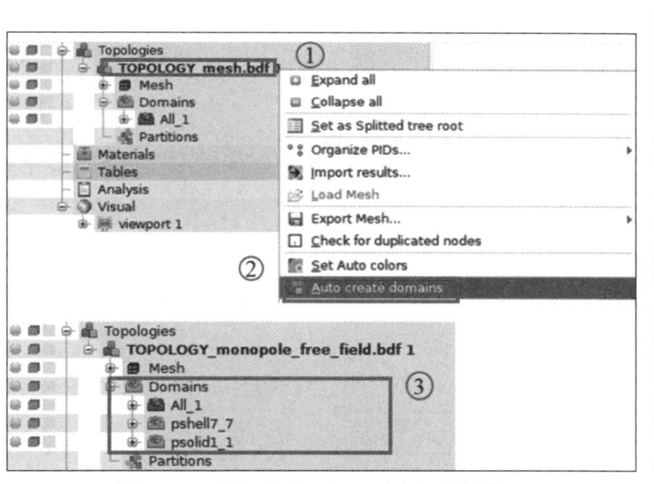

图 9-17　为每个单元 PID 创建对应域

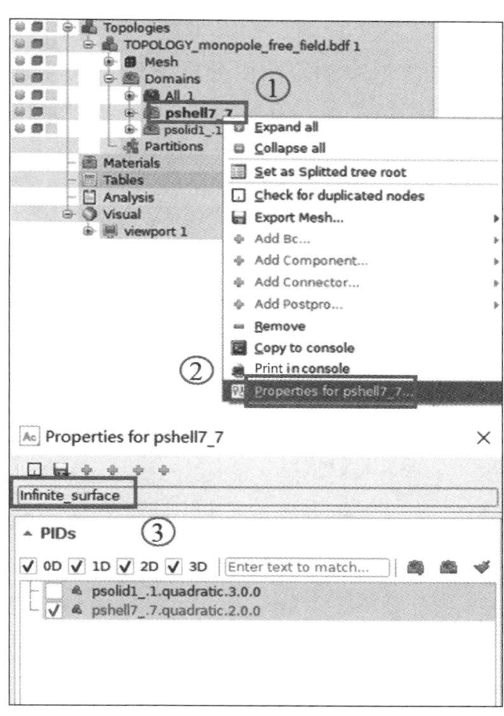

图 9-18　重命名创建的域

9.3.5　创建直接频率响应分析

直接频率响应（Direct Frequency Response，DFR）是一种计算分析类型，提供了振动 - 声学或空气 - 声学对物理坐标中特定激励的响应。在左侧数据树面板中使用鼠标右键单击“Analysis”，选择“Add Actran Analysis”→“Direct Frequency Response”，创建直接频率响应分析，弹出图 9-19 所示的直接频率响应属性设置对话框。

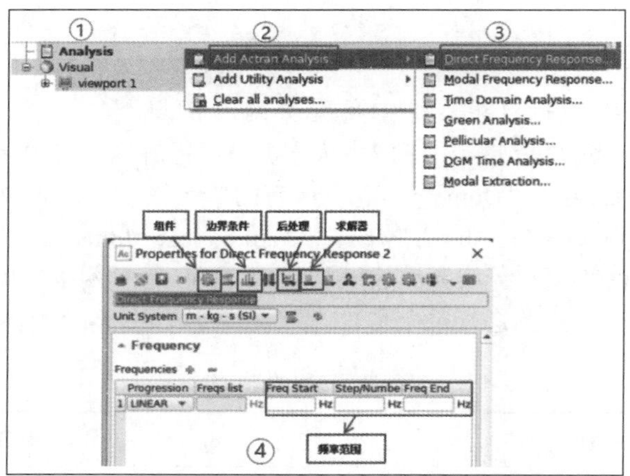

图 9-19　直接频率响应属性设置

9.3.6　指定计算频率的范围

计算频率的范围由分析类型决定，最大分析频率取决于最大单元尺寸。根据经验，每个波长至少需满足 4 个二阶单元尺寸。它知此网格最大单元尺寸为 0.16m，最大分析频率的计算公式为：

$$f_{\max}=\frac{c}{\lambda_{\min}} \tag{9-13}$$

$$\lambda_{\min}=4\times L_{\max} \tag{9-14}$$

其中，c 为声速，单位为 m/s；$\lambda_{\min}$ 为声音在空气中传播时的最小波长，单位为 m；$L_{\max}$ 为声学计算网格最大单元尺寸，单位为 m。由式（9-13）和式（9-14）可计算出最大分析频率为 531Hz，即：

$$f_{\max}=\frac{340}{4\times 0.16}=531(\text{Hz}) \tag{9-15}$$

在直接频率响应属性设置对话框中设置计算频率，定义最小频率 10Hz、最大频率 500Hz、步长为 10Hz，如图 9-20 所示。

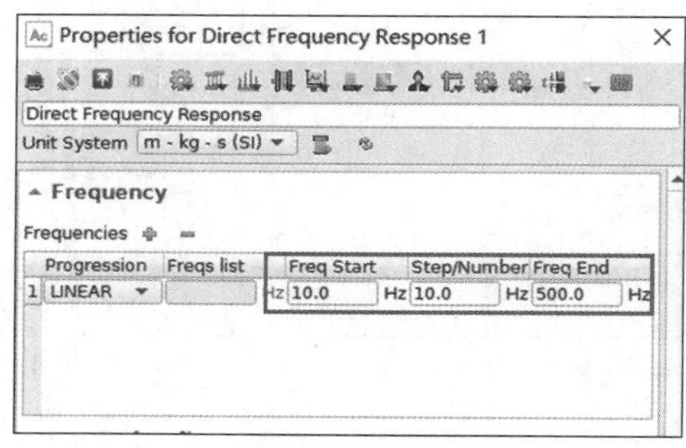

图 9-20　设置计算频率

9.3.7　创建有限元流体组件

本例假设周围介质为均匀流体（空气），需要创建用于模拟声学流体单元的 3D 网格单元集，并将其定义为声学有限元组件。其创建方法为：在直接频率响应属性设置对话框中选择“Component”→“Acouatics”→“Finite Fluid”；在弹出的声学属性对话框“Properties for acoustic 1”中，建立新的流体材料“Fluid Material”，并将声学组件与“Domains”中的“Acoustic_fluid”关联，如图 9-21 所示。

将创建的新流体材料命名为 Air；设置流体材料属性，声速“Sound Speed”设为 340m/s，密度“Fluid Density”设为 1.225kg/m³，如图 9-22 所示。若未对材料属性进行指定，这些值为默认值，可通过界面右侧复原按钮进行默认设置。输入结束后，关闭对话框。

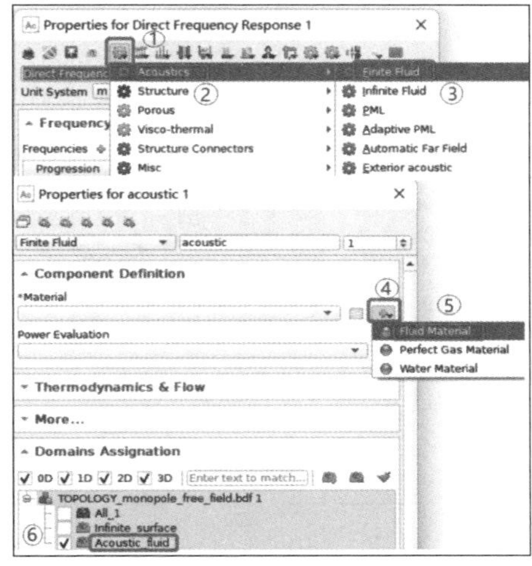

图 9-21　创建有限元流体组件

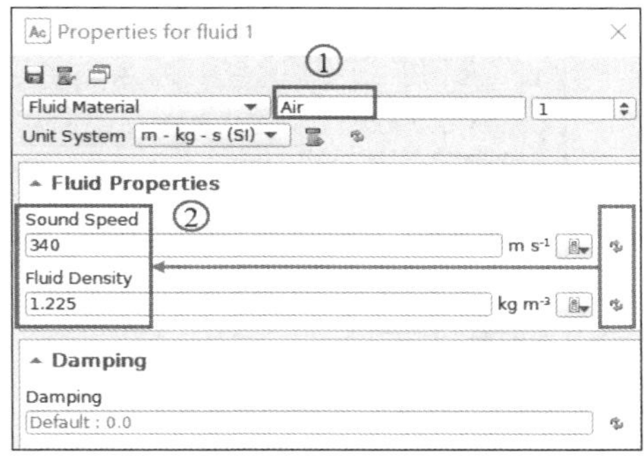

图 9-22　设置流体材料属性

9.3.8　创建无限元流体组件

考虑到单极子声源必须在自由场范围内传播，需要创建用来模拟声学无限元的 2D 网格单元集作为声学无限元组件。无限元组件的创建方式为：选择“Component”→“Acoustics”→“Infinite Fluid”，如图 9-23 所示。

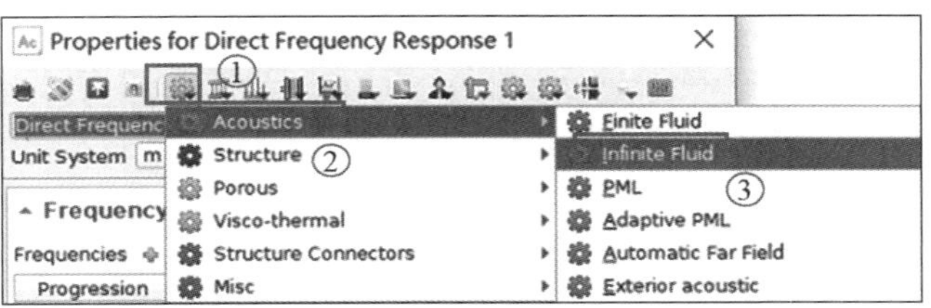

图 9-23　创建无限元流体组件

弹出图 9-24 所示的无限元声学属性对话框“Properties for infinite_acoustic 3”，按表 9-4 对无限元声学属性参数进行设置，并将无限元声学流体组件与“Domains Assignatior”中的“Infinite_surface”关联。

表 9-4　无限元声学属性参数

属性	参数设置
Material	Air 1
Interpolation Order	5
Center	[0,0,0]
Axes	[1,0,0]，[0,1,0]，[0,0,1]
Domains Assignatior	Infinite_surface

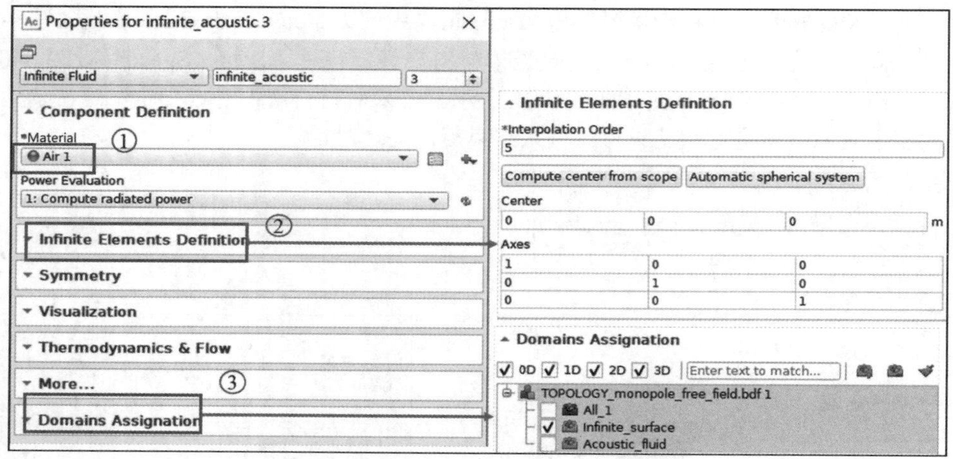

图 9-24　无限元声学属性参数的设置

9.3.9　创建球声源

定义一个位于 P 点（复数）振幅 A=1 的球声源，添加一个声源（球面）边界条件。在图 9-21 所示的直接频率响应属性设置对话框中，选择“Boundary Condition”→“Acoustic Excitations”→“Source”，在弹出的声源属性设置对话框“Properties for source 1”中选择球形“Spherical”，如图 9-25 所示。

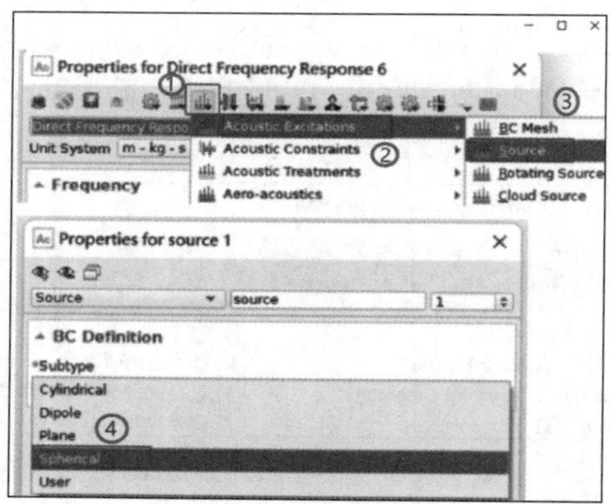

图 9-25　创建球声源

在弹出的声源属性设置对话框中按表 9-5 指定声源的参数，勾选“Visualization Active”复选框可对声源 P 点进行可视化，球声源参数的设置及可视化结果如图 9-26 所示。

表 9-5　声源的参数

属性	参数设置
Name	monopole
Origin	[0,0,0]
Amplitude	1
Type of amplitude	P

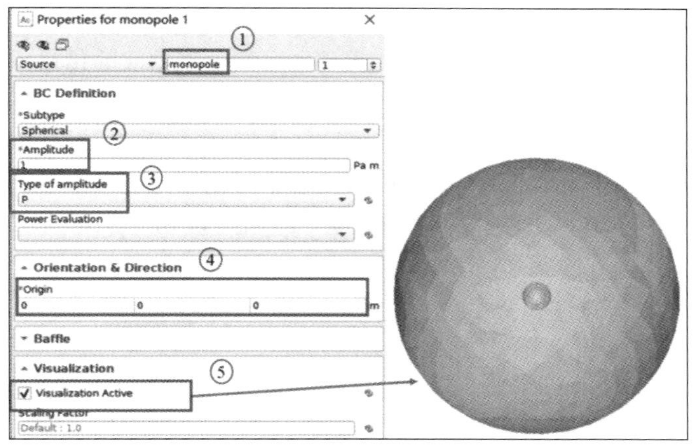

图 9-26　球声源参数的设置及可视化结果

1. 创建场点

场点（Field Point）是用来获取输出流体压力的点。在 Actran 中将场点视为虚拟麦克风，创建方式为在网格工具箱“Meshing Tools”里选择“Points”（以坐标的形式创建场点）。其中，“Description”设置为自定义“custom”，场点坐标为（1,0,0）、（2,0,0）、（3,0,0），基于“Interactive Preview”可对场点进行可视化显示（勾选“Active”复选框），接下来选择在新的网格“New topology”中创建，并选择将“Field point(FRF)”（即计算频率响应函数的场点）直接添加到目前的分析中。最后单击“Create PIDs”按钮，创建一个新的场点拓扑结构，如图 9-27 所示。

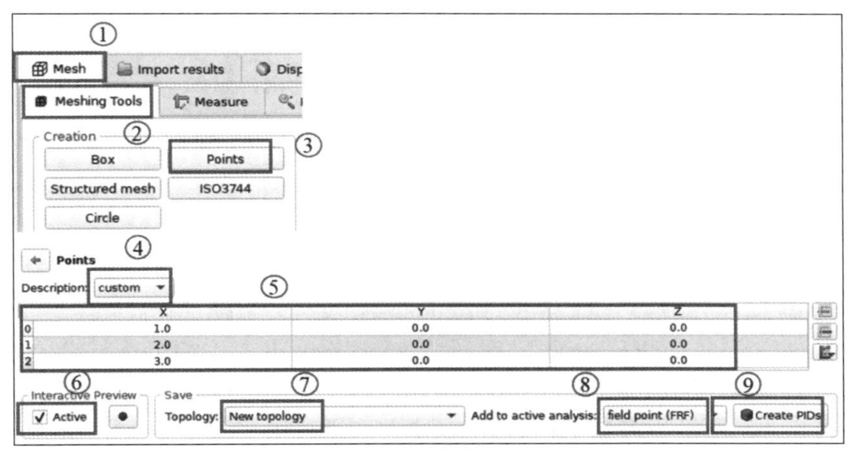

图 9-27　创建虚拟麦克风

2. 建立场点频响输出文件

在数据树面板中使用鼠标右键单击“Output FRF”，创建一个包含场点信息的频响结果文件，将输出文件重命名为“field_point_results.plt”，如图 9-28 所示，该 PLT 文件将在计算结束时自动创建。

3. 建立场云图输出文件

创建结构化的网格，用于输出场云图计算结果，创建方式为在工具箱“Meshing Tools”里选择“Structured mesh”（以坐标的形式创建结构网格）。单击“Create PIDs”按钮，创建一个新的场拓扑结构。创建线性插值的场网格填充（*X*, *Y*, *Z*）坐标指示的区域，每个轴上具有标识的单元数。在此模型中，场网格是 *XY* 平面上的面网格，场网格密度还可用于观察波的传播（在 500Hz 时，每个波长至少 8 个单元）。使用鼠标右键单击数据树面板中的“PostProcessing”，选择“Add Field Map”，将输出文件格式设置为“NFF”，输出文件名设为“result_map.nff”（该 NFF 文件将在计算结束时自动创建）；同时，设置输出步数“Step”为 1，表示每一个计算分析步均输出保存云图，并将该结构网格域与 Domains Assignation 中的“All_3”关联，如图 9-29 所示。

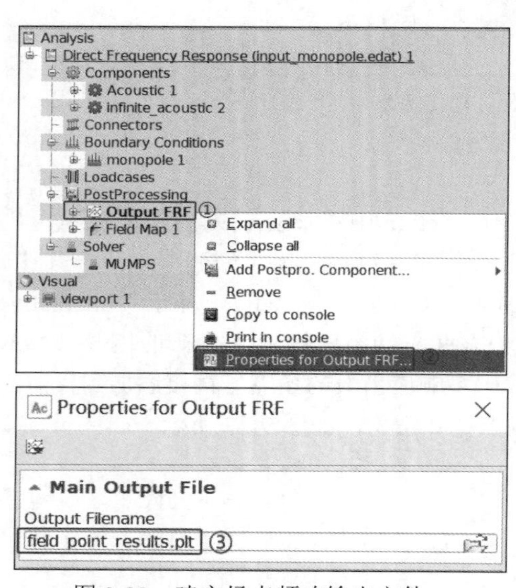

图 9-28　建立场点频响输出文件

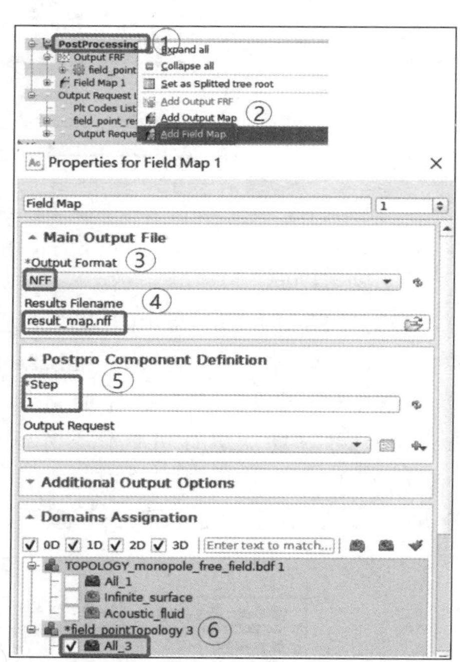

图 9-29　建立场云图输出文件

9.3.10　模型文件的输出

分析设置无误后，将输出 EDAT 格式的 Actran 输出文件，以便进行后续结果的计算。使用鼠标右键单击“Direct Frequency Response”，选择“Export analysis（EDAT format）”，如图 9-30 所示。计算模型文件存在两种不同的导出格式：NFF 格式，网格不写入 EDAT 文件，但网格以 NFF 格式生成；ACTRAN 格式，网格写入 EDAT 文件中。本例选择 NFF 格式导出计算模型文件，并将文件命名为 input_monopole.edat。

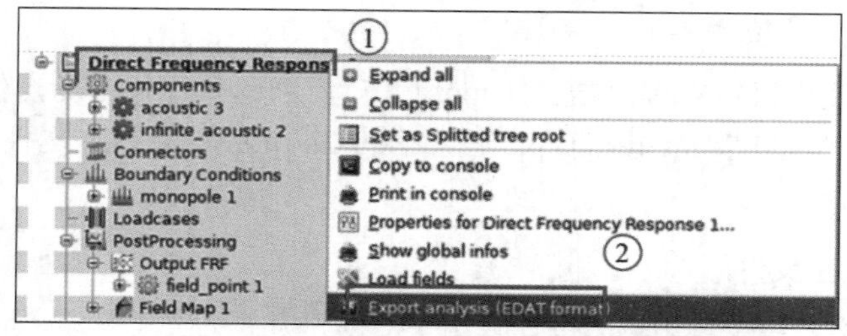

图 9-30　导出 EDAT 格式的计算模型文件

9.3.11　运行 Actran 模型文件

输出 EDAT 格式的 Actran 模型文件后，在相应的工作路径下找到 input_monopole.edat 文件，并使用鼠标右键单击该文件，选择“打开方式”为“Launch with Actran [2020]”，对其进行提交计算，如图 9-31 所示。

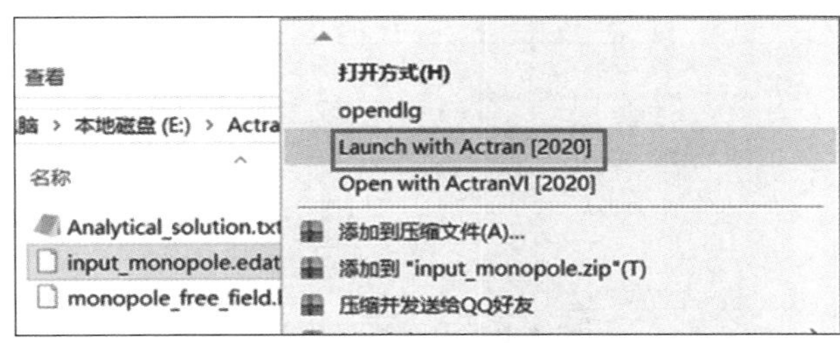

图 9-31　选择并打开计算模型文件

打开 ACTRAN 文件求解器后，将内存“Memory”设置为 500MB，单击图 9-32 中的绿色箭头（Run）运行，直至显示“End of computational job”，则求解完成。

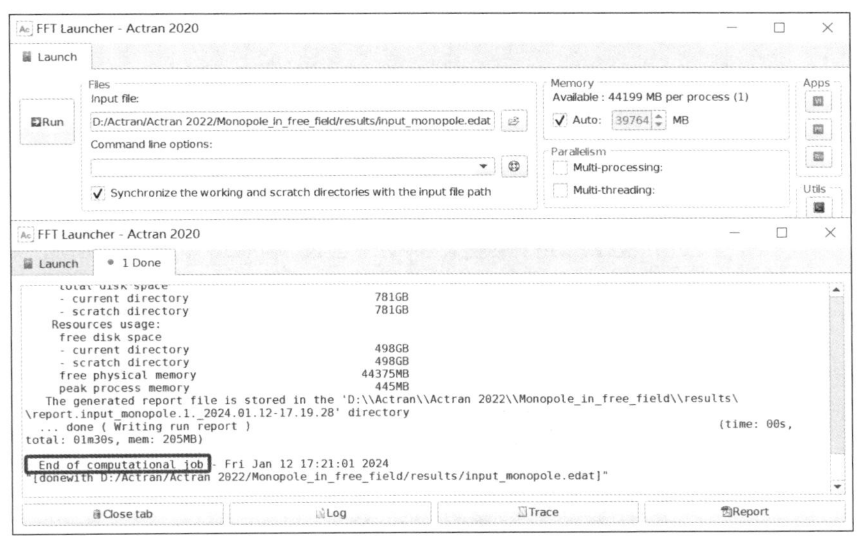

图 9-32　求解计算

计算完成后开始后处理，先查看声压频谱。

1. 导入场点结果

PLTViewer 是显示频率响应曲线的主要后处理程序，可以绘制任何存储在结果文件中的数据，该数据以 .plt 格式存储并可在 PLTViewer 中进行查看或者修改，可以在同一个文件中绘制多条曲线。在 ACTRAN VI 菜单中打开 PLTViewer，然后在打开的 PLTViewer 界面选择导入 PLT 文件，如图 9-33 所示，选择场点结果文件 field_point_

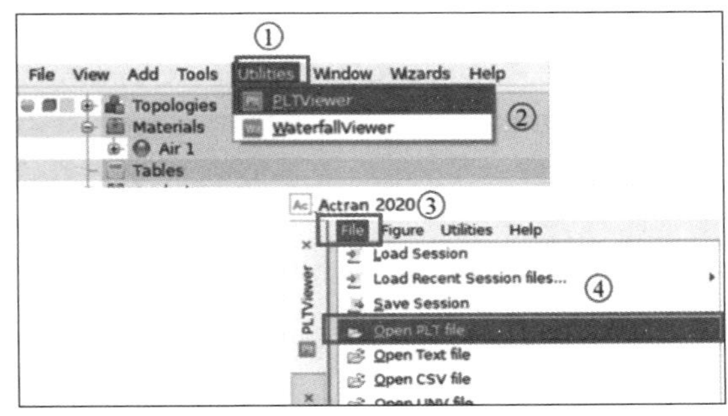

图 9-33　在 ACTRAN VI 菜单中打开 PLTViewer

results.plt。输出结果都由域、点、节点、面等提供，点和节点包含局部数据，如声压、位移等数据。

2. 绘制声压的实部曲线

使用快捷方式来绘制每个场点压力的实部，展开 POINT 数据树。“1 [coordinates = [1.0,0.0,0.0]]”为 POINT_1 展开的 POINT 数据树，使用鼠标右键单击“Fluid_P [fp]”，选择“Plot real”，如图 9-34 所示，查看场点声压实部信息。

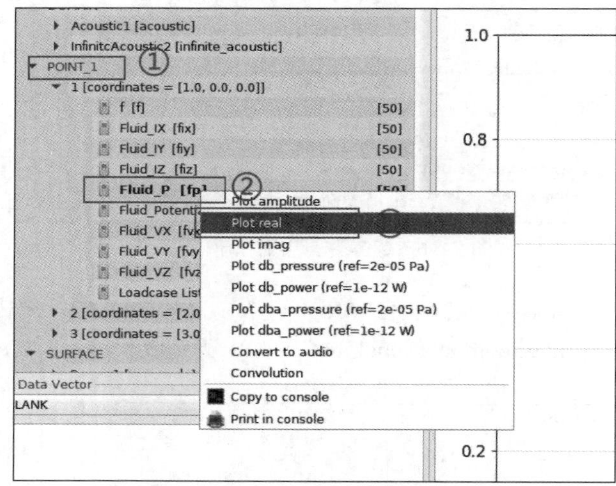

图 9-34 查看场点声压实部信息

绘制各个场点处麦克风声压的实部曲线，如图 9-35 所示。

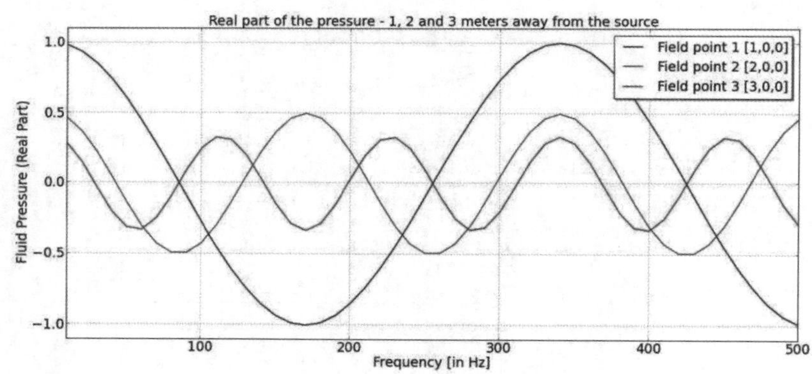

图 9-35 各场点处麦克风声压的实部曲线

3. 解析解

场点位置声压的实部是余弦形曲线，可以通过解析法对其进行计算：

$$p_i = A\frac{\mathrm{e}^{-ikr}}{r} = \frac{A}{r}\left(\cos\left(\frac{2\pi f}{\mathrm{c}}r\right) - \mathrm{i}\sin\left(\frac{2\pi f}{\mathrm{c}}r\right)\right) \tag{9-16}$$

由式（9-16）可求得：

$$\mathrm{Re}\,(p_i) = \frac{A}{r}\cos\left(\frac{2\pi f}{\mathrm{c}}r\right) \tag{9-17}$$

其中，A 为振幅，取 $A=1$；c 为声速，取 c = 340m/s。对于分别距离声源 1m、2m 和 3m 的场点，根据式（9-17）可得解析解如下：

$$\mathrm{Re}(p_1)=\cos\left(\frac{2\pi f}{c}\right) \tag{9-18}$$

$$\mathrm{Re}(p_2)=\frac{1}{2}\cos\left(\frac{4\pi f}{c}\right) \tag{9-19}$$

$$\mathrm{Re}(p_3)=\frac{1}{3}\cos\left(\frac{6\pi f}{c}\right) \tag{9-20}$$

4. 解析解与仿真结果的对比

文档 analytical_solution.txt 中包含基于解析法计算的结果，对距离声源 1m 处的声压实部进行求解。在 PLTViewer 中，选择“File”→“Open Text file”，如图 9-36 所示，然后选择“analytical_solution.txt”文件。

绘制解析计算的声压实部曲线，单击“Add”按钮，创建一个新的“Function”，将解析解中的两列信息分别拖曳到 X 和 Y 数据向量中，单击“Plot | Update”按钮，如图 9-37 所示。更改曲线属性，以数据点方式显示频谱曲线，解析解与仿真结果的对比如图 9-38 所示。

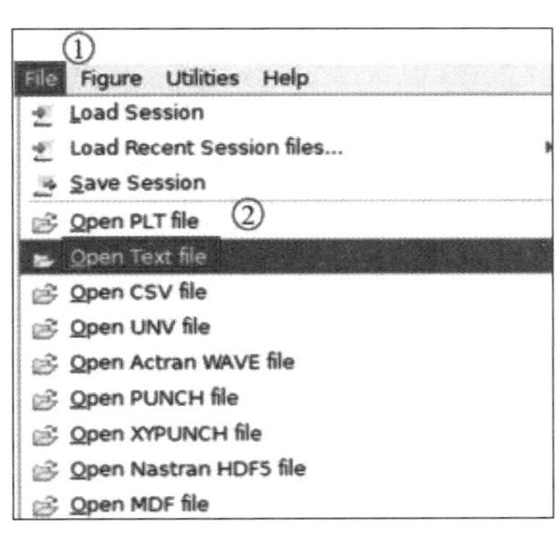

图 9-36　导入 TXT 文件

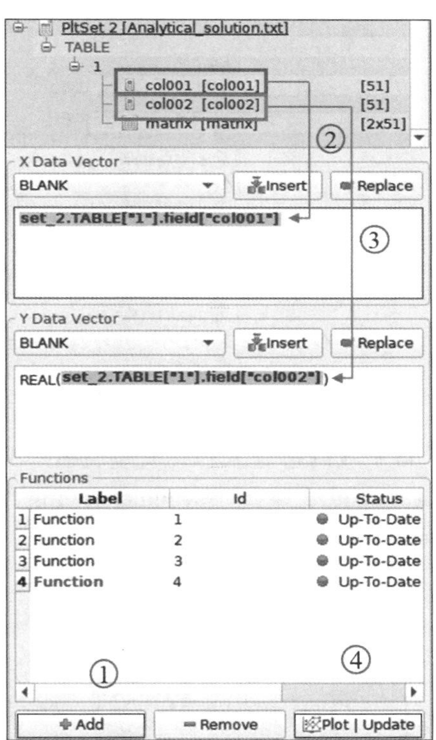

图 9-37　添加新的 Function

5. 查看声压级云图

（1）在 Actran VI 中查看声压级云图。

切换回 Actran VI，导入在计算过程中输出的云图结果文件 result_map.nff。选择“File”→“Import mesh”→“NFF（Native Femtown Format Directory）”，如图 9-39 所示。

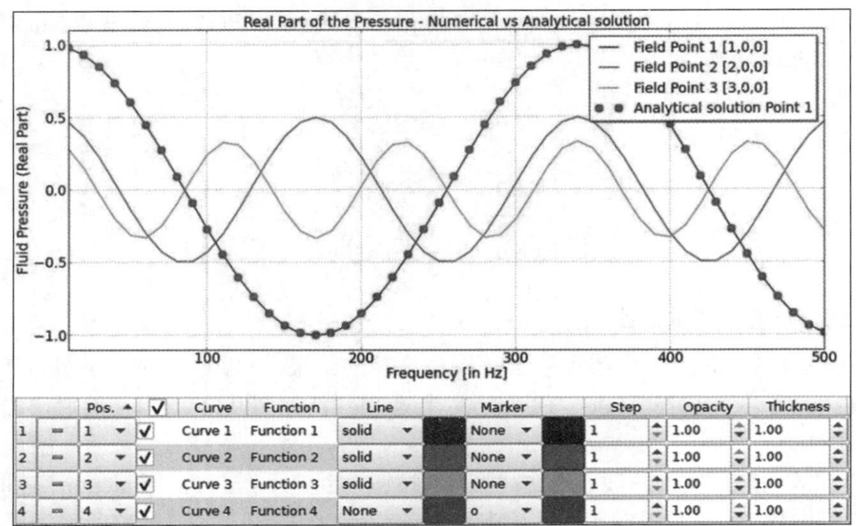

图 9-38 解析解与仿真结果的对比

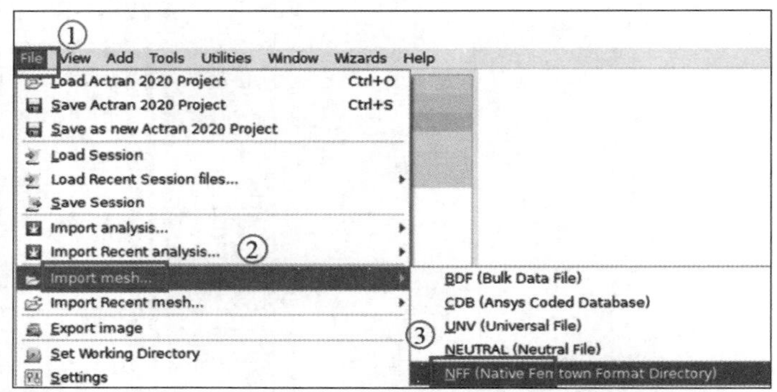

图 9-39 导入云图结果文件

将声场网格导入声压计算结果。选择“Import results”，将“Topology”设为“TOPOLOGY_result_map.nff 1”，选择“Fluid_P（fp）”，单击“Import Selected Results”按钮，如图 9-40 所示，导入声压计算结果。

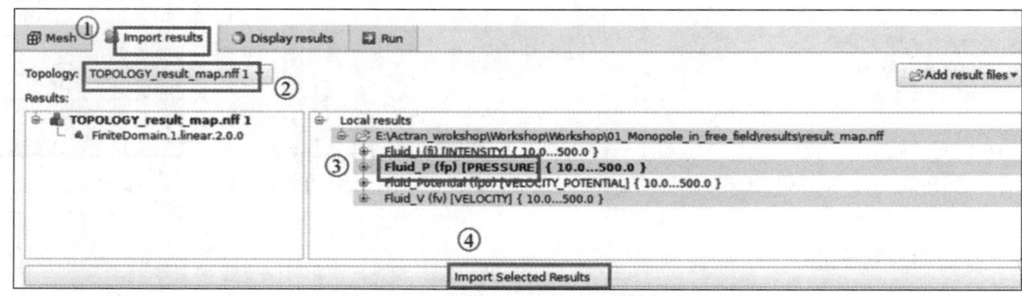

图 9-40 导入声压计算结果

在 Actran VI 中对声压级云图进行可视化，步骤如图 9-41 所示。在将声场网格导入声压计算结果后，单击“Display results”，将“Quantity”设置为“PRESSURE”，将“Module”设置为“Map”，将“Operator”设置为“dB”，在“Result type”中设置以频率间隔为 10Hz 的方式对计算云图结果进行查看，并单击“Apply”按钮，进行云图结果的显示。

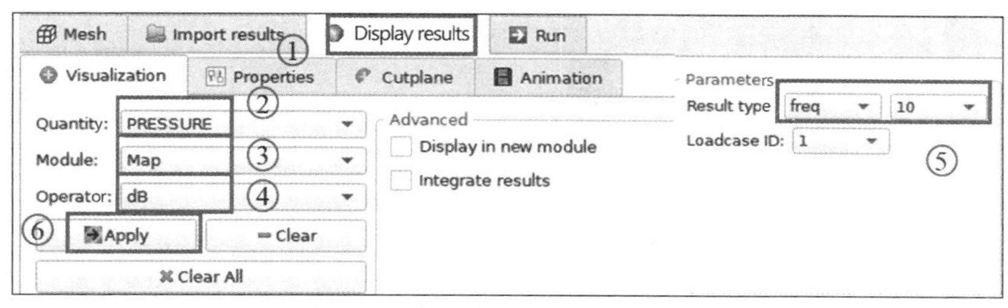

图 9-41　声压级云图的可视化步骤

声压级用分贝（dB）表示，dB 表示声压与参考压力（常以人类听觉阈值作为参考值）之比取对数。得到的声压级云图如图 9-42 所示。

$$L_p = 20\lg\left(\frac{p}{p_{\mathrm{ref}}}\right) \tag{9-21}$$

式（9-21）用分贝的形式对声压级进行表达。其中，p 为声压，单位为 Pa；p_{ref} 为参考压力，$p_{\mathrm{ref}} = 2\times10^{-5}$Pa。

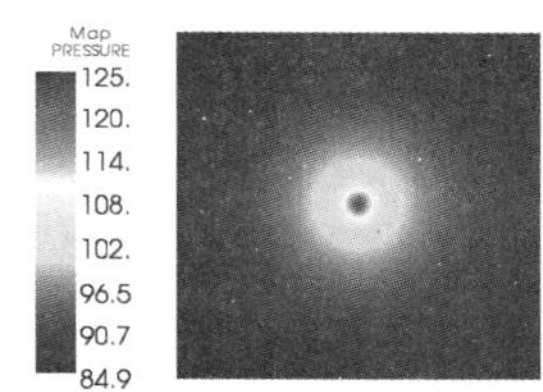

图 9-42　声压级云图

（2）在 Actran VI 中查看声压实部云图。

图 9-43 所示为声压实部云图的可视化步骤，将“Operator”由“dB”改为“Real Part”，并单击“Apply”按钮，然后切换到属性选项卡“Properties”，手动设置颜色栏的自定义范围，输入最大、最小云图颜色色差后按 Enter 键，即可在右侧下拉菜单中选择不同频率，查看该频率下的声压云图结果。

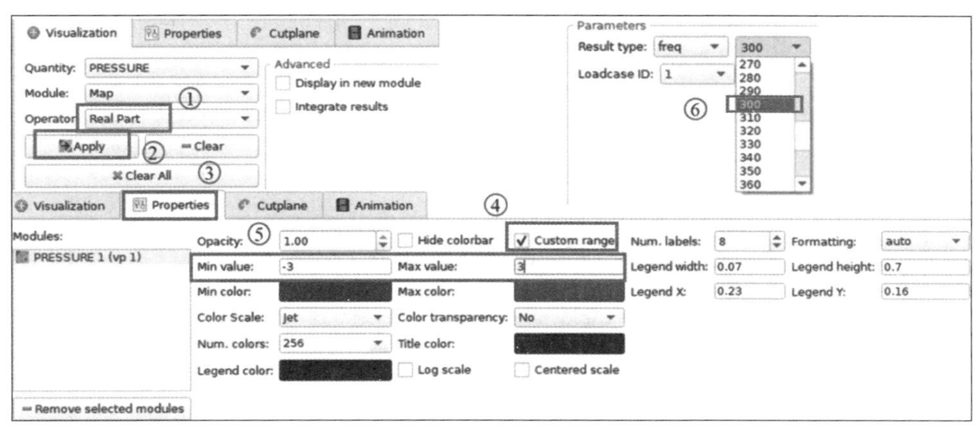

图 9-43　声压实部云图的可视化步骤

在声压实部云图中，可以通过测量声压级云图网格中两个节点之间的距离来测量声波的波长。选择节点选择模式，并按住 Ctrl 键在网格节点上单击，选择两个节点，最后在“Mesh”中的“Measure”标签中进行测量，如图 9-44 所示。测量出的波长为：

$$\lambda_{500\mathrm{Hz}} = \frac{340}{500}\mathrm{m} = 0.68\mathrm{m} \tag{9-22}$$

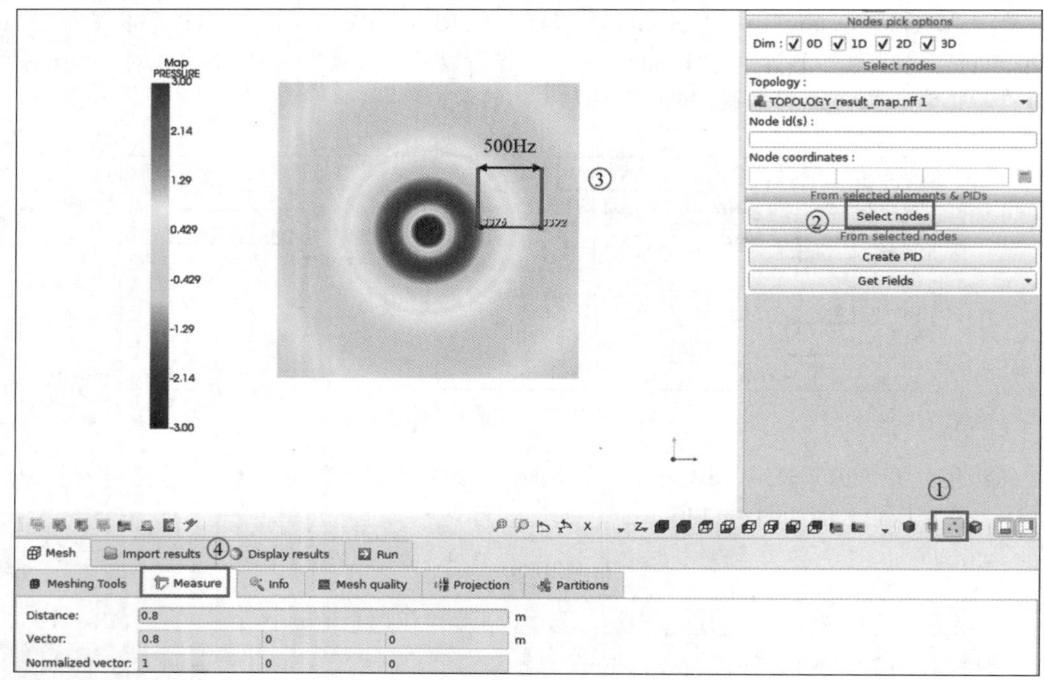

图 9-44 波长计算的示意图

9.4 Marc与Actran联合声学分析

本节以一个实例演示 Actran 读取 Marc 计算后的密封条变形网格，并计算隔声量。

9.4.1 问题描述

本实例在 Actran 中使用一个二维模型计算一个横截面形状为图 9-45 所示的密封条的隔声量。此处的隔声量理解为传递损失（Transmission Loss，TL），如图 9-46 所示，其定义如下：

$$TL = 10\lg\frac{W_{\text{in}}}{W_{\text{tr}}} = L_{W_{\text{in}}} - L_{W_{\text{tr}}} \tag{9-23}$$

其中，W_{in} 是消声元件的入射声功率（Incident Power），W_{tr} 是消声元件的辐射声功率（Transmitted Power）。

图 9-45 密封条的横截面形状

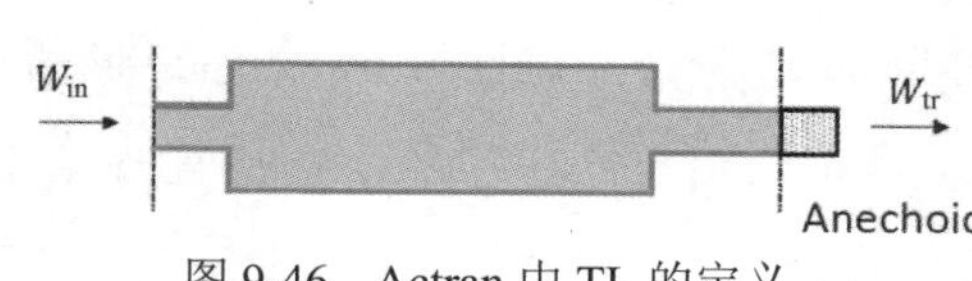

图 9-46 Actran 中 TL 的定义

对密封条的隔声量计算中，在噪声源侧采用漫射场（Diffuse Field）作为声激励，以计算接收者侧的自由场响应。漫射场是这样一个声场：声场中声压均方根的时间平均值处处相同，声能在各个方向的辐射都是等可能的。本实例的二维声学模型如图 9-47 所示，涉及的单元信息如下。

（1）一个 2D 单元集模拟密封条结构，图中密封条（1D）。

（2）一个 2D 单元集模拟密封条内的空气，图中空气（2D）。

（3）一个 2D 单元集模拟密封条外接收者侧的空气，图中空气（2D）。

（4）一个 1D 单元集加载漫射场激励，图中 Diffuse Field（激励，1D）。

（5）一个 1D 单元集定义声学无限元模拟无反射边界条件，图中 IFE（1D）。

（6）两个 1D 单元集用于限制密封条 Y 方向的位移，图中 $U_y = 0$ (1D)。

（7）一个 1D 单元集用于限制密封条 X 方向的位移，图中 $U_x =0$ (1D)。

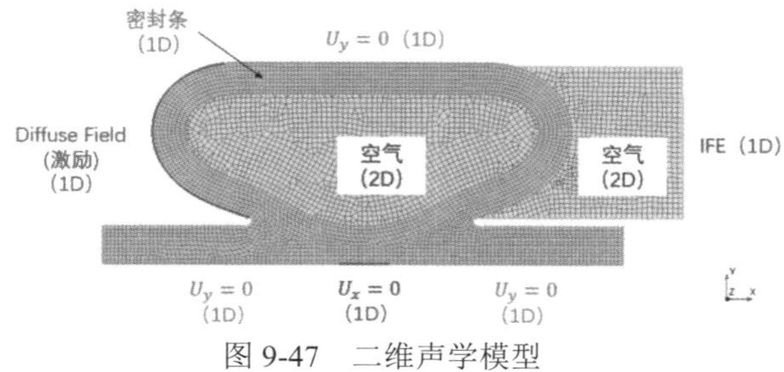

图 9-47　二维声学模型

9.4.2　Actran VI 前处理

前处理步骤如下。

1. 启动 Actran VI

在 Windows 系统的“开始”菜单中启动 Actran VI。

2. 设置工作目录

工作目录是当前实例的所有输出文件的默认存储路径。选择包含本实例网格文件的路径为工作目录：“File” → “Set Working Directory”。

3. 导入网格文件

导入本实例提供的网格文件 mesh_wt_IFE2.bdf：选择“File” → “Import mesh” → “BDF（Bulk Data File）”，在弹出的对话框中进行相关设置后单击“OK”按钮，如图 9-48 所示。

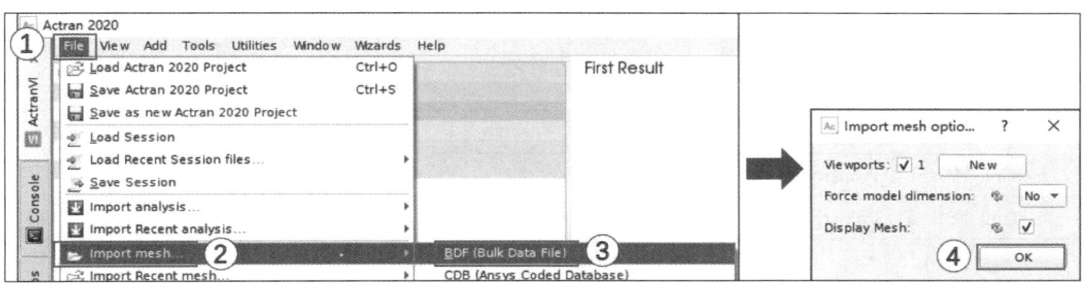

图 9-48　将外部声学网格文件导入 Actran VI

所导入的网格文件中的单元集会按照单元维度（0D、1D、2D、3D）和插值阶次在拓扑模型树中自动分类排序，如图 9-49 所示。

4. 创建域

域是一个或多个单元集的集合。域可将拓扑模型树中的单元集与分析模型树中的组件联系在一起，即实现拓扑模型与分析模型的解耦。自动创建输入网格文件的域：使用鼠标右键单击“TOPOLPGY_mesh_wt_IFE2.bdf 1”，选择“Auto create domains”，如图 9-50 所示。自建域的说明如下。

（1）对拓扑树执行自建域操作时，会为其下的每个单元集都自动创建一个域。

◆ 默认域名被分配到每个域。

◆ 域名“All”代表该拓扑树下的所有单元集。

（2）所有自建域均可按需重命名。

（3）每个拓扑下的域均是按名称顺序排列的。

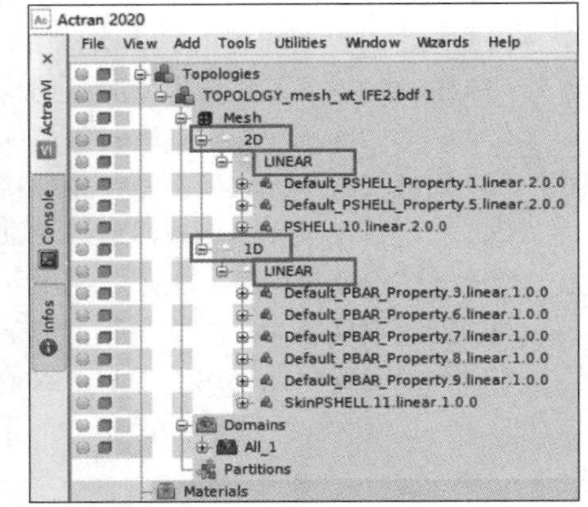

图 9-49 一个 TOPOLOGY 下单元集的排序

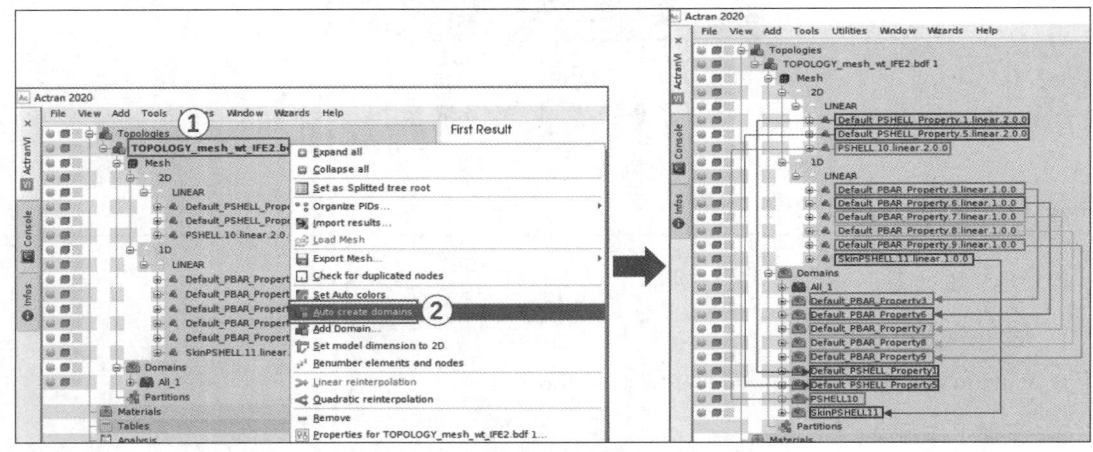

图 9-50 一个 TOPOLOGY 下的自建域

根据表 9-6 对自建域进行重命名、合并等操作，如图 9-51 所示。

表 9-6 对自建域的操作

原域名	操作	新域名	备注
Default_PBAR_Property3	重命名	incident_surface	见图 9-51（a）
Default_PBAR_Property6	删除	—	见图 9-51（b）
Default_PBAR_Property7	两者合并、重命名	fixed_disp	见图 9-51（c）
Default_PBAR_Property8			
Default_PBAR_Property9	重命名	constrained_disp	参考图 9-51（a）
Default_PSHELL_Property1	重命名	rubber	
Default_PSHELL_Property5	重命名	inner_air	
PSHELL10	重命名	outer_air	
SkinPSHELL11	重命名	IFE	

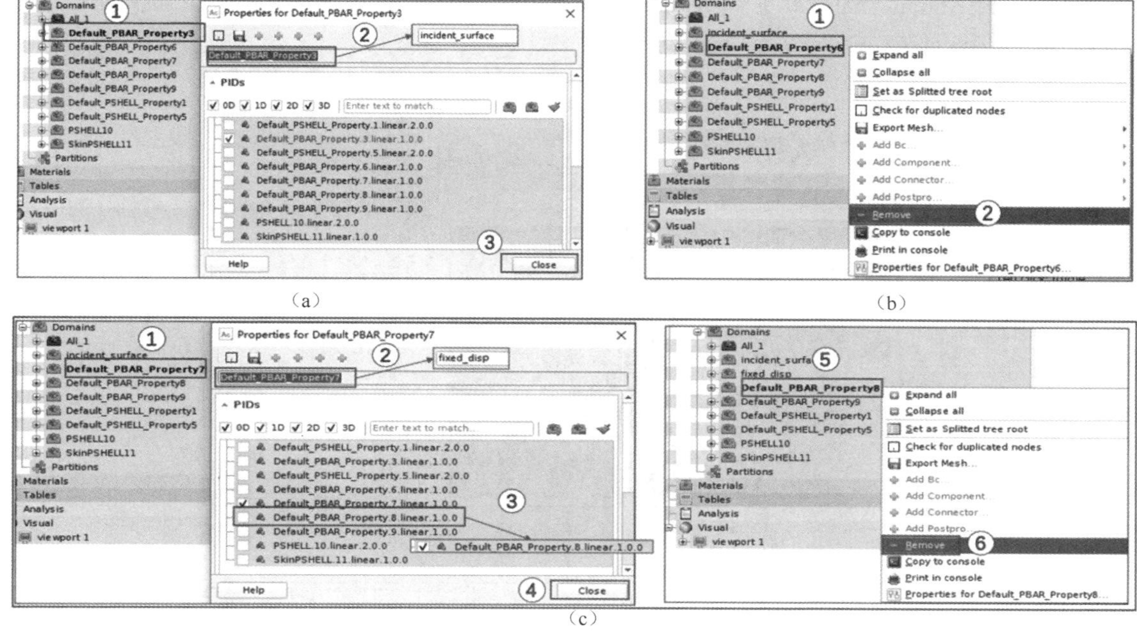

（a）　　（b）

（c）

图 9-51　对自建域进行的操作

最后得到的域如图 9-52 所示。

5．设置声学模型的维度为二维

本实例的密封条网格模型是二维的，因此需要在所属拓扑树中将其计算维度切换为二维，操作如图 9-53 所示。

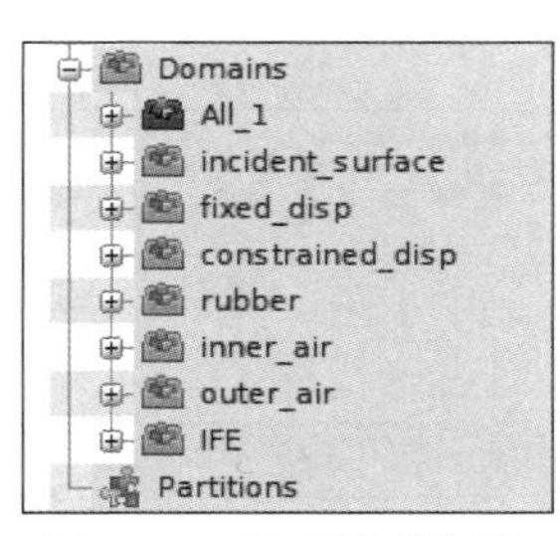

图 9-52　最后得到的域

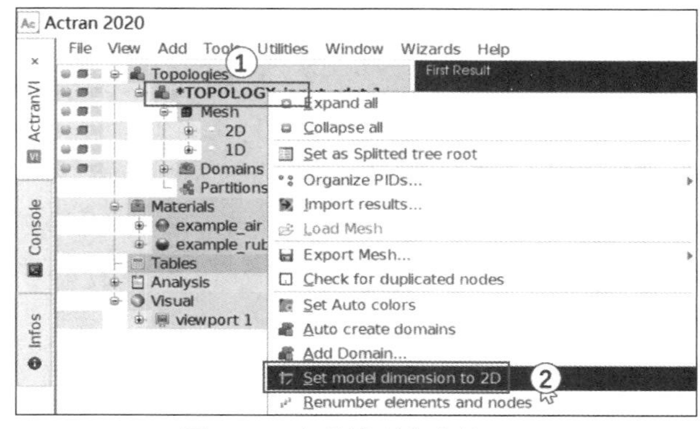

图 9-53　声学模型维度的设置

6．导入所需材料

本实例涉及的材料有两种：一是密封条内外的空气；二是密封条本身的橡胶属性。两者均采用 Actran 自带的空气和橡胶材料，具体操作见图 9-54。

7．创建直接频响分析

创建直接频响分析，操作如图 9-55 所示。使用鼠标右键单击 Actran VI 左侧数据树面板空白处，选择“Add Actran Analysis”→“Direct Frequency Response”，弹出直接频响分析属性对话框“Properties for Direct Frequency Response 1”，在其中设置分析参数。

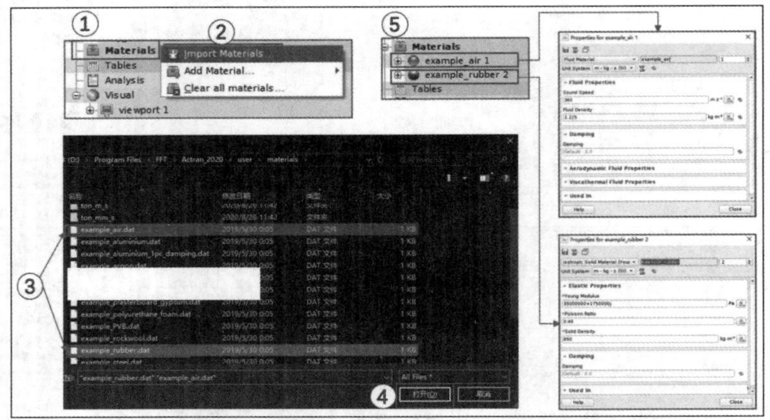

图 9-54 从 Actran 材料库导入所需材料

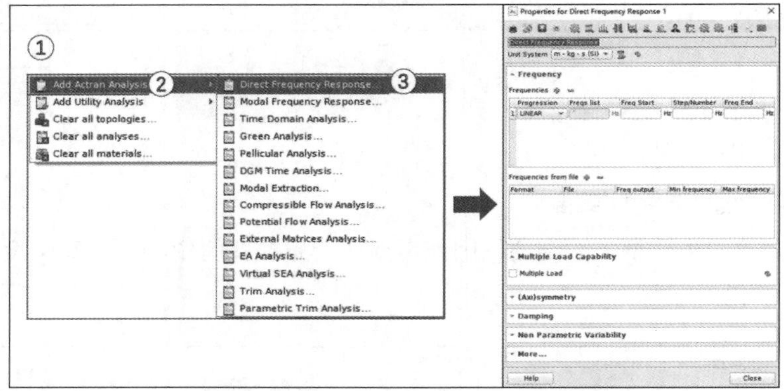

图 9-55 创建直接频响分析

8. 指定计算频率范围

指定直接频响分析的计算频率范围，操作如图 9-56 所示。定义最小频率为 5Hz、最大频率为 5000Hz，步长为 5Hz。

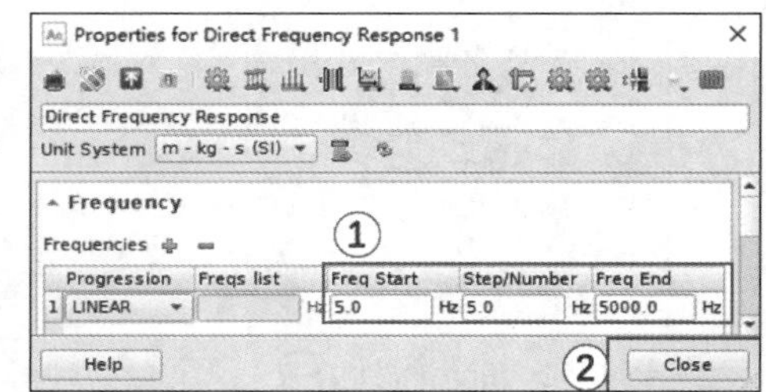

图 9-56 指定计算频率范围

9. 创建声学有限元流体组件——密封条内的空气

创建声学有限元流体组件，操作如图 9-57 所示。使用鼠标右键单击分析树“Direct Frequency Response 1”下的“Components”，选择“Add Component”→“Acoustics”→“Finite Fluid”，弹出声学有限元流体属性对话框“Properties for acoustic 1”，按照以下步骤设置该组件的属性参数。

（1）为该组件分配已创建好的流体材料，即设置“Material”为“example_air 1”。

（2）分配域：在“Domains Assignation”中将 2D 域“inner_air”勾选。

设置完成后关闭对话框。

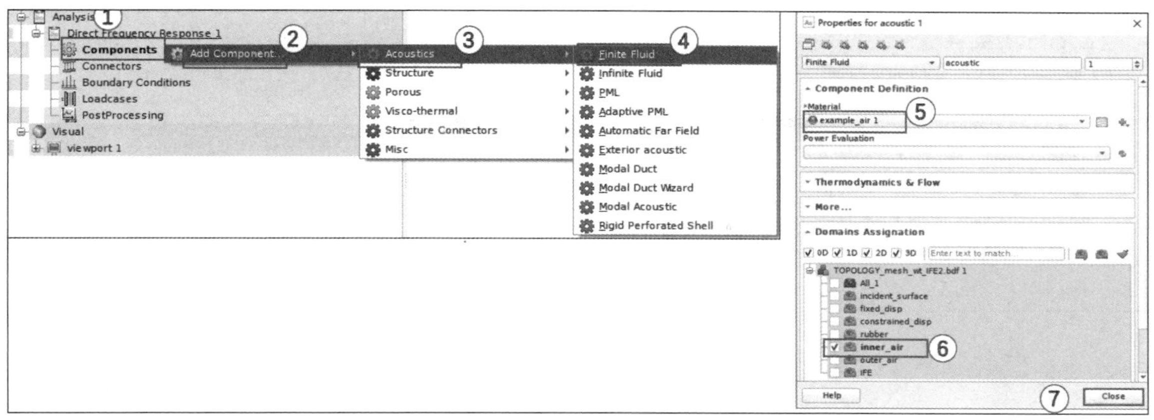

图 9-57　创建橡胶内空气的声学有限元流体组件

10. 创建声学有限元固体组件——密封条

创建声学有限元固体组件，操作如图 9-58 所示。使用鼠标右键单击分析树“Direct Frequency Response 1”下的“Components”，选择“Add Component”→“Structure”→“Solid”，弹出声学有限元固体属性对话框“Properties for solid 2”，按照以下步骤设置该组件的属性参数。

（1）为该组件分配已创建好的固体材料，即设置“Material”为“example_rubber 2”。

（2）分配域：在“Domains Assignation”中将 2D 域“rubber”勾选。

设置完成后关闭对话框。

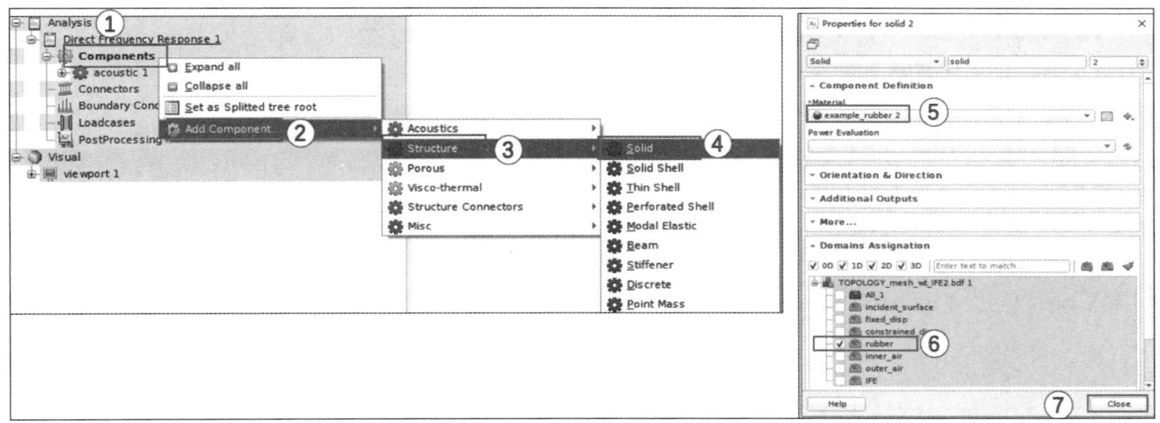

图 9-58　创建橡胶的声学有限元固体组件

11. 创建声学有限元流体组件——密封条外的空气

创建声学有限元流体组件，操作如图 9-59 所示。使用鼠标右键单击分析树“Direct Frequency Response 1”下的“Components”，选择“Add Component”→“Acoustics”→“Finite Fluid”，弹出声学有限元流体属性对话框“Properties for acoustic 3”，按照以下步骤设置该组件的属性参数。

（1）为该组件分配已创建好的流体材料，即设置“Material”为“example_air 1”。

（2）分配域：在“Domains Assignation”中将 2D 域“outer_air”勾选。

设置完成后关闭对话框。

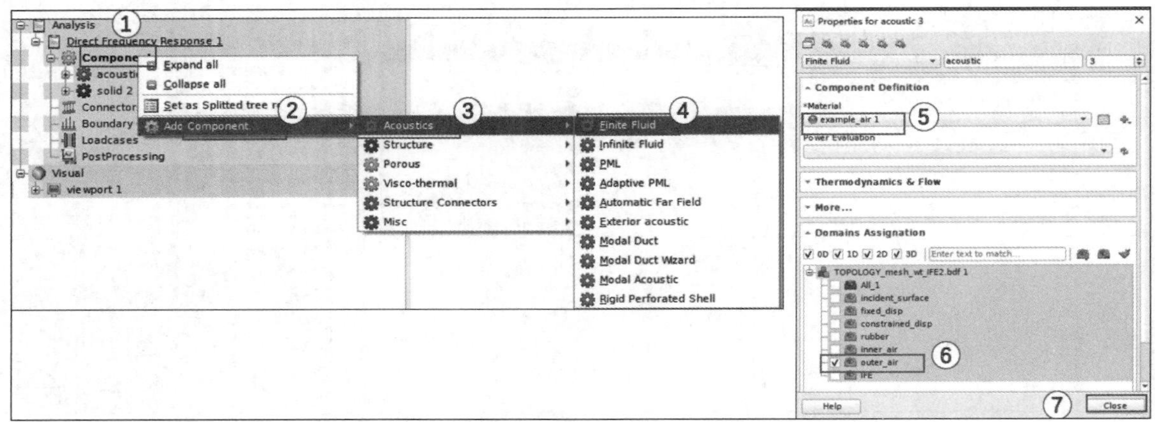

图 9-59　创建橡胶外空气的声学有限元流体组件

12. 创建声学无限元流体组件

创建声学无限元流体组件，操作如图 9-60 所示。使用鼠标右键单击分析树“Direct Frequency Response 1”下的“Components”，选择“Add Component”→“Acoustics”→“Infinite Fluid”，弹出声学无限元流体属性对话框“Properties for infinite_acoustic 4”，按照以下步骤设置该组件的属性参数。

（1）为该组件分配已创建好的流体材料，即设置“Material”为“example_air 1”。

（2）将“Power Evaluation”切换为“1：Compute radiated power”，即计算通过该无限元组件辐射的声功率。

（3）插值阶次“Interpolation Order”：8。

（4）分配域：在“Domains Assignation”中将 1D 域“IFE”勾选。

（5）无限元参考椭球坐标系的中心“Center”：单击“Compute center from scope”自动计算。

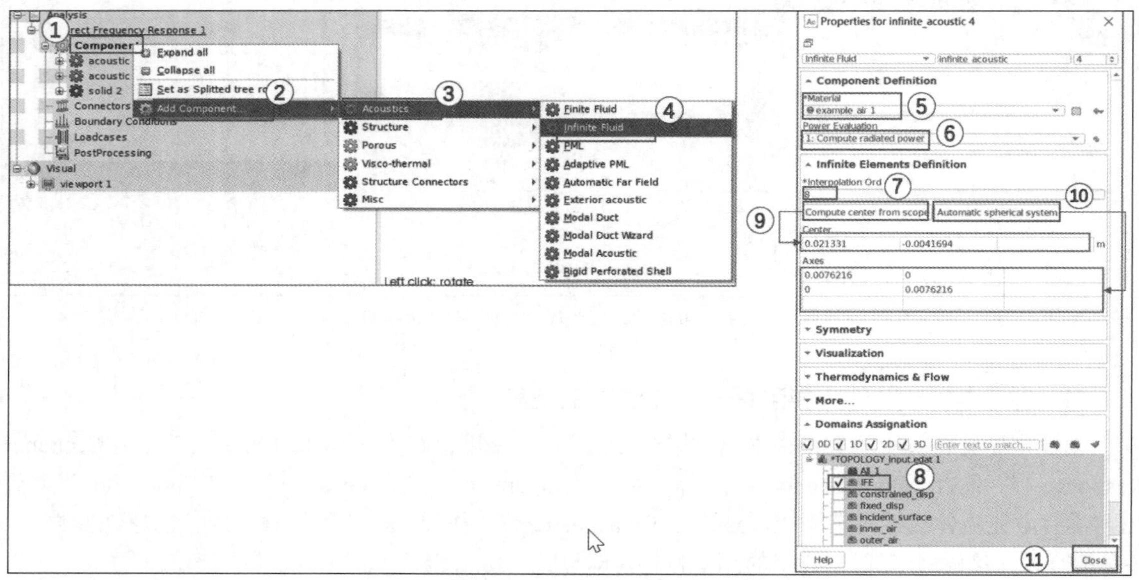

图 9-60　创建橡胶外空气的无辐射边界条件

（6）无限元参考椭球坐标系的坐标轴“Axes”：单击“Automatic spherical system”自动计算，

由于密封条模型为二维模型，因此自动生成的“Center”和“Axes”均没有关于 Z 轴的数据。

设置完成后关闭对话框。

13. 创建结构的位移边界条件——密封条的 Y 方向位移约束

创建结构的位移边界条件，操作如图 9-61 所示。使用鼠标右键单击分析树“Direct Frequency Response 1”下的“Boundary Conditions”，选择“Add BC”→“Structure Constraints”→“Displacement”，弹出结构的位移边界条件属性对话框“Properties for displacement 1”，按照以下步骤设置该组件的属性参数。

（1）位移约束“BC Field”：[FREE，0]。

（2）分配域：在“Domains Assignation”中将 1D 域“fixed_disp”勾选。

设置完成后关闭对话框。

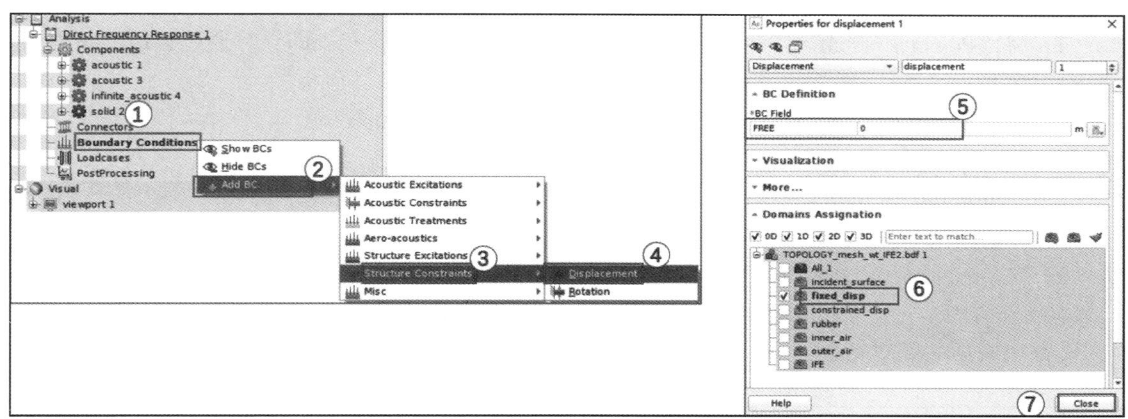

图 9-61　创建橡胶的 Y 方向位移约束

14. 创建结构的位移边界条件——密封条的 X 方向位移约束

创建结构的位移边界条件，操作如图 9-62 所示。使用鼠标右键单击分析树“Direct Frequency Response 1”下的“Boundary Conditions”，选择“Add BC”→“Structure Constraints”→“Displacement”，弹出结构的位移边界条件属性对话框“Properties for displacement 2”，然后按照以下步骤设置该组件的属性参数。

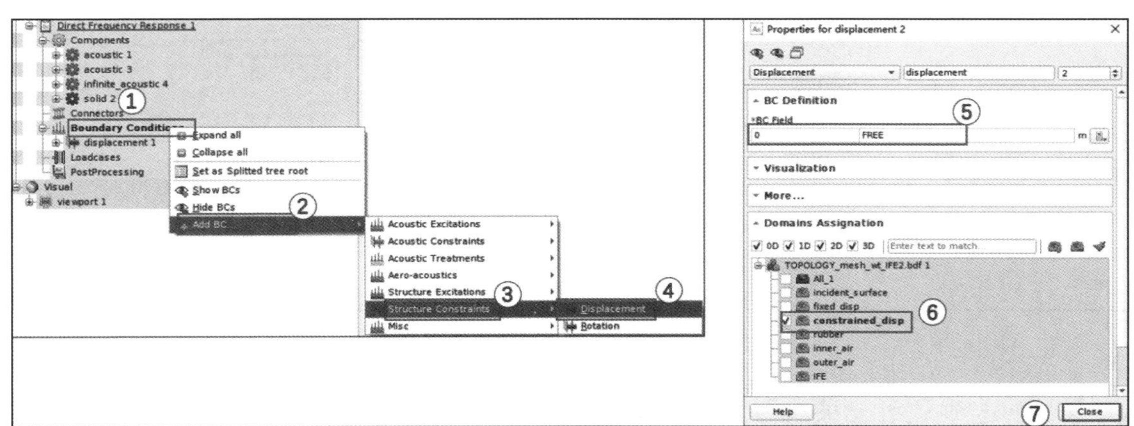

图 9-62　创建橡胶的 X 方向位移约束

（1）位移约束“BC Field”: [0，FREE]。

（2）分配域：在“Domains Assignation”中将 1D 域“constrained_disp”勾选。

设置完成后关闭对话框。

15. 创建结构的漫射场激励边界条件

创建结构的漫射场激励边界条件，操作如图 9-63 所示。使用鼠标右键单击分析树“Direct Frequency Response 1”下的“Boundary Conditions”，选择“Add BC”→“Structure Excitations”→“Sampled Random Diffuse Field”，弹出声学无限元流体属性对话框“Properties for sampled_random_diffuse 3”，然后按照以下步骤设置该组件的属性参数。

（1）漫射场激励的功率谱密度（Power Spectral Density，PSD）幅值“PSD Value”：1。

（2）激励所作用结构的所处流体的声速“Sound Speed”：340.0。

（3）激励所作用结构的所处流体的密度“Fluid Density”：1.225。

（4）将“Power Evaluation”切换为“1：Compute injected power”，即计算通过该边界条件组件入射的声功率。

（5）在“Sampling Method”中勾选“Plane Waves Decomposition”。

（6）“Sampling Method”中的“Number of Samples”：30。

（7）“Sampling Method”中的“Sampling Method”：“MONOSAMPLE”。

（8）“Orientation & Direction”中的“Maximum Incidence”：90.0。

（9）“Orientation & Direction”中的“Number Parallels”：5。

（10）分配域：在“Domains Assignation”中将 1D 域“incident_surface”勾选。

设置完成后关闭对话框。

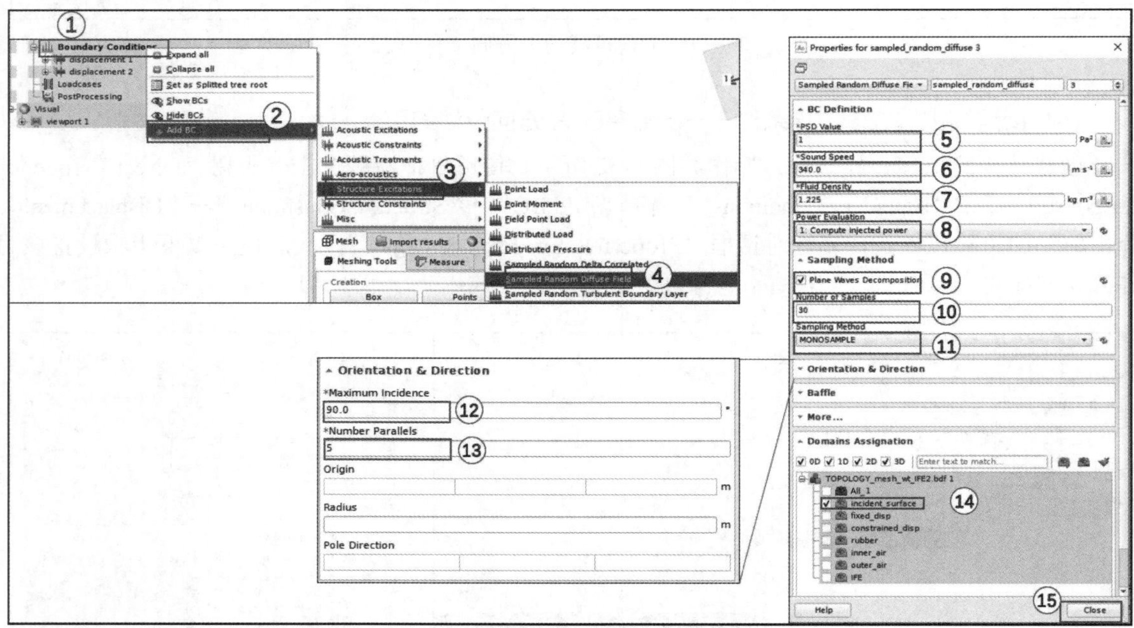

图 9-63　创建结构的漫射场激励边界条件

16. 创建频响输出结果

创建频响输出结果，操作如图9-64所示。使用鼠标右键单击分析树“Direct Frequency Response 1”

下的“PostProcessing”，选择“Add Output FRF”，弹出频响输出结果属性对话框“Properties for Output FRF”，设置如下参数：在“Output Filename”中输入文件名“IFE.plt”，在“PSD Filename”中输入文件名“IFE_PSD.plt”。关闭对话框。

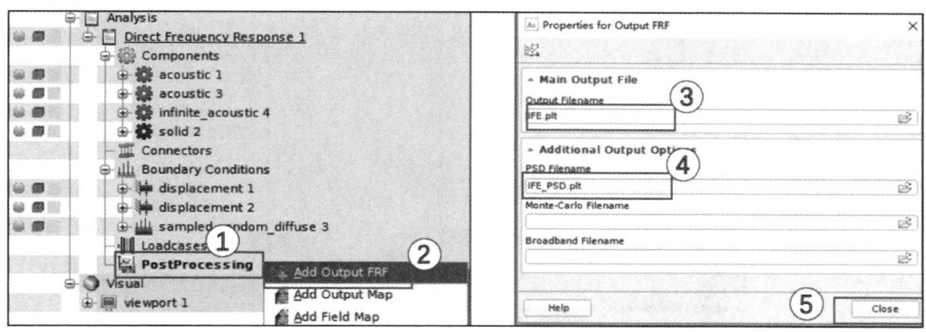

图 9-64　创建输出频响结果

17. 创建计算域云图输出结果

创建计算域云图输出结果，操作如图 9-65 所示。使用鼠标右键单击分析树“Direct Frequency Response 1”下的“PostProcessing”，选择“Add Output Map”，弹出计算域云图输出结果属性对话框“Properties for Output Map 1”，进行如下设置：在“Output Format”中设置“NFF”格式；在“Step”中输入“1”，表示每一步的云图结果都输出；在“Domains Assignation”中将所有 2D 域勾选。关闭对话框。

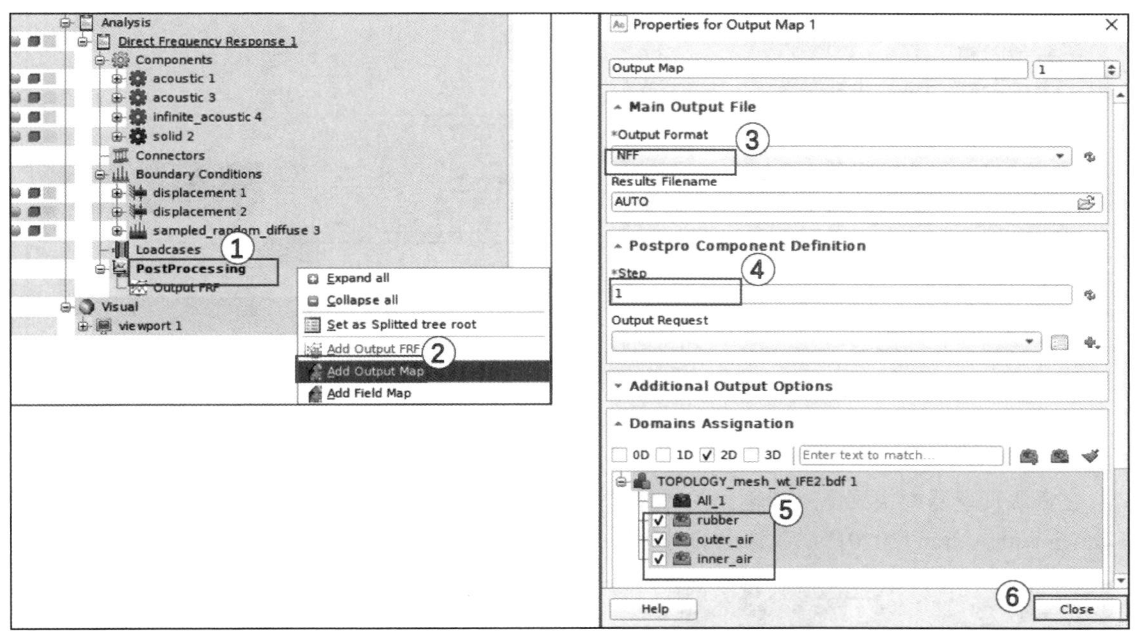

图 9-65　设置计算域云图输出结果

18. 设置求解器

设置求解器，操作如图 9-66 所示。使用鼠标右键单击分析树“Direct Frequency Response 1”，选择“Add Solver”→“Mumps”，弹出设置求解器属性的对话框“Properties for MUMPS”，关闭对话框。

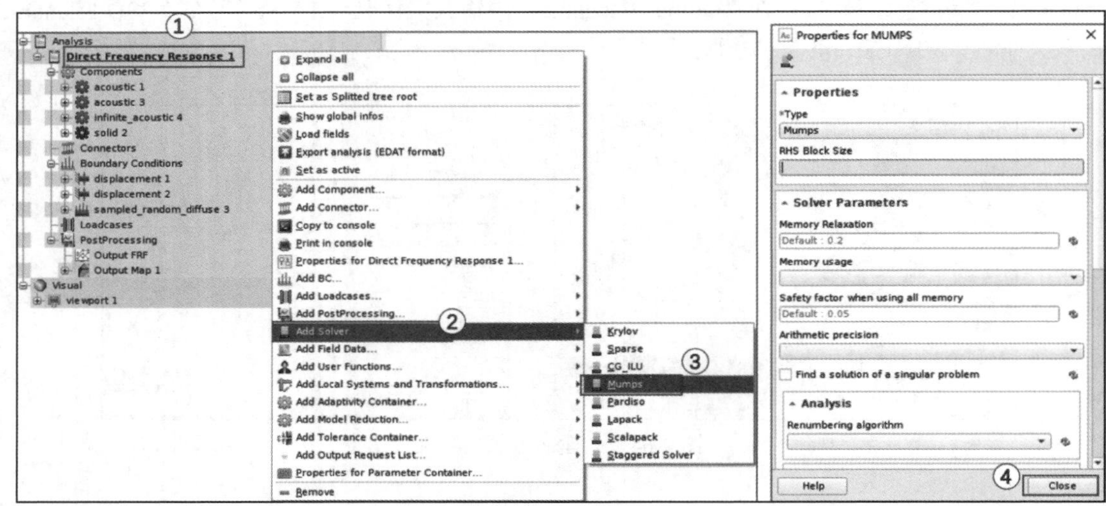
图 9-66　设置求解器

19. 输出计算模型

输出计算模型，操作如图 9-67 所示。使用鼠标右键单击分析树“Direct Frequency Response 1”，选择“Export analysis（EDAT format）”，弹出“Output format selection”对话框，选择“ACTRAN”，单击“OK”按钮，输入计算模型名字“test”，得到计算模型文件“test.edat”。

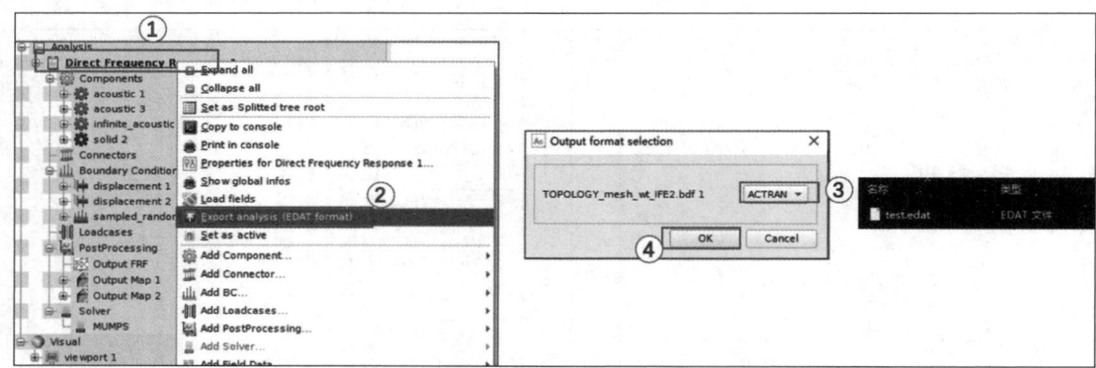
图 9-67　输出计算模型

20. 运行计算模型文件

在资源管理器中找到上一步输出的计算模型文件“test.edat”，使用鼠标右键单击该文件，选择“Launch with Actran [2020]”，在弹出的对话框中单击绿色箭头运行该文件，如图 9-68 所示。

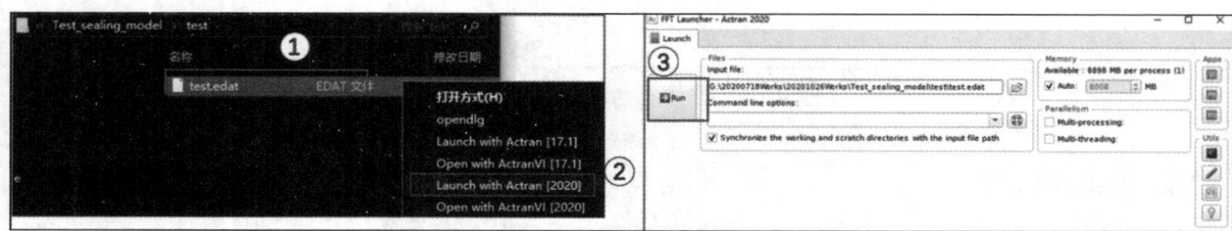
图 9-68　运行计算模型文件

9.4.3　后处理

后处理步骤如下。

1. 打开 PltViewer

在资源管理器中找到计算模型文件“test.edat”所在文件夹中的“IFE_PSD.plt”，并使用鼠标右键单击，选择“Open with PltViewer [2020]”，如图 9-69 所示。

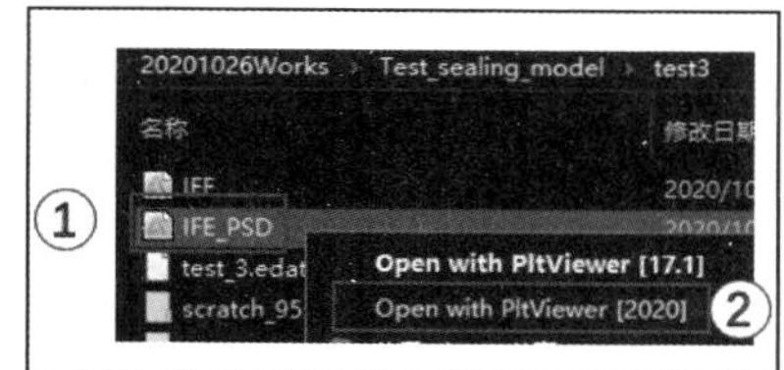

图 9-69　打开 PltViewer

2. 绘制传递损失曲线

传递损失是消声元件的降噪性能参数，按照图 9-70 所示的操作绘制橡胶条的传递损失曲线，结果如图 9-71 所示。

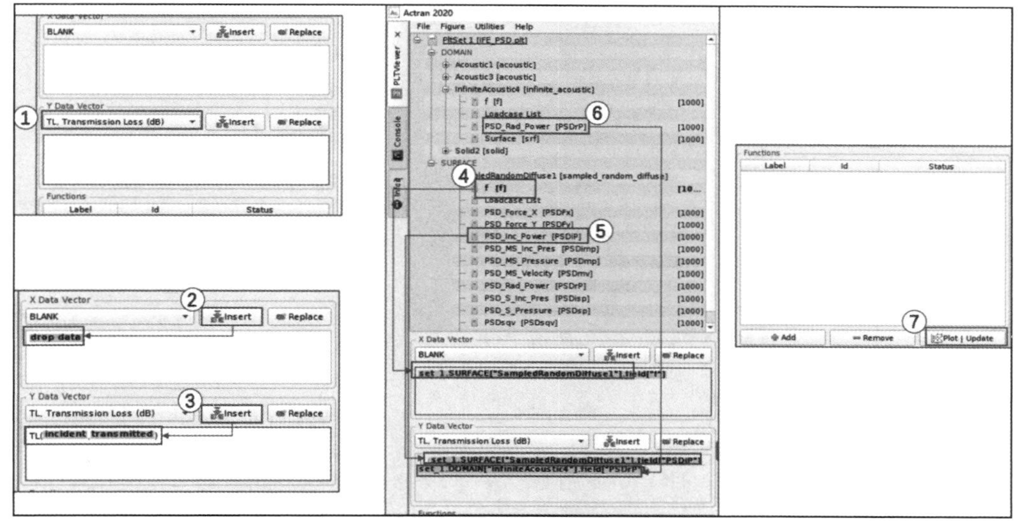

图 9-70　绘制传递损失曲线

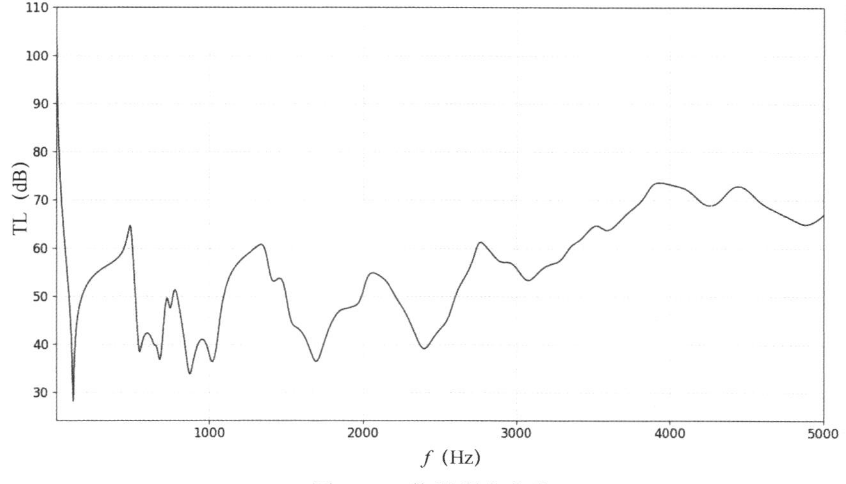

图 9-71　传递损失曲线

曲线中横坐标为频率，纵坐标为隔声量；曲线表征密封条在不同频率下的隔声量。

9.5 玻璃导槽密封件结构静态隔声仿真实例

汽车导槽玻璃在安装后，可以阻隔声音的传递，当密封的一侧受到声激励作用时，其结构表面会产生相应的振动，振动较大处通常是噪声容易透过去的区域。所以，有效抑制结构表面的振动对提升其隔声性能是十分有益的。在实际工程中，一般对结构的优化操作是在完成开模之前进行的。因为当结构确定并完成开模后，再对结构进行优化会大幅提升产品制造成本。Actran 作为声学仿真软件，在密封件隔声分析方面具有一定的优势，可以建立高精度的隔声分析模型，在国内外都有很多成功的实例，且具备与 Marc 有限元软件进行数据转换的接口，可以很好地完成密封压缩后隔声量的联合仿真分析。玻璃导槽运用 Marc 和 Actran 进行联合仿真分析的流程图如图 9-72 所示。

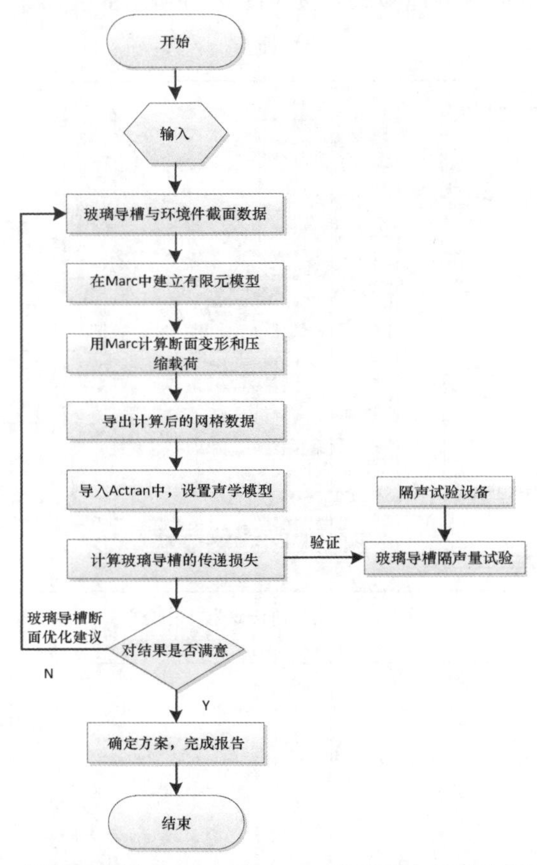

图 9-72　玻璃导槽运用 Marc 和 Actran 进行联合仿真分析的流程图

9.5.1 玻璃导槽密封件隔声机理

隔声机理是指声波在空气中传播的过程中，遇到屏障物体时，部分声音被反射，部分声音被吸收，还有一部分声音穿透屏障物体。玻璃导槽安装在车门上，可以看作隔绝汽车内部和汽车外部的屏障物体，其基本隔声机理如图 9-73 所示。

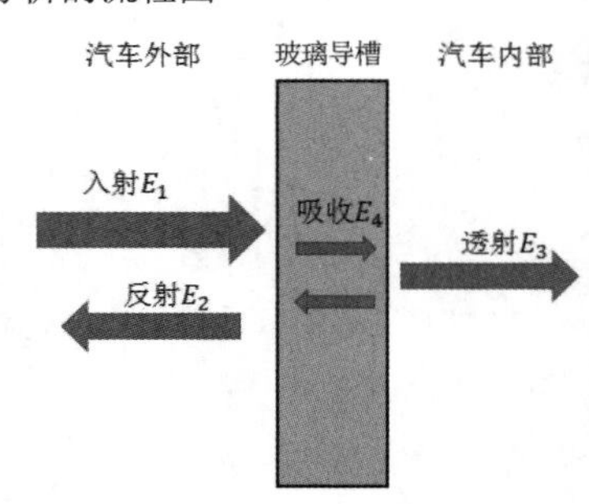

图 9-73　基本隔声机理示意图

透声系数（τ）等于透射声能（E_3）与入射声能（E_1）之比，表示隔声构件本身透声能力的大小，τ 值越小，说明隔声效果越好。

$$\tau = \frac{E_3}{E_1} = \frac{p_t^2}{p_i^2} \tag{9-24}$$

隔声量（TL）指隔声材料两侧入射声音与透射声音（入射处与透射处）的声级差，单位为 dB。隔声量是描述隔声材料隔声效果的量。

$$TL = L_1 - L_3 = 10\lg\frac{E_1}{E_3} = 10\lg\frac{p_i^2}{p_t^2} = 10\lg\frac{1}{\tau} \tag{9-25}$$

式（9-25）中，L_1 为入射端声压级，单位为 dB；L_3 为透射端声压级，单位为 dB；p_i 为入射端声压，单位为 Pa；p_t 为透射端声压，单位为 Pa。

隔声量 TL 是频率的函数，工程上将 125 ～ 4000Hz 的 6 个倍频程或 100 ～ 3150Hz 的 16 个 1/3 倍频程隔声量的算术平均值称为平均隔声量。

9.5.2 Marc 压缩载荷分析

分析过程如下。

1. 结构建模

玻璃导槽结构如图 9-74 所示。由于玻璃导槽分析长度为 300mm，在长度方向上远远大于玻璃导槽高度和宽度方向上的尺寸，因此分析时可以采用平面应变方式进行二维断面仿真。在二维断面分析时采用四面体网格单元，为了确保玻璃导槽的形状不变，网格单元尺寸设为 0.3 ～ 0.4mm。在 Marc 中进行二维断面仿真时，密实橡胶采用 80 号 Herrmann 单元，铝骨架采用 7 号各向同性单元，在厚度方向上设置 300mm。

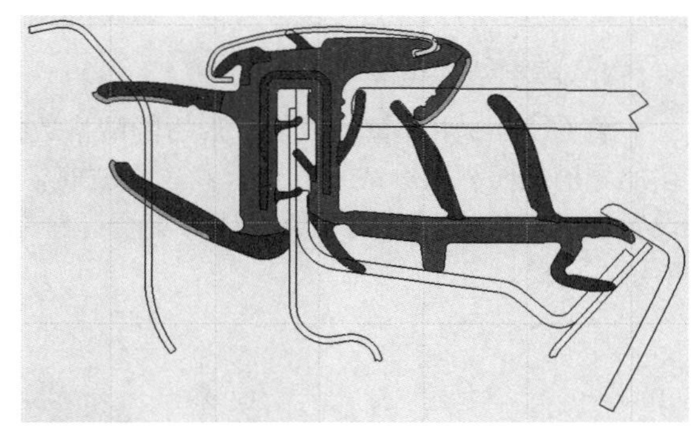

图 9-74　玻璃导槽结构

2. 定义材料模型

密实橡胶选用不可压缩的 Mooney-Rivlin 材料模型，通过单轴拉伸、纯剪切、等双轴拉伸试验的数据拟合结果为：硬度 75SHA 密实橡胶参数为 C_{10} = 0.81、C_{01} = 0.2；硬度 60SHA 橡胶参数为 C_{10} = 0.54、C_{01} = 0.15。骨架选用铝材料，它的杨氏模量为 70GPa，泊松比为 0.33。

3. 定义接触和边界条件

对于分析玻璃导槽的变形，固定“U”形槽顶部，玻璃导槽作为变形体，玻璃和钣金作为刚体，玻璃和变形体间的摩擦系数设置为 0.3、钣金和变形体间的摩擦系数设置为 0.5。因为橡胶是弹性材料，在分析过程中会与玻璃产生黏滑现象，所以两者间的摩擦类型选用粘 - 滑摩擦类型。

4. 分析结果

玻璃导槽分析属于大变形，用全牛顿 - 拉夫森方法以固定时间步长进行求解计算，导出玻璃导槽变形状态网格（见图 9-75）用于后续隔声仿真计算。

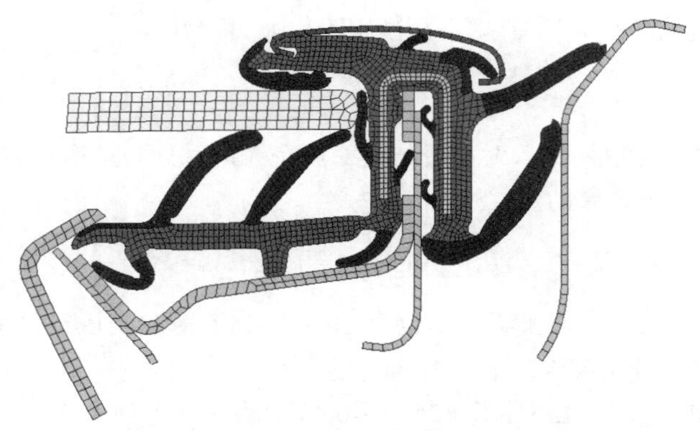

图 9-75　玻璃导槽变形状态网格

9.5.3　Actran 隔声仿真分析

在 Actran 中，由于 Vibro-Acoustics 可以考虑模型细节，因此可以对密封件断面及内部空气声场建立声学声振耦合模型，可以通过求解获得密封件振动位移和内部声场的变化情况，以便对隔声问题进行机理研究。

1. 声学结构建模

将在 Marc 中计算完成的变形后的网格数据导入 Actran VI 中进行网格处理，在 Actran VI 中将玻璃导槽按照材料分成不同集合；建立玻璃导槽内部空气域和外部空气域集合，将外部空气域边界设置成无限元边界；建立约束边界集合；建立扩散声场边界集合，得到的声学计算模型如图 9-76 所示。

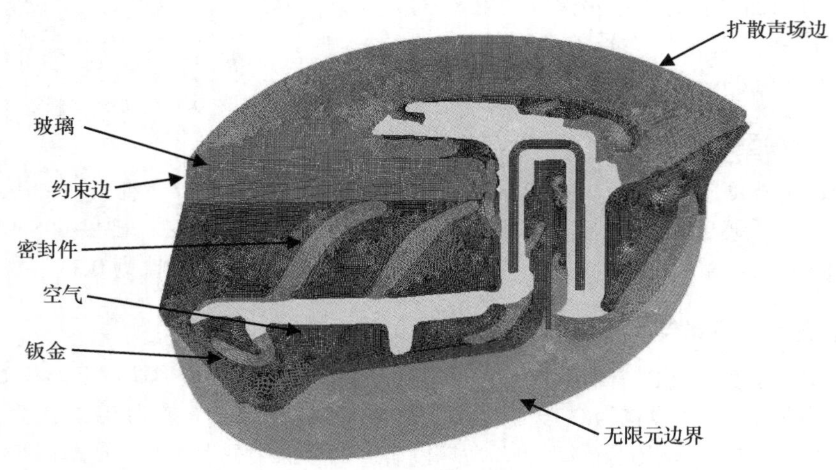

图 9-76　声学计算模型

2. 材料模型定义

在 Actran 中设置铝骨架、钣金、玻璃、密实橡胶（硬度为 60SHA）、密实橡胶（硬度为 75SHA）的杨氏模量、泊松比、密度和阻尼系数，如表 9-7 所示。设置空气的黏度为 1.821×10^{-5}Pa•s，密度为 1.225kg/m^3，传播速度为 340m/s。

表 9-7　材料参数

材料名称	杨氏模量（GPa）	泊松比	密度（kg/m^3）	阻尼系数
铝骨架	70	0.3	2700	0.002
钣金	210	0.31	7800	0.01
玻璃	6	0.23	2500	0.002
密实橡胶（硬度为 60SHA）	0.0078	0.48	1300	0.18
密实橡胶（硬度为 75SHA）	0.0123	0.48	1300	0.24

3. 计算设置

使用 Actran 的直接频率分析求解器，通过扫频方式计算 10000Hz 内的振动声学响应。在扩散声场处定义为接收声学激励，一般使用扩散声场激励方式直接作用在线网格上；外空气域采用 Actran 中的声学无限元进行建模，设置声学无限元可以使声波传递到无限元边界时不会发生声音反射现象，且可以计算远场的声学响应。

4. 分析结果

玻璃导槽的声学传递损失曲线如图 9-77 所示。曲线的高点表示隔声好的频率，曲线的低点表示隔声差的频率。图 9-78 所示为不同频率下的玻璃导槽声场压力分布云图，低频时声场分布比较均匀，高频时声场分布有局部特性。

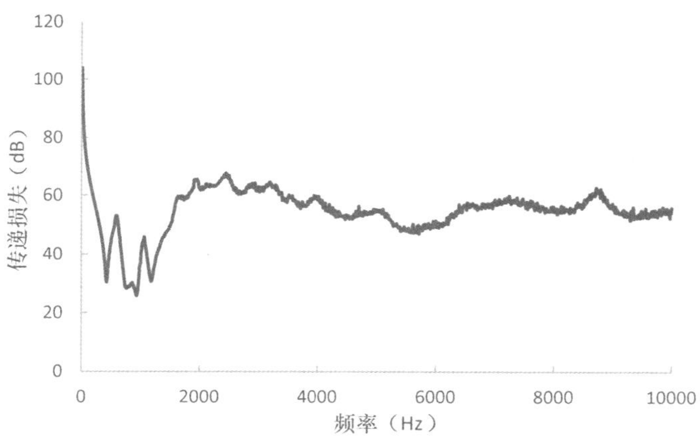

图 9-77　玻璃导槽的声学传递损失曲线

（a）760Hz

（b）1510Hz

图 9-78　不同频率下的玻璃导槽声场压力分布云图

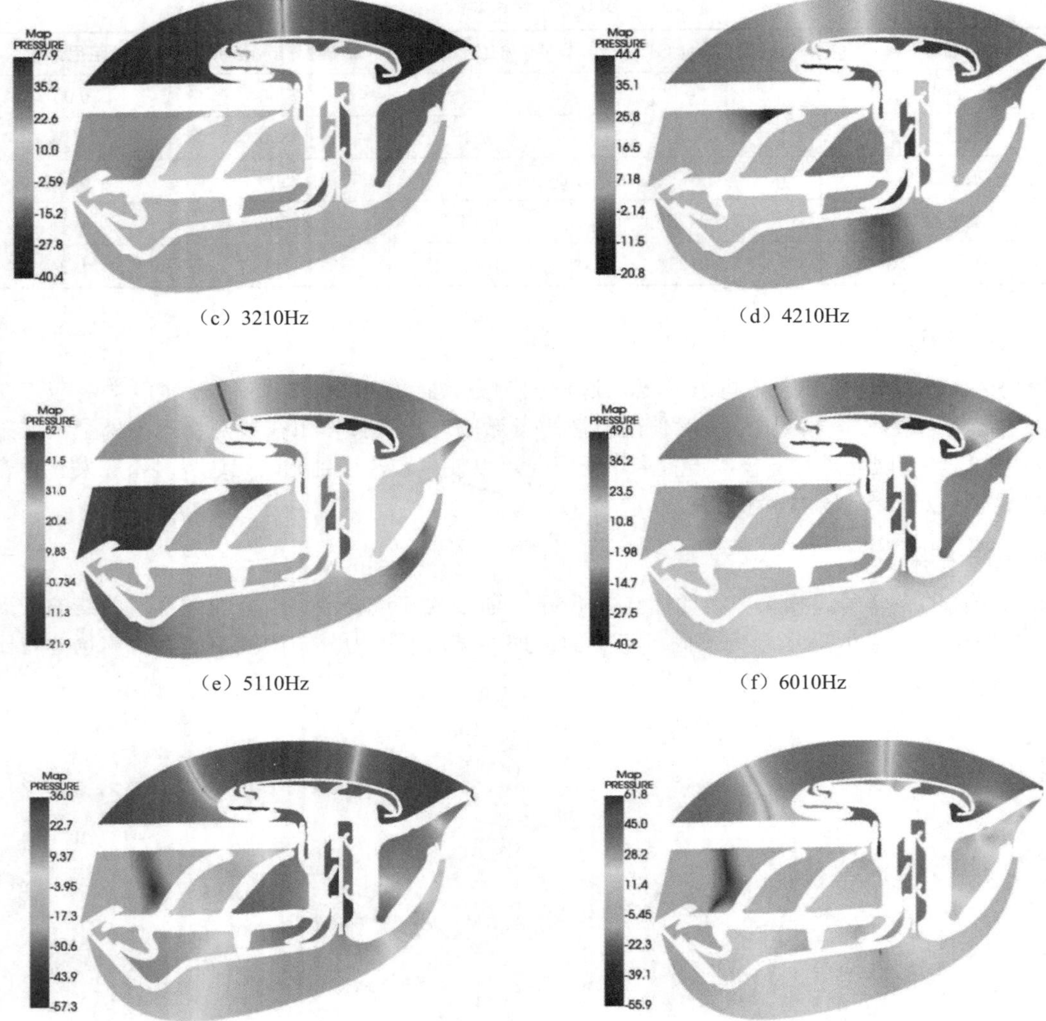

（c）3210Hz　（d）4210Hz

（e）5110Hz　（f）6010Hz

（g）7960Hz　（h）9260Hz

图 9-78　不同频率下的玻璃导槽声场压力分布云图（续）